Physique
exercices incontournables

j'intègre

EXERCICES INCONTOURNABLES

MPSI | PTSI

Séverine **Bagard**
Nicolas **Simon**

Physique

exercices incontournables

2e ÉDITION

DUNOD

11 rue Paul Bert, 92240 Malakoff
www.dunod.com
ISBN 978-2-10-074918-8

Table des matières

Outils mathématiques

Signaux physiques

Mécanique

Thermodynamique

Induction et forces de Laplace

Partie 1
Outils mathématiques

Outils mathématiques

Objectifs généraux développés

L'utilisation d'outils mathématiques est indispensable en physique en classe de CPGE. Nous en avons rassemblé un certain nombre. Ce chapitre ne doit cependant pas être étudié de façon linéaire. Il convient de s'y reporter au fur et à mesure que le besoin s'en fera sentir. Ces outils devront être maîtrisés progressivement au cours de l'année et acquis en fin d'année.

On commence par s'intéresser aux **équations différentielles**, auxquelles mènent souvent les lois de la physique. Lorsque la fonction et ses dérivées n'interviennent qu'à la puissance unité, l'équation différentielle est dite **linéaire**.

En physique, on se limitera à des équations différentielles des premier et second ordres, avec ou sans second membre. Dans le cas d'équations différentielles avec second membre, la méthode de résolution couramment utilisée en physique n'est pas la méthode générale qui peut être exposée en mathématiques, mais une simplification de cette dernière, adaptée aux cas que nous rencontrons habituellement.

Dans le cas d'équations différentielles **non linéaires** la méthode présentée n'est plus applicable. Il faut alors résoudre directement dans son ensemble, par **séparation des variables**, l'équation différentielle proposée. Cette technique sera utilisée lors de la résolution d'exercices de mécanique.

On aborde ensuite les **nombres complexes**, qui constituent un outil mathématique largement utilisé en physique, notamment en **électrocinétique**, en **mécanique**, en **méthode de résolution** de systèmes d'équations différentielles couplées...

Enfin les **systèmes de coordonnées** seront nécessaires notamment en mécanique, pour repérer la position d'un point de l'espace. L'idée générale consiste à décomposer le vecteur position $\overrightarrow{OM}$ associé à M en trois vecteurs colinéaires aux trois vecteurs de base du système de coordonnées. Cette base sera, dans tous les cas, **orthonormée et directe**, de sorte que les opérateurs de base de l'analyse vectorielle (**produit scalaire, produit vectoriel**...) soient facilement utilisables dans ces bases.

On va rencontrer deux types de bases ; la base **fixe** du système **cartésien** et les bases **mobiles** des systèmes **cylindrique** et **sphérique**.

CHAPITRE

1

Les équations différentielles linéaires

Exercice 1.1 : Équation homogène du premier ordre

Lors de la décharge d'un condensateur de capacité C dans une résistance R, la fonction $u(t)$ régissant les variations de la tension aux bornes du condensateur s'écrit :

$$\frac{du}{dt} + \frac{u}{\tau} = 0$$

avec $\tau = RC$. Résoudre cette équation différentielle en prenant comme condition initiale $u(0) = E$.

• Analyse de l'énoncé

L'équation à résoudre est bien linéaire, car seules la fonction $u(t)$ et sa dérivée première $\frac{du}{dt}$ à la puissance un interviennent. Par ailleurs, elle est à coefficients constants. Une telle équation différentielle est appelée **équation homogène** ou encore équation sans second membre. Sa résolution est très importante à maîtriser, car elle devient une étape de résolution lorsqu'on a affaire à une équation différentielle linéaire avec second membre.

L'équation étant du premier ordre (seule la dérivée première intervient), sa résolution va faire apparaître une constante d'intégration. Cette constante d'intégration sera déterminée en fin de résolution grâce à une condition, le plus souvent initiale ($t = 0$).

• Méthode de séparation des variables

Pour résoudre ce type d'équation homogène, on **sépare les variables**, c'est-à-dire que l'on fait passer d'un côté de l'équation tout ce qui est en u et du et de l'autre tout ce qui est en t et dt. On n'a alors plus qu'à intégrer par bloc chacun des deux membres.

La séparation des variables dans l'équation différentielle proposée mène à :

$$\frac{du}{u} = -\frac{dt}{\tau}$$

qui s'intègre en :

$$\ln u = -\frac{t}{\tau} + \lambda$$

où λ est la constante d'intégration.

Bien qu'on ait écrit une primitive de chacun des membres, il n'est pas nécessaire de faire apparaître une constante d'intégration de chaque côté. On considère en fait que λ contient ces deux constantes. On isole enfin la fonction $u(t)$ afin de déterminer la constante d'intégration par application de la condition initiale.

On passe alors à l'exponentielle :

$$u = e^{-\frac{t}{\tau}+\lambda} = e^{\lambda} \times e^{-\frac{t}{\tau}} = \mu e^{-\frac{t}{\tau}}$$

$\mu = e^{\lambda}$ étant la nouvelle forme de la constante d'intégration.

On change le nom de la constante d'intégration, car, en toute rigueur, le passage à l'exponentielle a fait apparaître un terme en e^{λ} que l'on a préféré noter μ pour d'évidentes raisons de simplification des notations.

• **Détermination de la constante d'intégration**

À ce stade, on n'a plus qu'à utiliser la valeur fournie pour u, condition initiale $u(0) = E$ présentement.

La condition initiale fournie permet d'écrire $u(0) = E = \mu e^{-\frac{0}{\tau}} = \mu$.
La solution recherchée s'écrit alors :

$$u(t) = Ee^{-\frac{t}{\tau}}$$

Exercice 1.2 : Équation du premier ordre avec second membre

Lors de la décharge d'un condensateur de capacité C à travers une résistance R par un générateur de force électromotrice E, la fonction $u(t)$ régissant les variations de la tension aux bornes du condensateur s'écrit :

$$\frac{du}{dt} + \frac{u}{\tau} = \frac{E}{\tau}$$

avec $\tau = RC$. Résoudre cette équation différentielle en prenant comme condition initiale $u(0) = 0$.

• **Analyse de l'énoncé**

On a de nouveau une équation différentielle linéaire à coefficients constants à résoudre. La différence par rapport à l'exercice précédent est la présence d'un second membre. La solution d'une telle équation différentielle, **linéaire**, s'écrit comme la somme de deux termes :

- la **solution générale de l'équation homogène** ci-après notée u_g (c'est-à-dire sans second membre, notée ESSM) associée ;
- une **solution particulière de l'équation complète** ci-après notée u_p, cherchée de la même forme que le second membre de l'équation différentielle.

Par solution générale de l'ESSM, on entend solution faisant apparaître la (ou les) constante(s) d'intégration. Autrement dit, il ne faut pas injecter, à ce niveau, les conditions (initiales) fournies par l'énoncé. Ces conditions seront utilisées dans l'expression totale, somme de la solution générale et d'une solution particulière.

• Détermination d'une solution particulière de l'équation complète

Pour ce qui est de la solution particulière on rencontrera deux types d'équations différentielles : celles dont le second membre est une constante (comme c'est le cas ici) et celles dont le second membre est fonction du temps.

Dans le cas d'un second membre constant, on recherche la solution particulière u_p sous forme d'une constante satisfaisant à l'équation complète. Il s'agit donc finalement de trouver la valeur que va prendre la fonction $u(t)$ en régime permanent, c'est-à-dire quand on aura attendu suffisamment longtemps pour que les phénomènes transitoires soient amortis. Pour cela, on réinjecte $u_p = cte$ dans l'équation différentielle complète (toutes les dérivées s'annulent donc) et on en déduit u_p.

Dans le cas d'un second membre fonction du temps, on va *a priori* utiliser une méthode que l'on peut qualifier d'identification. On postule la solution particulière comme étant une fonction du temps du même type que le second membre. Ce dernier point, ainsi que ses limites d'application, sont détaillées dans l'exercice suivant.

> ⚠ La condition de linéarité de l'équation différentielle est essentielle ; cette méthode de résolution ne s'applique pas aux équations différentielles non linéaires.

La solution générale de l'ESSM $\frac{du_g}{dt} + \frac{u_g}{\tau} = 0$ s'écrit (*cf* exercice précédent) :

$$u_g = \mu e^{-\frac{t}{\tau}}$$

avec μ une constante d'intégration.

Pour ce qui est de la solution particulière u_p, on obtient, en reportant dans l'équation différentielle complète : $\frac{du_p}{dt} + \frac{u_p}{\tau} = \frac{E}{\tau} = \frac{u_p}{\tau}$, soit $u_p = E$.

Au total, on a donc :

$$u(t) = u_g + u_p = \mu e^{-\frac{t}{\tau}} + E$$

• Détermination de la constante d'intégration

C'est bien à la somme de la solution générale de l'ESSM et de la solution particulière de l'équation complète que l'on applique la condition initiale.

On détermine enfin μ à l'aide de la condition $u(0) = 0$. Cela mène à $0 = E + \mu e^{-\frac{0}{\tau}} = E + \mu$, soit $\mu = -E$. Finalement, on écrit :

$$u(t) = E\left(1 - e^{-\frac{t}{\tau}}\right)$$

Exercice 1.3 : Équation avec second membre fonction du temps

On parle de filiation radioactive lorsqu'un noyau père radioactif A se désintègre pour donner un noyau fils lui-même radioactif menant à C stable. On note respectivement λ_1 et λ_2 les constantes radioactives associées aux noyaux A et B. Les nombres $N_1(t)$ et $N_2(t)$ de noyaux de A et B présents à l'instant t satisfont aux équations différentielles suivantes :

$$\frac{dN_1}{dt} = -\lambda_1 N_1 \quad \text{et} \quad \frac{dN_2}{dt} = \lambda_1 N_1 - \lambda_2 N_2$$

Déterminer les fonctions $N_1(t)$ et $N_2(t)$ en supposant qu'à $t = 0$ $N_1(0) = N_0$ et $N_2(0) = 0$.

• Analyse de l'énoncé

On a ici un système de deux équations différentielles linéaires à coefficients constants à résoudre. Sa particularité provient du fait que la deuxième fait intervenir la solution de la première. On va donc commencer par résoudre la première, que l'on reconnaît être une équation différentielle homogène, puis réécrire la deuxième équation différentielle en fonction de ce premier résultat.

La première équation différentielle s'écrit (*cf* exercices précédents) :

$$\frac{dN_1}{dt} + \lambda_1 N_1 = 0$$

La solution de cette équation différentielle s'écrit :

$$N_1(t) = N_0 e^{-\lambda_1 t}$$

La deuxième équation différentielle se réécrit alors :

$$\frac{dN_2}{dt} + \lambda_2 N_2 = \lambda_1 N_0 e^{-\lambda_1 t}$$

On est à présent en présence d'une équation différentielle avec second membre fonction du temps. En appliquant la méthode exposée à l'exercice précédent, on commence par chercher la solution générale de l'ESSM associée.

La solution générale de l'ESSM associée à la deuxième équation différentielle s'écrit :

$$N_2(t) = \mu e^{-\lambda_2 t}$$

avec μ constante d'intégration.

- **Utilisation de la méthode d'identification**

Le second membre est du type $Re^{-\lambda_1 t}$. On va donc chercher une solution de ce même type, en notant A par exemple la constante.
On va donc injecter une solution $u_p(t) = Ae^{-\lambda_1 t}$ dans l'équation différentielle complète. On va alors en déduire la valeur de la constante A. En effet, l'intérêt de cette méthode réside dans le fait que la dépendance temporelle $e^{-\lambda_1 t}$ de $u_p(t)$ se simplifie lors de cette opération.

On cherche une solution particulière de l'équation complète sous la forme : $u_p(t) = Ae^{-\lambda_1 t}$. On a alors $\frac{du_p}{dt} = -\lambda_1 Ae^{-\lambda_1 t}$. En reportant dans l'équation différentielle étudiée,on obtient :

$$-\lambda_1 Ae^{-\lambda_1 t} + \lambda_2 Ae^{-\lambda_1 t} = \lambda_1 N_0 e^{-\lambda_1 t}$$

On en déduit immédiatement, après simplification par $e^{-\lambda_1 t}$:

$$A = \frac{\lambda_1 N_0}{\lambda_2 - \lambda_1}$$

l'exponentielle dépendant du temps s'étant simplifiée.
On peut finalement écrire la solution complète :

$$N_2(t) = \mu e^{-\lambda_2 t} + \frac{\lambda_1 N_0}{\lambda_2 - \lambda_1} e^{-\lambda_1 t}$$

- **Détermination de la constante d'intégration**

Il ne reste alors plus qu'à injecter la condition initiale portant sur la fonction N_2 afin de déterminer la constante d'intégration μ.

Avec $N_2(0) = 0$, on obtient $\mu = -\frac{\lambda_1 N_0}{\lambda_2 - \lambda_1}$, d'où la solution finale :

$$N_2(t) = \frac{\lambda_1 N_0}{\lambda_2 - \lambda_1} [e^{-\lambda_1 t} - e^{-\lambda_2 t}]$$

- **Méthode de variation de la constante**

Il peut vous paraître un peu miraculeux de voir la dépendance temporelle de la solution particulière se simplifier ainsi avec cette méthode par identification... Le fait est que cette méthode est loin d'être générale ; elle va juste le plus souvent donner un résultat avec les équations différentielles rencontrées en physique. S'il se trouve qu'elle ne permette pas de conclure (par non-simplification de la dépendance temporelle ou encore obtention d'une incohérence), il faut alors se ramener à la méthode générale de résolution des équations différentielles avec second membre (variable) : la **méthode de variation de la constante.**

En pratique, la méthode d'identification marche toujours pour les seconds membres constants. Un cas pouvant être rencontré en physique où elle peut être mise en défaut est celui où le second membre est de la même forme que la solution générale de l'ESSM.
Considérons par exemple l'équation différentielle sur la fonction $f(t)$ suivante :

$$\frac{df}{dt} + af = Ae^{-at}$$

avec a et A, constantes non nulles.
La solution générale de l'ESSM s'écrit μe^{-at}, le second membre est donc de la même forme qu'elle. Si l'on applique la méthode d'identification, c'est-à-dire si l'on cherche une solution particulière de l'équation complète sous la forme Be^{-at} (B constante), on aboutit, en reportant dans l'équation différentielle complète à :

$$-aBe^{-at} + aBe^{-at} = Ae^{-at}$$

relation impossible si $A \neq 0$.
La méthode de variation de la constante est alors nécessaire. Cette méthode consiste à rechercher la solution particulière sous la forme $B(t).F(t)$, où $F(t)$ est de la même forme que la solution générale de l'ESSM et $B(t)$ une fonction (la constante "qui varie"...) à déterminer.
Dans notre cas, on recherche alors la solution particulière sous la forme $B(t)e^{-at}$. En reportant dans l'équation complète on arrive à :

$$\frac{dB}{dt}e^{-at} - aB(t)e^{-at} + aB(t)e^{-at} = Ae^{-at}$$

soit $\frac{dB}{dt} = A$, d'où$B(t) = At + cte$. Il est bien sûr inutile d'introduire une nouvelle constante d'intégration puisqu'on recherchait **une** solution particulière.
Gardez toutefois à l'esprit que les cas où, en physique, la méthode d'identification est mise en défaut restent très rare et qu'il est donc pour la plupart des problèmes inutile de compliquer la résolution mathématique par l'utilisation de la méthode la plus générale.

Exercice 1.4 : Équation du deuxième ordre

Lors du mouvement horizontal d'un point matériel M de masse m relié à un ressort de raideur k et soumis à une force de frottement fluide de coefficient f, les variations temporelles $x(t)$ de l'abscisse du point matériel sont régies par l'équation différentielle suivante :

$$m\frac{d^2x}{dt^2} + f\frac{dx}{dt} + kx = 0$$

Déterminer l'expression de $x(t)$ en supposant $x(0) = L$ et $\left(\frac{dx}{dt}\right)_{t=0} = 0$. On écrira les différentes solutions possibles suivant les valeurs possibles de f, mais on ne déterminera complètement la solution que pour $f = 2\sqrt{mk}$.

• **Analyse de l'énoncé**

Il s'agit ici de résoudre une équation différentielle linéaire, à coefficients constants, homogène et du **second ordre**. Cette dernière caractéristique nous indique que deux constantes d'intégration vont apparaître lors de la résolution. Il faut donc toujours deux conditions (initiales) pour résoudre totalement ce type de problème. Généralement, l'énoncé donnera, ou on pourra en déduire facilement, des conditions initiales sur la fonction recherchée d'une part, sa dérivée d'autre part. Mais ceci n'est pas nécessaire, deux conditions portant sur la fonction elle-même peuvent tout à fait permettre de conclure...

• **Écriture du polynôme caractéristique**

On admet qu'une telle équation différentielle admet une solution de la forme $x_1 = Ae^{rx}$, avec A un réel non nul et r *a priori* complexe. Vous pouvez alors, en reportant dans l'équation différentielle initiale, en déduire que le nombre complexe r satisfait à l'équation du deuxième degré suivante, appelée **polynôme caractéristique** associé à l'équation différentielle du second ordre :

$$mr^2 + fr + k = 0$$

La forme des solutions de l'équation différentielle dépend alors de la nature des solutions du polynôme caractéristique, autrement dit du signe de son discriminant Δ.

• **Forme des solutions possibles**

– si $\boldsymbol{\Delta > 0}$, le polynôme caractéristique admet deux racines réelles r_1 et r_2. La solution générale de l'équation différentielle s'écrit alors :

$$x(t) = Ae^{r_1 t} + Be^{r_2 t}$$

avec A et B deux constantes d'intégration.

– si $\boldsymbol{\Delta = 0}$, le polynôme caractéristique admet une racine réelle double r. La solution générale de l'équation différentielle s'écrit alors :

$$x(t) = e^{rt}(A + Bt)$$

avec A et B deux constantes d'intégration.

– si $\boldsymbol{\Delta < 0}$, le polynôme caractéristique admet deux racines complexes conjuguées $\underline{r_1}$ et $\underline{r_2}$. La solution générale de l'équation différentielle s'écrit alors :

$$x(t) = Ae^{\underline{r_1}t} + Be^{\underline{r_2}t}$$

avec A et B deux constantes d'intégration. En physique, on ne laissera généralement pas cette solution sous cette forme. En effet, les racines conjuguées s'écrivant respectivement $\underline{r_1} = a + jb$ et $\underline{r_2} = a - jb$, la solution se met sous la forme :

$$x(t) = e^{at}\left[Ae^{jbt} + Be^{-jbt}\right]$$

L'utilisation de la formule d'Euler ($e^{jbt} = cos(bt) + jsin(bt)$ et $e^{-jbt} = cos(bt) - jsin(bt)$) mène finalement à une solution de la forme :

$$x(t) = e^{at}\left[(A+B)\cos(bt) + j(A-B)\sin(bt)\right]$$

On écrira donc directement en physique la solution sous la forme :

$$x(t) = e^{at}\left[\underline{A'}\cos(bt) + \underline{B'}\cos(bt)\right]$$

avec $\underline{A'} = A + B$ et $\underline{B'} = j(A-B)$ deux constantes d'intégration complexes.

Le discriminant du polynôme caractéristique de l'équation différentielle proposée s'écrit ici : $\Delta = f^2 - 4mk$.

- si $f > 2\sqrt{mk}$, $\Delta > 0$ et les racines réelles du polynôme sont $r_{1,2} = -\frac{f}{2m} \pm \frac{\sqrt{\Delta}}{2m}$. On a alors :

$$x(t) = e^{-\frac{f}{2m}t}\left[Ae^{\frac{\sqrt{\Delta}}{2m}t} + Be^{-\frac{\sqrt{\Delta}}{2m}t}\right]$$

- si $f = 2\sqrt{mk}$, $\Delta = 0$ et la racine double du polynôme est $r = -\frac{f}{2m}$. La solution générale de l'équation différentielle est donc de la forme :

$$x(t) = e^{-\frac{f}{2m}t}(A + Bt)$$

On en déduit :

$$\frac{dx}{dt} = e^{-\frac{f}{2m}t}\left[-\frac{f}{2m}(A + Bt) + B\right]$$

Les deux conditions initiales données mènent alors à $A = L$ et $B = \frac{Lf}{2m}$.

- si $f < 2\sqrt{mk}$, $\Delta < 0$ et les racines complexes du polynôme sont $r_{1,2} = -\frac{f}{2m} \pm j\frac{\sqrt{-\Delta}}{2m}$. On a alors :

$$x(t) = e^{-\frac{f}{2m}t}\left[A\cos\left(\frac{\sqrt{-\Delta}}{2m}t\right) + B\sin\left(\frac{\sqrt{-\Delta}}{2m}t\right)\right]$$

CHAPITRE

2

Les nombres complexes

Exercice 2.1 : Module et argument d'un nombre complexe

On considère le nombre complexe suivant :

$$\underline{H}(jx) = \frac{a}{(1-x^2)+jb}$$

où a et b sont deux réels constants et x une variable de $\mathbb{R}^+$. Déterminer le module H et l'argument φ de ce nombre complexe.

• **Analyse de l'énoncé**

Cet exercice s'intéresse aux différentes formes sous lesquelles on peut écrire un nombre complexe.

• **Forme trigonométrique d'un nombre complexe**

Le nombre complexe présenté est écrit sous la forme d'un rapport de deux nombres complexes (le réel a peut en effet être considéré comme faisant partie de l'ensemble des nombres complexes). Son module est donc égal au rapport des modules des deux nombres et son argument est égal à la différence des arguments du numérateur et du dénominateur.

En physique on privilégiera souvent la présentation sous **forme exponentielle** (on dit encore **trigonométrique**) $He^{j\varphi}$ par rapport à la **forme algébrique** $Re(\underline{H}) + jIm(\underline{H})$. En effet, passer un rapport de nombres complexes sous forme algébrique (par multiplication des numérateur et dénominateur par le complexe conjugué du dénominateur) alourdit inutilement les expressions.

• **Détermination du module**

Pour déterminer le module de $\underline{H}$ il faut distinguer les cas a positif ou négatif. En effet, le module d'un nombre complexe est une grandeur réelle et positive. Le module du numérateur de $\underline{H}$ dépend donc du signe de a.

Il ne dépend par contre pas de celui de b.

- si $a > 0$,

$$H = \frac{a}{\sqrt{(1-x^2)^2 + b^2}}$$

- si $a < 0$

$$H = \frac{-a}{\sqrt{(1-x^2)^2 + b^2}}$$

• **Détermination de l'argument**

L'argument du numérateur, réel, dépend lui aussi du signe de a. En effet, l'argument d'un nombre réel positif est nul, tandis que celui d'un réel négatif est égal à π.
Pour ce qui est du dénominateur, deux cas sont également à distinguer suivant cette fois le signe de sa partie réelle. En effet, pour un nombre complexe écrit sous la forme $r + jk$, d'argument noté φ, on a $\tan\varphi = \frac{k}{r}$. Par contre, pour passer à la fonction réciproque et donc écrire

$$\varphi = \arctan\left(\frac{k}{r}\right)$$

il faut que l'angle recherché φ appartienne à l'intervalle $[-\frac{\pi}{2}; \frac{\pi}{2}]$, domaine sur lequel la fonction tangente est bijective. En pratique, on ne peut utiliser la fonction arctangente que si la partie réelle du nombre complexe écrit sous forme algébrique est positive.
Si ce n'est pas le cas ($r < 0$), on va devoir se ramener au cas d'un nombre complexe à partie réelle positive par la manipulation suivante :

$$r + jk = (-1)[-r - jk]$$

L'argument de $r + jk$ peut donc s'écrire :

$$\arg(r + jk) = \arg(-1) + \arg(-r - jk)$$

Or le nombre complexe $-r - jk$ est à partie réelle positive. Son argument s'exprime donc simplement $\arctan\left(\frac{-k}{-r}\right) = \arctan\left(\frac{k}{r}\right)$, et l'argument de -1 est égal à π. Finalement, l'argument du nombre complexe $r + jk$ avec $r < 0$ est donc, si $r < 0$:

$$\pi + \arctan\left(\frac{k}{r}\right)$$

Une autre méthode consiste à ne pas passer par la fonction arctangente, mais à déterminer l'argument *via* la valeur de sa tangente et du signe de son cosinus ou de son sinus. En effet, la tangente nous donne l'angle modulo π. La connaissance du signe du sinus et du cosinus nous donne alors un intervalle de largeur $\frac{\pi}{2}$ contenant l'angle.

Pour le nombre complexe ici considéré, nous devons donc distinguer plusieurs cas :

- si $a > 0$ et $x < 1$: $\varphi = -\arctan \frac{b}{1-x^2}$
- si $a > 0$ et $x > 1$: $\varphi = -\pi - \arctan \frac{b}{1-x^2}$
- si $a < 0$ et $x < 1$: $\varphi = \pi - \arctan \frac{b}{1-x^2}$
- si $a < 0$ et $x > 1$: $\varphi = -\arctan \frac{b}{1-x^2}$

Exercice 2.2 : Utilisation de la notation complexe

On considère l'équation différentielle sur la fonction complexe $\underline{x}(t)$ suivante :

$$\frac{d^2\underline{x}}{dt^2} + \frac{\omega_0}{Q}\frac{d\underline{x}}{dt} + \omega_0^2\underline{x} = \frac{F_0}{m}e^{j\omega t}$$

où m, Q, ω_0 et F_0 sont des constantes positives.
Déterminer complètement une solution particulière de cette équation cherchée sous la forme $\underline{x}(t) = X_0 e^{j\varphi} e^{j\omega t}$.

• Analyse de l'énoncé

On demande ici de déterminer une solution particulière d'une équation différentielle portant sur une fonction complexe $\underline{x}(t)$. La forme de la solution étant proposée par l'énoncé, il s'agit en fait de déterminer le **module** X_0 et l'**argument** φ du nombre complexe solution particulière de l'équation différentielle.

• Dérivations en notation complexe

L'intérêt de rechercher une solution complexe d'une équation différentielle sous la forme proposée est la simplification des opérations de dérivation (et d'intégration). Dériver revient à multiplier la fonction complexe par $j\omega$. Dériver deux fois revient ensuite à multiplier de nouveau par $j\omega$, soit au final par $-\omega^2$. Notons au passage qu'intégrer par rapport au temps reviendrait à une multiplication par $\frac{1}{j\omega}$.

Pour une solution écrite $\underline{x}(t) = X_0 e^{j\varphi} e^{j\omega t}$, on a :

$$\frac{d\underline{x}}{dt} = j\omega X_0 e^{j\varphi} e^{j\omega t} = j\omega \underline{x}(t)$$

$$\frac{d^2\underline{x}}{dt^2} = -\omega^2 \underline{x}$$

Si l'énoncé demande la recherche d'une solution dont la dépendance au temps est en $e^{-j\omega t}$, les opérateurs dérivation première et intégration seront à présent des multiplications respectivement par $-j\omega$ et $-\frac{1}{j\omega}$; l'opérateur dérivée seconde est lui bien sûr inchangé.

• Transformation de l'équation différentielle en équation algébrique

En reportant la fonction $\underline{x}(t)$ et ses dérivées dans l'équation différentielle proposée, on aboutit finalement à une équation algébrique dans laquelle le terme en $e^{j\omega t}$ se factorise dans tous les termes. On peut alors le simplifier. Par ailleurs, les opérations de dérivation faisant également apparaître l'amplitude complexe $X_0 e^{j\varphi}$ en facteur de tous les termes du membre de gauche, on arrive ainsi à une équation algébrique en cette amplitude complexe.

Le remplacement dans l'équation différentielle mène à :

$$\begin{aligned} & -\omega^2 X_0 e^{j\varphi} e^{j\omega t} \\ + & \frac{j\omega\omega_0}{Q} X_0 e^{j\varphi} e^{j\omega t} \\ + & \omega_0^2 X_0 e^{j\varphi} e^{j\omega t} = \frac{F_0}{m} e^{j\omega t} \end{aligned}$$

Soit, après factorisation par $X_0 e^{j\varphi}$ et division :

$$X_0 e^{j\varphi} = \frac{\frac{F_0}{m}}{(\omega_0^2 - \omega^2) + \frac{j\omega\omega_0}{Q}}$$

• Identification du module et de l'argument de l'amplitude complexe de la solution

On s'est alors ramené au problème de l'exercice précédent.

Le module de l'amplitude complexe s'écrit :

$$X_0 = \frac{\frac{F_0}{m}}{\sqrt{(\omega_0^2 - \omega^2)^2 + \left(\frac{\omega\omega_0}{Q}\right)^2}}$$

et son argument :

$$\varphi = \begin{cases} -\arctan\left[\frac{\omega\omega_0}{Q(\omega_0^2 - \omega^2)}\right] & \text{si } \omega < \omega_0 \\ -\pi - \arctan\left[\frac{\omega\omega_0}{Q(\omega_0^2 - \omega^2)}\right] & \text{si } \omega > \omega_0 \end{cases}$$

CHAPITRE

3

Systèmes de coordonnées et analyse vectorielle

Exercice 3.1 : Base polaire

Déterminer les expressions des projections des vecteurs unitaires des coordonnées polaires en fonction des vecteurs de la base cartésienne. En déduire les dérivées temporelles des vecteurs de la base polaire.

• Analyse de l'énoncé

La base polaire est la restriction à deux dimensions de la base cylindrique (encore appelée cylindro-polaire). L'intérêt de cette base est qu'elle accompagne le point matériel M dont on cherche à repérer la position, au cours de son mouvement. La contrepartie est que cette base de vecteurs unitaires $(\vec{u}_r ; \vec{u}_\theta)$ n'est pas fixe ; autrement dit les dérivées temporelles des vecteurs de la base polaire ne sont pas nulles, contrairement à celles de la base cartésienne fixe $\left(\vec{i} ; \vec{j}\right)$.

Commençons par représenter les deux bases sur un même schéma :

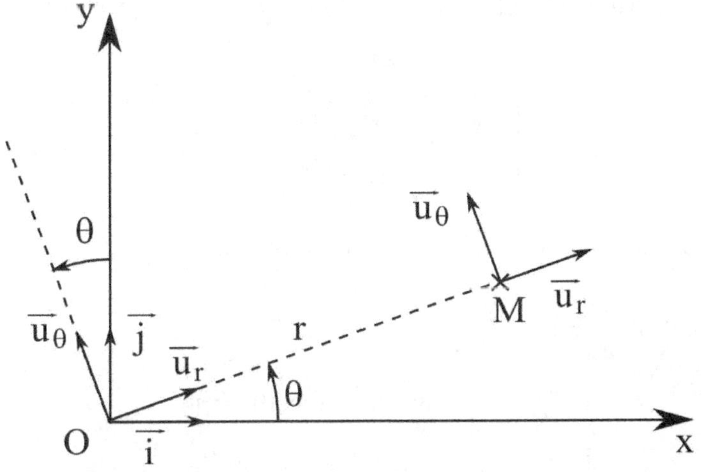

Les coordonnées cartésiennes correspondent aux deux longueurs $(x; y)$ repérant les projections du vecteur position $\overrightarrow{OM}$ sur les axes dirigés respectivement par $\vec{i}$ et $\vec{j}$. Les coordonnées polaires $(r; \theta)$ correspondent respectivement à la norme du vecteur position $\overrightarrow{OM}$ et à l'angle orienté que fait ce vecteur avec le vecteur fixe $\vec{i}$ de la base cartésienne.

• Projection des vecteurs de la base polaire

On projette les vecteurs mobiles de la base polaire sur les vecteurs fixes de la base cartésienne en effectuant les produits scalaires des premiers avec les seconds :

$$\begin{cases} \vec{u}_r &= (\vec{u}_r \cdot \vec{i})\vec{i} + (\vec{u}_r \cdot \vec{j})\vec{j} \\ \vec{u}_\theta &= (\vec{u}_\theta \cdot \vec{i})\vec{i} + (\vec{u}_\theta \cdot \vec{j})\vec{j} \end{cases}$$

La projection des vecteurs de la base polaire sur la base cartésienne donne :

$$\begin{cases} \vec{u}_r &= (\cos\theta)\vec{i} + (\sin\theta)\vec{j} \\ \vec{u}_\theta &= (-\sin\theta)\vec{i} + (\cos\theta)\vec{j} \end{cases}$$

Dérivation des vecteurs de la base polaire

Les vecteurs mobiles $\vec{u}_r$ et $\vec{u}_\theta$ sont des fonctions de l'angle θ, lui-même fonction du temps t. On va obtenir leurs dérivées temporelles en leur appliquant la formule de dérivation des fonctions composées et en utilisant leurs projections respectives sur la base cartésienne fixe. Pour retrouver la formule de dérivation d'une fonction composée, on peut utiliser l'écriture suivante :

$$\begin{cases} \frac{d\vec{u}_r}{dt} &= \frac{d\vec{u}_r}{d\theta} \cdot \frac{d\theta}{dt} \\ \frac{d\vec{u}_\theta}{dt} &= \frac{d\vec{u}_\theta}{d\theta} \cdot \frac{d\theta}{dt} \end{cases}$$

Formellement, tout se passe comme si le $d\theta$ se simplifiait.

On a tout d'abord :

$$\begin{cases} \frac{d\vec{u}_r}{d\theta} &= (-\sin\theta)\vec{i} + (\cos\theta)\vec{j} = \vec{u}_\theta \\ \frac{d\vec{u}_\theta}{d\theta} &= (-\cos\theta)\vec{i} + (-\sin\theta)\vec{j} = -\vec{u}_r \end{cases}$$

Puis, en utilisant la notation $\dot{f} = \frac{df}{dt}$:

$$\begin{cases} \frac{d\vec{u}_r}{dt} & = \dot{\theta}\vec{u}_\theta \\ \frac{d\vec{u}_\theta}{dt} & = -\dot{\theta}\vec{u}_r \end{cases}$$

Exercice 3.2 : Base sphérique

Déterminer les expressions des projections des vecteurs unitaires des coordonnées sphériques en fonction des vecteurs de la base cartésienne.

• Analyse de l'énoncé

On commence par représenter sur un même schéma la base cartésienne tridimensionnelle fixe et la base mobile sphérique. On rappelle au passage que les coordonnées sphériques sont constituées par la donnée du triplet (r, θ, φ), dans lequel r est un réel positif, θ peut prendre toutes les valeurs entre 0 et π et φ toutes les valeurs entre 0 et 2π.

Les notations r et θ n'ont donc pas ici la même signification qu'en coordonnées polaires.

Commençons par représenter les deux bases sur un même schéma :

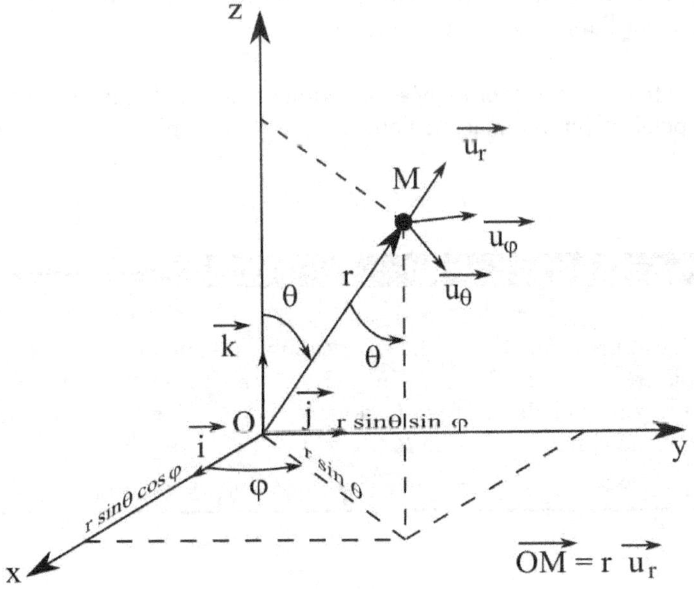

• Projection du vecteur $\vec{u}_r$

La projection du vecteur $\vec{u}_r$, unitaire, sur la base cartésienne s'écrit, d'après l'exercice précédent :

$$\vec{u}_r = (\vec{u}_r \cdot \vec{i})\vec{i} + (\vec{u}_r \cdot \vec{j})\vec{j} + (\vec{u}_r \cdot \vec{k})\vec{k}$$

Le vecteur $\vec{u}_r$ se projette en :

$$\vec{u}_r = (\sin\theta\cos\varphi)\vec{i} + (\sin\theta\sin\varphi)\vec{j} + \cos\theta\vec{k}$$

• Projection du vecteur $\vec{u}_\theta$

On pourrait projeter le vecteur $\vec{u}_\theta$ sur la base cartésienne de la même manière que le vecteur $\vec{u}_r$. Une manière plus simple, et plus élégante, d'obtenir sa projection est de remarquer que l'on passe de $\vec{u}_r$ à $\vec{u}_\theta$ en transformant l'angle θ en $\theta + \frac{\pi}{2}$, l'angle φ étant inchangé.

Le vecteur $\vec{u}_\theta$ s'obtient à partir de $\vec{u}_r$ par une rotation de $\frac{\pi}{2}$ de l'angle θ à φ inchangé. On obtient :

$$\begin{aligned}\vec{u}_\theta &= \left[\sin(\theta + \tfrac{\pi}{2})\cos\varphi\right]\vec{i} + \left[\sin(\theta + \tfrac{\pi}{2})\sin\varphi\right]\vec{j} + \cos(\theta + \tfrac{\pi}{2})\vec{k} \\ &= (\cos\theta\cos\varphi)\vec{i} + (\cos\theta\sin\varphi)\vec{j} + (-\sin\theta)\vec{k}\end{aligned}$$

• Projection du vecteur $\vec{u}_\varphi$

Là encore, on peut soit projeter directement $\vec{u}_\varphi$ sur la base des cartésiennes, soit remarquer que ce vecteur est totalement similaire au vecteur $\vec{u}_\theta$ des polaires (en notant bien sûr ici l'angle φ à la place de θ).

Le vecteur $\vec{u}_\varphi$ des coordonnées sphériques est l'analogue du vecteur orthoradial des polaires (en remplaçant l'angle θ par l'angle φ) :

$$\vec{u}_\varphi = (-\sin\varphi)\vec{i} + (\cos\varphi)\vec{j}$$

Exercice 3.3 : Surface et volume élémentaires

Retrouver les expressions des surfaces et volumes élémentaires en coordonnées cylindro-polaires, puis sphériques. En déduire les expressions du volume d'un cylindre de rayon R et de hauteur h, de la surface d'une sphère de rayon R et du volume d'une sphère de rayon R.

• **Analyse de l'énoncé**

L'expression, ainsi que la représentation graphique des surface et volume élémentaires dépend du système de coordonnées considéré. Pour représenter graphiquement un **volume élémentaire** dans un système de coordonnées, on augmente chaque coordonnée d'une fraction infinitésimale.

Ainsi, en coordonnées cartésiennes, un point M étant repéré par ses coordonnées (x, y, z), le volume élémentaire est constitué par la zone des points de l'espace comprise :

- entre x et $x + dx$;
- entre y et $y + dy$;
- entre z et $z + dz$.

On obtient ainsi un volume élémentaire en forme de parallélipipède de côtés dx, dy et dz.

Pour définir une **surface élémentaire**, il faut choisir de fixer l'une des trois coordonnées. L'énoncé (ou son analyse) indique généralement la coordonnée à fixer. On associe le plus souvent à la surface élémentaire ainsi définie un **vecteur surface** $\overrightarrow{dS}$ dont les caractéristiques sont les suivantes :

- **direction** : celle du vecteur unitaire de la coordonnée que l'on a fixé ;
- **sens** : défini par une orientation du contour de la surface si elle est ouverte, sortant de la surface si elle est fermée ;
- **norme** : la valeur de la surface élémentaire dS.

> ⚠ Rappelez-vous que la coordonnée radiale r des cylindriques ne représente pas la même longueur que la coordonnée radiale r des sphériques.

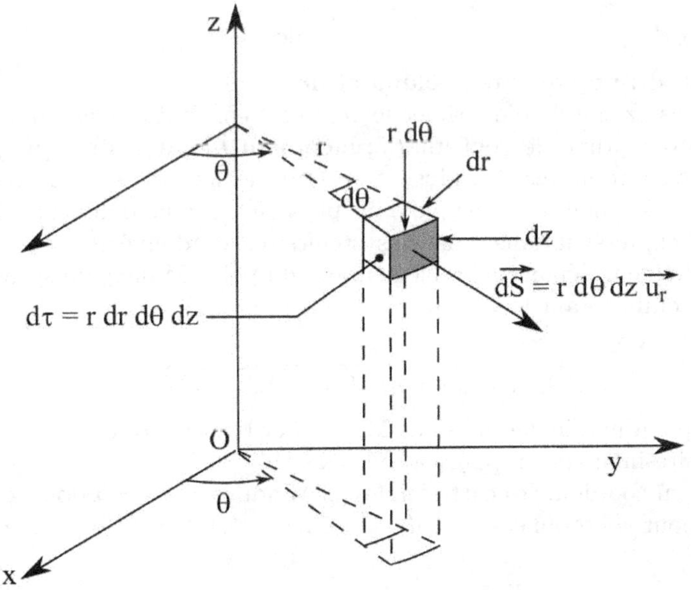

En coordonnées cylindriques, le volume élémentaire correspond à l'ensemble des points de l'espace de coordonnées comprises entre r et $r + dr$, θ et $\theta + d\theta$ et z et $z + dz$. Graphiquement, le volume élémentaire à l'allure d'une "portion de camembert".
En fixant la coordonnée r, on obtient la surface élémentaire, représentée en grisé sur le schéma précédent. Le vecteur surface associé est également représenté.
Pour ce qui est des coordonnées sphériques le volume élémentaire est constitué de l'ensemble des points de l'espace de coordonnées comprises entre r et $r+dr$, θ et $\theta + d\theta$ et φ et $\varphi + d\varphi$. L'allure correspondante de ce volume, ainsi que la surface élémentaire obtenue en fixant r sont représentées sur le schéma suivant.

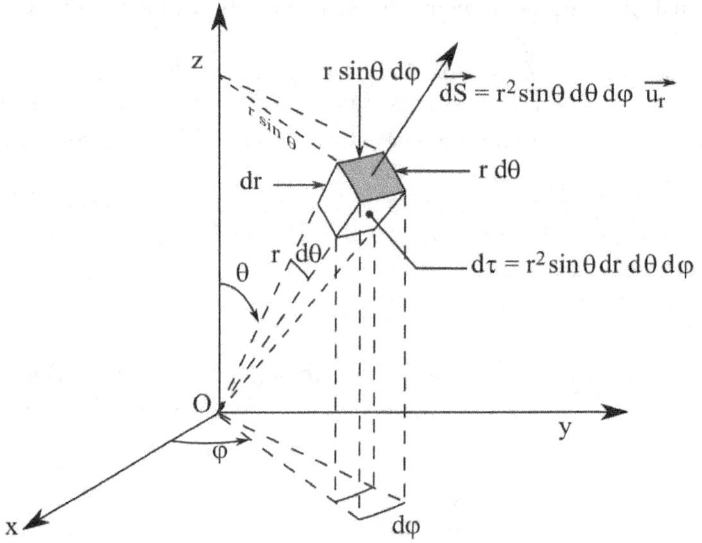

• **Expression du déplacement élémentaire**
Une manière assez simple d'exprimer le volume élémentaire dans un système de coordonnées est d'exprimer le **vecteur déplacement élémentaire** d'un point M dans ce système de coordonnées. De plus, le vecteur élémentaire est un vecteur qui sera fort utile dans de nombreux exercices en physique, il faut donc connaître et savoir retrouver son expression dans tous les systèmes de coordonnées.
On définit le vecteur déplacement élémentaire du point M dans un système donné de coordonnées comme étant le vecteur :

$$d\overrightarrow{OM}(=\overrightarrow{dl}) = \overrightarrow{MM'} = \overrightarrow{OM'} - \overrightarrow{OM}$$

où M' est un point infiniment voisin de M, ses coordonnées étant chacune accrue d'une quantité infinitésimale par rapport à celles de M.
Par exemple, en coordonnées cartésiennes, si M admet pour coordonnées (x, y, z), M' admet alors pour coordonnées $(x + dx, y + dy, z + dz)$. On a alors immédiatement :

$$d\overrightarrow{OM} = (dx)\vec{i} + (dy)\vec{j} + (dz)\vec{k}$$

> L'exemple des coordonnées cartésiennes est très simple, car les trois coordonnées, dans ce système, sont des longueurs tout comme les coordonnées du vecteur déplacement élémentaire. Pour les systèmes de coordonnées cylindrique et sphérique, dans lesquels certaines coordonnées sont des angles, il va falloir évaluer les variations infinitésimales de longueur associées aux variations infinitésimales d'angle. Rappelons au passage que l'arc de cercle de rayon r et d'angle θ a pour longueur $r\theta$.

Le dernier point à bien noter pour exprimer le vecteur déplacement élémentaire est l'indépendance des variations infinitésimales suivant chaque coordonnée. En effet, on va successivement, et en repartant à chaque fois de M, évaluer la variation de distance suivant l'une des trois directions de base résultant de la variation de la coordonnée correspondante. On ne cumule pas les effets. Par exemple, après avoir fait varier x de dx et déduit que la variation de longueur suivant $\vec{i}$ valait dx, on repart de M, donc de y que l'on fait varier de dy...

Vecteur déplacement élémentaire en coordonnées cylindriques :

- un accroissement de la coordonnée r de dr mène à une contribution à $d\overrightarrow{OM}$ suivant $\vec{u}_r$ de dr ;
- un accroissement de la coordonnée θ de $d\theta$ mène à une contribution à $d\overrightarrow{OM}$ suivant $\vec{u}_\theta$ de $rd\theta$;
- un accroissement de la coordonnée z de dz mène à une contribution à $d\overrightarrow{OM}$ suivant $\vec{k}$ de dz.

On peut donc écrire, en coordonnées cylindriques :

$$d\overrightarrow{OM} = (dr)\vec{u}_r + (rd\theta)\vec{u}_\theta + (dz)\vec{k}$$

Vecteur déplacement élémentaire en coordonnées sphériques :

- un accroissement de la coordonnée r de dr mène à une contribution à $d\overrightarrow{OM}$ suivant $\vec{u}_r$ de dr ;
- un accroissement de la coordonnée θ de $d\theta$ mène à une contribution à $d\overrightarrow{OM}$ suivant $\vec{u}_\theta$ de $rd\theta$;
- un accroissement de la coordonnée φ de $d\varphi$ mène à une contribution à $d\overrightarrow{OM}$ suivant $\vec{u}_\varphi$ de $r\sin\theta d\varphi$.

On peut donc écrire, en coordonnées sphériques :

$$d\overrightarrow{OM} = (dr)\vec{u}_r + (rd\theta)\vec{u}_\theta + (r\sin\theta d\varphi)\vec{u}_\varphi$$

• Expression du volume élémentaire

Le volume élémentaire s'obtient très facilement à partir de l'expression du vecteur déplacement élémentaire : il suffit de multiplier entre elles les trois coordonnées de ce vecteur. Chacune de ces coordonnées étant homogène à une longueur, le résultat est bien homogène à un volume.

Dans le cas des coordonnées cartésiennes, on obtient ainsi :

$$dV = dxdydz$$

On déduit des expressions des vecteurs déplacement élémentaires dans les différents systèmes de coordonnées les volumes élémentaires correspondants :

– en coordonnées cylindriques,

$$dV = rdrd\theta dz$$

– en coordonnées sphériques,

$$dV = r^2 \sin\theta drd\theta d\varphi$$

• **Expression de la surface élémentaire**

Pour déterminer l'expression de la surface élémentaire, on fixe l'une des coordonnées, ce qui a pour effet d'annuler la différentielle de cette coordonnée. En tenant compte de ceci dans l'expression du vecteur déplacement élémentaire, il ne reste alors plus que deux composantes à ce vecteur. On obtient l'expression de la surface élémentaire en multipliant l'une par l'autre.

Supposons la coordonnée radiale (tant en cylindriques qu'en sphériques) fixée, l'expression de la surface élémentaire s'exprime alors par :

– $dS = rd\theta dz$ en coordonnées cylindriques ;
– $dS = r^2 \sin\theta d\theta d\varphi$ en coordonnées sphériques.

• **Utilisation des surface et volume élémentaires**

En intégrant les expressions des surface et volume élémentaires sur des domaines de variation des variables correspondant à un élément géométrique, on peut ainsi démontrer les formules générales donnant les surface et volume de ces éléments en fonction de leurs caractéristiques.

Il faut choisir le système de coordonnées le mieux adapté à la forme géométrique. Pour la surface d'un carré, le volume d'un parallélipipède, on prendra les coordonnées cartésiennes, alors que pour le volume d'une sphère ce sont bien sûr les coordonnées sphériques qu'il faut utiliser...

Ceci nécessite l'écriture, puis le calcul d'intégrales double et triple, respectivement pour une surface, un volume. De tels calculs ne sont pas compliqués, car on peut séparer les variables et donc ramener une intégrale double à un produit de deux intégrales simples (et de même le calcul d'une intégrale triple à un triple produit d'intégrales simples).

Par exemple, pour déterminer le volume d'un cube décrit par une variation de l'abscisse entre 0 et a, de l'ordonnée entre 0 et a et de la cote entre 0 et a également, on doit calculer :

$$\int_{x=0}^{a}\int_{y=0}^{a}\int_{z=0}^{a} dxdydz = \underbrace{\int_0^a dx}_{a}\underbrace{\int_0^a dy}_{a}\underbrace{\int_0^a dz}_{a} = a^3$$

Volume d'un cylindre de rayon R et de hauteur h :
On intègre le volume élémentaire en coordonnées cylindriques, pour r variant de 0 à R, θ sur l'ensemble de son domaine de définition (de 0 à 2π) et z de 0 à h :

$$V = \int_{r=0}^{R}\int_{\theta=0}^{2\pi}\int_{z=0}^{h} rdrd\theta dz = \int_0^R rdr\int_0^{2\pi} d\theta\int_0^h dz = \frac{R^2}{2}2\pi h = \pi R^2 h$$

Surface d'une sphère de rayon R :
On intègre la surface élémentaire en coordonnées sphériques, pour r fixée à R, θ sur l'ensemble de son domaine de définition (de 0 à π) et φ sur l'ensemble de son domaine de définition (de 0 à 2π) :

$$S = \int_{\theta=0}^{\pi}\int_{\varphi=0}^{2\pi} R^2\sin\theta d\theta d\varphi = R^2\int_0^{\pi}\sin\theta d\theta\int_0^{2\pi} d\varphi = 4\pi R^2$$

Volume d'une sphère de rayon R :
On intègre le volume élémentaire en coordonnées sphériques, pour r variant de 0 à R, θ sur l'ensemble de son domaine de définition (de 0 à π) et φ sur l'ensemble de son domaine de définition (de 0 à 2π) :

$$V = \int_{r=0}^{R}\int_{\theta=0}^{\pi}\int_{\varphi=0}^{2\pi} r^2dr\sin\theta d\theta d\varphi = \int_0^R r^2dr\int_0^{\pi}\sin\theta d\theta\int_0^{2\pi} d\varphi = \frac{4\pi R^3}{3}$$

Exercice 3.4 : Produit vectoriel

On appelle moment cinétique d'un point matériel M (de masse m) par rapport au point O (origine du référentiel d'étude) le vecteur $\vec{\sigma}$ défini comme le produit vectoriel du vecteur position $\overrightarrow{OM}$ de M et de son vecteur quantité de mouvement $\vec{p} = m\vec{v}$, avec $\vec{v}$ le vecteur vitesse de M. En supposant que le point M a un mouvement plan, repéré par la donnée de ses coordonnées polaires, déterminer le vecteur moment cinétique de M par rapport à O.

• Analyse de l'énoncé

L'opérateur **produit vectoriel** s'applique à deux vecteurs qu'il transforme en un troisième perpendiculaire aux deux premiers. L'usage de cet opérateur nécessite une

base orthonormée directe. La première chose à faire lorsqu'on a à calculer le produit vectoriel de deux vecteurs est donc de choisir une telle base. Le plus souvent, comme c'est le cas ici, l'énoncé indiquera la base à utiliser.

> ⚠ L'énoncé propose ici d'utiliser la base polaire. En fait, c'est la base cylindrique (dont dérive la base polaire) que nous allons utiliser. En effet, la méthode de calcul du produit vectoriel que nous allons voir nécessite d'utiliser des vecteurs de $\mathbb{R}^3$.

• **Détermination des coordonnées des vecteurs à multiplier vectoriellement**
Une fois la base choisie, il faut exprimer les vecteurs à multiplier vectoriellement dans cette base. Pour cela, on utilise les projections, ainsi qu'éventuellement les dérivations vectorielles des vecteurs de base (pour une base mobile).

> ⚠ Parfois, sur les deux vecteurs à multiplier vectoriellement, l'un s'exprimera facilement dans une base (cylindrique par exemple) tandis que l'autre sera plus aisément exprimable dans une autre (cartésienne par exemple). Il n'est pas possible de les exprimer dans deux bases différentes pour les multiplier ensuite vectoriellement. Une fois le choix d'une base effectué, on doit donc s'y tenir.

Travaillons dans la base cylindrique. Le vecteur position s'écrit :

$$\overrightarrow{OM} = r\vec{u}_r$$

Le vecteur quantité de mouvement, $\vec{p} = m\vec{v}$ s'écrit :

$$\vec{p} = m\left[\dot{r}\vec{u}_r + r\dot{\theta}\vec{u}_\theta\right]$$

• **Calcul du produit vectoriel**
On peut s'y prendre de deux manières pour calculer le produit vectoriel de deux vecteurs.
Une première méthode consiste à utiliser les **propriétés principales** du produit vectoriel :
- antisymétrie : $\vec{u} \wedge \vec{v} = -\vec{v} \wedge \vec{u}$;
- associativité des scalaires : $(a\vec{u}) \wedge (b\vec{v}) = ab\vec{u} \wedge \vec{v}$;
- distributivité par rapport à l'addition : $\vec{u} \wedge (\vec{v} + \vec{w}) = (\vec{u} \wedge \vec{v}) + (\vec{u} \wedge \vec{w})$;
- $(\vec{u} \wedge \vec{v}) = \vec{0}$ si et seulement si $\vec{u}$ et $\vec{v}$ sont colinéaires entre eux ;
- pour toute base orthonormée directe, notée $(\vec{i}, \vec{j}, \vec{k})$, $\vec{i} \wedge \vec{j} = \vec{k}$, $\vec{j} \wedge \vec{k} = \vec{i}$ et $\vec{k} \wedge \vec{i} = \vec{j}$.

La seconde méthode consiste à utiliser la **formule générale** du produit vectoriel de deux vecteurs $\vec{A}$ et $\vec{B}$ de coordonnées respectives (x_1, y_1, z_1) et (x_2, y_2, z_2). Cette formule se démontre d'ailleurs à l'aide des propriétés précédentes.

$$\begin{bmatrix} x_1 \\ y_1 \\ z_1 \end{bmatrix} \wedge \begin{bmatrix} x_2 \\ y_2 \\ z_2 \end{bmatrix} = \begin{bmatrix} y_1 z_2 - z_1 y_2 \\ z_1 x_2 - x_1 z_2 \\ x_1 y_2 - y_1 x_2 \end{bmatrix}$$

Un moyen mnémotechnique pour retenir cette formule est l'utilisation des calculs de déterminants (2,2) (en prenant garde au signe "−" du deuxième terme) :

$$\begin{vmatrix} y_1 & y_2 \\ z_1 & z_2 \end{vmatrix} \vec{i} - \begin{vmatrix} x_1 & x_2 \\ z_1 & z_2 \end{vmatrix} \vec{j} + \begin{vmatrix} x_1 & x_2 \\ y_1 & y_2 \end{vmatrix} \vec{k}$$

On a écrit les expressions dans le cadre de la base cartésienne. La seule condition dont on avait besoin est le caractère orthonormé direct de la base. On peut donc sans problème appliquer cette méthode aux bases mobiles cylindriques et sphériques.

Multiplions vectoriellement les vecteurs position et quantité de mouvement :

$$\begin{bmatrix} r \\ 0 \\ 0 \end{bmatrix} \wedge \begin{bmatrix} m\dot{r} \\ mr\dot{\theta} \\ 0 \end{bmatrix} = \begin{bmatrix} 0 \\ 0 \\ mr^2\dot{\theta} \end{bmatrix}$$

Vu la simplicité des vecteurs mis en jeu, on aurait pu écrire directement :

$$\overrightarrow{OM} \wedge \vec{p} = r\vec{u}_r \wedge \left[m\left(\dot{r}\vec{u}_r + r\dot{\theta}\vec{u}_\theta\right)\right] = mr^2\dot{\theta}\vec{k}$$

Exercice 3.5 : Dérivées partielles

Un gaz parfait voit ses paramètres d'état P (pression), V (volume) et T (température), régis par la relation suivante, appelée équation d'état du gaz parfait :

$$PV = nRT$$

Calculer, à l'aide de cette relation, les dérivées partielles suivantes :

$$\left(\frac{\partial V}{\partial P}\right)_T \quad ; \quad \left(\frac{\partial P}{\partial T}\right)_V \quad ; \quad \left(\frac{\partial T}{\partial V}\right)_P$$

Montrer que le produit de ces trois dérivées partielles est égal à -1.

• Analyse de l'énoncé

Sans donner réellement de fonctions à deux variables, l'énoncé demande de calculer des dérivées partielles. Il va donc falloir, dans un premier temps, **mettre en évidence les expressions** des fonctions à deux variables concernées, puis, dans un second temps, **calculer effectivement les dérivées partielles demandées.** Nous allons rappeler, par la suite, à cet effet comment calculer une **dérivée partielle.**

L'équation d'état fournie nous permet d'expliciter trois fonctions à deux variables :

$$V_{(T,P)} = \frac{nRT}{P} \quad ; \quad P_{(T,V)} = \frac{nRT}{V} \quad ; \quad T_{(V,P)} = \frac{PV}{nR}$$

• Calcul des dérivées partielles

Raisonnons par exemple sur une **fonction à deux variables**, $f(x, y)$, les résultats se généralisant aisément si la fonction comporte plus de variables. Pour calculer la dérivée partielle de $f(x, y)$ par rapport à la variable x, notée $\left(\frac{\partial f}{\partial x}\right)_y$, on va dériver, comme on en a l'habitude $f(x, y)$ par rapport à x mais en faisant comme si la variable y était une simple constante. La/les variable(s) à considérer comme constante(s) pour la dérivée partielle est est/sont celle(s) indiquée(s) en indice de la dérivée partielle.

Soyez rigoureux sur les notations ; vous allez, en CPGE, rencontrer plusieurs notations proches en écriture, mais ayant des significations fort différentes :

- le symbole ∂ indique, comme on vient de le voir, que l'on calcule une **dérivée partielle.**
- la lettre d indique que l'on est en présence de la **différentielle d'une fonction**, fonction que l'on qualifiera de fonction d'état en thermodynamique, et dont la particularité sera que sa variation, c'est-à-dire l'intégrale de df entre deux états, ne dépendra que des deux états en question et non du chemin suivi pour passer de l'un à l'autre.
- le symbole δ indique une quantité élémentaire, et non la variation d'une fonction d'état. Par exemple, on écrit en thermodynamique δQ comme étant un transfert thermique élémentaire. En intégrant cette quantité élémentaire sur un chemin donné faisant passer le système d'un état à un autre, on obtient le transfert thermique total Q qui, lui, dépend du chemin suivi.

Calculons les dérivées partielles demandées :

$$\left(\frac{\partial V}{\partial P}\right)_T = -\frac{nRT}{P^2} \qquad \left(\frac{\partial P}{\partial T}\right)_V = \frac{nR}{V} \qquad \left(\frac{\partial T}{\partial V}\right)_P = \frac{P}{nR}$$

On a alors :

$$\left(\frac{\partial V}{\partial P}\right)_T \times \left(\frac{\partial P}{\partial T}\right)_V \times \left(\frac{\partial T}{\partial V}\right)_P = -\frac{nRT}{P^2} \times \frac{nR}{V} \times \frac{P}{nR} = -\frac{nRT}{PV}$$

Or, d'après l'équation d'état du gaz parfait, on sait que $PV = nRT$, d'où :

$$\left(\frac{\partial V}{\partial P}\right)_T \times \left(\frac{\partial P}{\partial T}\right)_V \times \left(\frac{\partial T}{\partial V}\right)_P = -1$$

On retrouve bien le résultat annoncé.

Exercice 3.6 : Opérateur gradient

L'opérateur gradient associe à une fonction scalaire de trois variables réelles f un vecteur, noté $\overrightarrow{grad}(f)$, tel que : $df = \overrightarrow{grad}(f) \cdot d\overrightarrow{OM}$. Déterminer les composantes du vecteur gradient d'une fonction $f(r, \theta, z)$ (coordonnées cylindriques) puis $f(r, \theta, \varphi)$ (coordonnées sphériques).

- **Analyse de l'énoncé**

Cet exercice introduit un outil que vous utiliserez beaucoup en CPGE, en deuxième année notamment. Il fait partie d'une classe d'objets mathématiques appelés **opérateurs vectoriels.**

- **Expression de la différentielle d'une fonction**

La **différentielle** d'une fonction correspond à la quantité dont s'accroît la fonction f lorsque sa ou (ses) variables s'accroî(ssen)t d'une fraction infinitésimale.

- pour une fonction à une variable, on retrouve en fait simplement la notation des physiciens pour la dérivée : $df = f'(x)dx$;
- pour une fonction à plusieurs variables, on généralise l'expression précédente en sommant les contributions respectives de chacune des coordonnées : si on considère $f(x, y)$, on a $df = \left(\frac{\partial f}{\partial x}\right) dx + \left(\frac{\partial f}{\partial y}\right) dy$.

Ces définitions s'appliquent dans les autres systèmes de coordonnées à deux dimensions (polaire notamment), et s'extrapolent de la même manière dans les systèmes à trois variables (cartésiennes, cylindriques et sphériques).

La fonction en coordonnées cylindriques a pour différentielle :

$$df = \left(\frac{\partial f}{\partial r}\right) dr + \left(\frac{\partial f}{\partial \theta}\right) d\theta + \left(\frac{\partial f}{\partial z}\right) dz$$

La fonction en coordonnées sphériques a pour différentielle :

$$df = \left(\frac{\partial f}{\partial r}\right) dr + \left(\frac{\partial f}{\partial \theta}\right) d\theta + \left(\frac{\partial f}{\partial \varphi}\right) d\varphi$$

• Produit scalaire

Le **produit scalaire** de deux vecteurs est une opération qui associe à ces deux vecteurs $\overrightarrow{A}(x_1, y_1, z_1)$ et $\overrightarrow{B}(x_2, y_2, z_2)$ un scalaire, noté $\overrightarrow{A} \cdot \overrightarrow{B}$, égal à $x_1x_2 + y_1y_2 + z_1z_2$. On appelle cette expression l'**expression analytique** du produit scalaire.
On peut aussi donner une **interprétation géométrique** au produit scalaire : c'est le produit de la norme des vecteurs avec le cosinus de l'angle qu'ils forment.

On veut ici former le produit scalaire du vecteur $\overrightarrow{grad}(f)$ par le vecteur déplacement élémentaire. Ce dernier vecteur a été exprimé dans l'exercice 3.3., on reprend directement ses coordonnées d'après cet exercice.
Pour les coordonnées cylindriques, notons (a, b, c) les coordonnées inconnues du vecteur $\overrightarrow{grad}(f)$, on a alors :

$$\overrightarrow{grad}(f) \cdot d\overrightarrow{OM} = adr + brd\theta + cdz$$

Pour les coordonnées sphériques, notons (l, m, n) les coordonnées inconnues du vecteur $\overrightarrow{grad}(f)$, on a alors :

$$\overrightarrow{grad}(f) \cdot d\overrightarrow{OM} = ldr + mrd\theta + n \sin\theta d\varphi$$

• Méthode d'identification

On a deux expressions différentes d'une même quantité fonction de trois paramètres indépendants $(dr,\ d\theta,\ dz)$ pour les cylindriques et $(dr,\ d\theta,\ d\varphi)$ pour les sphériques. Ces deux expressions devant être égales quelles que soient les valeurs de ces trois paramètres, on n'a plus qu'à égaler deux à deux les valeurs des arguments devant ces paramètres.

En comparant les deux expressions de df ainsi écrites, pour chacun des deux systèmes de coordonnées considéré, on obtient ainsi les expressions des opérateurs gradient dans chacun de ces systèmes :
– **en coordonnées cylindriques**

$$\overrightarrow{grad}(f) = \begin{bmatrix} \frac{\partial f}{\partial r} \\ \\ \frac{1}{r}\frac{\partial f}{\partial \theta} \\ \\ \frac{\partial f}{\partial z} \end{bmatrix}$$

– **en coordonnées sphériques**

$$\overrightarrow{grad}(f) = \begin{bmatrix} \frac{\partial f}{\partial r} \\ \\ \frac{1}{r}\frac{\partial f}{\partial \theta} \\ \\ \frac{1}{r\sin\theta}\frac{\partial f}{\partial \varphi} \end{bmatrix}$$

Partie 2
Signaux physiques

Signaux physiques

Objectifs généraux développés

Cette partie, de taille conséquente, porte sur l'étude des signaux physiques et plus particulièrement celle des signaux sinusoïdaux dont le rôle dans l'étude des systèmes linéaires est majeur. Elle s'appuie sur huit blocs faisant intervenir des systèmes issus de domaines variés de la physique et vise à développer les compétences générales suivantes :

- comprendre le rôle joué par une équation différentielle dans l'étude de l'évolution temporelle d'un système physique ;
- comprendre la représentation des solutions dans un portrait de phase ;
- relier linéarité et superposition ;
- exploiter la décomposition sinusoïdale d'un signal pour prévoir son évolution à travers un système linéaire ;
- interpréter physiquement et savoir reconnaître la forme analytique d'un signal qui se propage ;
- relier conditions aux limites et quantification, conditions aux limites et décomposition en ondes stationnaires ;
- dégager les similitudes de comportement entre systèmes analogues par une mise en équation pertinente utilisant variables réduites et paramètres caractéristiques adimensionnés ;
- réaliser des constructions graphiques claires et précises pour appuyer un raisonnement ou un calcul.

CHAPITRE

4

Oscillateur harmonique

Exercice 4.1 : Système masse-ressort

On considère un oscillateur constitué d'une masselotte (assimilée à un point matériel M, de masse m) reliée à un ressort de raideur k et de longueur à vide l_0. Cette masselotte ne peut que se déplacer sans frottement sur un support horizontal. L'origine O de l'axe horizontal $x'x$ sera prise au point d'équilibre du système. À l'instant initial, on donne au système la longueur $l(0) = L$ puis on l'abandonne.

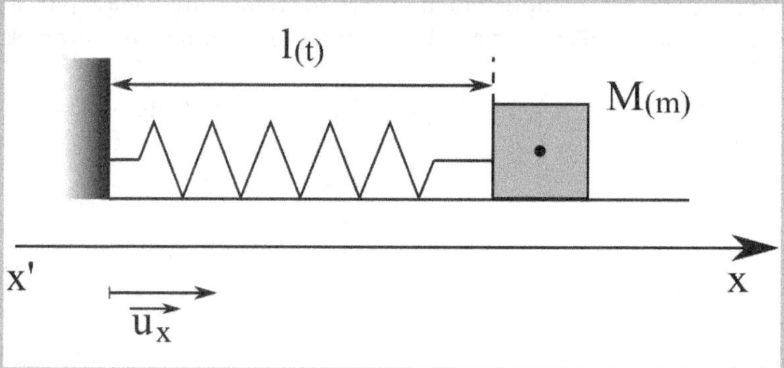

Établir l'équation différentielle régissant les variations de $x(t)$, puis la résoudre. En déduire l'expression de $l(t)$. Contrôler la cohérence de la solution obtenue avec la conservation de l'énergie mécanique.

• **Analyse de l'énoncé**

Cet exercice étudie un système se comportant comme un **oscillateur harmonique**. Cette étude se fera systématiquement en deux étapes :

– la première est constituée par l'**étude de l'équilibre** du système. En effet, il est judicieux de placer l'origine spatiale de l'axe selon lequel se fait le mouvement à la position d'équilibre afin d'obtenir directement l'équation différentielle du mouvement sous une forme particulièrement simple.

– la seconde est constituée par l'établissement de l'équation différentielle en question grâce, par exemple, à la deuxième loi de Newton.

Comme il s'agit d'un exercice de mécanique, on n'omettra pas non plus de commencer par définir clairement le système et le référentiel (galiléen) d'étude.

• **Détermination de la position d'équilibre du système**

La condition d'équilibre d'un point matériel s'obtient en écrivant que la somme des forces appliquées au point matériel est nulle. Il faut donc commencer par faire une liste exhaustive des forces qui s'appliquent sur ce point. Dans un exercice mettant en jeu un ressort, le point délicat est l'écriture de la **force de rappel du ressort**.

La **force de rappel d'un ressort** s'écrit **toujours** vectoriellement :

$$\overrightarrow{F} = -k\,[l(t) - l_0]\,\vec{u}$$

avec $l(t)$ la longueur du ressort à l'instant considéré, l_0 sa longueur à vide, k sa constante de raideur et $\vec{u}$ un vecteur unitaire **colinéaire au ressort et dirigé du point d'attache du ressort vers son extrémité libre**. Dans ces conditions, que le ressort soit utilisé en élongation ou bien en compression, l'expression de sa force de rappel reste la même. Il y a donc bien toujours un signe "−" comme la dénomination de "force de rappel" le suggère.

> Notez au passage qu'un exercice mettant en jeu une masse accrochée entre deux ressorts le long d'un axe ne permet pas d'utiliser directement cette formulation, car le vecteur unitaire de l'axe en question ne conviendra que pour l'un des deux ressorts...

On étudie le système ponctuel constitué par la masselotte par rapport au référentiel galiléen du laboratoire.

Ce système est soumis à trois forces :

- le poids $\overrightarrow{P}$, vertical et dirigé vers le bas ;
- la réaction normale du support $\overrightarrow{R_N}$, verticale et dirigée vers le haut ;
- la force de rappel du ressort $\overrightarrow{F}$, dirigée selon l'axe du ressort c'est-à-dire horizontalement.

La condition d'équilibre s'écrit vectoriellement :

$$\overrightarrow{P} + \overrightarrow{R_N} + \overrightarrow{F} = \overrightarrow{0}$$

avec dans notre cas :

$$\overrightarrow{F} = -k\,[l(t) - l_0]\,\vec{u}_x$$

puisque $\vec{u}_x$ est un vecteur unitaire colinéaire au ressort et dirigé du point d'attache du ressort vers son extrémité libre.

Les deux premières forces sont dirigées verticalement, l'une vers le haut et l'autre vers la bas, et se compensent donc entre elles. $\overrightarrow{F}$ est seule selon l'horizontale, elle doit donc s'annuler à la position d'équilibre.

En notant l_{eq} la longueur du ressort à la position d'équilibre, il vient alors :

$$-k\left(l_{eq}-l_0\right)=0$$

soit :

$$l_{eq}=l_0$$

On peut ainsi placer judicieusement l'origine de l'axe $(x'x)$ à la distance l_0 du point d'attache.

• **Établissement de l'équation différentielle d'évolution du système**

L'équation différentielle d'évolution du système est une relation entre la fonction position $x(t)$ du système et ses dérivées. Sa nature impose la forme mathématique de $x(t)$ que l'on obtient par résolution de l'équation différentielle. En mécanique, elle résulte directement de l'application de la deuxième loi de Newton au système. Dans le cas d'un **oscillateur harmonique** elle se mettra systématiquement sous la forme :

$$\ddot{x}(t)+\omega_0^2 x(t)=0$$

à condition d'avoir placé l'origine de l'axe selon lequel se fait le mouvement à la position d'équilibre du système. Dans le cas contraire, l'équation différentielle reste de la même forme, mais avec un second membre non nul.

Appliquons la deuxième loi de Newton au système, en la projetant vectoriellement sur l'axe horizontal :

$$-k\left(l(t)-l_0\right)=m\ddot{x}(t)$$

D'après le schéma, on peut écrire :

$$l(t)=l_0+x(t)$$

En reportant dans l'expression précédente, elle se simplifie en :

$$-k\left[\left(l_0+x(t)\right)-l_0\right]=m\ddot{x}(t) \quad \Leftrightarrow \quad \ddot{x}(t)+\frac{k}{m}x(t)=0$$

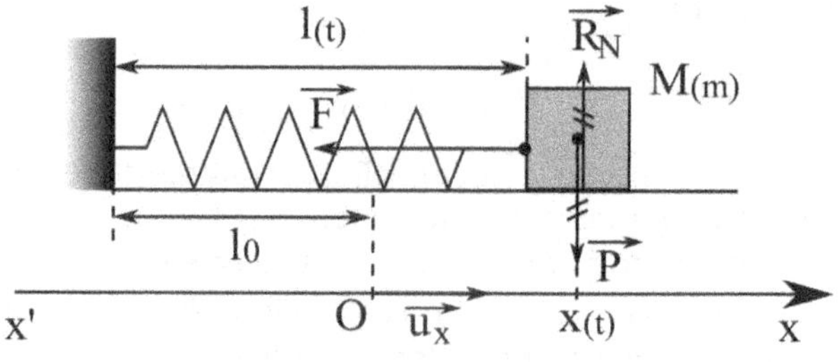

Notons au passage que l'expression de la force de rappel est valable, quel que soit le signe de l'élongation algébrique. En effet, le changement de signe de cette élongation, selon que la longueur du ressort est inférieure ou supérieure à sa longueur à vide s'accompagne d'un changement de sens de la force. On peut donc tout aussi bien représenter la situation avec cette version alternative du schéma :

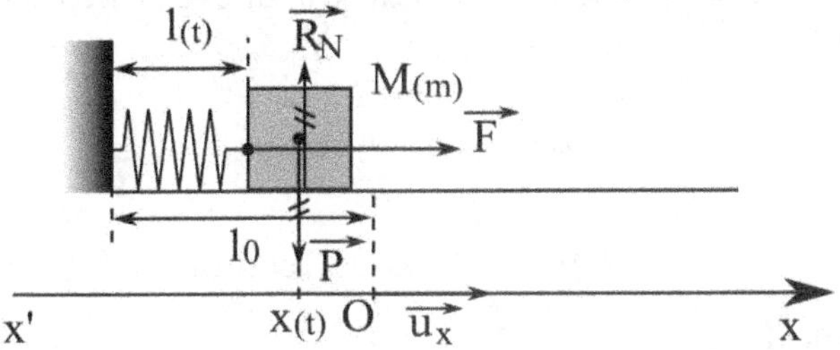

• **Résolution de cette équation différentielle**

L'équation différentielle suivante :

$$\ddot{x}(t) + \omega_0^2 x(t) = 0$$

est celle d'un oscillateur harmonique de pulsation ω_0. Sa solution s'écrit :

$$x(t) = X_m \cos(\omega_0 t + \varphi)$$

Cette solution peut aussi être recherchée sous la forme équivalente (on le vérifie à l'aide de simples formules de trigonométrie) :

$$x(t) = A\cos(\omega_0 t) + B\sin(\omega_0 t)$$

Chacune de ces formes comporte deux constantes d'intégration (X_m et φ pour la première, A et B pour la seconde) que l'on détermine à l'aide des conditions initiales.

Souvent l'une des conditions initiales est une valeur de la dérivée de la fonction solution de l'équation différentielle. Il faut alors commencer par dériver l'expression de la fonction solution avant d'y appliquer cette condition...

L'équation différentielle obtenue a pour solution, en posant $\omega_0 = \sqrt{\frac{k}{m}}$:

$$x(t) = A\cos(\omega_0 t) + B\sin(\omega_0 t)$$

On a alors :

$$l(t) = l_0 + A\cos(\omega_0 t) + B\sin(\omega_0 t)$$

On détermine alors A et B en appliquant les conditions initiales : $l(0) = L$ et $\dot{l}(0) = 0$. Pour appliquer la seconde, on doit d'abord dériver $l(t)$.

$$\dot{l}(t) = -A\omega_0 \sin(\omega_0 t) + B\omega_0 \cos(\omega_0 t)$$

On a alors : $L = l_0 + A$ et $0 = B\omega_0$. On en déduit les expressions finales de $x(t)$ et $l(t)$:

$$x(t) = (L - l_0)\cos(\omega_0 t)$$

$$l(t) = l_0 + (L - l_0)\cos(\omega_0 t)$$

• **Étude énergétique**

L'oscillateur harmonique n'est siège d'aucun frottement. Son énergie mécanique E_m est donc constante, ce que l'on peut retrouver en la déterminant à partir de sa définition :

$$E_m = E_c + E_p$$

Dans le cas d'un oscillateur harmonique horizontal, le poids ne contribue pas à l'énergie potentielle, car le système reste à altitude constante. L'énergie potentielle du système est donc celle liée à la force de rappel du ressort et a pour expression :

$$E_p = \frac{1}{2}k\left[l(t) - l_0\right]^2$$

L'énergie cinétique a pour expression :

$$E_c = \frac{1}{2}m\dot{x}^2(t) = \frac{1}{2}m\left(L - l_0\right)^2 \omega_0^2 \sin^2(\omega_0 t) = \frac{1}{2}k\left(L - l_0\right)^2 \sin^2(\omega_0 t)$$

L'énergie potentielle a pour expression :

$$E_p = \frac{1}{2}k\left[l(t) - l_0\right]^2 = \frac{1}{2}k\left(L - l_0\right)^2 \cos^2(\omega_0 t)$$

En utilisant la relation de trigonométrie $\cos^2(u) + \sin^2(u) = 1$, on obtient :

$$E_m = \frac{1}{2}k\left(L - l_0\right)^2 = cte$$

La solution obtenue est donc bien cohérente, elle permet de retrouver la conservation de l'énergie mécanique.

Exercice 4.2 : Équipartition de l'énergie

Un oscillateur harmonique est constitué par un système masse-ressort (raideur k, longueur à vide l_0, masse m) dont la longueur $l(t)$ a pour expression :

$$l(t) = l_0 + X_m \sin(\omega_0 t)$$

Montrer qu'il y a équipartition de l'énergie (on calculera pour cela les valeurs moyennes des énergies cinétique et potentielle du système).

- **Analyse de l'énoncé**

On a vu dans l'exercice précédent que le mouvement d'un oscillateur harmonique se faisait à **énergie mécanique constante** en raison de l'absence de frottements. Cette énergie mécanique constante E se partage, à chaque instant, entre deux formes d'énergie :

– l'**énergie cinétique**, d'expression

$$E_c = \frac{1}{2}m\dot{x}^2 = \frac{1}{2}m\dot{l}^2$$

– l'**énergie potentielle**, d'expression

$$E_p = \frac{1}{2}k\left[l(t) - l_0\right]^2$$

Nous avons vu à l'exercice précédent, comme vous pourrez le recalculer ici, que ces énergies varient respectivement en $\sin^2(\omega_0 t)$ et $\cos^2(\omega_0 t)$. D'où l'allure suivante des courbes énergétiques :

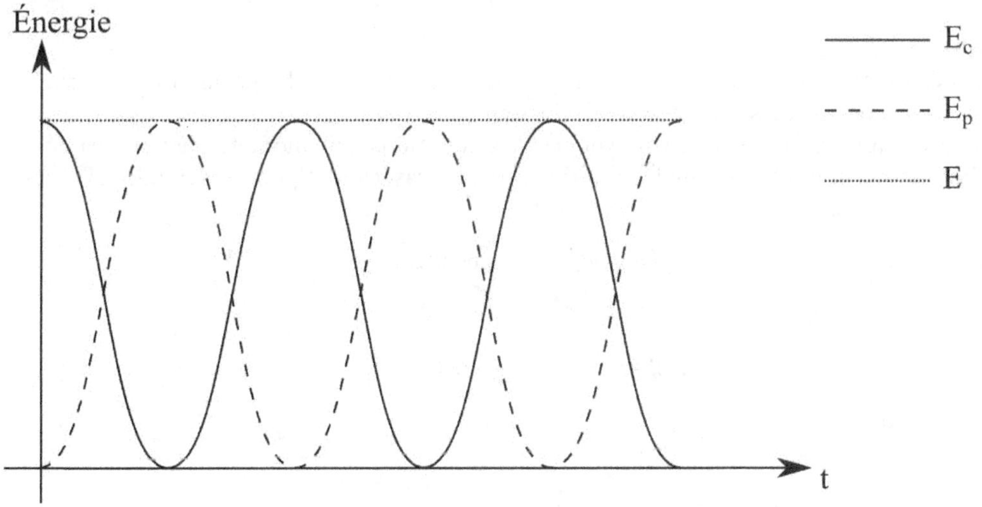

En menant les calculs comme effectués à l'exercice précédent, on a :

$$E_c = \frac{1}{2}m\dot{x}^2 = \frac{1}{2}m\dot{l}^2 = \frac{1}{2}m\omega_0^2 X_m^2 \cos^2(\omega_0 t)$$

$$E_p = \frac{1}{2}k\left[l(t) - l_0\right]^2 = \frac{1}{2}kX_m^2 \sin^2(\omega_0 t)$$

• **Valeur moyenne temporelle d'une fonction périodique**

On appelle **valeur moyenne temporelle** de la fonction T-périodique $f(t)$, sur une période :

$$< f(t) >= \frac{1}{T}\int_0^T f(t)dt$$

Cette notion est générale, vous l'utiliserez également cette année dans la partie électrocinétique.

Il est bon de connaître, et savoir retrouver, les valeurs moyennes de quelques fonctions périodiques de base.

Les valeurs moyennes temporelles sur une période des fonctions sinus et cosinus sont nulles. Celles de leurs carrés valent $\frac{1}{2}$.

En effet :

$$\frac{1}{T}\int_0^T \cos(\omega t)\, dt = \frac{1}{\omega T}\left[\sin(\omega t)\right]_0^T = 0$$

puisque $\omega T = 2\pi$.

La démonstration de la nullité de la valeur moyenne de la fonction sinus est tout à fait analogue, et laissée aux soins du lecteur.

Pour ce qui est des valeurs moyennes des fonctions trigonométriques au carré, la démonstration est basée sur les relations de linéarisation trigonométrique suivantes :

$$2\cos(x)^2 = 1 + \cos(2x)$$

$$2\sin(x)^2 = 1 - \cos(2x)$$

On a alors :

$$\frac{1}{T}\int_0^T \cos^2(\omega t)\, dt = \frac{1}{2T}\int_0^T (1 + \cos(2\omega t))\, dt = \frac{1}{2}$$

d'après ce qui précède. la démonstration avec la forme en sinus est, là aussi, tout à fait similaire.

Calculons les valeurs moyennes temporelles des énergies cinétique et potentielle en utilisant les résultats connus sur les moyennes temporelles des fonctions trigonométriques au carré :

$$< E_c >= \frac{1}{4} m\omega_0^2 X_m^2 \quad \text{et} \quad < E_p >= \frac{1}{4} k X_m^2$$

Pour comparer ces deux grandeurs, on doit réexprimer les paramètres de l'oscillateur les uns en fonction des autres. Pour un oscillateur harmonique constitué par un ressort de raideur k auquel est attachée une masselotte m, la pulsation propre s'exprime par :

$$\omega_0 = \sqrt{\frac{k}{m}}$$

En remplaçant la pulsation propre par son expression en fonction de k et de m dans la moyenne temporelle de l'énergie cinétique, on arrive à :

$$< E_c >=< E_p >$$

On a donc bien équipartition de l'énergie entre les formes cinétique et potentielle.

Exercice 4.3 : Oscillateurs verticaux

On considère le système suivant :

Montrer qu'il constitue un oscillateur harmonique dont on déterminera la période.

• Analyse de l'énoncé

L'étude de base de l'**oscillateur harmonique** s'est faite à l'aide d'un modèle de base constitué par un ressort horizontal, au bout duquel on accrochait une masselotte. Nous allons voir dans cet exercice qu'il existe d'autres configurations dans lesquelles on se ramène également à un oscillateur harmonique, c'est-à-dire un système régi par une équation différentielle du type :

$$\ddot{x}(t) + \omega_0^2 x(t) = 0$$

• Étude mécanique du système

Nous reprenons ici, point par point la méthode d'étude présentée dans le premier exercice de ce chapitre :

- déterminer la position d'équilibre du système ;
- appliquer la deuxième loi de Newton au système en vue d'obtenir l'équation différentielle d'évolution ;
- comparer cette équation différentielle à celle d'un oscillateur harmonique et conclure.

Prenons pour système la masselotte, et étudions-la par rapport au référentiel terrestre supposé galiléen. Elle est soumise à son poids :

$$\vec{P} = +mg\vec{e}_z$$

et à la force de rappel du ressort :

$$\vec{F}_r = -k(l - l_0)\vec{e}_z$$

avec $\vec{e}_z$ bien orienté de l'extrémité fixe du ressort, vers son extrémité libre. L'application de la deuxième loi de Newton dans une situation d'équilibre ($\vec{a} = \vec{0}$) donne, en projection sur l'axe des z :

$$mg - k(l_{eq} - l_0) = 0$$

d'où

$$l_{eq} = l_0 + \frac{mg}{k}$$

Contrairement au cas du ressort horizontal, étudié dans le premier exercice de ce chapitre, la position d'équilibre ne correspond plus à $l_{eq} = l_0$.

Notons z la cote du point d'attache de la masselotte au ressort, et fixons l'origine des z au niveau de cette position d'équilibre. Nous constatons qu'alors $mg - k(l - l_0)$ peut encore s'écrire $-k(l - l_{eq}) = -kz$, puisque $z = 0$ si $l = l_{eq}$.

La projection de la deuxième loi de Newton sur l'axe des z dans le cas d'une accélération $\vec{a} = \ddot{z}\vec{e}_z$ donne alors l'équation :

$$\ddot{z} + \sqrt{\frac{k}{m}}z = 0$$

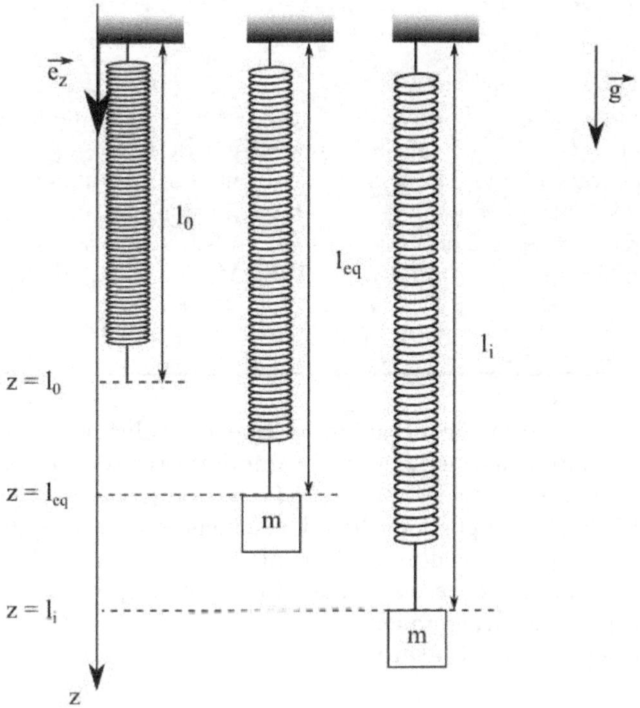

• **Identification de l'oscillateur harmonique**
Il ne nous reste plus qu'à identifier les paramètres de l'oscillateur.

L'équation différentielle se réécrit bien sous la forme de celle d'un oscillateur harmonique :

$$\ddot{z} + \omega_0^2 z = 0$$

en posant $\omega_0 = \sqrt{\frac{k}{m}}$
Nous reconnaissons donc l'équation d'un oscillateur harmonique, de pulsation ω_0 et de période propre :

$$T_0 = \frac{2\pi}{\omega_0} = 2\pi\sqrt{\frac{m}{k}}$$

Exercice 4.4 : Oscillateur transplanétaire

On peut montrer qu'à l'intérieur d'un astre sphérique et homogène de masse M et de rayon R, le champ de pesanteur ne varie plus en raison inverse du carré de la distance x au centre de l'astre, mais proportionnellement à celle-ci :

$$\vec{G}_{int}(x) = -\frac{\mathscr{G}M}{R^3} x\vec{e}_x$$

avec $\vec{e}_x$ vecteur unitaire vertical ascendant.
On considère alors un hypothétique puits traversant la Terre de part en part en passant par son centre. Le référentiel terrestre sera supposé galiléen. Montrer qu'un objet (ou un voyageur audacieux) lâché dans ce puits sans vitesse initiale va avoir un comportement d'oscillateur harmonique, et déterminer sa période ainsi que la vitesse maximale atteinte au cours du voyage.
Application numérique : $\mathscr{G} = 6,67.10^{-11}$ USI, $M_T = 5,98.10^{24}$ kg, $R_T = 6,38.10^6$ m.

• Analyse de l'énoncé

Bien que présentant des atours de mécanique céleste, ce problème est bel et bien placé sous l'égide de l'oscillateur harmonique, point qui doit orienter vos recherches. En y regardant de plus près, nous voyons qu'il est ici question d'une force gravitationnelle (donc de type rappelante) proportionnelle à l'éloignement du centre de la Terre.
La situation rappelle donc le cas d'un système attaché à un ressort harmonique, et il devrait nous suffire d'appliquer la deuxième loi de Newton pour mettre en évidence une équation d'oscillateur harmonique.

• Mise en évidence de l'oscillateur

Nous allons mener l'étude du mouvement de chute d'un objet de masse m dans le puits par rapport au référentiel terrestre supposé galiléen, sous le seul effet de la force qu'exerce sur lui le champ de pesanteur décrit dans l'énoncé. La projection de la deuxième loi de Newton selon un axe radial donne :

$$m(\ddot{x} - x\dot{\theta}^2) = -\frac{\mathscr{G}mM}{R^3} x \quad \Leftrightarrow \quad \ddot{x} + \frac{\mathscr{G}M}{R^3} x = 0$$

en supposant le mouvement purement radial (donc $\dot{\theta} = 0$).
Nous reconnaissons l'équation d'un oscillateur harmonique de pulsation propre $\omega_0 = \sqrt{\frac{\mathscr{G}M}{R^3}}$.

• Détermination de la période

Dans un deuxième temps, l'énoncé demande de déterminer la période du mouvement. Ayant déjà identifié la pulsation, le calcul se fait très simplement.

Nous savons que la période s'exprime à partir de la pulsation comme :

$$T_0 = \frac{2\pi}{\omega_0} = 2\pi\sqrt{\frac{R^3}{\mathcal{G}M}} = 2\pi\sqrt{\frac{(6,38.10^6\ \text{m})^3}{6,67.10^{-11} \times 5,98.10^{24}\text{kg}}} \times = \underline{5,07.10^3\ \text{s}}$$

Ainsi, l'objet lancé dans le puits reviendrait à son expéditeur au bout d'environ 1 h 25.

• **Vitesse maximale**

La détermination de la vitesse maximale peut se faire selon deux approches :

- Identifier précisément la loi horaire de vitesse suivie par l'oscillateur, comme dérivée de la solution de l'équation différentielle mise en évidence, et identifier son amplitude.
- Déterminer l'expression de l'énergie cinétique du système lorsqu'il passe par le centre de la Terre (énergie potentielle d'un oscillateur minimale au niveau de sa position au repos), et en déduire la valeur de sa vitesse.

Dans la deuxième hypothèse, on prendra garde au fait que le champ de pesanteur (et par suite l'énergie potentielle de pesanteur) n'a pas son expression habituelle.

Utilisation de la solution de l'équation différentielle

Nous savons que les solutions de l'équation différentielle d'un oscillateur harmonique peuvent se mettre sous la forme :

$$x(t) = A\cos(\omega_0 t) + B\sin(\omega_0 t)$$

Nous en déduisons la loi de vitesse :

$$v(t) = \dot{x}(t) = -\omega_0 A\sin(\omega_0 t) + B\omega_0\cos(\omega_0 t)$$

Nous pouvons déterminer les constantes d'intégration A et B à l'aide des conditions initiales : $x(t=0) = R$ et $\dot{x}(t=0) = 0$, qui nous donnent alors :

$$x(t=0) = A\cos(\omega_0 \times 0) + B\sin(\omega_0 \times 0) = R \quad \Rightarrow \quad A = R$$

$$\dot{x}(t=0) = -\omega_0 A\sin(\omega_0 \times 0) + \omega_0 B\cos(\omega_0 \times 0) = 0 \quad \Rightarrow \quad B = 0$$

Nous en déduisons les formes finales :

$$x(t) = R\cos(\omega_0 t) \qquad v(t) = -R\omega_0\sin(\omega_0 t)$$

La composante de vitesse est négative du fait de son orientation vers le bas, et est maximale en valeur absolue lorsque le sinus est égal à 1, d'où :

$$v_{max} = R\omega_0 = \underline{7,9\ \text{km.s}^{-1}}$$

Utilisation de l'énergie mécanique

La force gravitationnelle exercée sur le système a pour expression :

$$\vec{F} = -\frac{\mathcal{G}mM}{R^3}x\vec{e}_x$$

Nous pouvons alors identifier une énergie potentielle dont elle dérive :

$$dE_p = -\vec{F} \cdot dx\vec{e}_x \quad \Leftrightarrow \quad E_p(x) = +\int \frac{\mathcal{G}mM}{R^3}xdx = \frac{\mathcal{G}mM}{2R^3}x^2$$

en prenant l'origine de l'énergie potentielle au centre de la Terre.
Cette force étant conservative, nous pouvons exprimer la conservation de l'énergie mécanique du système entre la surface de la Terre et son centre :

$$E_{c,i} + E_{p,i} = E_{c,f} + E_{p,f} \quad \Leftrightarrow \quad 0 + \frac{\mathcal{G}mM}{2R^3}R^2 = \frac{1}{2}mv_{max}^2 + 0$$

puisque le système part sans vitesse initiale (donc $E_{c,i} = 0$) et que nous avons pris $E_p = 0$ au centre de la Terre.
Nous en déduisons de légalité précédente :

$$\frac{\mathcal{G}M}{2R} = \frac{1}{2}v_{max}^2 \quad \Leftrightarrow \quad v_{max} = \sqrt{\frac{\mathcal{G}M}{R}} = R\underbrace{\sqrt{\frac{\mathcal{G}M}{R^3}}}_{\omega_0}$$

Nous retrouvons bien le même résultat qu'avec la première méthode.

CHAPITRE

5

Propagation d'un signal

Exercice 5.1 : Analyse de Fourier

On considère le signal suivant :

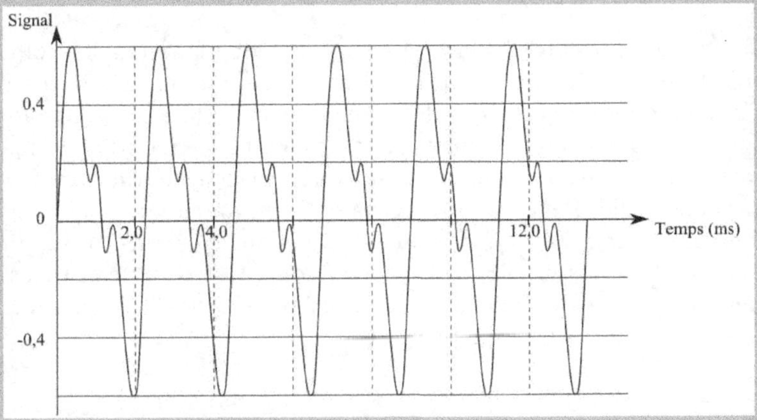

Donner en la justifiant une représentation de son spectre de Fourier en amplitude. On restera qualitatif sur les ordonnées, mais on sera précis sur les abscisses. Préciser quelles sont les unités de ses coefficients de Fourier, selon qu'il s'agit d'un signal acoustique ou d'un signal électrique.

- **Analyse de l'énoncé**

Cet exercice se propose de vous faire entrer dans la représentation spectrale d'un signal. Le travail est en soi relativement simple, dans la mesure où aucun détail quantitatif sur les amplitudes des composantes de Fourier ne vous est demandé, et où le spectre de phase n'est pas requis non plus.

Toutefois, il est nécessaire de bien comprendre les tenants et les aboutissants de l'analyse de Fourier pour pouvoir mener la tâche à bien. Si vous avez entièrement compris la phrase annonçant ci-dessus que le travail était simple, c'est plutôt bon signe. Dans le cas contraire, quelques explications ne seront sans doute pas superflues.

L'idée de base de Fourier est de dire que toute fonction périodique de période T (on dit également "T-périodique") peut se décomposer en une somme discrète de fonctions sinusoïdales, évoluant à des pulsations multiples d'une pulsation dite **fondamentale**,

qui n'est autre que celle de la fonction d'origine. Cette décomposition est appelée **décomposition en série de Fourier**.
Chacune de ces fonctions se caractérise, comme toute fonction sinusoïdale qui se respecte, par trois paramètres :
- son amplitude, que nous noterons E_n ;
- sa pulsation ω_n ;
- sa phase à l'origine des dates φ_n.

En résumé, toute fonction T-périodique peut s'écrire sous la forme :

$$f(t) = \sum_{n=0}^{\infty} E_n \cos(\omega_n t + \varphi_n)$$

avec $\omega_n = n\omega_1$, où $\omega_1 = \frac{2\pi}{T}$ est la pulsation de la fonction $f(t)$, également appelée **pulsation fondamentale** du signal.

> ⚠ Notez que la somme démarre à $n = 0$, par une fonction sinusoïdale de pulsation nulle, ce qui peut sembler un peu curieux. Ce terme est en fait la composante continue de la fonction $f(t)$: une constante additive qui ne varie pas, mais permet à la fonction d'être périodique sans pour autant devoir absolument exécuter ses oscillations autour d'une valeur moyenne nulle. Peut-être avez-vous déjà été amené à ajouter une tension de décalage (ou *offset* chez nos amis anglo-saxons) à une tension sinusoïdale, dans un TP d'électrocinétique. Cet offset constituerait la composante d'ordre 0 de la décomposition de série de Fourier que vous auriez obtenue de ce signal.

Rappelons au passage qu'une combinaison linéaire du sinus et du cosinus d'un même argument peut s'exprimer de trois façons :
- une combinaison linéaire, donc : $f(t) = A\cos(\omega t) + B\sin(\omega t)$;
- une combinaison linéaire de l'exponentielle complexe de cet argument et de celle de son opposé : $f(t) = Ce^{i\omega t} + De^{-i\omega t}$;
- une unique fonction sinusoïdale de cet argument, mais affublée d'une phase à l'origine des dates : $f(t) = E\cos(\omega t + \varphi)$ (on peut aussi opter pour le sinus, ce qui revient à retrancher $\pi/2$ à la phase à l'origine des dates).

Ces trois écritures sont parfaitement équivalentes (la correspondance entre la première et la deuxième s'obtient très facilement à l'aide des formules d'Euler).
Ceci pour dire que vous pourrez trouver différentes versions du spectre de Fourier d'une fonction en série de Fourier. Dans tous les cas, cependant, un spectre complet comportera deux diagrammes, respectivement :
- ensemble des coefficients A_n des fonctions cosinus et B_n des fonctions sinus ;
- ensemble des coefficients C_n des exponentielles complexes d'argument positif et D_n de celles d'arguments négatifs ;
- ensemble des amplitudes E_n et des phases à l'origine des dates φ_n.

Ce que l'on appelle **spectre de Fourier** d'une fonction périodique est alors la donnée des graphiques donnant respectivement (dans le cas de notre choix de la troisième écriture) les amplitudes et les phases à l'origine des dates, portées en fonction des fréquences des sinusoïdes sur lesquelles se décompose la fonction $f(t)$.

Il est intéressant de noter que la logique consistant à décomposer ainsi une fonction périodique en une somme de sinusoïdes chacune affectée d'un coefficient, relève de la même logique que celle consistant à décomposer un vecteur en une somme de vecteurs unitaires chacun affecté d'un coefficient définissant sa composante selon ce vecteur unitaire. Cette proximité n'est pas fortuite, et l'on montre en Mathématiques que les fonctions sinusoïdales de pulsations $\omega_n = n\omega_1$ constituent une base de vecteurs dans un espace de fonctions, sur laquelle on peut décomposer toute fonction périodique de pulsation ω_1.

Les présentations étant faites, passons à l'énoncé : on nous propose une fonction qui est manifestement périodique. D'après ce que nous venons de dire, nous pouvons affirmer qu'elle est décomposable en série de Fourier, et ajouter que les sinusoïdes sur lesquelles elle s'appuiera auront pour pulsations respectives $\omega_n = n\omega_1$, ω_1 étant la pulsation du signal observé.

La pulsation étant la jumelle maléfique de la fréquence dont elle ne diffère que d'un facteur multiplicatif 2π, tout ce que nous venons de dire pour les unes est reconductible pour les autres. Nous avons opté pour la pulsation afin d'alléger les écritures en vous épargnant ce 2π, mais les spectres sont en général représentés en fonction de la fréquence, usage auquel nous sacrifierons également.

La décomposition détaillée d'une fonction d'expression connue en série de Fourier fait appel à des outils mathématiques bien connus, bien que légèrement encombrants. Ce travail calculatoire n'est pas réellement ce qui nous intéresse ici. En effet, il s'agit surtout d'une gymnastique mentale (du reste très bien réalisée par certains logiciels dédiés) dont l'exercice n'apporterait pas grand-chose à vos qualités physiciennes. Par ailleurs, elle réclame la connaissance de l'expression analytique de $f(t)$. Or dans un cadre expérimental, un phénomène présente rarement une carte de visite fournissant ladite expression. Dans les faits, le signal est dirigé vers un analyseur de spectre qui fournit une analyse détaillée des données expérimentales.
L'idée dans le cas présent est donc essentiellement de vous permettre de comprendre les grandes lignes du lien existant entre l'allure d'un signal, et le spectre en amplitude auquel on peut s'attendre concernant ce signal.
Ici, il nous suffira donc de déterminer la fréquence du signal fourni, puis de tracer un spectre en amplitude sur lequel figureront des pics, au niveau de cette fréquence ainsi qu'aux autres dont nous sommes en droit de supposer qu'elles figurent dans ce spectre.

Nous constatons, sur l'oscillogramme fourni, que le signal exécute $N = 4$ oscillations, entre $t = 0$ et $t = 9,0$ ms.
Nous en déduisons que la période de ce signal a pour valeur :

$$4T = \Delta t \quad \Leftrightarrow \quad T = \frac{\Delta t}{4} = \frac{9,0 \text{ ms}}{4} = \underline{2,3 \text{ ms}}$$

Et de là la fréquence de ce signal, qui est également sa fréquence fondamentale :

$$f_1 = \frac{1}{T} = \frac{4}{\Delta t} = \frac{4}{9,0.10^{-3} \text{ s}} = \underline{4,4.10^2 \text{ Hz}}$$

Nous en déduisons que son spectre présentera un pic à cette fréquence,un autre à la fréquence $f_2 = 2f_1 = 8,8.10^2$ Hz, puis $f_3 = 3f_1 = 1,3$ kHz, *etc.*

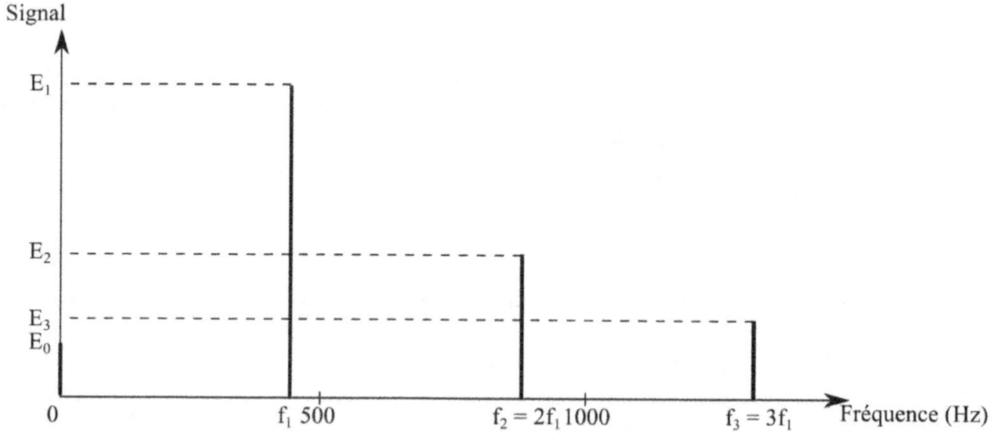

Répétons-le : cette analyse manuelle a pour seul objectif d'illustrer le lien existant entre une fonction périodique et son spectre. En particulier, les amplitudes figurant sur ce spectre sont purement arbitraires. Nous nous sommes contentés de rendre compte de ce qu'il se passe dans la plupart des cas, à savoir qu'une petite composante continue existe (on voit en effet sur le graphique, que la partie de la courbe située dans les ordonnées positives est légèrement plus importante que celle située dans les ordonnées négatives, ce qui augure d'une composante continue) et que les contributions des harmoniques sont en général moins importantes que celle du fondamental.

Notons également qu'il est d'usage, sur un spectre d'amplitude, de faire figurer des amplitudes positives. Le cas négatif peut se résumer à ajouter un déphasage de π à la phase correspondante sur le spectre des phases, ce qui change le signe du cosinus.

• **Unités des coefficients de Fourier**

Comme nous l'avons dit, les coefficients d'une décomposition en série de Fourier sont simplement les amplitudes des sinusoïdes dont la superposition va restituer le signal de départ. Les sinusoïdes proprement dites étant dénuées d'unité, les coefficients de Fourier ont donc tout simplement pour unité, celle du signal dont ils sont issus.

Dans le cas où le signal est une onde acoustique, on peut supposer que la grandeur perturbée est la surpression acoustique (voir pour plus de détail l'exercice suivant), dont l'unité SI serait donc le pascal (Pa).
Dans le cas d'un signal électrique, la grandeur perturbée au premier chef est en général la tension électrique, dont l'unité SI est le volt (V).

Exercice 5.2 : Représentations spatiale et temporelle d'une onde

On considère un bassin rempli d'eau, doté d'un repère $Oxyz$. L'eau est caractérisée entre autres par la pression $P(x,t)$ (on s'intéressera à la propagation d'une onde selon Ox, à y et z fixés). Une onde de pression peut s'y propager sans déformation, à la célérité $v = 1,5.10^3$ m.s^{-1}. On note P_0 la pression en l'absence de toute perturbation, et $p(x,t) = P(x,t) - P_0$ la surpression dans le plan d'abscisse x à l'instant de date t.
Suite à une perturbation générée en $x = 0$ entre deux dates t_0 et t_1, l'ensemble du milieu présente, à un instant de date $t_{obs} > t_1$, le profil de surpression suivant :

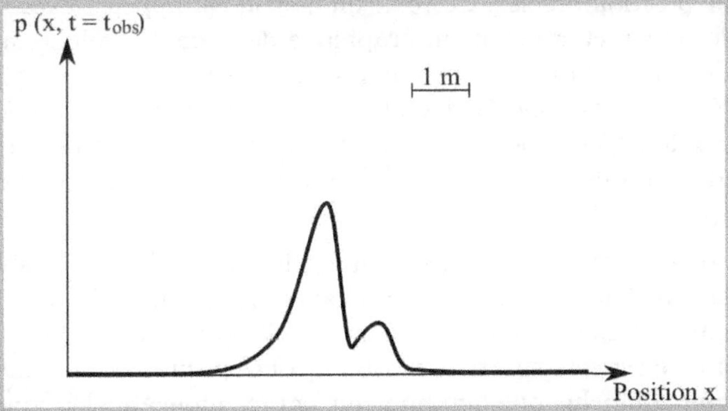

Déterminer la durée de la perturbation, et représenter l'évolution temporelle de la surpression $p(x_0,t)$ en une abscisse x_0 fixée.

• **Analyse de l'énoncé**

Cet exercice porte sur la distinction entre les représentations spatiale et temporelle d'une onde. Cette dualité se manifeste notamment par la double dépendance de la perturbation envisagée (ici un écart de pression par rapport à la pression à l'équilibre), en position x d'une part, et en date t d'autre part. Ces deux dépendances sont toutefois étroitement liées, notamment si l'on suppose que la propagation de la perturbation initiale s'effectue sans déformation (toujours le cas en l'absence de précision contraire). Rappelons pour mémoire la définition d'une onde : "phénomène de propagation d'une perturbation". Si l'on détaille cette définition, il est question :

(1) d'une **perturbation**, c'est-à-dire du phénomène de variation dans le temps d'une grandeur, par rapport à une valeur de repos constante (dans le temps) et uniforme (dans l'espace) : dans le cas présent, il s'agit de la surpression ;

(2) de la **propagation** de cette perturbation, c'est-à-dire de sa transmission de proche en proche.

> Il est d'usage, lorsque la grandeur perturbée est la pression, de lui préférer la surpression. Ceci en sorte que la valeur d'équilibre soit égale à 0, plus commode en cas de calculs.

L'onde peut ainsi être appréhendée de deux façons :

- Soit l'on prend un instantané de l'intégralité du milieu de propagation, et l'on visualise ainsi l'ensemble des valeurs prises par la grandeur se propageant, sur l'ensemble des positions par lesquelles elle passe. Cette façon de voir l'onde est appelée **visualisation spatiale** : elle se caractérise par un graphique donnant les valeurs adoptées par la grandeur en fonction de la position, à une date fixée. C'est celle proposée par l'énoncé.
- Soit l'on visualise la succession des valeurs adoptées par la grandeur au cours du temps, en une position précise. Cette façon de voir est appelée **visualisation temporelle** : elle se caractérise par un graphique donnant les valeurs adoptées par la grandeur en fonction du temps, en une position fixée.

Ces deux représentations sont évidemment liées, puisque la succession des valeurs prises par la grandeur perturbée en une position fixe au cours du temps, est la même que la succession des valeurs se suivant à la queue leu leu en représentation spatiale, à deux détails près :

(1) En représentation spatiale, si l'on étudie une onde progressive, la propagation se fait dans le sens des x croissants, donc usuellement de la gauche vers la droite. Il importe cependant d'avoir à l'esprit que le front d'onde se trouve à droite : c'est cette partie qui atteint toute position en premier. La partie se trouvant à gauche, que l'on pourrait par exemple appeler "queue" de l'onde, ne passe qu'en dernier.

En revanche, en représentation temporelle, la valeur lue est intervenue d'autant plus tôt dans le temps, qu'elle se trouve plus à gauche. Les deux représentations vont donc avoir une allure similaire, mais avec une inversion gauche-droite, répondant au fait que la partie de la perturbation qui atteint une position donnée le plus tôt, à gauche en temporel, se trouve à droite en spatial, et réciproquement.

(2) Si l'on lit un écart sur l'axe horizontal, il s'agit d'une longueur en représentation spatiale (la distance sur laquelle s'étalent les positions touchées par la perturbation à la date de l'instantané), mais d'une durée en représentation temporelle (la durée pendant laquelle la position d'étude va subir le passage de la perturbation).

Or c'est la difficulté de cet exercice, qui demande justement la durée de la perturbation, mais fournit une représentation spatiale, laquelle ne donne directement accès qu'à la distance sur laquelle elle s'étale. Tout le jeu étant de parvenir à passer de l'une à l'autre.

• **Détermination de la durée de la perturbation à partir de son étendue spatiale**

On constate sur la courbe représentative de l'état du milieu à une date quelconque, que la perturbation s'étale sur une longueur $L = x_{front} - x_{queue} = \underline{4,0 \text{ m}}$ (on mesure à la règle graduée les longueurs de l'écartement ainsi que du segment donnant l'échelle, puis l'on effectue une règle de trois).
Nous en déduisons qu'entre la date de début de la perturbation générée en $x = 0$, et celle de la fin en cette même abscisse, le front de la perturbation a avancé de la distance calculée ci-dessus. Or, connaissant la célérité v de déplacement de cette onde de surpression dans le milieu, nous pouvons en déduire que la durée $\Delta t = t_{final} - t_{initial}$ pendant laquelle s'est déplacé le front de la perturbation a pour valeur :

$$v = \frac{L}{\Delta t} \quad \Leftrightarrow \quad \Delta t = \frac{L}{v} = \frac{4,0 \text{ m}}{1,5.10^3 \text{ m.s}^{-1}} = \underline{2,7 \text{ ms}}$$

Pour bien marquer la différence entre les deux représentations, nous avons désigné différemment le début et la fin de la perturbation, selon que nous travaillons sur son étendue spatiale ou temporelle :

- Dans le premier cas, nous avons choisi de parler des positions de front et de queue de la perturbation.
- Dans le second cas, nous avons parlé des dates initiale et finale de la perturbation.

Ces choix sémantiques ne constituent pas une convention officielle, mais il importe d'avoir les idées claires lorsque l'on parle du début ou de la fin d'une perturbation, tant ces concepts diffèrent selon que l'on raisonne en représentation spatiale ou temporelle. En particulier, en représentation spatiale, le début de la perturbation se trouve à droite (pour une onde se propageant de la gauche vers la droite), tandis que la fin se trouve à gauche. Mais la représentation temporelle, prise en une position donnée, fait figurer l'attaque du front en cette position à gauche (aux premiers instants). À mesure que le temps s'écoule, les variations de la surpression se succèdent de la gauche vers la droite, selon le même schéma que celui observé de la droite vers la gauche en représentation spatiale.

• Tracé de la représentation temporelle du passage de la perturbation en une position donnée

On peut ainsi obtenir le profil temporel à partir du profil spatial, par une symétrie de la courbe représentative par rapport l'axe des ordonnées. Il ne reste plus dès lors qu'à changer l'échelle de l'axe des abscisses, depuis une échelle de position graduée en unités de longueur, vers une échelle de dates graduée en unités de temps. Le lien entre les deux est naturellement la célérité, comme nous l'avons démontré plus haut dans le cas particulier de la correspondance entre étendues spatiale et temporelle de la perturbation.

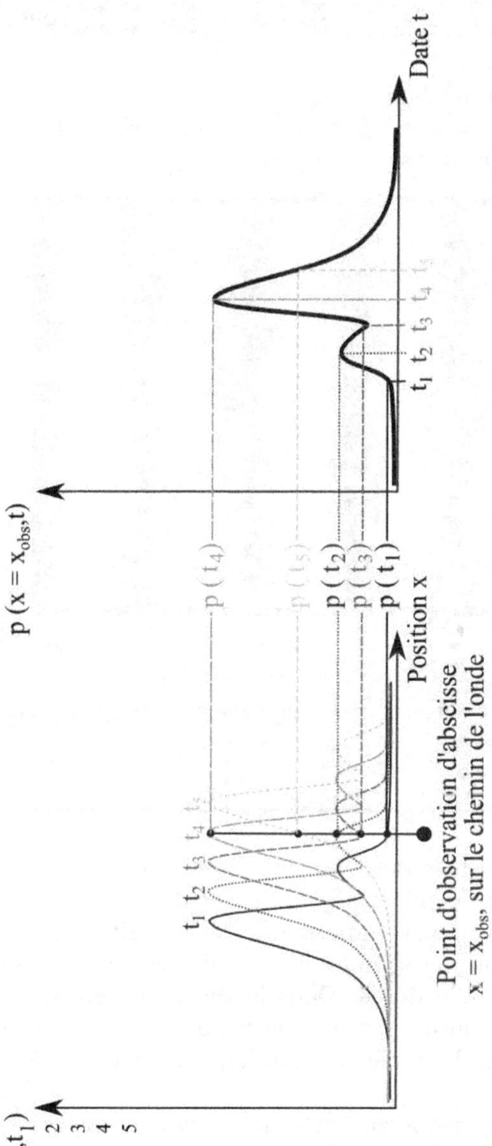
p (x = x_obs,t)
Date t
t1 t2 t3 t4
p (t4)
p (t5)
p (t2)
p (t3)
p (t1)
Position x
Point d'observation d'abscisse
x = x_obs, sur le chemin de l'onde
p (x,t1)
2
3
4
5

Exercice 5.3 : Ondes mécaniques progressives sinusoïdales

On considère une cuve à ondes remplie d'eau, et dotée d'un vibreur générant des ondes planes sinusoïdales à la fréquence $f = 100$ Hz. Un instantané de la surface de la cuve à ondes donne le résultat suivant :

Rappeler la définition de la longueur d'onde d'une onde sinusoïdale, et déterminer la célérité des ondes se propageant à la surface du liquide (on aura notamment soin de démontrer toute relation engageant la fréquence et la longueur d'onde de l'onde considérée).

• Analyse de l'énoncé

L'objectif de cet exercice est de déterminer la célérité des ondes se propageant à la surface de l'eau dans la cuve à onde invoquée dans l'énoncé. La célérité est souvent une donnée du problème plutôt qu'un résultat demandé. Il s'agit cependant d'une grandeur relativement simple : homogène à une vitesse, elle réclame *a priori* simplement le rapport d'une longueur à une durée. Dans le cas d'une onde, il suffit de pouvoir mesurer une distance parcourue par une partie de la perturbation en train de se propager, et de la rapporter la durée pendant laquelle cette partie perturbe un point situé sur son parcours.

Dans le cas présent, nous savons en outre qu'il s'agit d'une onde sinusoïdale. Une connaissance convenable des résultats des cours, nonobstant le fait que l'énoncé demande la démonstration de ce résultat, vous permet de savoir qu'il suffit d'engager la longueur d'onde pour longueur, et la période pour durée.

La période se déduit très simplement de la fréquence, quant à la longueur d'onde, avec une représentation spatiale de l'onde, il est très facile de l'obtenir...

• Démonstration de la relation entre célérité, période et longueur d'onde d'une onde sinusoïdale

Nous savons que la longueur d'onde d'une onde est la plus courte distance séparant deux positions par lesquelles passe cette onde, et qui vibrent en phase.

La célérité v d'une onde dans un milieu, par ailleurs, peut être définie comme le rapport d'une distance parcourue par la perturbation que propage cette onde, à la durée que met la perturbation à parcourir cette distance.
La définition même de la période d'une perturbation sinusoïdale suppose qu'en une abscisse donnée, au bout de ladite période, la perturbation se reproduit identique à ce qu'elle était une période plus tôt à cette même abscisse. Or dans le même temps, la perturbation de départ s'est propagée, et on la retrouve donc identique, mais plus loin. On trouve ainsi deux positions en lesquelles la perturbation va systématiquement avoir la même valeur, quel que soit l'instant considéré. En d'autres termes : la distance séparant une position donnée, de la première à vibrer en phase avec elle, n'est autre que la longueur d'onde λ définie en ouverture.
Il en découle que sur la durée d'une période T, une onde sinusoïdale se propage sur une longueur précisément égale à sa longueur d'onde λ. D'après la définition de la célérité d'une onde évoquée plus haut, nous pouvons alors écrire :

$$v = \frac{\lambda}{T}$$

- **Détermination des valeurs numériques**

La période s'obtient comme inverse de la fréquence de la sinusoïde :

$$T = \frac{1}{f} = \frac{1}{100\ \text{Hz}} = 10,0\ \text{ms}$$

Et l'on peut lire la longueur d'onde sur l'instantané fourni, en s'appuyant sur plusieurs ondes afin d'avoir plus de chiffres significatifs. En effet, la règle étant précise au mm, si nous choisissons une longueur inférieure à 10 mm, nous ne pouvons prétendre à mieux qu'un chiffre significatif sur le résultat final. Si nous prenons une mesure de longueur supérieure ou égale à 10 mm, mais inférieure à 100 mm, nous serons limités à deux chiffres significatifs. Et si nous prenons plus de 100 mm, nous pouvons prétendre à une précision à trois chiffres significatifs, bienvenue puisque la fréquence n'en possède pas moins.

Comme à chaque fois que l'on choisit d'étendre la mesure à plusieurs motifs, nous supposons que tous les motifs en question sont identiques entre eux.

Dans le cas présent, nous constatons que $N = 3,0$ sinusoïdes s'étalent sur une longueur $L = 3,0\lambda = 5,0$ cm, soit donc $\lambda = \frac{L}{N} = \frac{5,0\ \text{cm}}{3,0} = 1,7$ cm.
Nous en déduisons finalement la valeur de la célérité :

$$v = \frac{\lambda}{T} = \frac{Lf}{N} = \frac{100\text{Hz} \times 5,0.10^{-2}\ \text{m}}{3} = \underline{1,7\ \text{m.s}^{-1}}$$

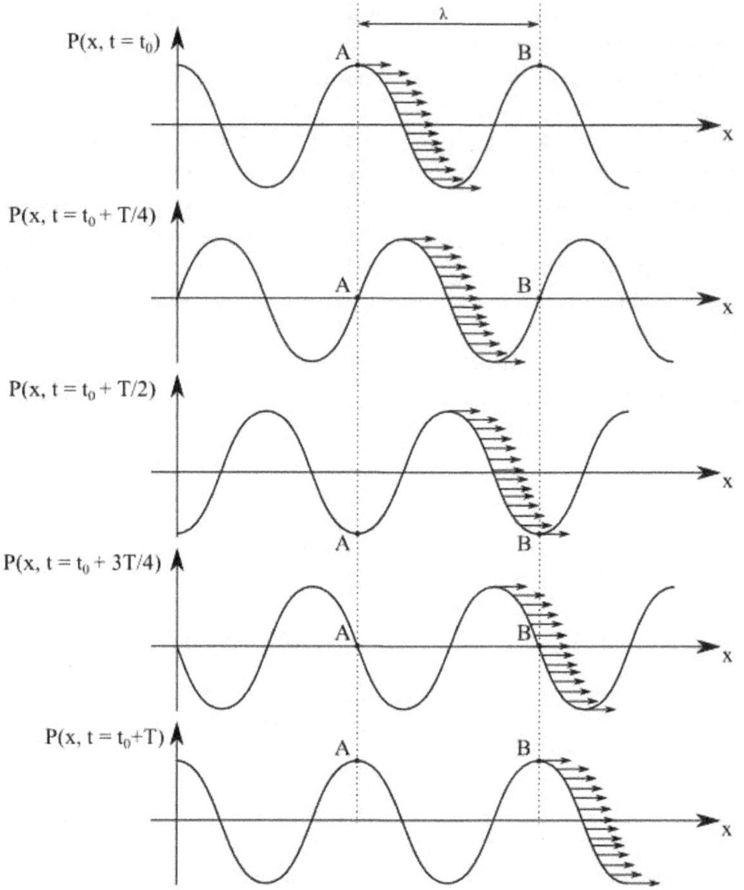

Rappelons que la célérité d'une onde dans un milieu est souvent tributaire de sa fréquence. Cet exercice aurait par exemple tout à fait pu donner plusieurs clichés de la cuve à onde, sur chacun desquels l'eau aurait été excitée à une fréquence différente. On aurait bien évidemment vu une décroissance de la longueur d'onde à mesure qu'augmentait la fréquence. Mais ceci ne garantit absolument pas que le produit de la longueur d'onde par la fréquence (donc la célérité) soit le même à chaque fois. Il serait donc nécessaire d'effectuer ce travail indépendamment pour chaque cliché.
Rappelons également que le phénomène de dépendance de la célérité d'une onde sinusoïdale se propageant dans un milieu, vis-à-vis de sa fréquence, est appelé **dispersion**. La célérité étant une propriété du milieu, un milieu occasionnant ce phénomène est dit **dispersif**.

La célérité n'est ainsi définie de manière univoque, que pour une onde sinusoïdale. La propagation d'une excitation périodique de forme triangulaire, par exemple, dans un milieu dispersif, réclamerait une décomposition de la perturbation en série de Fourier, et une analyse de la propagation de chacune de ses harmoniques. Le fait que toutes les harmoniques n'évoluent pas avec la même célérité aurait alors pour effet de déformer l'onde au fur et à mesure de sa propagation, un peu comme si les différentes parties du corps d'un(e) athlète ne se déplaçaient pas à la même vitesse durant une course.

Exercice 5.4 : Interférences à deux ondes

On considère deux haut-parleurs pratiquement ponctuels S_1 et S_2, placés à une distance $b = 1,0$ m l'un de l'autre. Ils sont alimentés par un même GBF, délivrant une tension sinusoïdale de fréquence $f = 1,65$ kHz.
Un microphone est placé sur un petit chariot, qui peut se déplacer le long d'un rail parallèle à la droite S_1S_2, et séparé de celle-ci d'une distance $D = 10,0$ m. Il est en outre doté d'un axe Ox dont l'origine O est située à égale distance des deux haut-parleurs :

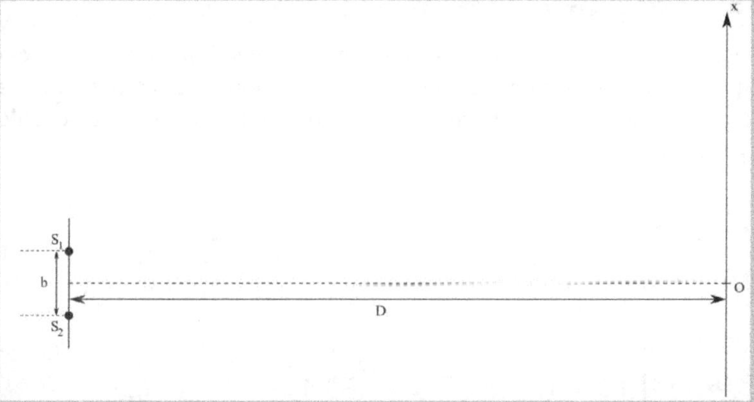

Donner la représentation du signal obtenu si l'on connecte le microphone à un oscilloscope, et donner une condition sur le déphasage $\varphi(x)$ entre les signaux issus de S_1 et de S_2, pour que leur superposition en un point où ils interfèrent donne une interférence constructive ou destructive.
En déduire les valeurs x_{max} et x_{min} des positions du microphone, où l'intensité acoustique sera respectivement maximale et minimale, ainsi que l'interfrange i entre deux maxima consécutifs.

• Analyse de l'énoncé

Tous les exercices d'interférence à deux ondes se résument globalement à une unique clé : le déphasage entre les deux ondes en question. Dans le cas d'ondes sinusoïdales (c'est pratiquement toujours le cas), ce déphasage peut facilement être relié à la différence de marche δ entre les deux ondes interférant : $\varphi = \frac{2\pi\delta}{\lambda}$.

L'idée générale à retenir est simplement que les interférences seront constructives si les ondes ont parcouru le même chemin et parviennent donc simultanément (c'est-à-dire qu'elles auront systématiquement même valeur au même instant, au point où elles interfèrent). Mais dans le cas d'ondes sinusoïdales, reproduisant régulièrement le même motif, il est possible, si l'une des ondes est en retard sur l'autre, d'attendre la prochaine sinusoïde et de, pourrait-on dire, "prendre le train suivant". Ceci se produit si l'onde en retard accuse un décalage spatial par rapport à l'autre, précisément égal à leur longueur d'onde commune, ou plus généralement égal à un nombre entier de fois cette longueur d'onde.

Dans le cas contraire, les interférences seront moins efficaces, voire être carrément destructives, si chacune des ondes va systématiquement à l'encontre de l'autre (opposition de phase). Ceci se produit si la différence de marche décale les ondes d'une demi-longueur d'onde supplémentaire, par rapport à une interférence constructive.

Ce résultat peut ou non être admis, selon les énoncés. Mais il constitue dans tous les cas un précieux guide pour orienter les recherches et les calculs.

Il ne reste plus ensuite qu'à déterminer les conditions de vérification de ce critère, en fonction des paramètres particuliers du problème que l'on souhaite traiter.

Nous savons que la superposition en une position donnée, de deux signaux sinusoïdaux de même pulsation ω, donne un nouveau signal de même pulsation, dont l'amplitude et la phase à l'origine des dates dépendent de celles des deux signaux d'origine :

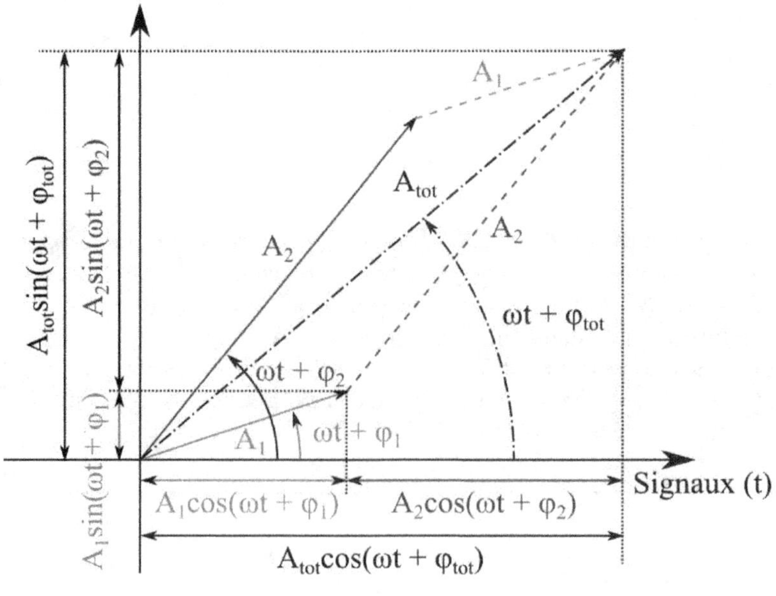

Les signaux $s_1(t)$ et $s_2(t)$ s'identifient aux projections sur l'axe horizontal des vecteurs respectivement indicés 1 et 2. Ces deux vecteurs tournent à la même vitesse angulaire ω, qui s'identifie à la pulsation des signaux. La somme des deux signaux s'identifie alors à la projection sur ce même axe, de la somme des deux vecteurs de départ. Cette résultante s'appuyant sur deux vecteurs tournant à la même vitesse angulaire, elle tourne également à ladite vitesse angulaire ω. On trouve alors la norme A_{tot} et le déphasage φ_{tot} de ce nouveau vecteur, respectivement, par :

- le théorème de Pythagore s'appuyant sur les sommes des projections horizontales et verticales (qui donnent A_{tot}) ;
- le rapport de la somme des composantes verticales, à celle des composantes horizontales (qui donnent la tangente de φ_{tot}).

$$\left.\begin{aligned} s_1(t) &= A_1\cos(\omega t+\varphi_1) \\ s_2(t) &= A_2\cos(\omega t+\varphi_2) \end{aligned}\right\} \Rightarrow s_{tot}(t) = s_1(t)+s_2(t) = A_{tot}\cos(\omega t+\varphi_{tot})$$

avec

$$\left\{\begin{aligned} A_{tot} &= \sqrt{A_1^2+A_2^2+2A_1A_2\cos(\varphi_1-\varphi_2)} \\ \varphi_{tot} &= \arctan\left[\frac{A_1\sin\varphi_1+A_2\sin\varphi_2}{A_1\cos\varphi_1+A_2\cos\varphi_2}\right] \end{aligned}\right.$$

dans l'hypothèse où $A_1\cos\varphi_1+A_2\cos\varphi_2 \geq 0$ (dans le cas contraire, l'expression de φ_{tot} est déphasée de π par rapport à l'expression ci-dessus).

L'interférence est dite constructive lorsque l'amplitude du signal résultant est maximale, destructive si elle est minimale. On constate que l'expression de A_{tot} calculée ci-dessus est :

- maximale si $\varphi_1-\varphi_2 = 2k\pi$ (les deux signaux de départ sont en phase, leurs vecteurs de Fresnel sont colinéaires) ;
- minimale si $\varphi_1-\varphi_2 = (2k+1)\pi$ (les deux signaux de départ sont en opposition de phase, leurs vecteurs de Fresnel sont anticolinéaires) ;

avec k entier relatif.

Notons que dans le cas de deux signaux de même amplitude à la position d'interférence, A_{tot} vaut alors respectivement le double des amplitudes individuelles, dont il résulte un quadruplement de la puissance reçue, et zéro (pas de signal du tout).

- **Relation entre déphasage et position dans le plan d'observation**

Nous savons que pour parcourir une distance d, le signal prend une durée $\Delta t = \frac{d}{v}$, v étant sa célérité. Il s'ensuit que le déphasage consécutif à ce parcours vaut :

$$\varphi = \omega\frac{d}{v} = \frac{2\pi}{vT}d = 2\pi\frac{d}{\lambda}$$

où $\lambda = vT$ est la longueur d'onde du signal sinusoïdal considéré.
Dans le cas de deux signaux émis en phase l'un avec l'autre, mais parcourant des distances différentes jusqu'à la position où ils interfèrent, ils se rencontreront donc avec un déphasage $\varphi_1 - \varphi_2 = \frac{2\pi\delta}{\lambda}$, où $\delta = d_1 - d_2$ est appelée différence de marche entre les chemins suivis par chacun des deux signaux, depuis leurs sources respectives jusqu'au point d'interférence. Or si l'interférence se produit à une distance D très grande devant b, distance séparant les deux sources, on peut considérer que les directions de propagation des deux signaux sont pratiquement parallèles entre elles (*cf* schéma page suivante).
On a dans ce cas $\delta = d_1 - d_2 \simeq b \sin\theta$. Si l'on ajoute en outre l'hypothèse $x \ll D$, soit donc $\theta \ll 1$ rad, nous pouvons écrire $\delta \simeq b\theta$. En écrivant enfin que $\tan\theta = \frac{x}{D}$, soit donc, toujours dans l'hypothèse $\theta \ll 1$ rad, $\theta \simeq \frac{x}{D}$, nous obtenons enfin :

$$\varphi_1 - \varphi_2 = \frac{2\pi}{\lambda}\frac{xb}{D} \quad \Leftrightarrow \quad x = \frac{\lambda D}{2\pi b}(\varphi_1 - \varphi_2)$$

- **Détermination des zones constructives et destructives, et de l'interfrange**

Nous en déduisons les positions :
- des maximas d'intensités, lorsque $\varphi_1 - \varphi_2 = 2k\pi$, soit donc $x_{max} = k\frac{\lambda D}{b}$;
- des minimas d'intensités, lorsque $\varphi_1 - \varphi_2 = (2k+1)\pi$, soit donc $x_{min} = \left(k + \frac{1}{2}\right)\frac{\lambda D}{b}$.

L'interfrange est par définition l'intervalle entre deux maximas (ou deux minimas) consécutifs, soit donc :

$$i = (k+1)\frac{\lambda D}{b} - k\frac{\lambda D}{b} \quad \Leftrightarrow \quad i = \frac{\lambda D}{b} = \frac{0{,}200 \text{ m} \times 10{,}0 \text{ m}}{1{,}00 \text{ m}} = \underline{2{,}00 \text{ m}}$$

avec $\lambda = \frac{v}{f} = \frac{330 \text{ m.s}^{-1}}{1{,}65.10^3 \text{ Hz}} = 0{,}200$ m.

Dans le cas où une onde subit une réflexion (aussi bien dans le cas d'une onde mécanique qu'électromagnétique), celle-ci provoque un déphasage supplémentaire de π radians équivalent, donc, à une différence de marche supplémentaire de $\lambda/2$. Ainsi, si l'une ou (ou exclusif) l'autre des deux ondes est réfléchie avant de parvenir au point d'interférence, on obtient une inversion des zones constructives et destructives. L'interfrange, en revanche, ne change pas. Ce n'était pas le cas présentement, mais il ne s'agit pas pour autant d'une rareté.

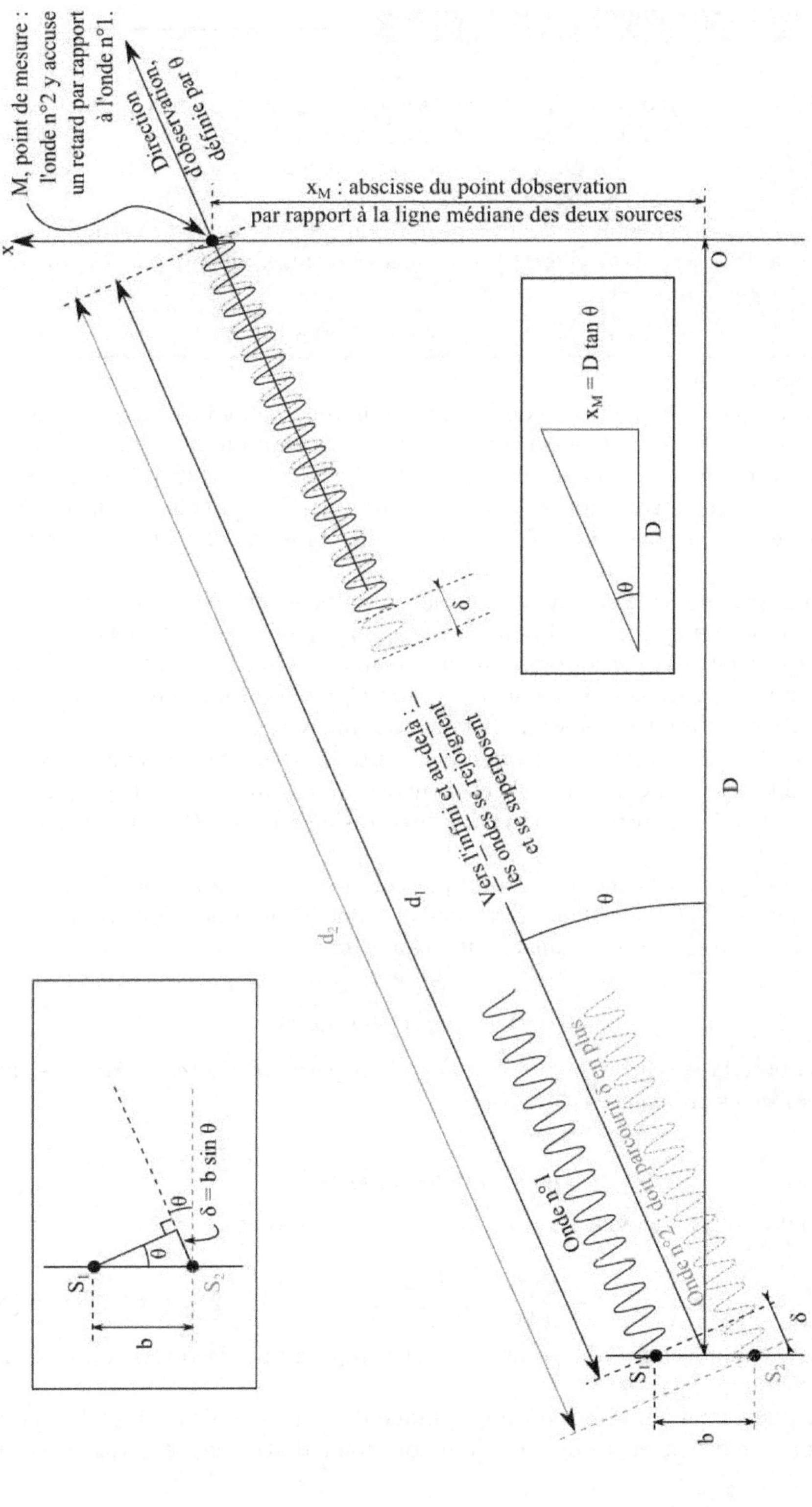
M, point de mesure : l'onde n°2 y accuse un retard par rapport à l'onde n°1.
Direction d'observation, définie par θ
x
x_M : abscisse du point dobservation par rapport à la ligne médiane des deux sources
O
$x_M = D \tan \theta$
D
θ
δ
Vers l'infini et au-delà : les ondes se rejoignent et se superposent
d_1
d_2
D
θ
Onde n°1
Onde n°2 : doit parcourir δ en plus
S_1
S_2
b
δ
$\delta = b \sin \theta$
θ

Exercice 5.5 : Ondes stationnaires

On considère une corde de Melde de longueur $L = 2,0$ m, présentant une série de fuseaux d'amplitude particulièrement marquée lorsqu'elle est excitée à la fréquence $f = 21$ Hz. On constate la présence de nœuds de vibration aux positions $x_1 = 67$ cm et $x_2 = 133$ cm.
Déterminer la célérité des ondes se propageant le long de cette corde, préciser la nature de l'onde dont elle est en définitive le siège, ainsi que la valeur de sa fréquence fondamentale.

• Analyse de l'énoncé

Nous savons que dans une corde de Melde, un vibreur excite une extrémité de la corde à une fréquence f. Tout se passe comme si la corde était en fait attachée en un point fixe, situé légèrement en amont du point d'attache réel. Sous l'effet de cette excitation, une onde transverse se propage le long de la corde. L'expression de la perturbation est alors de la forme $s_p(x,t) = f\left(t - \frac{x}{v}\right)$ (l'indice p désigne le caractère progressif de la propagation).
Dans le cas particulier d'une onde sinusoïdale, on peut même concrétiser cette expression sous la forme $s_p(x,t) = A_p \sin\left[2\pi f\left(t - \frac{x}{v}\right)\right]$. f désigne cette fois la fréquence à laquelle est excitée la corde. On peut noter qu'à une date t fixée, la corde présente une allure variant sinusoïdalement avec l'abscisse x. La longueur d'onde λ séparant deux positions vibrant en phase est alors telle que $\lambda = \frac{v}{f}$.
Lorsque cette onde parvient à l'autre extrémité de la corde, également fixe, elle s'y trouve réfléchie. C'est-à-dire qu'elle est renvoyée dans l'autre sens de propagation, véhiculant cette fois une perturbation dont l'expression est $s_r(x,t) = A_r \sin\left[2\pi f\left(t + \frac{x}{v}\right)\right]$ (r pour régressif).
Lorsque le régime permanent est établi, la corde se trouve ainsi être le siège de deux ondes, l'une progressive et l'autre régressive, dont la superposition (on pourrait également dire l'interférence) aboutit à une résultante :

$$s_{tot}(x,t) = s_p(x,t) + s_r(x,t)$$

Si l'on impose la condition $s_{tot}(x = 0, t) = 0$ en permanence (caractère fixe du point d'attache), nous trouvons la condition :

$$(A_p + A_r)\sin(2\pi f t) = 0$$

à toute date, soit finalement $A_r = -A_p$. La superposition des deux ondes donne alors :

$$s_{tot}(x,t) = A_p\left(\sin\left[2\pi f\left(t - \frac{x}{v}\right)\right] - \sin\left[2\pi f\left(t + \frac{x}{v}\right)\right]\right) = 2A_p \cos(2\pi f t)\sin\left(2\pi f \frac{x}{v}\right)$$

On constate que la fixité du point d'attache impose une décorrélation des variables spatiale et temporelle.
On peut donner une interprétation graphique de ce phénomène, en sachant que lorsqu'une onde parvient à un obstacle (ici son point d'attache), elle est réfléchie dans

l'autre sens de propagation, avec au passage inversion de son amplitude (au sens mathématique, on devrait même dire opposition).

Concrètement, on peut donc construire l'onde réfléchie d'une onde sinusoïdale incidente en traçant le prolongement de celle-ci au-delà de l'obstacle, puis en prenant le symétrique de ce prolongement, par rapport au point d'incidence. Cette opération revient à une symétrie par rapport à un axe vertical (correspondant au changement de sens de propagation), doublée d'une symétrie par rapport à un axe horizontal (correspondant à la prise de l'opposé de l'amplitude. On pourrait comparer ce phénomène au passage de l'onde incidente par un portail dimensionnel qui la ferait ressortir à l'opposé de son point d'arrivée, et dans l'autre sens.

Une fois construite l'onde réfléchie, il ne reste plus qu'à additionner, en chaque point du milieu de propagation, les amplitudes des ondes incidente et réfléchie.

Sur le schéma suivant figurent à chaque fois :

- l'onde incidente (trait continu fin, gris foncé, volée de flèches orientées vers la gauche) ;
- le prolongement de l'onde incidente (pointillés fins, gris foncé, à gauche de l'axe vertical) ;
- l'onde réfléchie (tirets fins, gris clair, volée de flèches orientées vers la droite) ;
- onde résultante (points et tirets épais, noirs).

On peut notamment (mise en évidence sur le quatrième temps du schéma ci-contre, à $t_0 + 3T/8$) observer que :

- lorsque l'onde incidente ou l'onde réfléchie a une amplitude nulle, l'onde résultante croise respectivement l'onde réfléchie ou l'onde incidente, indiquant qu'elle a même amplitude que cette dernière (points A et C) ;
- lorsque l'onde incidente et l'onde réfléchie ont même amplitude, l'onde résultante a bien une amplitude égale au double de chacune des deux autres (point B) ;
- lorsque les amplitudes des ondes incidente et réfléchie sont opposées, mais ont même valeur absolue, l'amplitude de l'onde résultante est nulle (point D).

À partir de là, si l'on place sur un même graphique l'allure de l'onde résultante aux différents instants, on constate que la résultante de ces deux ondes semble faire du sur place : l'évolution temporelle de chacun des points de la corde se limite à osciller verticalement, sans aucun déplacement horizontal visible de la perturbation. Cette absence apparente de propagation fait qu'une telle onde est dite **stationnaire**. En particulier, on note la fixité des positions d'amplitudes respectivement nulle (appelées **nœuds** de vibration) et maximale (appelées **ventres** de vibration).

Il est intéressant de noter les caractéristiques de cette onde stationnaire, et leur proximité avec les caractéristiques des ondes dont elle résulte :

- l'onde stationnaire se reproduit identique à elle-même au bout d'une durée égale à la période des ondes dont elle résulte, et pas avant : la période T de l'onde stationnaire est donc la même que celle des ondes incidente et réfléchie (et par suite il en va de même pour la fréquence f et la pulsation ω) ;
- deux points de l'onde stationnaire séparés par une distance égale à la longueur d'onde des ondes dont elle résulte vibrent en phase, et il n'en existe pas d'autres entre eux : la longueur d'onde λ de l'onde stationnaire est donc la même que celle des ondes incidente et réfléchie ;

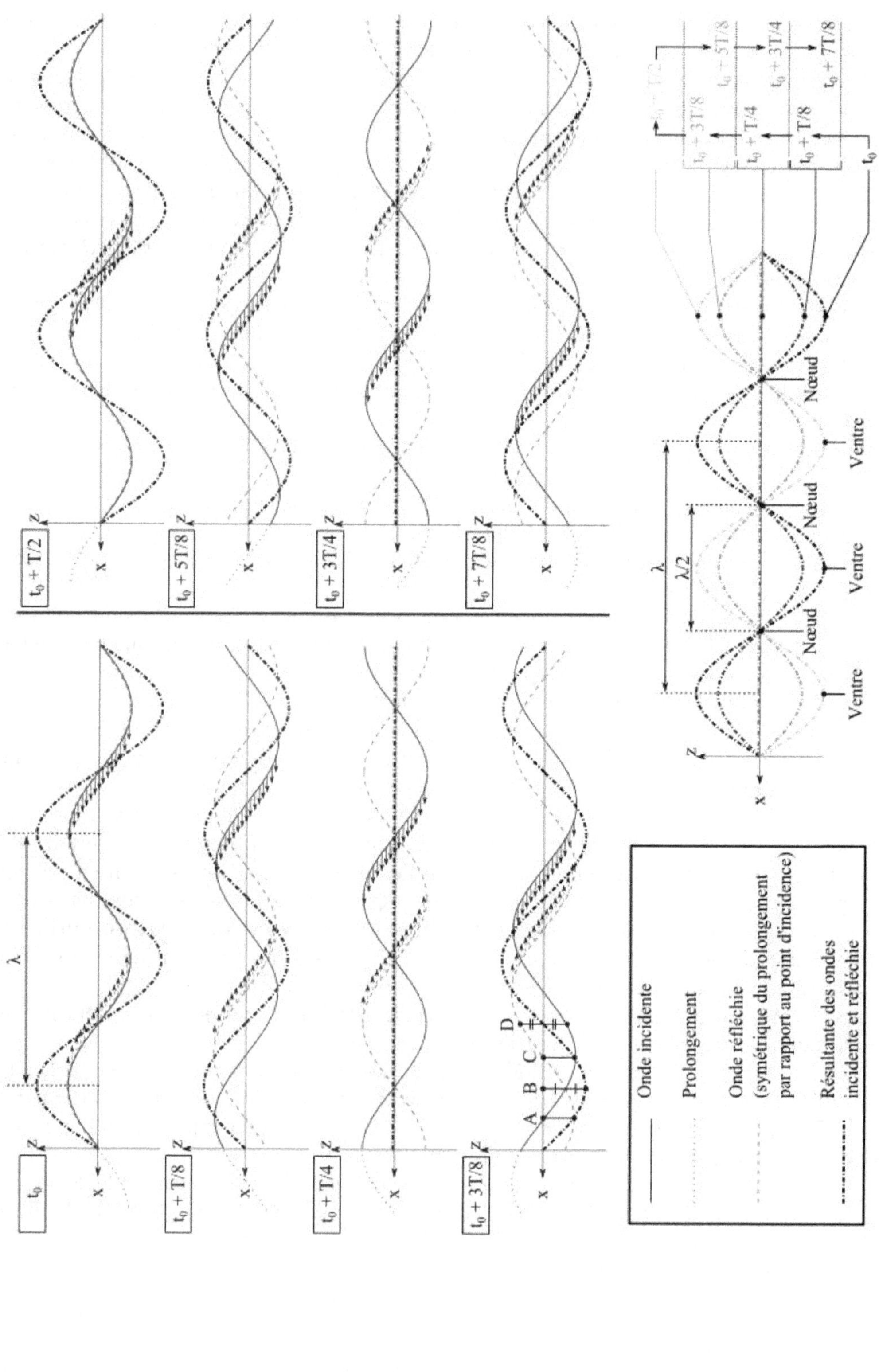

t0
t0 + T/8
t0 + T/4
t0 + 3T/8
t0 + T/2
t0 + 5T/8
t0 + 3T/4
t0 + 7T/8
λ
A
B
C
D
x
z
λ
λ/2
Nœud
Nœud
Nœud
Ventre
Ventre
Ventre
Onde incidente
Prolongement
Onde réfléchie (symétrique du prolongement par rapport au point d'incidence)
Résultante des ondes incidente et réfléchie

- lorsque l'on observe l'onde stationnaire, la corde est souvent excitée à une fréquence de plusieurs hertz, voire plusieurs dizaines de hertz, ce qui fait que l'on n'observe en fait une succession de fuseaux vibrants, s'étendant entre deux nœuds consécutifs : la longueur d'un de ces fuseaux est donc égale à une demi-longueur d'onde des ondes considérées, soit $\lambda/2$;
- l'amplitude de vibration maximale accessible à un ventre de vibration de l'onde stationnaire est égale au double de l'amplitude maximale des ondes dont elle résulte.

Dans ces conditions, n'importe quelle onde peut se propageant le long d'une corde dont une extrémité est fixe peut donner naissance à une onde stationnaire. Dans le cas de la corde de Melde, on ajoute cependant une seconde contrainte, à savoir que la seconde extrémité de la corde est également fixe. Pour une corde de longueur L, cette condition de fixité entraîne :

$$\sin\left(2\pi f\frac{L}{v}\right) = 0 \quad \Leftrightarrow \quad 2\pi f\frac{L}{v} = n\pi \quad \Leftrightarrow \quad f = n\frac{v}{2L}$$

On en déduit que les seules ondes capables de donner naissance à des ondes stationnaires sur cette corde sont celles dont la fréquence répond à une expression de la forme $f_n = nf_1$, avec $f_1 = \frac{v}{2L}$. Ces fréquences sont appelées fréquences propres de la corde tendue entre deux points fixes, et en particulier f_1 est appelée fréquence fondamentale.

On note que sont associées à ces fréquences les périodes $T_n = \frac{2L}{nv}$, ainsi que les longueurs d'onde $\lambda_n = \frac{2L}{n}$.

On peut interpréter cette propriété de diverses façons, qui sur le fond se résument toutes à la même idée :

- La durée $T_1 = \frac{2L}{v}$ correspond précisément à la durée nécessaire à une perturbation pour effectuer un aller-retour le long de la corde. Comme elle correspond également à la période fondamentale de cette corde, on constate donc que le début de la sinusoïde revient au niveau du vibreur, à l'instant précis où celui-ci est en train d'en former une nouvelle. Le processus se poursuit, et l'accumulation de sinusoïdes en phase les unes avec les autres permet ainsi une amplification de l'amplitude par interférence constructive, et aboutissant à un phénomène de résonance. L'existence d'une limite dans l'amplitude maximale est simplement le fait des forces de frottement, qui vont en permanence dissiper une partie de l'énergie fournie par le vibreur. La situation finale résulte donc d'un compromis entre apport continu d'énergie, et dissipation de celle-ci. Le reliquat est précisément ce qui anime la corde. Dans le cas d'une période $T_n = \frac{T_1}{n}$ (plus courte, donc), la logique est la même, à ceci près que durant l'aller-retour d'une sinusoïde donnée, le vibreur en formera $(n-1)$ supplémentaires. Mais le retour se fera toujours en phase avec une nouvelle sinusoïde, provoquant encore le renforcement et la résonance. Dans le cas contraire, c'est-à-dire si le début de la sinusoïde sur le retour parvenait au vibreur au beau milieu de la formation d'une nouvelle, les interférences seraient moins efficaces, voire complètement destructives. Il est d'ailleurs intéressant de noter que si la corde est excitée à une fréquence différente des fréquences propres, la superposition de l'onde naissante et d'une onde retour qui n'est pas en phase interdit la condition de fixité au niveau du vibreur, qui peut lui-même devenir le siège de vibrations parasites. Il n'est ainsi pas rare de voir l'onde retour perturber le vibreur, dont la lame se met à vibrer plus fort, comme si le point fixe se trouvait plus loin derrière.

- Du point de vue des fréquences, on voit de même que f_1 est une fréquence permettant la synchronisation entre une sinusoïde retour et la naissance de la suivante. Le fait d'adopter une fréquence qui soit un multiple de f_1 ($f_n = nf_1$) va augmenter la cadence, mais sans introduire de déphasage. La sinusoïde retour reviendra donc au vibreur à la naissance d'une autre, nonobstant le fait que le vibreur en ait produit $n-1$ autres dans l'intervalle.
- Du point de vue des longueurs d'onde, nous avons démontré plus haut qu'un fuseau avait pour longueur la moitié de la longueur d'onde des ondes dont la superposition donne naissance à l'onde stationnaire. Or dans le cas de la longueur d'onde associée à la fréquence fondamentale, nous trouvons que $\lambda_1 = 2L$, soit $L = \frac{\lambda_1}{2}$, égale à la longueur du fuseau. La fréquence fondamentale est donc précisément celle qui permet à la corde d'inscrire un unique fuseau entre ses deux extrémités, dont la fixité rappelons-le est justement à l'origine de la quantification des modes. Les modes suivants imposent des longueurs d'onde $l_{fuseau,n} = \frac{\lambda_n}{2} = \frac{L}{n}$: on retrouve le fait que la corde est le siège d'un nombre entier de fuseaux, condition nécessaire au respect de la fixité des extrémités de la corde, à l'origine, encore une fois, de la quantification des modes face à laquelle nous nous trouvons. On peut ajouter que le nombre de fuseaux visibles sur la corde est égal au numéro du mode de vibration sur lequel la corde se trouve excitée : un fuseau pour la fréquence fondamentale, puis 2 pour le deuxième mode, 3 pour le troisième...

La relation unissant longueur du fuseau et fréquence propre de vibration de la corde est d'une simplicité séduisante. Comme bien souvent, on peut alors être tenté de mémoriser la relation en oubliant ses conditions de validité, à savoir ici la fixité des deux points d'attache ou, en termes de grandeur physique, la nullité de la perturbation aux deux extrémités. Tant que l'onde étudiée est ainsi bornée, la relation ci-dessus reste valable, y compris pour une onde acoustique. En particulier, si cette onde se propage par exemple dans la colonne d'air contenue dans un tuyau (nous passons des instruments à cordes aux instruments à vent) et que la grandeur perturbée (la position des tranches d'air, mettons) vérifie les mêmes conditions aux limites (si le tuyau est fermé à ses deux extrémités par exemple), alors la relation reste valable.
Mais si l'une des extrémités du tuyau est obturée et pas l'autre, les conditions aux limites ne sont plus les mêmes, et la relation entre longueur et fréquences propres du milieu de propagation change.

Notons au passage que la question évoquée ci-dessus ne met pas tant en cause le caractère ouvert ou fermé du tuyau, que le fait que les deux extrémités vérifient la même condition aux limites. En effet, si le tuyau

est ouvert aux deux extrémités, chacune des deux sera le siège d'un ventre de vibration des positions des tranches d'air. Mais dans ce cas, tout revient en fait à décaler l'onde stationnaire d'un demi-fuseau. Le tuyau sera toujours le siège d'un nombre entier de fuseaux, et la relation entre longueur du tuyau et longueurs d'onde des modes propres (et donc fréquences de ceux-ci) restera la même.
Ceci est d'autant plus vrai que plusieurs perturbations se propagent dans une colonne d'air, et ne vérifient pas nécessairement les mêmes conditions aux limites. Ainsi une extrémité fermée constituera-t-elle un nœud de vibration pour les positions des tranches d'air, mais un ventre de surpression. À l'inverse, une extrémité ouverte constituera un ventre de vibration pour les positions des tranches d'air, mais un nœud de surpression.
Le problème, répétons-le, survient dans le cas où les deux extrémités ne sont pas identiques. Au lieu de se produire pour des longueurs d'onde permettant de faire tenir n fuseaux ($n > 0$) dans le tuyau, la résonance se produira alors pour des longueurs d'onde permettant de faire tenir $n + \frac{1}{2}$ fuseaux ($n \geq 0$).

- **Identification du mode de vibration sur lequel vibre la corde**

La mention dans l'énoncé d'"une série de fuseaux d'amplitude particulièrement marquée" indique la présence d'un phénomène de résonance à la fréquence $f =$ 21 Hz. Nous notons en outre que la corde présente deux nœuds de vibrations, dont les positions correspondent respectivement à $\frac{x_1}{L} = \frac{1}{3}$ et $\frac{x_2}{L} = \frac{2}{3}$ de sa longueur. Nous en déduisons que la corde est porteuse de trois fuseaux, donc qu'elle vibre sur son troisième mode propre.

- **Détermination de la célérité et de la fréquence fondamentale**

La fréquence d'excitation est donc :

$$f = f_3 = 3\frac{v}{2L} \quad \Leftrightarrow \quad v = \frac{2}{3}Lf = \frac{2}{3} \times 2,0 \text{ m} \times 21 \text{ Hz} = \underline{28 \text{ m.s}^{-1}}$$

Nous trouvons enfin la fréquence fondamentale : $f_1 = \frac{f_3}{3} = 7,0$ Hz.

Exercice 5.6 : Diffraction

On considère une source laser helium-néon, émettant un faisceau de longueur d'onde dans le vide de l'ordre du micron. On fera l'hypothèse qu'à l'intérieur de la cavité résonante, la lumière se propage sous forme d'ondes planes, dont une partie émerge de la source par une ouverture circulaire de rayon $r = 1$ mm.
Déterminer jusqu'à quelle distance il est possible de négliger l'élargissement du faisceau.
On admettra que l'ouverture angulaire du pic central de la figure de diffraction donnée par une ouverture circulaire de rayon r, est du même ordre de grandeur que celle donnée par une fente fine rectangulaire de largeur égale à r.

• Analyse de l'énoncé

L'énoncé nous demande jusqu'à quelle distance l'élargissement du faisceau, consécutif au phénomène de diffraction, est négligeable. La première question à se poser est "négligeable devant quoi ?". Si l'on néglige la diffraction, le passage d'une onde plane à travers une ouverture circulaire de rayon r doit donner un faisceau cylindrique de rayon r. L'élargissement e de ce faisceau à une distance D de l'ouverture sera donc négligeable, tant que $e \ll r$.

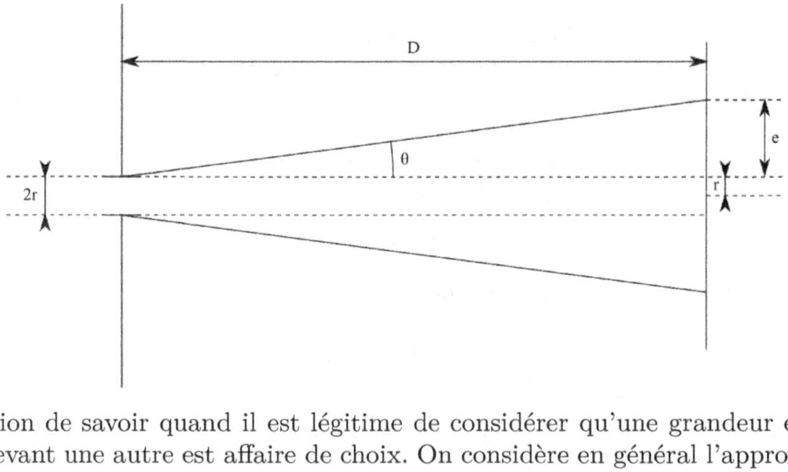

La question de savoir quand il est légitime de considérer qu'une grandeur est négligeable devant une autre est affaire de choix. On considère en général l'approximation légitime à partir d'un rapport ≥ 10, confortable pour un rapport ≥ 100, et très bonne pour un rapport ≥ 1000. Nous travaillerons dans le cas présent avec la condition $e \leq \frac{r}{10}$, mais il suffit de remplacer cette condition par $e \leq \frac{r}{100}$ ou $e \leq \frac{r}{1000}$ si l'on souhaite imposer des critères plus rigoureux. Il n'existe pas de frontière stricte en-deçà de laquelle la règle serait parfaitement valable, et au-delà de laquelle elle serait fausse. Nous serons toujours dans l'approximation, mais une approximation d'autant meilleure que le critère sera plus exigeant, sachant qu'alors la condition qu'il imposera sera également plus restrictive.

• **Détermination de la valeur de D entraînant $e = \frac{r}{10}$**

Nous savons que le demi-angle au sommet de la tache centrale de la figure de diffraction donnée par une lumière monochromatique de longueur d'onde dans le vide λ, et passant par une fente fine de largeur r s'exprime, en radians : $\theta = \frac{\lambda}{r}$.
En admettant que cet angle a le même ordre de grandeur dans le cas d'une ouverture circulaire de rayon r, nous en déduisons que cet angle a pour valeur $\theta = \frac{10^{-6}\text{ m}}{10^{-3}\text{ m}} = \underline{10^{-3}\text{ rad}}$.
Il nous reste donc à déterminer la valeur de e, ce que l'on peut faire sans difficulté à l'aide d'un peu de trigonométrie :
Nous constatons sur le schéma précédent que $\tan\theta = \frac{e}{D}$. Au vu de la valeur de θ, nous pouvons en toute légitimité assimiler sa valeur en radians et celle de sa tangente, d'où nous déduisons que $e \simeq D\theta$. La condition $e \leq \frac{r}{10}$ nous donne :

$$D\frac{\lambda}{r} \leq \frac{r}{10} \quad \Leftrightarrow \quad D \leq \frac{1}{10}\frac{r^2}{\lambda} = \frac{(1.10^{-3}\text{ m})^2}{10 \times 1.10^{-6}\text{ m}} = \underline{0,1\text{ m}}$$

Nous constatons donc que les effets de la diffraction, pour un rayon visible, sont sensibles même pour quelques dizaines de centimètres.

La difficulté de cet exercice (son intérêt également, espérons-nous) était de mettre en avant une situation dans laquelle la taille du faisceau d'origine n'était pas spontanément négligée devant celle de la figure de diffraction, mais au contraire de chercher jusqu'à quand le phénomène de diffraction pouvait être négligé.
Attention à ne pas se laisser abuser par les habitudes !

On peut se demander comment il se fait que l'ouverture par laquelle la source délivre le faisceau ne provoque pas, elle-même cette diffraction qui semble si prompte à se manifester. Ceci vient tout simplement du fait qu'en amont de cette ouverture, les optiques utilisées dans la cavité résonante (rappelons qu'un laser est en quelque sorte une corde de Melde électromagnétique et laissant filtrer une partie de l'énergie qu'elle contient) permettent de délivrer une lumière dont l'intensité n'est pas uniforme (elle répond dans les faits à un profil gaussien). C'est donc l'hypothèse des ondes planes qui n'est pas valable dans la source, et qui permet d'obtenir un faisceau dont la divergence n'est guère sensible avant plusieurs mètres.
Notons qu'en général, lorsque le but est de diffracter la lumière, on utilise des objets diffractants plus fins (r de l'ordre de 0,1 mm, typiquement, qui dans ce cas donneraient une limite sur D de l'ordre du millimètre).

Exercice 5.7 : Loi de Malus

On considère deux filtres polariseurs de forme carrée, parallèles entre eux, et perpendiculaires à un axe Oz passant par leurs centres respectifs. Un faisceau de lumière naturelle, parallèle à cet axe, éclaire le premier de ces filtres. Préciser si la lumière transmise par le premier polariseur est polarisée ou non. Dans l'affirmative, préciser la nature de cette polarisation, ainsi que l'expression du champ électrique parvenant au niveau du deuxième polariseur. En déduire l'expression de l'intensité transmise par le second polariseur, en fonction de l'intensité I_0 lui parvenant, ainsi que de tout autre paramètre que l'on jugera utile d'introduire.

• Analyse de l'énoncé

La lumière dite naturelle n'est pas polarisée. Il existe cependant divers dispositifs (filtres polariseurs, réflexions, lames demi ou quart d'onde...) permettant de la doter d'une polarisation particulière. Parmi ces dispositifs, le filtre polariseur est un personnage récurrent en exercice. Un tel filtre possède une direction privilégiée, selon laquelle tout champ électrique se trouve projeté orthogonalement lorsqu'il traverse le filtre. Il en résulte une onde électromagnétique transmise qui est polarisée rectilignement selon cette direction. C'est-à-dire qu'elle peut être décrite par un champ électromagnétique de direction fixe (celle de l'axe de polarisation), oscillant sinusoïdalement au cours du temps, et se propageant en une onde progressive le long de l'axe Oz :

$$\overrightarrow{E}_{trans}(z,t) = \overrightarrow{E}_0 \cos(\omega t - kz)$$

où $\overrightarrow{E}_0$ est porté par l'axe de polarisation du polariseur, $\omega = 2\pi f$ est la pulsation du champ électromagnétique et f sa fréquence, et $\vec{k} = \frac{2\pi}{\lambda}\vec{e}_z = \frac{\omega}{c}\vec{e}_z$ est le vecteur d'onde de cette onde.

La loi de Malus que cet exercice nous propose d'étudier repose sur l'enchaînement de deux filtres polariseurs, dont les directions de polarisation forment un angle quelconque. Le but du jeu est alors de rendre compte de l'influence de cet angle, sur la quantité d'énergie lumineuse transmise par ce dispositif.

L'énoncé mentionne " tout autre paramètre que l'on jugera utile d'introduire". À partir du moment où l'on connaît l'importance de l'angle entre les directions de polarisation, la moitié du travail est faite.

• Projection du champ polarisé rectilignement sur l'axe de polarisation du second polariseur

Lorsque l'onde issue du premier polariseur (polarisée rectilignement, donc) parvient au second polariseur, celui-ci ne transmet que la projection du champ qu'elle véhicule, sur sa direction de polarisation.

Prenons l'origine de l'axe Oz au niveau du second polariseur (elle peut être prise n'importe où, mais dans le cas présent la condition $z = 0$ allège les écritures, sans rien changer au résultat final). On constate alors que la composante transmise a pour expression, en notant θ l'angle formé entre elles par les directions de polarisation des deux filtres et $\vec{e}_x$ un vecteur unitaire orientant la polarisation du second filtre :

$$\vec{E}_{trans,2}(z=0,t) = \left[\left(\vec{E}_{trans,1}(z=0,t)\right)\cdot\vec{e}_x\right]\vec{e}_x$$

soit au final :

$$\vec{E}_{trans,2}(z=0,t) = (E_0\cos\omega t)(\cos\theta)\vec{e}_x$$

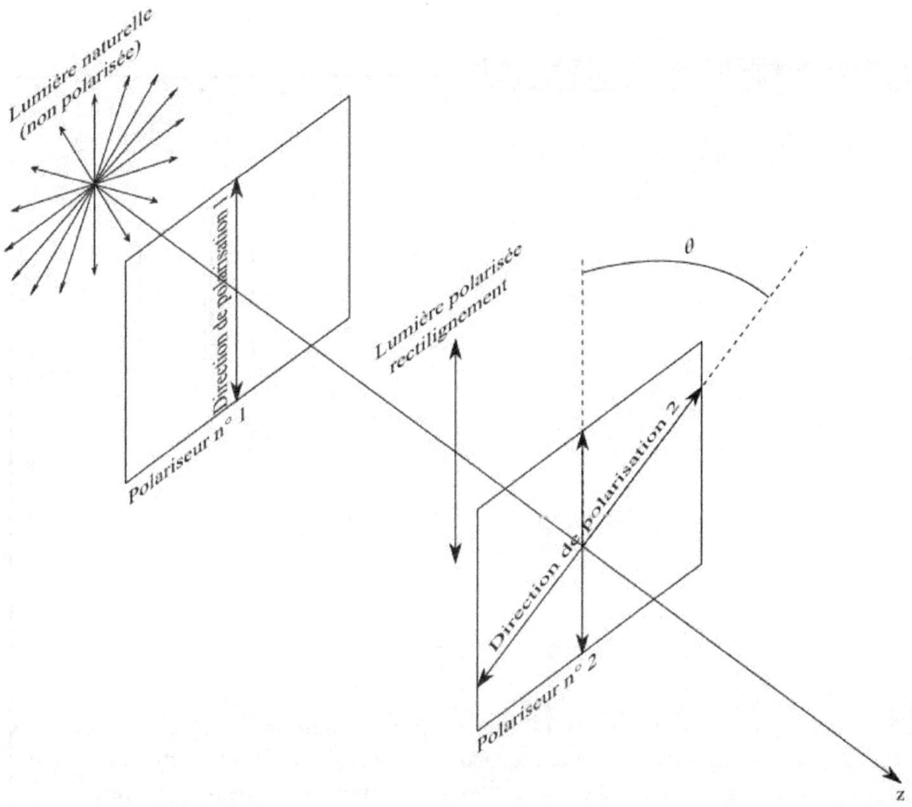

Nous savons que l'intensité lumineuse véhiculée par un champ électrique est proportionnelle au carré de celui-ci. Nous en déduisons :

$$\vec{E}_{trans,2}(z=0,t)\cdot\vec{E}_{trans,2}(z=0,t) = (E_0\cos\omega t)^2\cos^2\theta$$

Nous en déduisons enfin :

$$I(\theta) = I_0\cos^2\theta$$

Ce résultat est connu sous le nom de loi de Malus.

CHAPITRE

6

Optique géométrique

Exercice 6.1 : Sources de lumière

On considère les profils spectraux suivants :

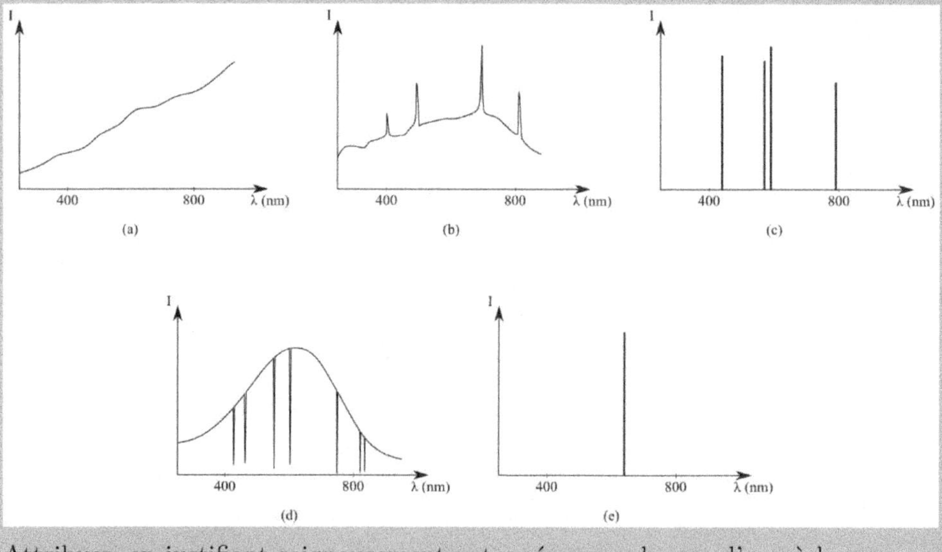

Attribuez, en justifiant soigneusement votre réponse, chacun d'eux à la source dont il provient. Les sources qui ont été utilisées font partie de la liste suivante : lampe à incandescence, lampe à vapeur de mercure, lampe fluocompacte, LASER, Soleil.

• **Analyse de l'énoncé**

Le **profil spectral** d'une source de lumière est une courbe représentant les variations de l'intensité que produit une source en fonction de la longueur d'onde. Cette donnée est plus riche que le simple **spectre** de la source qui lui ne permet que de repérer les longueurs d'onde émises ou non par la source sans aucune information sur l'importance relative, en terme d'intensité, de ces longueurs d'onde.

• **Analyse des profils spectraux**

Pour analyser les profils spectraux, on va d'abord repérer s'ils correspondent à des sources monochromatiques (c'est-à-dire dont la lumière n'est pas décomposable par un système dispersif ou plus simplement n'émettant "qu'une seule longueur d'onde") ou polychromatiques. On regardera dans un second temps l'allure continue ou non du profil spectral.

On doit classer les profils spectraux plus finement qu'en profil continu ou discontinu. En effet, on peut rencontrer un profil globalement continu avec des raies d'émission ou des raies d'absorption.

Seul le profil spectral (e) correspond à une source monochromatique. La seule source monochromatique citée étant le LASER, on peut ainsi lui attribuer le profil (e).
Le profil spectral (c) correspond à une source polychromatique qui possède un spectre d'émission de raies. Ce type de profil est caractéristique des **lampes spectrales** contenant un gaz à basse température dont l'élément constitutif est excité par une décharge électrique. On peut ainsi attribuer ce profil à la lampe à vapeur de mercure.
Le profil spectral (a) est un profil continu, plus riche dans les longueurs d'onde les plus élevées du spectre de la lumière blanche. Un tel profil correspond à celui d'une ampoule à incandescence.
Le profil spectral (b) est à **fond continu** avec quelques raies d'émission. Il correspond à la lumière émise par une lampe fluocompacte (ou "lampe à économie d'énergie"). On peut remarquer, par rapport au profil de la lampe à incandescence, que l'intensité associée aux longueurs d'onde les plus élevées du spectre de la lumière blanche n'est pas plus élevée que celle associée aux longueurs d'onde les plus basses de ce spectre. La lumière émise par ce type d'ampoule sera perçue plus "blanche" que celle d'une lampe à incandescence qui apparaît légèrement jaune-orangé. Les pics correspondent à l'émission d'éléments présents dans l'ampoule (notamment le mercure dans le cas des lampes fluocompactes).
Le profil spectral (d) comporte un fond continu avec de multiples raies d'absorption. Il a l'allure typique du profil spectral de la lumière en provenance d'une étoile. Le fond continu correspond à la lumière émise par la boule de gaz chaude constituant l'étoile (profil spectral type corps noir, l'étude de la longueur d'onde du maximum d'émission permettrait de remonter à la température de surface de l'étoile). Les raies d'absorption correspondent à la traversée de l'atmosphère stellaire par la lumière émise par l'étoile. Les différents éléments présents dans cette atmosphère absorbent des longueurs d'onde caractéristiques. (L'étude des longueurs d'onde absorbées permettrait de déterminer la composition de l'atmosphère de l'étoile). Ce profil spectral est donc celui du Soleil.

Exercice 6.2 : Indice de réfraction d'un milieu

Le LASER He-Ne couramment utilisé au laboratoire émet une lumière monochromatique caractérisée par sa longueur d'onde dans le vide $\lambda_0 = 632,8$ nm. Pourquoi parle-t-on de la longueur d'onde **dans le vide** d'une radiation alors qu'on parle de sa fréquence sans autre précision ?
Calculer la longueur d'onde du LASER dans l'eau (milieu d'indice $n_{eau} = 1,333$). De quelle couleur sera perçue la lumière émise par le LASER si elle traverse de l'eau ?
On rappelle la valeur de la célérité de la lumière dans le vide $c = 3,00.10^8$ m.s^{-1}.

• **Analyse de l'énoncé**
Une radiation est caractérisée par sa fréquence (temporelle), notée ν et exprimée en hertz. Cette donnée est strictement indépendante du milieu (vide ou milieu matériel) dans lequel l'onde électromagnétique est amenée à se propager. Mais, plus couramment, on raisonne en terme de période spatiale ou **longueur d'onde**, grandeur exprimée en mètre. Ce double aspect fait référence à la double périodicité qui intervient dans l'étude des ondes : à t fixé, variations spatiales périodiques et à position fixée, variations temporelles périodiques.

• **Dépendance de la longueur d'onde en le milieu**
La longueur d'onde d'une onde se propageant dans un milieu (vide ou milieu matériel) s'exprime par :

$$\lambda_{milieu} = \frac{v_{milieu}}{\nu}$$

où v_{milieu} est la vitesse de propagation de l'onde dans le milieu considéré.

La vitesse de propagation d'une onde variant suivant le milieu, la longueur d'onde aussi. Il est donc nécessaire de préciser la nature du milieu de propagation considéré si on utilise la longueur d'onde pour caractériser l'onde.

Sachant que c'est dans le vide que la vitesse de propagation d'une onde est la plus élevée, c'est également dans le vide que la longueur d'onde associée à une radiation sera la plus élevée.

• **Propagation dans l'eau**
La donnée de l'indice d'un milieu permet d'exprimer la vitesse de propagation d'une onde électromagnétique en fonction de la célérité de la lumière dans le vide c. On a en effet, en notant λ_0 la longueur d'onde de cette radiation dans le vide :

$$v_{milieu} = \frac{c}{n_{milieu}} \quad \Rightarrow \quad \lambda_{milieu} = \frac{c}{n_{milieu}\nu} = \frac{\lambda_0}{n_{milieu}}$$

La longueur d'onde dans l'eau de la radiation monochromatique de la lumière émise par le LASER vaut :

$$\lambda_{eau} = \frac{\lambda_0}{n_{eau}} = \frac{632,8 \text{ nm}}{1,333} = \underline{474,7 \text{ nm}}$$

La couleur perçue d'une lumière est une sensation subjective due à l'analyse par les cônes de l'œil de cette lumière. Le récepteur œil est sensible à la fréquence.

L'œil analysant les radiations en terme de fréquence, grandeur indépendante du milieu de propagation, il perçoit de la même manière la lumière émise par le LASER dans ces deux milieux transparents.

Exercice 6.3 : Réflexion de la lumière

Le conducteur d'un taxi veut pouvoir observer son passager assis sur la banquette arrière. En supposant les yeux des deux individus dans un même plan horizontal, quel angle α le rétroviseur (miroir plan) doit-il former avec le pare-brise pour que l'expérience soit réalisable ? On appellera I le point d'incidence du rayon lumineux permettant cette observation *via* sur le rétroviseur, et $O'I$ la normale au pare-brise. Enfin, on notera O la position de l'œil du conducteur. On donne $OI = 55$ cm et $OH = 35$ cm, avec H le projeté orthogonal de O sur $(O'I)$.

• **Analyse de l'énoncé**

Un objet est **visible** par un observateur s'il existe au moins un rayon lumineux reliant l'objet à l'observateur. Les positions O' et O de l'objet et de l'observateur étant fixées, il faut commencer par tracer le cheminement du rayon lumineux suivi par la lumière entre ces deux points. Les rayons lumineux doivent également être orientés dans le sens de propagation de la lumière, c'est-à-dire du passager (objet) vers le conducteur (observateur).

• **Utilisation des lois de Snell-Descartes**

Le rétroviseur est assimilé à un miroir plan, instrument d'optique satisfaisant aux **lois de Snell-Descartes pour la réflexion**. Pour faciliter la résolution de l'exercice, on applique directement la loi de Snell-Descartes pour la réflexion sur le schéma (égalité des angles d'incidence et de réflexion sur le rétroviseur).

On peut schématiser la situation comme suit :

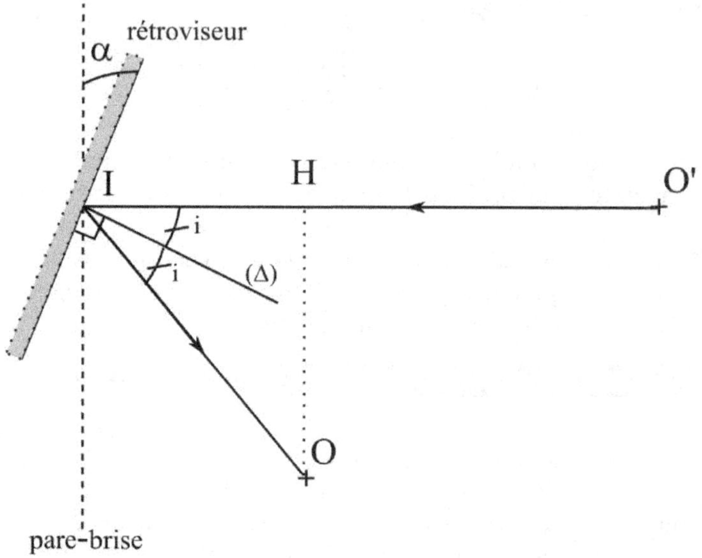

• **Analyse géométrique de la figure**

L'idée de base dans ce genre d'exercices est de retrouver des angles connus à différents endroits.

Pour ce faire, on pourra utiliser :
- les angles égaux par le sommet ;
- les angles alternes-internes ;
- les angles à côtés perpendiculaires ;
- la somme des angles d'un triangle égale à π ;
- la somme des angles d'un quadrilatère égale à 2π...

Les angles i et α sont des angles à côtés perpendiculaires : ils ont donc même valeur.

• **Application numérique**

On a exprimé le résultat demandé (l'angle α ici) en fonction d'un autre angle, dont la valeur n'est pas donnée par l'énoncé. Il faut donc en dernier lieu analyser les données numériques afin d'exprimer le résultat en fonction de ces seules données et non d'inconnues intermédiaires que nous avons introduites afin de nous faciliter la tâche.

De manière générale :
- les définitions des cosinus, sinus et tangente à partir des longueurs des côtés de triangles rectangles ;
- le théorème de Pythagore ;
- le théorème de Thalès...

sont fort utiles pour obtenir l'expression finale.

À l'aide du triangle OHI rectangle en H, on peut écrire :

$$\sin 2i = \frac{OH}{OI} = \sin 2\alpha$$

On en déduit :

$$\alpha = \frac{1}{2} \arcsin\left(\frac{OH}{OI}\right) = \frac{1}{2} \arcsin\left(\frac{35 \text{ cm}}{55 \text{ cm}}\right) = \underline{40\,°}$$

Vérifiez toujours le mode d'utilisation de votre calculatrice (degrés ou radians) avant d'effectuer les applications numériques.
Un moyen de contrôle de votre résultat, ici, est la valeur de l'indice de réfraction, qui se doit d'être supérieure à 1.

Exercice 6.4 : Mesure de l'indice d'un liquide

Un bassin cylindrique de hauteur $h = 10,0$ cm est rempli à mi-hauteur par un liquide d'indice de réfraction inconnu, noté n. Une source ponctuelle monochromatique est placée en son centre O. On peut alors observer à la surface du liquide un disque lumineux de rayon $R = 4,5$ cm. Déterminer l'indice du liquide. On supposera que le bac est posé sur une table dans une pièce remplie d'air dont l'indice sera supposé égal à celui du vide.

- **Analyse de l'énoncé**

L'énoncé évoque une source ponctuelle monochromatique ; une telle source émet de la lumière dans toutes les directions (on parle ainsi d'émission isotrope de la lumière). Il ne s'agit pas ici de représenter tous ces rayons lumineux, mais uniquement ceux délimitant les extrémités de la tache formée à la surface du liquide.
Il s'agit ensuite de déterminer d'où provient l'apparition de cette tache. Pour cela, analysons la situation. La lumière se propage d'un milieu d'indice n vers l'air d'indice 1,00 (cette valeur est supposée connue par les étudiants). Le phénomène de **réflexion totale** peut alors se produire puisque nous sommes en présence de rayons lumineux arrivant à l'interface séparant un milieu (l'eau), d'un autre (l'air) moins réfringent. Les rayons, en provenance de la source, d'incidence supérieure à l'incidence limite, sont totalement réfléchis par le dioptre entre l'eau et l'air. Les rayons correspondant à l'incidence limite délimitent la tache observée ; ce sont eux qu'il s'agit de tracer.

Le cheminement des rayons lumineux délimitant le pourtour de la tache de rayon R peut être représenté comme suit :

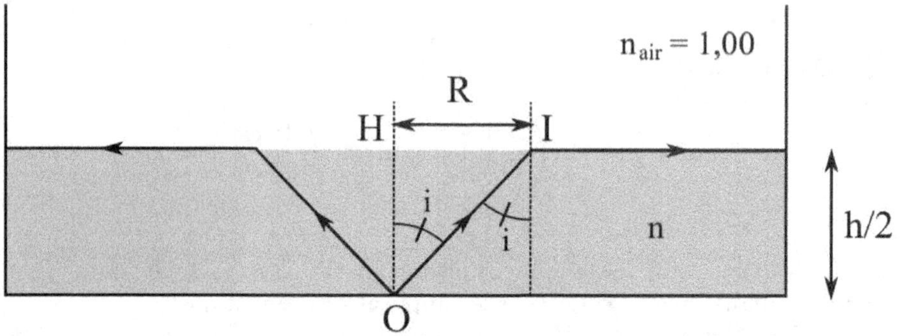

• **Utilisation des lois de Snell-Descartes**

Pour le passage d'un milieu d'indice n_1 à un autre d'indice n_2 inférieur, le rayon réfracté n'existe que si son sinus est défini. La fonction sinus (tout comme la fonction cosinus d'ailleurs) est une fonction bornée par -1 et 1. Dans le cadre de la réflexion et de la réfraction, les angles, comptés par rapport à la normale au dioptre, sont compris dans l'intervalle $[0; \frac{\pi}{2}]$: seule la borne supérieure de l'encadrement de la fonction sinus (c'est-à-dire 1) est donc utile.

L'écriture de la loi de Snell-Descartes pour la réfraction donne une relation entre les sinus des angles d'incidence i, de réfraction r et les indices des deux milieux :

$$n_1 \sin i = n_2 \sin r$$

Le passage d'un milieu à un autre, moins réfringent que le premier, implique par ailleurs la condition $\frac{n_2}{n_1} < 1$. Une condition de définition de l'angle r par minoration de la valeur de son sinus s'écrit alors :

$$\sin r < 1 \quad \Leftrightarrow \quad \frac{n_1}{n_2} \sin i < 1$$

On définit ainsi l'**angle d'incidence limite** comme la valeur en deçà de laquelle le rayon réfracté existe et au-delà de laquelle le phénomène de réflexion totale se produit. Cet angle s'écrit donc finalement :

$$i_{lim} = \arcsin\left(\frac{n_2}{n_1}\right)$$

L'angle i représenté sur le schéma précédent correspond à l'angle d'incidence limite pour le passe liquide-air. On peut l'exprimer en fonction de l'indice n du liquide par :

$$i = \arcsin\left(\frac{1}{n}\right)$$

• **Analyse géométrique de la figure**

L'utilisation des angles alternes-internes a permis de faire apparaître dans le triangle rectangle OHI l'angle d'incidence limite i.

Comme indiqué dans l'Exercice 6.3, on cherche à exprimer des formes trigonométriques ou à utiliser des théorèmes courants de géométrie tels que le théorème de Pythagore, ou encore de Thalès. Ici c'est la définition de la tangente de l'angle i dans le triangle rectangle OHI qui semble la plus pertinente.

On a :

$$\tan i = \frac{2R}{h}$$

• **Application numérique**

De manière générale, on cherche toujours à se ramener à une expression littérale "élégante" avant de procéder à l'application numérique menant au résultat demandé. Pour les exercices du type de celui ici proposé, on va faire exception à cette règle. En effet, isoler l'indice n nécessiterait d'utiliser des formes du type $\arctan(\sin i)$, qui alourdissent notablement l'écriture. On va donc plutôt calculer d'abord i grâce à sa tangente, puis en déduire la valeur de l'indice.

De l'expression de la tangente de l'angle d'incidence, on tire :

$$i = \arctan\left(\frac{2R}{h}\right) = \arctan\left(\frac{2 \times 4,5 \text{ cm}}{10 \text{ cm}}\right) = \underline{42\,°}$$

On a alors :

$$n = \frac{1}{\sin i} = \sqrt{1 + \frac{1}{\tan^2 i}} = \sqrt{1 + \left(\frac{h}{2R}\right)^2} = \underline{1,5}$$

Exercice 6.5 : Lame à faces parallèles

Une lame à faces parallèles, d'épaisseur $e = 1,0$ cm, en verre (indice de réfraction $n = 1,50$) est plongée dans l'air d'indice 1,00. Un rayon lumineux arrive sur la lame avec une incidence notée i. Déterminer l'expression du déplacement latéral δ (défini comme la distance entre les directions des rayons incident et sortant de la lame) produit par la lame sur le rayon lumineux.
Que devient cette expression pour de très faibles valeurs de i ?
Applications numériques : $i = \frac{\pi}{3}$ puis $i = \frac{\pi}{10}$.

• **Analyse de l'énoncé**

L'étude de la traversée d'un milieu ayant une certaine épaisseur met en jeu non plus un, mais deux **dioptres**. Nous rencontrons ici ce cas de figure par l'étude d'une **lame**

à faces parallèles ; nous le rencontrerons à nouveau plus loin par l'intermédiaire du **prisme**.

• Étude de la réfraction à la traversée du premier dioptre

Un rayon lumineux arrivant sur un dioptre peut donner naissance à deux rayons lumineux :

- un **rayon réfléchi** (sans condition particulière d'apparition) ;
- un **rayon réfracté**, sous certaines conditions. Dans le cas du passage d'un milieu à un autre plus réfringent (c'est-à-dire d'indice supérieur), le rayon réfracté existe toujours. Dans le cas contraire, passage vers un milieu moins réfringent, le rayon réfracté n'existe que si l'angle d'incidence est égal à la valeur limite arcsin $\frac{n_2}{n_1}$, où n_1 et n_2 désignent respectivement les indices des premier et second milieux (*cf.* Exercice 6.3).

Pour l'exercice, seul le rayon réfracté nous intéresse. Il s'agit donc pour nous de vérifier qu'il existe, puis de le tracer.

Le premier dioptre sépare l'air d'indice 1,00 au verre d'indice $n = 1,50$. Il s'agit donc du passage d'un milieu à un autre plus réfringent. Quel que soit l'angle d'incidence, le rayon réfracté par ce premier dioptre existe donc.

• Étude de la réfraction à la traversée du second dioptre

Appelons r l'angle du rayon réfracté par le premier dioptre. On calcule r à l'aide de la loi de Snell-Descartes pour la réfraction. Puisque le milieu de verre étudié se présente sous la forme d'une lame à faces parallèles, l'angle d'incidence sur la deuxième face s'obtient facilement en considérant l'égalité entre angles alternes-internes, on voit que l'angle d'incidence sur le deuxième dioptre est égal à r. Par conséquent, la deuxième loi de Snell-Descartes sur ce second dioptre s'écrivant formellement comme par le passage au travers du premier, on obtient alors le résultat très général suivant : tout rayon lumineux qui arrive sur une lame parallèle d'indice n y pénètre et en ressort avec la même direction, mais décalé latéralement.

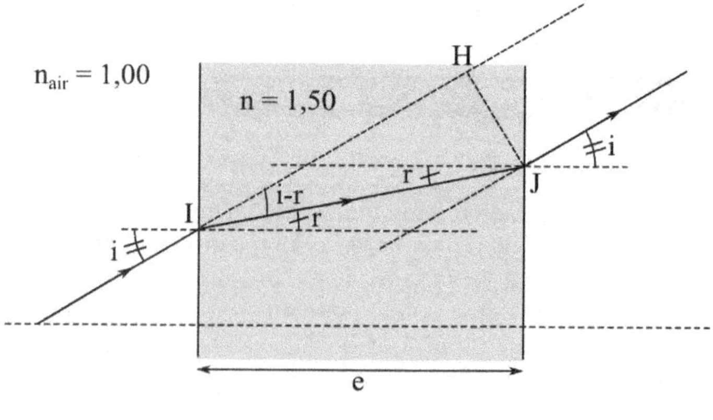

Pour une incidence normale, le décalage latéral est nul

Après traversée du premier dioptre, on a, d'après la loi de Snell-Descartes pour la réfraction :

$$\sin i = n \sin r$$

soit

$$r = \arcsin\left(\frac{1}{n}\sin i\right)$$

À la traversée du second dioptre :

$$n \sin r = \sin i' = \sin i$$

On a donc $i' = i$.

• Évaluation du décalage entre rayons incident et émergent

Il s'agit d'une question purement géométrique, pour laquelle la reconnaissance des angles est déterminante. L'approximation des petits angles demandée met en jeu les développements limités, ici des fonctions trigonométriques. On ne précise que rarement en physique l'ordre auquel un développement limité doit être poussé. De manière générale, on s'arrête au premier ordre non nul.

Pour ce qui est des fonctions trigonométriques, on retiendra alors que :

– $\cos x \simeq 1$, pour $x \ll 1$

– $\sin x \simeq \tan x \simeq x$, pour $x \ll 1$

Lorsque plusieurs ordres de développement limité apparaissent dans une même expression, on peut se limiter au plus bas. Par exemple, en supposant $x \ll 1$, on peut simplifier au premier ordre en x l'expression $\cos x + \tan x - \sin^2 x$ en $1 + x$, puisque $\sin^2 x \simeq x^2$ est du deuxième ordre en x.

À l'aide de la figure, on voit que :

$$\delta = JH = IJ \sin(\widehat{JIH}) = IJ \sin(i - r)$$

Par ailleurs :

– $\cos r = \frac{e}{IJ}$, soit $IJ = \frac{e}{\cos r}$;

– $\sin(i - r) = \sin i \cos r - \cos i \sin r$;

– $n \sin r = \sin i$, soit $\sin r = \frac{\sin i}{n}$.

Finalement, on obtient :

$$\delta = \frac{e}{\cos r}\left(\sin i \cos r - \cos i \frac{\sin i}{n}\right)$$

Soit encore :

$$\delta = e \sin i \left(1 - \frac{\cos i}{n \cos r}\right)$$

Enfin, puisque $\cos^2 r + \sin^2 r = 1$, on a :

$$\cos r = \sqrt{1 - \sin^2 r} = \sqrt{1 - \frac{\sin^2 i}{n^2}}$$

On obtient donc :

$$\delta = e \sin i \left(1 - \frac{\cos i}{n\sqrt{1 - \frac{\sin^2 i}{n^2}}}\right)$$

Soit finalement :

$$\delta = e \sin i \left(1 - \frac{\cos i}{\sqrt{n^2 - \sin^2 i}}\right)$$

Pour un angle d'incidence i faible, on peut approximer $\sin i \simeq i$ et $\cos i \simeq 1$, d'où :

$$\delta = ei \left(1 - \frac{1}{\sqrt{n^2 - i^2}}\right) \simeq ei \left(1 - \frac{1}{n}\right)$$

à l'ordre 1 en $\frac{i}{n}$.

• **Applications numériques**

On a deux applications numériques à effectuer ; l'une pour $i = \frac{\pi}{3}$, l'autre pour $i = \frac{\pi}{10}$. Il s'agit ici d'utiliser à bon escient l'approximation des faibles angles réalisée dans l'exercice. Pour la première valeur, on prendra donc la formule générale. La formule simplifiée pourra, elle, être utilisée pour la seconde valeur.

On pourra au passage calculer le décalage par la formule générale également pour la valeur faible de i et vérifier ainsi la pertinence de l'utilisation de la formule approchée.

On calcule :

– pour $i = \frac{\pi}{3}$:

$$\delta = 10,0 \text{ mm} \times \sin \frac{\pi}{3} \left(1 - \frac{\cos \frac{\pi}{3}}{\sqrt{1,50^2 - \sin^2 \frac{\pi}{3}}}\right) = \underline{5,1 \text{ mm}}$$

– pour $i = \frac{\pi}{10}$, la formule approchée à l'aide du DL à l'ordre 1 en $\frac{i}{n}$ donne $\delta = \underline{1,05 \text{ mm}}$. La formule générale menait elle à $\delta = \underline{1,08 \text{ mm}}$.

Exercice 6.6 : Mirage optique

Lorsqu'il fait très chaud, la température de l'air est plus élevée au niveau du sol qu'un peu au-dessus. L'indice n de l'air est une fonction décroissante de la température. On suppose que la température de l'air, valant T_0 à une altitude h, passe ensuite, lorsque l'on s'élève, à $T < T_0$. Dans le même temps, l'indice de l'air est supposé, lui, passer de n_0 à n, ces deux valeurs étant très proches. Déterminer, pour un observateur dont les yeux sont à une altitude H au-dessus du sol, à quelle distance minimale d se situe le mirage.

• Analyse de l'énoncé

Lorsqu'un exercice est basé, comme c'est le cas ici, sur un phénomène physique de "la vie courante", la première chose à faire est de l'interpréter à l'aide des lois physiques que nous connaissons.

Pour expliquer un phénomène optique, la démarche consiste à tracer les cheminements de plusieurs rayons issus de la source de lumière, jusqu'aux yeux de l'observateur, puis de prolonger ces rayons rectilignement, des yeux de l'observateur jusqu'à leur intersection. On obtient ainsi une source fictive dont semblent provenir les rayons, et qualifiée d'**image virtuelle** de la source : quoique non projetable sur un un support matériel, c'est malgré tout à cette intersection que se trouve la source (virtuelle, répétons-le) des rayons perçus par l'observateur.

L'image d'un objet ne se trouve pas forcément là où se trouve l'objet. C'est pourquoi les distances peuvent nous paraître artificiellement plus courtes quand nous observons un objet situé dans un autre milieu que le nôtre (par exemple, observation par une personne dans l'air d'un objet au fond d'une piscine).

Dans un milieu **inhomogène** (c'est-à-dire tel que les paramètres intensifs le caractérisant ne prennent pas même valeur en tout point), les rayons lumineux s'incurvent vers les zones de fort indice de réfraction. Les rayons lumineux dans ce genre de milieu ne sont plus des droites, le tracé du cheminement d'un rayon lumineux ne peut plus alors être que qualitatif.

Le **gradient d'indice** (vecteur pointant vers la zone d'indice la plus élevée) étant dirigé vers le haut, un rayon lumineux provenant du soleil s'incurve, passe par une altitude minimale, puis remonte jusqu'aux yeux de l'observateur. Cet observateur a alors l'impression que la lumière qu'il reçoit provient du point image S' et non pas de S. Le sol apparaît alors en quelque sorte comme une surface réfléchissante qui peut faire penser à une flaque d'eau.

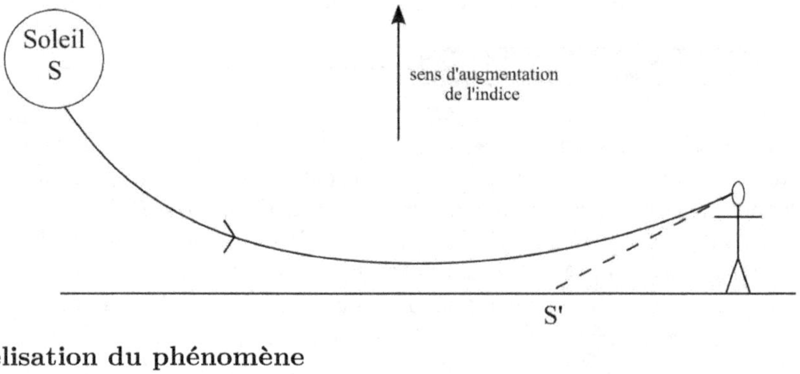

• **Modélisation du phénomène**

La description de la propagation d'un rayon lumineux dans un milieu inhomogène que l'on vous a faite étant simplement qualitative, elle ne permet pas de réaliser d'étude quantitative du phénomène. Pour ce faire, on a souvent recours à une modélisation de variation de l'indice par couches successives, d'indices de plus en plus élevés lorsque l'altitude s'élève. Ce faisant, et en appliquant la loi de Snell-Descartes relative à la réfraction, on retrouve l'aspect incurvé de la propagation.

L'énoncé demande ici de calculer la distance minimale à laquelle le mirage, dont on a expliqué précédemment l'apparition, se forme. Il s'agit alors de passer en revue les phénomènes pouvant se produire lors de la propagation de la lumière en provenance du Soleil. Cette lumière passe d'un milieu d'indice n à un milieu d'indice n_0 inférieur. Un rayon lumineux donné peut alors :

– soit être partiellement réfracté, en s'éloignant de la normale au dioptre au point d'incidence, et partiellement réfléchi ;
– soit subir une réflexion totale si l'angle d'incidence est trop élevé.

Le dioptre n'est pas vraiment ici matérialisé, on reste dans l'air. Lorsque la réfraction peut se faire, elle l'emporte largement sur la réflexion. Finalement, le seul cas où il y a réflexion est celui de la réflexion totale.

Il faut donc comparer les allures attendues du cheminement du rayon lumineux à l'étude qualitative précédente et en déduire le phénomène physique sous-jacent. On réalise alors un schéma de la situation et on raisonne dessus, à l'aide des outils rappelés dans les exercices précédents.

Pour qu'un rayon lumineux en provenance de S remonte vers les yeux de l'observateur, c'est qu'il a subi une réflexion totale sur le dioptre (non matérialisé) séparant la couche d'air d'indice n à celle d'indice n_0.

Le schéma suivant résume la situation :

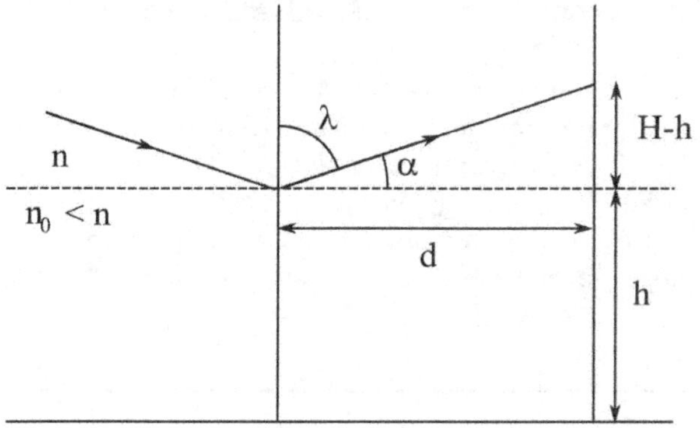

Comme on l'a vu, l'image de S se trouve à l'intersection de deux rayons atteignant l'œil. Pour mettre en évidence la formation du mirage à l'intersection de deux rayons arrivant sur l'œil, il suffit de tracer le cheminenement d'un second rayon, arrivant au même point d'incidence sous un angle d'incidence légèrement supérieur à λ.

• Détermination des approximations à réaliser pour la résolution numérique

Les deux indices sont supposés proches, on pourra donc supposer que leur rapport est proche de 1. On peut alors en tirer que l'angle de réfraction limite est proche de $\frac{\pi}{2}$, et donc son complémentaire proche de zéro. Il est toujours plus intéressant de raisonner sur un angle proche de zéro (pour les développements limités des fonctions trigonométriques notamment). C'est donc avec ce second angle qu'il faut privilégier les calculs.

La distance minimale d à laquelle peut apparaître un mirage correspond donc à la réflexion totale à l'angle limite.

$$\sin i_L = \frac{n_0}{n} = \cos\left(\frac{\pi}{2} - i_L\right) = \cos\alpha$$

Par ailleurs :

$$\tan\alpha = \frac{H-h}{d}$$

Les indices des deux milieux étant proches, α est proche de zéro, donc $\tan\alpha \simeq \alpha$ et $\cos\alpha \simeq 1 - \frac{\alpha^2}{2}$, soit $\alpha \simeq \sqrt{2(1-\cos\alpha)}$.

On en tire :

$$d = \frac{H-h}{\sqrt{2\left(1-\frac{n_0}{n}\right)}}$$

Exercice 6.7 : Prisme en lumière monochromatique

On éclaire un prisme d'angle au sommet $A = 60,0\,^{\circ}$ et d'indice de réfraction n, par un rayon de lumière monochromatique d'incidence i. Le prisme est placé dans l'air d'indice 1,0. Montrer que la déviation D qu'elle subit passe par un minimum D_m (mesuré à 38,0 °), fonction de l'angle i. En déduire une méthode de mesure de l'indice n du prisme, ainsi que l'incertitude relative de cette mesure en supposant les incertitudes absolues sur les angles A et D_m égales, valant $2,0'$.

• Analyse de l'énoncé

Un **prisme** est un dièdre d'angle A formé par l'association de deux dioptres séparant respectivement l'air et le verre, puis le verre et l'air. Comme on l'a vu dans l'exercice 6.5., on va devoir considérer deux réfractions successives du rayon incident. La différence fondamentale d'avec cet exercice 6.5. provient de l'angle existant entre les deux dioptres. Le rayon arrivant sur un prisme n'est plus seulement décalé (comme cela se produisait avec une lame à faces parallèles), mais également **dévié**. L'**angle de déviation** est défini comme l'angle entre le rayon incident (son prolongement pour être plus précis) et le rayon émergent au prisme (lorsqu'il existe bien sûr).

Commençons par schématiser le cheminement au travers du prisme d'un rayon arrivant sous une incidence i sur la face d'entrée. Les angles r, r', i' et D nécessaires à la résolution du problème sont définis sur la figure suivante :

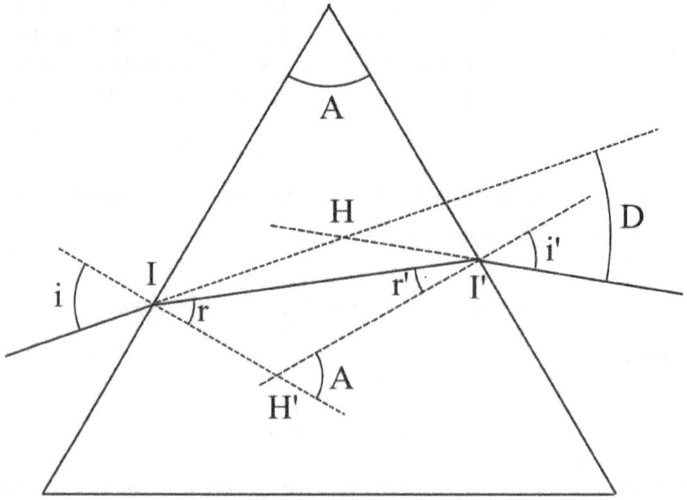

L'angle A que l'on retrouve dans la partie inférieure est un angle à côtés perpendiculaires au dièdre.

• Démonstration des relations fondamentales du prisme

En préambule à tout exercice portant sur le prisme, il convient de rappeler (ou de retrouver) les quatre **relations fondamentales** du prisme. Parmi ces quatre relations :

- deux proviennent de l'application de la loi de Snell-Descartes relative à la réfraction sur les faces d'entrée et de sortie du prisme ;
- deux relient respectivement A et D aux angles d'incidence et de réfraction, et sont obtenues par considérations géométriques.

L'application de la loi de Snell-Descartes relative à la réfraction respectivement aux faces d'entrée et de sortie mène à :

$$\sin i = n \sin r$$

$$\sin i' = n \sin r'$$

L'angle $\widehat{I'H'I}$ étant égal à $\pi - A$ et la somme des angles du triangle I'H'I valant π, on en déduit :

$$r + r' + \pi - A = \pi \quad \Leftrightarrow \quad r + r' = A$$

Dans le triangle HII', on a $\widehat{HII'} = i - r$ et $\widehat{HI'I} = i' - r'$. On en tire $\widehat{IHI'} = \pi - i + r - i' + r' = \pi + A - i - i'$. La déviation D étant le supplémentaire de ce dernier angle, on peut alors écrire :

$$\pi = \widehat{IHI'} + D = \pi + A - i - i' + D \quad \Leftrightarrow \quad D = i + i' - A$$

• Utilisation du principe de retour inverse de la lumière

On va utiliser une première méthode basée sur les symétries pour montrer le résultat demandé. Cette méthode, souvent délaissée par les étudiants, présente pourtant une élégance et une facilité de rédaction remarquables.

Le **principe de retour inverse de la lumière** stipule que tout trajet suivi par la lumière dans un sens peut l'être en sens opposé. Ce principe va permettre de faire apparaître une certaine **symétrie** entre les angles i et i' d'une part, r et r' d'autre part. En effet, d'après le principe de retour inverse, les angles i et i' doivent donner le même angle de déviation D. à une valeur donnée de D correspond donc deux antécédents : i et $i' = D + A - i$. Chercher un extremum de D revient à chercher s'il existe une valeur de D n'admettant qu'un seul antécédent, autrement dit à une situation symétrique du cheminement du rayon lumineux au travers du prisme.

On montre ainsi l'existence d'un extremum de la fonction $D(i)$. Pour montrer qu'il s'agit bien d'un minimum, on peut par exemple comparer la valeur de la déviation dans cette situation avec les valeurs extrêmes de la déviation aux bornes du domaine de définition de i.

Le domaine de définition de l'ange d'incidence i n'est pas $[0\ ;\ \frac{\pi}{2}]$. Ce même principe de retour inverse permet en effet de montrer que le rayon n'émerge du prisme que si $i_0 \leq i \leq \frac{\pi}{2}$, avec :

$$i_0 = \arcsin\left\{n \sin\left[A - \arcsin\left(\frac{1}{n}\right)\right]\right\}$$

Première méthode :
D'après le principe de retour inverse, on peut généralement associer à la déviation D deux valeurs de l'angle d'incidence, i et $i' = D + A - i$. Il existe néanmoins une valeur de la déviation, D_m, correspondant à un unique angle d'incidence et correspondant ainsi à un extremum de D. Avec $i = i'$, la relation précédente donne $i = D_m + A - i$, d'où :

$$i = \frac{D_m + A}{2} = \frac{38{,}0\,^\circ + 60{,}0\,^\circ}{2} = \underline{49{,}0\,^\circ}$$

• Étude mathématique de la déviation de la lumière par le prisme

Une seconde méthode consiste à étudier mathématiquement la déviation en fonction de l'angle d'incidence i. Pour étudier mathématiquement les variations d'une fonction, il s'agit d'étudier le signe d'une part, la (les) valeur(s) d'annulation(s) d'autre part, de la dérivée de cette fonction. Ceci ne pose généralement pas de problème, sauf quand, comme c'est ici le cas, la fonction en question n'est pas explicite.

On a à notre disposition les quatre relations fondamentales du prisme dont aucune ne permet d'exprimer explicitement $D = f(i)$. On peut néanmoins obtenir la dérivée $\frac{df}{di} = \frac{dD}{di}$ en calculant séparément les différentielles dD et di.

Pour ce faire, on a à différentier plusieurs relations, faisant intervenir plusieurs variables. La méthode à appliquer est la différentiation membre à membre. On entend par là que la différenciation d'une relation du type $h(i) = g(r)$ mène à $h'(i)di = g'(r)dr$.

Une fois différentiées les quatre relations, il ne reste plus qu'à éliminer les différentielles des variables non désirées, c'est-à-dire toutes sauf dD et di dans notre cas. On peut alors obtenir la dérivée cherchée en faisant le rapport des deux différentielles.

Deuxième méthode :
L'angle A du prisme et son indice n étant constants, les quatre relations fondamentales se différentient en :

$$\cos i di = n \cos r dr$$

$$\cos i' di' = n \cos r' dr'$$

$$dr + dr' = 0$$

$$dD = di + di'$$

La combinaison des deuxième et troisième relations mène à $di' = -\frac{n \cos r' dr}{\cos i'}$. En utilisant à présent la première relation, on aboutit à $di' = -\frac{\cos i \cos r' di}{\cos i' \cos r}$. On en déduit enfin :

$$dD = \left(1 - \frac{\cos i \cos r'}{\cos i' \cos r}\right) di$$

La dérivée $\frac{dD}{di}$ s'annule si $\cos i \cos r' = \cos i' \cos r$, soit en passant au carré et en faisant jouer la relation $\cos^2 \theta + \sin^2 \theta = 1$:

$$(1 - \sin^2 i)(1 - \sin^2 r') = (1 - \sin^2 i')(1 - \sin^2 r)$$

d'où :

$$(1 - \sin^2 i)\left(1 - \frac{\sin^2 i'}{n^2}\right) = (1 - \sin^2 i')\left(1 - \frac{\sin^2 i}{n^2}\right)$$

Face à cette équation, deux possibilités s'offrent à nous :
- option charge de cavalerie lourde : tout développer, puis simplifier et trouver enfin la solution de l'équation ; brutal, efficace, mais long, risqué et pas extraordinairement élégant ;
- option machiavélique : remarquer la symétrie de la relation ci-dessus en i et i', et en déduire qu'une condition suffisante à cette égalité est que $i = i'$.

Nous allons ici développer la première méthode, afin de vous offrir la possibilité de travailler la moins évidente (et aussi parce que c'est drôle de faire transpirer les neurones).

Le développement de l'égalité précédente donne :

$$1 - \frac{\sin^2 i'}{n^2} - \sin^2 i + \frac{\sin^2 i \sin^2 i'}{n^2} = 1 - \frac{\sin^2 i}{n^2} - \sin^2 i' + \frac{\sin^2 i' \sin^2 i}{n^2}$$

En éliminant les termes redondants de part et d'autre, puis en regroupant et factorisant, nous obtenons :

$$\sin^2 i \left(\frac{1}{n^2} - 1\right) = \sin^2 i' \left(\frac{1}{n^2} - 1\right)$$

Puisque $n^2 \neq 1$, on en déduit que la condition d'annulation de $\frac{dD}{di}$ (donc à l'existence d'un extremum D_m de la fonction $D(i)$ est $i = i'$, d'où nous déduisons :

$$i = \frac{D_m + A}{2}$$

On retrouve bien ainsi le résultat précédent.

Un avantage de la première méthode était de bien mettre en lumière (hihi) le fait que l'égalité $i = i'$ n'était nécessaire, que si $n \neq 1$: la simplification du terme $\frac{1}{n^2} - 1$ supposant la non-nullité de celui-ci).
La seconde méthode permettait elle aussi de remarquer ce point, mais de façon moins spectaculaire, puisqu'il fallait alors noter que la symétrie de la relation en i et i' devenait carrément une identité si $n = 1$, puisqu'alors les deux membres de l'équation étaient identiques entre eux, que i et i' fussent égaux ou non.
Cependant, l'option du prisme d'indice de réfraction égal à 1 (prisme de vide ou d'air, donc) n'offrait qu'un intérêt assez limité...

• **Détermination d'une application expérimentale**

On peut mesurer des angles à l'aide d'un appareil appelé **goniomètre**. On peut donc repérer les angles de déviation, en particulier la déviation minimale D_m. L'angle d'incidence i_m correspondant à cette déviation peut être relié, *via* la première relation fondamentale du prisme, à l'indice n du prisme. On peut ainsi relier l'angle de déviation minimale à l'indice n du prisme.
Cette situation de déviation minimale possède une symétrie remarquable qu'il faut exploiter complètement. Lors de cette situation, le rayon qui traverse le milieu est perpendiculaire à l'axe bissecteur du prisme. Cette configuration (ou encore la troisième relation fondamentale du prisme, avec $r = r'$) permet alors d'exprimer l'angle r en fonction de la constante A.

Au minimum de déviation $r = r'$. La troisième relation du prisme mène à :

$$r = r' = \frac{A}{2}$$

La première relation du prisme se réécrit alors :

$$\sin i = n \sin \frac{A}{2}$$

La définition du minimum de déviation donne enfin :

$$n = \frac{\sin\left(\frac{D_m + A}{2}\right)}{\sin \frac{A}{2}} = \frac{\sin\left(\frac{38{,}0\,° + 60{,}0\,°}{2}\right)}{\sin \frac{60{,}0\,°}{2}} = \underline{1{,}51}$$

• Détermination des incertitudes d'une mesure

Lors de toute détermination expérimentale d'une grandeur, il est important d'évaluer l'erreur associée à cette mesure. Cette erreur peut être évaluée par deux types d'incertitudes :

- l'**incertitude ou erreur absolue**, qui donne en fait l'erreur brute, sans évaluation de son importance ;
- l'**incertitude ou erreur relative**, qui donne en fait le pourcentage d'erreur par rapport à la mesure, et est de ce fait beaucoup plus intéressante physiquement parlant.

Utilisation de la différentielle d'une fonction à deux variables

Les deux incertitudes s'évaluent à partir d'un calcul commun. On part de la relation donnant n à partir des deux valeurs sur lesquelles portent des incertitudes, c'est-à-dire A et D_m. On doit ensuite relier l'incertitude Δn sur n aux incertitudes sur les deux autres angles. Pour cela, on écrit une relation entre les éléments différentiels correspondants dn, dA et dD_m. Il s'agit d'une fonction à deux variables ; la différentielle d'une telle fonction $f(x, y)$ s'écrit :

$$df = \left(\frac{\partial f}{\partial x}\right) dx + \left(\frac{\partial f}{\partial y}\right) dy$$

On passe aux incertitudes en prenant les valeurs absolues de chacun des termes, et en les sommant. On obtient ainsi l'incertitude absolue :

$$\Delta f = \left|\left(\frac{\partial f}{\partial x}\right)\right| \Delta x + \left|\left(\frac{\partial f}{\partial y}\right)\right| \Delta y$$

On passe à l'incertitude relative en divisant le résultat précédent par la valeur mesurée, n dans notre cas.

> Il faut convertir la valeur numérique de l'incertitude en radian avant d'effectuer l'application numérique.

Utilisation de la différentielle logarithmique

L'étude mathématique des fonctions à deux variables, et donc l'expression de la différentielle d'une telle fonction n'arrive qu'assez tard dans l'année. On peut donc utiliser également une autre méthode pour évaluer l'incertitude d'une mesure : la **différentielle logarithmique**. Cette technique de calcul est très pratique ; elle sera largement utilisée dans le cadre de la thermodynamique. Néanmoins, elle n'est pas aussi générale que la méthode précédente. En effet, du fait des propriétés mathématiques de la fonction logarithme, elle ne permet d'aboutir que si la relation entre la grandeur mesurée et ses variables est de type produit ou quotient.

Pour déterminer l'incertitude relative d'une grandeur mesurée dont l'expression se présente sous la forme d'un produit ou d'un quotient, $f(x,y) = \frac{ax^b}{y^c}$, avec a, b et c des constantes (b et c positives) :

– on passe au logarithme népérien chacun des deux membres de l'égalité en tenant compte des propriétés mathématiques du logarithme ($\ln AB = \ln A + \ln B$, $\ln \frac{A}{B} = \ln A - \ln B$ et $\ln A^B = B \ln A$) ;

$$\ln f = \ln a + b \ln x - c \ln y$$

– on différentie membre à membre la relation précédente, constituée d'une somme de termes, soit constants, soit fonction d'une variable seulement ;

$$\frac{df}{f} = b\frac{dx}{x} - c\frac{dy}{y}$$

– on passe à l'incertitude relative en remplacement les éléments différentiels par les incertitudes et en sommant les valeurs absolues des différents termes ;

$$\frac{\Delta f}{f} = \left| b\frac{\Delta x}{x} \right| + \left| c\frac{\Delta y}{y} \right| = b\frac{\Delta x}{x} + c\frac{\Delta y}{y}$$

Utilisation de la fonction à deux variables $n = f(A, D_m)$

On différentie la relation précédente :

$$\begin{aligned} dn &= \left(\frac{\partial n}{\partial D_m}\right) dD_m + \left(\frac{\partial n}{\partial A}\right) dA \\ &= \frac{1}{2}\frac{\cos\left(\frac{D_m+A}{2}\right)}{\sin\left(\frac{A}{2}\right)} dD_m + \frac{1}{2}\frac{\cos\left(\frac{D_m+A}{2}\right)\sin\left(\frac{A}{2}\right) - \cos\left(\frac{A}{2}\right)\sin\left(\frac{D_m+A}{2}\right)}{\sin^2\left(\frac{A}{2}\right)} dA \end{aligned}$$

On passe alors à l'incertitude absolue par passage aux valeurs absolues :

$$\Delta n = \frac{1}{2}\left|\frac{\cos\left(\frac{D_m+A}{2}\right)}{\sin\left(\frac{A}{2}\right)}\right| \Delta D_m + \frac{1}{2}\left|\frac{\cos\left(\frac{D_m+A}{2}\right)\sin\left(\frac{A}{2}\right) - \cos\left(\frac{A}{2}\right)\sin\left(\frac{D_m+A}{2}\right)}{\sin^2\left(\frac{A}{2}\right)}\right| \Delta A$$

On divise enfin par l'expression de n pour obtenir l'incertitude relative :

$$\frac{\Delta n}{n} = \frac{1}{2}\left|\text{cotan}\left(\frac{D_m+A}{2}\right)\right| \Delta D_m + \frac{1}{2}\left|\text{cotan}\left(\frac{D_m+A}{2}\right) - \text{cotan}\left(\frac{A}{2}\right)\right| \Delta A$$

Utilisation de la différentielle logarithmique

$$\ln n = \ln\left|\sin\left(\frac{D_m+A}{2}\right)\right| - \ln\left|\sin\left(\frac{A}{2}\right)\right|$$

D'où :

$$\frac{dn}{n} = \frac{1}{2}\frac{\cos\left(\frac{D_m+A}{2}\right)}{\sin\left(\frac{D_m+A}{2}\right)}(dD_m + dA) - \frac{1}{2}\frac{\cos\left(\frac{A}{2}\right)}{\sin\left(\frac{A}{2}\right)} dA$$

Et enfin :

$$\frac{dn}{n} = \text{cotan}\left(\frac{D_m + A}{2}\right)\frac{dD_m}{2} + \left[\text{cotan}\left(\frac{D_m + A}{2}\right) - \text{cotan}\left(\frac{A}{2}\right)\right]\frac{dA}{2}$$

En regroupant enfin ensemble les mêmes sources d'erreur et en passant aux valeurs absolues, on retrouve bien l'expression précédente de l'erreur relative. Application numérique : $2\,^\circ = 0,035$ rad d'où :

$$\begin{aligned}\frac{\Delta n}{n} = & \left|\text{cotan}\left(\frac{38,0\,^\circ + 60,0\,^\circ}{2}\right)\right| \frac{0,035 \text{ rad}}{2} \\ & + \left|\text{cotan}\left(\frac{38,0\,^\circ + 60,0\,^\circ}{2}\right) - \text{cotan}\left(\frac{60,0\,^\circ}{2}\right)\right| \frac{0,035 \text{ rad}}{2} \\ = & \ \underline{3,0\ \%}\end{aligned}$$

En définitive, nous pouvons ainsi donner l'encadrement suivant de l'indice de réfraction n du prisme étudié : $n = \underline{1,51 \pm 0,05}$

On peut ici s'étonner de la légèreté avec laquelle nous choisissons d'exprimer les valeurs de certains angles en degrés, et d'autres en radians. Dans les faits, pour bien travailler, toutes les valeurs devraient être exprimées en radians. La démonstration des propriétés relatives aux fonctions trigonométriques, notamment les expressions de leurs dérivées (essayez-vous pour exercice à démontrer que la dérivée de la fonction sinus est un cosinus, par exemple) réclame des DL qui eux-mêmes doivent être menés avec des variables exprimées en radians.
Donc basiquement, les valeurs de tous les angles devraient être exprimées en radians. Ceci étant dit, le degré demeure une unité plus commode en ce que les valeurs des angles courants y sont plus faciles à appréhender (30,0 ° est une valeur plus amicale que 0,523 radian), et qu'elle a occupé la première place pédagogique dans nos cœurs émus de scientifiques en herbes sur les bancs de l'école. Donc, les calculatrices possédant un mode permettant d'exprimer les angles directement en degrés, nous nous autorisons encore à faire usage de cette unité lorsqu'il s'agit de saisir un angle en tant qu'argument d'une fonction trigonométrique. Pour tout ce qui est angle brut (dans les incertitudes notamment), on aura soin de se cantonner au radian pur et dur.

Exercice 6.8 : Prisme en lumière blanche

Un faisceau de lumière blanche arrive sous incidence $i = 40,0\,^{\circ}$ sur un prisme en flint, d'angle au sommet $A = 60,0\,^{\circ}$. L'indice n du flint varie avec la longueur d'onde de la lumière qui le traverse. Il vaut $n_R = 1,61$ pour une radiation rouge ($\lambda_0 = 650$ nm) et $n_V = 1,67$ pour une radiation violette ($\lambda_0 = 400$ nm). On place un écran d'observation à la distance $L = 2,00$ m à la sortie du prisme. Qu'observe-t-on ? Comment pourrait-on évaluer l'efficacité dispersive du prisme ? Est-ce bien licite à partir des longueurs d'onde ici données ? Exprimer puis calculer la distance entre les taches rouge et bleue sur l'écran. Qu'observerait-on si un faisceau de lumière blanche était envoyé sur une lame à face parallèle faite du même matériau que le prisme précédent ? Qu'observe-t-on, concrètement, lorsque la lumière du Soleil nous arrive au travers d'une vitre ?

• **Analyse de l'énoncé**

La **lumière blanche** est une lumière **polychromatique** contenant l'ensemble des radiations de **longueur d'onde dans le vide** comprises approximativement entre 400 et 800 nm. L'exercice précédent s'est intéressé à l'étude de la déviation d'une radiation de longueur d'onde dans le vide donnée, c'est-à-dire de fréquence donnée, par un prisme d'indice n. Tous les résultats (relations fondamentales du prisme, expression de la déviation) restent valables à λ_0 fixée.

⚠ Une radiation est caractérisée par sa fréquence et non sa longueur d'onde. En effet, la fréquence d'une onde électromagnétique (une onde lumineuse par exemple) est invariante, quel que soit le milieu de propagation considéré (vide, air, verre...). Ce n'est pas le cas de la longueur d'onde. C'est pourquoi les exercices préciseront (normalement) dans quel milieu a été calculée ladite longueur d'onde. En l'absence d'indication, il est raisonnable de considérer la longueur d'onde donnée comme étant évaluée dans le vide. Rappelons enfin que la longueur d'onde dans le vide λ_0 et la longueur d'onde λ évaluée dans un milieu d'indice n sont liées par la relation : $\lambda = \frac{\lambda_0}{n}$.

Le problème qui se pose, lors de l'étude d'un faisceau de lumière polychromatique, est de savoir si toutes les radiations vont subir le même changement de direction à la traversée du milieu.

Deux cas de figure se présentent alors :

– si le facteur de conversion entre les longueurs d'onde dans le milieu et dans le vide, à savoir l'indice du milieu, est le même pour toutes les radiations : le milieu est dit **non dispersif**. L'indice n étant le même pour toutes les radiations, les lois de Snell-Descartes mènent aux mêmes angles et toutes les radiations se comportent de la même manière. La lumière polychromatique n'est donc pas dispersée par ce type de milieu.

- si, au contraire, le facteur de conversion entre les longueurs d'onde dans le milieu et dans le vide, à savoir l'indice du milieu, est différent pour chaque radiation : le milieu est dit **dispersif**. En effet, les différentes radiations ne suivent pas le même cheminement. La traversée d'un milieu dispersif permet donc de les distinguer. On récupère ainsi un spectre de la lumière polychromatique étudiée. Pour une lumière polychromatique ne contenant que quelques-unes des fréquences du visible, on obtient un **spectre de raies** ; pour de la lumière blanche (qui contient toutes les fréquences visibles), on obtient un **spectre continu**.

> Il ne faut pas amalgamer le fait que la longueur d'onde dépende du milieu avec le caractère dispersif ou non d'un milieu. Le premier phénomène est traduit par la dépendance de λ en l'indice n ; le second se traduit par la dépendance de n en λ_0.

• Schématisation du parcours des rayons lumineux

Les lois de Snell-Descartes permettent de calculer, pour une radiation donnée, la déviation correspondante. À l'aide des relations fondamentales établies à l'exercice précédent, on doit comparer les évolutions des différents angles en fonction des variations de l'indice n du prisme. Le prisme est, avec un autre dispositif appelé **réseau**, un appareil largement utilisé en **spectroscopie** (c'est-à-dire pour mesurer des longueurs d'onde). Il est utile de retenir le résultat suivant : **la déviation, avec un prisme, croît du rouge au violet.**

> On obtient le résultat inverse avec un réseau pour lequel la déviation croît du violet au rouge.

Les relations fondamentales du prisme permettent de déterminer les variations de D avec n. À i donné (A est bien sûr constant), r diminue avec n, par conséquent r' et donc i' augmentent avec n. La déviation du prisme est donc fonction croissante de son indice. L'indice donné pour la radiation violette étant supérieur à celui donné pour la rouge, on a donc une plus grande déviation du rayon violet que du rayon rouge. Le schéma ci-après représente le cheminement de ces deux rayons extrêmes du spectre visible :

Numériquement, pour $i = 40,0\,°$, on calcule (en utilisant les relations du prisme démontrées à l'exercice précédent) :

- pour la **radiation rouge** : $r = \underline{23,5\,°}$, $r' = \underline{26,5\,°}$, $i' = \underline{45,9\,°}$ et enfin $D_R = \underline{35,9\,°}$.
- pour la **radiation violette** : $r = \underline{22,6\,°}$, $r' = \underline{27,4\,°}$, $i' = \underline{50,1\,°}$ et enfin $D_R = \underline{40,1\,°}$.

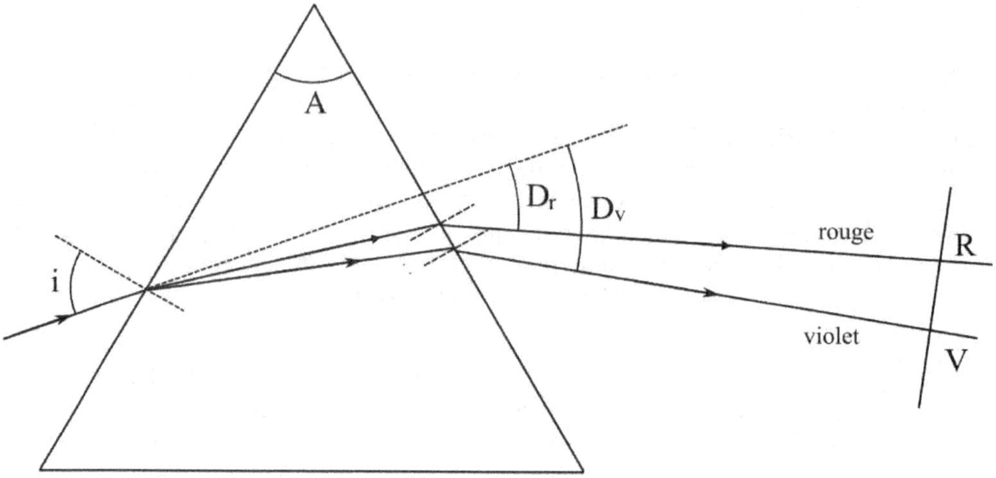

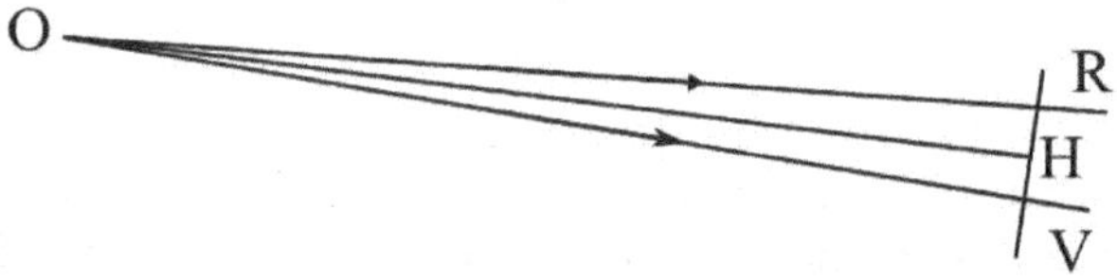

• **Analyse quantitative de la dispersion**

Pour étudier quantitativement le caractère dispersif d'un milieu, on peut déterminer son **efficacité dispersive**. Comme à chaque fois que l'on veut étudier l'influence de la variation d'une grandeur sur une autre, c'est l'outil de dérivation qui est mis en œuvre. La déviation D d'un prisme étant fonction *a priori* de trois variables (i, A et n), on va donc utiliser une **dérivée partielle**. Pour fixer les idées, on va également souvent se placer dans la configuration du minimum de déviation afin d'avoir une relation explicite entre l'angle de déviation alors égal à D_m et n.

> Si la notion de dérivée partielle ne vous a pas encore été définie, vous pouvez alors considérer ce que l'on appelle dérivée partielle de D_m par rapport à n comme la dérivée de D_m par rapport à n en faisant comme si ses autres paramètres (i et A) étaient constants. La notation conventionnelle d'une dérivée partielle est $\left(\frac{\partial D_m}{\partial n}\right)_{i,A}$. Vous pourrez commencer par noter ce genre de dérivée avec un d à la place du ∂, bien que ce ne soit pas rigoureux mathématiquement parlant.

Par ailleurs, la dispersion représente l'influence de l'indice n sur D_m, mais la variation de D_m avec n provient directement de la variation de n avec λ_0. On définit donc couramment l'efficacité dispersive du prisme par :

$$e_{\lambda_0} = \left(\frac{\partial D_m}{\partial \lambda_0}\right)_{i,A} = \left(\frac{\partial D_m}{\partial n}\right)_{i,A} \left(\frac{dn}{d\lambda_0}\right)$$

Pour évaluer $\left(\frac{dn}{d\lambda_0}\right)$, deux cas de figure se présentent :

- si l'énoncé donne une loi de variation de l'indice avec la longueur d'onde dans le vide, on la dérive mathématiquement. Notons qu'une loi couramment proposée est celle de Cauchy qui est de la forme $n = a + \frac{b}{\lambda_0^2}$.
- si l'énoncé donne des valeurs de l'indice pour certaines longueurs d'onde, on va considérer approximativement que $\left(\frac{dn}{d\lambda_0}\right) \simeq \left(\frac{\Delta n}{\Delta\lambda_0}\right)$.

On prendra souvent la valeur absolue de l'efficacité dispersive ainsi déterminée. En effet, pour un milieu tel que le prisme, la déviation décroît avec la longueur d'onde, d'où un résultat algébriquement négatif.

Évaluons, au minimum de déviation D_m, l'efficacité dispersive du prisme. Dans l'exercice précédent, nous avons montré que :

$$\sin\left(\frac{D_m + A}{2}\right) = n \sin\left(\frac{A}{2}\right)$$

En dérivant membre à membre par rapport à la variable λ_0, à i et A fixé (on utilise alors la notation mathématique ∂ à la place de d pour la dérivée de la fonction à plusieurs variables D_m) :

$$\frac{1}{2}\cos\left(\frac{D_m + A}{2}\right)\left(\frac{\partial D_m}{\partial \lambda_0}\right)_{i,A} = \sin\left(\frac{A}{2}\right)\left(\frac{dn}{d\lambda_0}\right)$$

On en déduit :

$$e_{\lambda_0} = \frac{2\sin\left(\frac{A}{2}\right)}{\cos\left(\frac{D_m+A}{2}\right)}\left(\frac{dn}{d\lambda_0}\right)$$

On approxime alors $\left(\frac{dn}{d\lambda_0}\right)$ par $\left(\frac{\Delta n}{\Delta\lambda_0}\right) = \frac{1{,}67-1{,}61}{450-600} = \underline{-3{,}00.10^{-4}\ \text{nm}^{-1}}$, résultat négatif en raison de la décroissance de la déviation avec la longueur d'onde. Cette dernière approximation n'est pas vraiment licite, car les deux longueurs d'onde considérées sont assez éloignées. Cette approximation a beaucoup plus de raison d'être pour une lumière polychromatique du type lampe à vapeur de sodium et pour laquelle la différence de valeur des longueurs d'onde du doublet jaune est très faible vis-à-vis de la valeur de leur longueur d'onde moyenne. Le même raisonnement s'applique d'ailleurs au choix de D_m dans la formule. Moyenner les valeurs de D_m obtenues successivement pour les radiations rouge et violette est trop grossier.

- **Étude de l'étendue spatiale du spectre**

Il s'agit ici d'évaluer la distance RV, en reprenant les notations du dessin précédent. Pour ce faire on peut utiliser une approximation courante qui consiste à assimiler les longueurs respectives d'un arc de cercle et de sa corde associée dans le cas où l'extension angulaire de l'arc est faible.

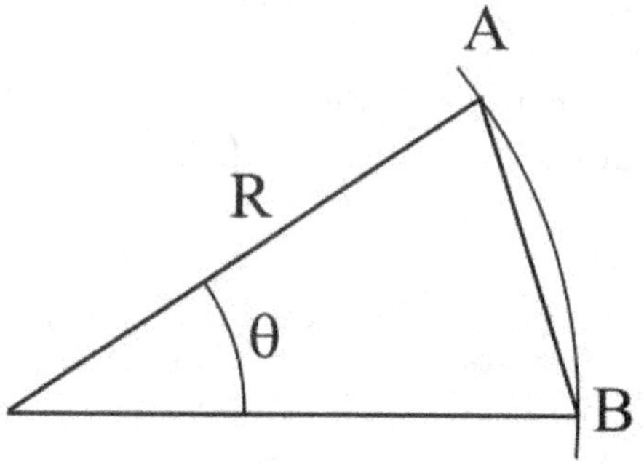

Pour un angle $\theta \ll 1$, $\overset{\frown}{AB}\ x \simeq R\theta$, en exprimant l'angle θ en radians.

L'extension angulaire des taches rouge et violette est égale à $40,1 - 35,9 = \underline{4,2\,^\circ}$ soit $\underline{7,3.10^{-2}\ \text{rad}} \ll 1$ rad. On peut donc écrire :

$$RV \simeq OH \cdot \theta = 2,0\ \text{m} \times 7,3.10^{-2}\ \text{rad} = \underline{15\ \text{cm}}$$

• Généralisation à d'autres milieux dispersifs

Il faut bien avoir en tête que la plupart des milieux sont (à des degrés plus ou moins importants) dispersifs. La question posée par l'exercice à ce niveau est donc d'expliquer pourquoi, dans de nombreux cas, on n'a pas l'impression de voir cette dispersion. Pour répondre à ce genre de question, assez générale, il peut être avantageux de faire une liste, non exhaustive bien sûr, de cas où la lumière blanche (en pratique celle qui nous arrive du Soleil) donne ou non une dispersion. On pourra alors, en comparant ces situations en tirer les conditions "pratiques" de dispersion.

Il paraît *a priori* assez naturel de distinguer deux cas :

- celui d'un milieu délimité par des dioptres à faces planes et parallèles ;
- celui d'un milieu délimité par des dioptres à faces planes, mais non parallèles, ou encore à faces non planes.

Par ailleurs, le fait de voir ou non une dispersion met en jeu notre œil, qui se comporte comme une lentille convergente et donc qui fait converger en un même point un ensemble de rayons lumineux parallèles. Finalement, on aura donc également l'impression de voir de la lumière blanche si sa décomposition donne un faisceau de radiations monochromatiques parallèles.

Comme on l'a vu dans l'exercice sur la lame de verre à faces parallèles, cette dernière donne d'une radiation, une radiation parallèle, mais décalée par rapport au point d'incidence. La lumière blanche arrivant sur une telle lame de verre sera dispersée en ses radiations monochromatiques, mais tous les rayons monochromatiques émergeant seront parallèles entre eux. En arrivant sur l'œil de l'observateur (qui se comporte comme une lentille convergente), ils convergeront donc en un unique point ce qui donnera donc une impression de lumière

> blanche à l'observateur. C'est pour cela que nous ne voyons pas de dispersion de la lumière du Soleil quand elle nous arrive au travers d'une vitre.

D'autres exercices peuvent vous faire étudier des cas de dispersion de la lumière du Soleil. Un cas classique est l'étude de l'apparition d'un arc en ciel en raison de la dispersion par des gouttes d'eau sphériques en suspension dans l'atmosphère.

Exercice 6.9 : Image d'un objet de position connue par une lentille

Déterminer par deux méthodes (l'une graphique, l'autre analytique) la position de l'image d'un objet situé dans un plan de front, d'abord à 10,0 cm avant, puis à 10,0 cm après la lentille et préciser ses caractéristiques. On donnera à la lentille successivement les caractéristiques suivantes :
- lentille convergente de focale 5,00 cm ;
- lentille divergente de focale -5,00 cm.

Cet exercice, très simple, pose les principes de base de résolution graphique et analytique de tout exercice mettant en jeu des lentilles. Il faut donc absolument en maîtriser sa résolution.

• **Analyse de l'énoncé**

L'exercice consiste en déterminer l'image par une lentille d'un objet situé dans un plan de front. Toute construction d'image d'un objet (qui sera normalement toujours dans un plan de front) par une lentille met en jeu les propriétés de stigmatisme et d'aplanétisme approché de la lentille utilisée dans les **conditions de Gauss** dans lesquelles nous nous supposerons toujours placés, sauf indication contraire **explicite** de l'énoncé.

Rappelons que :
- la propriété de **stigmatisme** approché d'une lentille (c'est-à-dire le fait que la lentille fasse passer tout ensemble de rayons lumineux issus d'un même point objet, par un autre point qui sera dès lors qualifié d'**image conjuguée** de celui-ci) permet l'utilisation des **relations de conjugaison**, qui sont utilisées dans les résolutions analytiques.
- la propriété d'**aplanétisme** approché stipule que l'image d'un objet dans un plan de front, est également dans un plan de front. Grâce à cette propriété, on construit l'image de l'objet AB (B n'étant pas le point sur l'axe) en déterminant graphiquement l'image B' de B par la lentille puis en abaissant sa perpendiculaire sur l'axe, qui donne donc A'.

Dans cet exercice, on doit successivement utiliser une lentille convergente, puis divergente. Fondamentalement, cela ne change rien dans le principe de résolution. Pour toute lentille mince (quelle que soit sa nature) les relations de conjugaison sont les mêmes, les principes de construction des rayons particuliers sont les mêmes.

Qu'est-ce qui différencie alors une lentille convergente d'une divergente ?

- en pratique, les bords d'une lentille convergente sont plus fins que son centre ; c'est le contraire pour une lentille divergente. Ceci nous donne d'une part une méthode expérimentale de reconnaissance de la nature d'une lentille, ainsi qu'un moyen de se souvenir de leurs représentations conventionnelles.
- les vergences (et donc les distances focales images) des lentilles convergentes sont positives, alors qu'elles sont négatives pour les divergentes. Les foyers sont dans les deux cas symétriques par rapport au plan de la lentille, mais F' est placé avant la lentille pour une divergente, après la lentille pour une convergente.

Le dernier point, souvent à préciser dans ce type d'exercices, est la nature **réelle** ou **virtuelle** de l'objet ou de l'image, **droite** ou **renversée** de l'image, **réduite** ou **agrandie** de l'image. Les notions de réalité et virtualité d'un objet ou d'une image se définissent plus généralement pour un système optique quelconque :

- un objet est **réel** si on peut le toucher. Pour une lentille, comme pour un miroir d'ailleurs, les objets réels sont ceux placés avant le système optique.
- une image est **réelle** si on peut la recueillir sur un écran. Pour une lentille, une image est donc réelle si placée après la lentille.

Les dernières caractéristiques de l'image sont assez intuitives et facilement mises en évidence à partir du grandissement défini comme le rapport des tailles algébriques de l'image et de l'objet : $\gamma = \frac{\overline{A'B'}}{\overline{AB}}$.

- si le grandissement est **positif**, l'objet et l'image sont dans le "même sens", l'image est alors dite **droite** ;
- si le grandissement est **négatif**, l'objet et l'image sont dans des "sens opposés", l'image est alors dite **renversée** ;
- si le grandissement est **en valeur absolue plus grand que 1**, on a affaire à un **agrandissement** ;
- si le grandissement est **en valeur absolue plus petit que 1**, on a affaire à une **réduction**.

Une différence notable entre lentilles convergentes et divergentes est qu'une lentille divergente tend à écarter les rayons lumineux d'un faisceau de lumière parallèle les uns des autres lorsque celui-ci la traverse (elle le fait diverger, d'où son nom), tandis que la lentille convergente tend à rapprocher les uns des autres (elle le fait converger). En pratique, ceci entraîne notamment le fait que l'image donnée par une lentille divergente d'un objet réel, est toujours virtuelle.

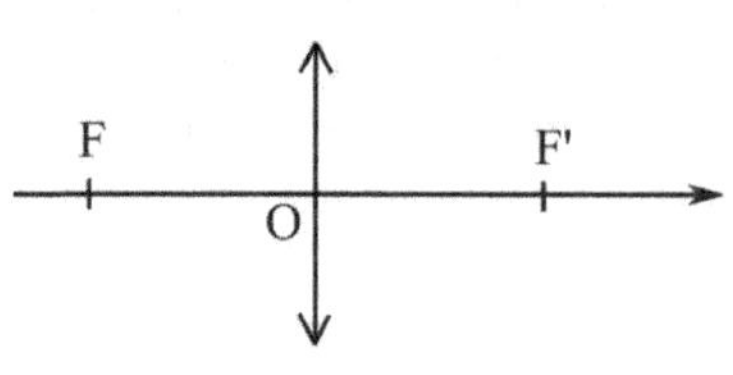

lentille convergente

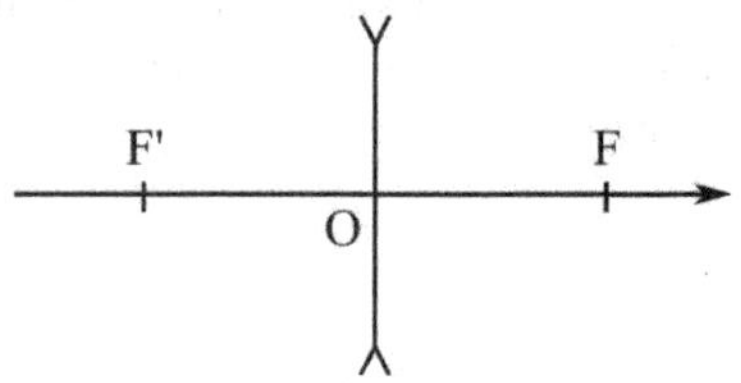

lentille divergente

• **Construction graphique de l'image**

Comme on l'a vu, pour construire l'image $A'B'$ de l'objet AB, il suffit de construire l'image B' de B par le système optique. Pour ce faire, il suffit de construire le cheminement à travers le système optique étudié (que ce soit une ou plusieurs lentille(s), un ou plusieurs miroir(s), un ensemble de lentilles et de miroirs...) de deux rayons passant par B. L'intersection des rayons émergeant du système optique donne la position de B'.

Trois rayons particuliers sont à notre disposition pour cela :

- le **rayon passant par** B **et** O n'est pas dévié ;
- le **rayon passant par** B **et** F ressort parallèlement à l'axe optique ;
- le **rayon arrivant parallèlement à l'axe**, en passant par B, ressort en passant par F'.

On a donc trois rayons à notre disposition, alors que seuls deux sont nécessaires à la construction. On tracera en général toujours celui passant par O ; n'étant pas dévié, c'est le plus commode à tracer. Pour ce qui est du second, vous avez libre choix.

Quand on parle de rayon "passant" par un point, il peut s'agir parfois d'un prolongement de rayon. Ceci se produit si :

- **l'objet est virtuel** ; en effet, à ce moment, l'objet est placé après le système optique. Le rayon sera donc effectivement dévié avant d'avoir concrètement atteint B.
- **l'image est virtuelle** ; en effet, à ce moment, ce sont les prolongements des rayons émergeant du système qui se coupent en B'.

À chaque fois qu'interviennent des prolongements de rayons, on les représentera en trait pointillé, au lieu d'un trait plein.

Déterminons graphiquement l'image de AB par la lentille dans les deux cas considérés.

On considérera qu'une unité graduée correspond à 1 cm. Pour la lentille convergente, et un objet réel :

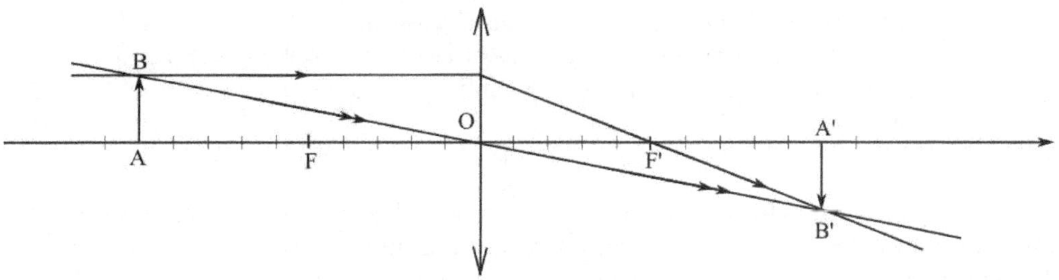

On lit graphiquement : $\overline{OA'} = +10$ cm et $\overline{A'B'} = -\overline{AB}$. On a donc $\gamma = \frac{\overline{A'B'}}{\overline{AB}} = -1$, l'image peut donc être qualifiée de réelle, renversée et de même taille que l'objet (donc ni réduite, ni agrandie).
Pour la lentille convergente, et un objet virtuel :

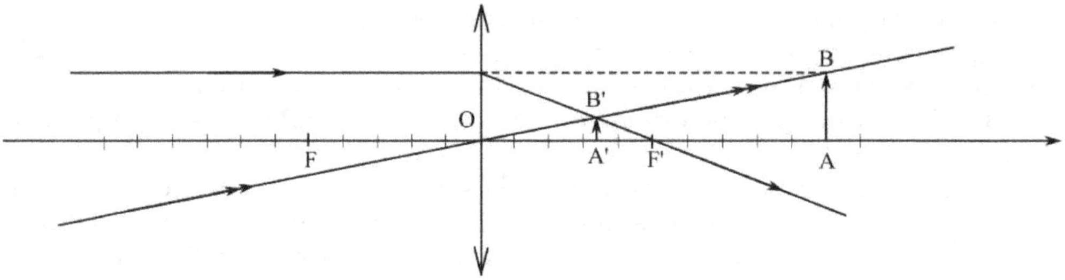

En pratique, un objet virtuel n'existe pas, en ce sens qu'il n'a pas d'existence matérielle puisqu'il est impossible de le projeter. On peut dès lors s'interroger sur l'intérêt d'un tel concept, mais nous verrons que dans les systèmes optiques à plusieurs lentilles, il n'est pas rare que l'image formée par une lentille et servant d'objet à la suivante, se trouve en une position qui le rende *de facto* virtuel pour cette dernière.

On lit graphiquement : $\overline{OA'} = +3,3$ cm et $\overline{A'B'} = \frac{1}{3}\overline{AB}$. On a donc $\gamma = \frac{1}{3}$, l'image peut donc être qualifiée de réelle, droite et réduite.

Lorsque vous résolvez graphiquement un exercice d'optique, il faut être très soigneux dans le tracé des rayons lumineux. Il peut être notamment utile, pour vérifier la précision de la position de B', de tracer le troisième rayon particulier afin de s'assurer que les trois rayons particuliers concourent bien au même point. Enfin, l'usage de papier millimétré est recommandé.

Lorsque l'on utilise une **lentille divergente**, on peut déjà retenir les résultats suivants qui vous permettront d'anticiper sur le résultat d'une construction, ou encore de choisir correctement le type de lentille à utiliser dans une construction donnée :
- l'image d'un objet réel par une lentille divergente est toujours virtuelle.
- seul un objet virtuel, placé entre la lentille divergente et son plan focal objet, donne une image réelle.

Pour la lentille divergente, et un objet réel :

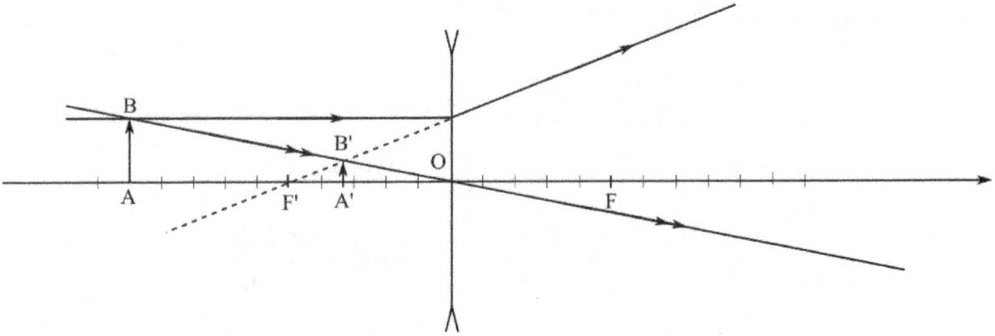

On lit graphiquement : $\overline{OA'} = -3,3$ cm et $\overline{A'B'} = \frac{1}{3}\overline{AB}$. On a donc $\gamma = +\frac{1}{3}$, l'image peut donc être qualifiée de virtuelle, droite et réduite.
Pour la lentille divergente, et un objet virtuel :

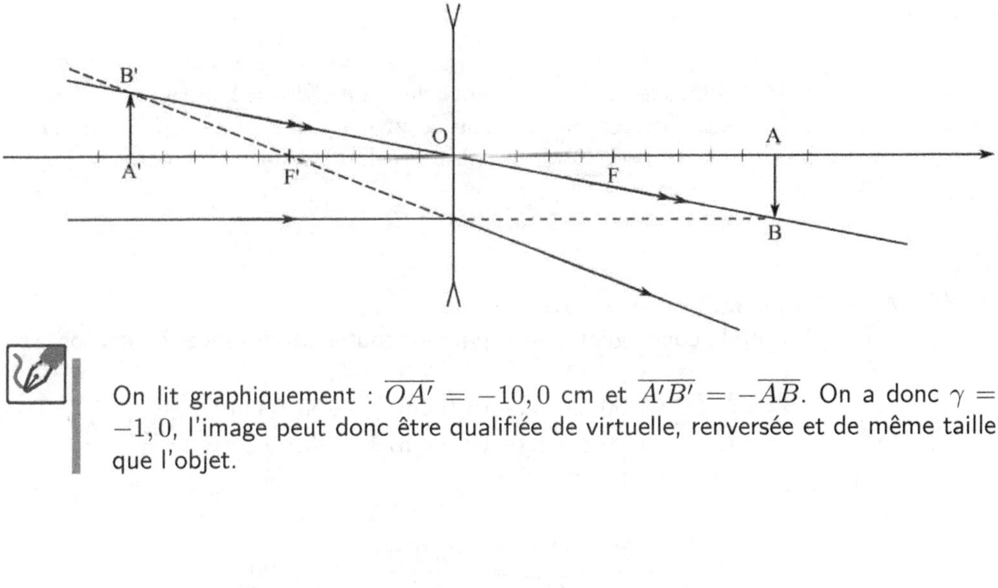

On lit graphiquement : $\overline{OA'} = -10,0$ cm et $\overline{A'B'} = -\overline{AB}$. On a donc $\gamma = -1,0$, l'image peut donc être qualifiée de virtuelle, renversée et de même taille que l'objet.

• **Résolution analytique**

Deux relations de conjugaison sont utilisables pour une lentille :

– la **relation de Descartes** qui prend pour origine le **centre** O de la lentille ; pour A et A' conjugués par la lentille :

$$\frac{1}{\overline{OA'}} - \frac{1}{\overline{OA}} = V = \frac{1}{f'}$$

En isolant $\overline{OA'}$, on obtient :

$$\frac{1}{\overline{OA'}} = \frac{1}{\overline{OA}} + \frac{1}{f'} = \frac{f' + \overline{OA}}{f' \times \overline{OA}} \quad \Leftrightarrow \quad \overline{OA'} = \frac{f' \times \overline{OA}}{f' + \overline{OA}}$$

– la **relation de Newton** avec origine aux **foyers** ; pour A et A' conjugués par la lentille de foyers F et F' :

$$\overline{FA} \cdot \overline{F'A'} = -f'^2$$

Dans un exercice de construction de la position d'un objet de position connue, par une lentille de distance focale connue, il est plus commode d'utiliser la relation de conjugaison avec origine au centre.

> ⚠ Il ne faut pas oublier de tenir compte des signes des valeurs algébriques. Le signe positif correspond au sens de propagation de la lumière de la gauche vers la droite. Pour un objet réel, c'est-à-dire placé avant la lentille, on aura donc $\overline{OA} < 0$.

Avec l'objet réel : $\overline{OA} = -10,0$ cm.

– Pour la lentille convergente, en exprimant toutes les distances en cm, on a :

$$\overline{OA'} = \frac{f' \times \overline{OA}}{f' + \overline{OA}} = \frac{5,00 \text{ cm} \times (-10,0 \text{ cm})}{5,00 \text{ cm} + (-10,0 \text{ cm})} = \frac{-50,0 \text{ cm}^2}{-5,00 \text{ cm}} = \underline{10,0 \text{ cm}}$$

On en déduit :

$$\gamma = \frac{\overline{A'B'}}{\overline{AB}} = \frac{\overline{OA'}}{\overline{OA}} = \frac{10,0 \text{ cm}}{-10,0 \text{ cm}} = \underline{-1,00}$$

On retrouve donc bien les résultats précédents, avec une précision améliorée par le calcul.

– Pour la lentille divergente, en exprimant toutes les distances en cm, on a :

$$\overline{OA'} = \frac{f' \times \overline{OA}}{f' + \overline{OA}} = \frac{-5,00 \text{ cm} \times (-10,0 \text{ cm})}{-5,00 \text{ cm} + (-10,0 \text{ cm})} = \frac{+50,0 \text{ cm}^2}{-15,0 \text{ cm}} = \underline{-3,33 \text{ cm}}$$

On en déduit :

$$\gamma = \frac{\overline{A'B'}}{\overline{AB}} = \frac{\overline{OA'}}{\overline{OA}} = \frac{-3,33 \text{ cm}}{-10,0 \text{ cm}} = \underline{0,333}$$

On retrouve donc bien, là encore, les résultats précédents.

Avec l'objet virtuel : $\overline{OA} = +10,0$ cm.

– Pour la lentille convergente, en exprimant toutes les distances en cm, on a :

$$\overline{OA'} = \frac{f' \times \overline{OA}}{f' + \overline{OA}} = \frac{5,00 \text{ cm} \times 10,0 \text{ cm}}{5,00 \text{ cm} + 10,0 \text{ cm}} = \frac{50,0 \text{ cm}^2}{15,0 \text{ cm}} = \underline{3,33 \text{ cm}}$$

On en déduit :

$$\gamma = \frac{\overline{A'B'}}{\overline{AB}} = \frac{\overline{OA'}}{\overline{OA}} = \frac{3,33 \text{ cm}}{10,0 \text{ cm}} = \underline{0,333}$$

On retrouve donc bien les résultats précédents.

– Pour la lentille divergente, en exprimant toutes les distances en cm, on a :

$$\overline{OA'} = \frac{f' \times \overline{OA}}{f' + \overline{OA}} = \frac{-5,00 \text{ cm} \times 10,0 \text{ cm}}{-5,00 \text{ cm} + 10,0 \text{ cm}} = \frac{-50,0 \text{ cm}^2}{5,00 \text{ cm}} = \underline{-10,0 \text{ cm}}$$

On en déduit :

$$\gamma = \frac{\overline{A'B'}}{\overline{AB}} = \frac{\overline{OA'}}{\overline{OA}} = \frac{-10,0 \text{ cm}}{10,0 \text{ cm}} = \underline{-1,00}$$

On retrouve donc bien, là encore, les résultats précédents.

Exercice 6.10 : Construction à grandissement donné

Déterminer les points conjugués A et A', par une lentille convergente de focale égale à 5,0 cm, menant à un grandissement $\gamma = -2,0$.

• Analyse de l'énoncé

Lorsque l'exercice mettant en jeu une lentille n'est pas une simple construction graphique d'image, on doit procéder méthodiquement en :

- dénombrant le nombre d'inconnues ;
- écrivant autant de relations indépendantes (les formules de conjugaison, grandissement) qu'il y a d'inconnues.

On cherche ici à déterminer les positions des points conjugués par la lentille A et A', menant à un grandissement de -2,0. On peut, pour ce faire, déterminer les deux grandeurs algébriques $\overline{OA}$ et $\overline{OA'}$. Le problème comportant deux inconnues, on doit écrire deux relations indépendantes entre ces inconnues.

On peut alors écrire :

– la relation de conjugaison avec origine au centre (relation de Descartes),

$$\frac{1}{\overline{OA'}} - \frac{1}{\overline{OA}} = V = \frac{1}{f'}$$

– la relation de grandissement,

$$\gamma = \frac{\overline{OA'}}{\overline{OA}}$$

Dans cet exercice, les inconnues sont les positions respectives des deux points conjugués par le système, A et A'. On résoudrait de manière tout à fait analogue un exercice dans lequel les positions de ces points seraient connues, mais dont on ignorerait les caractéristiques de la lentille, et la valeur du grandissement.

• Résolution numérique

Une fois écrites les n relations liant les n inconnues, on a un simple système de n équations à n inconnues à résoudre. La seule difficulté, et possible source d'erreur, est le caractère souvent algébrique des inconnues. à ce propos, on utilisera souvent les propriétés suivantes :

– $\overline{AB} = -\overline{BA}$;

– pour tout point O appartenant à la droite (AB), $\overline{AB} = \overline{AO} + \overline{OB}$.

La relation de grandissement mène alors à :

$$\overline{OA'} = -2,0 \times \overline{OA}$$

En reportant dans le relation de Descartes, on obtient :

$$-\frac{1}{2\overline{OA}} - \frac{1}{\overline{OA}} = \frac{1}{f'}$$

Soit :

$$\overline{OA} = -\frac{3}{2}f' = \underline{-7,5 \text{ cm}}$$

puis,

$$\overline{OA'} = \underline{15 \text{ cm}}$$

• Résolution graphique

Ce genre d'exercice peut également être résolu graphiquement. Pour ceci, on commence par choisir arbitrairement une taille pour l'objet $\overline{AB}$, dont on ne connaît pas la position A sur l'axe optique. On trace la droite horizontale D_1, d'équation $y_1 = \overline{AB}$. On trace alors une droite D_2 horizontale $y_2 = \gamma \overline{AB}$.

Habituellement, on prend $\overline{AB} > 0$.

On trace alors le rayon passant par F et arrivant sur la lentille. Ce rayon est en effet défini comme passant par F et le point d'intersection de la lentille et de la droite D_2. L'intersection de ce rayon (ou de son prolongement) avec D_1 donne la position de B. La position A recherchée est alors obtenue en projetant orthogonalement B sur l'axe optique.
Connaissant B, on trace alors le rayon non dévié passant par B et O. l'intersection de ce rayon avec D_2 donne la position de B'. Par projection sur l'axe optique, on obtient enfin A'. On peut aussi utiliser le rayon arrivant parallèlement à l'axe et passant par B ; ce rayon ressort en passant par F'.

On peut retrouver les résultats précédents grâce à la construction graphique suivante :

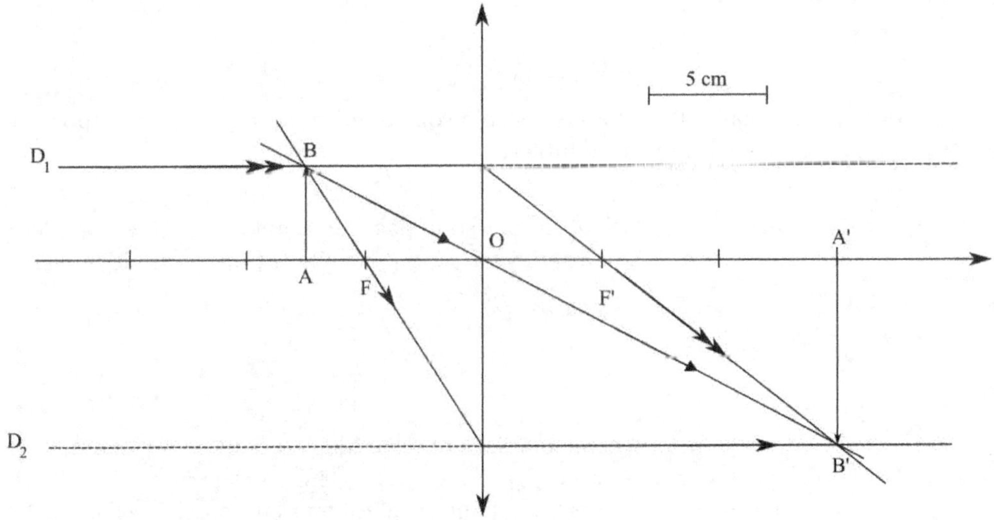

Exercice 6.11 : Doublets

On réalise un doublet à l'aide de deux lentilles : une première lentille (L_1) de focale $f'_1 = 10,0$ cm et une seconde lentille (L_2) de focale $f'_2 = -5,0$ cm. Déterminer les foyers du système constitué par l'ensemble des deux lentilles dans les deux cas suivants :
- les deux lentilles sont accolées ;
- les centres des deux lentilles sont distincts de 15 cm.

On proposera deux résolutions : l'une graphique et l'autre analytique.

- **Analyse de l'énoncé**

Il existe deux types de **doublets de lentilles** :
- les doublets de lentilles **accolées**, c'est-à-dire dont la distance O_1O_2 entre les centres est faible par rapport aux valeurs absolues des distances focales des lentilles ;
- les doublets de lentilles **non accolées**, pour lesquelles la condition précédente n'est plus vérifiée.

Le premier type de doublets peut se ramener à une lentille unique, dont la **vergence équivalente** est égale à la somme des vergences des lentilles constituant le doublet (**formule des opticiens**) :

$$V_{eq} = V_1 + V_2$$

Les foyers objet et image d'un doublet accolé sont donc symétriques par rapport au centre commun O des lentilles du doublet.

Rappelez-vous que F et F' ne sont pas des points conjugués par le système optique, contrairement à ce que leur notation pourrait laisser croire.

On remarquera que cette manière de procéder est tout à fait analogue au calcul des résistances équivalentes, rencontré en électricité.
Par ailleurs, il est intéressant de noter que l'on peut généraliser la formule des opticiens à un ensemble de n lentilles, tant que O_1O_2 reste faible par rapport aux valeurs absolues des focales considérées.

Pour un doublet de lentilles non accolées, on traite le système optique comme un ensemble de deux lentilles successivement traversées par la lumière. On détermine les foyers d'un tel système en revenant aux définitions des foyers d'un système centré :
- le **foyer objet** F est le point dont l'image est rejetée à l'infini sur l'axe optique ;
- le **foyer image** F' est le point image d'un point objet rejeté à l'infini sur l'axe optique.

Ce sont ces définitions qui justifient les constructions des deux rayons particuliers mettant en jeu les foyers.

• **Étude analytique du doublet accolé**

La vergence équivalente et par suite les positions respectives des foyers objet et image s'obtiennent en appliquant la formule des opticiens. Notons toutefois que, en raison des signes respectivement positif et négatif des vergences d'une lentille respectivement convergente et divergente :

- un doublet accolé de deux lentilles convergentes, donne une lentille équivalente convergente ;
- un doublet accolé de deux lentilles divergentes, donne une lentille équivalente divergente ;
- on ne peut pas conclure *a priori* pour l'association d'une lentille convergente avec une divergente, l'ordre dans lequel on les rencontre n'ayant bien sûr aucune importance.

La vergence de la lentille équivalente aux deux lentilles considérées est égale à :

$$V_{eq} = \frac{1}{0,100\ \text{m}} + \frac{1}{-0,050\ \text{m}} = \underline{-10\ \delta}$$

d'où nous déduisons :

$$f'_{eq} = \frac{1}{V_{eq}} = \frac{1}{-10\ \delta} = \underline{-0,10\ \text{m}}$$

La lentille équivalente est donc divergente de distance focale image égale à -10 cm.

• **Étude analytique du doublet non accolé**

Pour déterminer les positions des foyers, on repart des définitions de ces derniers.

- Un rayon arrivant parallèlement à l'axe optique, ressort du système global en passant par F'. On peut donc écrire :

$$\infty \xrightarrow{L_1} F'_1 \xrightarrow{L_2} F'$$

En effet, un rayon arrivant parallèlement à l'axe sur (L_1) ressort de cette première lentille en passant par son foyer image F_1. Il suffit alors de traduire le fait que l'image par (L_2) de F_1 est F', la relation de conjugaison la plus adaptée à ce type de problème étant bien sûr celle de Newton, avec origine aux foyers, qui donne ici (en l'appliquant à la lentille (L_2) de foyers F_2 et F'_2) :

$$\overline{F_2F'_1} \cdot \overline{F'_2F'} = -f'^2_2$$

- Un rayon émergeant parallèlement à l'axe optique du système optique est arrivé sur le système en passant par son foyer objet F.

On a donc :

$$F \xrightarrow{L_1} F_2 \xrightarrow{L_2} \infty$$

En effet, un rayon émergeant de la lentille (L_2) parallèlement à l'axe optique, avait forcément abordé cette dernière en passant par son foyer objet F_2. Il suffit alors de traduire, de nouveau à l'aide de la relation de Newton (appliquée à présent à la lentille (L_1)) que F et F_2 sont conjugués par (L_1) :

$$\overline{F_1F} \cdot \overline{F_1'F_2} = -f_1'^2$$

Déterminons, par application de la formule de Newton, les positions respectives des foyers objet et image du doublet non accolé :

– le foyer objet F du doublet a pour image F_2 par (L_1) :

$$\overline{F_1F} \cdot \overline{F_1'F_2} = -f_1'^2$$

Or

$$\overline{F_1'F_2} = \overline{F_1'O_1} + \overline{O_1O_2} + \overline{O_2F_2} = -10,0 + 15,0 + 5,0 = \underline{10,0 \text{ cm}}$$

On en déduit, en cm :

$$\overline{F1F} = \frac{-100}{10,0} = \underline{-10,0 \text{ cm}}$$

– le foyer image F' du doublet est l'image de F_1' par (L_2) :

$$\overline{F_2F_1'} \cdot \overline{F_2'F'} = -f_2'^2$$

Or

$$\overline{F_2F_1'} = \overline{F_2O_2} + \overline{O_2O_1} + \overline{O_1F_1'} = -5,0 - 15,0 + 10,0 = \underline{-10,0 \text{ cm}}$$

On en déduit, en cm :

$$\overline{F'2F'} = \frac{-25,0}{-10,0} = \underline{2,50 \text{ cm}}$$

• Étude graphique

Le principe de construction graphique, qui est le même pour les deux types de doublets consiste à :

– déterminer F' comme l'intersection entre l'axe optique et le rayon émergeant du système optique correspondant à un rayon incident parallèle à l'axe optique ;
– déterminer F comme l'intersection de l'axe optique et du rayon incident ressortant du système global parallèlement à l'axe optique.

Pour ce faire, en plus des trois rayons particuliers, on va devoir utiliser deux constructions particulières supplémentaires :

- un **faisceau parallèle**, mais non parallèle à l'axe optique, arrivant sur une lentille converge en un point de son **plan focal image**. Le point de convergence est l'intersection du rayon du faisceau parallèle passant par le centre de la lentille (donc non dévié) et du plan focal image de la lentille.
- un **faisceau parallèle**, mais non parallèle à l'axe optique, émergeant d'une lentille provient d'un point de son **plan focal objet**. Le point de divergence est l'intersection du rayon du faisceau parallèle passant par le centre de la lentille (donc non dévié) et du plan focal objet de la lentille.

Les schémas suivants illustrent ces propos, d'abord pour une lentille convergente, puis pour une lentille divergente (lentille pour laquelle on a toujours un peu plus de mal à réaliser les constructions en raison de l'"inversion" des positions des foyers par rapport à la première). Notez l'usage des pointillés pour les constructions à partir de la lentille divergente.

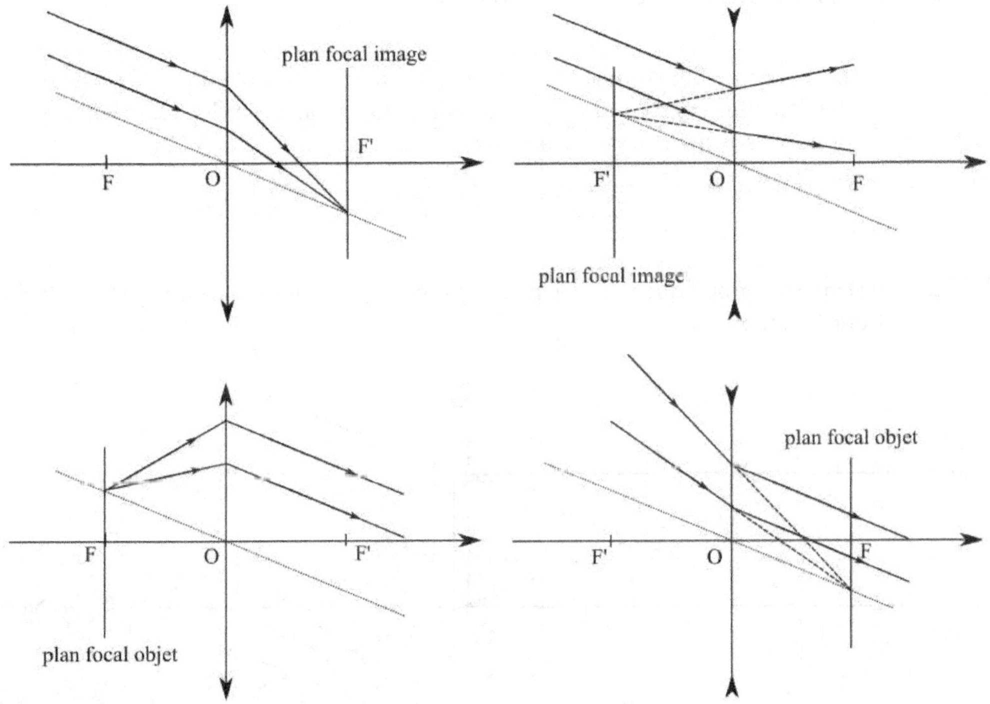

Principe de la construction du foyer image du doublet :

- on trace un rayon arrivant parallèlement à l'axe optique jusqu'à un point de la première lentille.
- entre les deux lentilles, le rayon se dirige de son point d'impact sur la première lentille vers F_1' ; on arrive ainsi sur la seconde lentille.
- pour déterminer la direction du rayon ressortant de la seconde lentille, on imagine que le rayon transitant entre les lentilles fait partie d'un faisceau parallèle (mais

non parallèle à l'axe) arrivant sur la seconde lentille. On sait qu'un tel faisceau converge en un point du plan focal image de la seconde lentille. On détermine ce point à l'aide d'un rayon annexe (1) passant par O_2.
- on prolonge le rayon émergeant de la seconde lentille : son intersection avec l'axe optique constitue le foyer image F' du doublet.

Principe de la construction du foyer objet du doublet :
- on trace un rayon émergeant parallèlement à l'axe optique depuis un point de la seconde lentille.
- entre les deux lentilles, le rayon arrivait donc de F_2 vers son point d'impact sur la seconde lentille.
- pour déterminer la direction du rayon arrivant sur la première lentille, on imagine que le rayon transitant entre les lentilles fait partie d'un faisceau parallèle (mais non parallèle à l'axe) sortant de la première lentille. On sait qu'un tel faisceau diverge depuis un point du plan focal objet de la première lentille. On détermine ce point à l'aide d'un rayon annexe (2) passant par O_2.
- on prolonge le rayon arrivant sur la première lentille : son intersection avec l'axe optique constitue le foyer objet F du doublet.

> Dans le cas d'une construction pour un doublet accolé, les deux centres des lentilles sont confondus. Le trajet du rayon entre les lentilles n'est donc pas représenté et les deux rayons annexes passent par le même point.

Retrouvons graphiquement les positions des foyers des deux doublets considérés.
Pour le doublet accolé :

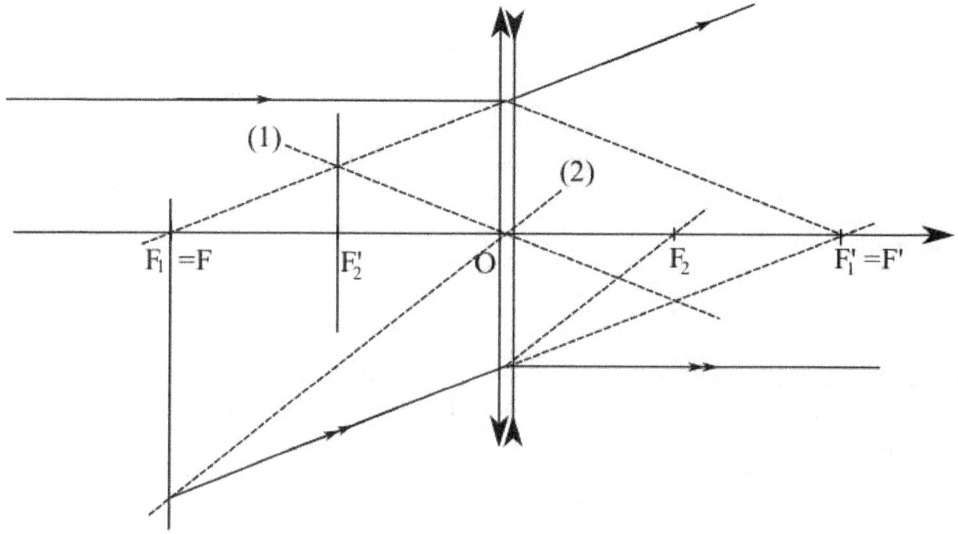

Pour le doublet non accolé :

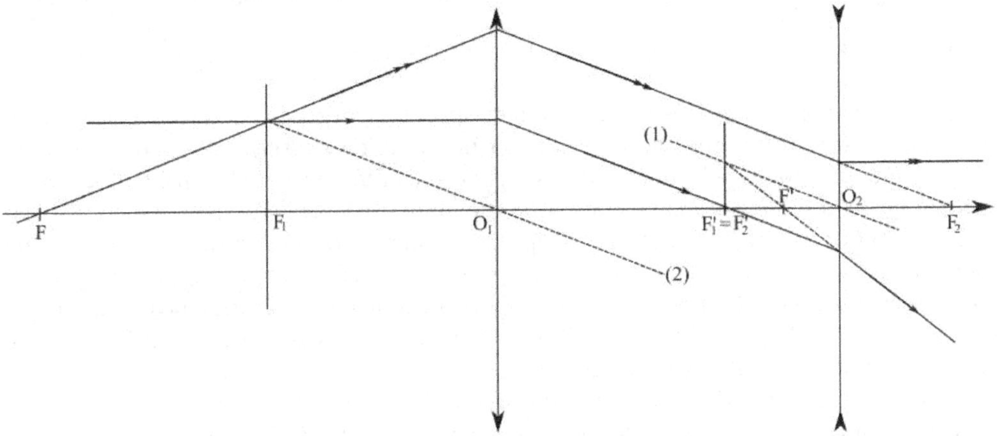

Notons que dans cet exercice, le choix des données mène incidemment à $F_1' = F_2'$, mais ceci n'a rien d'une règle systématique.

Exercice 6.12 : Focométrie(I), méthode de Bessel et de Silbermann

On considère un objet lumineux et un écran, séparés d'une distance $D = 1,00$ m. Une lentille L de distance focale image f' est mise en place entre les deux. En déplaçant la lentille le long de l'axe optique, on trouve deux positions de son centre menant à une image nette. Ces deux positions sont distantes de $d = 800$ mm. Déterminer une expression de f' en fonction des données de l'exercice, et calculer sa valeur numérique.
On modifie alors le réglage de la position objet-écran, qu'on note à présent D', pour qu'il n'existe plus qu'une seule position menant à une image nette de l'objet par la lentille. Exprimer puis calculer D'.

- **Analyse de l'énoncé**

Les expériences de **focométrie** ont pour but la détermination de la distance focale d'une lentille. On peut d'ores et déjà reconnaître au toucher la nature convergente ou divergente d'une lentille :
- une lentille **convergente** est **plus épaisse au centre** qu'aux bords;
- une lentille **divergente** est **plus épaisse aux bords** qu'au centre.

Pour déterminer quantitativement (et non pas seulement son signe) une distance focale, il existe plusieurs méthodes dont deux sont exposées ici : les méthodes de **Bessel** et **Silbermann**.

> Notez bien que ces deux méthodes, basées sur l'observation d'une image réelle d'un objet réel par la lentille étudiée ne s'appliquent donc pas aux lentilles divergentes (une telle lentille donne d'un objet réel une image virtuelle).

Le problème posé ici se résout simplement par une mise en équation correcte du problème. Dans un premier temps (pour la méthode de Bessel), on va considérer un couple de points conjugués, mais par deux positions différentes de la lentille. La lentille utilisée étant unique, sa focale f' est une inconnue du problème. Il va falloir utiliser une relation de conjugaison. Pour ce type de problème, où la distance focale est déjà inconnue, c'est la relation de Descartes qui est à privilégier par rapport à celle de Newton. Par ailleurs, les positions par rapport au centre de la lentille des points objet et image sont également inconnues ; il nous faut donc deux relations supplémentaires. On trouvera facilement ces relations en :
- réalisant un schéma du dispositif expérimental ;
- réexprimant D et d en fonction des distances inconnues $\overline{OA}$ et $\overline{OA'}$.

Soient A et A' les points conjugués par la lentille lorsque son centre occupe la position O_1 ou O_2. Le point A' est forcément situé sur l'écran d'observation et l'objet coupe l'axe optique en A. Le dispositif expérimental peut donc être représenté comme suit :

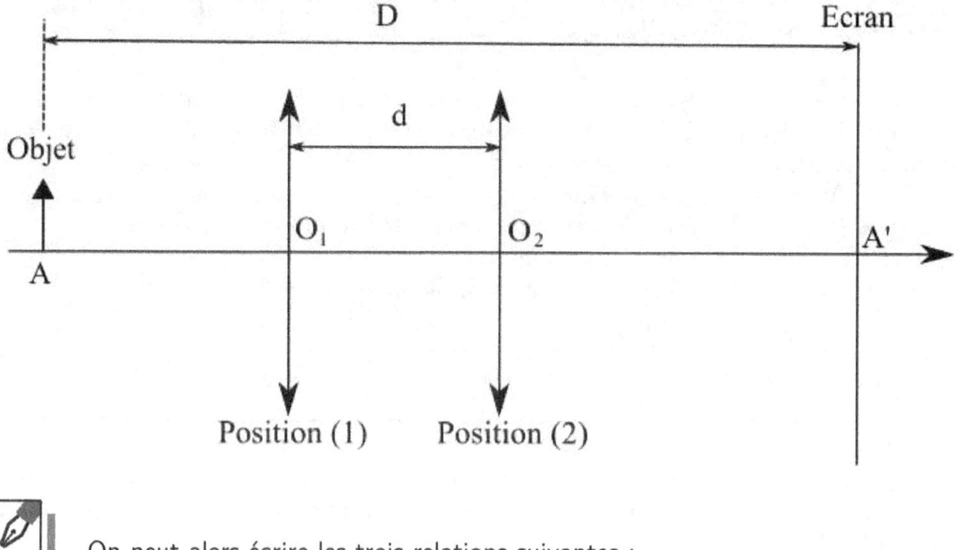

On peut alors écrire les trois relations suivantes :
- pour la distance D :

$$D = \overline{AA'} = \overline{AO} + \overline{OA'} = \overline{OA'} - \overline{OA}$$

où O est une position quelconque du centre de la lentille.

– pour la distance d :

$$d = \overline{O_1O_2} = \overline{O_1A'} + \overline{A'O_2} = \overline{O_1A'} - \overline{O_2A'}$$

– Enfin, on peut exprimer la relation de conjugaison de Descartes pour une position quelconque du centre de la lentille :

$$\frac{1}{\overline{OA'}} - \frac{1}{\overline{OA}} = \frac{1}{f'}$$

• **Résolution analytique**

L'existence d'une ou deux positions de la lentille menant à une image nette dépend des conditions expérimentales. On peut, en combinant les équations, écrire une équation du second degré dont la position de l'objet ou celle de l'image est solution. Or un polynôme du second degré admet 0, 1 ou 2 racines réelles suivant le signe du discriminant.

Les méthodes de Bessel et Silbermann correspondent respectivement aux cas où le polynôme du second degré admet un discriminant strictement positif, ou nul.

On va donc conserver comme inconnues principales f' et $\overline{OA}$. La première des trois relations mises en évidence plus haut nous donne $\overline{OA'} = D + \overline{OA}$ ce qui, après report dans la troisième équation, donne :

$$\frac{1}{D + \overline{OA}} - \frac{1}{\overline{OA}} = \frac{1}{f'} \quad \Leftrightarrow \quad \frac{\overline{OA} - (D + \overline{OA})}{\overline{OA} \times (D + \overline{OA})} = \frac{1}{f'}$$

soit encore :

$$\overline{AO}^2 - D\overline{AO} + Df' = 0$$

avec $\overline{AO} = -\overline{OA}$.

Le discriminant de ce polynôme du second degré s'écrit : $\Delta = D^2 - 4Df' = D(D - 4f')$.

On voit que :

– si $D > 4f'$, il existe **deux racines réelles** correspondant aux deux positions $\overline{AO_1}$ et $\overline{AO_2}$ de la lentille menant à une image nette.

C'est le cadre d'application de la méthode de Bessel, qui nécessite donc un écartement D suffisamment important pour fonctionner ;

– si $D = 4f'$, il existe **une seule racine** :

$$\overline{AO} = \frac{D}{2}$$

Il s'agit cette fois de la méthode de Silbermann qui est en fait un cas particulier de celle de Bessel (celui où $d = 0$) ;

– si $D < 4f'$, il n'existe aucune position de cette lentille qui permette de conjuguer les plans de la source et de l'écran.

Les deux positions de la lentille conjuguant les plans de la source et celui de l'écran correspondent aux deux racines réelles du polynôme précédent, dont d constitue la différence.

$$\overline{AO_\pm} = \frac{D \pm \sqrt{D(D-4f')}}{2}$$

D'après les conventions prises sur le schéma, $\overline{AO_1}$ est la plus petite des deux valeurs, et correspond donc à $\overline{AO_-}$, tandis que $\overline{AO_2}$ correspond à $\overline{AO_+}$.
On a donc :

$$d = \overline{O_1O_2} = \overline{AO_2} - \overline{AO_1} = \overline{AO_+} - \overline{AO_-}$$

soit encore :

$$d = \frac{D + \sqrt{D^2 - 4Df'}}{2} - \frac{D - \sqrt{D^2 - 4Df'}}{2} = \sqrt{D^2 - 4Df'}$$

On en déduit :

$$D^2 - 4Df' = d^2 \quad \Leftrightarrow \quad f' = \frac{D^2 - d^2}{4D} = \frac{(1,00 \text{ m})^2 - (0,800 \text{ m})^2}{4 \times 1,00 \text{ m}} = \underline{9,0 \text{ cm}}$$

Lorsqu'il n'existe qu'une seule position possible de la lentille menant à une image nette, elle correspond aux cas où le discriminant du polynôme du second degré est nul, soit :

$$D' = 4f' = 0,36 \text{ m}$$

- **Complément sur la méthode de Silbermann**

Bien que ce ne soit pas demandé par l'énoncé, on peut déterminer facilement les grandeurs algébriques $\overline{OA}$ et $\overline{OA'}$ dans le cas de la méthode de Silbermann : $\overline{OA'} = \frac{D}{2} = -\overline{OA}$. La méthode de Silbermann consiste donc finalement à obtenir une image réelle par une lentille convergente d'un objet réel et avec un grandissement de -1.

Exercice 6.13 : Focométrie(II), méthode d'autocollimation

On place un miroir plan derrière une lentille convergente de distance focale f'. Un objet est matérialisé par une figure découpée sur un écran placé contre la source lumineuse, elle-même disposée avant le système lentille-miroir. Montrer qu'une image nette de l'objet se forme sur l'écran si ce dernier est placé dans le plan focal objet de la lentille. Existe-t-il une autre position de l'objet menant à une image nette ? Comment exploiter expérimentalement ces résultats ?

• **Analyse de l'énoncé**

On étudie ici un **système catadioptrique** constitué d'une lentille et d'un miroir plan. Comme on l'a vu lors de l'étude des doublets de lentilles, on va utiliser des images intermédiaires pour déterminer l'image finale. Par contre, on va avoir besoin de deux images intermédiaires, car un miroir plan réfléchit la lumière et la refait donc traverser la lentille en sens inverse. On écrira donc :

$$A \xrightarrow{L} A_1 \xrightarrow{M} A_2 \xrightarrow{L} A'$$

Pour ce qui est de la dernière étape, il faut tenir compte de **l'inversion du sens de propagation de la lumière** ce qui a pour effet d'inverser les signes de toutes les grandeurs algébriques, ainsi que les positions respectives des foyers objet et image de la lentille.

• **Résolution graphique**

On va déterminer l'image $A'B'$ d'un objet AB par le système catadioptrique. La construction doit tenir compte des hypothèses de l'énoncé, à savoir ici objet dans le plan focal objet de la lentille. Cette configuration particulière, qui nous assure que tout faisceau issu de B donnera un faisceau émergeant parallèle, doit faciliter la construction. On va tracer le cheminement d'un faisceau issu de B à travers le système. Ce faisceau donne émerge de la lentille en un faisceau de lumière parallèle et arrive sur le miroir plan. L'effet du miroir plan sur un faisceau parallèle est de le transformer en un autre faisceau parallèle, symétrique du premier par rapport à l'axe optique. Le sens de la lumière ayant été inversé, on se retrouve dans le cas où un faisceau parallèle arrive sur la lentille ; il converge donc en un point B' du nouveau plan focal image, lequel correspond au plan focal objet initial.

Montrons graphiquement qu'une image nette de l'objet se forme sur l'écran, c'est-à-dire le plan de l'objet, lorsque l'objet est dans le plan focal objet de la lentille. Pour ce faire, on construit le cheminement d'un faisceau issu de B. Il s'agit de montrer que ce faisceau converge, après traversée du système total, en un point B' du plan de l'objet.

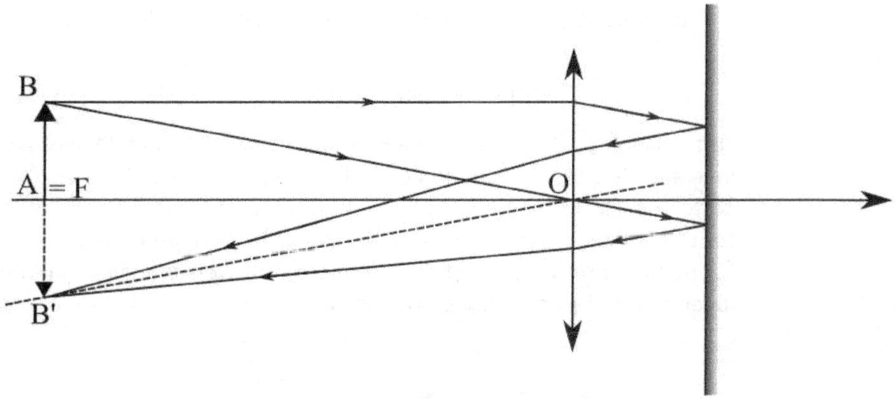

• Résolution analytique

Dans cet exercice, les foyers de la lentille (objet au début, image à la fin) jouent manifestement un rôle particulier. On pourrait donc être tenté de privilégier un traitement de la question par la relation de conjugaison de Newton plutôt que par celle de Descartes. En fait, la première mène à une forme indéterminée ($0 \times \infty$), puisque tantôt $\overline{FA}$, tantôt $\overline{F'A'}$ vont être nuls. Nous sommes donc finalement contraints d'opter pour la relation de Descartes.

Pour ce qui est du **miroir plan**, sa relation de conjugaison s'écrit :

$$\overline{SA} + \overline{SA'} = 0$$

en notant S le sommet du miroir plan, et (A, A') le couple de points conjugués par le miroir. Les points A et A' conjugués par un miroir plan sont donc symétriques l'un de l'autre par rapport au plan du miroir.

On va donc pouvoir, en utilisant les positions des points A_1 et A_2 comme variables intermédiaires, relier $\overline{OA}$ à $\overline{OA'}$. On pourra enfin imposer la condition imposée ici par l'exercice, à savoir $\overline{OA} = \overline{OA'}$. On va de nouveau aboutir à une équation du second degré qui pourra éventuellement mener à deux racines réelles, dont l'une sera la position du plan focal objet.

Suivons le chemin de la lumière (et que la paix soit avec vous) à travers le système :

(1) Notons A_1 l'image conjuguée de A par la lentille de centre O. Nous pouvons alors écrire la relation de conjugaison de Descartes, d'où :

$$\frac{1}{\overline{OA_1}} - \frac{1}{\overline{OA}} = \frac{1}{f'} \quad \Leftrightarrow \quad \overline{OA_1} = \frac{\overline{OA} \times f'}{\overline{OA} + f'}$$

(2) Notons A_2 l'image conjuguée de A_1 par le miroir plan. Nous pouvons alors écrire :

$$\overline{SA_1} + \overline{SA_2} = 0 \quad \Leftrightarrow \quad \overline{SO} + \overline{OA_1} + \overline{SO} + \overline{OA_2} = 0$$

En notant $d = \overline{OS}$ la distance entre la lentille et le miroir, il vient :

$$\overline{OA_1} + \overline{OA_2} = 2d$$

(3) Notons enfin A', l'image finale conjuguée de A_2 par la lentille. En inversant le sens de parcours de la lumière, puisque celle-ci se propage cette fois de la droite vers la gauche, soit donc en considérant que tout se passe comme si c'était A_2 qui était l'image conjuguée de A' (principe du retour inverse de la lumière), une fois le sens de la lumière inversé par le miroir, nous pouvons alors écrire :

$$\frac{1}{\overline{OA_2}} - \frac{1}{\overline{OA'}} = \frac{1}{f'} \quad \Leftrightarrow \quad \overline{OA_2} = \frac{\overline{OA'} \times f'}{\overline{OA'} + f'}$$

En injectant les expressions de $\overline{OA_1}$ et $\overline{OA_2}$ trouvées ci-dessus dans la deuxième relation, nous obtenons :

$$\frac{\overline{OA} \times f'}{\overline{OA} + f'} + \frac{\overline{OA'} \times f'}{\overline{OA'} + f'} = 2d$$

Multiplions à gauche et à droite par le produit des dénominateurs :

$$\overline{OA}\left(\overline{OA'} + f'\right) f' + \overline{OA'}\left(\overline{OA} + f'\right) f' = 2d\left(\overline{OA'} + f'\right)\left(\overline{OA} + f'\right)$$

En développant le tout, nous trouvons :

$$2f'\overline{OA} \cdot \overline{OA'} + f'^2\left(\overline{OA} + \overline{OA'}\right) = 2df'^2 + 2d\left(\overline{OA} + \overline{OA'}\right) + 2d\overline{OA} \cdot \overline{OA'}$$

La condition imposée par l'énoncé ($\overline{OA} = \overline{OA'}$) nous permet alors d'obtenir :

$$f'\overline{OA}^2 + f'^2\overline{OA} = df'^2 + 2d\overline{OA'} + d\overline{OA}^2$$

Nous constatons donc que l'équation se résume à une équation du second degré sur $\overline{OA}$, que nous pouvons factoriser sous la forme :

$$\overline{OA}^2(f' - d) + \overline{OA}f'(f' - 2d) - df'^2 = 0$$

Le discriminant de ce polynôme se calcule comme :

$$\Delta = f'^2(f' - 2d)^2 + 4df'^2(f' - d) = f'^2\left(f'^2 - 4df' + 4d^2 + 4df' - 4d^2\right)$$

qui se simplifie finalement en $\Delta = f'^4 > 0$.
Il existe donc toujours deux racines réelles :

$$\overline{OA_+} = \frac{f'(2d - f') + f'^2}{2(f' - d)} = \frac{f'd}{f' - d}$$

et

$$\overline{OA_-} = \frac{f'(2d - f') - f'^2}{2(f' - d)} = \frac{2f'(d - f')}{2f' - d} = -f'$$

Cette seconde solution correspond à l'objet placé dans le plan focal objet de la lentille, solution que nous avons déjà représentée graphiquement.

- **Exploitation expérimentale de l'exercice**

L'exploitation immédiate de ce genre d'exercice où le positionnement demandé de l'objet dépend de f', on obtient une expérience exploitable en **focométrie**. En fixant les positions de la lentille et du miroir plan, on peut trouver, en déplaçant le plan de l'écran contenant l'objet AB, déterminer les positions pour lesquelles objet et image sont dans le même plan.

En pratique, pour être réellement exploitable expérimentalement, une mesure doit avoir une précision acceptable. Avant de proposer un protocole de focométrie du type de celle de la méthode de Bessel (voir exercice précédent), il s'agit donc de vérifier que les deux positions sont aisément repérables. Vu que l'objet est un trou découpé dans l'écran, une image avec un grandissement négatif est préférable. Un grandissement positif peut être acceptable, s'il est suffisamment important, assez pour que l'on ait une image suffisamment grande au-dessus du trou afin de pouvoir juger de sa netteté. De manière générale, dès lors qu'un protocole expérimental doit être mis en place à partir de calculs théoriques, il faut être prudent dans la faisabilité de ce que vous proposez. En optique surtout, il faut tenir compte des limitations expérimentales liées :

- à la précision des instruments de mesure, dont l'œil fait partie ;
- à la visibilité de l'image recherchée (suffisamment grande, réelle...).

On a donc deux positions de l'objet menant à une image nette dans le même plan que l'objet :

- une première, pour laquelle l'objet est placé dans le plan focal de la lentille et qui correspond à un grandissement de -1.
- une seconde, qui correspond au cas où les plans contenant l'objet et le plan du miroir sont conjugués par la lentille, et qui correspond à un grandissement de +1.

L'objet étant découpé dans l'écran, il est difficile de repérer précisément la seconde position. En pratique, il vaut donc mieux repérer la première position. Pour ne pas être gêné par la seconde, on peut aussi accoler le miroir à la lentille. Cela ne modifie pas la première racine et annule la seconde.

Exercice 6.14 : L'œil et ses défauts

Un œil emmétrope permet une vision nette entre son PP (*punctum proximum*), situé à 25,0 cm en avant du cristallin, et son PR (*punctum remotum*), situé à l'infini. En supposant que la faculté d'accommodation d'un œil myope est identique à celle de l'œil emmétrope, mais que son punctum proximum soit rapproché de moitié, où son PR se situe-t-il ? Quelle doit être la vergence de la lentille de contact corrigeant ce défaut que l'on identifiera. Ce résultat est-il modifié si le patient opte pour une paire de lunettes dont les verres sont placés à 2,50 cm du cristallin ?

- **Analyse de l'énoncé**

Pour bien comprendre l'énoncé, il est bon de savoir modéliser correctement l'œil. On le considère équivalent à une **lentille convergente** (modélisant le **cristallin**) de **distance focale accordable** dans certaines limites, mais pour laquelle la distance lentille-écran (l'écran étant constitué par la **rétine**) est fixe (de l'ordre de quelques centimètres).

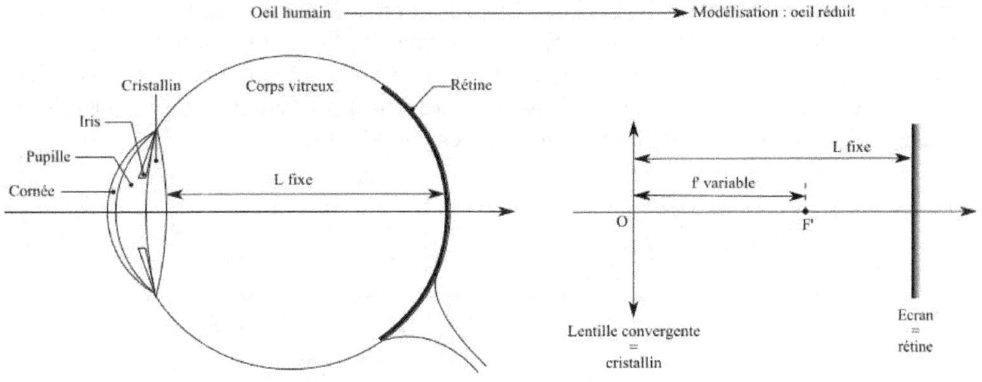

Lorsque la focale du cristallin varie, l'œil voit net tout objet positionné dans le plan conjugué de sa rétine, par son cristallin :

$$\text{Objet} \overset{cristallin}{\longrightarrow} \text{Rétine}$$

Les positions $\overline{OA}$ de l'objet vu net et $\overline{OA_r} = d$ de la rétine sont simplement liées par la relation de conjugaison de Descartes :

$$\frac{1}{d} - \frac{1}{\overline{OA}} = \frac{1}{f'_c}$$

où f'_c désigne la longueur focale (variable, donc) du cristallin.
La position d'un objet vu net s'exprime ainsi :

$$\overline{OA} = \frac{f'_c \times d}{f'_c - d} \quad \Leftrightarrow \quad \overline{OA} = -\frac{f'_c}{1 - \frac{f'_c}{d}}$$

f'_c varie sur une plage de valeurs restreintes, mais dont la proximité à d fait que le dénominateur de l'expression ci-dessus adopte de très petites valeurs, auxquelles sont associées des variations hyperboliques pouvant s'étendre sur un domaine très vaste (*cf* schéma page suivante).
Les limites de ce domaine sont définies par les valeurs de f'_c. Ainsi :

- **Lorsque l'œil est au repos**, le cristallin est relâché et particulièrement peu bombé. Sa longueur focale adopte alors sa plus grande valeur $f'_{c,max}$. On appelle alors *punctum remotum* (PR) de l'œil, le plan que celui-ci voit net dans ces circonstances. Pour un œil emmétrope, qui en l'absence d'accommodation doit voir net un objet situé à l'infini de son cristallin, on en déduit que le PR se situe à l'infini, c'est-à-dire que la longueur focale du cristallin en l'absence d'accommodation est précisément égale à la distance séparant le cristallin de la rétine (logique : l'image d'un objet situé à l'infini d'une lentille se situant dans le plan focal image de celle-ci, l'objet à l'infini ne sera vu net que si le plan focal image est positionné sur la rétine, donc que $f'_c = d$).

– **Lorsque l'œil accommode au maximum**, le cristallin est bombé au maximum. Sa longueur focale adopte alors sa plus petite valeur $f'_{c,min}$. On appelle alors *punctum proximum* (PP) de l'œil, le plan que celui-ci voit net dans ces circonstances. Pour un œil emmétrope, le PP se situe typiquement à une vingtaine de centimètres du cristallin (la valeur usuellement retenue est de 25 cm.

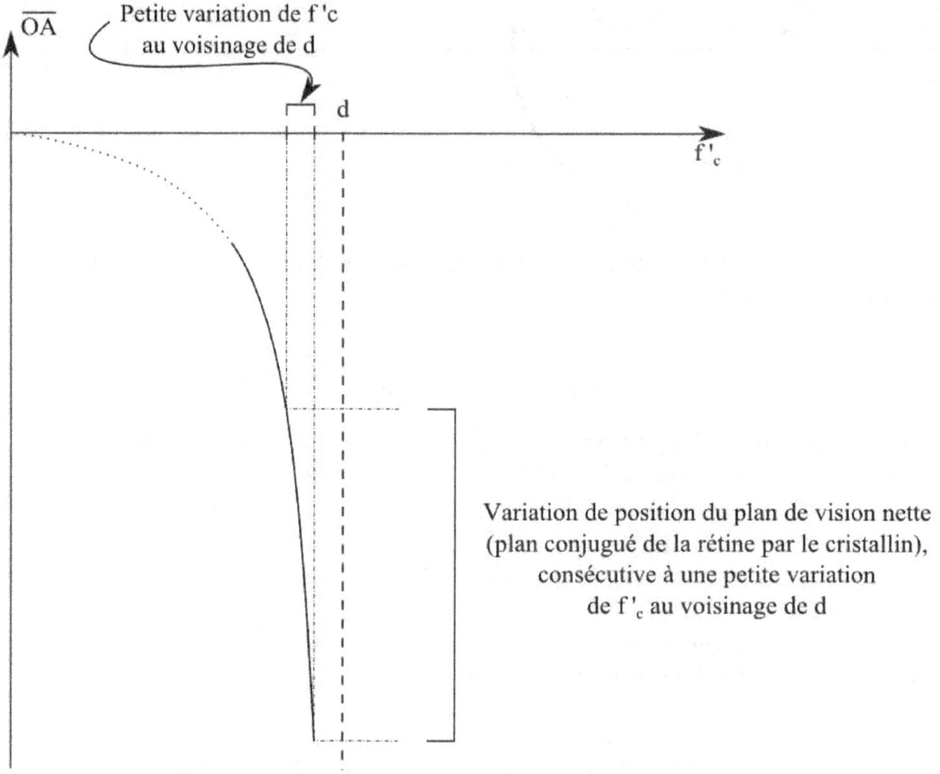

L'accommodation suppose une contraction des muscles contrôlant le cristallin, donc un effort. Ceci explique qu'une observation lointaine (ciel, mer...) puisse durer des heures sans fatigue oculaire, tandis qu'une observation de près (lecture, par exemple) devient éprouvante sur la même durée.

La propriété d'accommodation de l'œil permet ainsi à celui-ci de voir nette sur toute une plage de distance s'étendant de son PP à son PR, soit donc pour un œil emmétrope, de 25 cm à l'infini.

Il est aisé de vérifier l'existence du PP : approchez ce livre à quelques centimètres de vos yeux et essayez d'en voir nettement les lettres...

Par ailleurs, l'importance des variations de $\overline{OA}$ consécutives à une altération même minime de la géométrie de l'œil est à double tranchant, puisque comme nous allons le voir il suffit de peu de choses pour que la distance au PR se réduise à quelques cm, comme les myopes en font quotidiennement la douloureuse expérience.

La mécanique de l'instrument étant posée, précisons à présent quelques éléments de formalisme associé à ses défauts. Ainsi un œil est-il dit :

- **emmétrope** s'il a un fonctionnement normal, c'est-à-dire si le plan focal image (PFI) de son cristallin se situe sur sa rétine en l'absence d'accommodation. Pour un tel œil, le PP se situe à environ 25 cm en avant du cristallin et le PR, à l'infini.
- **Myope** si en l'absence d'accommodation, le PFI du cristallin se trouve **devant** la rétine (cas d'un cristallin trop convergent par rapport à la profondeur de l'œil). Un tel œil ne peut corriger son défaut sans aide extérieure, puisque l'accommodation consiste à augmenter le bombé du cristallin et donc à réduire encore sa longueur focale : l'œil ne peut pas se "sur-relâcher" pour être moins convergent qu'il n'est au repos. Le cristallin ayant en quelque sorte une longueur d'avance sur le travail d'accommodation, son PR est rapproché à distance finie du cristallin. À quelque chose malheur est bon cependant : ce supplément d'accommodation gratuit rapproche également son PP, ce qui permet à l'œil myope d'examiner les choses de plus près.
- **Hypermétrope** si en l'absence d'accommodation, le PFI du cristallin se trouve **derrière** la rétine (cas d'un cristallin pas assez convergent par rapport à la profondeur de l'œil). Un tel œil peut corriger son défaut sans aide extérieure, mais au prix d'un surcroît permanent d'accommodation : même lorsqu'il observe à l'infini, les muscles contrôlant le bombé du cristallin sont contractés, occasionnant une fatigue oculaire plus rapide. Le cristallin ayant cette fois un retard d'accommodation, à rattraper, son PP sera cette fois plus loin du cristallin qu'il ne l'est pour un œil emmétrope, et l'œil hypermétrope ne pourra pas examiner des objets d'aussi près qu'un œil dit normal, et moins encore qu'un œil myope. Quant à son PR, il se situe formellement derrière l'œil, puisqu'au-delà de l'infini de l'espace-objet réel on bascule dans le domaine des objets virtuels (n'appelez pas la Miviludes, c'est vrai). On peut voir ce point en reprenant l'hyperbole vue précédemment, avec cette fois $f_c' > d$: on bascule alors sur le second arc de l'hyperbole, auquel sont associées des valeurs positives de $\overline{OA}$.
- **Presbyte** lorsque l'œil perd sa faculté d'accommodation et finit par ne plus voir net qu'au voisinage de son PR (cas des personnes âgées, dont le PP tend à s'éloigner et qui ont besoin de lunettes pour lire sans pour autant être nécessairement hypermétropes, voire en étant myopes dans le même temps (la *lose* totale).
- **Astigmate** lorsque le cristallin présente des défauts dans sa symétrie de révolution. Le système optique n'est donc plus centré, il présente des aberrations géométriques ayant pour principale conséquence de perturber la convergence vers un même point des rayons issus d'un même point source.

La lecture de l'énoncé précisant à quel niveau (PP, PR, les deux, manque de stigmatisme...) se situe le problème, on est alors en mesure de déterminer le trouble dont souffre le patient.

Par rapport à un œil emmétrope, le PP du patient est plus petit. Ce patient souffre donc de myopie.

• **Détermination du PR de l'œil myope**

La **faculté d'accommodation** d'un œil est la différence ΔV de vergence entre les cas où l'œil observe un objet placé au PP et au PR (la vergence étant bien sûr maximale au PP et minimale au PR). Cette faculté étant supposée la même pour l'œil emmétrope et l'œil myope, connaissant la position du PP de l'œil myope, donc V'_{max}, on en déduit V'_{min} puis le PR.

La distance lentille-écran (c'est-à-dire cristallin-rétine), notée e par exemple, n'est pas connue. On va néanmoins l'utiliser dans l'écriture de la relation de Descartes. Il faudra donc l'éliminer entre les deux expressions écrites respectivement pour le PR et le PP.

Écrivons les deux relations de Descartes relatives respectivement au PP et au PR de l'œil emmétrope en exprimant toutes les distances en mètres.

Pour l'œil emmétrope :

$$\frac{1}{e} - \frac{1}{-d_{PP}} = V_{max}$$

$$\frac{1}{e} - \frac{1}{-d_{PR}} = \frac{1}{e} = V_{min}$$

On en déduit :

$$\Delta V = \frac{1}{d_{PP}} = \frac{1}{0,25 \text{ m}} = \underline{4,0\ \delta}$$

Pour l'œil myope :

$$\frac{1}{e} - \frac{1}{\frac{-d_{PP}}{2}} = V'_{max}$$

$$\frac{1}{e} - \frac{1}{-d_{PR'}} = V'_{min}$$

On en déduit :

$$\Delta V' = \frac{2}{d_{PP}} - \frac{1}{d_{PR'}} \quad \Leftrightarrow \quad d_{PR'} = \frac{d_{PP}}{2 - (\Delta V')d_{PP}}$$

L'application numérique donne, en supposant conformément à l'énoncé que la faculté d'accommodation est la même pour les deux personnes :

$$d_{PR'} = \frac{0,25\ \text{m}}{2 - 4,0\ \delta \times 0,25\ \text{m}} = \underline{0,25\ \text{m}}$$

Cet œil myope voit donc net les objets situés entre 12,5 et 25 cm.

• Détermination de la nature de la lentille correctrice à utiliser

La nature de la lentille correctrice à utiliser est fonction du trouble. En toute logique, puisque après correction, on aura affaire à un doublet de lentilles, un **excès de convergence** (cas de l'œil myope) sera corrigé à l'aide d'une **lentille divergente** ; inversement, un **manque de convergence** (cas de l'œil hypermétrope) sera traité à l'aide d'une **lentille convergente**.

Il est ainsi aisé de deviner de quel trouble de la vue souffre une personne portant des lunettes : si les bords sont plus épais que le centre et que le visage apparaît plus serré à travers ses verres que par-dessus sa monture (verres divergents), cette personne est myope. Dans le cas contraire, elle est hypermétrope. Si les verres sont uniformément épais et n'occasionnent aucune déformation du visage, cette personne n'a *a priori* pas besoin de lunettes et ne les porte peut-être que pour passer incognito. Restez sur vos gardes, elle vous espionne sûrement.

Pour les principaux défauts rencontrés, précédemment cités :
- une **myopie** est corrigée par une lentille **divergente**.
- une **hypermétropie** est corrigée par une lentille **convergente**.
- une **presbytie** nécessite les deux types de lentilles à la fois. On parle alors de **verre à doubles foyers**.

La correction de l'astigmatisme, problème de centrage est plus complexe et nécessite l'utilisation de lentilles non sphériques.

Pour corriger cette myopie, qui se traduit par un cristallin trop convergent, on doit utiliser une lentille divergente.

• Calcul de la vergence de la lentille correctrice

On a deux manières possibles de constituer le doublet correcteur :
- la première est d'utiliser une **lentille de contact**. Comme son nom l'indique, une telle lentille est placée directement en contact avec le cristallin. L'ensemble des deux forme donc un **doublet accolé** de lentilles.

– la seconde est d'utiliser des **lunettes** pour lesquelles la lentille correctrice n'est donc pas accolée avec le cristallin. Le calcul de la vergence est donc différent du précédent, légèrement plus complexe.

Il y a plusieurs manières de faire le calcul. Pour le doublet accolé, on peut utiliser la formule des opticiens afin de ramener la vergence du doublet à celle désirée. De manière générale, on raisonnera plutôt avec la relation de conjugaison de Descartes appliquée à un objet situé au point où l'œil malade ne voit pas net.

Pour un œil myope par exemple, on ne voit pas net à l'infini. On va donc chercher la vergence d'une lentille correctrice qui ramènerait un point objet A, placé à l'infini au PR de l'œil myope. Afin que, par le système global lentille correctrice-œil l'image finale se forme sur la rétine.

Cas d'une correction par lentille de contact

Soit V_l la vergence de la lentille de contact corrigeant la myopie du patient. Nous savons que la vergence équivalente à un doublet de lentilles est égale à la somme des vergences des lentilles en question :

$$V_{eq} = V_c + V_l$$

où V_c désigne la vergence du cristallin myope. On souhaite que la vergence V_{eq} du cristallin corrigée soit égale à celle d'un œil emmétrope. Nous en déduisons :

$$V_l = V_{eq} - V_c = V_{min} - V'_{min} = -\frac{1}{d_{PR'}} = \underline{-4,0\ \delta}$$

en utilisant les expressions des vergences minimales trouvées précédemment. On trouve, conformément à nos prévisions, une correction par une lentille divergente.

La capacité d'accommodation étant supposée identique pour les deux yeux envisagés, nous aurions obtenu le même résultat en fondant notre calcul sur les valeurs maximales des vergences. N'hésitez pas à vous y essayer en exercice supplémentaire.

Cas d'une correction par lunettes

Nous proposons ici une autre forme de raisonnement : le but d'un dispositif de correction de vision est de former l'image d'un objet situé à l'infini, au PR de l'œil à corriger. Cette image intermédiaire servira ensuite d'objet à l'œil proprement dit, qui puisque l'objet en question se situe à son PR, en formera une image finale sur sa rétine sans avoir besoin d'accommoder.

Nous avons vu que le PR de l'œil myope se situait à une distance $\overline{OA_{PR}} = -25,0$ cm du cristallin. Pour placer en cette position l'image d'un objet situé à l'infini, le foyer image du verre doit donc se situer au niveau de ce PR. Or le verre est déjà situé à une distance $\overline{OO_l} = -2,5$ cm de l'œil.

Il s'ensuit que le PR se trouve, par rapport au verre correcteur, à une distance :

$$\overline{O_lA_{PR}} = \overline{OA_{PR}} - \overline{OO_l} = \underline{-22,5 \text{ cm}}$$

Nous en déduisons donc que $f'_l = -0,225$ m, et par suite que sa vergence a pour valeur :

$$V'_l = \frac{1}{f'_l} = \underline{-4,4\ \delta}$$

Le raisonnement est le même pour un verre correcteur situé à 2,50 cm du cristallin. Les deux lentilles étant décalées, on a $f' = -25,0+2,50 = -22,5$ cm, et donc $V_{cor} = 4,40\ \delta$.

Exercice 6.15 : La loupe

Une loupe est constituée par une lentille convergente de vergence égale à 10,0 δ. Déterminer son grossissement commercial, puis sa puissance intrinsèque définis respectivement par :

– grossissement commercial :

$$G_c = |\frac{\theta'}{\theta}|$$

où θ' représente le diamètre angulaire sous lequel l'image de l'objet est vue à travers la loupe lorsque l'image est à l'infini ; θ est le diamètre angulaire sous lequel l'objet placé au PP de l'œil emmétrope (PP = 25,0 cm) est vu à l'œil nu.

– puissance intrinsèque :

$$P_i = |\frac{\theta'}{AB}|$$

où θ' a la même définition que précédemment et AB représente la taille de l'objet.

• Analyse de l'énoncé

Au vu des définitions données, tout l'exercice repose sur la détermination de **diamètres angulaires**, c'est-à-dire d'angles sous lesquels sont vus l'objet et l'image, à l'œil nu ou à travers la loupe. Même si l'exercice ne le précise pas, dans ce type d'exercices, on va systématiquement se placer dans les **conditions de Gauss** afin de pouvoir utiliser **l'approximation des petits angles** :

$$\tan\alpha \simeq \sin\alpha \simeq \alpha$$

• Détermination du diamètre angulaire sous lequel est vu l'objet
Pour déterminer le diamètre angulaire sous lequel est vu l'objet à l'œil nu, il est conseillé de commencer par schématiser la situation d'observation et d'identifier, sur le schéma l'angle θ recherché.

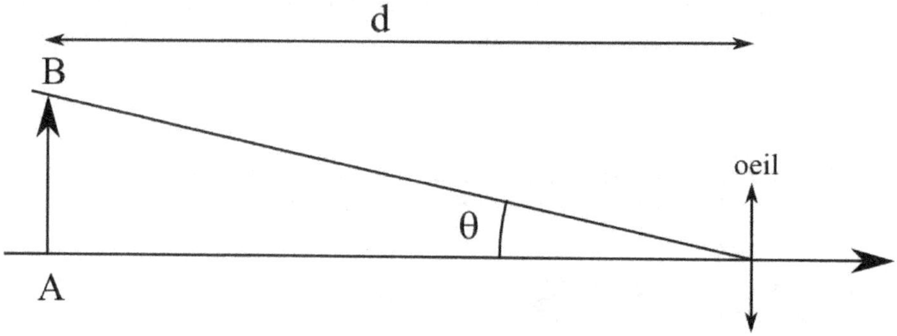

Dans l'approximation des petits angles :

$$\theta \simeq \tan\theta = \frac{AB}{d}$$

Le diamètre angulaire, dans l'approximation des petits angles, sous lequel l'objet est vu à l'oeil nu pour un œil emmétrope est égal à :

$$|\theta| = \frac{AB}{d_{PP}}$$

puisque l'objet est situé placé au PP de l'œil.

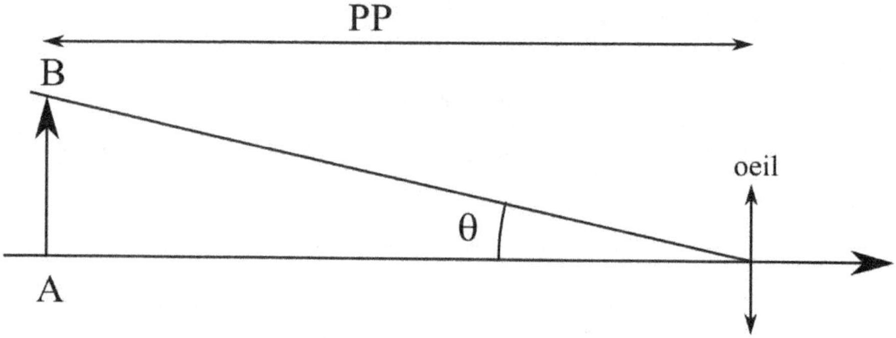

• Détermination du diamètre angulaire sous lequel est vue l'image
Déterminer le diamètre angulaire sous lequel l'image de l'objet est vue à travers la loupe lorsque l'image est à l'infini impose en fait à l'objet AB d'être placé dans le plan focal image de la loupe. Pour déterminer θ', il est là encore conseillé de réaliser un schéma clair définissant les positions de l'objet, de l'image et du diamètre angulaire recherché.
On en déduit alors θ' en utilisant l'égalité des angles de sommet communs et l'approximation des petits angles.

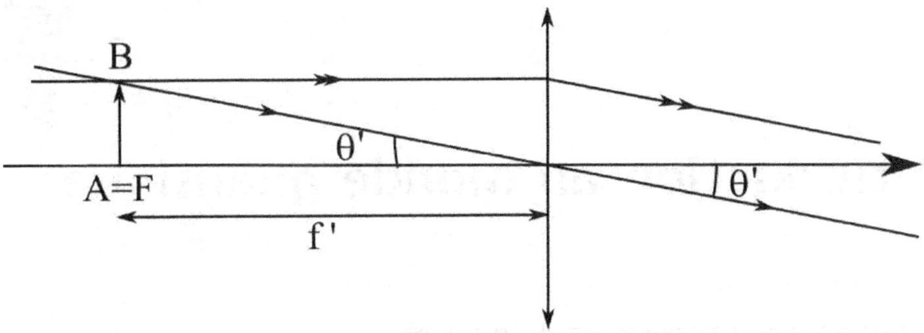

Le diamètre angulaire sous lequel on voit l'image de AB à l'infini à travers la loupe est égal, dans l'approximation des petits angles :

$$|\theta'| = |\frac{AB}{f'}|$$

où f' est la distance focale de la loupe, soit l'inverse de sa vergence V.

• **Calcul du grossissement commercial et de la puissance intrinsèque**
à ce stade, il ne reste plus qu'à appliquer soigneusement les définitions du grossissement commercial et de la puissance intrinsèque fournies par l'énoncé. N'oubliez pas les unités adaptées, à savoir aucune pour le grossissement commercial et le m^{-1} ou δ pour la puissance intrinsèque.

On en déduit :

$$G_c = \frac{d_{PP}}{f'} = d_{PP} \times V = 0,250 \text{ m} \times 10,0\ \delta = \underline{2,50}$$

$$P_i = \frac{1}{f'} = V = \underline{10,0\ \delta}$$

CHAPITRE

7

Introduction au monde quantique

Exercice 7.1 : Dualité onde-corpuscule

On considère une source laser délivrant une lumière de longueur d'onde dans le vide $\lambda = 7.10^{-7}$ m, en un faisceau intercepté par une fente rectangulaire de largeur $a = 1$ μm. Un capteur photosensible enregistre la figure de diffraction obtenue.
Déterminer à quel rythme cette source libère ses photons, dans l'hypothèse où elle délivre une puissance $\mathscr{P} = 10^{-19}$ W. Expliquer ce qu'observerait une personne regardant en continu l'image enregistrée par le capteur.
On prendra pour valeur de la constante de Planck $h = 7.10^{-34}$ J.s, et pour célérité de la lumière dans le vide $c = 3.10^{8}$ m.s^{-1}.

- **Analyse de l'énoncé**

L'énoncé demande de déterminer "à quel rythme cette source libère ses photons". Au premier abord, on pense donc à déterminer un nombre de photons délivrés par seconde.
Sachant qu'un photon peut être envisagé comme un grain d'énergie, ce nombre de photons délivrés par seconde se résumerait donc en fait à donner un nombre de joules délivrés par seconde. A ce niveau, l'exercice peut donner l'impression de demander la couleur du cheval blanc de Henry IV, puisqu'à peine quelques mots plus loin, il est précisé que la source débite une puissance $\mathscr{P} = 10^{-19}$ W, soit donc justement 10^{-19} J.s^{-1}.
Toute la question est donc de déterminer le lien entre énergie véhiculée par un groupe de photons, et nombre de photons dans ce groupe ou, si l'on préfère, de savoir quelle est l'énergie véhiculée par un seul photon. Ceci est naturellement donné par la relation de Planck, qui nous permet fort à propos de déterminer le quantum élémentaire d'énergie véhiculé par une onde électromagnétique de fréquence connue (ou de longueur d'onde dans le vide connue si l'on préfère, les deux grandeurs étant cousines). Or l'énoncé, dans sa grande bienveillance, fournissait justement la longueur d'onde du rayonnement en question.

• **Détermination du quantum d'énergie**

On sait qu'une onde électromagnétique de fréquence ν peut être représentée par un ensemble de photons, chacun doté d'une énergie individuelle dont l'expression est donnée par la relation de Planck :

$$E_\varphi = h\nu = h\frac{c}{\lambda}$$

où h est la constante de Planck, c est la célérité de la lumière dans le vide, et λ la longueur d'onde du rayonnement électromagnétique associé, également dans le vide.
L'application numérique donne, avec les valeurs fournies par l'énoncé :

$$E_\varphi = 7.10^{-34}\ \text{J.s} \times \frac{3.10^8\ \text{m.s}^{-1}}{7.10^{-7}\text{m}} = 3.10^{-19}\ \text{J}$$

Notons que cette valeur correspond à environ 2 eV : le résultat est bien cohérent avec les ordres de grandeur usuellement rencontrés dans les transitions énergétiques s'opérant au sein du cortège électronique d'un atome, associés du reste aux rayonnements électromagnétiques visibles.

Les valeurs étaient fournies avec un seul chiffre significatif. Le résultat n'est donc pas attendu avec plus de précision. Étant donné la fréquence des sujets proscrivant les calculatrices, il est judicieux, face à des énoncés comportant des valeurs affichées de cette façon, de renoncer à cette machine diabolique pour lui préférer des calculs menés avec un bon vieux cerveau (et même un jeune, en l'occurrence).

Pour faire suite à cette remarque, ne négligez pas l'entraînement aux méthodes artisanales de calcul. La manipulation et la simplification des puissances de 10, les valeurs se simplifiant, la connaissance des racines carrées simples... constituent une gymnastique assez facile lorsqu'elle fait l'objet d'une pratique régulière, mais qui peut aisément mener à des erreurs dans le cas contraire.
Il n'est ainsi pas rare de trouver, y compris dans des copies de candidats ayant tout de même fait leurs preuves en CPGE, des plaisanteries du type $10^{-4} + 10^{-3} = 10^{-7}$, $\sqrt{2,5.10^3} =$ suivi de la mention "cette

application n'est pas réalisable à la main, je pense avoir commis une erreur" et autres $\frac{1}{2} + \frac{1}{3} = \frac{2}{5}$.
(PS : si vous n'avez pas trouvé respectivement $1,1.10^{-3}$, 50 et $\frac{5}{6}$, ce paragraphe vous est chaleureusement dédié).

- **Débit de la source**

Une fois obtenu ce quantum d'énergie, et connaissant la puissance de la source, il est facile de remonter au nombre de photons délivrés par seconde.

L'énoncé nous indique que la source délivre une puissance $\mathscr{P} = \frac{E}{\Delta t} = 10^{-19}$ W $= 10^{-19}$ J.s^{-1}, où Δt représente la durée sur laquelle est délivrée l'énergie E.
Sachant que l'énergie ne peut être dispensée continument, mais justement par paquets (ou quantas, c'est là toute l'idée de la mécanique quantique), nous en déduisons que le délai Δt_φ correspondant à l'émission par la source d'un photon d'énergie E_φ a pour valeur :

$$\mathscr{P} = \frac{E_\varphi}{\Delta t_\varphi} \quad \Leftrightarrow \quad \Delta t_\varphi = \frac{E_\varphi}{\mathscr{P}} = \frac{3.10^{-19}\ \text{J}}{10^{-19}\text{W}} = \underline{3\ \text{s}}$$

Une source dont la puissance serait ainsi réduite n'éclairerait donc pas en continu, mais délivrerait un photon toutes les 3 secondes.

- **Observation**

Une expérience de ce type fut réellement menée, pour départager les tenants de la théorie ondulatoire de la lumière, et ceux de la théorie corpusculaire. La réduction du rythme d'émission énergétique au point de pouvoir observer une figure d'interférence quanta après quanta pouvait ainsi mener à deux possibilités :

- Si la lumière était une onde, alors l'ensemble de la figure d'interférence aurait dû se dessiner en entier, progressivement, gagnant un peu plus en intensité à chaque nouveau quanta.
- Si la lumière était constituée de particules, alors seuls des impacts individuels auraient dû être observés sur le capteur photosensible.

Dans un premier temps, on observa les impacts individuels, ce qui semblait donner raison aux partisans de la théorie corpusculaire. Du point de vue atomistique, la chose semblait d'ailleurs pertinente : les atomes n'étant supposés pouvoir absorber ou émettre l'énergie que sous forme de quantas, il était logique qu'un quanta d'énergie ne pût exciter qu'un seul atome du capteur, provoquant une détection ponctuelle. C'est d'ailleurs sur cette idée que s'appuyaient ses partisans.
Mais d'un autre côté, comment expliquer dans ces conditions la formation d'une figure d'interférence ? Le fait de faire ainsi tomber la cadence d'émission allait-il également bloquer la formation de cette figure ? Eh bien non, justement : certes la lumière frappait de point en point, au hasard en première apparence, mais au fur et à mesure que les impacts s'accumulaient, on constata qu'ils formaient à nouveau la figure d'interférence attendue.

L'ordonnancement des impacts changeait à chaque renouvellement de l'expérience, mais à la fin, la figure était toujours la même. C'est ce qui obligea à considérer l'idée que les photons pouvaient être caractérisés en tant que particules, mais que ces particules obéissaient à une loi de répartition statistique, décrite par une onde de probabilité (également appelée **fonction d'onde**) qui, elle, répondait à un formalisme ondulatoire, permettant notamment d'envisager des phénomènes d'interférence et de diffraction, et donc que la présence pour une source lumineuse, d'une autre source, vint lui interdire d'accéder à certaines régions, chose qu'une description en termes strictement particulaires ne pouvait naturellement pas expliquer.

On sait que la dualité onde-corpuscule ne permet pas d'exclure l'aspect corpusculaire de la lumière. En réduisant ainsi le débit de photons à un toutes les trois secondes, un(e) observateur/trice verrait (s'il/elle dispose d'une certaine patience et/ou de très bons yeux) apparaître toutes les trois secondes un impact témoignant de l'absorption d'un photon par tel ou tel des pixels de son capteur. Cependant, au fur et à mesure que le temps s'écoulerait, il verrait progressivement apparaître un contraste entre certaines zones du capteur très souvent touchées, et d'autres beaucoup moins, voire pas du tout. Ce contraste ferait émerger la figure de diffraction, d'autant plus nettement que l'on attendrait plus longtemps.

Exercice 7.2 : Diffraction d'une fonction d'onde

On reprend l'expérience précédente, en remplaçant la source laser par un canon à électrons. Les électrons (dont on approximera la masse par $m_e = 1.10^{-30}$ kg, et la charge par $-e = -1.10^{-19}$ C) sont arrachés à une cathode (supposément sans vitesse initiale), puis accélérés entre deux plaques séparées d'une distance $d = 0,1$ m, et entre lesquelles règne une différence de potentiel $U = 5.10^2$ V. Déterminer quelle doit être la nouvelle valeur a_e de la largeur de la fente, pour que les électrons se répartissent exactement comme les photons dans l'exercice précédent. Décrire comment ils se répartiraient, dans l'hypothèse où la largeur de la fente utilisée dans l'exercice précédent serait reconduite avec ces électrons.

• Analyse de l'énoncé

La première partie de cet exercice nous demande de déterminer la taille de la fente permettant de répartir des électrons de la même façon que des photons. La forme de la figure de diffraction d'un faisceau de particules par une fente rectangulaire de largeur a, que ces particules soient des photons ou des électrons, est la même (il s'agit dans les faits de la fonction sinus cardinal carré). Cette répartition est caractérisée par le demi-angle $\theta = \frac{\lambda}{a}$ de la tache centrale de la figure de diffraction.
Pour obtenir la même figure diffraction, il suffit donc d'obtenir le même rapport $\frac{\lambda}{a}$, égal à 0,7 dans l'exercice précédent.
Une fois ceci posé, nous constatons qu'il nous suffit, pour connaître la largeur a_e de cette nouvelle fente, de déterminer la longueur d'onde λ_e des électrons. Ce concept,

qui choqua lorsqu'il fut proposé par Louis de Broglie, doit être précisé : il s'agit de la longueur d'onde de la fonction d'onde associée à ces électrons, et qui est fournie par la relation de de Broglie, $\lambda_{d,e} = \frac{h}{p_e}$, où h est la constante de Planck, et p_e la quantité de mouvement des électrons.
La question revient donc au final à déterminer la longueur d'onde de de Broglie des électrons, qui est elle-même tributaire de leur quantité de mouvement. Or l'exercice propose essentiellement pour variable la différence de potentiel utilisée pour accélérer les électrons.
Le lien entre différence de potentiel électrique et quantité de mouvement vient assez rapidement : il s'agit de l'énergie de ces électrons. Nous savons en effet que dans l'hypothèse d'électrons non relativistes, l'énergie cinétique a pour expression $E_{c,e} = \frac{p_e^2}{2m_e}$, et que par ailleurs une particule porteuse d'une charge électrique q_e et soumise à un potentiel électrique V possède une énergie potentielle d'interaction avec le champ associé, $E_{p,e} = q_e V$, définie à une constante additive près (comme toutes les énergies potentielles).
Pour résumer :

$$U \longrightarrow \Delta E_{p,e} \longrightarrow \Delta E_{c,e} \longrightarrow p_e \longrightarrow \lambda_{d,e} \longrightarrow a_e$$

Il ne reste plus qu'à rédiger...

• **Détermination de la quantité de mouvement des électrons**

Nous savons que les forces électriques sont des forces conservatives, et que l'on peut leur associer une énergie potentielle $E_{p,e} = qV(+cte)$, où q est la charge électrique portée par la particule, et V le potentiel auquel elle est soumise. Il s'ensuit que si le potentiel électrique auquel est soumis un électron (charge $q_e = -e$) subit une variation $U = V_+ - V_-$, alors l'énergie potentielle de cet électron varie corrélativement de $\Delta E_{p,e} = q_e U = -eU$.
La force électrique étant conservative, l'énergie mécanique de l'électron se conserve (nous supposons naturellement l'étude menée par rapport à un référentiel galiléen) et nous pouvons écrire :

$$\Delta E_{m,e} = 0 \quad \Leftrightarrow \quad \Delta E_{c,e} = -\Delta E_{p,e} \quad \Leftrightarrow \quad \frac{p_e^2}{2m_e} = eU$$

Nous en déduisons enfin :

$$\begin{aligned} p_e &= \sqrt{2em_eU} = \sqrt{2 \times 1.10^{-19}\ \text{C} \times 1.10^{-30}\ \text{kg} \times 5.10^2\ \text{V}} \\ &= \sqrt{1.10^{46}\ \text{J.kg}} = \underline{1.10^{-23}\ \text{kg.m.s}^{-1}} \end{aligned}$$

L'énoncé n'invite pas explicitement à vérifier que les particules envisagées évoluent à des vitesses non relativistes. Ce cas de figure placerait au demeurant le reste de l'exercice largement hors programme. L'excès de précaution, à défaut d'être indispensable, offre cependant une occasion de prouver votre sens critique et votre culture scientifique, ce qui ne saurait nuire à l'appréciation d'un(e) correcteur/trice.

On note au passage que pour des électrons, cette quantité de mouvement est associée à une vitesse :

$$v_e = \frac{p_e}{m_e} = \frac{1.10^{-23}\ \text{kg.m.s}^{-1}}{1.10^{-30}\text{kg}} = \underline{1.10^{7}\ \text{m.s}^{-1}} \ll c$$

Nous légitimons ainsi *a posteriori* le formalisme non relativiste dans lequel nous avions spontanément placé cette étude.

- **Détermination de la largeur de la fente à utiliser**

Connaissant la quantité de mouvement dont sont animés les électrons, nous pouvons en déduire la longueur d'onde de de Broglie associée, à l'aide de la relation éponyme :

$$\lambda_{d,e} = \frac{h}{p_e} = \frac{7.10^{-34}\ \text{J.s}}{1.10^{-23}\ \text{kg.m.s}^{-1}} = \underline{7.10^{-11}\ \text{m}}$$

La nature de la figure de diffraction obtenue dépend de la forme de l'obstacle, qui ici demeure une fente rectangulaire. Elle est caractérisée par le demi-angle au sommet de la tache centrale (égal du reste, à l'angle au sommet des taches secondaires) de la figure de diffraction : $\theta = \frac{\lambda}{a}$. Dans le cas de l'exercice précédent, ce rapport avait pour valeur $\theta = 0,7$ rad. Dans le cas du présent exercice, nous en déduisons :

$$\theta_e = \frac{\lambda_{d,e}}{a_e} \quad \Leftrightarrow \quad a_e = \frac{\lambda_{d,e}}{\theta_e} = \frac{7.10^{-11}\ \text{m}}{0,7\ \text{rad}} = \underline{1.10^{-10}\ \text{m}}$$

en reprenant $\theta_{d,e} = \theta = 0,7$ rad, donc.

Nous constatons donc qu'il est donc effectivement possible d'obtenir exactement la même répartition avec des électrons, qu'avec des photons, pour peu que l'on utilise une fente de taille adaptée aux conditions expérimentales. Le résultat doit cependant éveiller votre esprit critique : la largeur de fente trouvée est de l'ordre de la taille d'un atome, ce qui en pratique semble donc irréalisable... ou pas. En effet, la structure lacunaire de la matière fait qu'un réseau cristallin peut être vu comme une grille de noyaux, à travers laquelle les électrons ainsi bombardés pourraient se faufiler, leurs fonctions d'onde interférant les unes avec les autres. L'expérience fut d'ailleurs menée, et concluante, puisque les figures de diffraction obtenues avec de tels électrons ou avec des

rayons X de même longueur d'onde, aboutirent sensiblement aux mêmes résultats.
Il convient cependant de noter que dans les faits, ne pouvant restreindre l'obstacle à une unique fente rectangulaire, il fallut prendre en compte l'ensemble des lacunes du réseau cristallin, et travailler sur un phénomène d'interférence engageant beaucoup plus que deux ondes, et donc sur une figure de diffraction significativement plus complexe.

• **Et avec la fente de l'exercice précédent ?**

Avec la fente de l'exercice précédent et la longueur d'onde de de Broglie des électrons, nous trouvons une nouvelle valeur de l'écart angulaire :

$$\theta' = \frac{\lambda_{d,e}}{a} = \frac{7.10^{-11}\ \text{m}}{1.10^{-6}\ \text{m}} = \underline{7.10^{-5}\ \text{rad}}$$

soit environ $4.10^{-4}\,°$. L'écart angulaire est cette fois dix mille fois plus faible que précédemment, et la diffraction du faisceau sera extrêmement faible (le faisceau double de largeur au bout d'environ 1 cm, alors que la fente ne fait que 1 μm de large.

Exercice 7.3 : Interférences de deux fonctions d'onde

On considère un dispositif de fentes d'Young, soumis à un jet d'électrons issus du même canon que celui utilisé à l'exercice précédent. Les fentes sont écartées l'une de l'autre d'une largeur $b = 0,7\ \mu$m. On admettra que la distance $d = 0,1$ m séparant le plan des fentes, de la zone d'observation, permet aux faisceaux issus des fentes de se recouvrir sur une zone d'étendue suffisante pour offrir une zone d'interférences observable.
Décrire qualitativement comment se répartissent les électrons dans le plan d'observation, déterminer la valeur du paramètre caractérisant cette répartition et proposer une interprétation en termes de particules.

• **Analyse de l'énoncé**

Cet exercice applique simplement les fondamentaux des fentes d'Young, à des électrons, dont la répartition va répondre à l'interférence de leurs fonctions d'ondes respectives, tout comme les photons suivent dans ce cas un schéma d'interférences lié aux ondes électromagnétiques qu'ils représentent.
On suit donc la même logique que dans l'exercice précédent : raisonner sur des particules qui ne sont pas des photons, mais qui se répartissent en suivant une loi statistique dictée par la fonction d'onde qui leur est associée. Le paramètre clé permettant de caractériser cette fonction d'onde est sa longueur d'onde, qui est, rappelons-le encore une fois, donnée par la relation de de Broglie.
On peut alors démontrer ou appliquer directement (selon ce que demande l'énoncé) les résultats vus notamment dans l'exercice 5.4, en substituant à la longueur d'onde

du rayonnement électromagnétique, la longueur d'onde de de Broglie des particules utilisées.

Nous savons que lorsque deux fentes d'Young sont éclairées de manière cohérente et par une même intensité lumineuse, l'interférogramme présente une variation de l'intensité lumineuse reçue, qui varie selon une loi (*cf* exercice 5.4) de la forme :

$$I(\theta) = 2I_0 \left[1 + \cos\left(\frac{2\pi b \sin\theta}{\lambda}\right)\right]$$

où I_0 désigne l'intensité lumineuse délivrée par chacune des fentes lorsque l'autre est occultée, et θ représente l'angle formé par la direction d'observation avec la perpendiculaire au plan des fentes d'Young.
Nous savons encore que pour des observations menées à $\theta \ll 1$ rad, nous pouvons assimiler la valeur de θ en radians à son sinus ainsi qu'à sa tangente. Il s'ensuit que :

$$\sin\theta \simeq \tan\theta \simeq \frac{x}{d}$$

où x désigne l'abscisse du point d'observation comptée à partir d'une droite perpendiculaire au plan des fentes, et équidistante de celles-ci, et d la distance entre le plan des fentes et le plan d'observation. Nous pouvons alors réexprimer l'intensité lumineuse de l'interférogramme en fonction de la position x dans le plan d'observation :

$$I(x) = 2I_0 \left[1 + \cos\left(\frac{2\pi b x}{\lambda d}\right)\right]$$

• **Paramètre caractéristique de la répartition**

La fonction que nous venons d'exhiber varie sinusoïdalement entre 0 et $4I_0$, témoignant de zones boudées par les photons (interférences dites destructives, $I = 0$), et d'autres où au contraire ils se concentrent (interférences dites constructives, $I = 4I_0$). On peut certes la caractériser par l'intensité I_0, mais celle-ci ne dépendant que de l'éclairement des fentes, elle ne constitue pas réellement une surprise. Le paramètre essentiel de cette sinusoïde est donc l'écartement entre deux zones claires ou sombres consécutives, appelé **interfrange.**

Nous savons que l'interfrange de l'interférogramme produit par un dispositif éclairé par un faisceau d'électrons sous incidence normale a pour expression $i = \frac{\lambda_{d,e} d}{b}$, avec les notations de l'énoncé, et $\lambda_{d,e}$ la longueur d'onde de de Broglie.

Cette résolution fait appel à plusieurs résultats démontrés précédemment, et auxquels vous êtes cordialement invité(e) à vous reporter au besoin : l'expression de l'interfrange a été établie à l'exercice 5.4, et la valeur de l'onde de de Broglie des électrons est inchangée depuis l'exercice 7.2.

Avec les valeurs $d = 0,1$ m et $b = 0,7$ μm fournies dans l'énoncé, plus la valeur de la longueur d'onde de de Broglie $\lambda_{d,e} = 7.10^{-11}$m (calculée à l'exercice précédent), l'application numérique donne : $i = \frac{\lambda_{d,e}d}{b} = \underline{1.10^{-5}\text{ m}}$, soit donc une dizaine de microns.

Pour peu que l'on choisisse un diaphragme pertinent (les calculs permettant de déterminer les caractéristiques du diaphragme associé à une figure d'interférences donnée ne sont pas des plus simples, mais ils sont parfaitement connus et maîtrisés malgré tout), nous disposons ainsi d'une technique permettant de répartir à loisir des particules subatomiques sur une surface.

• Interprétation en termes de particules

Cette dernière partie de l'exercice porte plus sur l'interprétation d'un phénomène quantique. Elle ne réclame aucun calcul, mais une rigueur de langage et une concision attestant de votre compréhension des grandes lignes de cette mécanique particulière, notamment dans ce qu'elle a de paradoxal au regard des intuitions que tend à nous dicter notre approche macroscopique du quotidien.

Lorsqu'un électron parvient au niveau du plan des fentes d'Young, il peut passer par l'une ou par l'autre de ces deux fentes. Le fait que leur répartition obéisse à un phénomène d'interférence provient de ce que l'électron en tant qu'objet quantique n'est pas une particule localisée, dont il serait possible d'affirmer par laquelle des deux fentes il est passé. La seule solution serait d'occulter l'une des deux fentes ce qui, en altérant le dispositif expérimental, modifierait également le déroulement du phénomène dont celui-ci est le siège.

On doit ainsi, face à ce dispositif, admettre que l'électron ne passe pas précisément par telle ou telle des deux fentes : formellement il passe par les deux à la fois, en ce sens que sa fonction d'onde rencontre cet obstacle à double fente, qui forge sa loi de répartition dans le plan d'observation.

La fonction de répartition étant ainsi définie par le diaphragme, tout électron franchissant le diaphragme obéira à cette loi statistique. Pour une population à la limite des grands nombres, l'ensemble des électrons dessinera ainsi la figure d'interférence annoncée.

Exercice 7.4 : Inégalité de Heisenberg

On considère à nouveau le dispositif de diffraction utilisé à l'exercice 7.2, constitué d'une fente rectangulaire de largeur a, bombardée de particules auxquelles est associée une fonction d'onde de longueur d'onde de de Broglie λ. On repère la position de la particule entre les bords de cette fente les plus proches, par son abscisse x le long d'un axe perpendiculaire aux bords en question :

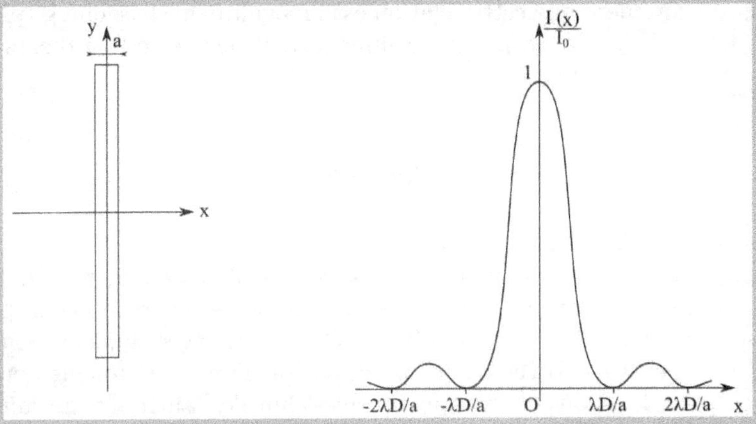

Proposer un ordre de grandeur sur l'incertitude Δx avec laquelle est connue la position x de la particule lorsqu'elle passe dans le plan de la fente. Montrer que la figure de diffraction obtenue atteste d'une incertitude Δp_x sur la composante p_x selon ce même axe, de la quantité de mouvement $\vec{p}$ de la particule lorsqu'elle franchit le plan en question. Évaluer cette incertitude, sachant que la probabilité d'impact d'une particule dans le plan d'observation varie selon une loi de la forme $I(x) = I_0 \frac{\sin\left(\frac{\pi a x}{\lambda D}\right)}{\frac{\pi a x}{\lambda D}}$.
Montrer à l'aide de ces deux expressions que ces incertitudes sont liées par une relation que l'on nommera. Montrer comment l'évolution de la figure de diffraction avec la largeur de la fente peut être interprétée comme une manifestation de cette relation.

• Analyse de l'énoncé

La première chose à remarquer dans l'énoncé de cet exercice, tout comme dans la plupart des exercices de mécanique quantique de première année, est qu'à l'image des objets physiques qu'il aborde, ses contours sont assez flous : il est ici question d'ordre de grandeur, de probabilité... L'approche se doit donc d'être rigoureuse, comme toujours, mais cette rigueur ne s'exprimera pas à travers un cataclysme de calculs rigides (ils existent, mais sortent très largement du programme cadré dans cet ouvrage). Ceci aura deux conséquences immédiates :

- vous aurez peu de risque de commettre une erreur de calcul ;
- la rigueur dont vous aurez fait preuve sera jugée non à l'aune de votre puissance de calcul, mais plutôt à celle de votre compréhension des phénomènes dont il est

question et des objets physiques qu'ils engagent. Inutile ici de chercher à noyer le poisson dans un océan d'équations : elles ne feront qu'obscurcir votre propos et accroître les doutes de votre correcteur/trice, quant à la compréhension que vous avez de votre propre discours (ce qui est aussi une bonne nouvelle aussi en un sens, pour peu que la Physique ne se résume pas dans votre esprit à faire parler des équations à votre place).

L'énoncé demande de retrouver une relation que l'on nommera. Si par hasard l'allusion n'était pas assez grossière, le titre de l'énoncé finit d'anéantir toute forme de subtilité en vous disant clairement que cette relation est l'inégalité de Heisenberg (pas celui qui frappe à la porte, hein, l'autre). Pour commencer, il peut être bon d'exprimer cette relation, *a priori* déjà connue :

$$\Delta x \cdot \Delta p_x \geq h$$

où h représente la constante de Planck.

Cette relation, rappelons-le, indique qu'il est impossible de connaître simultanément les valeurs de ces deux grandeurs, avec des précisions arbitrairement petites. En d'autres termes : si nous tentons d'affiner la précision avec laquelle nous connaissons l'une, nous perdrons forcément en précision sur l'autre. Retenons pour l'instant cette idée de précisions variant en sens inverses l'un de l'autre, et qui fait peut-être déjà un peu écho à ce que vous savez déjà du phénomène de diffraction.

La diffraction par une fente fine offre une belle illustration de ce que l'on appelle également le principe d'indétermination de Heisenberg. Ce qu'il importe de garder à l'esprit est qu'en l'absence de diffraction, un faisceau de particules arrivant perpendiculairement au plan de la fente sera simplement découpé par cette fente. En d'autres termes, si ces particules sont des photons par exemple, on n'observera que la projection lumineuse de la fente sur l'écran, cadrée par l'ombre du diaphragme.

Nous savons que dans les faits, le passage par cette fente va avoir pour effet d'élargir ce faisceau en un lobe principal, flanqué de lobes secondaires, répondant à la fonction sinus cardinal carrée invoquée dans l'énoncé. Nous savons encore que le demi-angle au sommet de ce lobe principal a précisément pour expression $\theta_{\frac{1}{2}} = \frac{\lambda}{a}$.

Ainsi, l'éclatement du faisceau (originellement parallèle, rappelons-le) sera d'autant plus manifeste que le rapport $\frac{\lambda}{a}$ sera plus grand. Or cet éclatement n'est jamais, au final, que la manifestation d'une quantité de mouvement assez indécise, qui ne sait pas trop dans quelle direction elle souhaite aller. Cette indétermination est d'autant plus importante que θ l'est également, ce qui peut avoir deux origines :

- Soit λ est grande (devant a). Mais que signifie exactement pour une particule, d'être associée à une grande longueur d'onde ? Si tel un fauve à l'affût notre cerveau réalise que nous avons entre les mains une histoire de quantité de mouvement, une autre de longueur d'onde et que la relation finale engage la constante de Planck, la relation de de Broglie se présente le plus naturellement du monde. Nous revient alors à l'esprit le fait que la longueur d'onde de de Broglie d'une particule varie en raison inverse de la valeur p de la quantité de mouvement de cette particule. Ainsi, une petite longueur d'onde serait le témoignage d'une quantité de mouvement importante, donc d'une particule très directive, peu encline à s'écarter de sa direction initiale.

– Soit a est petite (devant λ), ce qui signifie que mieux la particule est cadrée par la fente, plus sa quantité de mouvement tend à partir à l'aventure hors du sentier battu que lui indiquait la fente au départ.

Et pour faire simple (nous détaillerons dans la correction), qu'il suffise de de dire que λ variant en raison inverse de la valeur p de la quantité de mouvement, θ apparaît soudain comme le rapport $\frac{h}{a \times p}$, et le résultat est presque trouvé.

- **Incertitude de position**

Lorsqu'une particule franchit la fente, la seule information que nous ayons concernant son abscisse est que celle-ci se situe entre $-\frac{a}{2}$ et $+\frac{a}{2}$. Nous pouvons donc affirmer que la valeur de x est connue avec une incertitude Δx au mieux égale à a : $\Delta x \geq= \frac{a}{2}$.

- **Incertitude de composante selon x de quantité de mouvement**

Nous savons qu'il est d'usage, face aux lois de distributions statistiques, d'approximer leur étendue par la largeur à mi-hauteur de leur pic central. Travaillant en termes d'ordres de grandeur, nous nous contenterons de minorer cette étendue par la largeur du pic central, inscrit entre les deux annulations de la fonction sinus, soit donc $x = \pm\frac{\lambda D}{a}$, correspondant à des écarts angulaires $\theta = \pm\frac{\lambda}{a}$.
Nous retrouvons ici un résultat connu de longue date pour la diffraction, à la lumière duquel nous pouvons affirmer que la direction dans laquelle part une particule après avoir franchi la fente forme avec la perpendiculaire au plan de la fente un angle qui n'est plus nécessairement nul, mais connu avec une incertitude $\Delta\theta$ au mieux égale à $\frac{\lambda}{a}$: $\Delta\theta \geq \frac{\lambda}{a}$.
Or la composante p_x de quantité de mouvement selon x est la projection de la quantité de mouvement $\vec{p}$, selon l'axe des x, soit donc $p_x = p\sin\theta$, que l'on peut assimiler à $p\theta$ pour une observation à l'infini. De la valeur nulle qui lui aurait été dévolue si $\vec{p}$ avait été perpendiculaire au plan de la fente, p_x se retrouve entachée d'une incertitude :

$$\Delta p_x = p\Delta\theta \geq p\frac{\lambda}{a} = \frac{h}{a}$$

avec la relation de de Broglie : $\lambda = \frac{h}{p}$.

- **Relation entre les incertitudes**

En multipliant les expressions trouvées respectivement pour chacune des deux incertitudes, nous trouvons alors :

$$\Delta x \cdot \Delta p_x \geq \frac{a}{2} \times \frac{h}{a} = \frac{h}{2}$$

L'inégalité officielle est en général donnée sous la forme $\Delta x \cdot \Delta p_x \geq \frac{\hbar}{2}$, avec $\hbar = \frac{h}{2\pi}$. Il importe ici de conserver à l'esprit que nous avons mené une approche fondée sur des ordres de grandeur. Notre objectif était de mettre en évidence qualitativement les variations contradictoires entre exigence de précision sur x et sur p_x.

- **Interprétation du phénomène de diffraction en termes d'indétermination**

Nous constatons donc que l'écart angulaire provoqué par le phénomène de diffraction peut être vu comme une perte de précision sur la composante selon x de la quantité de mouvement. Cet écart angulaire est d'autant plus important (donc p_x est connue avec d'autant moins de précision) que la largeur de la fente est faible devant la longueur d'onde de de Broglie (donc que la position x de la particule au niveau du plan de la fente est connue avec plus de précision).

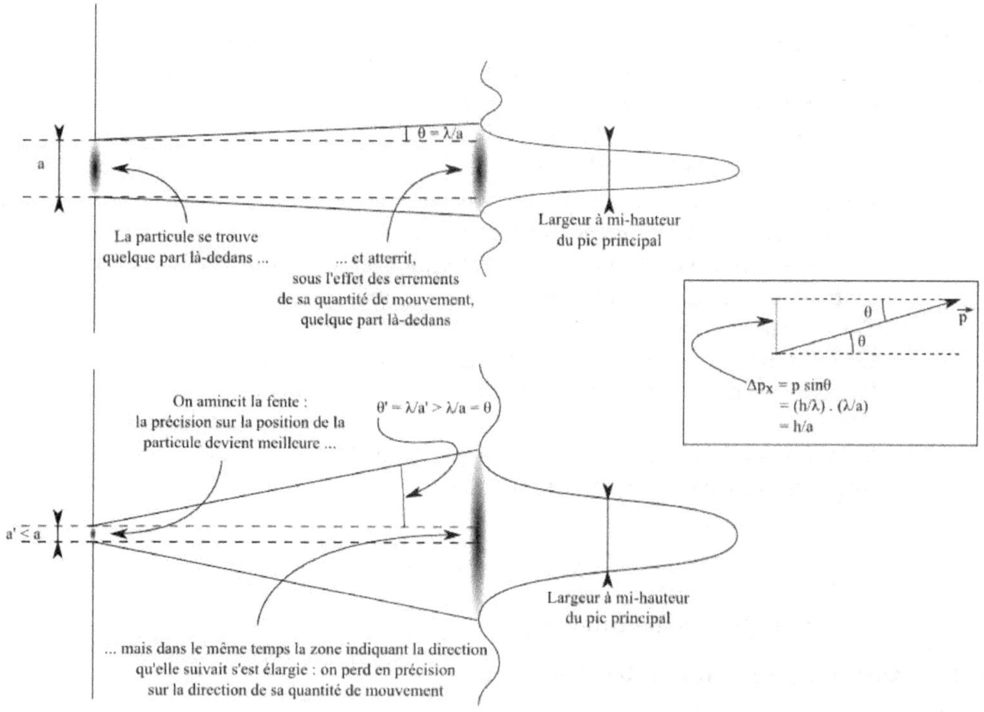

Les variations en sens inverses, de la largeur de la fente et de la largeur de la tache centrale de la figure de diffraction, sont en fait une illustration directe de l'impossibilité de déterminer parfaitement position et quantité de mouvement :

- si la fente devient infiniment fine, la figure de diffraction s'étale au point de devenir uniforme (largeur à mi-hauteur tendant vers l'infini), interdisant toute détermination de la direction adoptée par la particule après la fente ;
- pour ne pas altérer du tout la forme du faisceau après la fente, il est nécessaire d'élargir celle-ci à l'infini, ce qui fait perdre toute information sur l'abscisse effective de la particule lorsqu'elle en a franchi le plan.

Exercice 7.5 : Quantification de l'énergie d'une particule confinée

On considère une particule coincée entre deux barrières de potentiel pratiquement infinies et écartées d'une distance L.

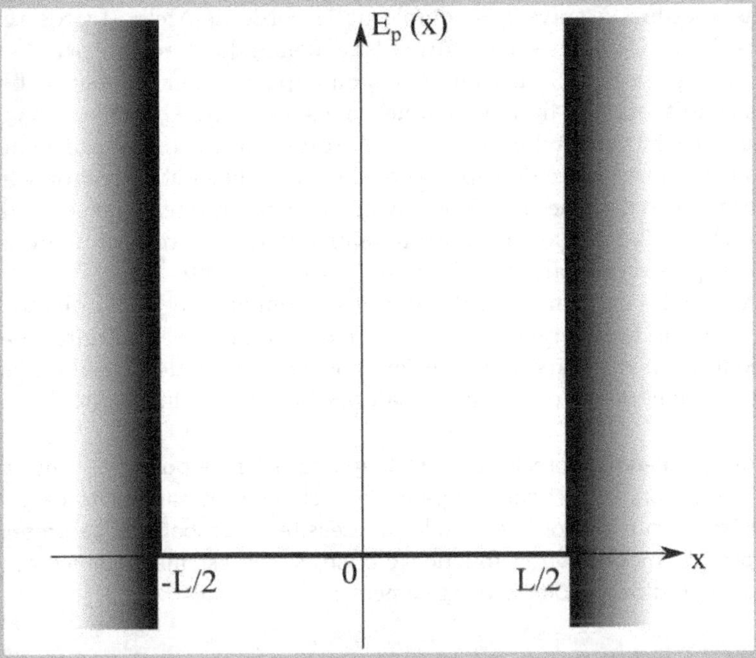

Indiquer quelles conditions aux limites impose à la fonction d'onde de cette particule, le fait qu'elle soit confinée dans un tel puits de potentiel. Montrer que le système se résume formellement à un autre système, abordé en mécanique classique, et que la longueur d'onde de de Broglie de la particule ainsi confinée ne peut adopter que certaines valeurs.
En déduire quelles valeurs peut adopter l'énergie de cette particule.

• **Analyse de l'énoncé**

Cet énoncé a de quoi désarçonner qui ne s'est pas complètement abandonné aux idées de la mécanique quantique. En effet, une particule dans un puits de potentiel infini n'est guère, si l'on se borne à une approche classique, qu'un objet dans une boîte. Si on se le représente dans une optique strictement particulaire, on voit mal pour quel obscur motif son énergie ne pourrait adopter que certaines valeurs.
Tout change cependant si nous nous laissons glisser dans la représentation quantique des choses. Cette représentation commence par l'affectation à tout objet en général, et à toute particule en... particulier, d'une fonction d'onde, caractérisée par une longueur d'onde λ (toujours cette fameuse longueur d'onde de de Broglie).
Si l'on délaisse un instant le concept particulaire attaché à l'objet quantique enfermé dans cette boîte, pour lui substituer celui de sa fonction d'onde, le problème devient

celui d'une onde confinée. Nous avons vu beaucoup de choses sur les ondes, mais elles évoluaient la plupart du temps librement, et l'on étudiait leur propagation sans réel souci de leur devenir, notamment en cas de rencontre avec un obstacle.
Si nous analysons le problème, nous constatons même assez rapidement que les seules ondes confinées que nous ayons traitées étaient ces fameuses ondes stationnaires, que nous avions abordées à travers l'exemple de la corde de Melde (corde tendue entre deux points fixes). Ce transfert de formalisme demande certes un peu de recul, mais l'énoncé vous apportait un indice en invoquant explicitement la fonction d'onde d'une part, et les conditions aux limites auxquelles elle était astreinte d'autre part.
Nous avons en effet vu, à l'exercice 5.6 portant sur les ondes stationnaires, qu'il suffisait pour les faire naître de superposer une onde incidente à son onde réfléchie au niveau d'un point d'attache fixe. Nous avions encore vu que la présence d'un second point d'attache à l'autre extrémité avait pour effet de provoquer une quantification des modes propres de vibration de la corde ainsi contrainte.
Toute la mécanique de formation des ondes stationnaires et de la quantification des modes de vibration repose ainsi sur une paire de conditions aux limites. Or, si la particule ne peut sortir du puits de potentiel, alors sa densité de probabilité de présence (et par suite sa fonction d'onde) au niveau des bords de celui-ci est... ?

Puisque l'énoncé précise que les bords du puits de potentiel sont pratiquement infinis, alors la particule ne peut s'en échapper et sa densité de probabilité de présence sur les bords est nulle. La densité de probabilité de présence étant le carré du module de la fonction d'onde, si elle est nulle sur les bords, alors la fonction d'onde doit l'être également :

$$\psi_{(x=-\frac{L}{2})} = \psi_{(x=+\frac{L}{2})} = 0$$

Or nous savons que les seules fonctions sinusoïdales pouvant répondre à de telles conditions aux limites sont celles dont la demi-longueur d'onde s'inscrit un nombre entier sur la longueur séparant les parois entre lesquelles elle est enfermée :

$$n\frac{\lambda_n}{2} = L \quad \Leftrightarrow \quad \lambda_n = \frac{2L}{n}$$

• **Passage à l'énergie**

La seule difficulté ici est de ne pas savoir quoi faire du terme d'énergie potentielle dans l'énergie mécanique. Or, ayant admis que la particule était confinée dans le puits de potentiel, c'est dans celui-ci que doit être considérée cette énergie potentielle. Or elle s'y trouve être constante (voire nulle si l'on en fait le choix, les énergies potentielles étant comme toujours définies à une constante additive près).
Ceci étant posé, il ne reste plus à s'occuper que de la composante cinétique, dont l'expression découle de la quantité de mouvement, qui elle-même découle de la longueur d'onde de de Broglie, dont nous venons de montrer qu'elle ne pouvait adopter que certaines valeurs quantifiées.

L'énergie potentielle étant constante dans le puits de potentiel, et définie à une constante près, nous commençons par poser $E_p = 0$.
Nous venons par ailleurs de montrer que la longueur d'onde de de Broglie d'une particule confinée dans un puits de potentiel infini ne pouvait adopter que certaines valeurs. À ces valeurs vont être associées des valeurs également spécifiques de quantité de mouvement :

$$\lambda_n = \frac{2L}{n} \quad \Rightarrow \quad p_n \left(= \frac{h}{\lambda_n} \right) = n\frac{h}{2L}$$

L'énergie potentielle de la particule étant par ailleurs nulle dans tout le puits, son énergie mécanique se résume à son énergie cinétique, et nous en déduisons la quantification des énergies autorisées à cette particule :

$$E_{m,n} = E_{c,n} = \frac{p_n^2}{2m} \quad \Leftrightarrow \quad E_{m,n} = n^2 \frac{1}{2m} \left(\frac{h}{2L} \right)^2$$

Ainsi, une particule confinée ne peut adopter que certaines énergies. Pour passer de l'un de ces états d'énergie à un autre, elle devrait absorber un photon véhiculant une énergie juste suffisante à cette transition. On peut également noter l'exister de nœuds et de ventres de densité de probabilité de présence, comme c'était le cas sur la corde de Melde, mais aussi dans un guide d'ondes électromagnétiques.

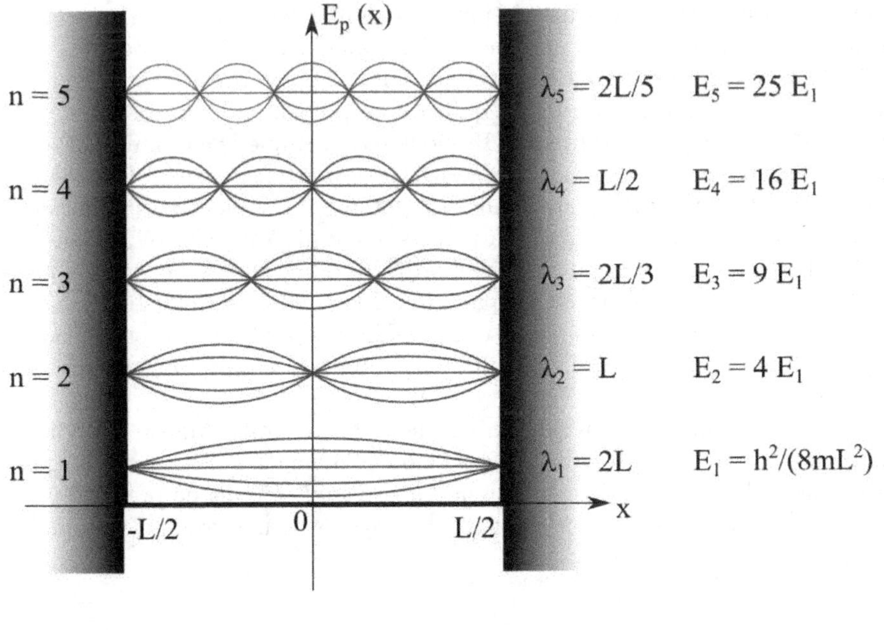

CHAPITRE

8

Circuits électriques dans l'ARQS

Exercice 8.1 : Approximation des régimes quasi stationnaires

Dans une salle de travaux pratiques, il vous est demandé de câbler, sur une paillasse, un montage électrique comportant un GBF. Quelle limitation, en terme de fréquence délivrée par le GBF, devez-vous vous imposer pour rester dans le cadre de l'ARQS ?

• Analyse de l'énoncé

L'approximation des régimes quasi stationnaires (ARQS) est également appelée approximation des régimes lentement variables. Le principe est en soi relativement simple, mais les échelles de temps engagées dans sa vérification, très petites à l'échelle humaine, rendent sa compréhension parfois difficile.

Pour bien comprendre une approximation, il est nécessaire dans un premier temps de ne pas la faire et d'aborder la situation dans laquelle on souhaite la mettre en œuvre, avec toute la rigueur possible. La situation en question, que l'énoncé aborde à travers l'exemple d'un GBF, est celle de la transmission d'un signal électrique.

Nous savons que toute perturbation d'un champ électromagnétique se propage dans le vide à la célérité c. Si cette perturbation est guidée dans un conducteur métallique, cette célérité tombe à environ 2/3 de c. Ce qu'il est important de comprendre est que cette transmission n'est pas instantanée. Prenons par exemple le cas simple d'un générateur délivrant un échelon de tension, c'est-à-dire une tension dont la valeur passe brusquement de 0 à une valeur non nulle. Le potentiel à sa borne + va varier d'un coup, et cette variation va se propager à travers le circuit à la célérité invoquée plus haut. Si les dimensions du circuit sont de l'ordre de 1 m, et que nous prenons pour ordre de grandeur de la célérité de propagation du signal électrique 10^8 m.s^{-1}, alors les conséquences de la modification de la tension délivrée par le générateur seront effectives au bout d'une durée de l'ordre de $.10^{-8}$ s, durée nécessaire au signal pour se propager à travers tout le circuit.

Si nous en restons à cet échelon de tension, il n'y a rien d'autre à dire. Mais imaginons à présent que ce générateur fasse du yoyo et fasse périodiquement l'aller-retour entre 0 et une valeur non nulle. Le délai de transmission à travers le circuit ne pourra être négligé, que s'il est très court devant le rythme des variations de la tension électrique.

Ces considérations s'appliquent à toute situation dans laquelle une grandeur varie dans le temps avec une durée caractéristique T, et où cette variation se propage, accusant un retard caractéristique τ entre les deux extrémités de la chaîne de transmission.
Considérons par exemple une chaîne de télévision diffusant une série à suspense à raison d'un épisode par jour, nous avons $T = 24$ h. Si la diffusion de cette série est internationale et fournie à tous les pays avec un délai de 1 h, nous pouvons considérer que tous les téléspectateurs de la planète sauront si Jack a sauvé le monde libre de façon presque simultanée. Si en revanche la série est diffusée avec plusieurs semaines, voire plusieurs mois de retard, il est impossible de considérer que tout le monde est au courant à une même date (d'où odieux risque de spoiling).
Il est tout à fait possible de traiter un circuit hors de l'ARQS, mais la prise en compte de la non-simultanéité des modifications en différents points du circuit rend naturellement ce traitement plus complexe.
L'expression ARQS a le charme de la concision, mais le terme d'approximation des régimes lentement variables est plus explicite. Elle a notamment le mérite de forcer la question "Lentement variable devant quoi ?". Comme nous venons de le voir, il suffit que le rythme de variation du signal soit lent devant la durée de propagation du signal à travers le circuit.

Pour un circuit étudié en laboratoire, en l'absence de précision contraire, nous sommes en droit de supposer des dimensions de l'ordre de $l = 1$ m.
La célérité de propagation des ondes électromagnétiques étant de l'ordre de $v = 1.10^8$ m.s^{-1}, nous en déduisons une durée $\tau = \frac{l}{v} = 1.10^{-8}$ s, soit de l'ordre d'une dizaine de nanosecondes.
Pour que ce retard ne soit pas sensible à l'échelle de temps des variations du signal, celles-ci doivent être au moins de l'ordre de : $T \geq 10^2\tau$, soit donc de l'ordre de la microseconde.
Cherchons la fréquence correspondant à une telle limitation en période :

$$T \geq 1.10^{-6}\ \text{s} \quad \Leftrightarrow \quad f = \frac{1}{T} \leq 1.10^{6}\text{Hz}$$

Pour un circuit de l'ordre de 1 m, l'ARQS est donc pleinement vérifiée tant que les fréquences restent inférieures, ou de l'ordre du mégahertz.

Il est intéressant de noter que cette limite à 1 MHz est précisément le plus haut calibre offert par la plupart des GBF. Par ailleurs, il ne faut pas croire que la sortie de l'ARQS est un phénomène rare qui n'intervient que dans des instruments de haute précision. Les ondes porteuses de la bande FM oscillent à 100 MHz, celles des téléphones portables à 2 GHz. On comprend mieux pourquoi les signaux délivrés par les GBF sont ainsi qualifiés de "basses fréquences". Certes au regard des fréquences des activités humaines ils sont très élevés, mais par rapport aux standards de l'électronique, ils sont plutôt lents.

La violation de l'ARQS possède, entre autres conséquences remarquables, l'invalidation de la loi des nœuds. En effet, prenons par exemple deux conducteurs ohmiques branchés en série, de même résistance $R = 100\ \Omega$. Si l'on impose une tension $U = 10$ V aux bornes de l'ensemble, il est facile de démontrer que les tensions aux bornes des deux dipôles auront même valeur $U_{R_1} = U_{R_2} = 5,0$ V, et que chacun sera traversé par un courant d'intensité $\frac{U_{r_i}}{R} = 50$ mA. Mais si le potentiel le plus élevé augmente brusquement de 5,0 V, faisant passer la tension à un total de 15 V, alors le temps que les potentiels s'équilibrent, l'une des tensions sera à 5,0 V et l'autre à 10 V. Ainsi le courant circulant dans l'un des conducteurs ohmiques vaudra-t-il toujours 50 mA, mais l'autre vaudra-t-il 100 mA. Une fois l'équilibre atteint, nous retrouverons deux tensions identiques de 7,5 V et un courant de sortie qui aura même intensité que celui d'entrée (75 mA). Mais pendant quelques instants, la loi des nœuds aura été violée.

Vous pouvez cependant dormir tranquille, durant au moins un an ou deux : les situations abordées en CPGE se placent toujours dans l'ARQS, sauf exceptions très rares, dûment spécifiées et dans lesquelles vous seriez abondamment guidés.

Exercice 8.2 : Lois de Kirchhoff

Déterminer, par application des lois de Kirchhoff, l'expression de l'intensité I du courant circulant dans le conducteur ohmique de résistance r, en fonction de E_1, E_2, R et r.

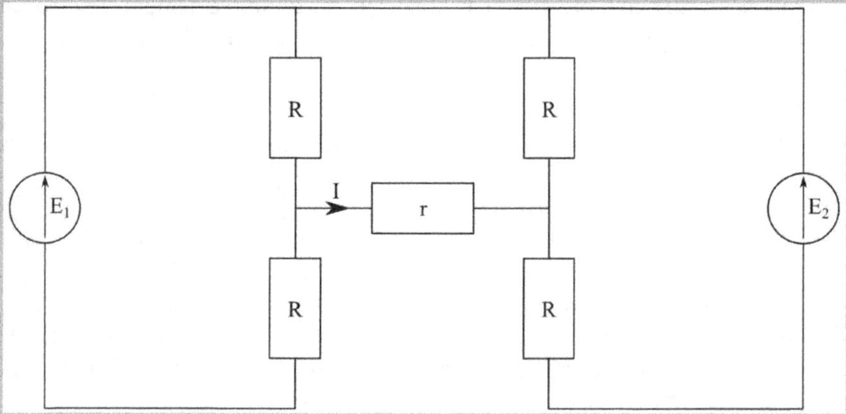

• **Analyse de l'énoncé**

Cet exercice se propose d'utiliser les **lois de Kirchhoff** pour résoudre un problème d'électrocinétique. Rappelons ces lois :

- la **loi des nœuds :**la somme des intensités des courants arrivant vers un nœud est égale à la somme des intensités des courants qui en repartent.
- la **loi des mailles :**la somme de toutes les tensions le long d'une maille orientée est nulle. Cette loi est également appelée **loi d'additivité des tensions**.

> La loi des nœuds, qui est une conséquence de la conservation de la charge électrique, n'est valable que dans l'ARQS. Même si l'énoncé ne le précise pas, nous nous plaçons donc nécessairement dans son cadre dans cet exercice.

• **Mise en équation du problème**

Comme dans tout problème, il faut écrire autant d'équations indépendantes qu'il y a d'inconnues. À chaque branche du circuit électrique correspond une intensité du courant inconnue. Ceci peut donc rapidement mener à écrire un système d'équations à résoudre de taille importante. La résolution risque alors de mener à des erreurs de calculs...

Une manière de simplifier quelque peu la résolution de ce type d'exercice consiste à limiter au maximum le nombre d'intensités du courant introduites. Pour ce faire, on applique directement la loi des nœuds sur le circuit à étudier et on définit alors directement les inconnues choisies sur ce circuit. Après la totale exploitation des lois des nœuds, il ne reste généralement pas plus d'inconnues que de mailles, c'est-à-dire de lois des mailles à exploiter.

> Le circuit ici considéré possède 6 branches. Afin de limiter le nombre d'équations à écrire, utilisons directement la loi des nœuds sur le schéma ci-après.

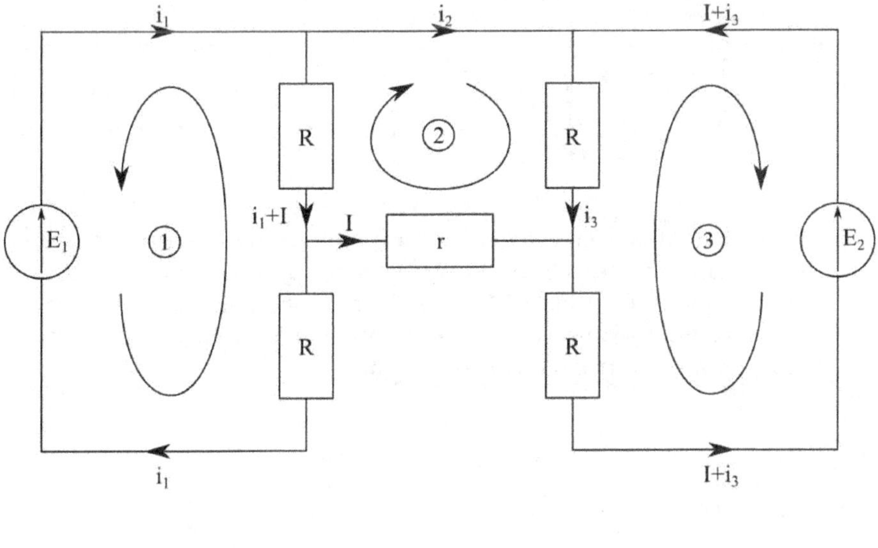

On a finalement seulement eu à introduire 4 intensités du courant inconnues. Par ailleurs, la loi des nœuds appliquée en A mène à :

$$i_1 = i_2 + i_1 + I$$

Et donc :

$$i_2 = -I$$

Finalement, il ne nous reste plus que trois intensités du courant inconnues : i_1, i_3 et I. Puisque le circuit comporte trois mailles, nous n'avons plus qu'à écrire les trois lois d'additivité des tensions associées aux trois mailles présentes sur ce circuit.

• **Écriture des lois de mailles**

Pour écrire correctement les lois de mailles, il faut savoir écrire la relation entre l'intensité du courant traversant un dipôle et la tension (ou différence de potentiel) à ses bornes. Les relations intensité-tension aux bornes d'un dipôle dépendent de la **convention d'orientation** avec laquelle le dipôle est représenté.

Deux cas peuvent se présenter :

- en **convention récepteur**, les flèches de courant et de tension sont de sens opposés.
- en **convention générateur**, les flèches de courant et de tension sont de même sens.

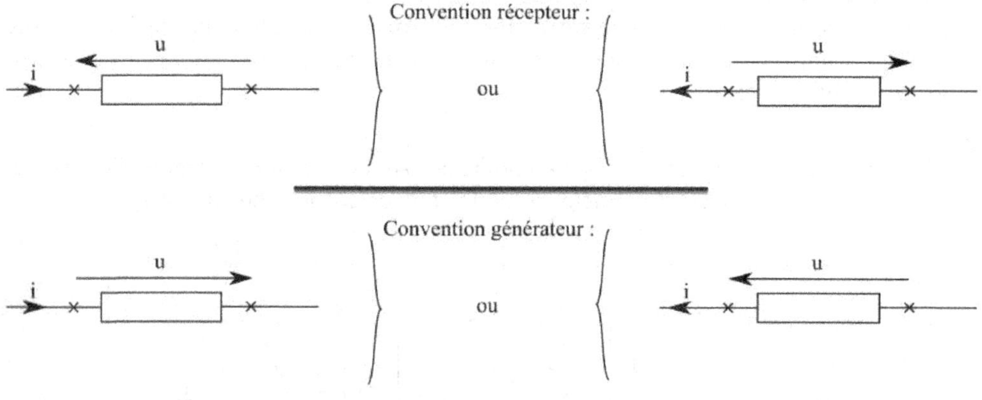

Étudier un dipôle en convention récepteur (respectivement générateur) ne présume en rien de sa nature : récepteur ou générateur. Un dipôle effectivement récepteur (tel un conducteur ohmique), étudié en convention récepteur (respectivement générateur) recevra algébriquement une énergie positive (respectivement négative).

Tout ce que l'on peut dire, c'est qu'il est généralement plus commode de se placer en convention récepteur pour les récepteurs, et en convention générateur pour les générateurs.

Les circuits que vous serez amenés à étudier contiendront uniquement les dipôles suivants qui satisfont aux relations intensité-tension indiquées sous les schémas :

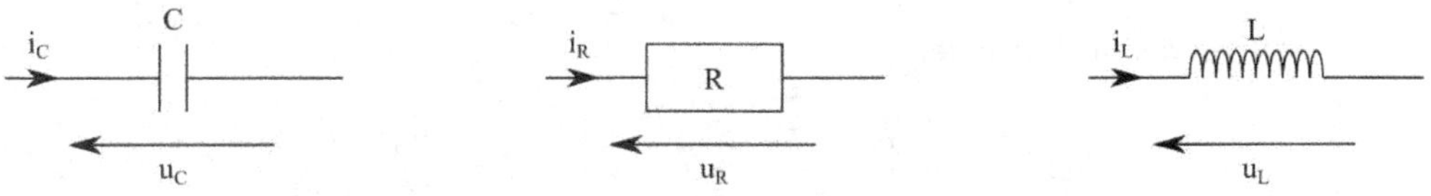

$i_C = C.\frac{du_C}{dt}$ $\qquad$ $u_R = R.i_R$ $\qquad$ $u_L = L.\frac{di_L}{dt}$

Si ces dipôles sont représentés en convention générateur, il suffit d'ajouter un signe "−" au deuxième membre de ces relations.

La relation intensité-tension aux bornes d'un conducteur ohmique porte le nom de **loi d'Ohm**.

Pour appliquer la loi des mailles, il faudra donc :
- choisir un sens d'orientation de la maille qui mène aux conventions les plus adaptées pour les dipôles y intervenant ;
- appliquer les relations intensité-tension en prenant bien garde aux conventions, et aux signes.

En suivant le sens d'orientation représenté sur le schéma, on obtient :

$$Ri_1 + R(i_1 + I) - E_1 = 0$$

$$-Ri_3 + rI + R(i_1 + I) = 0$$

$$-E_2 + R(I + i_3) + Ri_3 = 0$$

On isole alors i_1 dans la première équation et i_3 dans la troisième. On reporte ces résultats dans la deuxième.

$$2Ri_1 + RI = E_1 \quad \Leftrightarrow \quad i_1 = \frac{E_1 - RI}{2R}$$

$$2Ri_3 + RI = E_2 \quad \Leftrightarrow \quad i_3 = \frac{E_2 - RI}{2R}$$

$$-\frac{E_2 - RI}{2} + rI + \frac{E_1 - RI}{2} + RI = 0$$

On en déduit finalement :

$$RI + rI + \frac{E_1 - E_2}{2} = 0 \quad \Leftrightarrow \quad I = \frac{E_2 - E_1}{2\,(R + r)}$$

• Vérification de l'homogénéité des résultats

Les calculs peuvent rapidement devenir lourds en électrocinétique, et les résultats doivent être contrôlés. Une condition nécessaire à la cohérence de ce que l'on écrit est l'homogénéité des formules.

D'après les relations intensité-tensions rappelées, une tension est homogène :
- au produit d'une résistance par une intensité ;
- au produit d'une inductance par une intensité et divisé par un temps ;
- au produit d'une intensité par un temps et divisé par une capacité.

Le résultat obtenu exprime l'intensité I comme le rapport d'une tension par une résistance, il est bien homogène.

Exercice 8.3 : Ponts diviseurs

On considère les montages suivants, dits respectivement "**pont diviseur de tension**" et "**pont diviseur de courant**", dans lesquels deux conducteurs ohmiques de résistances R_1 et R_2 sont associés en série et en parallèle, et soumis à une différence de potentielle E :

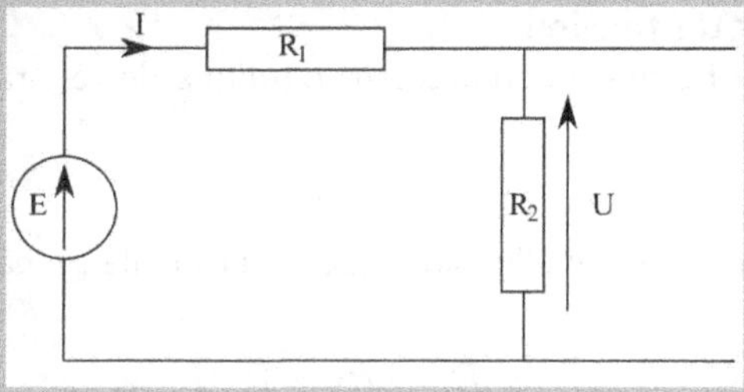

Exprimer la tension U en fonction de R_1, R_2 et E.

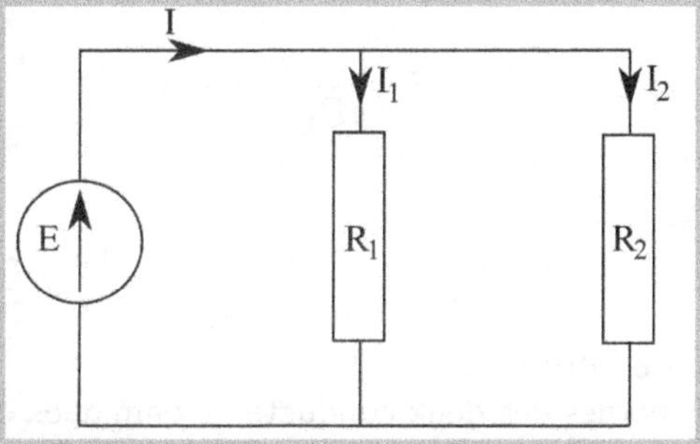

Exprimer l'intensité I_1 en fonction de I_0, R_1 et R_2.

- **Analyse de l'énoncé**

On est en présence de deux circuits, l'un série, l'autre comportant une dérivation. Il nous faut déterminer des grandeurs électriques définies dans les circuits.
De manière générale :
- dans un circuit série, seule la loi des mailles s'applique, puisqu'il n'y a pas de nœuds.
- dans un circuit où deux conducteurs ohmiques sont en dérivation, on peut se ramener à un circuit série en calculant la résistance du conducteur ohmique équivalent aux deux et se ramener au cas précédent.

Dans le cas du pont diviseur de courant présenté ici, passer au conducteur ohmique équivalent n'est néanmoins pas la chose à faire. En effet, on s'intéresse à l'intensité dans une des branches. Faire disparaître ladite branche nous fait perdre l'inconnue du problème !

Avant de modifier la structure d'un circuit, en procédant à des transformations de type associations de dipôles, il faut toujours vérifier que l'on ne touche pas au dipôle auquel est associée la grandeur électrique que l'on recherche.

• **Résolution numérique**

On applique simplement les lois de Kirchhoff.

Pont diviseur de tension

La tension aux bornes du conducteur ohmique de résistance R_2 est égale à :

$$U = R_2 I$$

Par ailleurs, la loi des mailles appliquée à la maille globale donne :

$$E = (R_1 + R_2)I$$

On en tire :

$$I = \frac{E}{R_1 + R_2}$$

puis :

$$U = \frac{ER_2}{R_1 + R_2}$$

Pont diviseur de courant

La tension aux bornes des deux conducteurs ohmiques est la même :

$$E = R_1 I_1 = R_2 I_2$$

Par ailleurs, la loi des nœuds permet d'écrire :

$$I_0 = I_1 + I_2$$

On en déduit :

$$I_0 = I_1 + I_1 \frac{R_1}{R_2} \quad \Leftrightarrow \quad I_1 = \frac{R_2 I_0}{R_1 + R_2}$$

Ces deux structures de circuit, tout particulièrement la première, sont très couramment rencontrées en électrocinétique. Vous pouvez tout à fait utiliser directement les résultats que nous avons démontrés ici en justifiant votre propos en citant simplement le nom (pont diviseur de tension ou de courant) de la structure que vous avez reconnue.

Exercice 8.4 : Puissance maximale dissipée

On considère le montage suivant constitué d'un générateur réel de tension de f.e.m. E et de résistance interne r, branché en série sur un conducteur ohmique de résistance ajustable R (rhéostat).

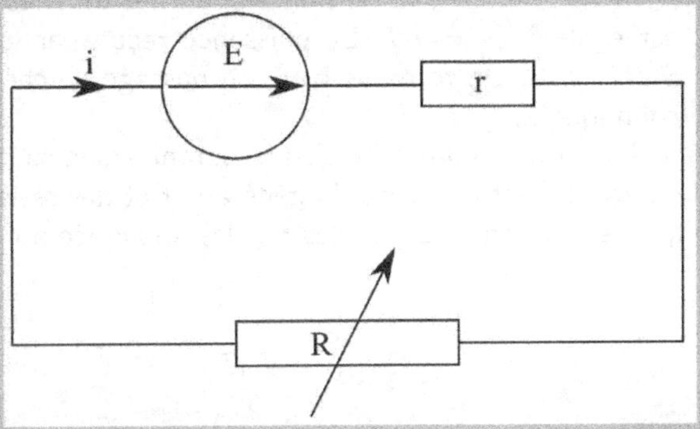

Exprimer la puissance P_R reçue par le rhéostat en fonction de E, r et R. Quelle valeur faut-il donner à la résistance du rhéostat pour que la puissance qu'il reçoit soit maximale ?

- **Analyse de l'énoncé**

Cet exercice s'intéresse à l'aspect énergétique dans un circuit contenant un générateur réel et un conducteur ohmique. Il faut en effet savoir qu'un conducteur ohmique transforme intégralement l'énergie électrique qu'il reçoit de la part du circuit en énergie thermique. Cette propriété des conducteurs ohmique s'appelle : l'**effet Joule**.

- **Puissance reçue par le conducteur ohmique**

Rappelons tout d'abord que la **puissance algébriquement reçue par un dipôle** est égale à :

$$P_{\text{reçue}} = u \times i$$

où u désigne la tension aux bornes du dipôle, et i l'intensité du courant qui le traverse, si le dipôle est étudié en **convention récepteur**.

Deux cas se présentent alors :

- si la puissance algébriquement reçue est positive, le dipôle a effectivement reçu de l'énergie. Il est de nature **récepteur**.
- si la puissance algébriquement reçue est négative, le dipôle a fourni de l'énergie.Il est de nature **générateur**.

Dans le cas d'un conducteur ohmique, et en tenant compte de la loi d'Ohm, on peut écrire l'expression de la puissance algébriquement reçue par un conducteur ohmique de résistance R étudié en convention récepteur :

$$P_R = u_R \times i_R = Ri_R^2 = \frac{u_R^2}{R} > 0$$

C'est cette puissance, reçue de la part du circuit sous forme électrique que le conducteur ohmique convertit totalement en énergie thermique par effet Joule. L'énergie dissipée par effet Joule s'obtient donc par la même expression.

Vu l'orientation de I choisie, la tension aux bornes du rhéostat, en convention récepteur, est égale à $U = RI$. La puissance reçue par le rhéostat est donc égale à $P = RI^2 > 0$. On retrouve bien, au passage, le caractère récepteur du conducteur ohmique...
Il nous reste à exprimer l'intensité I du courant traversant le circuit série en fonction de la force électromotrice du générateur et des résistances des conducteurs ohmiques en présence. La loi des mailles appliquée à l'ensemble du circuit mène à :

$$E = (r + R)I$$

soit,

$$I = \frac{E}{r + R}$$

En reportant dans l'expression de la puissance reçue par le rhéostat, on obtient :

$$P_{(R)} = \frac{RE^2}{(r + R)^2}$$

• Maximisation de la puissance reçue par le conducteur ohmique
On s'aperçoit, les caractéristiques du générateur étant fixées, que l'expression de la puissance reçue est une fonction de R. Comme pour toute fonction mathématique, on recherche son extremum en calculant la fonction dérivée, puis en cherchant la valeur de la variable (ici R) qui annule l'expression de la dérivée.

Cette démarche ne nous fournit que les extrema de la fonction. Pour déterminer la nature de l'extremum, minimum ou maximum, il faut faire un tableau de variations de la fonction. En pratique, quand l'énoncé affirme comme ici l'existence d'un maximum, l'usage mène souvent à ne pas réaliser cette dernière étape pourtant mathématiquement indispensable. Suivant les énoncés vous serez sans doute amenés à moduler votre rédaction...

La valeur de R qui maximise la fonction $P(R)$ est forcément un extremum de cette fonction, c'est-à-dire une valeur d'annulation de la dérivée de cette fonction. Dérivons donc $P(R)$ par rapport à sa variable R.

En utilisant les notations de physique pour la dérivée, on peut écrire :

$$P'_R(R) = \frac{dP_R}{dR} = E^2 \frac{(r+R)^2 - 2R(r+R)}{(r+R)^4}$$

Soit encore :

$$P'_R(R) = \frac{dP_R}{dR} = E^2 \frac{(r+R) - 2R}{(r+R)^3} = E^2 \frac{r-R}{(r+R)^3}$$

Cette dérivée s'annule pour $R = r$, qui constitue la valeur de résistance recherchée.

Exercice 8.5 : Associations de résistances

Déterminer la résistance équivalente aux associations suivantes :

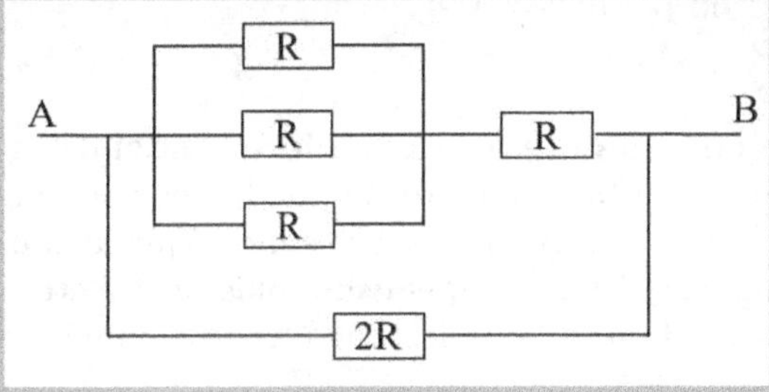

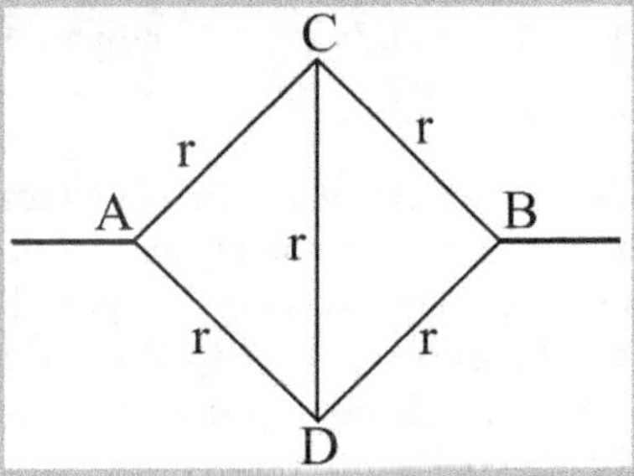

• **Analyse de l'énoncé**

Cet exercice vise à voir, ou à revoir, les **techniques de simplification d'un circuit par associations de conducteurs ohmiques**. Plusieurs types d'associations peuvent être rencontrées :

- une association de conducteurs ohmiques **en série**, qui se simplifie en **sommant leurs résistances respectives.**
- une association de conducteurs ohmiques **en parallèle**, qui se simplifie en **sommant leurs admittances (inverse des résistances) respectives.**
- une association de conducteurs ohmiques **en triangle, ou en étoile**, qui se simplifie grâce à la **transformation de Kennelly** que nous reprécisons dans la suite de l'exercice.

En ce qui concerne les conducteurs ohmiques associés en parallèle, un cas particulier très courant est celui de **deux conducteurs ohmiques**, de résistances respectives R_1 et R_2 **associés en parallèle**. Au lieu d'écrire :

$$Y_{eq} = Y_1 + Y_2$$

soit encore

$$\frac{1}{R_{eq}} = \frac{1}{R_1} + \frac{1}{R_2}$$

on utilisera directement la simplification de cette relation en :

$$R_{eq} = \frac{R_1 \times R_2}{R_1 + R_2}$$

Ne généralisez pas la relation simplifiée obtenue pour deux conducteurs ohmiques à plus de deux en rajoutant linéairement des termes respectivement multiplicatifs au numérateur et additif au dénominateur ! Pour plus de deux conducteurs ohmiques associés en parallèle reprenez donc la formulation générale. Une exception toutefois, vous pourrez vérifier que pour n conducteurs ohmiques de résistance égale à R, la résistance équivalente à leur association parallèle est $\frac{R}{n}$.

• **Détermination de la résistance équivalente à la première association**

Cette première association comporte un certain nombre de conducteurs ohmiques associés tant en série qu'en parallèle. Pour déterminer la résistance équivalente, **on part du centre du dipôle**, on commence les regroupements, puis on les étend de proche en proche jusqu'à avoir pris en compte tous les conducteurs ohmiques en présence.

Les trois conducteurs ohmiques de résistance R montés en parallèle sont équivalents à un conducteur ohmique unique de résistance $\frac{R}{3}$. Ce dernier est monté en série avec un conducteur ohmique de résistance R, l'ensemble en parallèle avec un dernier conducteur ohmique de résistance $2R$. La résistance équivalente à l'ensemble est donc égale à :

$$R_{eq} = \frac{\left(\frac{R}{3} + R\right) \times 2R}{\left(\frac{R}{3} + R\right) + 2R} = \frac{\frac{8}{3}R^2}{\frac{10}{3}R} = \frac{4}{5}R$$

• **Utilisation de la transformation de Kennelly**

La deuxième association de conducteurs ohmiques proposée pourra avantageusement être simplifiée par utilisation de la **transformation de Kennelly**. Cette dernière permet de passer d'une **association de type triangle**, à une **association de type étoile** et vice versa.

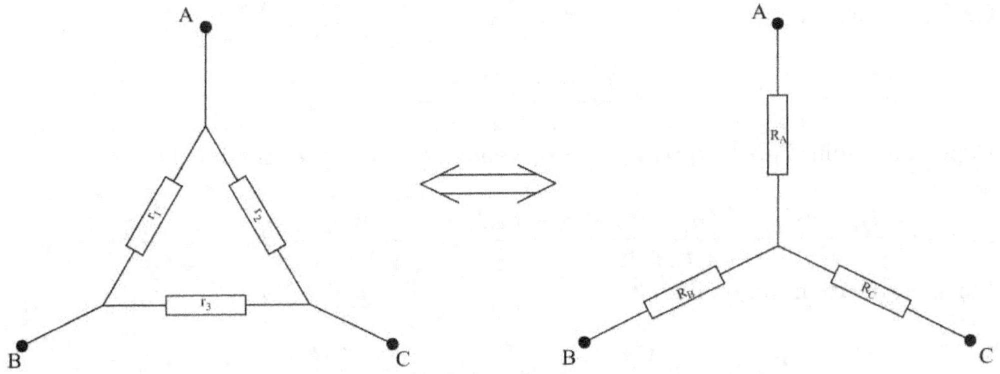

On peut montrer que :

$$R_A = \frac{r_1 r_2}{r_1 + r_2 + r_3} \quad ; \quad R_B = \frac{r_1 r_3}{r_1 + r_2 + r_3} \quad ; \quad R_C = \frac{r_2 r_3}{r_1 + r_2 + r_3}$$

Pour montrer l'équivalence triangle-étoile, exprimons la tension u_1 dans chacun des montages et cherchons à quelle condition le résultat est identique.

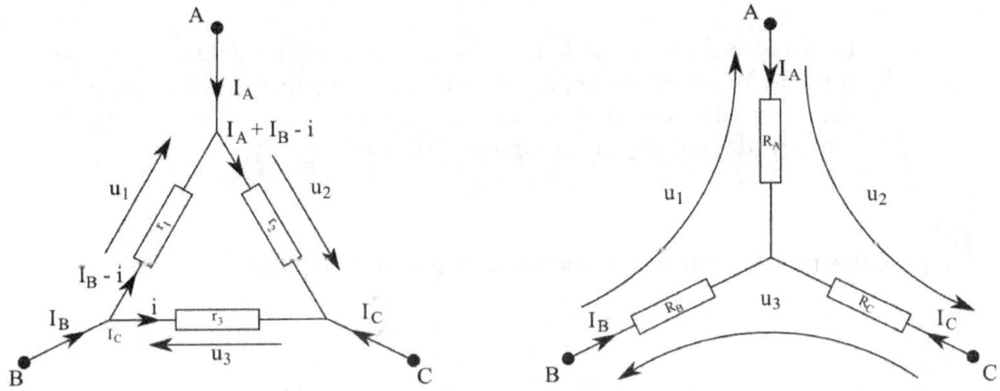

Pour le montage en étoile :

$$u_1 = R_A I_A - R_B I_B$$

Pour le montage en triangle, en utilisant les notations introduites (et dont vous pouvez vérifier qu'elles sont bien conformes à la loi des nœuds) :

$$u_1 = -(I_B - i)r_1 = r_1(i - I_B)$$

Exprimons enfin i en fonction de I_A et de I_B à l'aide de la loi des mailles appliquée au montage en triangle :

$$r_3 i = r_1(I_B - i) + r_2(I_A + I_B - i) = r_1 I_B + r_2(I_A + I_B) - (r_1 + r_2)i$$

On en déduit :

$$i = \frac{r_1 I_B + r_2(I_A + I_B)}{r_1 + r_2 + r_3}$$

Reportons enfin dans l'expression de u_1 venant du montage en triangle :

$$u_1 = r_1 \frac{r_1 I_B + r_2(I_A + I_B) - (r_1 + r_2 + r_3) I_B}{r_1 + r_2 + r_3} = \frac{r_1 r_2}{r_1 + r_2 + r_3} I_A - \frac{r_1 r_3}{r_1 + r_2 + r_3} I_B$$

Par identification, on en déduit :

$$R_A = \frac{r_1 r_2}{r_1 + r_2 + r_3} \quad \text{et} \quad R_B = \frac{r_1 r_3}{r_1 + r_2 + r_3}$$

Par une permutation circulaire des indices, on a bien sûr :

$$R_C = \frac{r_3 r_2}{r_1 + r_2 + r_3}$$

Lorsque vous utilisez cette transformation, **il faut être très soigneux lors de la représentation du circuit simplifié** ; on a souvent tendance en effet à oublier ou rajouter des branches au passage ce qui a bien sûr des conséquences désastreuses sur le résultat.

Cette transformation appliquée au triangle ACD donne :

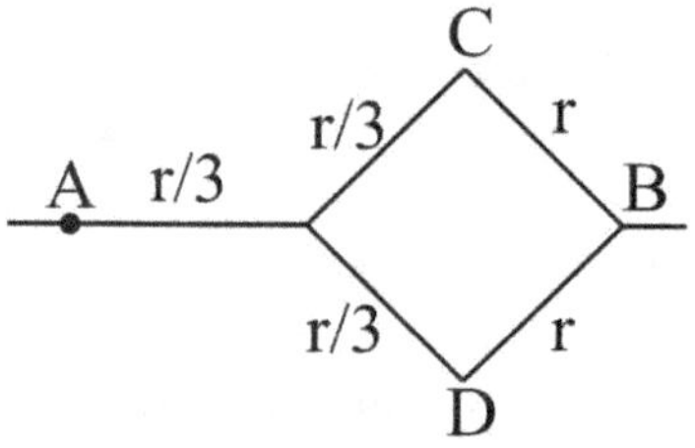

On s'est donc ramené à un ensemble de conducteurs ohmiques simplement associés en série et en parallèle. La résistance équivalente de cette seconde association est finalement égale à :

$$R_{eq} = \frac{r}{3} + \frac{1}{2}\frac{4r}{3} = r$$

Ces associations de dipôles, mises ici en évidence pour des conducteurs ohmiques, se généralisent par la suite, en régime sinusoïdal forcé aux **impédances complexes**.

Exercice 8.6 : Utilisation des symétries

Déterminer la résistance équivalente au dipôle suivant :

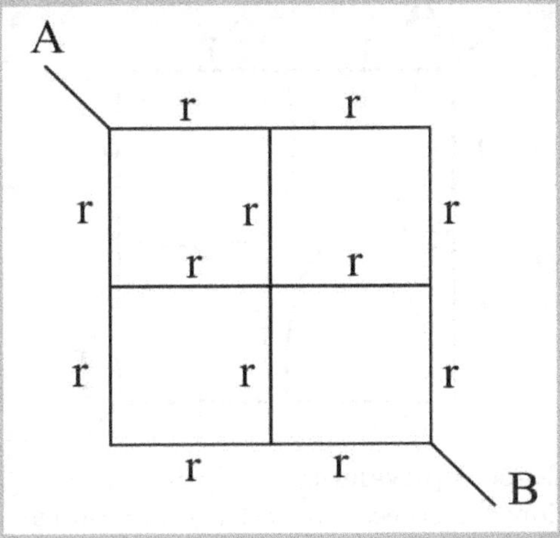

• Analyse de l'énoncé

Lorsque le réseau étudié possède **de nombreuses résistances de même valeur**, le repérage de plans ou d'axes de symétrie du réseau pourra amener à faire des **réunions et/ou des séparations de nœuds** qui permettront une notable simplification de l'ensemble. On peut résumer l'ensemble des simplifications possibles en les **deux règles** suivantes :

- si le réseau possède un **axe ou un plan de symétrie opérant sur l'ensemble des résistances** du réseau, et **contenant les nœuds d'entrée et de sortie**, les nœuds symétriques par l'opération de symétrie en question sont au même potentiel (on peut donc les réunir) et les intensités dans les branches symétriques sont égales. Par ailleurs, aucune intensité ne traverse les points appartenant à l'élément de symétrie : on peut donc envisager des séparations de ces points en points symétriques.
- si le réseau possède un **point, axe ou un plan de symétrie opérant sur l'ensemble des résistances** du réseau, et **échangeant les nœuds d'entrée et de sortie**, tous les points appartenant à l'élément de symétrie sont au même potentiel et les intensités dans les branches symétriques sont antisymétriques.

• **Analyse des symétries du réseau**

La première chose à faire, si l'on veut utiliser ces règles, est de **rechercher l'existence d'éléments de symétrie contenant ou échangeant les nœuds d'entrée et de sortie** du réseau.

La diagonale AB est un axe de symétrie du réseau contenant les nœuds d'entrée et de sortie. Le point centrale de ce réseau grillagé, appartenant à cet élément "axe de symétrie des courants" n'est donc traversé d'aucune intensité et peut être séparé en deux points. On se ramène donc au schéma équivalent suivant :

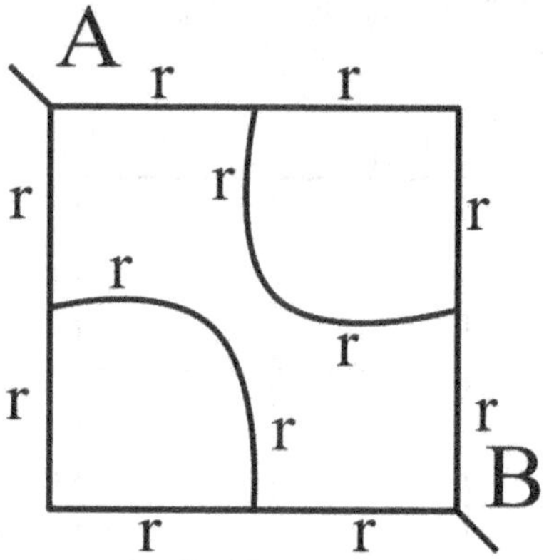

• **Calcul de la résistance équivalente**

Une fois les simplifications effectuées, on s'est *a priori* ramené à l'un des cas abordés à l'exercice précédent, et on n'a plus qu'à appliquer les méthodes adéquates revues dans le cadre de cet exercice.

Le réseau étudié est donc ramené à un ensemble de résistances associées en parallèle et en série. On obtient finalement :

$$R_{eq} = \frac{1}{2}\left(r + \frac{2r}{2} + r\right) = \frac{3}{2}r$$

Exercice 8.7 : Point de fonctionnement

On réalise un circuit en branchant, en série, un générateur réel de f.e.m. égale à $E = 12,0$ V et de résistance interne $r = 10,0\ \Omega$ avec un conducteur ohmique de résistance $R = 100\ \Omega$. Déterminer graphiquement le point de fonctionnement de ce circuit.

• **Analyse de l'énoncé**

Cet exercice se propose de déterminer le **point de fonctionnement** d'un circuit simple, c'est-à-dire l'intersection entre les caractéristiques des deux dipôles (le générateur et le récepteur) constituant le circuit. En effet, si cette intersection existe et si elle est unique, ses coordonnées $(U_P; I_P)$ définissent complètement l'état électrique du circuit.

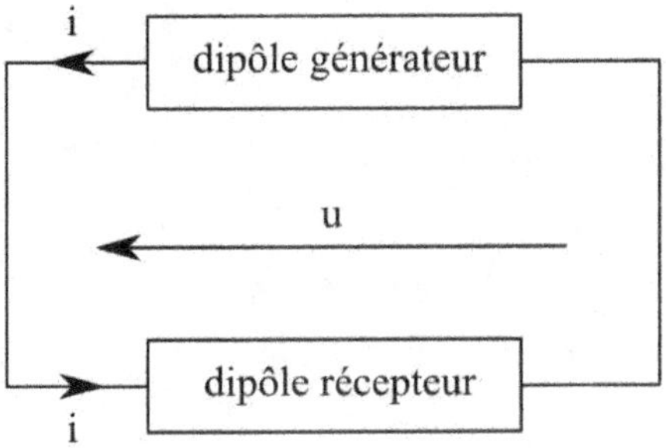

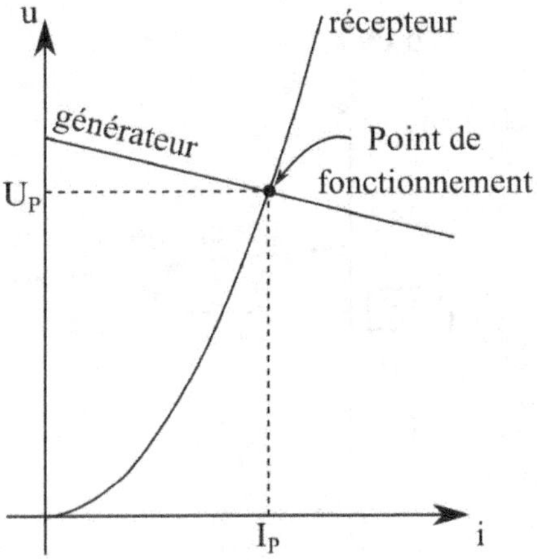

De manière générale, les circuits étudiés en électrocinétique pourront, après éventuellement quelques transformations (association de générateurs, détermination de résistances équivalentes...) se ramener au cas basique où un dipôle générateur alimente un dipôle récepteur.

• **Tracé des caractéristiques**

En pratique, on ne peut aisément obtenir que les caractéristiques des dipôles **non différentiels**, c'est-à-dire dont la relation intensité-tension ne fait pas intervenir de dérivées. On peut citer comme exemples simples de dipôles non différentiels : les générateurs (idéaux ou réels), les électrolyseurs, les conducteurs ohmiques, les diodes... La caractéristique de ces dipôles représente la courbe des variations de la tension aux bornes du dipôle en fonction de l'intensité du courant le traversant ou bien les variations de l'intensité du courant traversant le dipôle en fonction de la tension à ses bornes.

Pour la tracer, deux cas de figure peuvent se présenter :

- on connaît la relation intensité-tension du dipôle et il ne nous reste qu'à tracer la courbe représentative associée ;
- on ne connaît pas la relation intensité-tension du dipôle, mais il nous est donné un tableau de mesures expérimentales d'intensité du courant le traversant et de valeurs de la tension à ses bornes. On trace alors point par point cette caractéristique. Ce second cas de figure apparaît notamment pour les dipôles non linéaires tels que les diodes.

Méthode graphique

Traçons les caractéristiques $u = f(i)$ des deux dipôles non différentiels mis en jeu ici et dont nous connaissons les expressions des relations intensité-tension :

- pour le générateur : $u = E - ri = 12,0 \text{ V} - 10,0 \text{ } \Omega \times i$;

– pour le conducteur ohmique : $u = Ri = 100\ \omega \times i$.
En choisissant une échelle adaptée, on obtient le graphe suivant :

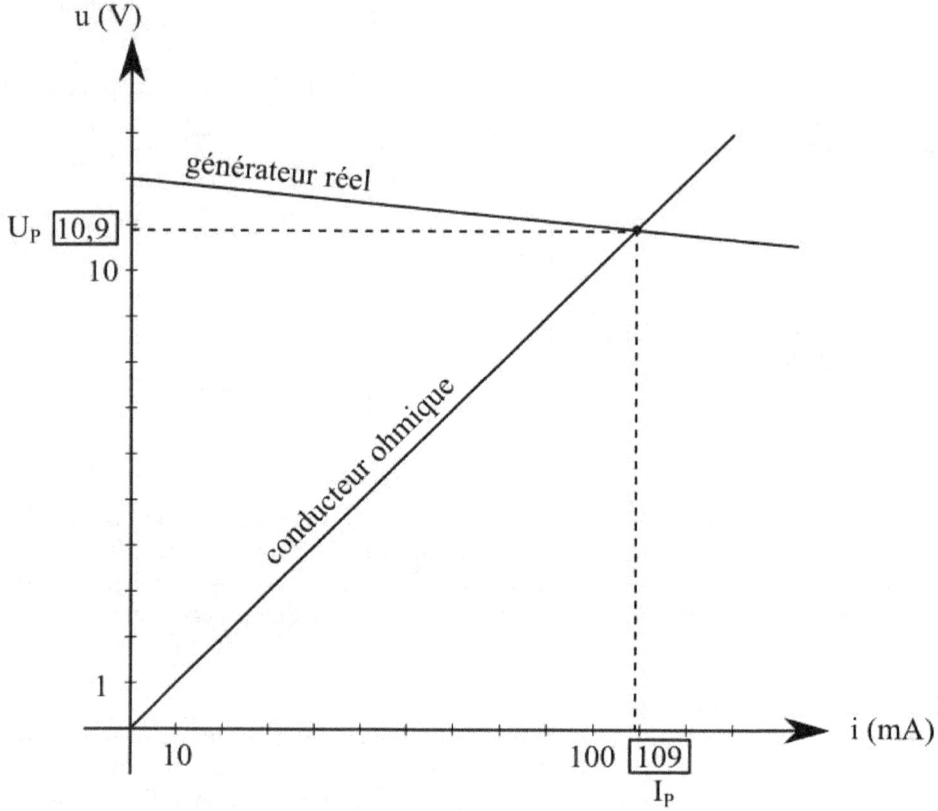

On lit sur le graphe (avec autant de précision que possible) :

$$U_P = \underline{10,9\ \text{V}} \text{et} I_P = \underline{109\ \text{mA}}$$

Méthode analytique

On résout le système d'équations posé ci-dessus :

$$U_P = E - rI_P = RI_P \quad \Leftrightarrow \quad I_P = \frac{E}{r+R} = \frac{12,0\ \text{V}}{10\ \omega + 100\ \omega} = \underline{0,109\ \text{A}}$$

Et nous déduisons la valeur de U_P de l'une ou l'autre des deux équations :

$$U_P = RI_P = 100\ \omega \times 0,109\ \text{A} = \underline{10,9\ \text{V}}$$

Exercice 8.8 : Condensateur et bobine

Un condensateur de capacité C est alimenté par un générateur idéal de courant, appareil qui a la faculté de délivrer une intensité constante I_0. En supposant le condensateur initialement déchargé, déterminer l'expression des variations temporelles de la tension $u_C(t)$ aux bornes du condensateur.
Une bobine parfaite d'inductance L est alimentée par un générateur idéal de tension de f.e.m. E. En supposant le courant traversant initialement la bobine nul, déterminer l'expression des variations temporelles de l'intensité du courant $i(t)$ traversant la bobine.

• **Analyse de l'énoncé**
Cet exercice s'intéresse au comportement, en **régime permanent** d'un condensateur et d'une bobine. Afin de le résoudre correctement, il faut commencer par se souvenir des caractéristiques de ces deux composants.
• **Étude du condensateur en régime permanent**
Un **condensateur** est un dipôle récepteur constitué de deux armatures métalliques en regard l'une de l'autre, en général séparées par un isolant électrique (de l'air par exemple). On le caractérise par une grandeur appelée **capacité**, notée C et exprimée en farad (F).
Les deux armatures en regard portent à chaque instant des charges égales en valeur absolue, mais de signes opposés. Le potentiel V_+ de l'armature chargée positivement est toujours supérieur au potentiel V_- de l'autre armature.
La flèche représentative de la tension doit donc pointer sur l'armature chargée positivement si l'on veut qu'elle représente une valeur positive de la tension (elle représente alors $u_C = V_+ - V_- > 0$).
On constate expérimentalement que **la tension $u_C(t)$ aux bornes d'un condensateur est proportionnelle à la charge** $q(t) > 0$ portée par celle de ses armatures qui est chargée positivement. C'est le coefficient de proportionnalité entre ces deux grandeurs que l'on appelle capacité C du condensateur.
On montre que C ne dépend que de la géométrie du condensateur, et de l'isolant qu'il contient. On a alors :

$$u_C(t) = \frac{q(t)}{C}$$

Cette relation est toujours valable, quel que soit le sens choisi pour orienter le courant, à condition d'avoir pris u_C pointant vers l'armature chargée positivement.
Si on se place en convention récepteur, $i = +\frac{dq}{dt}$ et l'on obtient :

$$i(t) = C\frac{du_C(t)}{dt}$$

Si le condensateur est étudié en convention générateur,$i = -\frac{dq}{dt}$ et il suffit d'ajouter un signe "$-$" au second membre de cette dernière relation.

Un condensateur peut **emmagasiner** de l'énergie ; en une durée t, le condensateur emmagasine une énergie :

$$E_C(t) = \frac{1}{2}Cu_C^2(t) = \frac{q^2(t)}{2C}$$

L'énergie est une grandeur continue du temps (le contraire supposerait une puissance infinie). La relation précédente impose la continuité des fonctions $q(t)$ et $u_C(t)$ en tout instant.

Une fonction $f(t)$ est continue en $t = t_0$ si et seulement si ses limites en sont définies à gauche et à droite en $t = t_0$, et qu'elles sont égales :

$$\lim_{t \to t_0^-} f = \lim_{t \to t_0^+} f$$

En se plaçant en convention récepteur, on peut écrire : $I_0 = C\frac{du_C}{dt}$, qui s'intègre en :

$$u_C(t) = \frac{I_0 t}{C} + cte$$

La tension aux bornes d'un condensateur étant une grandeur continue, et $u_C(0)$ étant nul, on en déduit que la constante d'intégration est nulle. Finalement :

$$u_C(t) = \frac{I_0 t}{C}$$

• **Étude de la bobine en régime permanent**

Une **bobine** est constituée par un enroulement de fil conducteur. Parcourue par un courant d'intensité $i(t)$ variable, elle est le siège d'un phénomène appelé **induction**. Celui-ci se traduit par l'apparition d'une tension à ses bornes sous l'effet des variations de $i(t)$. Elle est caractérisée par une grandeur $L > 0$, appelée **inductance**, exprimée en henry (H). L'enroulement de fil étant assez long, on doit également souvent tenir compte d'une résistance interne r.

On constate expérimentalement que la tension $u_L(t)$ aux bornes d'une bobine de résistance interne nulle (bobine dite idéale) est proportionnelle à la dérivée de l'intensité i du courant électrique qui la traverse. C'est le coefficient de proportionnalité entre ces deux grandeurs que l'on appelle inductance L de la bobine.

En **convention récepteur**, on a :

$$u_L(t) = L\frac{di(t)}{dt}$$

Dans le cas où la résistance interne est non nulle, tout se passe comme si la bobine était constituée d'une bobine idéale d'inctuance L, placée en série avec un conducteur ohmique de résistance r. On a alors, toujours en convention récepteur :

$$u_L(t) = L\frac{di(t)}{dt} + ri$$

Une bobine peut **emmagasiner** de l'énergie lors de **l'établissement du courant électrique**. Elle pourra **restituer** cette énergie au reste du circuit par la suite, lors de la **rupture du courant**. En une durée t, la bobine emmagasine une énergie :

$$E_L(t) = \frac{1}{2}Li^2(t)$$

Si la bobine possède une résistance interne non nulle, elle peut également dissiper de l'énergie.

L'**énergie** est une grandeur continue du temps (le contraire supposerait une puissance infinie). La relation précédente impose la **continuité de l'intensité** du courant électrique traversant une bobine en tout instant.

En se plaçant en convention récepteur, on peut écrire : $E = L\frac{di}{dt}$, qui s'intègre en :

$$i(t) = \frac{Et}{L} + cte$$

L'intensité du courant traversant une bobine étant une grandeur continue, et $i(0)$ étant nulle, on en déduit que la constante d'intégration est nulle. Finalement :

$$i(t) = \frac{Et}{L}$$

CHAPITRE

9

Circuit linéaire du premier ordre

Exercice 9.1 : Charge d'un condensateur

On considère le circuit suivant dans lequel le condensateur est initialement déchargé.

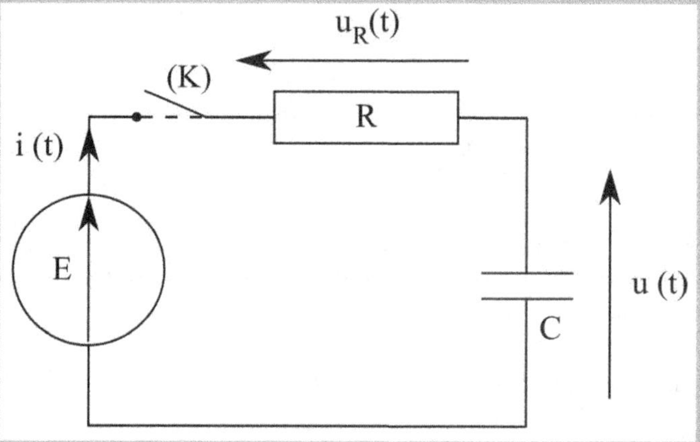

On ferme l'interrupteur à l'instant $t = 0$. Établir les lois de variation des fonctions $u(t)$ et $i(t)$, puis tracer l'allure de leurs graphes. Calculer le temps de montée à 90 %, avec $R = 1,0$ kΩ et $C = 1,0$ μF.

• **Analyse de l'énoncé**

Il s'agit ici de l'étude de la **charge d'un condensateur** au travers d'un conducteur ohmique. Cet exercice est très proche du cours. Lors d'étude de circuits plus compliqués, il sert de référence et on cherche généralement à simplifier le circuit en utilisant :

– les associations de générateurs en modèle de Thévenin ;
– les associations de conducteurs ohmiques et/ou de condensateurs.

• **Étude de la tension aux bornes du condensateur**

La tension $u(t)$ aux bornes du condensateur étudié est liée à sa charge par $u(t) = \frac{q(t)}{C}$ et ce quelle que soit la convention choisie (générateur ou récepteur) à condition que $q(t)$ désigne l'armature pointée par la flèche tension.

Or, en convention récepteur, $i(t) = \frac{dq}{dt}$. On en déduit, en convention récepteur, la relation qui lie la tension aux bornes du condensateur et l'intensité qui le traverse :

$$i(t) = C\frac{du}{dt}$$

On n'a alors plus qu'à appliquer la loi des mailles sur le circuit en prenant garde à l'orientation du courant pour respecter les conventions.

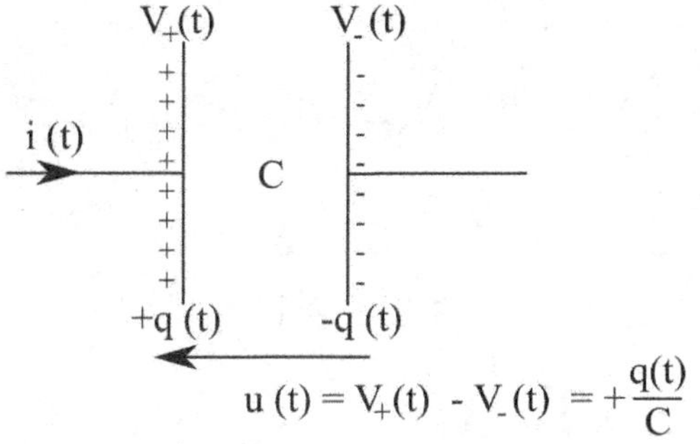

La loi des mailles appliquée au circuit de l'énoncé pour $t > 0$ s'écrit :

$$E = u_R(t) + u(t)$$

Or, en convention récepteur, $u_R(t) = Ri(t) = RC\frac{du}{dt}$. On en déduit l'équation différentielle :

$$E = RC\frac{du}{dt} + u \quad \Leftrightarrow \quad \frac{du}{dt} + \frac{1}{RC}u = \frac{E}{RC}$$

On peut montrer que RC est homogène à un temps (tenez, si vous avez deux minutes, essayez donc). On pose alors $\tau = RC$ constante de temps du circuit RC. τ représente la **durée caractéristique** d'évolution du régime transitoire dans ce circuit.
On reconnaît alors une équation différentielle linéaire du premier ordre avec second membre constant. On sait résoudre une telle équation à condition de connaître la valeur de la fonction u à un instant donné. Cette valeur nous est donnée par la condition initiale en exploitant la **continuité de la tension aux bornes d'un condensateur**.

Nous savons que la solution générale d'une telle équation différentielle s'exprime comme la somme de :
- Une solution générale de l'ESSM : $u_g(t) = \lambda e^{-\frac{t}{RC}}$.
- Une solution particulière de l'équation complète, que nous cherchons sous forme d'une constante :

$$\underbrace{\frac{du_p}{dt}}_{0} + \frac{u_p}{\tau} = E$$

Nous déduisons que la solution de cette équation différentielle s'écrit :

$$u(t) = \lambda e^{-\frac{t}{\tau}} + E$$

en posant $\tau = RC$ et λ une constante d'intégration.
Le condensateur est initialement déchargé, et $u(t)$ est une fonction continue : $u(0^-) = 0 = u(0^+)$.
On obtient alors :

$$u(t=0) = \underbrace{\lambda e^{-\frac{0}{\tau}}}_{1} + E \quad \Leftrightarrow \quad \lambda = -E$$

d'où finalement :

$$u(t>0) = E\left(1 - e^{-\frac{t}{\tau}}\right)$$

On est obligé d'utiliser la condition de continuité, car c'est bien une condition sur $u(t)$ en 0^+ dont on a besoin, l'équation différentielle provenant d'une loi des mailles valable uniquement pour $t > 0$ (l'interrupteur devant être fermé).

Pour tracer l'allure du graphe, on détermine les équations des asymptotes à l'origine et pour t infini. On met également bien en évidence sur le graphe la continuité de la tension aux bornes du condensateur à la fermeture de l'interrupteur. Pour écrire l'équation de la tangente à l'origine, deux possibilités s'offrent à nous :
- utiliser l'équation de la tangente à ne fonction $f(x)$ en x_0 : $y = f(x_0) + f'(x_0)(x - x_0)$;
- écrire un développement limité à l'ordre 1 de la fonction considérée au voisinage de 0.

On retiendra, de manière générale, que lors de la charge d'un circuit RC les asymptotes à $t = 0$ et t infini se coupent à l'instant $t = \tau$. Ce résultat est parfois utilisé en TP pour déterminer la constante de temps du circuit.

L'équation de la tangente à l'origine se trouve comme :

$$u_{tan}(t) = u(0) + \left(\frac{du}{dt}\right)_{t=0} \times t \quad \Rightarrow \quad u_{tan}(t) = E\frac{t}{\tau}$$

Celle de l'asymptote à t infini s'écrit $u = E$.

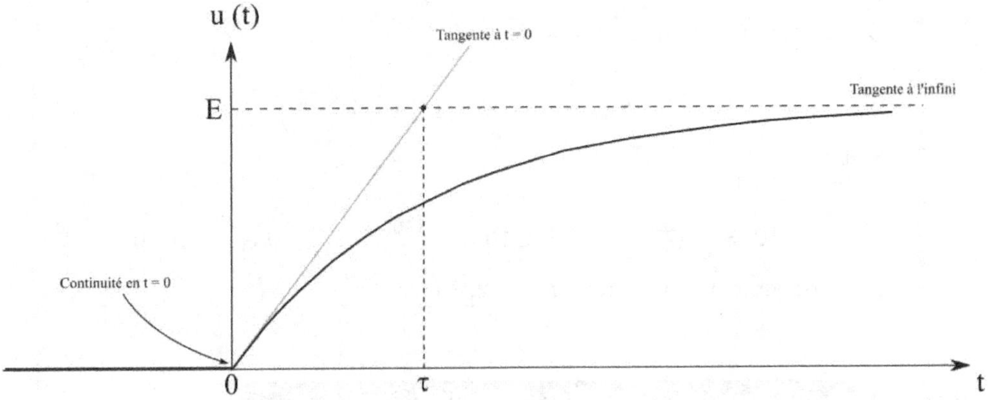

• **Étude de l'intensité du courant traversant le condensateur**

Après avoir déterminé la tension aux bornes du condensateur, on en déduit simplement par dérivation et multiplication par C l'expression de l'intensité du courant le traversant. On se souvient que l'intensité du courant traversant un condensateur n'a pas d'obligation de continuité. Le graphe se trace alors de la même manière, après avoir déterminé les équations des tangentes à l'origine et à t infini.

Sachant que $i(t) = C\frac{du}{dt}$ et $\tau = RC$, on obtient :

$$i(t) = \frac{E}{R}e^{-\frac{t}{\tau}}$$

La tangente à l'origine a pour équation $i_{tan} = \frac{E}{R}\left(1 - \frac{t}{\tau}\right)$ et la tangente à l'infini $i = 0$.

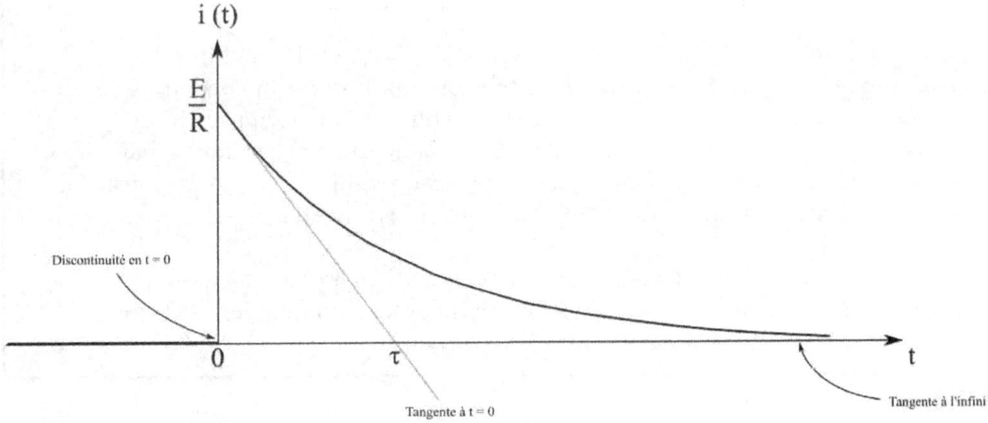

• **Étude du temps de montée à 90 %**

Le **temps de montée à x %** représente la durée qu'il faut au condensateur pour que sa tension passe de 0 à x % de sa valeur finale de charge u_m. On l'obtient en écrivant, t_x étant le temps de montée recherché, $u(t_x) = \frac{x}{100} \times u_m$.

On cherche t_{90}, temps de montée à 90 % :

$$u(t_{90}) = 0,90E = E\left(1 - e^{-\frac{t_{90}}{\tau}}\right)$$

Soit :

$$0,10 = e^{-\frac{t_{90}}{\tau}} \quad \Leftrightarrow \quad \ln 10 = -\frac{t_{90}}{\tau} \quad \Leftrightarrow \quad t_{90} = \tau \ln 10$$

Numériquement, on trouve : $t_{90} = \underline{2,3 \text{ ms}}$.

Exercice 9.2 : Aspect énergétique d'un circuit RC

On considère la réponse indicielle d'un circuit RC à un échelon de tension de hauteur E. Le circuit utilisé pour cela est le suivant :

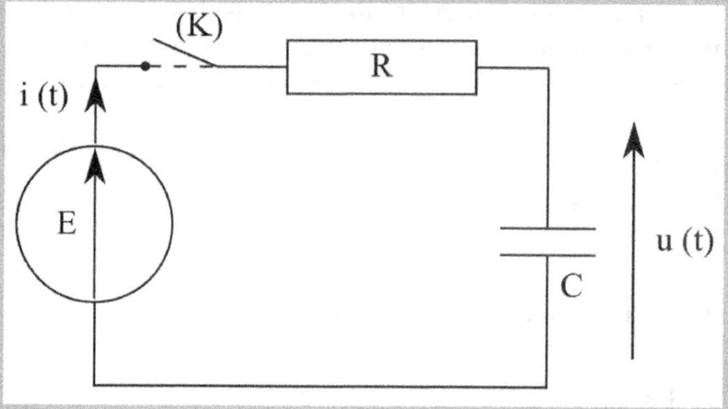

Le condensateur est initialement déchargé ; à $t = 0$, on ferme l'interrupteur (K). Rappeler les expressions de $u(t)$, tension aux bornes du condensateur ainsi que celle de l'intensité $i(t)$ de l'intensité du courant traversant le circuit.
On se place à un instant t quelconque. Quelle énergie dE_g est fournie au circuit pendant la durée dt, avec dt infinitésimale ? En déduire l'énergie E_g fournie par le générateur durant la charge. (On considérera la charge achevée pour un temps infini).
Déterminer de la même façon, durant la charge, l'énergie emmagasinée E_C par le condensateur , et dissipée E_R par le conducteur ohmique par effet Joule.

- **Analyse de l'énoncé**

Cet exercice constitue en quelque sorte la suite du précédent en ce sens qu'il vous fait effectuer un bilan énergétique sur le circuit RC.

- **Bilan énergétique sur un circuit**

On sait que de manière générale, la puissance électrique fournie par le générateur d'un circuit est égale à la somme des puissances électriques reçues par les différents récepteurs présents dans le circuit. Autrement dit, il y a **conservation de l'énergie électrique**.

Pour calculer l'énergie électrique "algébriquement reçue" pendant une durée déterminée (par exemple de l'instant t_1 à l'instant t_2), par un dipôle traversé par un courant d'intensité $i(t)$ et qui subit la différence de potentiel $u(t)$ (ces grandeurs étant définies en convention récepteur), on calcule l'intégrale suivante :

$$E = \int_{t_1}^{t_2} u(t)i(t)dt$$

Cette énergie peut être immédiatement dissipée en énergie thermique par le dipôle ou stockée ou encore restituée au circuit.

Quand on s'intéresse à l'énergie fournie par un générateur,

- soit on utilise la formule précédemment indiquée, qui mène à une énergie négative.
- soit on l'utilise, mais en se plaçant en convention générateur, ce qui donne directement l'énergie "algébriquement fournie" et qui sera, de ce fait, bien positive pour un générateur.

À vous de choisir si vous préférez ne calculer que des énergies "algébriquement reçues", tout en sachant en interpréter correctement le signe, ou si vous privilégiez l'obtention de grandeurs toujours positives, mais en réfléchissant au préalable sur la nature du dipôle étudié...

En reprenant les résultats démontrés dans l'exercice précédent, on a :

$$u(t) = E\left(1 - e^{-\frac{t}{RC}}\right) \quad \text{et} \quad i(t) = C\frac{du}{dt} = \frac{E}{R}e^{-\frac{t}{RC}}$$

Pendant la durée dt le générateur fournit l'énergie $dE_g = Ei(t)dt$. On obtient l'énergie totale qu'il fournit au circuit durant la charge en intégrant cette variation infinitésimale entre les instants $t = 0$ de début de charge et infini de fin de charge.

On a donc :

$$E_g = \int_0^{\infty} Ei(t)dt = \int_0^{\infty} E\frac{E}{R}e^{-\frac{t}{RC}}dt = -CE^2\left[e^{-\frac{t}{RC}}\right]_0^{\infty} = CE^2$$

Pour déterminer les deux énergies restantes, il suffit d'en calculer une par la méthode intégrale, puis de déduire l'autre du bilan énergétique du circuit.

Calculons, par l'intégration, E_R :

$$dE_R = Ri^2(t)$$

donc

$$E_R = \int_0^\infty Ri^2(t)dt = \int_0^\infty \frac{E^2}{R} e^{-\frac{2t}{RC}} dt = \frac{CE^2}{2}$$

Rappelons le bilan énergétique du circuit. La loi des mailles donne $E = Ri + u$, en multipliant par idt membre à membre cette égalité on obtient :

$$Eidt = Ri^2 + uidt$$

Cette égalité, intégrée sur la durée de la charge, mène à : $E_g = E_C + E_R$. On a donc finalement :

$$E_C = \frac{CE^2}{2} = E_R$$

Les résultats démontrés dans cet exercice sont très généraux. Dès que l'on charge un condensateur à l'aide d'un générateur de tension, la moitié de l'énergie fournie au circuit par le générateur est dissipée par effet Joule par les résistances du circuit.

Exercice 9.3 : Rupture du courant dans un circuit RL

On considère le circuit suivant dans lequel l'interrupteur est fermé depuis longtemps.

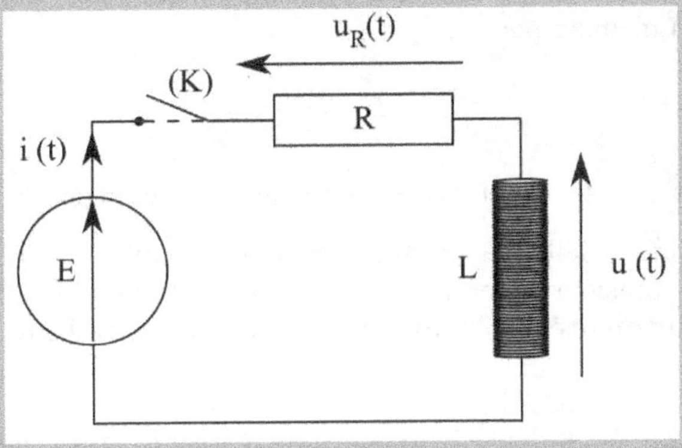

On ouvre l'interrupteur à l'instant $t = 0$. Établir les lois de variation des fonctions $u(t)$ et $i(t)$, puis tracer l'allure de leurs graphes. Expliquer l'apparition d'une étincelle à l'ouverture de l'interrupteur.

• Analyse de l'énoncé

Il s'agit de l'étude de l'interruption du courant dans un circuit RL. On considère l'association série d'un conducteur ohmique de résistance R et d'une bobine parfaite d'inductance L.

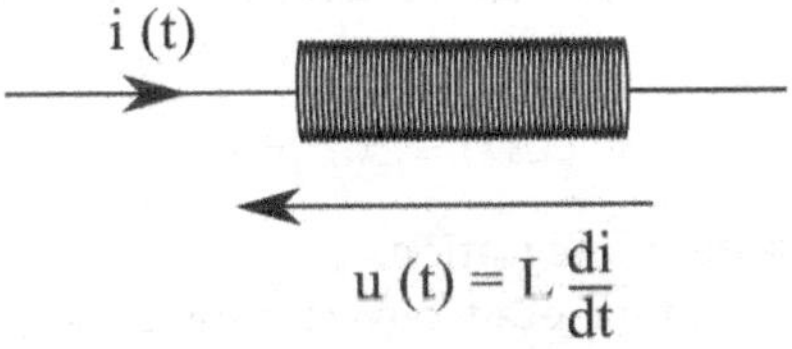

La relation tension-courant aux bornes de la bobine, étudiée en convention récepteur, montre que $u(t)$ n'est non nulle que lorsque l'intensité du courant varie. En régime continu, la bobine ne joue alors un rôle qu'à l'ouverture et à la fermeture de l'interrupteur.

• Étude de $i(t)$

Tout comme on l'a vu dans le premier exercice de ce chapitre, on obtient l'équation différentielle d'évolution de l'intensité du courant en :

– écrivant la loi des nœuds dans le circuit série ;

– utilisant les relations tension-intensité aux bornes de chacun des dipôles.

Pour $t > 0$, l'interrupteur est fermé et la li des mailles s'écrit dans le circuit :

$$E = u_R + u$$

Sachant que $u_R = Ri$ et $u = L\frac{di}{dt}$, on arrive à :

$$E = Ri + L\frac{di}{dt}$$

On se ramène enfin à une forme usuelle d'équation différentielle en divisant membre à membre par L :

$$\frac{E}{L} = \frac{di}{dt} + \frac{i}{\tau}$$

en posant $\tau = \frac{L}{R}$, la constante du circuit RL, homogène à un temps.

Cette équation différentielle du premier ordre se résout par la méthode classique déjà évoquée dans plusieurs exercices. On exploite ici, en présence d'une bobine, la **continuité de l'intensité du courant traversant la bobine** afin d'obtenir une condition initiale.

Nous savons que la solution générale d'une telle équation différentielle s'exprime comme la somme de :
- Une solution générale de l'ESSM : $i_g(t) = \lambda e^{-\frac{t}{\tau}}$, en posant $\tau = \frac{L}{R}$.
- Une solution particulière de l'équation complète, que nous cherchons sous forme d'une constante :

$$\underbrace{\frac{di_p}{dt}}_{0} + \frac{i_p}{\tau} = \frac{E}{L} \quad \Rightarrow \quad i_p = \tau\frac{E}{L} = \frac{E}{R}$$

Nous déduisons que la solution de cette équation différentielle s'écrit :

$$i(t) = \lambda e^{-\frac{t}{\tau}} + \frac{E}{R}$$

avec λ une constante d'intégration.
Pour $t < 0$, l'interrupteur était ouvert depuis longtemps, on avait donc $i(t = 0^-) = 0$. Par continuité de l'intensité du courant traversant une bobine : $i(t = 0^-) = i(t = 0^+) = 0$.
On obtient alors :

$$i(t = 0) = \underbrace{\lambda e^{-\frac{0}{\tau}}}_{1} + \frac{E}{R} \quad \Leftrightarrow \quad \lambda = -\frac{E}{R}$$

d'où finalement :

$$i(t) = \frac{E}{R}\left(1 - e^{-\frac{t}{\tau}}\right)$$

Pour tracer l'allure du graphe, on n'omet pas de tracer les tangente à l'origine et asymptote infinie. Comme à l'exercice précédent, on utilise avantageusement le DL de l'exponentielle au voisinage de 0.

L'asymptote infinie est la droite d'équation $i = \frac{E}{R}$. La tangente à l'origine est la droite qui passe par l'origine et coupe l'asymptote infinie en $t = \tau$.

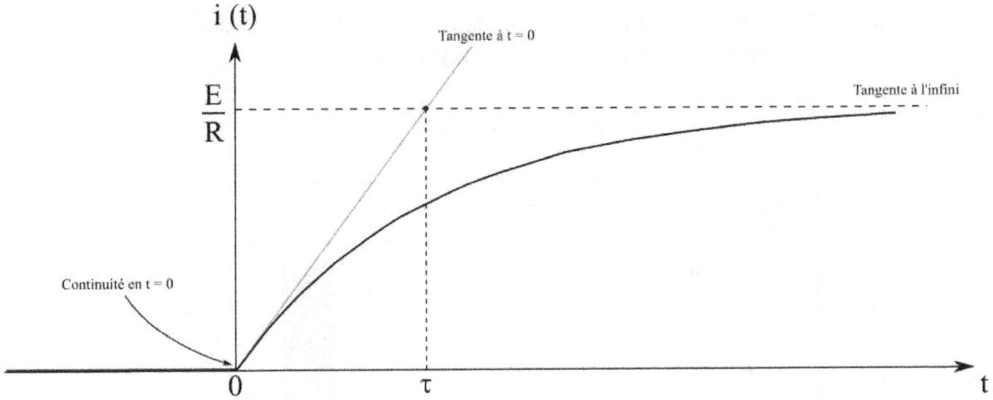

• **Étude de** $u(t)$

Connaissant la loi de variation de $i(t)$ traversant la bobine, on obtient celle de $u(t)$ par simple dérivation et multiplication par L. Cette fonction n'a aucune obligation d'être continue.

On en déduit :

$$u(t) = Ee^{-\frac{t}{\tau}}$$

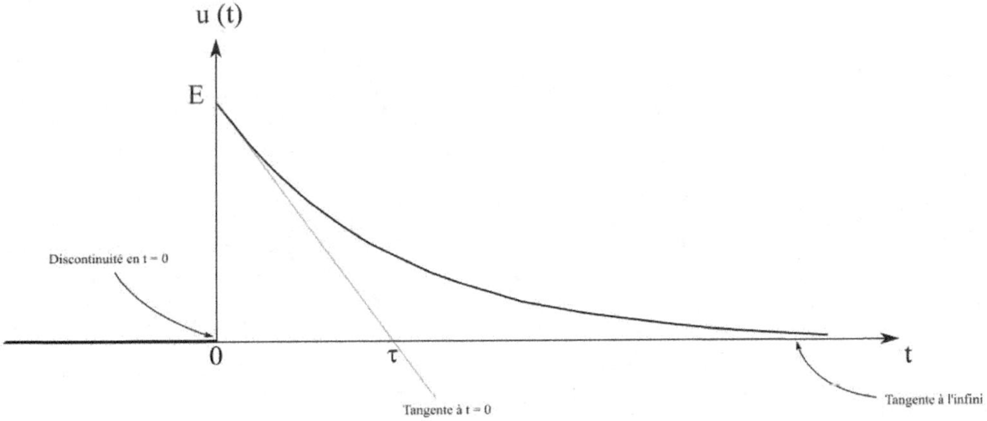

• **Étincelle de rupture**

L'étincelle de rupture survient lorsque l'on rouvre l'interrupteur après avoir laissé s'établir un régime permanent dans le circuit RL. On l'explique à l'aide de la relation tension-courant aux bornes de la bobine et de la continuité de $i(t)$.

Un régime permanent ayant été atteint, l'intensité du courant dans le circuit vaut $\frac{E}{R}$. Supposons que l'on rouvre alors l'interrupteur. L'intensité du courant, tout en restant fonction continue du temps, va décroître très rapidement vers 0, et $\frac{di}{dt}$ va être très important. On se retrouve alors, au moment de l'ouverture de l'interrupteur, dans le cas de figure suivant :

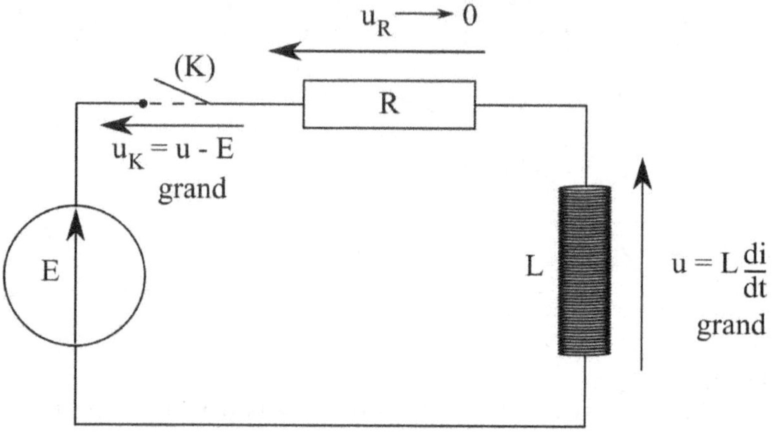

Il apparaît ainsi une forte surtension aux bornes de l'interrupteur, ce qui provoque l'ionisation des molécules d'air à son voisinage et l'apparition d'une étincelle dite "de rupture".

Exercice 9.4 : Réponses d'un circuit RL

On considère un circuit RL alimenté par une source de courant variable $i(t)$. Donner qualitativement l'allure des variations temporelles de la tension $u(t)$ aux bornes de la bobine parfaite dans les trois cas suivants :

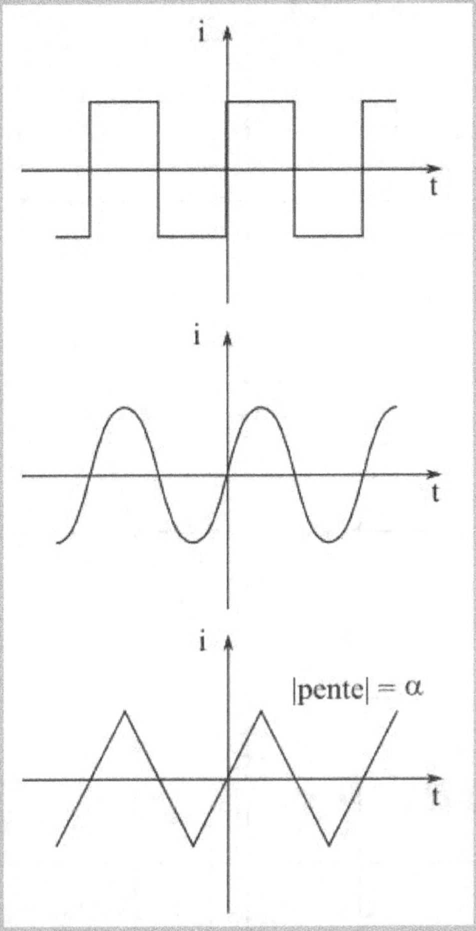

- **Analyse de l'énoncé**

La tension aux bornes de la bobine opère une opération de dérivation sur l'intensité du courant la traversant ($u(t) = L\frac{di(t)}{dt}$). On obtient donc les réponses demandées en dérivant graphiquement les signaux fournis. L'amplitude du signal finalement obtenu sera également L fois plus grande que celle du signal injecté.

- **Réponses du circuit**

La réponse au signal créneau est un simple enchaînement de réponses indicielle et libre comme vu dans le cours. La dérivée d'une fonction sinusoïdale étant une fonction sinusoïdale, la réponse au signal sinusoïdal est une sinusoïde (déphasée de 90 °). Un signal triangulaire étant une succession de fonction affine de pentes tantôt positive, tantôt négative, la réponse est un signal créneau de valeur maximale égale à la valeur absolue de la pente, et qui est positif pour les fonctions affines croissantes, négatif sinon.

On obtient, en réponse, les signaux suivants :

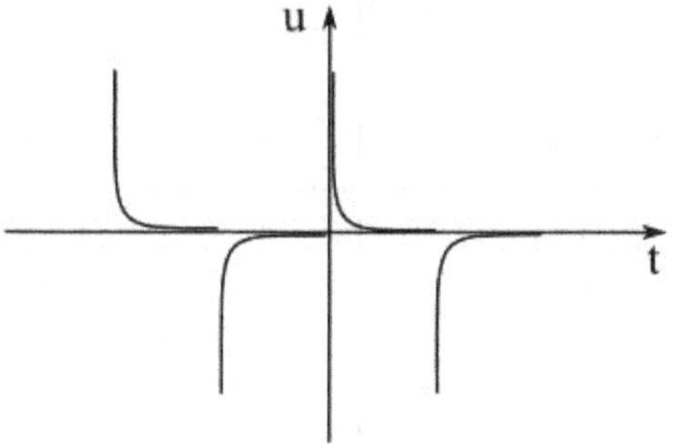

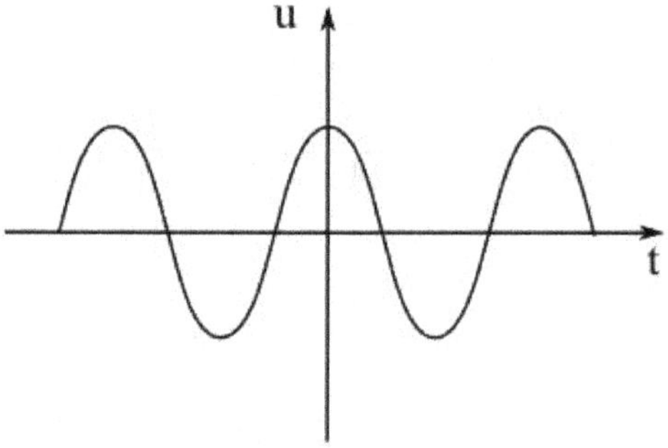

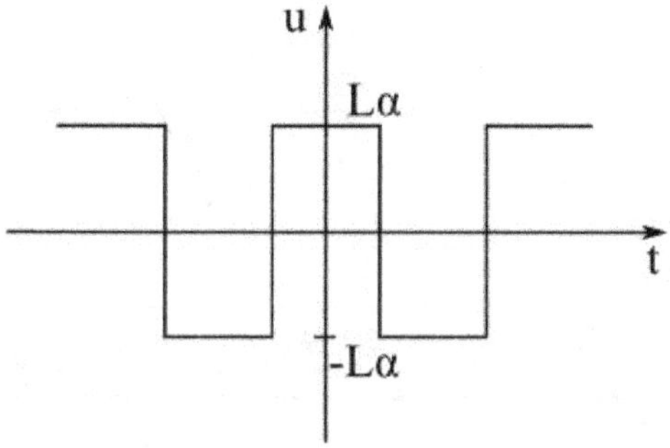

Exercice 9.5 : Constantes de temps

Déterminer les constantes de temps des circuits suivants :

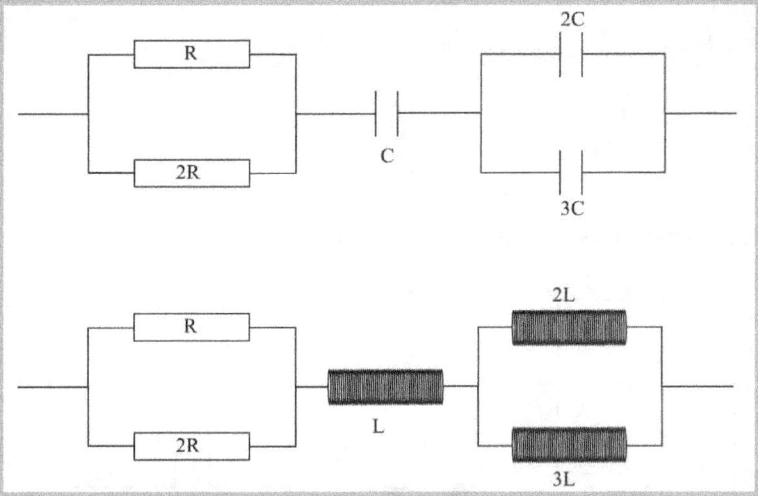

• Analyse de l'énoncé

Comme on l'a vu au cours des exercices précédents, on peut associer respectivement à un circuit RC et à un circuit RL les constantes de temps $\tau = RC$ et $\tau' = \frac{L}{R}$. Lorsque le circuit étudié contient plusieurs conducteurs ohmiques et plusieurs condensateurs ou plusieurs bobines, il arrive qu'ils soient placés de telle sorte que l'on puisse les regrouper en un seul conducteur ohmique et condensateur ou bobine équivalent.
Cette condition n'est pas forcément réalisée, par exemple dans le circuit suivant :

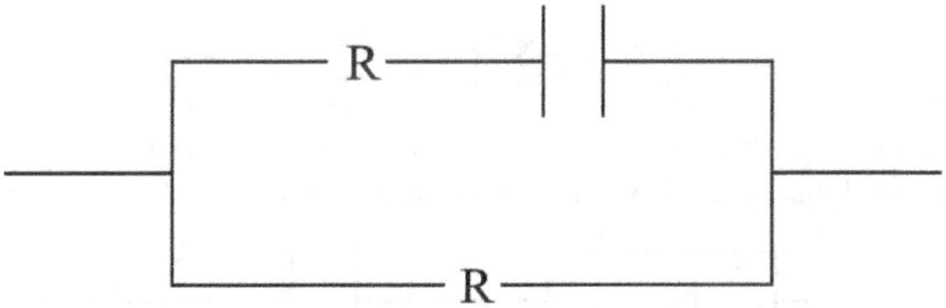

Si le regroupement est possible, il nous permet de calculer directement la constante de temps du circuit étudié en écrivant directement respectivement : $\tau = R_{eq}C$ et $\tau' = \frac{L_{eq}}{R_{eq}}$.
On a déjà revu, dans cet ouvrage, les lois d'association en série et en parallèle des conducteurs ohmiques ; il nous reste à voir celles des condensateurs et des bobines.

• **Associations de condensateurs**
Considérons l'association de n condensateurs en série :

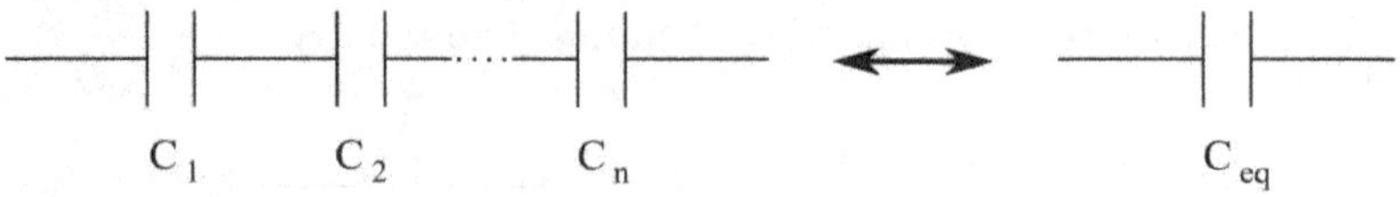

On a :

$$\frac{1}{C_{eq}} = \sum_i \frac{1}{C_i}$$

Considérons l'association de n condensateurs en parallèle :

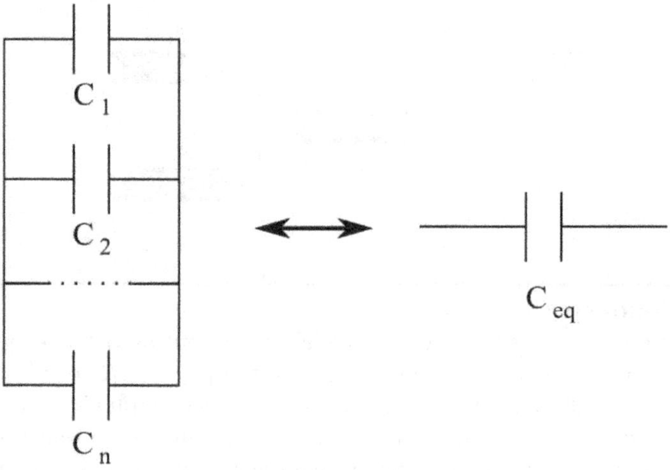

On a :

$$C_{eq} = \sum_i C_i$$

On peut alors parfois ramener des circuits comportant uniquement des conducteurs ohmiques et des condensateurs à un circuit de la forme :

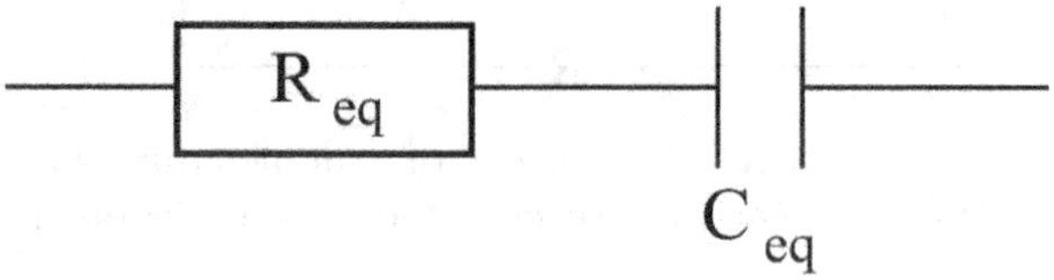

et en déduire facilement sa constante de temps.

En appliquant cette technique au premier circuit proposé, on obtient :

$$R_{eq} = \frac{2R \times R}{2R + R} = \frac{2}{3}R \quad C_{eq} = \frac{C \times (2C + 3C)}{C + (2C + 3C)} = \frac{5}{6}C \quad \tau = \frac{2}{3}R \times \frac{5}{6}C = \frac{5}{9}RC$$

- **Associations de bobines**

Considérons l'association de n bobines parfaites en série :

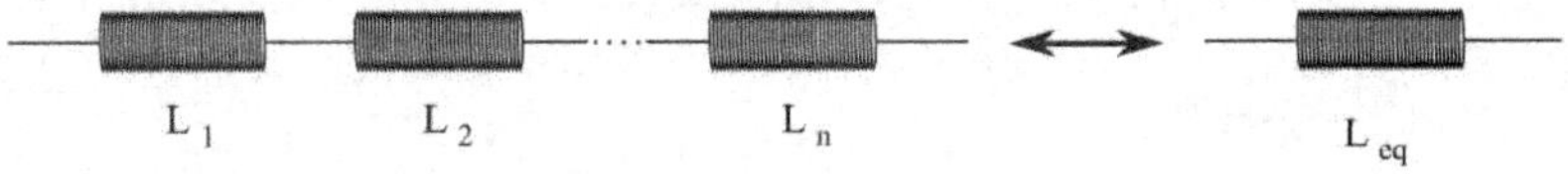

On a :

$$L_{eq} = \sum_i L_i$$

Considérons l'association de n bobines parfaites en parallèle :

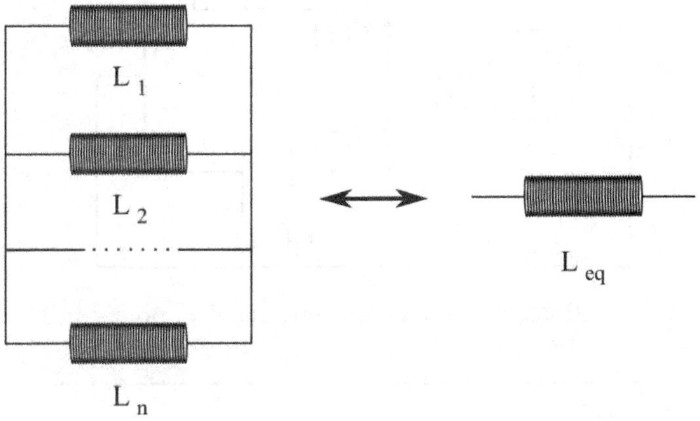

On a :

$$\frac{1}{L_{eq}} = \sum_i \frac{1}{L_i}$$

On peut alors parfois ramener des circuits comportant uniquement des conducteurs ohmiques et des bobines parfaites à un circuit de la forme :

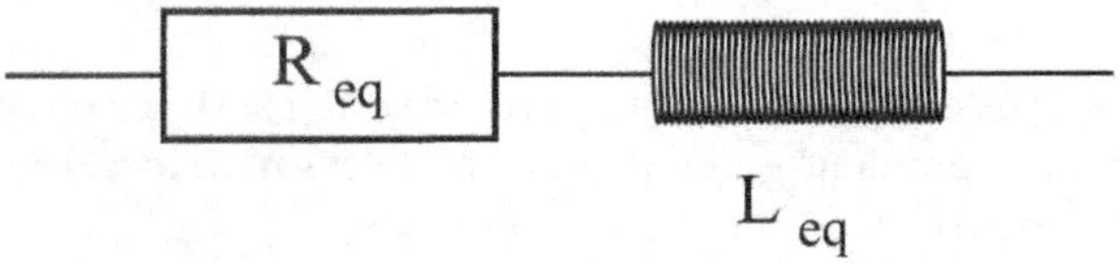

et en déduire facilement sa constante de temps.

En appliquant cette technique au premier circuit proposé, on obtient :

$$R_{eq} = \frac{2R \times R}{2R + R} = \frac{2}{3}R \quad L_{eq} = L + \frac{2L \times 3L)}{2L + 3L} = \frac{11}{5}L \quad \tau = \frac{\frac{11}{5}L}{\frac{2}{3}R} = \frac{33}{10}\frac{L}{R}$$

Exercice 9.6 : Circuit RC parallèle

On considère le circuit suivant, dans lequel le condensateur est initialement déchargé et pour lequel le générateur idéal de courant délivre un échelon de courant $I(t)$ défini par :

$$\begin{cases} I(t<0) & = 0 \\ I(t>0) & = I \end{cases}$$

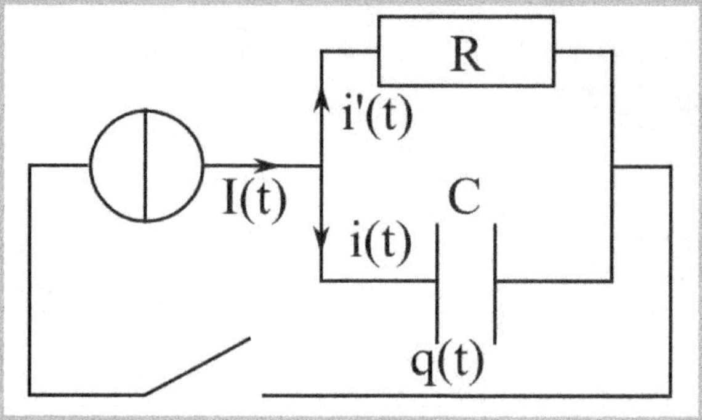

Déterminer les expressions et allure de $q(t)$, $i(t)$ et $i'(t)$ pour $t \geq 0$.

• **Analyse de l'énoncé**

Il s'agit d'un exercice étudiant le **régime transitoire** existant dans un circuit comportant un conducteur ohmique, un condensateur et un générateur idéal de courant à la fermeture d'un interrupteur. Plusieurs grandeurs électriques doivent être calculées. On va typiquement choisir de déterminer **l'équation différentielle** portant sur l'une d'entre elles, la résoudre puis enfin en déduire les autres. Pour ce faire, il faut donc commencer par écrire des **relations entre les différentes grandeurs électriques** introduites.

Les relations que l'on va écrire entre les différentes grandeurs électriques du circuit dépendent généralement de l'**orientation de ces dernières sur le circuit**. Si l'énoncé ne le fait pas, à charge pour vous de représenter un schéma clair définissant ces orientations.

En utilisant les conventions d'orientation précisées sur le schéma fourni dans l'énoncé, on peut écrire les relations suivantes :
- la loi des mailles appliquée au nœud du circuit donne : $I(t) = i(t) + i'(t)$;
- l'intensité du courant traversant le condensateur arrivant sur l'armature chargée positivement : $i = \frac{dq}{dt}$;

– la tension, évaluée en convention récepteur aux bornes du condensateur ou du conducteur ohmique mène à : $\frac{q}{C} = Ri'$.
Connaissant l'une des trois grandeurs $q(t)$, $i(t)$ ou $i'(t)$, on pourra donc remonter aux deux autres.

• **Équation d'évolution de l'intensité du courant** $i'(t)$
L'**équation différentielle d'évolution** d'un circuit s'établit à l'aide des **lois de Kirchhoff**.
– pour un **circuit série**, la **loi des mailles** est la mieux adaptée ;
– pour un **circuit parallèle**, la **loi des nœuds** est la mieux adaptée.
Pour ce qui est du choix de la grandeur électrique à privilégier, on essaie de prendre celle qui mènera à une équation différentielle classique. En pratique on veut une relation entre la fonction et sa ou ses premières dérivées. On évite donc de faire intervenir une relation intégrale.

Écrivons une équation différentielle sur la fonction $i'(t)$ en appliquant la loi des nœuds, et en tenant compte des relations entre variables précédemment écrites, pour $t > 0$:

$$I = i + i'$$

Or $i = \frac{dq}{dt} = RC\frac{di'}{dt}$, d'où :

$$I = RC\frac{di'}{dt} + i'$$

Soit en posant $\tau = RC$, constante de temps associée au circuit :

$$\frac{di'}{dt} + \frac{i'}{\tau} = \frac{I}{\tau}$$

• **Détermination des grandeurs électriques demandées**
La résolution de l'équation différentielle traduisant le régime transitoire va faire apparaître une ou deux constantes d'intégrations que l'on détermine en appliquant les **relations de continuité** suivantes :
– la **charge** (ou encore la **tension**) d'un condensateur est une **fonction continue du temps** ;
– l'**intensité du courant traversant une bobine** est une **fonction continue du temps**.

Une fonction f du temps est continue en t_0 si : $f(t_0^-) = f(t_0^+)$.

L'équation différentielle précédente est une équation différentielle linéaire du premier ordre avec second membre constant.

Sa solution, pour $t > 0$, est de la forme :

$$i'(t) = I + \lambda e^{-\frac{t}{\tau}}$$

où λ est une constante d'intégration.
La charge du condensateur est une fonction continue du temps, on a donc $q(0^-) = q(0^+) = 0$. On en déduit : $\frac{q(0^+)}{C} = Ri'(0^+)$, d'où $i'(0^+) = 0$. Ceci nous mène alors à $\lambda = -I$.
On a donc finalement :

$$i'(t) = I\left(1 - e^{-\frac{t}{\tau}}\right)$$

On en déduit alors $i(t)$ et $q(t)$:

$$i(t) = I - i'(t) = Ie^{-\frac{t}{\tau}} \quad \text{et} \quad q(t) = \tau i'(t) = RCI\left(1 - e^{-\frac{t}{\tau}}\right)$$

• **Tracé des graphes des grandeurs électriques**
En physique, on demande généralement des **allures** de graphes, c'est-à-dire qu'il n'est pas nécessaire de faire une étude complète et approfondie de la fonction que l'on représente. Par contre, et ceci est particulièrement vrai dans le cadre de l'étude des régimes transitoires, les représentations de l'**asymptote à l'infini et de la tangente à l'origine** sont très appréciées, même lorsqu'elles ne sont pas explicitement demandées.

Représentation graphique de $q(t)$:
La courbe représentative de $q(t)$, fonction continue, admet pour asymptote infinie la droite horizontale $y = IRC$, et pour tangente à l'origine la droite d'équation $y = IRC\frac{t}{\tau}$. La tangente à l'origine coupe donc l'asymptote infinie pour $t = \tau$.

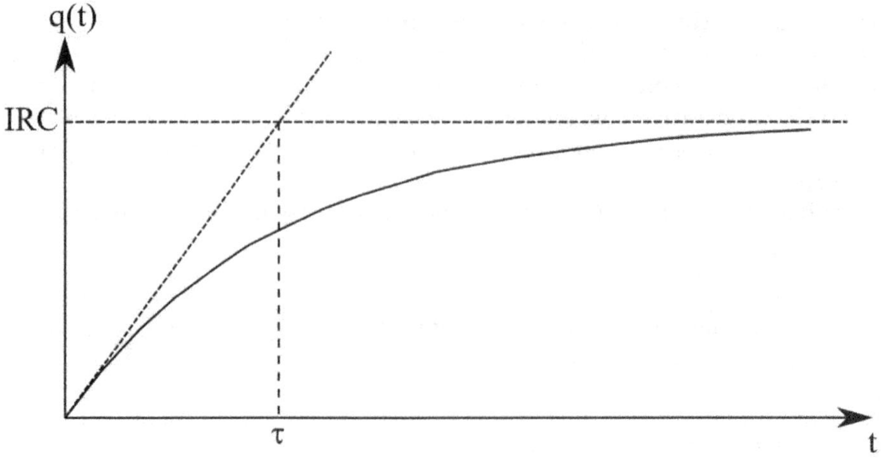

Représentation graphique de $i(t)$ et $i'(t)$:
Les deux courbes ont une somme constante égale à I.

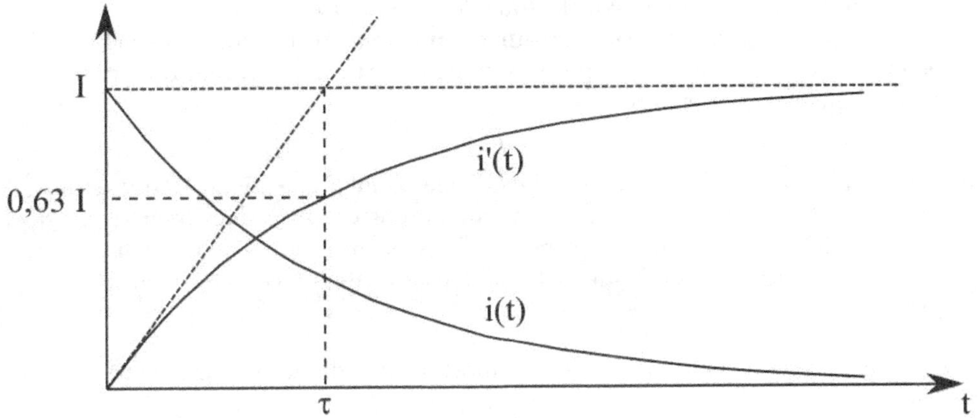

Exercice 9.7 : Circuit RL et diode de roue libre

On considère le circuit ci-dessous où la diode possède une tension de seuil $V_D = 0,6$ V et une résistance $r_D = 10\ \Omega$.

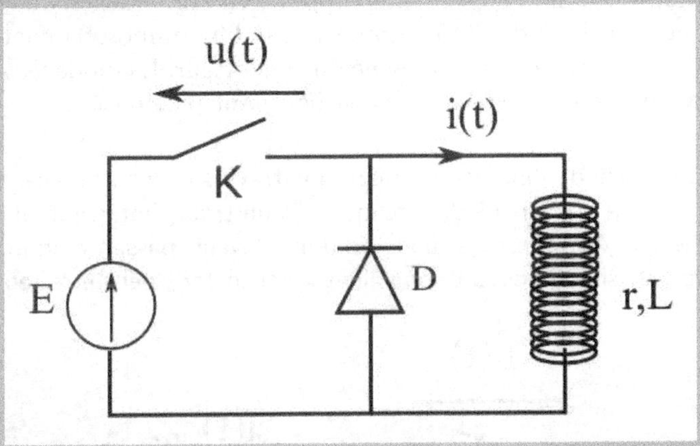

Pour $t < 0$, l'interrupteur est fermé depuis suffisamment longtemps pour être en régime permanent. On l'ouvre à l'instant $t = 0$. Que vaut la tension $u(t)$ qui apparaît aux bornes de l'interrupteur juste après la fermeture ? Que vaudrait-elle si la diode était supprimée ?
On donne : $E = 10,0$ V, $L = 100$ mH et $r = 100\ \Omega$.

• **Analyse de l'énoncé**

L'exercice présente un **circuit** RL auquel on a adjoint, branché en parallèle, une **diode.** Rappelons qu'une diode est un **dipôle linéaire non symétrique** qui :

– soit se comporte comme un **trou** lorsqu'elle est bloquée.
– soit se comporte comme un **conducteur ohmique** de résistance r_D associé en série avec un générateur monté en opposition par rapport au générateur du circuit et de fem V_D, dans le cas contraire.

> Il y a plusieurs niveaux de modélisation d'une diode. Par exemple, certains exercices adopteront un comportement binaire pour la diode (soit trou, soit fil) et ce pour une tension de seuil nulle ou pas... En tout état de cause, suivez la modélisation indiquée par l'énoncé.

Le principe de résolution d'un exercice comportant une diode est par ailleurs toujours le même :

(1) on détermine l'**état de la diode**, bloquée ou passante ;

(2) on la remplace par son **montage équivalent** ;

(3) on résout l'exercice comme à l'accoutumée.

• **Détermination de la tension aux bornes de l'interrupteur**

Initialement, avant que l'on n'ouvre l'interrupteur, vu l'orientation du circuit, la diode est bloquée. À la fermeture de l'interrupteur, la bobine impose la continuité du courant. Alors qu'il y a un trou dans la branche du générateur. La diode va alors permettre à cette intensité de circuler à travers elle en devenant passante.

Par continuité de l'intensité du courant traversant une bobine, on a : $i(0^-) = i(0^+) = \frac{E}{r}$. à l'ouverture du circuit, il y a un trou (l'interrupteur ouvert) dans la branche du générateur ; la diode va donc devenir passante afin de se substituer à cette branche. Le circuit équivalent à cet instant peut être représenté comme suit :

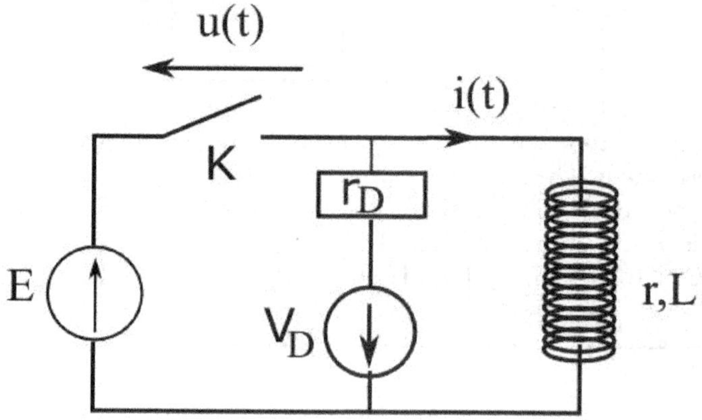

On a alors :

$$L\frac{di}{dt} + (r + r_D)i = -V_D \quad \Leftrightarrow \quad \frac{di}{dt} + \frac{r + r_D}{L}i = -\frac{V_D}{L}$$

On sait que la solution est de la forme :

$$i(t) = \lambda e^{-\frac{t(r+r_D)}{L}} - \frac{V_D}{r + r_D}$$

Avec la condition initiale $i(t = 0) = \frac{E}{r}$, on trouve alors :

$$i(t = 0) = \lambda \underbrace{e^{-\frac{(r+r_D)}{L}\times 0}}_{1} - \frac{V_D}{r + r_D} = \frac{E}{r} \quad \Rightarrow \quad \lambda = \frac{V_D}{r + r_D} + \frac{E}{r}$$

Donc :

$$i(t) = \left(\frac{E}{r} + \frac{V_D}{r + r_D}\right) e^{-\frac{t(r+r_D)}{L}} - \frac{V_D}{r + r_D}$$

D'après la loi des mailles, la tension $u(t)$ aux bornes de l'interrupteur vaut :

$$u(t) = E + V_D + r_D i$$

En appliquant cette relation à $t = 0$:

$$u(0^+) = \underline{11,6 \text{ V}}$$

Supprimer la diode revient à faire tendre la valeur de r_D vers l'infini dans l'expression précédente.

En faisant tendre r_D vers l'infini, on peut retrouver la modélisation de ce qui se passe en l'absence de diode :

$$u(t) \simeq E\frac{r_D}{r}e^{-\frac{t(r+r_D)}{L}}$$

Cette valeur peut donc devenir très importante, au risque de détériorer l'interrupteur, lorsque t tend vers 0.

Exercice 9.8 : Lampe au néon

On considère le schéma suivant, dans lequel : $E = 200$ V, $R = 10,0$ MΩ, N représente une lampe au néon et $C = 150$ nF.

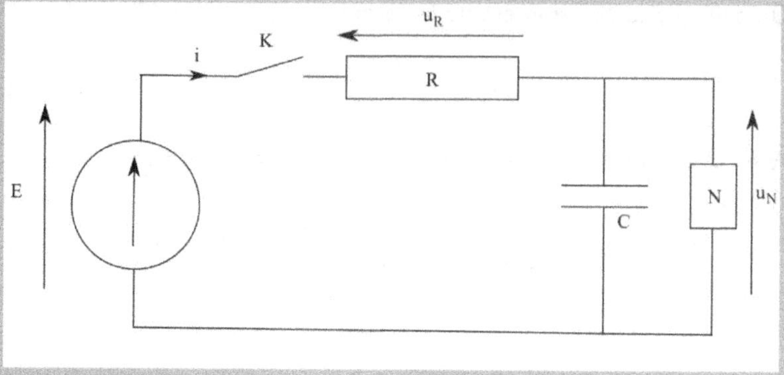

La lampe au néon présente les propriétés suivantes :

- Elle ne s'allume que si la tension u_N à ses bornes est supérieure à une certaine valeur, dite tension d'allumage, égale à $u_A = 90,0$ V. La lampe peut alors être modélisée par un conducteur ohmique de résistance $R_N = 10,0$ kΩ.
- Elle s'éteint dès que u_N est inférieure à une autre valeur, dite tension d'extinction, égale à $u_E = 70,0$ V. La lampe se comporte alors comme un interrupteur ouvert, et ne laisse passer aucun courant électrique.

Le condensateur étant initialement déchargé, on ferme l'interrupteur à la date $t = 0$. Déterminer la forme complète de $u_N(t)$, et représenter l'allure caractéristique de sa courbe représentative jusqu'à l'instant t_A où la lampe s'allume et que l'on déterminera. Quelle énergie le condensateur a-t-il emmagasinée durant cette phase ? Déterminer ensuite la forme complète de $u_N(t)$, et représenter l'allure caractéristique de sa courbe représentative jusqu'à l'instant t_E où la lampe s'éteint et que l'on déterminera. Montrer des flashes périodiques sont émis et déterminer la période de ce phénomène.

• **Analyse de l'énoncé**

On étudie ici un circuit dont le **comportement varie selon la valeur de la tension** prise entre deux de ces points. Il va donc falloir soigneusement déterminer les **conditions de basculement d'un état à un autre** du circuit à partir de **l'état initial où il se trouve**. Pour le reste, il s'agit d'un exercice très classique de **charge et décharge** de condensateur *via* et à travers des résistances. Les résultats classiques sur ce thème restent de rigueur :

- application des **lois de Kirchhoff** pour déterminer l'équation différentielle d'évolution de u_N ;
- caractère **continu** de cette même tension, car prise aux bornes d'un condensateur.

Le condensateur est initialement déchargé, et que la tension aux bornes d'un condensateur est une fonction continue du temps, donc nous pouvons écrire que

$$u_N(t = 0^+) = u_N(t = 0^-) = 0$$

On trouve donc que $u_N(t = 0^+) < u_E$, donc la lampe est initialement éteinte, et équivaut à un interrupteur ouvert. Le dispositif peut dès lors se résumer au circuit ci-contre :

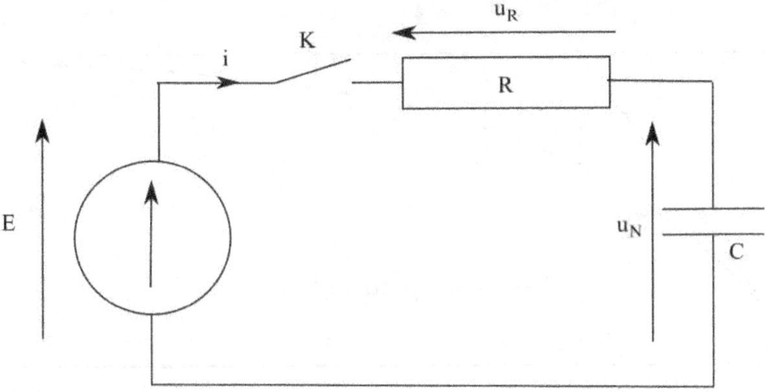

- **Étude de la charge du condensateur**

Comme on vient de la préciser, il s'agit d'un simple circuit RC dont l'étude de la charge a été menée en cours. Deux points supplémentaires sont à traiter par rapport au cas classique :

- on devra déterminer **l'instant d'allumage**, instant défini par $u_N(t_A) = u_A$;
- on devra déterminer **l'énergie électrique emmagasinée**, donc reçue, dans le condensateur durant la charge, c'est-à-dire :

$$E_C = \int_{t=0}^{t_A} i(t)u_N(t)$$

En appliquant la loi des mailles, nous retrouvons l'équation classique d'évolution temporelle d'un circuit RC :

$$\frac{du_N}{dt} + \frac{1}{\tau}u_N = \frac{E}{\tau}$$

avec $\tau = RC = 1,50$ s.

Nous savons que les solutions d'une telle équation différentielle sont de la forme :

$$u_N(t) = E + Ke^{-\frac{t}{\tau}}$$

où K désigne une constante fixée par les conditions initiales.

Sachant qu'à la date $t = 0$, nous avons $u_N(t = 0) = 0$, et qu'à cette même date, la solution ci-dessus prend la valeur $E + K$, nous en déduisons que $K = -E$ d'où finalement :

$$u_N(t) = E\left(1 - e^{-\frac{t}{\tau}}\right)$$

On obtient ainsi la courbe suivante :

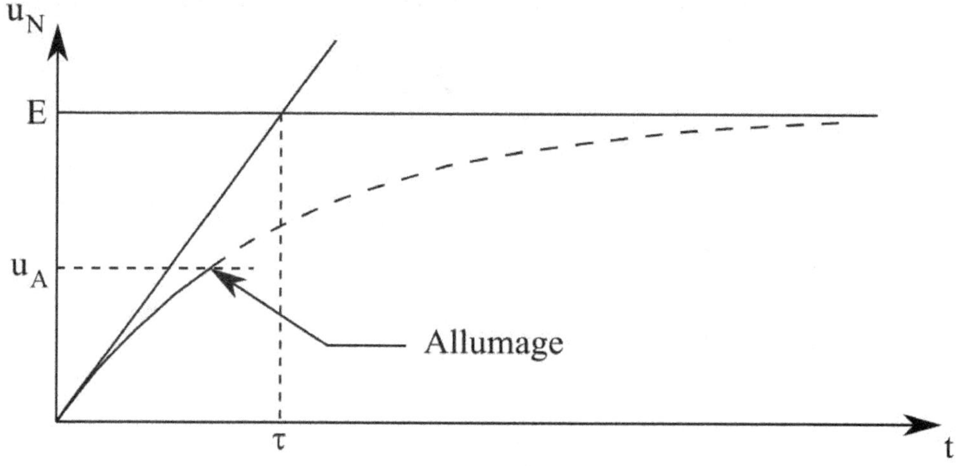

Le circuit reste tel quel tant que la lampe ne s'allume pas, c'est-à-dire tant que u_N reste inférieure à la tension d'allumage, u_A. Ce seuil est représenté sur le schéma précédent. Il est atteint, d'après l'expression de $u_N(t)$, à la date t_A telle que $u_N(t = t_A) = E\left(1 - e^{-\frac{t_A}{\tau}}\right) = u_A$. Nous en déduisons que $e^{-\frac{t_A}{\tau}} = 1 - \frac{u_A}{E}$, d'où :

$$t_A = \tau \ln\left(\frac{E}{E - u_A}\right) = \underline{0,897 \text{ s}}$$

La tension du condensateur vaut alors $u_C(t = t_A) = u_A$. Il a donc emmagasiné une énergie :

$$E_C(t = t_A) = \int_{t=0}^{t_A} i(t) u_N(t) dt$$

En détaillant l'expression de $i(t)dt = C du_N$, il vient :

$$\int_{t=0}^{t_A} C du_N u_N(t) = \frac{1}{2} C \left[u_A^2 - u_N^2(0)\right] = \frac{1}{2} C u_A^2 = \underline{6,08.10^{-4} \text{ J}}$$

• Étude de la décharge du condensateur

La lampe s'étant allumée, on se retrouve dans une nouvelle configuration du circuit. On doit donc établir la nouvelle équation différentielle à laquelle satisfait $u_N(t)$, puis la résoudre.

> L'énoncé précise que $R = 1,00.10^7\ \Omega$, tandis que $R_N = 1,00.10^4\ \Omega$. On pourra éventuellement faire des approximations du type $R_N \ll R$ ou encore $\frac{1}{R} \ll \frac{1}{R_N}$ ...

Le circuit est alors dans la configuration du schéma de l'énoncé. En appliquant la loi des mailles et la loi des nœuds, on obtient :

$$\frac{du_N}{dt} + \frac{1}{C}\left(\frac{1}{R} + \frac{1}{R_N}\right)u_N = \frac{E}{RC}$$

L'énoncé précise que $R = 1,00.10^7\ \Omega$, tandis que $R_N = 1,00.10^4\ \Omega$. Nous pouvons donc écrire que $R \gg R_N$ (d'un facteur multiplicatif 1000). Il s'ensuit que $\frac{1}{R} \ll \frac{1}{R_N}$. En négligeant le terme $\frac{1}{R}$ devant le terme $\frac{1}{R_N}$ dans l'équation précédente, il vient alors :

$$\frac{du_N}{dt} + \frac{1}{R_N C}u_N = \frac{E}{RC}$$

La résolution de cette équation différentielle nécessite l'**écriture d'une condition initiale**. Cependant, cette équation différentielle n'étant valable que pour les instants ultérieurs à t_A, c'est bien sûr $u_N(t_A)$ et non $u_N(0)$ qu'il faudra prendre en compte pour exprimer cette condition.

Nous savons que les solutions d'une telle équation différentielle sont de la forme :

$$u_N(t) = E\frac{\tau'}{\tau} + Ke^{-\frac{t}{\tau'}}$$

où K désigne une constante fixée par les conditions initiales, et $\tau' = R_N C = 1,50$ ms.

Nous avons vu précédemment qu'à la date $t = t_A^-$, $u_N = u_A$. Comme en tout instant, $u_N = u_C$ et que celle-ci est continue, alors $u_N(t = t_A^+) = u_N(t = t_A^-) = u_A$.

La solution trouvée ci-dessus prend alors pour expression :

$$u_N(t = t_A) = E\frac{\tau'}{\tau} + Ke^{-\frac{t_A}{\tau'}}$$

Il s'ensuit que :

$$u_A = E\frac{\tau'}{\tau} + Ke^{-\frac{t_A}{\tau'}} \quad \Rightarrow \quad K = \left(u_A - E\frac{\tau'}{\tau}\right)e^{+\frac{t_A}{\tau'}}$$

En reportant cette expression dans la solution de départ, nous trouvons enfin

$$u_N(t > t_A) = E\frac{\tau'}{\tau} + \left(u_A - E\frac{\tau'}{\tau}\right)e^{-\frac{(t-t_A)}{\tau'}}$$

Les applications numériques donnent $E\frac{\tau'}{\tau} = \underline{0,200\text{ V}}$ et $u_A = \underline{90,0\text{ V}}$.
On constate donc que $E\frac{\tau'}{\tau} \ll u_A$.
En négligeant le premier terme devant le second, l'expression de u_N vue ci-dessus conduit à :

$$u_N(t > t_A) = E\frac{\tau'}{\tau} + u_Ae^{-\frac{(t-t_A)}{\tau'}}$$

Si l'on suppose que la valeur de l'exponentielle n'est pas trop faible, nous pouvons également supposer que nous avons encore $E\frac{\tau'}{\tau} \ll u_Ae^{-\frac{(t-t_A)}{\tau'}}$.
En négligeant de nouveau le premier terme devant le second, u_N prend alors pour expression :

$$u_N(t > t_A) \simeq u_Ae^{-\frac{(t-t_A)}{\tau'}}$$

On assiste donc à la décharge du condensateur à travers le conducteur ohmique de résistance R_N avec un temps caractéristique d'évolution τ' 1000 fois plus court que τ. Graphiquement, la courbe de décharge doit donc être très raide devant la courbe de charge. La courbe est représentée ci-contre (le rapport de 1000 entre τ et τ' n'a pas été respecté, afin de mettre en valeur l'allure exponentielle de la décharge, trop raide autrement).

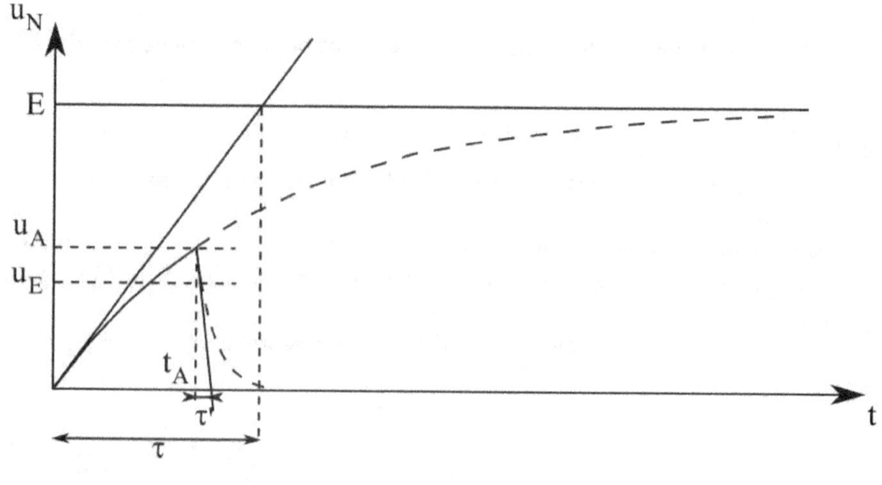

• **Mise en évidence de la périodicité du phénomène**

Un phénomène est **périodique** si l'on peut mettre en évidence qu'il se répète identiquement à lui même au bout d'un intervalle de temps appelé **période**.

> Dans l'esprit de beaucoup d'étudiants, les seuls phénomènes périodiques sont ceux régis par une loi purement sinusoïdale. Ceci est loin d'être le cas. Nous pouvons citer à titre d'exemple :
> - le régime dit **pseudo-périodique** qui apparaît lors de l'étude d'un oscillateur amorti (mécanique ou électrique) :
> - la **période radioactive** qui traduit la durée au bout de laquelle une population radioactive est divisée par deux (la courbe représentant cette population est alors une exponentielle décroissante et non une sinusoïde).

Notons enfin que la période d'un phénomène périodique peut également être variable, pensez par exemple à la classification périodique des éléments en chimie !

La lampe étant allumée, elle va le rester tant que u_N reste supérieure à sa valeur d'extinction, soit $u_E = 70,0$ V. Passé ce seuil, elle se rééteindra, bloquant de nouveau le courant et permettant une nouvelle charge du condensateur. Le phénomène se poursuit alors périodiquement.

Ce seuil est représenté sur la figure précédente. Il est atteint lorsque $u_N = u_E$, c'est-à-dire que

$$u_N(t = t_E) \simeq u_A e^{-\frac{(t_E - t_A)}{\tau'}} = u_E$$

Nous en déduisons qu'alors

$$e^{-\frac{(t_E - t_A)}{\tau'}} = \frac{u_E}{u_A}$$

d'où finalement

$$t_E = t_A + \tau' \ln\left(\frac{u_A}{u_E}\right)$$

La tension aux bornes du condensateur vaut alors $u_C(t = t_E) = u_E$.

La durée durant laquelle la lampe reste allumée s'exprime par définition $\Delta t_F = t_E - t_A$, soit, d'après l'expression de t_E trouvée précédemment :

$$\Delta t_F = \tau' \ln\left(\frac{u_A}{u_E}\right) = \underline{3,77.10^{-4}\ \text{s}}$$

Une fois que u_N a atteint la valeur u_E, la lampe s'éteint, bloque le courant, et le condensateur recommence à se charger, avec la constante de temps $\tau = RC$. Cette charge se poursuit jusqu'à ce que u_N atteigne derechef la valeur u_A, ce qui va provoquer une nouvelle décharge du condensateur à travers la lampe, jusqu'à extinction de celle-ci, *etc.*

L'application numérique donne $\Delta t_O = \tau \ln\left(\frac{E-u_E}{E-u_A}\right) = 0,25$ s. Lorsque la tension aux bornes du condensateur atteint la valeur d'allumage, une nouvelle décharge allume la lampe au néon, et ainsi de suite. La lumière émise par la lampe au néon est ainsi une succession de petits éclairs très courts, séparés par des intervalles d'obscurité d'environ 1/4 de seconde. Les éclairs ainsi obtenus se reproduisent périodiquement, avec une période $T = \Delta t_F + \Delta t_O =\simeq \Delta t_O$, car $\Delta t_F \ll \Delta t_O$. Nous pouvons associer à cette période une fréquence, $\nu = \frac{1}{T} = \underline{4,0 \text{ Hz}}$.

Exercice 9.9 : États limites d'un circuit

On s'intéresse au circuit suivant, alimenté par un générateur idéal de tension continue de fem E. À l'instant $t = 0$, on ferme l'interrupteur K qui était ouvert depuis longtemps.

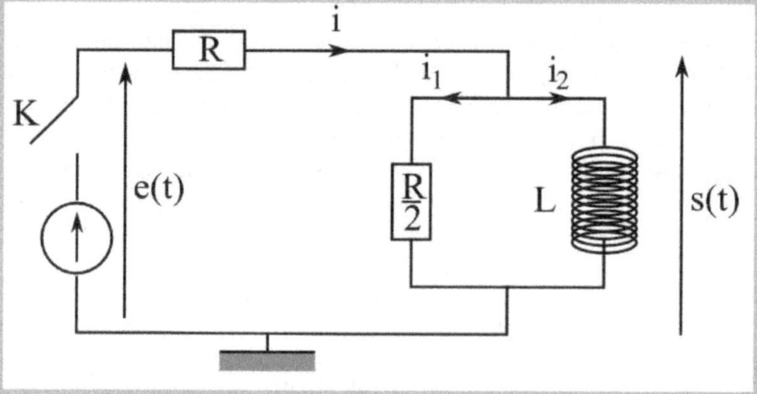

Étudier les comportements asymptotiques quand t tend vers 0^+, puis vers l'infini des intensités des courants i, i_1 et i_2, de la tension $s(t)$ et de la dérivée de l'intensité du courant traversant la bobine $\frac{di_2}{dt}$.

• **Analyse de l'énoncé**

Ce type d'exercice constituera souvent une **étude préalable à un problème d'électrocinétique sur le régime transitoire.** En effet, on détermine finalement ici :

- les **valeurs initiales** des grandeurs électriques du circuit, ce qui est nécessaire pour fixer les constantes d'intégration qui apparaissent lors de la résolution des équations différentielles ;
- les **valeurs du régime permanent**, qui sont les limites des solutions des équations différentielles.

En pratique, pour déterminer les valeurs des grandeurs électriques aux deux instants demandés, on va utiliser :

- les **continuités** (intensité du courant traversant une bobine, tension ou charge du condensateur) ;

– les équations résultant de l'application des **lois de Kirchhoff** au circuit écrites pour $t = 0^+$ et/ou l'infini.

• **Étude à l'instant** 0^+

On doit utiliser, pour déterminer l'**état électrique du circuit** à $t = 0^+$, la donnée de son état à $t = 0^-$. Pour cela, l'énoncé précise que l'interrupteur était ouvert depuis longtemps ; cela signifie qu'un régime permanent était en place, celui où toutes les intensités étaient nulles. On va, à partir de cette donnée, et des outils précisés ci-dessus, remonter de proche en proche aux valeurs demandées des grandeurs électriques.

La continuité de l'intensité du courant traversant une bobine mène immédiatement, sachant que toutes les intensités étaient nulles pour $t = 0^-$, à :

$$i_2(0^+) = 0$$

La loi des nœuds donne alors :

$$i_1(0^+) = i(0^+)$$

La loi des mailles s'écrit toujours à ce même instant :

$$E = Ri(0^+) + \frac{R}{2}i_1(0^+)$$

En tenant compte des résultats précédents, on a finalement :

$$i_1(0^+) = i(0^+) = \frac{2E}{3R}$$

Enfin, la loi d'Ohm aux bornes du conducteur ohmique de résistance $\frac{R}{2}$ donne :

$$s(0^+) = \frac{E}{3}$$

Reste alors à déterminer $\frac{di_2}{dt}$ à l'instant initial. Une **grave erreur serait de vouloir "dériver" la valeur trouvée** de $i_2(0^+)$. En effet, il n'y a pas de sens à vouloir "dériver une fonction à partir de sa valeur en un point". On peut seulement établir l'expression de la dérivée d'une fonction en tout point, et calculer ensuite la valeur de la dérivée en un point. Ici, cette méthode n'est pas envisageable, car on n'a pas l'expression de la fonction $i_2(t)$. On va donc obtenir la valeur de la dérivée initiale à l'aide de **relations électriques** sur le circuit, celle entre l'intensité et la tension aux bornes d'une bobine en l'occurrence.

On a $s(t) = L\frac{di_2}{dt}$, d'où :

$$\frac{di_2}{dt}(0^+) = \frac{s(0^+)}{L} = \frac{E}{3L}$$

• Étude à l'infini

On étudie ici en fait un nouveau régime permanent, la bobine va donc se comporter comme un fil, ce qui nous donne accès facilement à la valeur de $s(\infty)$. Comme précédemment, de proche en proche, on remonte à toutes les grandeurs électriques demandées.

Quand t tend vers l'infini, on est en régime permanent. La bobine se comporte donc comme un fil et donc :

$$s(\infty) = 0$$

On en déduit immédiatement, par application de la loi d'Ohm aux bornes du conducteur ohmique de résistance $\frac{R}{2}$:

$$i_1(\infty) = \frac{2s(\infty)}{R} = 0$$

D'après la loi des nœuds, et puis celle des mailles, on a enfin :

$$i(\infty) = i_2(\infty) = \frac{E}{R}$$

Pour ce qui est de l'évaluation de la dérivée de l'intensité du courant traversant la bobine, on utilise de nouveau la relation intensité-tension à ses bornes :

$$\frac{di_2}{dt}(\infty) = \frac{s(\infty)}{L} = 0$$

CHAPITRE

10

Oscillateurs amortis

Exercice 10.1 : Amortisseur

Un amortisseur de voiture est modélisé par un ressort de raideur K et de longueur à vide $l_0 = 40,0$ cm monté en parallèle avec un amortisseur fluide de coefficient $h = 40,0$ N.m-1.s. La masse $M = 1000$ kg de la voiture est supposée reposer totalement sur cet unique amortisseur placé juste au-dessus de la roue de diamètre D. On prendra pour origine de l'axe (Oz) vertical, sur lequel on repère l'abscisse z du point matériel P représentant la voiture, à la position d'équilibre de cette dernière qui correspond à une longueur du ressort $l_{eq} = 20,0$ cm. Déterminer, à partir de ces données, la valeur de la constante de raideur K du ressort. On prendra $g = 10,0$ SI.
On donne alors, à un instant pris comme origine des temps, une impulsion initiale verticale, c'est-à-dire une énergie cinétique finie dispensée en un temps infiniment court, ce qui revient à des conditions initiales $z(0) = 0$ et $\dot{z}(0) = \dot{z}_0 \neq 0$. Déterminer la solution $z(t)$ avec les conditions initiales et les valeurs numériques proposées. Donner l'allure de son graphe.

• **Analyse de l'énoncé**
Cet exercice étudie le comportement d'un **oscillateur en régime libre**. L'étude d'un tel système se fait toujours en deux étapes :

- la première est constituée par l'**étude de l'équilibre** de l'oscillateur. En effet, la relation obtenue permettra à chaque fois d'éliminer de l'équation d'évolution temporelle de l'oscillateur en mouvement un certain nombre de termes constants.
- la seconde est constituée par l'**écriture de l'équation différentielle d'évolution** en soit, obtenue par application de la deuxième loi de Newton. Cette dernière pourra se ramener sous une forme canonique générale, comme nous allons le voir.

L'**oscillateur harmonique** est un système très important en physique, notamment lors de l'étude des **positions d'équilibre** d'un système. En effet, tout point en mouvement au voisinage d'une position d'équilibre stable peut voir son mouvement ramené à celui d'un oscillateur harmonique.

⚠ Cet exercice nécessite une technicité mathématique que vous devez acquérir en étudiant et comprenant bien la méthode de résolution des équations différentielles linéaires du second ordre. En effet, même avec le meilleur sens physique, vous ne pourrez retrouver toutes les subtilités des mouvements possibles sans la maîtrise des utils mathématiques sous-jacents.

• **Détermination de la constante de raideur du ressort**

Pour répondre à cette question, nous allons étudier la position d'équilibre du système. Pour ce faire :

- on remarque d'une part que la **force de frottement fluide**, proportionnelle à la vitesse du point matériel, est forcément nulle à l'équilibre ;
- on doit prendre garde d'autre part à **bien écrire l'expression vectorielle de la force de rappel du ressort**.

La **force de rappel d'un ressort** s'écrit toujours vectoriellement :

$$\vec{F} = -k\,(l - l_0)\,\vec{u}$$

avec l la longueur du ressort à l'instant considéré, l_0 sa longueur à vide, k sa constante de raideur et $\vec{u}$ un vecteur unitaire **colinéaire au ressort et dirigé du point d'attache du ressort vers son extrémité libre**. Dans ces conditions, que le ressort soit utilisé en élongation ou bien en compression, l'expression de sa force de rappel reste la même. Notez au passage qu'un exercice mettant en jeu une masse accrochée entre deux ressorts le long d'un axe ne permet pas d'utiliser directement cette formulation, car le vecteur unitaire de l'axe en question ne conviendra que pour l'un des deux ressorts...

On étudie la voiture, assimilée à un point matériel de masse M par rapport au référentiel galiléen du laboratoire. à l'équilibre, les seules forces non nulles s'exerçant sur la voiture sont son poids et la force de rappel du ressort modélisant l'amortisseur. Utilisons un axe (Oz) vertical ascendant pour écrire la condition d'équilibre.

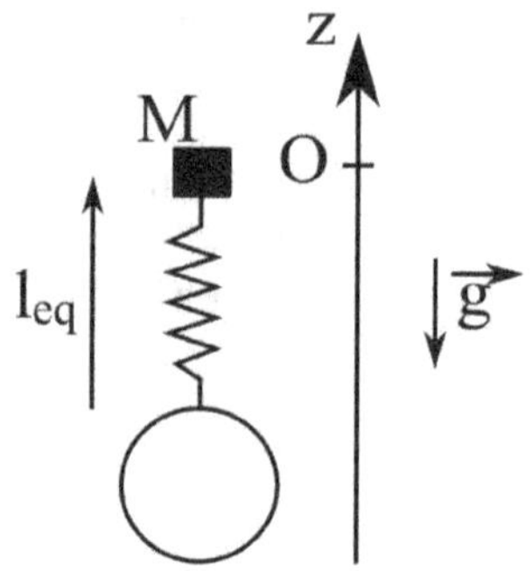

On a alors :

$$-Mg - K\left(l_{eq} - l_0\right) = 0$$

Soit :

$$K = \frac{Mg}{l_0 - l_{eq}} = \frac{1000 \times 10,0}{(40,0 - 20,0).10^{-2}} = \underline{5,00.10^4\ \text{N.m}^{-1}}$$

• **Écriture de l'équation d'évolution**

L'équation d'évolution résulte directement de l'écriture de la deuxième loi de Newton. Cette écriture va faire intervenir plusieurs constantes : la masse M et la longueur à vide l_0 notamment. On pourra toujours faire disparaître ces constantes de l'équation différentielle d'évolution en y réinjectant la condition d'équilibre précédemment écrite. On essaiera enfin de ramener cette équation différentielle d'évolution à l'une des deux formes canoniques suivantes :

$$\ddot{z} + 2\alpha\omega_0\dot{z} + \omega_0^2 z = 0$$

ou

$$\ddot{z} + \frac{\omega_0}{Q}\dot{z} + \omega_0^2 z = 0$$

avec α le rapport du coefficient de frottement par la masse du point matériel et Q une constante caractéristique de l'oscillateur, appelé **facteur de qualité**.

Si l'origine de l'axe n'a pas été pris en coïncidence avec la position d'équilibre, il apparaît alors un second membre constant traduisant ce décalage.

Les formes canoniques précédemment données ont l'avantage de "masquer" l'aspect mécanique du problème. L'intérêt de ceci est que nous retrouvons un système qui évolue de manière tout à fait similaire en électrocinétique : le circuit RLC série.

Appliquons à présent la deuxième loi de Newton au système :

$$M\ddot{z} = -Mg - K\left[l(t) - l_0\right] - h\dot{z}$$

où $l(t)$ représente la longueur à l'instant t du ressort.

On a bien sûr $l(t) = l_{eq} + z(t)$, d'où :

$$M\ddot{z} = -Mg - Kz - K\left(l_{eq} - l_0\right) - h\dot{z}$$

Cette dernière expression se simplifie alors, à l'aide de la condition d'équilibre, en :

$$\ddot{z} + \frac{h}{M}\dot{z} + \frac{K}{M}z = 0$$

qui se ramène à la forme canonique

$$\ddot{z} + \frac{\omega_0}{Q}\dot{z} + \omega_0^2 z = 0$$

en posant :

$$\omega_0 = \sqrt{\frac{K}{M}} \qquad \text{et} \qquad Q = \frac{\omega_0 M}{H} = \sqrt{\frac{K}{M}} \times \frac{M}{H} = \sqrt{\frac{KM}{H}}$$

• **Étude du régime transitoire**

La résolution d'une équation différentielle linéaire du deuxième ordre du type :

$$\ddot{z} + \frac{\omega_0}{Q}\dot{z} + \omega_0^2 z = 0 \qquad\qquad \Delta = \frac{\omega_0^2}{Q^2} - 4\omega_0^2$$

peut mener à trois types de solutions qui correspondent à **trois régimes d'évolution libre** de l'oscillateur amorti. Ces trois régimes se distinguent à partir du **signe du déterminant** du polynôme caractéristique, comme il l'a déjà été montré dans la partie "Outils mathématiques" auquel vous pourrez vous reporter au besoin. Rappelons juste ici le nom, en fonction de la valeur du **facteur de qualité** Q de ces différents régimes :

- pour Q inférieur à $\frac{1}{2}$, ce qui correspond à des **frottements importants**, le discriminant du polynôme caractéristique est positif, la solution est une combinaison linéaire d'exponentielles réelles : on parle d'un **régime apériodique** qui permet un retour sans oscillations vers la position d'équilibre.
- pour $Q = \frac{1}{2}$, le discriminant du polynôme caractéristique est nul, la solution est une fonction affine du temps exponentiellement amortie : on parle d'un **régime apériodique critique**. C'est le **régime apériodique qui permet le retour le plus rapide, sans oscillations, vers la position d'équilibre**.
- pour Q supérieur à $\frac{1}{2}$, ce qui correspond à des **frottements faibles**, le discriminant du polynôme caractéristique est négatif, la solution est une combinaison linéaire d'exponentielles complexes que l'on peut réécrire comme combinaison linéaire de sinusoïdes exponentiellement amorties : on parle d'un **régime pseudo-périodique**. On retourne vers la position d'équilibre en oscillant autour avec une amplitude décroissante.

Pour déterminer dans quel cas nous nous trouvons ici, il nous faut donc écrire le polynôme caractéristique et calculer son discriminant, ou encore la valeur du facteur de qualité. On n'aura alors plus qu'à écrire la solution $z(t)$ sous la forme adéquate et déterminer les deux constantes d'intégration que l'on aura introduites à l'aide des deux conditions initiales fournies par l'énoncé.

On calcule : $Q = \sqrt{\frac{5{,}00.1^4 \times 1000}{40{,}0}} = \underline{177}$. On entre donc largement dans le cadre d'un régime transitoire pseudo-périodique. On peut alors écrire la solution $z(t)$ sous la forme :

$$z(t) = e^{-\frac{\omega_0}{2Q}t}\left[A\cos(\omega_0 t) + B\sin(\omega_0 t)\right] = e^{-2{,}00.10^{-2}t}\left[A\cos(7{,}07t) + B\sin(7{,}07t)\right]$$

avec $Q = 177$ et $\omega_0 = \sqrt{50{,}0} = \underline{7{,}07 \text{ rad.s}^{-1}}$.
Puisque $z(0) = 0$, on en tire immédiatement $A = 0$, soit :

$$z(t) = Be^{-2{,}00.10^{-2}t}\sin(7{,}07t)$$

Avec $\dot{z}(0) = \dot{z}_0$, on en déduit finalement :

$$z(t) = \frac{\dot{z}_0}{7{,}07}e^{-2{,}00.10^{-2}t}\sin(7{,}07t)$$

L'allure de son graphe est la suivante :

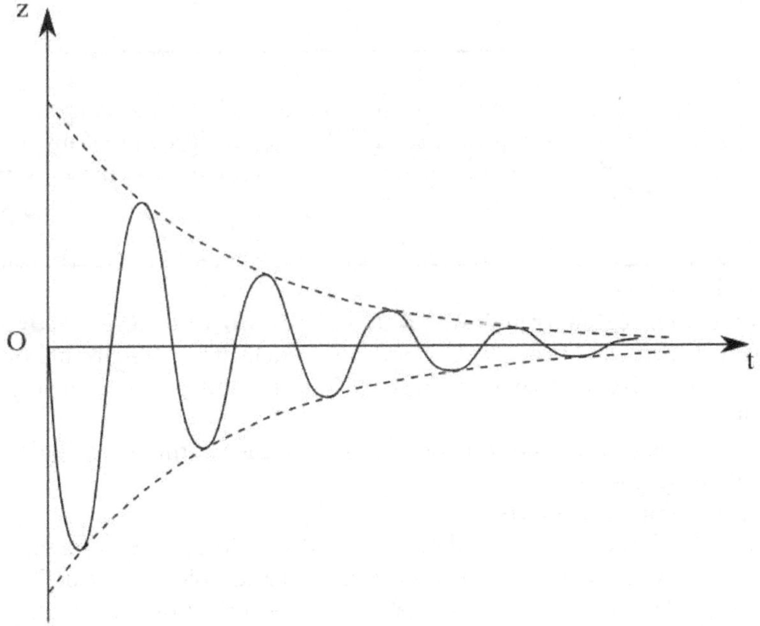

On note sur ce graphe que l'on part de $z(0) = 0$ pour y revenir, puisque 0 est également la position d'équilibre. L'impulsion initiale ayant été vers le bas, cela correspond donc à une valeur initiale finie et négative de la vitesse, d'où la pente de la tangente à l'origine.

Notons enfin que la **pesanteur** n'intervient pas dans l'expression de z(t). En effet, la pesanteur ne conditionne que la position d'équilibre et non pas le régime libre transitoire au voisinage de cette position d'équilibre.

Exercice 10.2 : Circuit RLC série

On considère le circuit suivant :

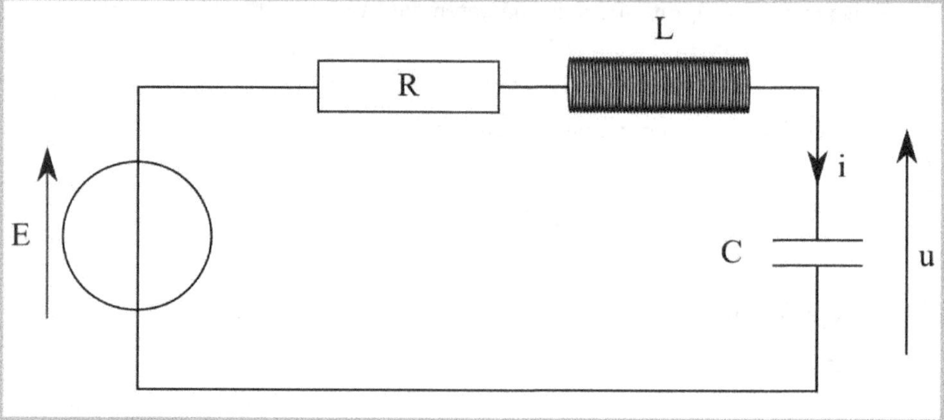

Établir l'équation différentielle d'évolution de l'intensité $i(t)$ du courant dans le circuit. Quelle inégalité doit satisfaire la résistance R du conducteur ohmique (en fonction de L et de C) pour qu'une évolution pseudo-périodique s'instaure ?

- **Analyse de l'énoncé**

Il s'agit de l'étude, en régime transitoire, d'un **circuit du deuxième ordre** c'est-à-dire comportant deux éléments de type bobine ou condensateur. Ce circuit constitue le circuit du deuxième ordre de base, et sa mise en équation fait partie des connaissances de cours exigibles.
Il constitue l'analogue électrocinétique de la situation mécanique étudiée dans le premier exercice de ce chapitre.

- **Équation différentielle d'évolution**

Ce type de circuit s'étudie, comme dans le cas d'un circuit du premier ordre, en écrivant les relations intensité-tension aux bornes des dipôles et en utilisant la loi des mailles. Lorsqu'on n'obtient pas directement une équation différentielle sur la bonne grandeur électrique, i en l'occurrence ici, il faut penser à redériver globalement l'équation résultant de l'écriture de la loi des mailles...

Le condensateur étant en convention récepteur : $i = C\frac{du}{dt}$. Par ailleurs, la loi des mailles s'écrit : $E = Ri + L\frac{di}{dt} + u$. En dérivant cette expression par rapport au temps, on arrive à :

$$0 = R\frac{di}{dt} + L\frac{d^2i}{dt^2} + \frac{du}{dt} = R\frac{di}{dt} + L\frac{d^2i}{dt_2} + \frac{i}{C}$$

Finalement, en divisant l'ensemble par L :

$$0 = \frac{d^2i}{dt^2} + \frac{R}{L}\frac{di}{dt} + \frac{i}{LC}$$

• **Condition d'obtention d'un régime pseudo-périodique**

La résolution mathématique des équations différentielles linéaires du deuxième ordre a déjà été abordée. Elle est basée sur l'écriture d'un polynôme caractéristique dont le signe du discriminant Δ impose la forme mathématique de la solution. D'un point de vue physique, le signe de Δ renseigne également sur la **nature du régime dévolution** ultérieure :

- si $\Delta > 0$, le régime est **apériodique** ;
- si $\Delta = 0$, le régime est **critique** ;
- si $\Delta < 0$, le régime est **pseudo-périodique**.

Rappelons que le régime critique correspond au régime apériodique permettant le retour le plus rapide à l'équilibre. Des notions analogues ont été rencontrées en mécanique, le lecteur se reportera avantageusement au premier exercice de ce chapitre pour plus de détails...

Le polynôme caractéristique associé à cette équation différentielle linéaire du second ordre s'écrit :

$$x^2 + \frac{R}{L}x + \frac{1}{LC} = 0$$

Son discriminant vaut donc :

$$\Delta = \frac{R^2}{L^2} - \frac{4}{LC}$$

Le régime sera pseudo-périodique si $\Delta < 0$, soit :

$$R^2 < 4\frac{L}{C} \quad \Rightarrow \quad R < 2\sqrt{\frac{L}{C}}$$

Exercice 10.3 : Circuit RLC non-série

Déterminer la réponse $u(t)$ du circuit suivant sachant que le condensateur est initialement déchargé et les courants d'intensités initialement nulles.

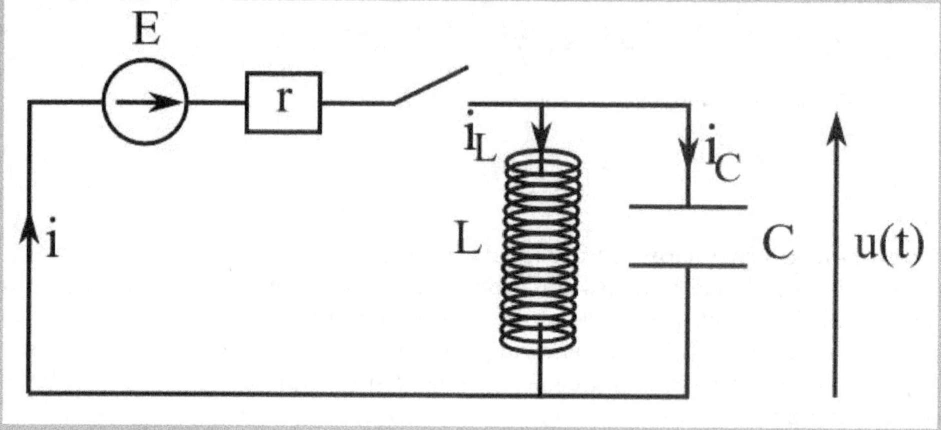

On donne : $E = 5,0$ V, $r = 50\ \Omega$, $L = 100\ \mu$H et $C = 10$ nF.

• **Analyse de l'énoncé**

On est ici en présence d'un circuit comportant **deux éléments type bobine ou condensateur**, on aura donc une équation différentielle d'évolution **au plus du second ordre**. Pour la déterminer, on va :

– écrire les **relations intensité-tension** aux bornes des dipôles du circuit ;

– exploiter le **loi des nœuds**, vu que le circuit est plutôt agencé en parallèle.

Pour un circuit agencé en série, c'est bien sûr la loi des mailles qui aurait été privilégiée.

On peut écrire les relations suivantes, relatives au circuit étudié :

$$i = i_L + i_C$$

$$i_C = C\frac{du}{dt}$$

$$u = L\frac{di_L}{dt}$$

$$E = u + ri$$

En remplaçant les deux premières relations dans la dernière :

$$E = u + ri_L + ri_C \quad \Leftrightarrow \quad E = u + ri_L + rC\frac{du}{dt}(*)$$

En utilisant la troisième relation et en dérivant temporellement la loi des mailles, on abouti à l'équation différentielle recherchée :

$$0 = \frac{du}{dt} + r\frac{di_L}{dt} + rC\frac{d^2u}{dt^2} = \frac{du}{dt} + \frac{r}{L}u + rC\frac{d^2u}{dt^2}$$

d'où finalement :

$$\frac{d^2u}{dt^2} + \frac{1}{rC}\frac{du}{dt} + \frac{1}{LC}u = 0$$

On sait par ailleurs, que pour résoudre une équation différentielle du second ordre en $u(t)$, on aura besoin de **deux conditions initiales**, $u(0)$ et $\frac{du}{dt}(0)$ *a priori*. On peut donc les déterminer dès à présent en exploitant les lois de continuité (intensité du courant traversant une bobine, tension aux bornes d'un condensateur) d'une part, les relations entre grandeurs électriques du circuit, écrites à l'instant initial d'autre part.

La continuité de la tension aux bornes du condensateur permet d'écrire $u(0) = 0$.
La continuité de l'intensité du courant traversant une bobine mène à $i_L(0) = 0$.
En reportant cette dernière valeur dans la relation $(*)$, on obtient : $\frac{du}{dt}(0) = \frac{E}{rC}$.

- **Détermination de la réponse $u(t)$ du circuit**

On n'a alors plus qu'à **résoudre cette équation différentielle** en :
- déterminant la **nature du régime transitoire** grâce au signe du déterminant du polynôme caractéristique associé.
- déterminer complètement la **forme de la réponse** à l'aide des conditions initiales qui vont fixer les constantes d'intégration.
- tracer l'allure du **graphe** correspondant.

Le polynôme caractéristique associé à l'équation différentielle précédente s'écrit :

$$rCx^2 + x + \frac{r}{L} = 0$$

Son discriminant est égal à :

$$\Delta = 1 - 4\frac{r^2C}{L} = 1 - 4 \times \frac{50^2 \times 10.10^{-9}}{10^{-4}} = 0$$

et il admet donc pour racine double $x = -\frac{1}{2RC}$.
On est donc en régime critique ce qui mène à écrire la solution $u(t)$ de la forme :

$$u(t) = (A + Bt)e^{-\frac{t}{2rC}}$$

La condition $u(0) = 0$ mène immédiatement à $A = 0$. Pour obtenir B, on doit dériver, quel que soit t, la fonction $u(t)$, puis réinjecter la condition initiale. On a :

$$\frac{du}{dt} = Be^{-\frac{t}{2rC}}\left(1 - \frac{t}{2rC}\right)$$

la seconde condition initiale mène enfin à $B = \frac{E}{rC}$.
Finalement, on peut écrire :

$$u(t) = \frac{Et}{rC}e^{-\frac{t}{2rC}}$$

La courbe correspondante a l'allure suivante :

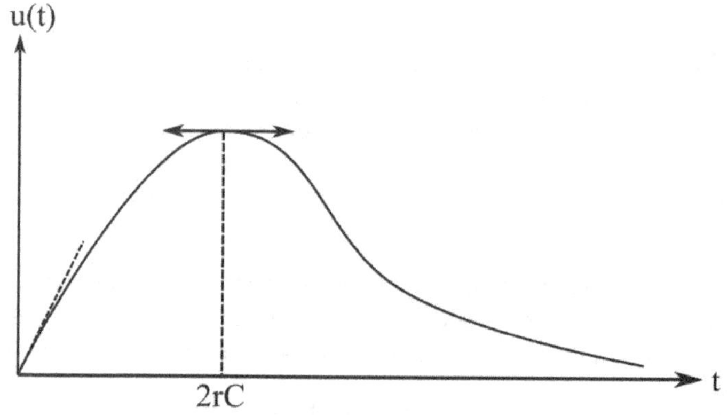

Exercice 10.4 : Générateur de vagues

Pour créer des vagues dans une piscine, on utilise la technique suivante. Une masse M, homogène, de masse volumique ρ et de volume V plonge dans l'eau de masse volumique ρ_e. La masse est suspendue à un ressort de raideur k et de longueur à vide l_0, accroché en un point A. Le point A est initialement fixe, à la cote nulle. On appelle alors h la cote de la masse M à l'équilibre. À l'aide d'un piston, on impose alors à l'extrémité A du ressort un mouvement vertical sinusoïdal : $z_A(t) = z_{Am}\cos(\omega t)$, avec z_{Am} positif. Déterminer l'expression de l'amplitude $z(t)$ des oscillations de la masse M. Cette amplitude peut-elle entrer en résonance ? Si oui, pour quelle pulsation ?

• **Analyse de l'énoncé**

Dans cet exercice, le point d'attache A de l'oscillateur va lui même être mis en mouvement à une **pulsation** ω *a priori* différente de la **pulsation propre** $\omega_0 = \sqrt{\frac{k}{M}}$ de l'oscillateur. On appelle ce genre de système en **oscillateur en régime sinusoïdal**

forcé. La méthode mise en jeu pour résoudre ce type d'exercices va mettre en jeu les **nombres complexes** et sera réutilisée en électrocinétique.

• **Établissement de l'équation différentielle d'évolution**

On va procéder en deux temps, exactement comme dans le premier exercice de ce chapitre. On commence par étudier l'équilibre, afin de déterminer une relation entre les constantes du problème. On applique ensuite la deuxième loi de Newton à la masse pour en déduire son équation différentielle d'évolution, que l'on simplifie en y réinjectant la condition d'équilibre. Notez qu'ici l'origine O de l'axe vertical n'est pas prise à la position d'équilibre. La variable pertinente pour se ramener à une forme canonique sera alors $z(t) - h$ et non $z(t)$.

Deux méthodes vont être possibles pour appliquer la deuxième loi de Newton au système.
Soit l'on se place par rapport au **référentiel galiléen lié au point fixe** O, et la longueur du ressort s'exprimera alors par $z - z_A(t)$, ce qui mènera à l'apparition d'un second membre sinusoïdal *via* l'expression de $z_A(t)$. C'est ce que nous ferons ici.
Soit l'on se place par rapport au **référentiel non galiléen lié au point mobile** A en translation rectiligne sinusoïdale par rapport au précédent. La longueur du ressort est alors égale à la cote de la masse dans ce référentiel non galiléen. Cette deuxième méthode sera étudiée en deuxième année de CPGE.

Commençons par écrire, par rapport au référentiel galiléen du laboratoire, rapporté au point fixe O, origine d'un axe (Oz) vertical descendant, la condition d'équilibre. La masse y est soumise à son poids, à la poussée d'Archimède due à l'eau et à la force de rappel du ressort. En notant h sa cote d'équilibre, égale à la longueur du ressort à l'équilibre, on obtient :

$$(\rho - \rho_e) V g - k (h - l_0) = 0$$

Pour l'étude du point matériel en mouvement, avec le point d'attache A du ressort mobile, la situation est schématisée comme suit :

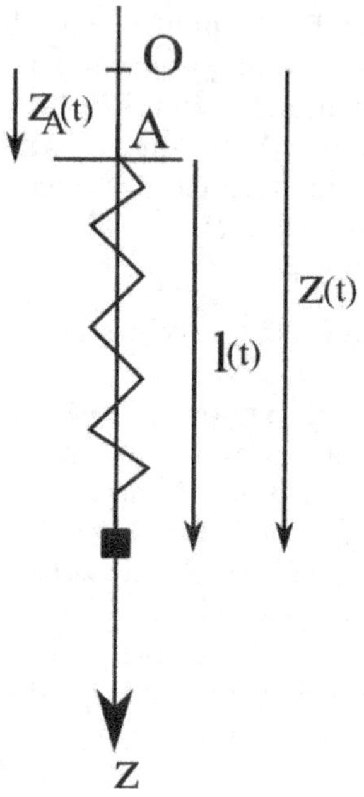

Appliquons la deuxième loi de Newton à la masse par rapport au référentiel galiléen du laboratoire :

$$M\ddot{z} = -k\left(z(t) - z_A(t) - l_0\right) - h\dot{z} + \left(\rho - \rho_e\right) Vg$$

en y réinjectant la condition d'équilibre et en posant $Z(t) = z(t) - h$, on aboutit à l'équation différentielle de la variable $Z(t)$ suivante :

$$\ddot{Z} + \frac{\omega_0}{Q}\dot{Z} + \omega_0^2 Z = \omega_0^2 z_{Am}\cos(\omega t)$$

avec $\omega_0 = \sqrt{\frac{k}{M}}$ et $Q = \frac{\sqrt{kM}}{h}$.

• **Détermination de la solution particulière sinusoïdale**

La solution précédente est une équation différentielle linéaire du second ordre avec un second membre fonction sinusoïdale du temps. La solution d'une telle équation est somme de :

- la **solution générale de l'ESSM** associée qui traduit le régime transitoire et est de toute manière pondérée par une fonction exponentielle décroissante du temps ;
- une **solution particulière** cherchée sous la forme d'une fonction sinusoïdale du temps de même pulsation que le second membre, mais déphasée de φ.

> Dans ce type d'exercice, sauf **mention explicite du contraire**, on assimilera la solution totale de l'équation différentielle traduisant le régime sinusoïdal forcé à sa solution particulière. En effet, on considère qu'au bout d'un certain temps, souvent très court, le transitoire est totalement amorti et qu'il n'y a donc plus lieu d'en tenir compte.

Pour ce qui est de la recherche de la solution particulière fonction du temps, on va utiliser une méthode mettant en jeu les nombres complexes, comme on l'a fait lors du deuxième exercice sur les nombres complexes, dans la partie "Outils mathématiques". On associe à chaque **grandeur sinusoïdale** $f(t) = F_0 \cos(\omega t + \varphi)$ la **grandeur complexe**

$$\underline{f}(t) F_0 e^{j(\omega t+\varphi)} = F_0 e^{j\omega t} e^{j\varphi}$$

Cette dernière se réécrit encore, en introduisant l'**amplitude complexe** $\underline{F}$ de cette grandeur complexe :

$$\underline{f}(t) = \underline{F} e^{j\omega t}$$

La **méthode de résolution complexe** consiste à raisonner avec les grandeurs complexes à la place des grandeurs réelles et à repasser, en fin de résolution aux grandeurs réelles en utilisant le fait que : $\mathcal{Re}\left(\underline{f}(t)\right) = f(t)$.
L'intérêt de cette méthode est qu'elle **remplace la résolution d'une équation différentielle en celle d'une équation algébrique sur l'amplitude complexe**. En effet, en complexe, une dérivation par rapport au temps revient à une multiplication par $j\omega$, une dérivée seconde, revient à une multiplication par $(j\omega)^2 = -\omega^2$ et une intégration revient à une division par $j\omega$. Ces dernières règles posent au passage les modalités de passage **transitoire-alternatif** parfois demandées en problème, en électrocinétique notamment.

> L'équation algébrique sur $\underline{f}(t)$ qui va remplacer l'équation différentielle peut être factorisée de chaque côté par $e^{j\omega t}$, de sorte qu'on se ramène finalement à une équation algébrique sur $\underline{F}$. On écrira donc souvent directement cette dernière, passant ainsi sous silence ladite factorisation. N'oubliez pas, par contre, de tenir compte de la dépendance temporelle lorsque vous repasserez en réel.

Déterminons la solution en régime sinusoïdal forcé de l'équation précédente. On la cherche de la forme : $Z_0 \cos(\omega t + \varphi)$, soit en passant en notation complexe $Z_0 e^{j\varphi} e^{j\omega t} = \underline{Z} e^{j\omega t}$.

L'équation différentielle précédente s'écrit alors, en fonction de l'amplitude complexe de l'élongation par rapport à l'équilibre :

$$-\omega^2 \underline{Z} + j\omega \frac{\omega_0}{Q} \underline{Z} + \omega_0^2 \underline{Z} = \omega_0^2 z_{Am}$$

On en déduit :

$$\underline{Z} = \frac{\omega_0^2 z_{Am}}{(\omega_0^2 - \omega^2) + j\omega \frac{\omega_0}{Q}}$$

Les module et argument de ce nombre complexe s'écrivent :

$$Z_0(\omega) = \frac{\omega_0^2 z_{Am}}{\sqrt{(\omega_0^2 - \omega^2)^2 + \left(\omega \frac{\omega_0}{Q}\right)^2}}$$

et

$$\varphi(\omega) = \begin{cases} -\arctan\left(\frac{\omega\omega_0}{Q(\omega_0^2 - \omega^2)}\right) & \text{si } \omega < \omega_0 \\ -\pi - \arctan\left(\frac{\omega\omega_0}{Q(\omega_0^2 - \omega^2)}\right) & \text{si } \omega > \omega_0 \end{cases}$$

On repasse enfin à la notation réelle :

$$Z(t) = \frac{\omega_0^2 z_{Am}}{\sqrt{(\omega_0^2 - \omega^2)^2 + \left(\omega \frac{\omega_0}{Q}\right)^2}} \cos\left(\omega t + \varphi(\omega)\right)$$

• **Étude de la résonance**

Une grandeur physique **entre en résonance** si elle passe par un **maximum**. En régime sinusoïdal forcé, que ce soit en mécanique ou en électrocinétique, les grandeurs physiques étudiées le sont en fonction de la pulsation ω. Pour étudier la résonance de la grandeur réelle $f(\omega)$, il suffit alors de dériver la fonction et de voir si une valeur positive ou nulle de la pulsation mène à un extremum de f qui est un maximum.

Si une valeur de ω mène à un minimum de f, on parle alors d'antirésonance.

On admettra souvent que vous vous contentiez de vérifier l'existence d'un extremum sans plus vous soucier de sa nature exacte... C'est ce que nous ferons dans la suite de cet exercice. Vous pouvez bien sûr vous assurer par vous même de la véracité de la réponse avancée en réalisant un tableau de variation de la fonction étudiée !

Certains résultats méritent d'être retenus pour un oscillateur mécanique :
- la **résonance en vitesse** existe toujours et a lieu pour une pulsation **égale à la pulsation propre** de l'oscillateur ;
- la **résonance en amplitude** n'existe que si le **facteur de qualité de l'oscillateur est supérieur à** $\frac{1}{\sqrt{2}}$ et, quand elle a lieu, elle se produit pour une pulsation **différente de la pulsation propre** de l'oscillateur.

Comme nous le reverrons dans un prochain exercice, des **analogies électromécaniques** peuvent être établies qui mènent à des résultats analogues pour les grandeurs électriques associées à un circuit RLC série :
- la **résonance en intensité** existe toujours et a lieu pour une pulsation **égale à la pulsation propre** du circuit ;
- la **résonance en tension aux bornes du condensateur ou de la bobine** n'existe que si le **facteur de qualité du circuit est supérieur à** $\frac{1}{\sqrt{2}}$ et, quand elle a lieu, elle se produit pour une pulsation **différente de la pulsation propre** de l'oscillateur.

Il y a résonance en amplitude s'il existe une pulsation de résonance qui maximise la fonction

$$Z_0(\omega) = \frac{\omega_0^2 z_{Am}}{\sqrt{\left(\omega_0^2 - \omega^2\right)^2 + \left(\omega \frac{\omega_0}{Q}\right)^2}}$$

La seule dépendance en ω de cette fonction intervenant à son dénominateur, il est équivalent de rechercher si la fonction

$$f(\omega) = \left(\omega_0^2 - \omega^2\right)^2 + \left(\omega \frac{\omega_0}{Q}\right)^2$$

admet un minimum. On a alors :

$$f'(\omega) = -4\omega(\omega_0^2 - \omega^2) + 2\omega \frac{\omega_0^2}{Q^2}$$

que l'on peut encore écrire :

$$f'(\omega) = 2\omega \left(\frac{\omega_0^2}{Q^2} - 2\omega_0^2 + 2\omega^2\right) = 4\omega \left[\omega^2 - \omega_0^2 \left(1 - \frac{1}{2Q^2}\right)\right]$$

qui s'annule pour $\omega = 0$ et $\omega = \omega_0 \sqrt{1 - \frac{1}{2Q^2}}$.
La première solution ne mène pas à un extremum, mais à une tangente à l'origine nulle ; la seconde quand elle existe, c'est-à-dire pour $Q \geq \frac{1}{\sqrt{2}}$, constitue la pulsation de résonance.

Exercice 10.5 : Circuit RL en régime sinusoïdal

On considère le circuit suivant dans lequel le générateur a pour f.e.m. $e(t) = E\cos(\omega t)$:

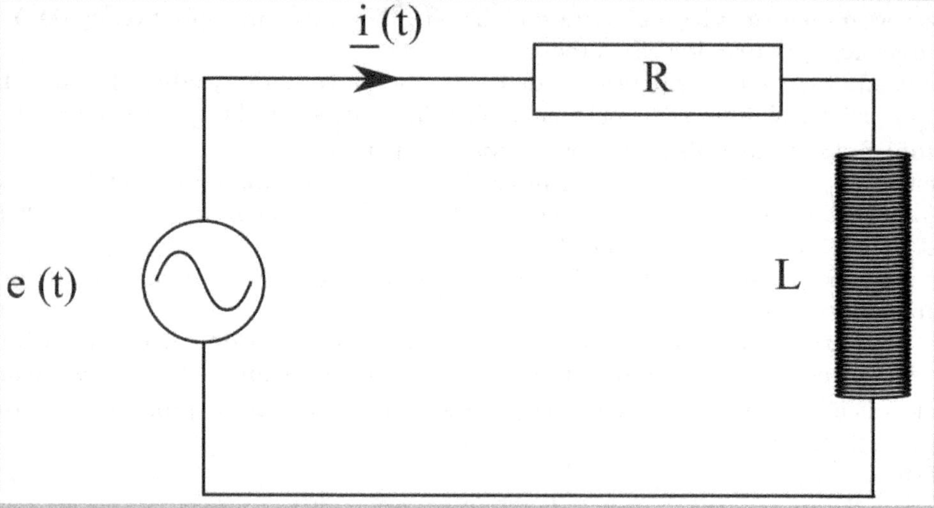

En utilisant la méthode complexe, donner l'expression de l'intensité réelle $i(t)$ du courant traversant le circuit. Retrouver ce résultat en utilisant la construction de Fresnel.

• **Analyse de l'énoncé**

Dans cet exercice, on cherche l'expression de l'intensité du courant traversant un circuit alimenté en régime sinusoïdal forcé. On pourrait fort bien réutiliser la méthode que l'on appliquait lorsque le générateur était continu, c'est-à-dire résoudre une équation différentielle. Mais ici, le second membre serait fonction du temps ce qui, comme on l'a vu dans la partie "Outils mathématiques", complique singulièrement les choses. Une méthode graphique, appelée **construction de Fresnel**, est particulièrement adaptée à ce type d'exercice.

On va donc ici commencer par utiliser la **méthode complexe** que nous avons exposée lors des exercices précédents, puis retrouver les résultats à l'aide de la construction de Fresnel.

• **Écriture de la loi d'ohm complexe**

Le générateur de f.e.m. $e(t)$ délivrant une tension sinusoïdale, on peut le remplacer par sa notation complexe : $\underline{e} = Ee^{j\omega t}$. On va ensuite remplacer le réseau vu du générateur par un unique dipôle, d'impédance complexe $\underline{Z}$. On peut enfin écrire, aux bornes de cet unique dipôle étudié en convention récepteur la **loi d'ohm complexe** :

$$\underline{e} = \underline{Z}\underline{i}$$

et ainsi en déduire l'expression complexe $\underline{i}$ de $i(t)$.

On a :

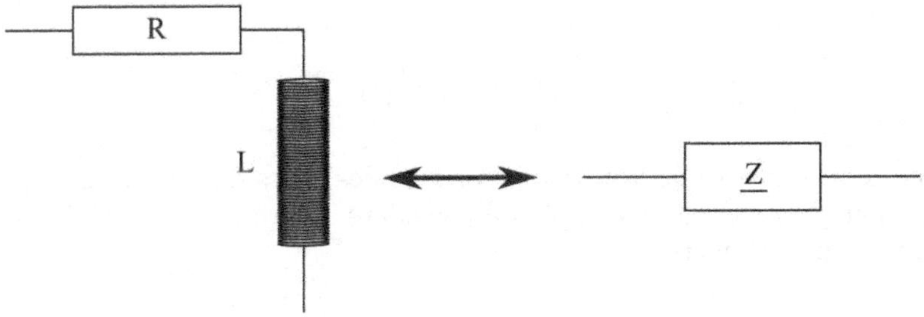

D'après la loi d'ohm complexe :

$$\underline{i} = \frac{\underline{e}}{\underline{Z}} = \frac{E}{R + jL\omega} e^{j\omega t} = I e^{j\varphi} e^{j\omega t}$$

avec $I = \frac{E}{\sqrt{R^2 + L^2\omega^2}}$ et $\varphi = -\arctan\left(\frac{L\omega}{R}\right)$.

• Passage à la notation réelle

On repasse finalement à la grandeur réelle, seule grandeur physiquement sensée, en écrivant :

$$i(t) = \mathrm{Re}(i(t))$$

En passant à la partie réelle on obtient :

$$i(t) = \frac{E}{\sqrt{R^2 + L^2\omega^2}} \cos\left[\omega t - \arctan\left(\frac{L\omega}{R}\right)\right]$$

• Construction de Fresnel

La construction de Fresnel repose basiquement sur les mêmes idées que celles utilisées plus haut, en y ajoutant une visualisation géométrique. Le principe est développé en détail à l'exercice 5.4. dans le cadre d'un exercice d'interférences, mais la technique reste la même (et pas uniquement sur la forme : même sur le fond, l'idée reste celle d'une addition de deux grandeurs oscillant au même rythme et dont le déphasage fait que leur maximum se trouve quelque part entre les maxima de l'une de ceux de l'autre).

Pour établir une telle construction, la base est toujours la même : deux grandeurs oscillant sinusoïdalement avec la même pulsation, un déphasage entre les deux, et la somme de ces deux grandeurs. Tout repose donc avant tout sur la somme de deux sinusoïdes, et nous devons commencer par identifier celles-ci.

Dans le cas présent, l'égalité autour de laquelle s'articule tout l'exercice est naturellement celle fournie par la loi des mailles :

$$e(t) = Ri(t) + L\frac{di}{dt}(t)$$

L'énoncé pose clairement que la phase à l'origine des dates de $e(t)$ est nulle. Dans ces conditions, nous sommes donc obligés de considérer une phase à l'origine des dates φ_I non nulle pour l'intensité :

$$i(t) = I\cos(\omega t + \varphi_I)$$

Nous savons par ailleurs que le fait de dériver une fonction sinusoïdale par rapport au temps revient à accroître sa phase à l'origine des dates de $\frac{\pi}{2}$:

$$\cos \xrightarrow{\frac{d}{dt}} -\sin \xrightarrow{\frac{d}{dt}} -\cos \xrightarrow{\frac{d}{dt}} \sin \xrightarrow{\frac{d}{dt}} \cos$$

$$\cos \xrightarrow{+\frac{\pi}{2}} -\sin \xrightarrow{+\frac{\pi}{2}} -\cos \xrightarrow{+\frac{\pi}{2}} \sin \xrightarrow{+\frac{\pi}{2}} \cos$$

La loi des mailles peut alors se réécrire :

$$E\cos(\omega t) = RI\cos(\omega t + \varphi_I) + L\omega I\cos\left(\omega t + \varphi_I + \frac{\pi}{2}\right)$$

Nous disposons pour chacun des termes d'une amplitude et d'une phase à l'origine des dates. Il ne nous reste donc plus qu'à réaliser la construction et à faire tourner le théorème de Pythagore et la trigonométrie pour isoler les grandeurs qui nous intéressent.
La seule petite difficulté, par rapport au cas étudié à l'exercice 5.4, est le fait qu'ici les inconnues ne sont pas localisées sur le résultat de la somme, mais dans ses membres. L'idée cependant reste la même : établir des relations entre ce qui est connu et ce qui ne l'est pas, puis isoler ce que nous cherchons.

Nous avons donné la représentation de Fresnel à un instant de date t quelconque, sur le schéma qui suit, par souci de pédagogie, afin que chacun puisse se convaincre que les relations établies sont bien valables en permanence. Une fois cette idée bien acquise, il est tout à fait possible, pour ne pas dire souhaitable, de la réaliser à $t = 0$ pour alléger le schéma.

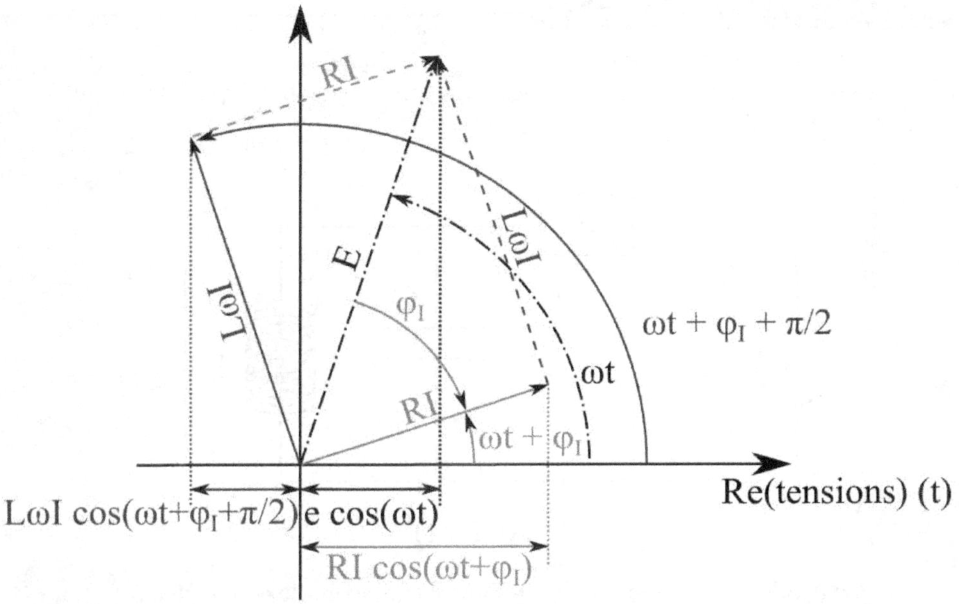

La construction de Fresnel nous permet d'établir les égalités suivantes :

- **Sur les amplitudes :** la tension aux bornes de la bobine étant en avance de $\frac{\pi}{2}$ par rapport à celle aux bornes du conducteur ohmique, le théorème de Pythagore nous permet d'écrire :

$$E^2 = (RI)^2 + (L\omega I)^2 \quad \Leftrightarrow \quad I = \frac{E}{\sqrt{R^2 + (L\omega)^2}}$$

en supposant $E > 0$.

- **Sur la phase à l'origine des dates de l'intensité :** nous constatons que $\varphi_I < 0$. En exprimant alors la tangente de son opposé, nous obtenons :

$$\tan(-\varphi_I) = \frac{L\omega}{R} \quad \Leftrightarrow \quad \varphi_I = -\arctan\left(\frac{L\omega}{R}\right)$$

Nous en déduisons finalement l'expression complète de l'intensité du courant électrique parcourant ce circuit :

$$i(t) = I\cos(\omega t + \varphi_I) \quad \Leftrightarrow \quad i(t) = \frac{E}{\sqrt{R^2 + (L\omega)^2}}\cos\left[\omega t - \arctan\left(\frac{L\omega}{R}\right)\right]$$

Exercice 10.6 : Résonance

On considère le circuit suivant, alimenté par une tension sinusoïdale de pulsation ω.

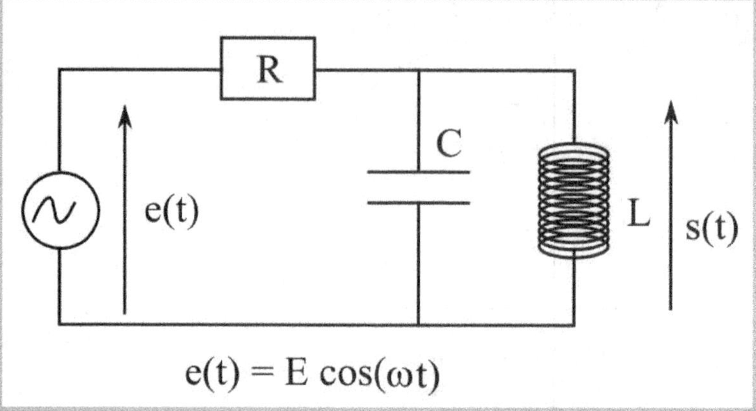

Pour quelle valeur de ω le module de l'amplitude complexe associée à la tension $s(t)$ entre-t-il en résonance ? Ceci se produit-il toujours ? Que vaut, à la résonance, le module et la phase de l'amplitude complexe associée à $s(t)$?

• **Analyse de l'énoncé**

On s'intéresse à la **résonance** en tension aux bornes du condensateur. Il va donc falloir, dans un premier temps, déterminer l'expression de l'amplitude complexe de cette tension. Dans un second temps, on va étudier les variations de son module en fonction de la pulsation ω du signal sinusoïdal appliqué.

Ce circuit n'a rien à voir avec un circuit RLC série, il n'y a donc absolument aucune raison pour que les résultats concernant la résonance aux bornes du condensateur dans ce circuit soient les mêmes que ceux aux bornes du condensateur dans un circuit RLC série...

• **Détermination de $\underline{S}$**

Pour déterminer l'expression de l'amplitude complexe $\underline{S}$ de la tension aux bornes du condensateur, on va pouvoir utiliser un **pont diviseur de tension** entre le conducteur ohmique et l'association parallèle du condensateur et de la bobine.

Par application du pont diviseur de tension, on peut déterminer l'expression de l'amplitude complexe de la tension aux bornes du condensateur :

$$\underline{S} = \frac{E\frac{jL\omega}{1-LC\omega^2}}{\frac{jL\omega}{1-LC\omega^2}+R} = \frac{E}{1-jR\left(\frac{1}{L\omega}-C\omega\right)}$$

• **Étude de la résonance**

Quand la **dépendance en ω est très localisée**, comme c'est le cas ici, dans un seul terme de la fonction de transfert, on peut conclure directement sur la valeur de la pulsation de résonance et la condition de son existence. C'est d'ailleurs ce que l'on fait lors de l'étude de la résonance en intensité dans un circuit RLC série.

Vu l'expression de $\underline{S}$, on voit qu'à la pulsation $\omega_r = \frac{1}{\sqrt{LC}}$, on a maximisation du module de l'amplitude complexe de la tension aux bornes du condensateur. Ceci peut se produire sans condition. La résonance en tension aux bornes du condensateur existe donc toujours. On voit qu'à la pulsation de résonance, $\underline{S} = E$. Cette valeur étant réelle positive, sa phase est donc nulle.

CHAPITRE

11

Filtrage linéaire

Exercice 11.1 : Filtre passif du premier ordre

On considère le filtre suivant, alimenté par un générateur de tension sinusoïdale de fréquence f et de tension maximale E : $u(t) = E\cos(\omega t + \varphi)$.

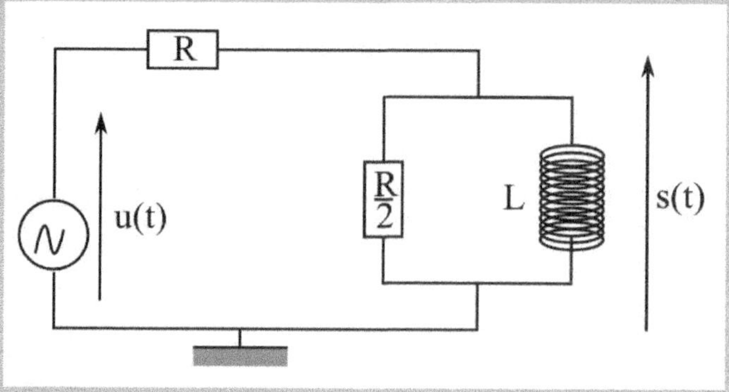

Étudier le comportement asymptotique de ce filtre, et en déduire sa nature. Établir l'expression de sa fonction de transfert sous la forme :

$$\underline{H} = \frac{H_0}{1 + \frac{\omega_0}{j\omega}}$$

On exprimera H_0 et ω_0 en fonction de L et de R. Déterminer sa pulsation de coupure ω_c à 3 dB. Tracer le diagramme de Bode asymptotique associé à ce filtre.

• Analyse de l'énoncé

On étudie ici un filtre, c'est-à-dire que l'on va suivre la **réponse fréquentielle d'un circuit soumis à une excitation sinusoïdale**. Pour ce faire, on associe au circuit, étudié en notation complexe, une **fonction de transfert** $\underline{H}$ définie comme le rapport entre une grandeur électrique de sortie et une autre d'entrée. En considérant qu'il y a :

– deux grandeurs d'entrée, le courant et la tension d'entrée,
– deux grandeurs de sortie, le courant et la tension de sortie,

on aboutit à quatre définitions possibles pour la fonction de transfert. En pratique, et en l'absence d'indicateurs contradictoires, on considérera toujours :

$$\underline{H} = \frac{\underline{u}_s}{\underline{u}_e}$$

On a écrit ici la définition de la fonction de transfert à partir de la notation complexe associée aux tensions d'entrée et de sortie. Il revient bien sûr au même d'utiliser directement leurs amplitudes complexes.

En toute rigueur, le programme de première année de CPGE ne considère pas comme exigible la compétence d'établir la fonction de transfert et de tracer le diagramme de Bode. La seule compétence officiellement au programme est l'exploitation d'un diagramme de Bode fourni. Néanmoins, pour bien comprendre les tenants et aboutissants de ce type d'exploitation, il nous a paru intéressant de décortiquer la méthode qui mène à ce type de diagramme, d'abord pour un filtre du premier ordre (dans cet exercice), puis pour un filtre du second ordre (dans l'exercice suivant).

• **Comportement asymptotique du filtre**

Avant de se lancer dans le calcul analytique de la fonction de transfert sus-définie, il vous sera souvent demandé d'effectuer une **étude préalable de la nature du filtre** ne mettant pas en jeu de gros calculs. Pour ce faire, on va remplacer, respectivement à basse et haute fréquence les bobines et condensateurs par leurs équivalents obtenus à partir de l'expression de leurs impédances complexes :

- en **basse fréquence**, une bobine (impédance $jL\omega$) est équivalente à un fil et un condensateur (impédance $\frac{1}{jC\omega}$) à un trou ;
- en **haute fréquence**, une bobine (impédance $jL\omega$) est équivalente à un trou et un condensateur (impédance $\frac{1}{jC\omega}$) à un fil.

Pour conclure à partir du circuit simplifié obtenu, rappelez-vous que la tension aux bornes d'un fil est nulle, et que celle aux bornes d'un trou, généralement non nulle, s'obtient à partir des lois de Kirchhoff.

Étudions le comportement asymptotique du filtre :
- à basse fréquence, la bobine se comporte comme un fil. La tension de sortie, et par conséquent la fonction de transfert, sont nulles.
- à haute fréquence, la bobine se comporte comme un trou. On est alors en présence d'un diviseur de tension qui mène à :

$$\frac{\underline{s}}{\underline{e}} = \frac{\frac{R}{2}}{R+\frac{R}{2}} = \frac{1}{3}$$

On a donc affaire à un filtre passe-haut, donc le gain maximal vaut $\frac{1}{3}$.

• Calcul de la fonction de transfert

Ce calcul s'effectue généralement en utilisant un **pont diviseur de tension**. Il faut donc pour ce faire modifier le circuit jusqu'à se ramener à une structure en pont diviseur de tension c'est à dire une structure du type :

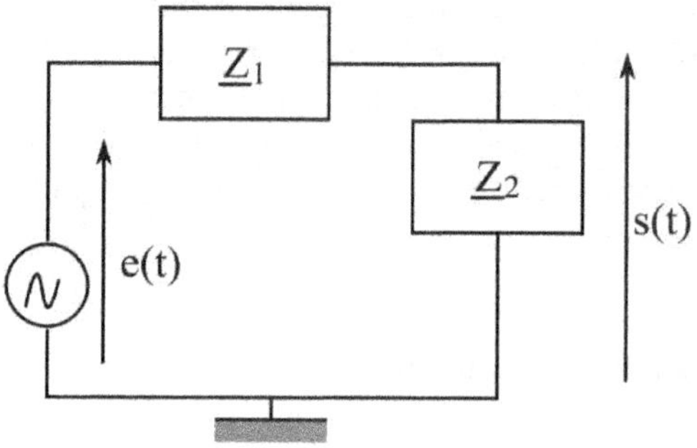

pour laquelle on pourra écrire :

$$\underline{H} = \frac{\underline{Z_2}}{\underline{Z_1}+\underline{Z_2}}$$

Se ramener à ce type de structure peut mener à des calculs assez lourds d'impédances équivalentes...

Pour déterminer la fonction de transfert, ramenons-nous à une structure en pont diviseur de tension formé de deux impédances $\underline{Z_1}$ et $\underline{Z_2}$ en série. On a immédiatement $\underline{Z_1} = R$. $\underline{Z_2}$ est l'association parallèle du conducteur ohmique de résistance $\frac{R}{2}$ et de la bobine. On a donc

$$\underline{Z_2} = \frac{\frac{R}{2}\times jL\omega}{\frac{R}{2}+jL\omega} = \frac{jRL\omega}{R+2jL\omega}$$

On en déduit immédiatement, par application de la formule du diviseur de tension, la fonction de transfert recherchée :

$$\underline{H} = \frac{\frac{jRL\omega}{R+2jL\omega}}{R + \frac{jRL\omega}{R+2jL\omega}} = \frac{jL\omega}{R + 3jL\omega} = \frac{\frac{1}{3}}{1 + \frac{R}{3jL\omega}}$$

On en déduit immédiatement :

$$H_0 = \frac{1}{3} \quad \text{et} \quad \omega_0 = \frac{R}{3L}$$

• **Détermination de la pulsation de coupure**

La (ou les) **pulsation(s) de coupure** d'un filtre est (sont) définie(s) comme étant la (ou les) pulsation(s) telle(s) que :

–

$$H(\omega_C) = \frac{H_{max}}{\sqrt{2}}$$

avec $H(\omega)$ le module de la fonction de transfert.

– ou encore :

$$G_{dB}(\omega_C) = G_{dB\ max} - 3dB$$

avec G_{dB} le gain en décibel associé, soit $20 \log H$.

En pratique, ces deux définitions sont totalement équivalentes. On va souvent utiliser la première, et en particulier une astuce consistant à écrire $\sqrt{2}$ sous la forme $\sqrt{1+1}$ au dénominateur...

Pour déterminer la pulsation de coupure, commençons par écrire le module H de la fonction de transfert, en utilisant les notations introduites par l'énoncé :

$$H(\omega) = \frac{H_0}{\sqrt{1 + \frac{\omega_0^2}{\omega^2}}}$$

On a vu lors de l'étude du comportement asymptotique que H_0 représentait le gain maximal. En écrivant la définition de la pulsation de coupure et en notant que $2 = 1 + 1$, on a :

$$H(\omega_C) = \frac{H_0}{\sqrt{1+1}} = \frac{H_0}{\sqrt{1 + \frac{\omega_0^2}{\omega_C^2}}}$$

On en déduit finalement, par identification :

$$\omega_C = \omega_0$$

• **Tracé du diagramme de Bode**

Le **diagramme de Bode** associé à un filtre est l'ensemble des deux courbes :

- l'une décrivant le gain en amplitude réalisé par le filtre, selon la pulsation du signal d'entrée :

$$G_{dB} = 20\log(H) = f\left(\log\left(\frac{\omega}{\omega_0}\right)\right)$$

- l'autre décrivant le déphasage du signal de sortie par rapport au signal d'entrée, selon la pulsation de celui-ci :

$$\varphi = \arg(\underline{H}) = f'\left(\log\left(\frac{\omega}{\omega_0}\right)\right)$$

Le tracé d'un diagramme de Bode exact étant assez ardu, on se limitera à celui d'un diagramme de Bode asymptotique (en déterminant les asymptotes basse et haute fréquence) des courbes le constituant. On tracera alors, à partir de ce diagramme de Bode asymptotique une allure du diagramme de Bode réel.

> Il arrive que le diagramme de Bode réel s'éloigne beaucoup du diagramme de Bode asymptotique en raison de l'apparition d'un phénomène de résonance. Nous revenons sur ce point à l'exercice suivant.

Le gain en décibel s'exprime, en fonction de la variable réduite $x = \frac{\omega}{\omega_0}$:

$$G_{dB} = 20\log H_0 - 10\log\left(1 + \frac{1}{x^2}\right)$$

On en déduit les asymptotes basse et haute fréquences :

- à basses fréquences, $x \ll 1$ et donc $1 + \frac{1}{x^2} \simeq x^2$, d'où :

$$G_{dB} = 20\log x + 20\log H_0$$

L'asymptote basse fréquence est donc une droite de pente 20 décibels par décade (le gain en décibel augmente de 20 quand $\log x$ augmente de 1, soit x augmente de 10) et d'ordonnée à l'origine $20\log H_0$.

- à hautes fréquences, $x \gg 1$ et donc $1 + \frac{1}{x^2} \simeq 1$, d'où : :

$$G_{dB} = 20\log H_0$$

L'asymptote haute fréquence est donc une droite parallèle à l'axe des abscisses.

On en déduit le diagramme de Bode en gain asymptotique suivant :

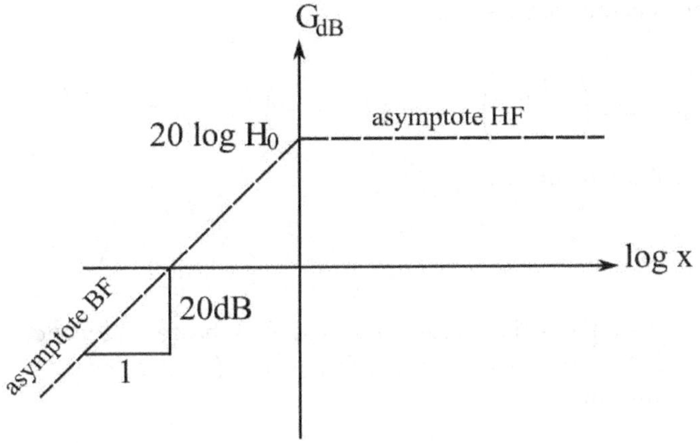

Une erreur souvent commise par les étudiants est de confondre asymptote à l'infini et limite à l'infini. Il est bien entendu que le gain tend vers $-\infty$ à basses fréquences. Déterminer l'équation de l'asymptote oblique correspondante permet de préciser comment ce gain tend vers $-\infty$.

Rappelons par ailleurs que l'ordre d'un filtre est par définition le degré du polynôme en ω constituant son dénominateur, lorsque la fonction de transfert est mise sous la forme d'une fraction rationnelle de deux polynômes en ω.
On aura souvent des pentes à ± 20 dB par décade pour les filtres du premier ordre, et à ± 40 dB par décade pour les filtres du second ordre. Ceci n'en fait pas une règle absolue ; on pourra rencontrer des filtres du second ordre avec des asymptotes à ± 20 dB par décade, tout comme on pouvait avoir des circuits comportant deux éléments de type bobine ou condensateur avec une équation différentielle d'évolution du transitoire du premier ordre...
Pour ce qui est de l'étude de la phase, on reprend l'expression complexe de la fonction de transfert et on détermine son argument. On pourra utilement se reporter à la partie “outils mathématiques” en cas de doute sur la technique de ce calcul qui peut mener à devoir séparer plusieurs cas.
Il est bon de se poser la question de la continuité de la phase. Dans la grande majorité des cas, elle sera continue. Mais il peut arriver, si la fonction de transfert change de signe pour une valeur donnée de x (prenez par exemple $\underline{H} = \frac{1}{1+(jx)^2}$), que la phase subisse une discontinuité de π en cette valeur.

La fonction de transfert ici étudiée s'écrit : $\underline{H} = \frac{H_0}{1-\frac{j}{x}}$. On en déduit immédiatement l'expression de la phase :

$$\varphi = \arg\left(\frac{H_0}{1-\frac{j}{x}}\right) = -\arg\left(1-\frac{j}{x}\right) = -\arctan\left[\frac{Im\left(1-\frac{j}{x}\right)}{Re\left(1-\frac{j}{x}\right)}\right]$$

Le détail donne alors :

$$\varphi = -\arctan\left(\frac{-\frac{1}{x}}{1}\right) = \arctan\left(\frac{1}{x}\right)$$

On en déduit que la phase tend vers $\frac{\pi}{2}$ à basses fréquences ($x \ll 1$, donc $\frac{1}{x} \longrightarrow \infty$) et est nulle à hautes fréquences ($x \gg 1$, donc $\frac{1}{x} \longrightarrow 0$) . D'où le graphe suivant :

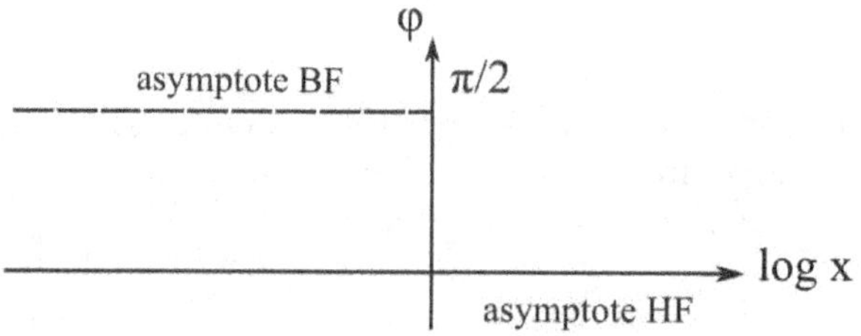

Exercice 11.2 : Filtre passif du deuxième ordre

On considère le filtre RLC série suivant où la tension de sortie est prise aux bornes du condensateur.

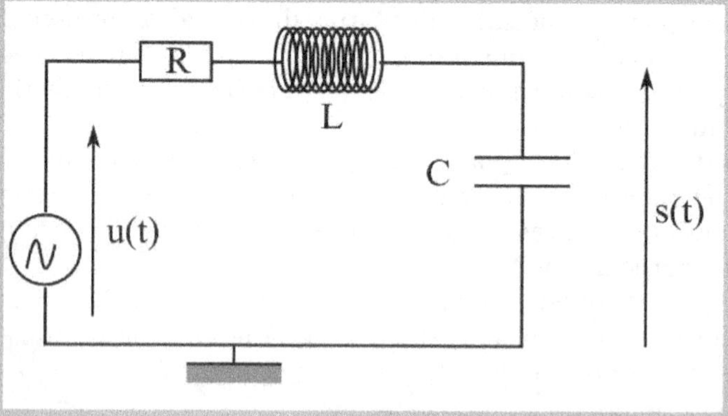

On pose $\omega_0 = \frac{1}{\sqrt{LC}}$ et $m = \frac{RC\omega_0}{2} = \frac{R}{2L\omega_0}$. Montrer que le gain maximal de ce filtre dépend de m. En déduire les conséquences que cela implique sur le tracé du diagramme de Bode réel par rapport au diagramme de Bode asymptotique.

• Analyse de l'énoncé

On a ici affaire à un circuit largement étudié en cours, le circuit RLC série. On s'intéresse à un filtre réalisé en prenant la tension de sortie aux bornes du condensateur. Or, on sait que, suivant la valeur de la pulsation du générateur sinusoïdal alimentant le circuit, on a apparition de **phénomènes de résonance**. Par ailleurs, l'apparition d'une résonance aux bornes du condensateur est conditionnée par la **valeur du facteur de qualité** $Q = \frac{1}{RC\omega_0} = \frac{L\omega_0}{R}$ du circuit. On va donc réexploiter directement tous ces résultats, que vous redémontrerez de votre côté au besoin, pour répondre à la question posée par l'exercice.

Notons enfin que, l'énoncé utilise comme variable m au lieu de Q. Il faut bien sûr respecter les notations de l'énoncé, sachant que l'on passe facilement de l'une à l'autre de ces variables en remarquant que : $2m = \frac{1}{Q}$.

Un pont diviseur de tension entre le condensateur et l'association série de la bobine avec la résistance mène immédiatement à l'expression de la fonction de transfert du filtre :

$$\underline{H} = \frac{\frac{1}{jC\omega}}{\frac{1}{jC\omega} + R + jL\omega} = \frac{1}{1 + jRC\omega - LC\omega^2} = \frac{1}{1 - \left(\frac{\omega}{\omega_0}\right)^2 + 2mj\frac{\omega}{\omega_0}}$$

• Étude du gain maximal en fonction de m

Le gain en décibel maximal est lié au gain $G = |\underline{H}|$ maximal. Or, $G(\omega)$ est proportionnel au module de l'amplitude complexe de la tension aux bornes du condensateur du circuit RLC série. On sait par ailleurs, que ce module passe par un maximum, c'est-à-dire entre en résonance, si le facteur de qualité du circuit est supérieur à $\frac{1}{\sqrt{2}}$.

Une rapide étude asymptotique du filtre montre que :
- il s'agit d'un filtre passe-bas ;
- l'asymptote basse fréquence du diagramme de Bode en gain est l'axe des abscisses ;
- l'asymptote haute fréquence est une droite de -40 dB par décade ;
- pour $\omega = \omega_0$, $G_{dB} = 20 \log Q = 20 \log \frac{1}{2m}$.

La quatrième remarque mène donc déjà à penser que l'allure du diagramme réel est fonction de m. Par ailleurs, en étudiant le module de la fonction de transfert, et plus particulièrement le radicande de son dénominateur, on peut montrer, comme il a été vu dans le cours à propos de la résonance aux bornes d'un condensateur, dans un circuit RLC série, que $G = |\underline{H}|$ passe par un maximum si $\left[1 - \left(\frac{\omega}{\omega_0}\right)^2\right]^2 + 4m^2\left(\frac{\omega}{\omega_0}\right)^2$ passe par un minimum. L'étude de l'annulation de la dérivée de cette fonction fonction de ω montrer que ce cas de figure se produit pour la pulsation, appelée pulsation de résonance $\omega_r = \omega_0\sqrt{1 - 2m^2}$, définie si $m \leq \frac{1}{\sqrt{2}}$ ou encore $Q \geq \frac{1}{\sqrt{2}}$.

Notez bien que l'étude menée ici est exactement la même que celle menée lors de l'étude des résonances du circuit RLC série, seule la présentation (ici en terme de gain) change...

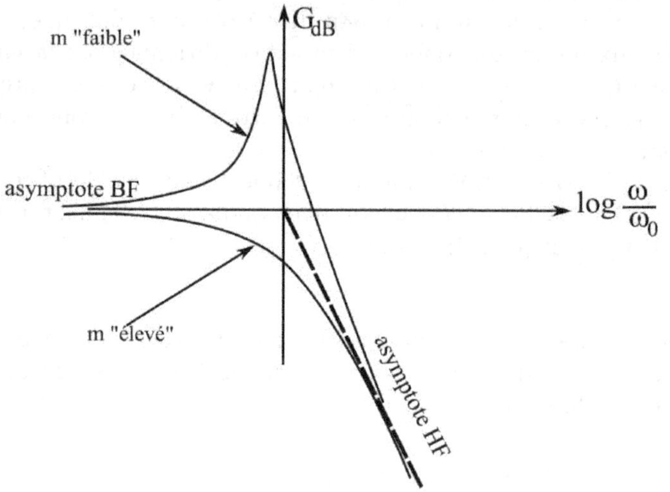

Les conséquences pour le diagramme de Bode en gain sont les suivantes :

- si $m \geq \frac{1}{\sqrt{2}}$, il n'y a aucun phénomène de résonance, le diagramme de Bode réel reste sous les asymptotes et proche de ces dernières.
- si $m \leq \frac{1}{\sqrt{2}}$, il y a résonance pour $\omega = \omega_r$, pulsation d'autant plus proche de ω_0 que m est faible. Le diagramme de Bode réel est au-dessus de ses asymptotes. Il s'en éloigne notablement au voisinage de la résonance, et ce de manière d'autant plus marquée que m est faible.

Exercice 11.3 : Filtrage d'un signal "rampe"

On considère le signal périodique $e(t)$ suivant :

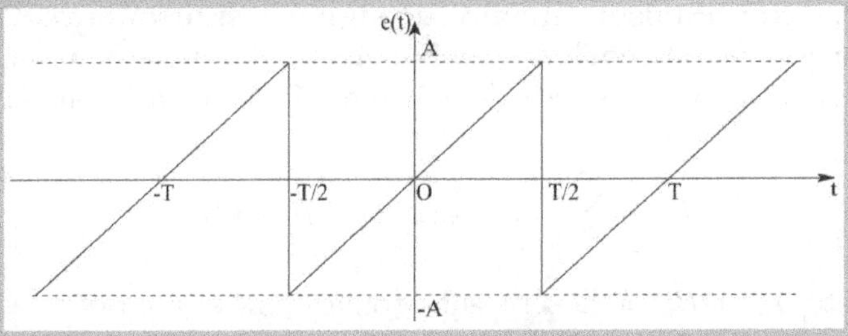

dont la décomposition en série de Fourier est la suivante :

$$e(t) = \sum_{n=1}^{\infty} \frac{2A}{n\pi}(-1)^{n+1}\sin(n\omega t) = \sum_{n=1}^{\infty} \frac{2A}{n\pi}(-1)^{n+1}\cos\left(n\omega t - \frac{\pi}{2}\right)$$

Tracer son spectre de fréquence.
On traite ce signal par un filtre passe-bas de fréquence de coupure f_c, dont le diagramme de Bode en amplitude est le suivant :

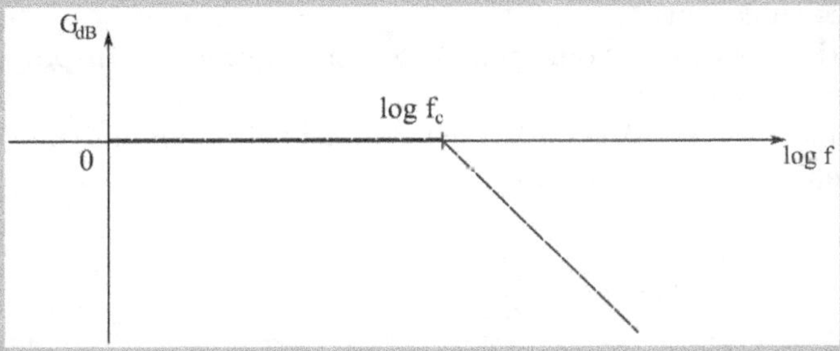

Tracer l'allure du signal $s(t)$ que l'on récupère en sortie dans le cas où la fréquence f du signal d'entrée :
- est égale à $\frac{f_c}{20}$;
- est égale à f_c ;
- est égale à $20f_c$;

• **Analyse du problème**

Ce problème s'intéresse au **filtrage** d'un **signal périodique**, mais **non sinusoïdal**. Dans le cours, on vous a appris à trouver comment un filtre agit sur un signal constitué d'une combinaison linéaire de signaux sinusoïdaux. C'est donc à ce type de signal que l'on va toujours devoir se ramener. Ce type d'exercice se traitera donc forcément en deux temps :
- modification de l'expression du signal périodique étudié pour le ramener à une combinaison linéaire de signaux sinusoïdaux : c'est le rôle de la **décomposition en série de Fourier** ;

– détermination de la **nature du filtre** et de ses éléments caractéristiques : **fonction de transfert, fréquences de coupure**...

• **Décomposition en série de Fourier**

Décomposer un signal périodique en **série de Fourier** consiste simplement à le réécrire comme une **combinaison linéaire de signaux sinusoïdaux**. On utilise pour cela un théorème, appelé **théorème de Fourier**, qui stipule qu'un signal $f(t)$, périodique (de période $T = \frac{2\pi}{\omega}$), s'écrit de manière unique de la façon suivante :

$$f(t) = \frac{A_0}{2} + \sum_{n=1}^{\infty} [A_n \cos(n\omega t) + B_n \sin(n\omega t)]$$

où les coefficients A_n et B_n de la série sont donnés par les relations suivantes faisant intervenir une date arbitraire quelconque t_0 :

$$A_n = \frac{2}{T}\int_{t_0}^{t_0+T} f(t)\cos(n\omega t)dt \qquad \text{et} \qquad B_n = \frac{2}{T}\int_{t_0}^{t_0+T} f(t)\sin(n\omega t)dt$$

On pourra de manière générale gagner du temps dans la décomposition en série de Fourier d'un signal en gardant à l'esprit les points suivants :

– la quantité $\frac{A_0}{2}$ n'est autre que la **valeur moyenne** du signal $f(t)$ sur une période ;
– la décomposition en série de Fourier d'une fonction périodique **paire** ne comporte que les termes en cosinus ;
– la décomposition en série de Fourier d'une fonction périodique **impaire** ne comporte que les termes en sinus.

Enfin, la décomposition en série de Fourier d'un signal périodique peut avantageusement se réécrire de la manière suivante :

$$f(t) = C_0 + \sum_{n=1}^{\infty} C_n \cos(n\omega t + \varphi_n)$$

On relie cette relation à la précédente en écrivant simplement :

$$C_0 = \frac{A_0}{2} \qquad C_n = \sqrt{A_n^2 + B_n^2} \qquad \tan\varphi_n = -\frac{B_n}{A_n}$$

L'intérêt d'écrire la décomposition en série de Fourier du signal sous cette seconde forme réside dans le fait qu'elle va nous faciliter l'obtention ultérieure du spectre en fréquence...

Dans cet exercice, la décomposition en série de Fourier du signal périodique étudié est fournie par l'énoncé. Ce sera généralement le cas pour vous, notamment en première année de CPGE. Nous détaillons néanmoins ici, pour les plus curieux d'entre vous, comment cette décomposition a été obtenue.

Décomposons donc en série de Fourier le signal $e(t)$ proposé par cet exercice. Afin de simplifier la décomposition, on peut noter que :

– la valeur moyenne temporelle du signal est nulle (il y a autant d'aire sous la courbe dans les domaines d'ordonnées négative que positive...)
– la fonction est impaire ; seuls les coefficients en sinus sont donc non nuls.

Ainsi, on peut écrire :

$$e(t) = \sum_{n=1}^{\infty} B_n \sin(n\omega t)$$

avec $B_n = \frac{2}{T}\int_{-\frac{T}{2}}^{\frac{T}{2}} e(t)\sin(n\omega t)dt$. Sachant que sur l'intervalle d'intégration considéré $e(t) = \frac{2At}{T}$, on a :

$$B_n = \frac{4A}{T^2}\int_{-\frac{T}{2}}^{\frac{T}{2}} t\sin(n\omega t)dt = \frac{4A}{T^2}\left[-\frac{1}{n\omega}\left[t\cos(n\omega t)\right]_{-\frac{T}{2}}^{\frac{T}{2}} + \frac{1}{n\omega}\int_{-\frac{T}{2}}^{\frac{T}{2}}\cos(n\omega t)dt\right]$$

On a finalement $B_n = \frac{2A}{n\pi}(-1)^{n+1}$ et donc :

$$e(t) = \sum_{n=1}^{\infty} \frac{2A}{n\pi}(-1)^{n+1}\sin(n\omega t) = \sum_{n=1}^{\infty}\frac{2A}{n\pi}(-1)^{n+1}\cos\left(n\omega t - \frac{\pi}{2}\right)$$

• **Tracé du spectre en fréquence**

Un **spectre de fréquence** d'un signal périodique est un diagramme en bâtons représentant les importances relatives des amplitudes de ses différentes **harmoniques**. On l'obtient facilement en écrivant la décomposition en série de Fourier sous la forme $f(t) = C_0 + \sum_{n=1}^{\infty} C_n\cos(n\omega t + \varphi_n)$ et en attribuant à l'harmonique de rang n un bâton de hauteur $|C_n|$.

Par exemple, le spectre du signal $f(t) = \cos(\omega t) + 2\cos(2\omega t) + 3\cos(3\omega t)$ sera représenté comme suit :

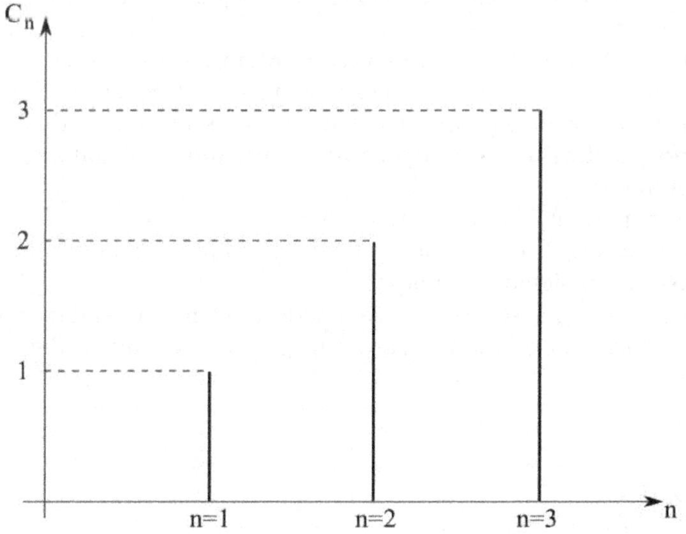

Le signal étudié possède des coefficients $C_n = \frac{2A}{n\pi}(-1)^{n+1}$, le pic associé à l'harmonique n dans le spectre de fréquences du signal aura donc pour amplitude $\frac{2A}{n\pi}$:

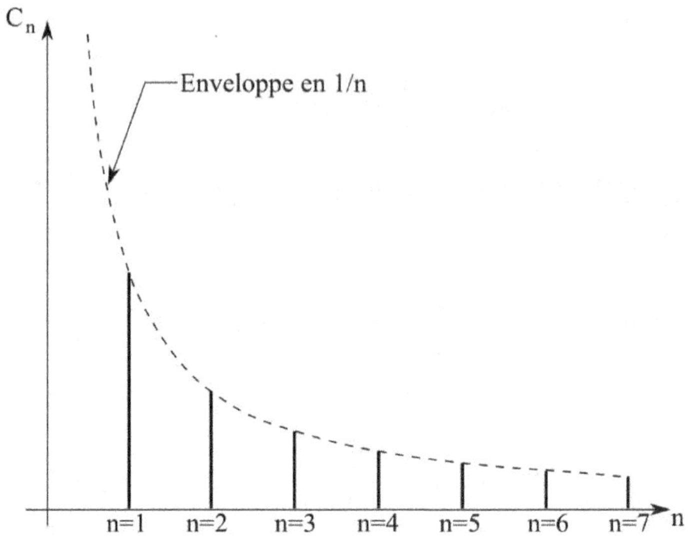

- **Analyse du filtrage**

Un **filtre** est un dispositif destiné à transmettre sélectivement certaines composantes du spectre fréquentiel d'un signal donné. Comme on l'a vu en première année, il peut être :

- **passe-bas** s'il **transmet sans défaut la composante continue** du signal et n'atténue quasiment pas les signaux de fréquence bien inférieure à sa fréquence de coupure. Le signal de sortie récupéré après filtrage ne présentera jamais de discontinuités, car ces dernières correspondent toujours à des harmoniques de rang élevé.
- **passe-haut** s'il **élimine la composante continue** du signal et n'atténue quasiment pas les signaux de fréquence bien supérieure à sa fréquence de coupure. Un tel filtre transmettra quasiment sans atténuation les discontinuités du signal d'entrée.
- **passe-bande** s'il **élimine la composante continue** du signal ainsi que ses éventuelles discontinuités.

Schématiquement parlant, on peut retenir que :

- un filtre passe bas utilisé hors de sa bande passante à tendance à "arrondir les angles" en lissant les signaux étudiés ;
- un filtre passe haut utilisé hors de sa bande passante à tendance à "affuter les angles" en mettant en exergue les discontinuités des signaux étudiés.

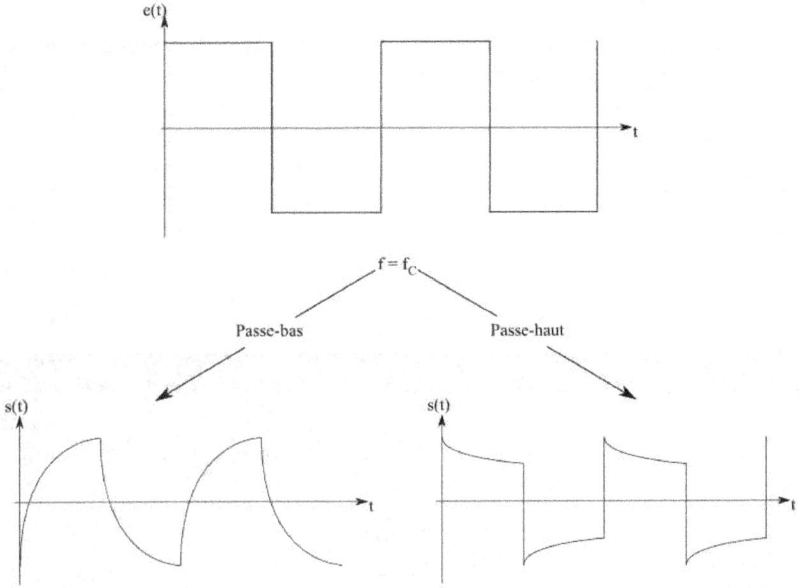

Un oscilloscope utilisé en **mode AC** filtre en fait le signal à visualiser par un filtre passe-haut (dont la fréquence de coupure est de l'ordre de 10 Hz). Son éventuelle composante continue est donc éliminée et il risque de subir des déformations si sa fréquence n'est pas assez importante...

On se place successivement à trois fréquences différentes pour le signal rampe :

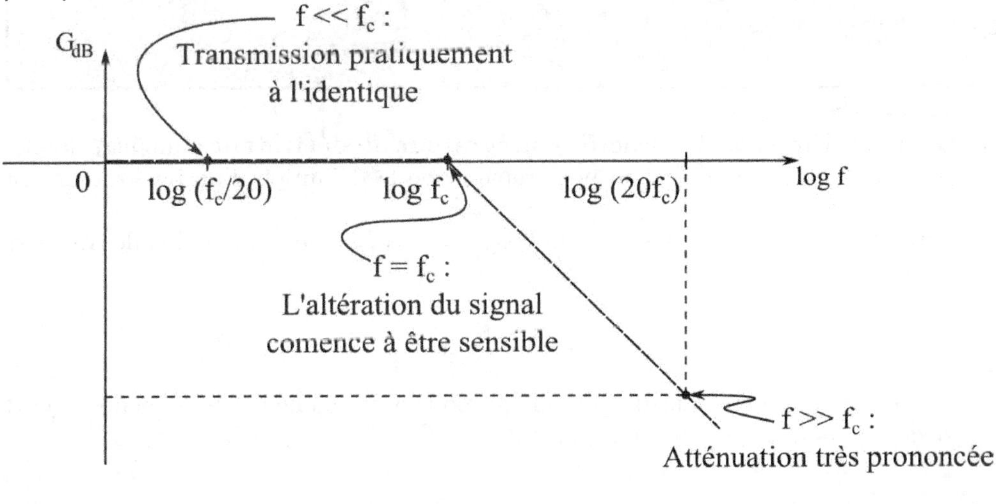

Les schémas suivants explicitent l'allure des signaux récupérés en sortie aux fréquences proposées par l'énoncé :

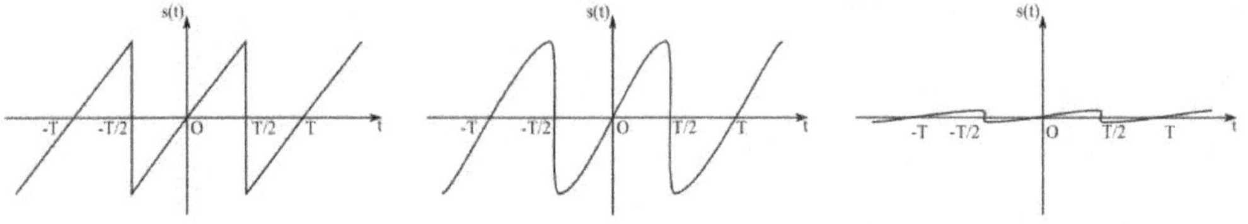

$f_C/20$ f_C $20f_C$

Exercice 11.4 : Caractère intégrateur ou dérivateur d'un filtre

Montrer que le filtre suivant possède un caractère intégrateur dans un domaine de pulsation que l'on précisera.

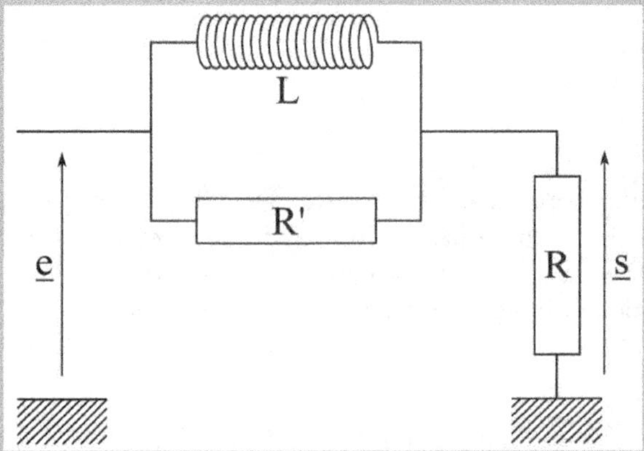

Comment modifier ce filtre pour en obtenir un qui possède un caractère dérivateur dans un certain domaine de pulsation ?

- **Analyse de l'énoncé**

Il s'agit ici de déterminer le **caractère intégrateur ou dérivateur** d'un filtre donné. Pour déterminer ce caractère, on peut repartir de la définition d'un intégrateur (ou dérivateur) idéal :

– un **intégrateur** idéal vérifie la relation $s(t) = \pm\omega_0 \int e(t)dt$; sa fonction de transfert associée sera donc :

$$\underline{H} = \pm \frac{\omega_0}{j\omega}$$

Cette dernière a donc pour diagramme de Bode associé une droite de pente -20 dB par décade pour le gain et un argument de $\pm\frac{\pi}{2}$.

– un **dérivateur** idéal vérifie la relation $s(t) = \pm\frac{1}{\omega_0}\frac{de(t)}{dt}$; sa fonction de transfert associée sera donc :

$$\underline{H} = \pm\frac{j\omega}{\omega_0}$$

Cette dernière a donc pour diagramme de Bode associé une droite de pente +20 dB par décade pour le gain et un argument de $\pm\frac{\pi}{2}$.

On définit alors le **caractère intégrateur** par le domaine de fréquences sur lequel le filtre se comporte à la limite comme un intégrateur idéal, et le **caractère dérivateur** le domaine de fréquences sur lequel le filtre se comporte à la limite comme un dérivateur idéal. Étudier le caractère dérivateur ou intégrateur d'un filtre passe donc par :
– la **détermination de la fonction de transfert** du filtre considéré ;
– la détermination de **son diagramme de Bode asymptotique** afin de reconnaître un éventuel caractère au filtre.

• **Écriture de la fonction de transfert**

Pour écrire une fonction de transfert, on procède comme dans les premiers exercices de ce chapitre, en utilisant de manière appropriée le **pont diviseur de tension.** Néanmoins, pour faciliter la reconnaissance du domaine sur lequel le filtre aura éventuellement un caractère particulier, il peut être judicieux de ramener son écriture sous une forme du type :

$$\underline{H} = \frac{1 + j\frac{\omega}{\omega_1}}{1 + j\frac{\omega}{\omega_2}}$$

où ω_1 et ω_2 sont deux pulsations caractéristiques à définir suivant l'énoncé.

Bien sûr, il peut arriver qu'introduire une seule pulsation suffise...

En utilisant un pont diviseur de tension, on peut écrire :

$$\underline{H} = \frac{R}{R + j\frac{R'L\omega}{R'+jL\omega}} = \frac{R(R' + jL\omega)}{RR' + j\omega L(R + R')} = \frac{1 + \frac{jL\omega}{R'}}{1 + \frac{jL\omega}{R'}\left(\frac{R+R'}{R}\right)}$$

Posons $\omega_1 = \frac{R'}{L}$ et $\omega_2 = \frac{1}{L\left(\frac{1}{R}+\frac{1}{R'}\right)} = \frac{R}{R+R'}\frac{R'}{L}$. On a bien sûr $\omega_2 < \omega_1$ et :

$$\underline{H} = \frac{1 + j\frac{\omega}{\omega_1}}{1 + j\frac{\omega}{\omega_2}}$$

• **Détermination du caractère du filtre**

Il conviendra ensuite de définir une relation d'ordre entre ces deux pulsations caractéristiques, puis de considérer, lors de l'étude du diagramme de Bode, les trois cas suivants :

– ω très petit devant les deux pulsations ;
– ω intermédiaire entre les deux pulsations ;
– ω très grand devant les deux pulsations.

Dans le cas où l'introduction d'une seule pulsation a suffi, on n'a plus que deux domaines à examiner...

Au terme de cette étude, on pourra alors dégager un éventuel caractère au filtre.

Étudions le diagramme de Bode asymptotique de ce filtre :
– pour $\omega \ll \omega_2 < \omega_1$: $GdB = 0$ et $\varphi = 0$.
– pour $\omega_2 \ll \omega \ll \omega_1$: $GdB = 20\log\omega_2 - 20\log\omega$ et $\varphi = -\frac{\pi}{2}$.
– pour $\omega \gg \omega_1 > \omega_2$: $GdB = 20\log\frac{\omega_2}{\omega_1}$ et $\varphi = 0$.
On en déduit que sur le domaine de pulsations défini par $\omega_2 \ll \omega \ll \omega_1$, le filtre étudié possède un caractère intégrateur.

• Modification du caractère du filtre

Vous avez sans doute vu en cours qu'un filtre RC est de type passe-bas, tandis qu'un CR est passe-haut. De même, vous avez peut-être vu qu'un filtre RC est de type passe-bas, tandis qu'un RL est passe-haut. On constate donc que les condensateurs et les bobines ont des comportements **antagonistes** et qu'on peut modifier le caractère d'un filtre (les passe-bas menant aux intégrateurs et les passe-haut aux dérivateurs...) en :

– **permutant** les bobines (ou les condensateurs) du circuit avec les conducteurs ohmiques ;
– **remplaçant** les bobines par des condensateurs et inversement.

Le filtre suivant, obtenu en remplaçant la bobine par un condensateur aura un caractère dérivateur dans un certain domaine de pulsation.

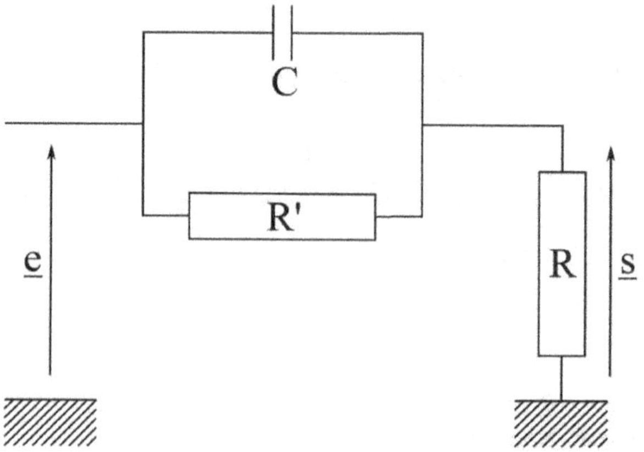

Partie 3
Mécanique

Mécanique

Objectifs généraux développés

La **mécanique** comporte deux domaines, théoriquement disjoints, mais finalement toujours liés dans les exercices :
- la **cinématique**, qui étudie les mouvements sans se préoccuper de leurs causes (c'est-à-dire des forces) ;
- la **dynamique**, qui étudie les mouvements à la lumière des forces qui les provoquent.

Pour bien commencer un problème de mécanique, on doit toujours commencer par préciser :
- le **système** étudié ;
- le **référentiel** d'étude et sa nature (galiléen forcément cette année) ;
- le **bilan des forces** en précisant pour chaque force sa direction, son sens et sa valeur.

On fait alors un **schéma** clair, et de taille suffisante pour représenter ces différentes forces.
On énonce ensuite clairement la **loi** ou le **théorème** que l'on va utiliser en précisant ses conditions de validité et en vérifiant donc qu'elles sont bien satisfaites dans le problème considéré.
On détermine une **expression littérale** de l'objet de la question (vecteur force ou vitesse, équation horaire, trajectoire...) en vérifiant régulièrement l'**homogénéité** des relations obtenues. On effectue enfin l'éventuelle application numérique, en prenant garde à la pertinence des **unités** utilisées et sans oublier de préciser celle du résultat final.
Un même problème peut souvent être résolu par plusieurs méthodes (deuxième loi de Newton, conservation de l'énergie mécanique, théorème du moment cinétique...). Si l'énoncé n'impose pas de méthode, vous pouvez choisir celle avec laquelle vous vous sentez le plus à l'aise. Conservez cependant à l'esprit, surtout lorsqu'il s'agit d'obtenir des équations horaires, qu'il vaut mieux privilégier les méthodes énergétiques. En effet, écrire une **intégrale première de l'énergie** permet de "gagner une intégration" par rapport à la deuxième loi de Newton...

CHAPITRE

12

Cinématique

Exercice 12.1 : Point de rencontre

Deux points matériels M et N se déplacent dans un même plan (xOy). Leurs positions respectives sont repérées par les coordonnées $M(x(t) = \sin t, y = 1)$ et $N(x'(t) = 2\sin t, y'(t) = 2\cos t)$. Représenter les trajectoires des deux points matériels. Existe-t-il un point de rencontre ?

• **Analyse de l'énoncé**

Les exercices de cinématique pure adoptent souvent un formalisme très dépouillé qui les rapproche d'exercices de Mathématiques (notez en particulier l'absence d'unité sur les divers paramètres). Ce choix a le mérite d'affranchir l'exercice de certains détails susceptibles de l'alourdir, mais vous fait dans le même temps perdre certains outils de contrôle de vos résultats (homogénéité notamment).
Par ailleurs, ce choix peut également déstabiliser l'étudiant(e) inaverti(e), qui trouve par exemple des arguments dimensionnés dans les fonctions trigonométriques, logarithmes... Concernant ce second point, on peut se tranquilliser en attribuant aux valeurs numériques des unités pertinentes. Par exemple, pour les coordonnées du point N, considérer que les valeurs "2" par lesquelles sont multipliés sinus et cosinus sont en fait des longueurs égales à 2 m, ou bien encore que l'argument t est en fait ωt, avec $\omega = 1$ rad.s^{-1}.

Lorsqu'un problème de cinématique propose de déterminer l'existence et/ou les coordonnées et instant d'un point de rencontre entre plusieurs points matériels, une analyse préalable de la nature des trajectoires et mouvements des points matériels en question peut s'avérer utile. Pour cela, il faut caractériser les mouvements considérés.

• **Détermination de la nature des mouvements et de l'équation de leur trajectoire**

Un mouvement peut être :

– **uniforme** si la norme du vecteur vitesse du point matériel est constante ;

- **uniformément accéléré** si la norme du vecteur accélération est constante ;
- **rectiligne** si la trajectoire du point matériel est portée par une droite ;
- **circulaire** si la trajectoire est portée par un cercle ;
- **périodique** si le point matériel repasse à des intervalles de temps égaux à T en un même point de sa trajectoire dans un même sens de déplacement...

La liste susmentionnée n'est bien sûr pas exhaustive. Il faut surtout apprendre à se servir à bon escient du vocabulaire de la cinématique, sans faire d'extrapolations hasardeuses. Par exemple, dans un mouvement uniforme, la norme du vecteur vitesse est constante à chaque instant, ceci n'implique pas que le vecteur vitesse lui-même soit une constante vectorielle. Par conséquent, un point matériel décrivant un mouvement uniforme peut avoir une accélération non nulle. Pensez par exemple au **mouvement circulaire uniforme** : dans un tel mouvement, le point matériel possède à chaque instant une accélération dite **centripète**, c'est-à-dire dirigée du point matériel vers le centre de sa trajectoire circulaire.

On rencontre dans les exercices différents types de mouvements rectilignes. Mis à part le fait que la trajectoire est portée par une droite, ils peuvent avoir des caractéristiques assez différentes :

- Dans le cas d'un mouvement **rectiligne uniforme**, le vecteur vitesse est une constante vectorielle. En effet, la norme de la vitesse ainsi que son sens sont constants (mouvement uniforme) et sa direction aussi (mouvement rectiligne). L'accélération d'un point matériel soumis à un mouvement rectiligne uniforme est donc nulle.
- Dans le cas d'un mouvement **rectiligne uniformément accéléré**, la norme du vecteur accélération est une constante.
- Dans le cas d'un mouvement **rectiligne sinusoïdal**, le point matériel effectue un mouvement d'allers-retours sur une portion de droite. Ce mouvement est borné et non uniforme.

> ⚠ Un mouvement rectiligne peut toujours être décrit par une coordonnée unique, mais à condition de se placer dans le bon système de coordonnées. Ainsi un point M de coordonnées (t,t) dans un repère (xOy) décrit-il un mouvement rectiligne uniforme tout en réclamant deux coordonnées dans ce repère précis. Un axe Ox' porté par la première bissectrice du plan, (xOy), en revanche, permettrait de résumer le mouvement à la seule coordonnée x'.

Un dernier point reste à souligner : la différence entre l'interprétation des **équations horaires** et de l'équation de la **trajectoire**. Les équations horaires donnent l'évolution de la (ou les) coordonnée(s) du point matériel en fonction du temps. La représentation graphique des variations des coordonnées en fonctions du temps (par exemple $x(t)$ et $y(t)$) ne donne donc absolument pas l'allure de la trajectoire matérielle du point étudié. C'est l'équation de la trajectoire ($y(x)$) qui permet de visualiser l'évolution spatiale du point matériel. Cette dernière est obtenue par élimination du paramètre temps entre les deux équations horaires.

On peut envisager une multitude de cas de figure. Cependant, dans la pratique, certains reviennent régulièrement et il est bon de connaître les plus courants. Intéressons-nous donc au mouvement plan d'un point matériel M caractérisé par la donnée de ses équations horaires $(x(t),\, y(t))$.

- Lorsque **seule l'une des équations horaires dépend du temps**, x par exemple, il n'y a pas à éliminer le temps. L'équation de la trajectoire s'écrit $y =$ constante. Il s'agit d'une droite parallèle à l'axe des abscisses.
- Lorsque **les deux équations horaires dépendent linéairement du temps**, on isole t dans l'une et on reporte dans l'autre. On est alors en présence de l'équation d'une droite qui n'est parallèle à aucun des deux axes (*cf* encadré ci-dessus).
- Lorsque **l'une des équations dépend linéairement du temps** et que **l'autre est un polynôme du deuxième degré du temps**, on isole t dans l'équation linéaire et on reporte dans l'autre. On on obtient ainsi une trajectoire parabolique.
- Lorsque **les deux équations horaires sont sinusoïdales de même pulsation**, on élimine le temps en utilisant la relation $\sin^2 u + \cos^2 u = 1$. On obtient ainsi des trajectoires de type circulaire ou elliptique. En effet, l'équation d'un cercle de rayon R ou d'une ellipse de demi-grand axe a et de demi-petit axe b et de centre $C(x_C, y_C)$, s'écrivent respectivement en coordonnées cartésiennes :

$$(x - x_C)^2 + (y - y_C)^2 = R^2 \quad \text{et} \quad \frac{(x - x_C)^2}{a^2} + \frac{(y - y_C)^2}{b^2} = 1$$

  (notons que si $a = b$, la seconde équation prend exactement la même forme que la première).
- lorsque **les deux équations horaires sont des fonctions relativement compliquées** du temps, on essaie d'isoler t, ou des blocs pertinents contenant t, pour reporter de l'une dans l'autre.

Déterminons la nature des mouvements et des trajectoires des deux points matériels.

Seule l'équation horaire $x(t)$ de M dépend du temps, le point matériel M est donc en mouvement rectiligne sinusoïdal sur la droite d'équation $y = 1$. Il s'y déplace entre les abscisses $x = 0$ et $x = 1$ avec un mouvement périodique de période (temporelle) égale à 2π secondes.

Les deux équations horaires de N sont sinusoïdales de même pulsation (égale à 1 rad^{-1}).

$$\frac{x'^2}{4} + \frac{y'^2}{4} = \sin^2 t + \cos^2 t = 1$$

Soit encore :

$$x'^2 + y'^2 = 4$$

La trajectoire du point matériel N est donc un cercle, centré sur l'origine, de rayon $R = 2$ (unité non précisée par l'énoncé).

• **Représentation graphique des trajectoires**

Une fois les équations des trajectoires déterminées, il ne reste plus qu'à tracer sur le plan (xOy) du mouvement les courbes correspondantes. Deux nuances sont toutefois à faire en mécanique par rapport à cette représentation graphique :

– les trajectoires sont portées par les courbes représentatives des équations de trajectoires $y = f(x)$; il faut donc mettre en évidence, le cas échéant, la **portion de courbe utile**, c'est-à-dire effectivement parcourue par le point matériel.

– une trajectoire doit être **orientée** dans le sens de parcours du point matériel ; on détermine facilement ce sens de parcours en représentant deux points successivement occupés par le point matériel sur sa trajectoire.

> Ce dernier point n'est pas forcément aisé surtout dans le cas d'une trajectoire fermée, et parcourue périodiquement.

On a représenté sur le schéma suivant les trajectoires orientées respectives de M et de N. On trouve le sens de parcours du cercle décrit par le point N en étudiant l'évolution de ses coordonnées à partir d'un point donné. Ici par exemple, a $t = 0$, N se trouve au point de coordonnées $0, 2$ puis, lorsque t augmente, $x' = 2\sin t$ augmente et $y' = 2\cos t$ diminue : N parcourt donc le cercle dans le sens des aiguilles d'une montre.

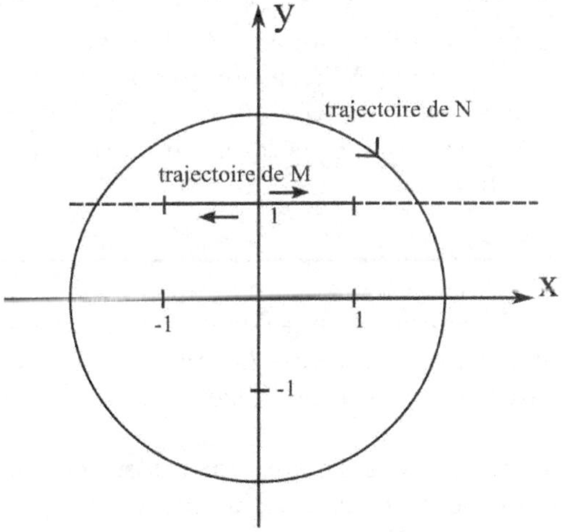

• **Étude de l'existence d'un point de rencontre**

Chercher un point de rencontre de deux points matériels revient à chercher s'il existe un **point géométrique** en lequel les deux points matériels se trouvent au **même instant**. On peut chercher cet éventuel point de rencontre par deux méthodes : graphique (si l'on a d'ores et déjà représenté les trajectoires), ou analytique (à l'aide des équations horaires).

Pour déterminer **graphiquement** si deux points matériels se rencontrent :

(1) on commence par vérifier si les courbes portant leurs trajectoires sont sécantes ;

(2) on se pose ensuite la question de savoir si l'éventuel point d'intersection géométrique appartient à la partie utile de la courbe représentative ;

(3) si les deux conditions précédentes sont vérifiées, on cherche l'/les instant(s) où l'un des points se trouve en cette position, on vérifie alors que l'autre s'y trouve également au même instant.

Pour déterminer **analytiquement** si deux points matériels se rencontrent :

(1) on égalise les équations horaires des deux points matériels ;

(2) on en déduit, si elle existe, la date à laquelle les deux points matériels passent simultanément par la même position, puis les coordonnées de celle-ci ;

(3) si cette position existe, on vérifie qu'elle appartient aux domaines utiles des trajectoires des deux points matériels.

D'après le schéma précédent, on voit que les parties utiles des trajectoires des deux points matériels ne se coupent pas. Il n'existe donc aucun point de rencontre pour M et N.

Exercice 12.2 : Relation vitesse position

Un mobile décrit la partie positive d'un axe (Ox) avec une vitesse de valeur $v(t)$. La loi de vitesse $v(t)$ est liée à l'équation horaire $x(t)$ par la relation $x = av^2$, avec a une constante positive. Le point matériel quitte l'origine O de l'axe à l'instant $t = 0$. Déterminer la loi horaire $x(t)$, sachant que $x(t)$ est une fonction croissante du temps.

• Analyse de l'énoncé

Il s'agit dans cet exercice de déterminer une équation horaire, c'est-à-dire une relation donnant l'abscisse x en fonction du temps t, connaissant une **relation entre les grandeurs cinématiques**. Dans ce type d'exercices, plusieurs techniques peuvent être mises en œuvre :

- Exploiter la **formule de dérivation des fonctions composées** : $(f(g(x)))' = f'(g) \times g'(x)$. Pour faciliter son exploitation, on utilisera la notation des physiciens de la dérivée, à savoir : $f'(x) = \frac{df}{dx}$. En utilisant cette notation, la formule de dérivation d'une fonction composée se réécrit :

$$\frac{df}{dx} = \frac{df}{dg} \times \frac{dg}{dx}$$

- utiliser les **définitions cinématiques** de la vitesse et/ou de l'accélération. À une dimension : la vitesse du point matériel est $v(t) = \frac{dx(t)}{dt}$; l'accélération du point matériel est $a(t) = \frac{dv(t)}{dt} = \frac{d^2x(t)}{dt^2}$.

• **Mise en évidence de l'équation différentielle satisfaite par la grandeur physique recherchée**
Puisque c'est la fonction $x(t)$ que l'on recherche, il s'agit d'écrire une équation différentielle sur cette fonction, puis de la résoudre. On va donc reporter les définitions cinématiques dans la relation donnée, puis ordonner au mieux l'équation différentielle obtenue qui ne sera pas forcément linéaire.

La relation $x = av^2$ se réécrit :

$$x(t) = a\left(\frac{dx(t)}{dt}\right)^2$$

Sachant que a et x sont positifs et la fonction $x(t)$ croissante (donc $\frac{dx}{dt} > 0$), on peut réordonner cette équation différentielle en :

$$\frac{dx}{dt} = \sqrt{\frac{x}{a}}$$

• **Résolution de l'équation différentielle obtenue**
à ce niveau, deux cas de figure peuvent se présenter :
- si l'équation différentielle obtenue est **linéaire**, on applique les méthodes de résolution exposées au chapitre 1.
- si l'équation différentielle obtenue est **non linéaire**, on la résout en **séparant les variables**. Il ne faut alors plus considérer d'ESSM associée ; une équation différentielle non linéaire se résout toujours globalement. Une fois les variables séparées, on écrit une **primitive** de chaque membre, puis on applique les conditions initiales pour fixer les **constantes d'intégration**.

Résolvons l'équation différentielle par séparation des variables :

$$\frac{dx}{\sqrt{x}} = \frac{dt}{\sqrt{a}}$$

On primitive cette égalité :

$$2\sqrt{x} = \frac{t}{\sqrt{a}} + K$$

où K est une constante d'intégration que l'on fixe avec la condition initiale $x(0) = 0$.

$$0 = 0 + K \quad \Leftrightarrow \quad K = 0$$

d'où finalement :

$$2\sqrt{x} = \frac{t}{\sqrt{a}} \quad \Rightarrow \quad x(t) = \frac{t^2}{4a}$$

Notons que, sachant au départ que x variait en v^2 alors même que v dérive de x, on pouvait intuiter qu'une expression de v en polynôme de degré 1 conviendrait. Plus généralement, comme nous aurons l'occasion de le voir dans les exercices de chute libre du chapitre de dynamique, cette propriété caractérise les mouvements uniformément accélérés.

Exercice 12.3 : Longueur d'une trajectoire

Une voiture assimilée à un point matériel M réalise l'ascension d'une montagne modélisée par un cône de révolution autour d'un axe (Oz) de hauteur h et dont la base a pour rayon R. Le mouvement de la voiture est uniforme, à la vitesse v. La composante verticale de la vitesse est supposée constante, notée v_z et supposée faible devant V. Déterminer l'équation de la trajectoire du point M. Quelle est la durée totale de cette ascension, ainsi que la distance qu'aura parcourue M à son terme ? Application numérique : $R = 1000$ m, $h = 500$ m, $v = 72$ km.h^{-1} et $v_z = 1,8$ km.h $^{-1}$.

• Analyse de l'énoncé

Il s'agit d'un mouvement à **trois dimensions**. On aura donc trois équations horaires. Dans ce type de mouvement, on ne peut généralement pas exhiber une unique équation de trajectoire reliant les trois paramètres de position choisis pour décrire le mouvement. *A priori*, on aura plutôt deux relations de type trajectoire à écrire.

De même qu'un mouvement rectiligne peut s'inscrire sur plus d'une dimension si l'on choisit un repère inapproprié, le mouvement à flanc de montagne envisagé ici pourrait à l'inverse être décrit à l'aide de seulement deux, voire même une seule dimension, mais il faudrait pour se faire placer le calcul dans un espace dont les coordonnées seraient assujetties les unes aux autres par des équations supplémentaires, ce qui reviendrait *in fine* aux trois équations invoquées ci-dessus.

La première chose à faire dans ce type de problème est de choisir un **repère** adéquat, bien adapté au mouvement. Trois repères sont à notre disposition :

- le repère **cartésien**, que l'on privilégiera pour les mouvements types rectilignes, paraboliques...
- le repère **cylindrique**, encore appelé **cylindro-polaire**, utilisé pour les mouvement circulaires, hélicoïdaux, en spirale...
- le repère **sphérique**, réservé aux mouvements à symétrie sphérique.

Le mouvement de la voiture s'effectue à la surface d'un cône. La symétrie du problème étant de nature cylindrique, le repère cylindrique est bien adapté. On va donc décrire le mouvement de la voiture par ses trois équations horaires : $r(t)$, $\theta(t)$ et $z(t)$. Le schéma suivant représente une vue en coupe de la montagne et définit les coordonnées r et z.

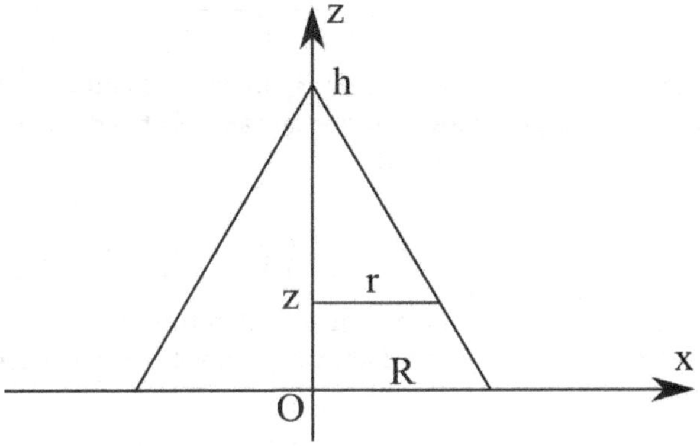

On va utiliser les coordonnées cylindriques, on peut donc d'ores et déjà écrire les expressions des vecteurs position et vitesse du point matériel sur la base ($\vec{e}_r$, $\vec{e}_\theta$, $\vec{e}_z$) :

$$\overrightarrow{OM} = r\vec{e}_r + z\vec{e}_z$$

$$\vec{v} = \frac{d\overrightarrow{OM}}{dt} = \dot{r}\vec{e}_r + r\dot{\theta}\vec{e}_\theta + \dot{z}\vec{e}_z$$

• **Équations horaires et trajectoire**

Lorsque la trajectoire est **inscrite sur une surface**, l'équation de la surface (qui relie donc deux des trois paramètres du mouvement tridimensionnel) constitue d'ores et déjà une première équation de trajectoire. Pour ce qui est du troisième paramètre, qui traduit la trajectoire particulière décrite sur la surface, on doit exploiter les conditions particulières du mouvement : caractère uniforme, caractère uniformément accéléré...
Une fois les différentes relations écrites, il ne reste plus qu'à éliminer le temps t entre le troisième paramètre et l'un des deux autres et on obtient ainsi une description totale du mouvement.
L'établissement des équations horaires, notamment dans le cadre d'un **mouvement uniforme** et/ou unidirectionnel, donne une relation différentielle entre les trois paramètres et leurs dérivées temporelles d'une part et la valeur constante de la vitesse d'autre part. Cette relation différentielle contenant trois fonctions temporelles doit être simplifiée jusqu'à n'en contenir plus qu'une.

– Pour un mouvement sur une surface, on a donc forcément besoin de deux autres relations exploitant deux caractéristiques du mouvement.

– Si le mouvement est plan et se produit sur une courbe d'équation donnée, l'équation de la courbe constitue directement l'équation de la trajectoire et le problème s'en trouve grandement simplifié.

La valeur de la vitesse (uniforme, rappelons-le) se calcule selon l'expression :

$$v = \sqrt{\dot{r}^2 + r^2\dot{\theta}^2 + \dot{z}^2}$$

Le mouvement ayant lieu à la surface du cône, l'équation du cône (reliant r et z) constitue une première équation horaire. Cette dernière s'écrit à l'aide du théorème de Thalès par exemple :

$$\frac{r}{h-z} = \frac{R}{h} \quad \Leftrightarrow \quad r = \frac{R}{h}(h-z) = R\left(1 - \frac{z}{h}\right)$$

L'énoncé précise que le mouvement est uniforme non seulement globalement, mais également suivant la verticale, ce qui nous permet d'écrire :

$$z = v_z t$$

Cette dernière relation permet d'exprimer r en fonction de t, puis en reportant dans la définition de v, on obtient une équation différentielle portant sur θ.

$$r = R\left(1 - \frac{v_z t}{h}\right) \quad \Rightarrow \quad \dot{r} = -R\frac{v_z}{h}$$

En reportant dans l'expression de la vitesse, on obtient :

$$v = \sqrt{\left(\frac{R}{h}\right)^2 v_z^2 + R^2\left(1 - \frac{v_z t}{h}\right)^2 \dot{\theta}^2 + v_z^2}$$

On en déduit alors :

$$v^2 = v_z^2\left[1 + \left(\frac{R}{h}\right)^2\right] + R^2\left(1 - \frac{v_z t}{h}\right)^2 \dot{\theta}^2$$

d'où :

$$\dot{\theta} = \sqrt{\frac{v^2 - v_z^2\left[1 + \left(\frac{R}{h}\right)^2\right]}{R^2\left(1 - \frac{v_z t}{h}\right)^2}} = \frac{v}{R\left(1 - \frac{v_z t}{h}\right)}\sqrt{1 - \left(\frac{v_z}{v}\right)^2\left[1 + \left(\frac{R}{h}\right)^2\right]}$$

Puisque $v_z \ll v$, le terme de droite se réduit, à l'ordre 1 en $\frac{v}{v_z}$, à la valeur 1, et l'on peut alors intégrer la relation précédente sous la forme :

$$\theta = \frac{v}{R}\int_{t'=0}^{t'=t} \frac{dt'}{1 - \frac{v_z t'}{h}}$$

En effectuant le changement de variable $u = \frac{v_z t'}{h}$, l'intégrale devient :

$$\theta = \frac{v}{R}\int_{u=0}^{u=\frac{v_z}{h}t} \frac{\frac{h}{v_z}du}{1-u} = \frac{hv}{Rv_z}\left[-\ln(1-u)\right]_{u=0}^{u=\frac{v_z}{h}t} = -\frac{hv}{Rv_z}\ln\underbrace{\left(1-\frac{v_z}{h}t\right)}_{\frac{r}{R}}$$

On obtient donc finalement :

$$\ln\frac{r}{R} = -\frac{Rv_z}{hv}\theta \quad \Leftrightarrow \quad r(\theta) = Re^{-\frac{Rv_z}{hv}\theta}$$

Le point matériel décrit donc une spirale logarithmique.

- **Calcul de la durée totale d'un mouvement**

Pour déterminer la durée totale du mouvement, connaissant les équations horaires, il suffit de remplacer les **coordonnées du point final de la trajectoire** dans l'une des équations horaires (on choisit bien sûr la plus simple mathématiquement) et d'en déduire la valeur de cette durée t_f.

L'équation horaire $z(t) = v_z t$ permet d'en déduire la durée totale t_f du mouvement. En effet, cette durée satisfait à $z(t_f) = h$. On en déduit :

$$t_f = \frac{h}{v_z}$$

- **Calcul de la longueur totale parcourue par un point matériel**

De manière générale, pour un mouvement **quelconque** (et donc pas forcément uniforme), on peut déterminer la longueur d'une trajectoire en utilisant la définition du **vecteur déplacement élémentaire** dans laquelle on passe à la norme : $\|\overrightarrow{dl}\| = v(t)dt$, où $v(t)$ est la norme du vecteur vitesse, et donc éventuellement fonction du temps (dans le cas d'un mouvement non uniforme). On obtient alors $l(t)$ longueur parcourue sur la trajectoire à l'instant t en intégrant simplement cette relation.

Dans le cas d'un mouvement **uniforme**, la norme de la vitesse est constante et sort donc de l'intégrale. On retrouve alors la relation bien connue pour un mouvement uniforme : $d = vt$ où d est la distance parcourue pendant la durée t à la vitesse constante v.

Puisqu'on est en présence d'un mouvement uniforme à la vitesse v ; la longueur totale parcourue s'écrit simplement :

$$d = v_z t_f = \frac{hv}{v_z}$$

• **Applications numériques**

Il ne faut pas les négliger en concours, car elles peuvent apporter facilement des points lorsqu'on est en possession des bonnes formules littérales. Pour les réaliser, il faut penser à :

– convertir toutes les grandeurs qui y intervienne t en **unité SI** ou au moins en unités **cohérentes entre elles**.
– ne pas oublier d'indiquer **l'unité du résultat**.

Convertissons les vitesses en m.s^{-1} avant d'effectuer les applications numériques : $V = 20$ m.s^{-1} et $V_z = 0,50$ m.s^{-1}. On calcule alors :

$$t_f = \frac{500\ \text{m}}{0,50\ \text{m.s}^{-1}} = \underline{1,0.10^4\ \text{s}} \quad \text{et} \quad d = \frac{500\ \text{m} \times 20\ \text{m.s}^{-1}}{0,50\ \text{m.s}^{-1}} = \underline{20\ \text{km}}$$

On peut s'étonner de l'importance de cette distance. Il faut cependant bien voir que la condition $v_z \ll v$ suppose une faible prise de pente de la part du véhicule, qui va donc devoir effectuer de nombreux tours sur le flanc de la montagne avant d'en atteindre le sommet, d'où un trajet long, tant en longueur (20 km) qu'en durée (presque trois heures).

Exercice 12.4 : Cinématique du solide

On considère une automobile se déplaçant avec une vitesse de valeur constante v_0, autour d'un rond-point de rayon $R = 7,0$ m, selon la succession suivante prise à raison d'une image toutes les $\tau = 0,50$ s :

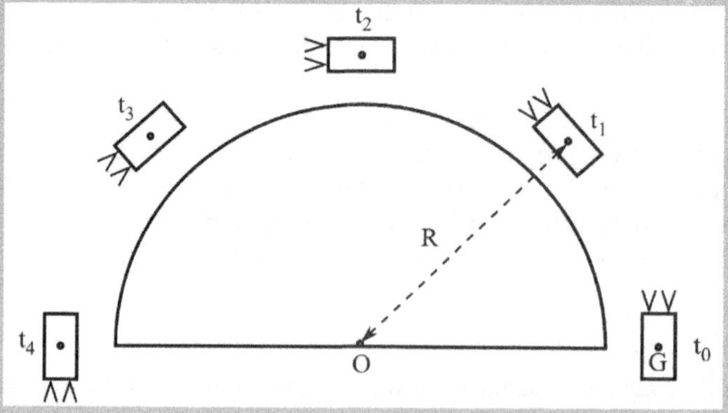

Préciser la nature (translation et/ou rotation) et les caractéristiques chiffrées du mouvement de ce véhicule par rapport au référentiel terrestre.

• **Analyse de l'énoncé**

Cet exercice reviendrait à demander la couleur du cheval blanc de Henry IV si l'on pouvait assimiler la voiture à un point matériel, puisqu'une fois identifié le fait que le mouvement est uniforme et décrit un arc de cercle, nous venons simplement de donner la définition d'un mouvement circulaire uniforme.

Le problème étant que non seulement rien dans l'énoncé n'invite à résumer la voiture à un système ponctuel, mais qu'en outre le titre de l'exercice annonce clairement la couleur : vous devez utiliser le formalisme lié à la cinématique du solide. Or il est vivement déconseillé d'étendre à la hussarde les définitions et concepts de la cinématique du point à celle du solide, sous peine de passer à côté de 90 % de la réponse attendue.

En effet, la cinématique du point s'intéressant à un système ponctuel, elle nous offre notamment l'énorme bénéfice d'avoir une position (et par suite une vitesse, une accélération...) définie sans équivoque (pour ce qui est de la mécanique classique en tout cas). De ce fait, la caractérisation du mouvement d'un tel système par rapport à un référentiel donné demande en tout et pour tout deux informations :

– la trajectoire suivie par ce point ;
– la loi horaire d'évolution de ce point, le long de cette trajectoire.

Ceci nous permet alors de résumer par exemple le mouvement à "circulaire uniforme" (la trajectoire est un arc de cercle, parcouru avec une vitesse de valeur constante), "rectiligne uniformément accéléré" (la trajectoire est une droite, parcourue à accélération constante).

Le problème étant que dès lors que nous nous intéressons à un système constitué de plus d'un point matériel, chacun est susceptible d'avoir son propre mouvement. On se dit alors qu'il va suffire d'étudier indépendamment le mouvement de chaque point constitutif du système, à ceci près que nous allons rencontrer deux obstacles :

(1) Pour modéliser un solide quelconque, il est nécessaire de faire intervenir un très grand nombre de points matériels, d'où autant d'études à mener.

(2) La solution en même temps que le second inconvénient : comme l'indique la mention "solide" dans la cinématique que nous étudions, nous nous intéresserons en général à des systèmes dont les points constitutifs sont liés entre eux. Il s'ensuit que les mouvements de tous ces points constitutifs sont loin d'être indépendants les uns des autres. Ceci constitue la solution au problème soulevé précédemment puisqu'au final le mouvement d'un tel solide se résumera à un nombre de degrés de liberté restreint. Mais c'est également le second inconvénient, puisque nous allons être obligés de développer un nouveau formalisme, adapté à rendre compte du caractère collectif du mouvement d'ensemble d'une collection de points matériels.

Il y a solide et solide. En particulier, un solide peut être modelable, susceptible de se déformer au gré des contraintes qui lui sont appliquées. Pour trancher cette équivoque, on précisera le cas échéant (c'est-à-dire toujours en CPGE) que le solide étudié est **indéformable**, autrement dit que la distance entre chacun de ses points constitutifs est invariable au cours du temps.

Avant d'aller plus loin, précisons comment caractériser le mouvement d'ensemble d'un solide indéformable. Concrètement, on peut montrer qu'il existe deux grandes catégories de mouvement d'un ensemble de points : la translation et la rotation, détaillées ci-après.

- **La translation pure :** est un mouvement au cours duquel à chaque instant, tous les points du solide sont dotés du même vecteur vitesse. Attention, ceci ne signifie pas que cette vitesse soit la même en chaque instant. Elle peut changer, aussi bien en direction, sens, que valeur. Mais si elle subit un changement au niveau de l'un des points du solide, alors ce changement affectera simultanément tous les autres points de la même manière. Ceci a entre autres conséquences, que les trajectoires de tous les points du solide sont identiques entre elles.
  Cette unicité des vecteurs vitesse (et par suite des trajectoires) permet de caractériser une translation par le comportement cinématique d'un unique point du solide, et donc de reconduire le formalisme développé en cinématique du point. On pourra ainsi parler de mouvement de translation circulaire uniforme, par exemple, ou de mouvement de translation rectiligne uniformément accéléré...
- **La rotation pure :** est un mouvement au cours duquel le solide tourne autour d'un point fixe. Cette rotation demande, pour être entièrement déterminée, trois degrés de liberté, dont on peut montrer qu'ils peuvent toujours se résumer à trois angles de rotation autour de trois axes perpendiculaires entre eux. Dans les faits, en CPGE, vous ne serez confrontés qu'à des rotations autour d'un axe unique.

La propriété essentielle que vous devez avoir en tête est le fait que le mouvement de tout solide indéformable par rapport à un référentiel donné peut systématiquement se décomposer, du point de vue formel, en une superposition de deux mouvements :

- Un mouvement de translation du référentiel barycentrique du solide (*cf* ci-dessous), par rapport au référentiel en question.
- Un mouvement de rotation du solide, par rapport à son référentiel barycentrique.

Le référentiel barycentrique est un solide virtuel, animé d'un mouvement de translation pure par rapport au référentiel d'étude, et suivant le mouvement du centre d'inertie du solide. Ce mouvement de translation pure suppose donc en particulier que ce solide virtuel, si on le dote par exemple d'axes initialement parallèles aux axes du référentiel d'étude, va conserver ces axes constamment parallèles à ceux du référentiel d'étude.

L'exemple type du référentiel barycentrique est le référentiel géocentrique, qui constitue le référentiel barycentrique de la Terre.

⚠ Les concepts de translation et de rotation sont des concepts collectifs, et n'ont à ce titre de sens que pour un système constitué de plusieurs points matériels. Il serait par exemple complètement absurde d'affirmer que le centre de la Terre à un mouvement de translation circulaire autour du Soleil, non plus qu'un mouvement de rotation. Le centre de

la Terre est un point, ce qui exclut d'office l'idée même de translation ou de rotation.
On peut en revanche dire que le référentiel géocentrique (solide virtuel, certes, mais solide tout de même) est animé d'un mouvement de translation circulaire (surtout pas de rotation) par rapport au référentiel héliocentrique, tandis que le référentiel terrestre est animé d'un mouvement de rotation par rapport au référentiel géocentrique. De ces deux faits, on peut déduire que le référentiel terrestre est animé de la superposition d'un mouvement de translation circulaire autour du Soleil, et d'un mouvement de rotation sur lui-même.

Une fois cette idée comprise, et dans la mesure où les exercices qui vous seront soumis s'articuleront autour de cet axe de pensée, il devient somme toute assez simple d'identifier la nature des deux mouvements en question, comme dans le cas de l'exercice que nous allons à présent traiter.

- **Séparation des mouvements**

Nous savons que le mouvement d'un solide par rapport à un référentiel peut se décomposer en un mouvement de translation de son référentiel barycentrique par rapport à ce référentiel, auquel se superpose un mouvement de rotation du référentiel barycentrique par rapport au référentiel d'étude.
Nous allons commencer par tracer l'évolution du référentiel barycentrique de la voiture autour du rond-point :

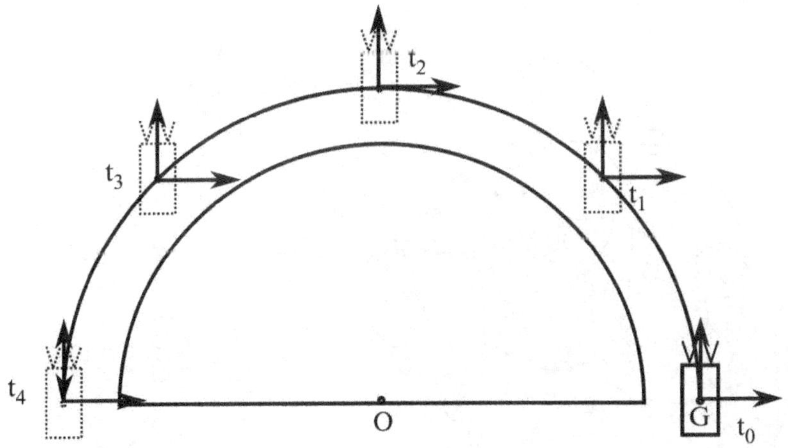

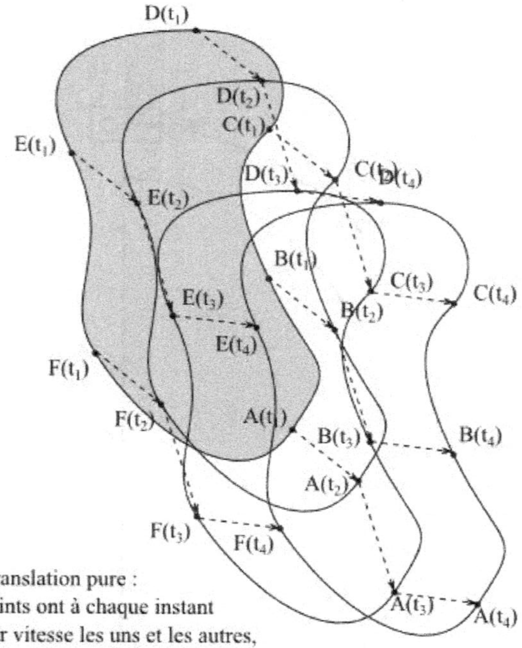

Translation pure :
tous les points ont à chaque instant
le même vecteur vitesse les uns et les autres,
toutes les trajectoires sont identiques
et résumable au mouvement
d'un point quelconque du solide

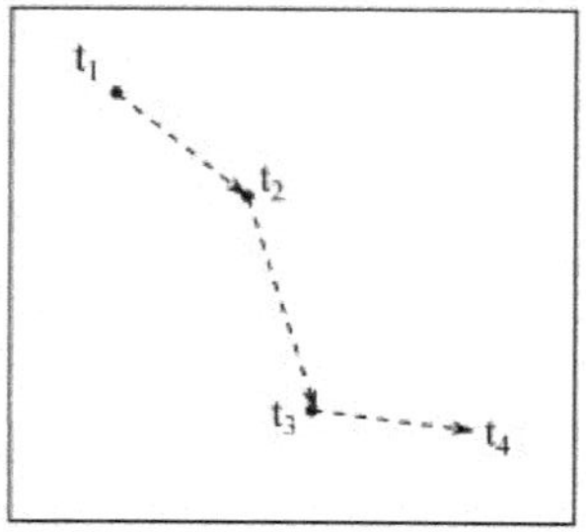

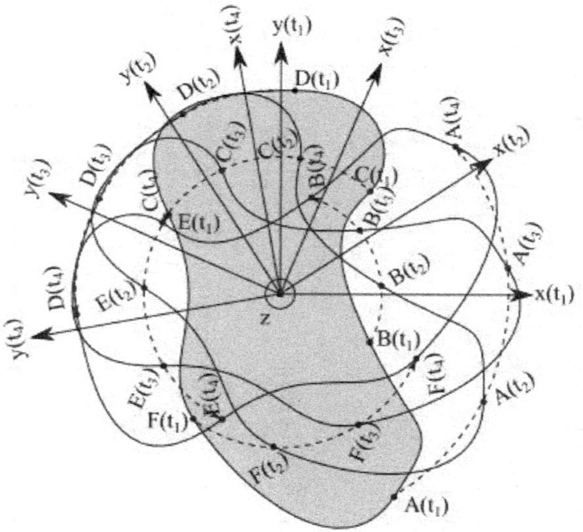

Rotation pure :
tous les points sont à chaque instant animés
de la même vitesse angulaire les uns et les autres,
chaque point demeure à distance constante du centre de rotation,
et ils décrivent tous la même trajectoire angulaire

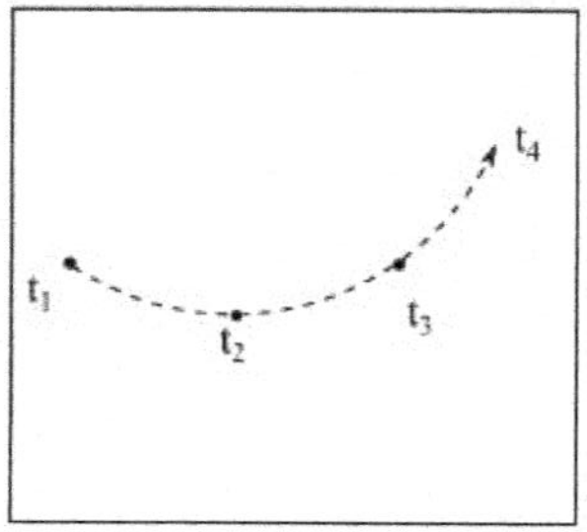

Le centre d'inertie du système décrivant un mouvement circulaire uniforme (vitesse de valeur constante, trajectoire en arc de cercle), nous pouvons donc affirmer que le référentiel barycentrique décrit un mouvement de **translation circulaire uniforme**.
Connaissant le rayon R de la trajectoire, nous pouvons en déduire sa longueur : πR puisque la voiture réalise un demi-tour. Nous disposons par ailleurs des éléments nécessaires pour déterminer la durée de ce trajet, puisqu'il est exécuté en 4 intervalles de durée $\tau = 0,50$ s, soit $\Delta t = 4\tau = 2,0$ s.
À partir de ces deux valeurs, et sachant que le mouvement est uniforme, nous savons que la vitesse instantanée est égale à tout instant à la vitesse moyenne, soit $v_0 = \frac{\pi R}{\Delta t} = \underline{11 \text{ m.s}^{-1}}$, soit environ 40 km.h^{-1}.
Cette première composante du mouvement étant identifiée, nous pouvons à présent observer comment se comporte la voiture, par rapport au référentiel barycentrique. En faisant coïncider la voiture avec son centre d'inertie à chaque date, nous obtenons le mouvement suivant :

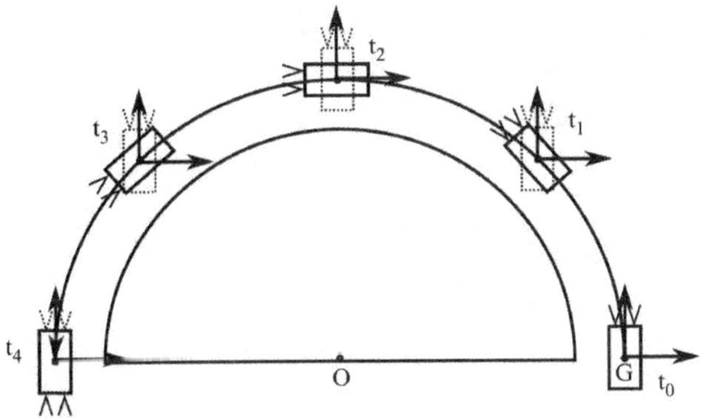

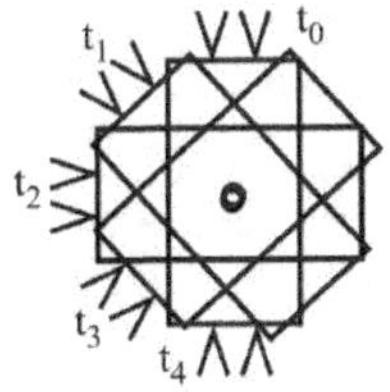

Nous constatons donc que la voiture a également opéré une rotation autour d'un axe vertical, puisque par rapport au référentiel terrestre, elle a exécuté un demi-tour sur elle-même, soit une rotation de π rad.
En supposant que le mouvement de rotation a également été uniforme, nous en déduisons que la voiture a tourné sur elle-même au rythme de $\omega = \frac{\pi}{\Delta t} = \underline{1,6 \text{ rad.s}^{-1}}$.
En conclusion, nous pouvons donc affirmer que le mouvement de cette voiture autour de ce rond-point résulte de la superposition :
- d'un mouvement de translation circulaire uniforme à la vitesse $v_0 = 11$ m.s^{-1} ;
- d'un mouvement de rotation uniforme de la voiture sur elle-même, à la vitesse angulaire $\omega = 1,6$ rad.s^{-1}.

On note que la vitesse angulaire à laquelle se déplacent les points du référentiel barycentrique autour du rond-point, par rapport au référentiel terrestre, est identique à la vitesse angulaire de rotation de la voiture par rapport à son référentiel barycentrique, ce qui a entre autres effets

que la voiture présente en permanence ses portières gauches au rond-point. On trouve le même phénomène dans le mouvement de la Lune autour de la Terre, ce qui a pour effet qu'elle nous présente constamment la même face (sauf pour les adeptes de Pink Floyd).
Ainsi, la Lune mettant 27,8 jours à exécuter une révolution autour de la Terre, on peut affirmer qu'elle met également 27,8 jours à exécuter un tour sur elle-même par rapport au référentiel géocentrique.
Outre un fait amusant sur le plan scientifique (qui trouve du reste son origine dans la conservation du moment cinétique du système Terre-Lune), ce fait constitue une inépuisable source d'exercices, et en connaître les grandes lignes ne peut être que bénéfique à cet égard.

CHAPITRE

13

Bases de la dynamique newtonienne

Exercice 13.1 : Importance du choix du système

On considère une table T dont le plateau est horizontal, et sur laquelle est posé un livre L de masse $m_L = 800$ g. Sur ce livre est en outre posé un verre V, de masse $m_V = 200$ g.
Déterminer la réaction normale exercée par la table sur le livre, en prenant tour à tour pour système l'ensemble (livre + verre), puis le livre seul.

• Analyse de l'énoncé

Cet exercice pourrait être sous-titré "noyade dans un verre d'eau", tant le contraste entre le nombre de victimes qu'il a fait parmi les étudiants d'une part, et sa simplicité d'autre part, a quelque chose de surprenant. Les propriétés auxquelles il fait appel vous sont connues depuis deux ans au minimum, et les calculs développés suite à l'usage de ces propriétés sont à la portée d'un(e) élève de seconde.

Tout repose dans le fait de bien poser le problème, et surtout de dire toute la vérité, mais surtout rien que la vérité.

L'énoncé explicite bien le fait que l'exercice consiste à trouver la réaction normale de la table sur le livre, en fondant alternativement l'étude sur deux systèmes distincts.

Déjà à ce niveau, on peut noter deux choses :

- **La réaction normale** est une action de contact, qui ne peut donc être exercée par un objet sur un autre, que si ces derniers sont en contact. Par ailleurs, il est bon de se souvenir que l'on ne connaît de cette force que sa direction (perpendiculaire à la tangente au point de contact des deux objets) et son sens (de l'objet exerçant la force, vers l'objet la subissant). En particulier, nous ne disposons d'aucune relation explicitant la valeur de cette force en fonction de tel ou tel paramètre. Lorsque cette force intervient dans une équation, il n'y a que deux issues possibles : soit c'est justement sa valeur que l'on recherche (c'est notre cas), soit il faut se débrouiller pour la faire disparaître (en travaillant avec des projections sur un axe sur lequel elle n'a pas de composante, par exemple). Ici, donc, elle sera l'inconnue, et nous devrons exprimer sa valeur en fonction des autres forces en présence.
- **Le système est quelque chose que l'on CHOISIT**, pas un objet miraculeux d'origine divine en dehors duquel il n'est point de salut. C'est une portion de matière, dont le mouvement est conditionné par les actions qu'il subit, selon des lois

décrites notamment par Newton. Deux systèmes différents possèderont des caractéristiques cinématiques différentes, et ne seront pas soumis aux mêmes forces. À nous de faire le choix le plus à même de répondre aux questions que nous nous posons (ce choix est en général guidé par une recherche de simplicité dans l'étude qui en découlera (sauf naturellement si vous aimez vous faire du mal)). Mais ce choix ne peut avoir quelque effet que ce soit sur le déroulement des phénomènes en jeu. Un effet immédiat de ceci est le fait que la réaction normale de la table sur le livre ne saurait dépendre du choix du système que nous aurons fait. Il s'agit d'une force exercée par la table sur le livre du fait que celui-ci est en contact physique avec elle. On se doute que le verre joue un rôle dans la valeur de cette réaction, mais n'étant pas contact avec la table, il ne subit aucune action de sa part, point final.

Les idées étant fixées, nous avons désormais des indices pour nous guider dans nos recherches.

• **Système : livre + verre**

Comme pour tout exercice de mécanique, il est chaudement recommandé de procéder avant toute chose au SRBdFext :

Pour mener cette étude, nous commençons par identifier clairement :

(1) Un **S**ystème d'étude : celui-ci nous est imposé par l'énoncé, et nous allons donc étudier dans un premier temps l'ensemble (livre + verre). La masse d'un corps étant égale à la somme des masses des parties qui le constituent, la masse m_S du système vaut ici $m_S = m_L + m_V = \underline{1,000 \text{ kg}}$.

(2) Un **R**éférentiel d'étude : nous opterons pour le référentiel terrestre, que nous supposerons galiléen.

(3) Le **B**ilan **D**es **F**orces **ext**érieures. Le système que nous étudions est soumis aux forces suivantes :

- le poids qu'exerce sur lui la Terre : $\overrightarrow{P}_{(L+V)}$;
- la réaction normale exercée par la table sur le livre, verticale (puisque la table est horizontale), et orientée vers le haut (puisque la table se trouve sous le système) : $\overrightarrow{R}_{n,T/L}$.

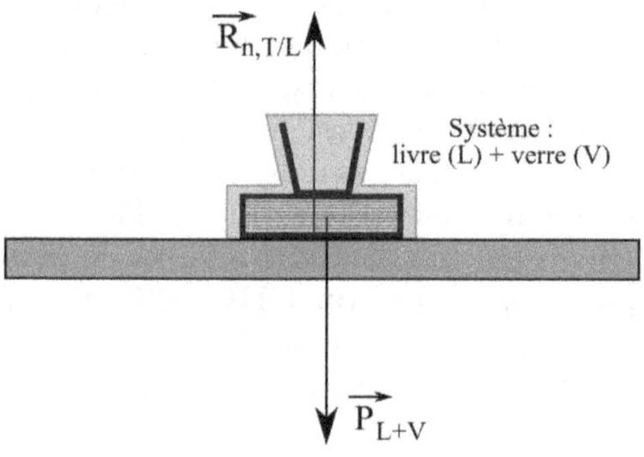

Vous avez vu cette situation (objet posé sur un support horizontal) tant de fois que l'inventaire des forces extérieures relève probablement pour vous du réflexe pavlovien. Cet automatisme, que l'on peut considérer comme une force, doit également éveiller votre méfiance, en ce qu'il peut endormir votre sens critique, et vous amener à oublier telle ou telle force au seul motif que vous n'avez pas l'habitude de la prendre en compte. Nous proposons ici une méthode générique avec laquelle vous avez peu de chance d'oublier une force en route.

Il importe tout d'abord d'avoir à l'esprit que l'on peut classer les forces d'usage courant en mécanique, en forces de contact et forces à distance.

- Les forces de contact, qui ne s'exercent sur un système que si celui-ci est en contact direct avec leur auteur, sont assez faciles à identifier. En effet, la nécessité de ce contact fait qu'elles seront toujours prises la main dans le sac : il suffit de faire le tour du système et de recenser tous les corps matériels avec lesquels il se trouve en contact, puis de préciser la force exercée par chacun d'eux au regard de l'interaction s'exerçant entre lui et le système. Par exemple, un fil exercera une tension, un ressort exercera une force de rappel, un solide exercera une réaction normale, peut-être également une force de frottement...
- Les forces à distance, que leurs auteurs peuvent exercer sur un objet sans contact direct avec lui, sont plus difficiles à recenser, puisqu'il ne suffit pas de regarder ce qui touche le système pour deviner l'existence de ces forces. La bonne nouvelle cependant est que ces forces se résument aux forces gravitationnelle et électromagnétique. La présence de la force gravitationnelle (éventuellement assimilée au poids si le contexte s'y prête) est difficile à oublier, ne serait-ce que parce qu'un problème l'oubliant à tort devient rapidement le siège d'invraisemblances énormes. Et quant aux forces électromagnétiques (Coulomb et Laplace), elles apparaissent dans des contextes très spécifiques, et en général dûment spécifiés par l'énoncé.

Dans les faits, nous savons que les forces à l'œuvre dans l'univers (pour ce que nous en connaissons aujourd'hui, en tout cas) se résument à la force gravitationnelle, la force électromagnétique, la force nucléaire forte et la force nucléaire faible. Il importe de comprendre que la plupart des forces considérées dans les exercices de mécanique usuelle sont en fait des résultantes à l'échelle macroscopique, d'une multitude de forces microscopiques relevant de ces interactions fondamentales. Ainsi la réaction normale n'est-elle qu'un modèle qui rend compte de la résultante des forces répulsives exercées par les nuages électroniques des atomes du système exerçant cette force, sur les nuages des atomes du système la subissant. Cette répulsion n'est efficace que si la distance entre les deux objets cesse d'être très supérieure à la distance séparant les électrons, des noyaux auxquels ils sont liés (condition pour que les disparités de charge au sein de la matière cessent d'être sensibles). Autrement dit, la réaction normale ne s'exerce sur un système, que si la distance entre celui-ci et l'objet sur lequel il s'appuie est comparable au rayon d'un atome. Autrement dit, comparativement à l'échelle humaine, s'ils sont en contact direct.

Dans le cas présent, cette démarche donne ainsi les forces extérieures suivantes :
- Forces de contact : le système (livre + verre) n'est au contact que du plateau de la table (d'où une réaction normale, ne s'exerçant cependant que sur la partie livresque du système, seule au contact du plateau). On pouvait également penser à l'air, source d'une poussée d'Archimède négligeable devant le poids du système, ainsi que d'une force de frottements si le système avait été en mouvement par rapport à cet air, ce qui n'est pas le cas.
- Forces à distance : en l'absence de mention de phénomènes électromagnétiques, seules les forces gravitationnelles sont à prendre en compte. Seule celle exercée par la Terre était naturellement à prendre en compte, et dans la mesure où rien n'affirmait le contraire, on était en droit de supposer que la situation était envisagée à la surface de la Terre, ce qui ajouté à sa staticité permettait de résumer cette action au poids.

La rédaction de cet argumentaire est certes fastidieuse, mais elle ne vous est pas demandée à l'écrit. Et s'il ne s'agit que d'y penser, c'est l'affaire d'à peine quelques secondes, pour un résultat sur lequel s'appuie tout le problème.

De la même façon que le système est affaire de choix, le référentiel est également laissé à la libre appréciation de la personne traitant le problème. Il est cependant vivement recommandé d'opter pour un référentiel galiléen, à défaut de quoi il nous serait interdit de faire usage des deux premières lois de Newton, qui ne sont valables que pour des études menées par rapport à de tels référentiels.

On trouve fréquemment l'expression "étude menée DANS un référentiel galiléen". Le manque de rigueur de cette expression conduit souvent à une confusion qui s'ancre avec d'autant plus d'efficacité qu'elle est maintenue plus longtemps. En effet, il n'est pas question d'extérieur ou d'intérieur, lorsque l'on choisit un référentiel, mais seulement d'être ou non solidaire avec un solide de référence PAR RAPPORT AUQUEL sont évaluées les caractéristiques cinématiques. La tournure est certes plus lourde, mais elle a le mérite de restituer la réalité avec plus d'exactitude, et d'éviter notamment de laisser croire que le choix du référentiel dépend du fait d'en être proche (voire de s'y trouver enfermé) alors que la seule condition est de le suivre dans ses mouvements.

Reste ensuite à voir comment on peut espérer extraire la réaction normale en fonction des autres forces (et même en l'occurrence, de L'autre force, puisque le système n'est soumis qu'à deux actions. Nous avons pour cela besoin d'un outil qui mette en relation les différentes forces s'exerçant sur le système, et cet outil va être -puisque nous avons eu la riche idée de choisir un référentiel supposé galiléen- la première loi de Newton (ou principe de l'inertie).
Cette loi postule l'existence de référentiels dits galiléens (on dit également référentiels d'inertie), par rapport auxquels le centre de masse d'un système persévère dans un état de repos ou de mouvement rectiligne uniforme, si et seulement si les forces extérieures auxquelles il est soumis se compensent entre elles. Il s'agit donc d'un principe d'équivalence, dans lequel la vérification de deux propositions parmi les trois suivantes, entraîne automatiquement la vérification de la troisième :

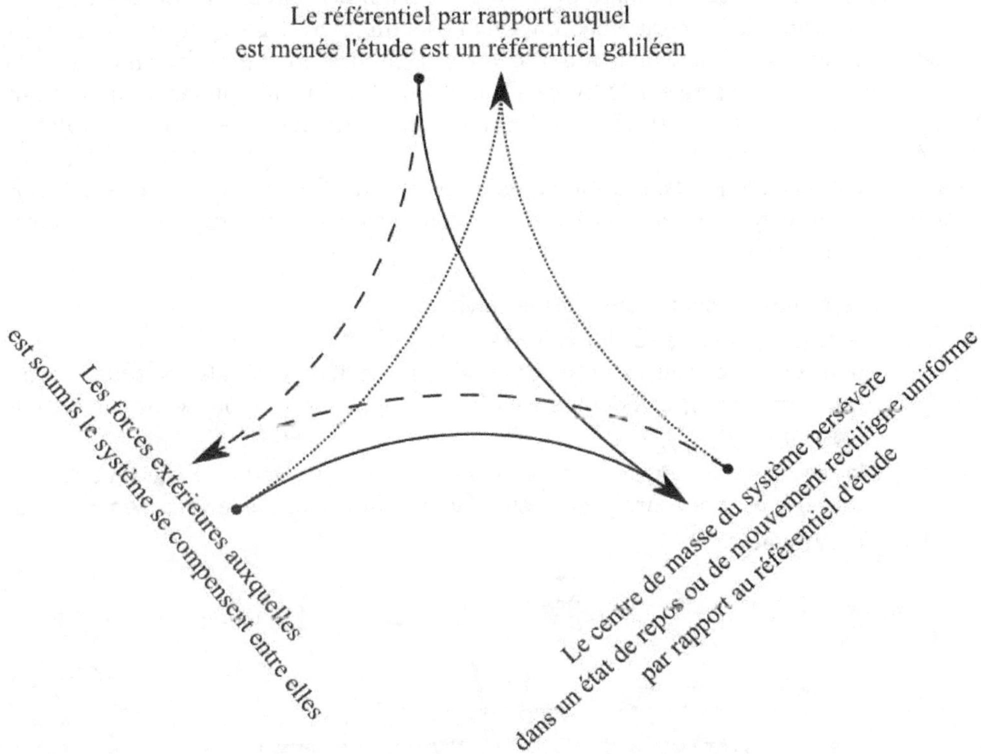

Le centre d'inertie du système persévérant dans un état de repos par rapport à un référentiel supposé galiléen, la première loi de Newton nous permet d'affirmer que la résultante des forces s'exerçant sur ce système est nulle :

$$\overrightarrow{R}_{n,T/L} + \overrightarrow{P}_{(L+V)} = \overrightarrow{0}$$

Nous déduisons de l'équation précédente que :

$$\overrightarrow{R}_{n,T/L} = -\overrightarrow{P}_{(L+V)}$$

dont il découle immédiatement :

$$R_{n,T/L} = P_{(L+V)} = m_{(L+V)}g = (m_L + m_V)g = \underline{98,1\ \mathrm{N}}$$

• Système : livre seul

La difficulté qui peut se poser en utilisant pour système le livre seul, est le fait qu'il y a quelque chose qui repose sur lui. Et c'est là que commencent les ennuis, avec des incantations blasphématoires du type "le verre appuie sur le livre avec son poids" et autres abominations.

La seule façon d'aborder une telle situation, répétons-le, est de faire preuve de rigueur et de méthode, et de chercher la vérité, toute la vérité et rien que la vérité. C'est ici qu'interviennent l'art et la manière de réaliser le bilan des forces extérieures :

- Forces de contact : le livre est en contact matériel direct avec non plus un, mais deux objets : la table, toujours, mais aussi le verre. Il faudra donc prendre en compte la force exercée par ce verre sur le livre. S'il faut absolument lui donner un nom, nous la nommerons comme toute force qui appuie perpendiculairement sur un objet, à savoir "réaction normale".
- Forces à distance : le poids, mais le poids du livre seul. En effet, le verre ne fait plus partie du système, et à cet égard nous n'avons pas à prendre en compte la force exercée par la Terre sur lui.

Ce système est soumis aux forces suivantes :
- le poids qu'exerce sur lui la Terre : $\overrightarrow{P}_L$;
- la réaction normale exercée par la table sur le livre, verticale (puisque la table est horizontale), et orientée vers le haut (puisque la table se trouve sous le système) : $\overrightarrow{R}_{n,T/L}$;
- la réaction normale exercée par le verre sur le livre, verticale (puisque le fond du verre est horizontal), et orientée vers le bas (puisque le verre se trouve sur le système) : $\overrightarrow{R}_{n,V/L}$.

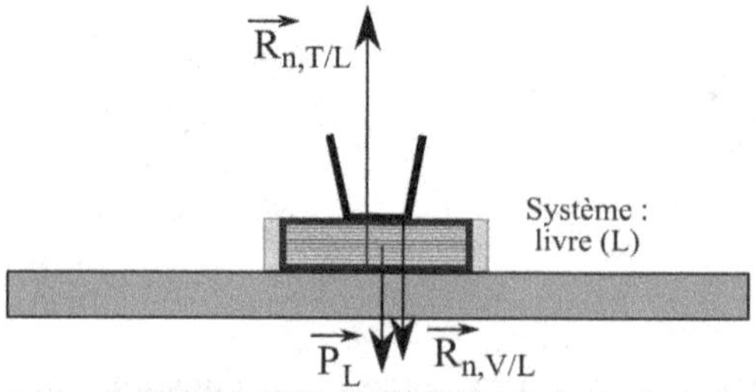

Pour identifier la réaction normale de la table sur le livre, nous utilisons derechef la première loi de Newton, sauf que...

Le centre d'inertie du système persévérant dans un état de repos par rapport à un référentiel supposé galiléen, la première loi de Newton nous permet d'affirmer que la résultante des forces s'exerçant sur ce système est nulle :

$$\overrightarrow{R}_{n,T/L} + \overrightarrow{P}_L + \overrightarrow{R}_{n,V/L} = \overrightarrow{0} \quad \Leftrightarrow \quad \overrightarrow{R}_{n,T/L} = -\overrightarrow{P}_L - \overrightarrow{R}_{n,V/L}$$

Et là, c'est le drame : lorsque le verre était inclus dans le système, la force qu'il exerçait sur le livre (ainsi que la réciproque de celle-ci) était une force **intérieure** au système, et elle n'avait donc pas à figurer dans le bilan des forces extérieures invoqué dans les deux premières lois de Newton. Mais à présent qu'il en est sorti, cette force doit être prise en compte, introduisant une seconde réaction normale dans le bilan, donc une deuxième inconnue dans l'équation, dont la résolution se trouve dès lors compromise.

Entendons-nous bien : le choix du système n'influe pas sur l'existence ou non-existence de la force exercée par le verre sur le livre. Celle-ci existe, un point c'est tout. Mais sa prise en compte lors de l'application des lois de Newton n'est pas nécessaire si cette force est intérieure au système.
Ceci trouve son explication dans la troisième loi de Newton (principe des actions réciproques) : si un point matériel A exerce sur un autre point matériel B une force $\overrightarrow{F}_{A/B}$, alors cette loi nous dit que B exerce en retour sur A une force $\overrightarrow{F}_{B/A} = -\overrightarrow{F}_{A/B}$. Dans ce cas, si B appartient au système, mais pas A, la force $\overrightarrow{F}_{A/B}$ figurera dans le bilan des forces subies par le système (puisque B en fait partie), mais n'aura pas de compensation automatique.
Si en revanche A fait également partie du système, alors les deux forces devront être prises en compte. Or la troisième loi indique qu'elles se compensent entre elles. Ainsi, toute force exercée par un élément d'un système sur un autre élément de ce même système (force alors qualifiée de force **intérieure**) sera compensée par son action réciproque, puisque celle-ci s'exercera également sur un point du système.
Ainsi, lorsque l'on parle des forces **extérieures** au système, ce n'est pas qu'il n'y ait pas de forces intérieures (comment justifier la cohésion de la matière autrement ?), mais tout simplement que celles-ci (innombrables, du reste) se compensent les unes les autres dans la résultante globale des forces subies par le système.

Ceci étant dit, comment venir à bout de cette indésirable réaction normale que nous n'avions pas invitée (enfin si, mais pas exprès) ? La réponse est relativement simple : il suffit de l'exprimer en fonction d'une autre force que nous connaîtrions. Pour ce faire, nous avons besoin d'une autre équation dans laquelle elle intervienne. Nous allons voir que la force exercée par le verre sur le livre ne nous apportera rien. Mais la force exercée par le livre sur le verre, en revanche...

- **Système : verre seul**

Ce système est soumis aux forces suivantes :
- le poids qu'exerce sur lui la Terre : $\overrightarrow{P}_V$;
- la réaction normale exercée par le livre sur le verre, verticale (puisque le livre est horizontal), et orientée vers le haut (puisque le livre se trouve sous le système) : $\overrightarrow{R}_{n,L/V}$.

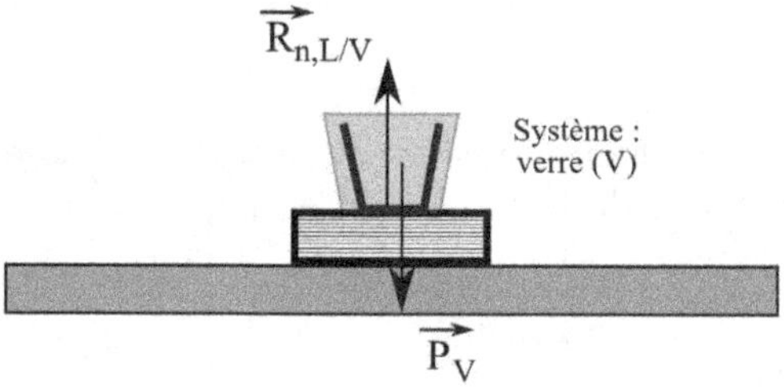

Le centre d'inertie du système persévérant dans un état de repos par rapport à un référentiel supposé galiléen, la première loi de Newton nous permet d'affirmer que la résultante des forces s'exerçant sur ce système est nulle :

$$\overrightarrow{R}_{n,L/V} + \overrightarrow{P}_V = \overrightarrow{0} \quad \Leftrightarrow \quad \overrightarrow{R}_{n,L/V} = -\overrightarrow{P}_V$$

D'après la troisième loi de Newton, nous pouvons affirmer que la force exercée par le livre sur le verre est égale à l'opposé de la force exercée par le verre sur le livre, soit ici :

$$\overrightarrow{R}_{n,L/V} = -\overrightarrow{R}_{n,V/L} = \overrightarrow{P}_V$$

Cette dernière égalité peut sembler anodine, mais elle débloque tout le problème, et surtout donne une explication à l'intuition selon laquelle le verre "appuie avec son poids" sur le livre. Le poids est une force exercée par la Terre. Envisager que le verre exerce son propre poids sur le livre n'a véritablement aucun sens. Mais nous constatons cependant que, sous réserve que le verre soit immobile (ou en mouvement rectiligne uniforme par rapport à un référentiel galiléen), alors la force qu'il exerce sur le livre se trouve être exactement égale à la force qu'exerce la Terre sur lui. Cette coïncidence (qui ne doit certes rien au hasard et tout à Newton) explique la confusion qui règne souvent à ce sujet.

Nous pouvons donc écrire, d'après les équations précédentes :

$$\overrightarrow{R}_{n,V/L} = -\overrightarrow{R}_{n,L/V} = -(-\overrightarrow{P}_V) \quad \Leftrightarrow \quad \overrightarrow{R}_{n,V/L} = \overrightarrow{P}_V$$

En injectant ce résultat dans l'expression trouvée précédemment , il vient :

$$\overrightarrow{R}_{n,T/L} = -\overrightarrow{P}_L - \overrightarrow{P}_V = -(m_L + m_V)\vec{g} = -m_{(L+V)}\vec{g} = -\overrightarrow{P}_{(L+V)}$$

Nous retrouvons bien le même résultat qu'au premier cas.

Un petit schéma synoptique en conclusion pour bien comprendre :

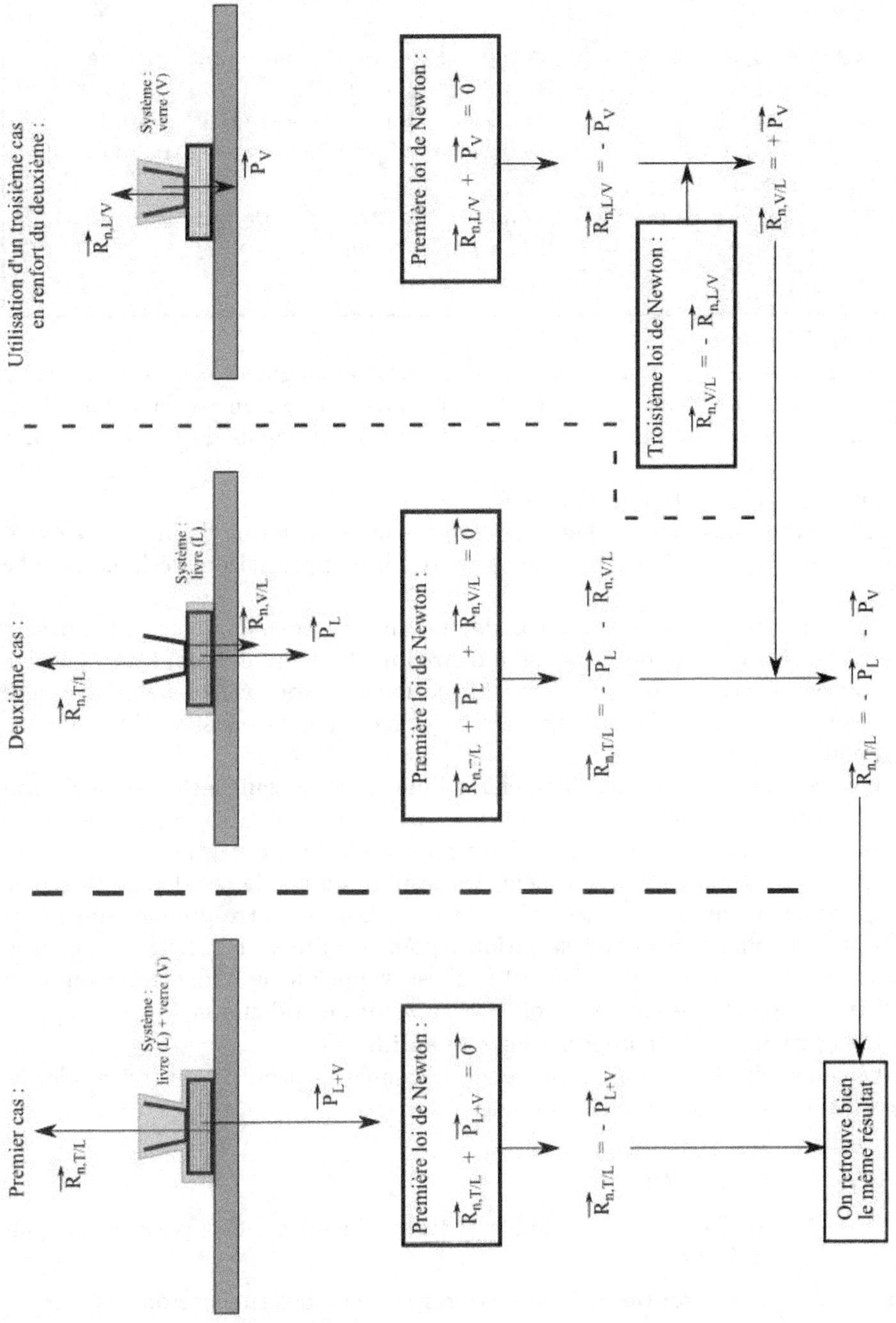

Exercice 13.2 : Mesure de la poussée d'Archimède

On considère un becher contenant un liquide (masse de l'ensemble : m), et posé sur une balance électronique, qui affiche alors une masse $m_{aff,1}$. On introduit dans le liquide un solide S suspendu à un fil, en sorte que ce solide ne touche pas les parois ni le fond du becher. La valeur affichée par la balance augmente et passe à $m_{aff,2}$.
Montrer comment il est possible de connaître la valeur Π_A de la poussée d'Archimède subie par le solide S, à partir des valeurs $m_{aff,1}$ et $m_{aff,2}$.

• **Analyse de l'énoncé**

Cet exercice repose, sur le fond, sur une démarche analogue à celle de l'exercice précédent : un objet (le becher plein de liquide) posé sur un autre (la balance), et subissant une action d'un troisième (le solide S), situé au-dessus de lui et appuyant dessus.
Deux difficultés supplémentaires cependant :

– La démarche est moins guidée : l'énoncé est présenté sous forme de protocole expérimental, dont l'exploitation est laissée à votre libre appréciation, réclamant donc plus d'initiative.
– Ce protocole met en jeu une balance (un dynamomètre, techniquement, est-il besoin de le rappeler ?) ainsi que de la poussée d'Archimède, deux concepts un peu plus subtils que des réactions normales bêtes et méchantes. Nous verrons en outre qu'il sera nécessaire de faire intervenir une force qui n'est pas la poussée d'Archimède, même si elle a un lien avec celle-ci.

L'énoncé propose deux situations distinctes : l'une avec le seul becher doté de son contenu (aboutissant à l'affichage de la masse $m_{aff,1}$), et l'autre avec le solide S trempant dans le liquide (aboutissant à l'affichage de la masse $m_{aff,2}$). S'il est probable que tôt ou tard nous aurons à mêler les résultats issus de ces deux situations, il serait cependant malavisé de courir deux lièvres à la fois. Notre premier souci sera donc de traiter isolément ces deux situations, pour ensuite voir si leur conjugaison est nécessaire à l'atteinte de notre objectif (qui est, rappelons-le, l'identification de la poussée d'Archimède Π_A subie par le solide S, à partir des valeurs $m_{aff,1}$ et $m_{aff,2}$).

• **Étude de la première situation (sans le solide S)**

Avant d'aller plus loin, il est bon de procéder à la sanctification de l'exercice selon le rituel ancestral des exercices de mécanique :

Commençons par définir :

(1) **Le système :** l'ensemble {becher + liquide}, de masse m, ci-après noté sys.

(2) **Le référentiel d'étude :** terrestre, que nous supposerons galiléen.

(3) **Le bilan des forces extérieures s'exerçant sur ce système :**

– son poids $\overrightarrow{P}_{T/sys} = m\vec{g}$, exercé par la Terre (ci-après notée T) ;

– la réaction normale de la balance (ci-après notée bal) sur le système dans cette première situation, $\overrightarrow{R}^{(1)}_{n,bal/sys}$.

Nous abordons ici une première subtilité, qu'il est nécessaire d'éclaircir avant d'aller plus loin : la balance. Ce terme est en soi abusif, puisqu'il tire son origine du balancement de deux plateaux cherchant leur équilibre. La seule balance permettant réellement une mesure de masse est la balance de Roberval (celle à deux plateaux). Pour preuve : elle fonctionne aussi bien sur la Terre que sur une autre planète, puisqu'elle met en comparaison le système dont on souhaite déterminer la masse, avec des pesons étalonnés.
L'objet que nous rencontrons le plus fréquemment dans nos cuisines et nos salles de bains vous le dirait certainement lui-même s'il en était capable : "Je suis pas une balance ! "... mais un dynamomètre, c'est-à-dire un objet sensible non à la masse (celle-ci n'est pas une interaction, même si Mr Higgs aurait certainement des choses à nous dire sur la question), mais à la force s'exerçant sur lui, autrement dit la réaction normale $\overrightarrow{R}_{n,sys/bal}$ exercée sur son plateau, par tout objet appuyant dessus.
Or il se trouve que si l'objet posé sur ce dynamomètre est au repos par rapport à un référentiel supposé galiléen, la réaction normale $\overrightarrow{R}_{n,bal/sys}$ qu'exerce le plateau sur lui doit juste équilibrer son poids, et est précisément égale (troisième loi de Newton oblige) à l'opposé de $\overrightarrow{R}_{n,sys/bal}$.
Il ne reste donc plus qu'à doter notre dynamomètre d'un étalonnage qui affiche le rapport de cette force, à l'accélération de pesanteur de l'astre sur lequel est menée l'expérience (la Terre, dans la plupart des cas), et l'on obtient ainsi la masse de l'objet.
Cette logique étant à présente posée, nous pouvons ainsi rédiger, dans cette première situation :

Nous savons que la masse affichée par une balance électronique est en réalité le rapport de la réaction normale exercée sur le plateau de cette balance par l'objet reposant dessus, à la valeur de l'accélération de pesanteur terrestre :

$$m_{aff,1} = \frac{R^{(1)}_{n,sys/bal}}{g}$$

Or d'après la troisième loi de Newton, nous pouvons écrire :

$$\overrightarrow{R}^{(1)}_{n,sys/bal} = -\overrightarrow{R}^{(1)}_{n,bal/sys}$$

Comme en outre l'objet posé sur le plateau persévère dans un état de repos par rapport à un référentiel supposé galiléen, la première loi de Newton nous permet d'écrire :

$$\overrightarrow{P}_{T/sys} + \overrightarrow{R}^{(1)}_{n,bal/sys} = \overrightarrow{0} \quad \Leftrightarrow \quad \overrightarrow{R}^{(1)}_{n,bal/sys} = -\overrightarrow{P}_{T/sys}$$

d'où nous déduisons :

$$\overrightarrow{R}^{(1)}_{n,sys/bal} = \overrightarrow{P}_{T/sys}$$

Nous en déduisons que la masse affichée dans ce premier cas est bien celle de du becher et du liquide qu'il contient :

$$m_{aff,1} = \frac{R^{(1)}_{n,sys/bal}}{g} = \frac{P_{T/sys}}{g} = \frac{mg}{g} \quad \Leftrightarrow \quad m_{aff,1} = m$$

• Étude de la seconde situation (avec le solide S)

Nous conservons le même référentiel et le même système, mais l'intervention du solide, au contact du liquide (lequel fait partie du système) entraîne *a priori* l'apparition d'une nouvelle force, qui va donc modifier le bilan des forces extérieures.

Effectuons à nouveau le bilan des forces extérieures auxquelles est soumis le système dans cette nouvelle situation :

- son poids $\overrightarrow{P}_{T/sys} = m\vec{g}$, exercé par la Terre ($T$) ;
- la réaction normale de la balance (bal) sur le système dans cette première situation, qui a *a priori* changé par rapport au cas précédent : $\overrightarrow{R}^{(2)}_{n,bal/sys}$;
- la force exercée sur le liquide, par le solide S : $\overrightarrow{F}_{S/liq}$.

Cette dernière force n'appartient à aucune des catégories usuelles : vous connaissez les forces associées à un solide appuyant sur un autre, à un astre exerçant une attraction gravitationnelle, à une particule électriquement chargée... Mais l'action d'un solide sur un liquide, ça, en général, ça ne figure pas dans le manuel.

En revanche, si l'on a la fantaisie de vouloir inverser les rôles... L'action d'un liquide sur un solide, quant à elle, est déjà plus commune.

Prenons alors le temps de recenser les tenants et les aboutissants du problème :

- Nous cherchons à identifier la poussée d'Archimède $\overrightarrow{\Pi}_{A,liq/S}$ subie par le solide S, soit l'action exercée par le liquide contenu dans le becher.
- Nos données sont la masse $m_{aff,1}$ affichée dans le premier cas (qui coïncide donc avec la masse m de l'ensemble (becher + liquide)), et la masse $m_{aff,2}$ affichée dans le second cas, mais qui va *a priori* dépendre de la force $\overrightarrow{F}_{S/liq}$ exercée par le solide S, sur le liquide.
- Or cette force mystérieuse pourrait bien avoir des liens troubles avec la poussée d'Archimède, puisqu'il s'agit en fait de l'action réciproque de cette dernière. Nous avons donc toutes les chances de lever ce voile avec la troisième loi de Newton.

On peut tiquer sur l'idée que la force exercée par ce solide sur le liquide soit juste l'opposée de la poussée d'Archimède qu'il subit, du fait que le système subissant cette force n'est pas, dans cette seconde situation, un solide, ce qui bouscule un peu nos habitudes de points matériels, véhicules indéformables et autres balles rigidement sphériques.

Il suffit pour s'en convaincre de se rappeler que la poussée d'Archimède est la résultante des forces de pressions subies par un solide immergé dans un fluide, du fait de la différence de pression au sein dudit fluide, entre les parties haute et basse du solide en question.

Pour prendre un exemple simple, si l'on immerge un cylindre de longueur H et de section Σ sur une hauteur h dans un fluide de masse volumique ρ_f, alors l'action des forces de pression exercées par ce liquide sur ce liquide sera :
- globalement nulle au niveau de sa surface latérale (compensation des actions sur le pourtour du cylindre) : $\overrightarrow{F}_{lat} = \overrightarrow{0}$;
- verticale et orientée vers le haut au niveau de sa surface inférieure.

Or au niveau de sa surface inférieure, la pression a pour valeur $P_{inf} = \rho gh + P_{atm}$ (vu dans le programme de seconde, et repris dans le chapitre d'hydrostatique, à la partie thermodynamique de cet ouvrage), d'où une force :

$$\overrightarrow{F}_{inf} = (\rho_f gh + P_{atm}) \times \Sigma \cdot \vec{e}_z$$

avec $\vec{e}_z$ vecteur unitaire vertical et orienté du bas vers le haut.
Comme au niveau de la surface supérieure, seule s'exerce la pression atmosphérique (que nous supposerons identique au niveau de la surface supérieure du cylindre, et de la surface du liquide), la troisième force de pression subie par le cylindre est :

$$\overrightarrow{F}_{sup} = -P_{atm} \times \Sigma \cdot \vec{e}_z$$

La résultante de ces forces est donc finalement :

$$\overrightarrow{F}_{inf} + \overrightarrow{F}_{lat} + \overrightarrow{F}_{lat} = \underbrace{\underbrace{\rho_f \underbrace{h\Sigma}_{V_{im}=V_{f,d}}}_{m_{f,d}} g}_{P_{f,d}} \vec{e}_z$$

où :
- $V_{im} = h \times \Sigma$ est le volume du cylindre, immergé dans le liquide, qui peut être également considéré comme le volume $V_{f,d}$ de fluide déplacé, à la faveur de l'immersion du solide dans le fluide ;
- $m_{f,d} = \rho_f V_{f,d}$ est la masse de fluide déplacée à la faveur de l'immersion ;
- $P_{f,d} = m_{f,d} g$ est la valeur du poids du fluide déplacé à la faveur de l'immersion.

Nous retrouvons donc bien ainsi la poussée d'Archimède telle que la décrivit son inventeur avant de perdre la tête : “Tout corps plongé dans un liquide, outre en ressortir mouillé, reçoit de la part de celui-ci une poussée verticale, orientée du haut vers le bas, égale au poids du volume de fluide déplacé.”
Et nous constatons qu'elle n'est ni plus ni moins due, qu'à l'action d'une pression hydrostatique qui pousse plus fort en bas qu'en haut.

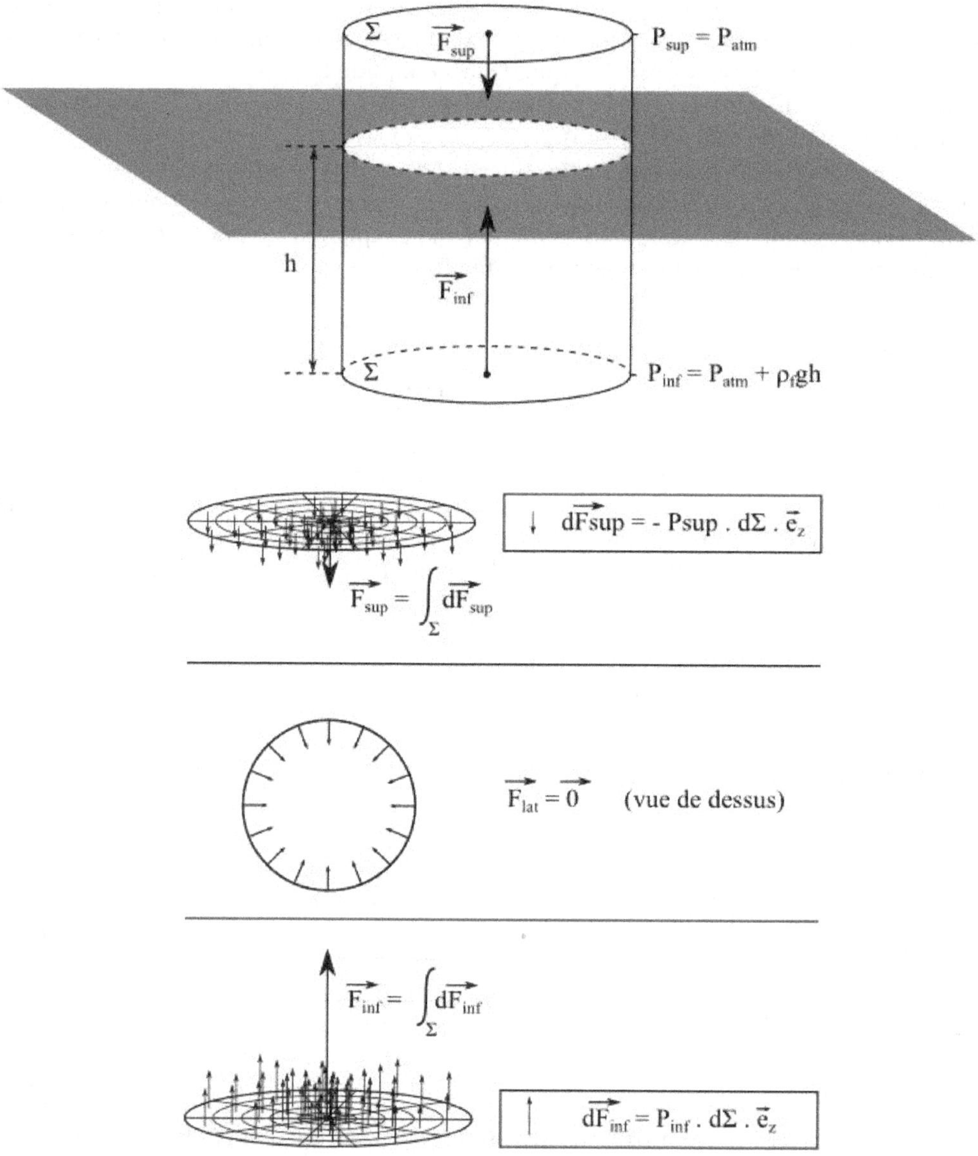

On prendra garde de ne pas assimiler hauteur d'immersion, et profondeur d'immersion. En effet, si le solide s'enfonce au point d'être totalement immergé, alors sa hauteur d'immersion se limite à H, quelle que soit sa profondeur. Un sous-marin totalement immergé, par exemple, subit ainsi la même poussée d'Archimède, quelle que soit sa profondeur (tant que l'on néglige les variations de la masse volumique de l'eau dans laquelle il évolue, puisque celle-ci augmente aux très grandes profondeurs sous l'effet de la pression).

La simplicité de la forme cylindrique rend la démonstration particulièrement simple. Cette démonstration peut également se faire dans le cas général, mais elle est alors plus compliquée. Nous admettrons ici sa généralisation.

Et partant de ce constat, si nous considérons la force réciproque de chacune des petites forces de pression exercée localement par le liquide sur le cylindre, et les additionnons, nous obtiendrons logiquement une résultante égale en valeur à la résultante des premières (soit donc la poussée d'Archimède), de même direction, mais orientée à l'opposé.
Archimède étant désormais autant mis à nu que le jour où il poussa son "Eureka !", nous pouvons reprendre notre démonstration, qui rappelons-le consistait à suivre la démarche suivante :

$$m_{aff,2} \longrightarrow \overrightarrow{F}_{S/liq} \longrightarrow \overrightarrow{\Pi}_{A,liq/S}$$

Le centre d'inertie du système {becher + liquide} étant toujours immobile par rapport à un référentiel supposé galiléen, la première loi de Newton garantit toujours la compensation des forces, qui cette fois s'écrit :

$$\overrightarrow{P}_{T/sys} + \overrightarrow{R}^{(2)}_{n,bal/sys} + \overrightarrow{F}_{S/liq} = \overrightarrow{0} \quad \Leftrightarrow \quad \overrightarrow{R}^{(2)}_{n,bal/sys} = -\overrightarrow{P}_{T/sys} - \overrightarrow{F}_{S/liq}$$

Or la force exercée $\overrightarrow{F}_{S/liq}$ est la réciproque de la force exercée par le liquide sur S, c'est-à-dire la poussée d'Archimède $\overrightarrow{\Pi}_{A,liq/S}$. D'après la troisième loi de Newton, nous pouvons donc écrire :

$$\overrightarrow{F}_{S/liq} = -\overrightarrow{\Pi}_{A,liq/S}$$

Et en réinjectant cette égalité dans l'équation fournie par la première loi de Newton, nous obtenons :

$$\overrightarrow{R}^{(2)}_{n,bal/sys} = -\overrightarrow{P}_{T/sys} + \overrightarrow{\Pi}_{A,liq/S}$$

Nous constatons ainsi que la réaction normale de la balance sur le fond du becher rend compte du poids du système, rehaussé de l'action du solide sur le liquide (comme à l'exercice précédent, en remplaçant le verre par S), action dont la valeur coïncide (troisième loi oblige) avec la poussée d'Archimède.

La balance affichant la valeur de $\overrightarrow{R}^{(2)}_{n,sys/bal}$, rapportée à g, nous pouvons donc écrire, après projection des forces sur un axe vertical :

$$m_{aff,2} = \frac{R^{(2)}_{n,bal/sys}}{g} = \frac{P_{T/sys} + \Pi_{A,liq/S}}{g}$$

En détaillant $P_{T/sys} = mg = m_{aff,1}g$, nous obtenons enfin :

$$m_{aff,2} = m_{aff,1} + \frac{\Pi_{A,liq/S}}{g} \quad \Leftrightarrow \quad \Pi_{A,liq/S} = (m_{aff,2} - m_{aff,1})g$$

On peut faire encore plus simple, en tarant la balance lorsque qu'elle porte le becher et le liquide : la masse affichée lors de l'immersion du solide est alors directement égale à $m_{aff,2} - m_{aff,1}$.

Exercice 13.3 : Chute libre

Un point matériel M, de masse m, est lancé depuis l'origine O d'un repère cartésien (xOy) avec une vitesse initiale $\vec{v}_0$ formant un angle α avec l'horizontale. Déterminer les expressions, à tout instant, de ses grandeurs cinématiques, puis l'équation de sa trajectoire. On supposera d'abord le mouvement sans frottement, puis on tiendra compte d'une force de frottement fluide $\vec{f} = -k\vec{v}$ de la part de l'air (k constante positive, $\vec{v}$ vecteur vitesse instantanée du point matériel). Déterminer enfin l'instant où le point matériel passe par une altitude maximale pour chacune des trajectoires. Que peut-on dire du cas où les frottements deviennent faibles ?

• **Analyse de l'énoncé**

On parle de problème de **chute libre** quand un corps est en mouvement au voisinage de la Terre sous la seule action de son **poids**. Le poids pouvant être considéré comme une force constante au voisinage de la Terre, cela va nous mener, d'après la deuxième loi de Newton à un mouvement uniformément accéléré. Le plus simple pour ce genre d'exercices est d'écrire la deuxième loi de Newton qui mène à des équations différentielles du second ordre (autant d'équations que de degrés de liberté du mouvement). On a donc besoin de deux conditions initiales pour chaque coordonnée (position initiale et vitesse initiale par exemple).

Les particules mises en mouvement sous l'action d'une **force constante** peuvent mener à deux types de trajectoires :

– rectilignes

– paraboliques

Le type de trajectoire obtenu dépend du **vecteur vitesse initial** donné au point matériel.

On trouvera des exercices analogues dans le chapitre consacré au mouvement des particules chargées. En effet, une particule chargée (de charge q) placée dans une région de l'espace où règne un champ électrique $\vec{E}$ est soumise à la force constante $q\vec{E}$, et aboutit donc au même type de mouvement.

Dans la seconde partie de l'énoncé, on ajoute une **force de frottement fluide**. Par abus de langage, on continue parfois de parler de chute libre, bien que ce ne soit plus à strictement parler le cas.

Avant toute chose, comme il a été rappelé dans le paragraphe d'introduction à ce chapitre, on doit commencer l'exercice (comme tout exercice de mécanique) en définissant le système étudié, précisant le référentiel d'étude et la base de projection qu'on lui associe, faisant un bilan des forces appliquées et les représentant si possible sur un schéma.

(1) Système : le point matériel M, de masse m.

(2) Référentiel : terrestre, supposé galiléen, doté d'un repère cartésien d'axes (Ox) horizontal, et (Oy) vertical ascendant.

(3) Bilan des forces extérieures au système :

- le poids du point matériel : $\overrightarrow{P} = m\vec{g}$, vertical et vers le bas, de valeur mg
- pour la seconde partie de l'exercice, on rajoute la force de frottement fluide : $\vec{f} = -k\vec{v}$

• Écriture et intégration de la deuxième loi de Newton

La deuxième loi de Newton, postule que l'accélération par rapport à un référentiel **galiléen**, d'un point matériel de **masse** m **constante**, s'identifie au rapport de résultante des forces que subit ce point matériel, à sa propre masse :

$$\vec{a} = \frac{\sum \overrightarrow{F}_{ext}}{m} \quad \Leftrightarrow \quad \sum \overrightarrow{F}_{ext} = m\vec{a}$$

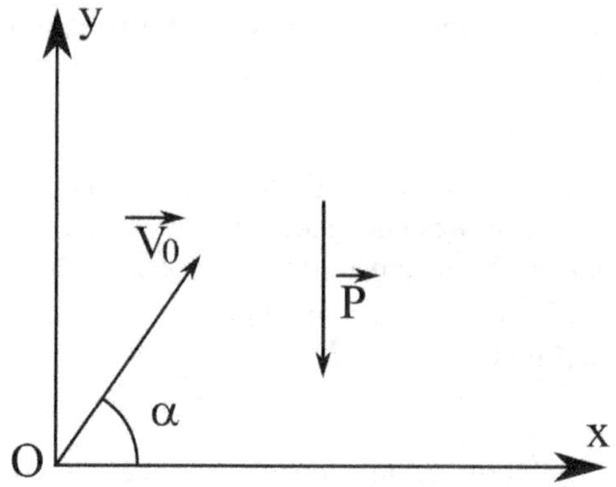

Cette expression **dynamique** (c'est-à-dire résultant de l'expression des forces appliquées) du vecteur accélération doit alors être égalisée à son expression **cinématique** (c'est-à-dire en fonction des paramètres de la base de projection choisie). Une fois exprimé le vecteur accélération, deux techniques sont possibles pour remonter aux **équations horaires**, composantes du vecteur position sur la base de projection choisie :

- **projeter le vecteur accélération** sur la base, *a priori* tridimensionnelle de projection, et intégrer séparément les trois équations différentielles scalaires obtenues.
- **intégrer vectoriellement** l'expression vectorielle de la deuxième loi de Newton pour remonter dans un premier temps au vecteur vitesse, puis au vecteur position.

Si l'expression vectorielle de l'accélération fait apparaître un ou plusieurs **produit(s) vectoriel(s)** (mouvement d'une particule chargée en présence d'un champ magnétique, dynamique par rapport à un référentiel non galiléen), on doit forcément passer par les projections qui mènent alors à des équations différentielles couplées sur lesquelles nous reviendrons un peu plus tard.

À chaque niveau d'intégration (passage accélération-vitesse, puis vitesse-position) apparaît une constante d'intégration. On la détermine à l'aide des conditions initiales. Pour simplifier cette détermination, on peut donc écrire dès le départ clairement les conditions initiales proposées, surtout si l'on opte pour la résolution par projection. En effet, on nous donne souvent les conditions initiales sous forme vectorielle ; dans la résolution scalaire, c'est de leur projection que l'on a besoin.

Nous allons résoudre en parallèle les deux cas de figure proposés : sans puis avec frottement. Les conditions initiales sont les mêmes pour les deux cas :

$$\begin{cases} \dot{x}(0) = v_0 \cos\alpha \ ; \quad x(0) = 0 \\ \dot{y}(0) = v_0 \sin\alpha \ ; \quad y(0) = 0 \end{cases}$$

Chute libre sans frottement :

La deuxième loi de Newton s'écrit :

$$m\vec{a} = m\vec{g}$$

Ce qui donne en projection sur les deux axes considérés :

$$\begin{cases} \ddot{x} = 0 \\ \ddot{y} = -g \end{cases}$$

On intègre ces deux relations par rapport au temps, ce qui donne :

$$\begin{cases} \dot{x} = cte \\ \dot{y} = -gt + cte' \end{cases}$$

Avec les conditions initiales sur la vitesse, nous en déduisons :

$$\begin{cases} \dot{x}(t=0) = v_0 \cos\alpha = cte & \Rightarrow \quad cte = v_0 \cos\alpha \\ \dot{y}(t=0) = v_0 \sin\alpha = -g \times 0 + cte' & \Rightarrow \quad cte' = v_0 \sin\alpha \end{cases}$$

Nous en déduisons finalement les lois horaires de vitesse :

$$\begin{cases} \dot{x}(t) = v_0 \cos\alpha \\ \dot{y}(t) = -gt + v_0 \sin\alpha \end{cases}$$

On intègre de nouveau et obtient ainsi les équations horaires :

$$\begin{cases} x = (v_0 \cos\alpha)t + cte \\ y = -\frac{1}{2}gt^2 + (v_0 \sin\alpha)t + cte' \end{cases}$$

Avec les conditions initiales sur la position, nous en déduisons :

$$\begin{cases} x(t=0) = 0 = (v_0 \cos\alpha) \times 0 + cte = cte & \Rightarrow \quad cte = 0 \\ y(t=0) = 0 = -\frac{1}{2}g \times 0^2 + (v_0 \sin\alpha) \times 0 + cte' = cte' & \Rightarrow \quad cte' = 0 \end{cases}$$

Nous en déduisons finalement les lois horaires de position :

$$\begin{cases} x(t) = (v_0 \cos\alpha)t \\ y(t) = -\frac{1}{2}gt^2 + (v_0 \sin\alpha)t \end{cases}$$

On peut alors extraire l'expression de t de la première équation horaire :

$$t = \frac{x}{v_0 \cos\alpha}$$

que l'on reporte ensuite dans la seconde pour obtenir l'équation de la trajectoire :

$$y(x) = -\frac{1}{2}\frac{g}{v_0^2\cos^2\alpha}x^2 + x\tan\alpha$$

On obtient ainsi une trajectoire parabolique.

Chute libre avec frottement :

La deuxième loi de Newton s'écrit cette fois :

$$m\vec{a} = m\vec{g} - k\vec{v}$$

C'est-à-dire :

$$\frac{d\vec{v}}{dt} + \frac{k}{m}\vec{v} = \vec{g}$$

Le mouvement avec frottement mène à une **équation différentielle vectorielle** linéaire du premier ordre et avec second membre constant. On résout ce type d'équation différentielle exactement de la même manière que les équations différentielles scalaires correspondantes, à ceci près que les constantes d'intégration qui apparaissent doivent être prises non plus scalaires, mais vectorielles. Vous pouvez vous reporter au chapitre sur les outils mathématiques pour revoir la méthode de résolution détaillée.

La solution de cette équation différentielle vectorielle s'écrit comme la somme de deux termes :

- une solution générale de l'équation sans second membre :

$$\vec{v}_g = \vec{A}e^{-\frac{k}{m}t}$$

- une solution particulière de l'équation avec second membre ; le second membre étant une constante, nous cherchons cette seconde solution sous forme d'une constante :

$$\underbrace{\frac{d\vec{v}_p}{dt}}_{\vec{0}} + \frac{k}{m}\vec{v}_p = \vec{g} \quad \Rightarrow \quad \vec{v}_p = \frac{m}{k}\vec{g}$$

D'où la solution générale de l'équation avec second membre :

$$\vec{v} = \frac{m}{k}\vec{g} + \vec{A}e^{-\frac{k}{m}t}$$

On détermine la constante vectorielle d'intégration $\overrightarrow{A}$ à l'aide de la condition initiale vectorielle sur la vitesse :

$$\vec{v}(t=0)=\vec{v}_0=\frac{m}{k}\vec{g}+\overrightarrow{A}\underbrace{e^{-\frac{k}{m}\times 0}}_{1} \quad\Rightarrow\quad \overrightarrow{A}=\vec{v}_0-\frac{m}{k}\vec{g}$$

On trouve finalement, en reportant l'expression de $\overrightarrow{A}$ dans celle de $\vec{v}$:

$$\vec{v}(t)=\frac{m}{k}\vec{g}+\left(\vec{v}_0-\frac{m}{k}\vec{g}\right)e^{-\frac{k}{m}t} \quad\Leftrightarrow\quad \vec{v}(t)=\vec{g}\tau+(\vec{v}_0-\vec{g}\tau)\,e^{-\frac{t}{\tau}}$$

en posant $\tau=\frac{m}{k}$.

Si vous choisissez cette méthode de résolution, restez rigoureux dans les notations :

- notez bien des constantes d'intégration **vectorielles** ;
- ne refaites pas le détail de la résolution de l'ESSM, car il est interdit d'écrire des logarithmes népériens ou des exponentielles de vecteurs ! Utilisez directement le résultat...

On intègre de nouveau pour obtenir le vecteur position à chaque instant :

$$\overrightarrow{OM}=\vec{g}\tau t+(\vec{v}_0-\vec{g}\tau)\times(-\tau)e^{-\frac{t}{\tau}}+\overrightarrow{B}$$

On détermine la constante vectorielle d'intégration $\overrightarrow{B}$ à l'aide de la condition initiale vectorielle sur la position :

$$\overrightarrow{OM}(t=0)=\overrightarrow{0}=\vec{g}\tau\times 0-\tau\,(\vec{v}_0-\vec{g}\tau)\underbrace{e^{-\frac{0}{\tau}}}_{1}+\overrightarrow{B}$$

soit, donc :

$$\overrightarrow{B}-\tau\,(\vec{v}_0-\vec{g}\tau)=\overrightarrow{0} \quad\Leftrightarrow\quad \overrightarrow{B}=\tau\,(\vec{v}_0-\vec{g}\tau)$$

On trouve finalement, en reportant l'expression de $\overrightarrow{B}$ dans celle de $\overrightarrow{OM}$:

$$\overrightarrow{OM}=\vec{g}\tau t+\tau\,(\vec{v}_0-\vec{g}\tau)\left(1-e^{-\frac{t}{\tau}}\right)$$

À ce stade, on va repasser aux équations horaires, puis à l'équation de la trajectoire en **projetant le vecteur position** sur les deux axes considérés. Prenez garde aux erreurs d'inattention en réalisant ces projections lorsque l'expression à projeter, comme c'est le cas ici, est copieuse. En particulier, pensez bien à traduire que le champ de pesanteur $\vec{g}$ pointe vers le bas ; vérifiez au besoin **l'homogénéité** des équations horaires obtenues.

On déduit les équations horaires des projections de $\overrightarrow{OM}$ sur les axes du repère :

$$\begin{cases} x(t) = v_0\tau\cos\alpha\left(1 - e^{-\frac{t}{\tau}}\right) \\ y(t) = -g\tau t + \tau\left(v_0\sin\alpha + g\tau\right)\left(1 - e^{-\frac{t}{\tau}}\right) \end{cases}$$

L'obtention de l'équation de la trajectoire se fait toujours selon la méthode indiquée dans les exercices de la section **cinématique**. On va isoler de la première équation horaire un bloc pertinent, à savoir le bloc contenant l'exponentielle, qui est commun aux deux équations. Pour le reste, il faut quand même isoler complètement t ; on utilise pour cela également l'équation horaire portant sur x, car c'est la plus simple.

Il nous reste à éliminer t entre ces deux équations pour obtenir l'équation de la trajectoire :

$$1 - e^{-\frac{t}{\tau}} = \frac{x}{v_0\tau\cos\alpha} \quad \Leftrightarrow \quad -\frac{t}{\tau} = \ln\left(1 - \frac{x}{v_0\tau\cos\alpha}\right)$$

Donc au final :

$$t = \tau\ln\left(\frac{1}{1 - \frac{x}{v_0\tau\cos\alpha}}\right)$$

On en déduit enfin l'équation de la trajectoire :

$$y(x) = -g\tau^2\ln\left(\frac{1}{1 - \frac{x}{v_0\tau\cos\alpha}}\right) + \tau\left(v_0\sin\alpha + g\tau\right)\frac{x}{v_0\tau\cos\alpha}$$

que l'on peut encore simplifier en :

$$y(x) = g\tau^2\ln\left(1 - \frac{x}{v_0\tau\cos\alpha}\right) + \left(\tan\alpha + \frac{g\tau}{v_0\cos\alpha}\right)x$$

avec, donc, $\tau = \frac{m}{k}$, rapport de la masse du système au coefficient de la force de frottement fluide.

On note que $x(t)$ possède une asymptote de valeur $v_0\tau\cos\alpha$: lorsque $t \longrightarrow \infty$, x se rapproche de cette limite par valeur inférieure, provoquant la chute de y vers $-\infty$.

• Étude de la flèche de la trajectoire
C'est en effet ainsi que l'on nomme le point d'**altitude la plus élevée** de la trajectoire du point matériel. On s'intéresse ainsi à un maximum de la fonction y. Nous avons déterminé $y(t)$ et $y(x)$, on peut donc avoir accès, par étude des dérivées de ces fonctions par rapport à leurs variables respectives, tant à l'instant t_F où l'on atteint la **flèche** qu'à l'abscisse x_F correspondante. Pour ce qui est de la détermination de t_F, il est évidemment inutile de redériver l'équation horaire : on utilise directement l'expression $\dot{y}(t)$ qui a été intermédiairement écrite.

Mouvement sans frottement
L'altitude maximale est atteinte à l'instant t_F tel que $\dot{y}(t_F) = 0$:

$$\dot{y}(t_F) = -gt_F + v_0 \sin\alpha = 0 \quad \Leftrightarrow \quad t_F = \frac{v_0 \sin\alpha}{g}$$

Mouvement avec frottement
On obtient $\dot{y}(t)$ par projection sur la verticale du vecteur vitesse :

$$\dot{y}(t) = -g\tau + (v_0 \sin\alpha + g\tau)\, e^{-\frac{t}{\tau}}$$

On en déduit la date t'_F où la flèche est atteinte dans ce second cas :

$$\dot{y}(t'_F) = 0 \quad \Leftrightarrow \quad e^{-\frac{t'_F}{\tau}} = \frac{g\tau}{v_0 \sin\alpha + g\tau} \quad \Leftrightarrow \quad t'_F = \tau \ln\left(1 + \frac{v_0 \sin\alpha}{g\tau}\right)$$

• Étude aux faibles frottements
Pour étudier ce genre de comportement limite, il est attendu de vous l'écriture d'un développement limité. Pour faire ceci de manière correcte, il s'agit de trouver le bon **infiniment petit** à considérer. En effet, il ne suffit pas de prendre comme infiniment petit la variable que l'énoncé suppose "faible". En physique, on précise toujours d'une part par rapport à quoi une variable est faible, et d'autre part on prend un infiniment petit adimensionné et petit devant 1. Pour ce faire, on peut retrouver les développements limités usuels au voisinage de zéro à l'aide de la **formule de Taylor** :

$$f(x) \simeq f(0) + f'(0)x + \frac{x^2}{2!} + ... + f^n(0)\frac{x^n}{n!}$$

Si les frottements deviennent faibles, on peut supposer que $kv_0 \sin\alpha \ll mg$ et ainsi supposer $\varepsilon = \frac{v_0 \sin\alpha}{g\tau}$ être un infiniment petit ($\varepsilon \ll 1$). On réécrit alors :

$$t'_F = \tau \ln(1+\varepsilon) \simeq \tau\varepsilon = \frac{v_0 \sin\alpha}{g} = t_F$$

Exercice 13.4 : Pendule pesant

Déterminer l'équation différentielle régissant l'évolution d'un pendule simple (ou pendule pesant). Montrer que pour les oscillations de faible amplitude, on a isochronisme des oscillations. Pour des oscillations d'amplitude un peu moins faible, comment est modifiée l'expression de cette période ? On supposera qu'à $t = 0$ le pendule est écarté d'un angle θ_0 de sa position d'équilibre, puis lâché sans vitesse initiale.

• **Analyse de l'énoncé**

On étudie un **pendule simple**, encore appelé **pendule pesant**. Il s'agit d'un système constitué par un point matériel M, de masse m, suspendu au bout d'un fil de masse négligeable, inextensible et de longueur l.

• **Choix de la base de projection**

L'une des choses les plus importantes pour la résolution d'un problème de mécanique est le **choix de la base de projection**. Pour la choisir, il faut tenir compte :
- de la **direction des forces** en présence ;
- de la **symétrie du problème**, notamment dans le cas d'un mouvement en contact avec une surface ;
- de la **nature de la trajectoire**, du moins si elle est prévisible *a priori*.

On privilégiera alors l'utilisation :
- d'une **base cartésienne** pour les mouvements de type rectiligne, parabolique... donc pour les mouvements de chute (avec ou sans frottement).
- d'une base cylindrique pour les mouvements circulaires, ou encore en contact avec une surface à symétrie cylindrique.
- d'une **base sphérique** pour un mouvement à symétrie sphérique, à la surface d'une sphère...

On n'utilisera, en pratique, quasiment jamais les coordonnées sphériques, car la majorité des mouvements *a priori* à symétrie sphérique seront en fait plan et une **base polaire** permettra de les paramétrer correctement et avec plus de simplicité.

On étudie le système constitué par le point matériel M, de masse m, par rapport au référentiel du laboratoire, supposé galiléen. Ce système est soumis à deux forces : son poids, vertical et orienté vers le bas et la tension du fil inextensible qui le retient, radiale, dirigée de M vers le point d'attache O. De plus, le fil étant inextensible de longueur l, la trajectoire de M est un arc de cercle de centre O et de rayon l. Il semble donc adapté d'utiliser la base polaire pour étudier son mouvement.

Le schéma suivant représente le système, la base et les forces en présence :

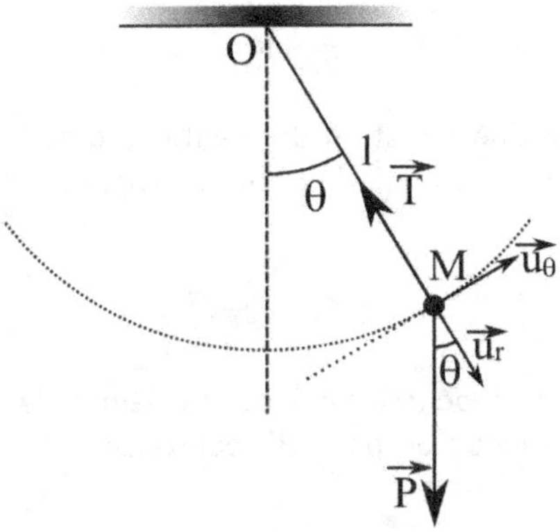

La deuxième loi de Newton donnant une égalité vectorielle, elle va mener à deux ou trois relations scalaires. Parfois, seule une seule d'entre elles suffira à résoudre le problème. Il faut à ce moment bien réfléchir sur quel axe la projeter prioritairement pour s'affranchir d'éventuelles forces inconnues.

Le vecteur position du point M s'écrit ici : $\overrightarrow{OM} = l\vec{u}_r$. On en déduit immédiatement, puisque l est une constante, son vecteur vitesse $\vec{v} = l\dot{\theta}\vec{u}_\theta$, puis son vecteur accélération :

$$\vec{a} = l\ddot{\theta}\vec{u}_\theta - l\dot{\theta}^2\vec{u}_r$$

Les forces en présence se projettent sur la base polaire en :

$$\vec{T} = -T\vec{u}_r$$

$$\vec{P} = mg\cos\theta\vec{u}_r - mg\sin\theta\vec{u}_\theta$$

Puisque d'une part on recherche une équation différentielle sur la variable θ, et que d'autre part la tension du fil n'est pas connue, projetons la deuxième loi de Newton suivant $\vec{u}_\theta$:

$$ml\ddot{\theta} = -mg\sin\theta$$

D'où :

$$\ddot{\theta} + \frac{g}{l}\sin\theta = 0$$

- **Résolution dans l'approximation des petits angles**

Dès que l'on parle d'**approximation des petits angles**, cela suggère d'effectuer un développement limité à l'ordre 1 des fonctions trigonométriques :

$$\cos\theta \simeq 1 \quad \text{et} \quad \sin\theta \simeq \tan\theta \simeq \theta$$

Dans l'approximation des petits angles, l'équation différentielle se réécrit :

$$\ddot{\theta} + \frac{g}{l}\theta = 0$$

On reconnaît ainsi une équation différentielle d'oscillateur harmonique de pulsation propre $\omega_0 = \sqrt{\frac{g}{l}}$, donc de période propre :

$$T_0 = 2\pi\sqrt{\frac{l}{g}}$$

La période propre ne dépend ainsi ni de la valeur de la masse m, ni des conditions initiales du mouvement : on parle d'isochronisme des petites oscillations.

• **Cas d'un angle faible, mais non très petit**
Ce cas se traite dans la continuité du précédent. On continue de supposer l'angle θ faible, il va donc falloir écrire un **développement limité des termes de l'équation différentielle** régissant ses variations. Mais n'étant plus aussi faible que précédemment, il faut être plus précis que dans le cas précédent, c'est-à-dire le **pousser un ordre plus loin**.
Cette méthode s'inscrit dans le cadre général d'une méthode dite **méthode des perturbations**. On a commencé par faire une approximation grossière, qui nous a menés a une équation d'oscillateur harmonique, donc à une solution sinusoïdale de pulsation ω_0. On va corriger légèrement cette solution en supposant une solution sinusoïdale de pulsation différente, mais proche de la pulsation propre. Pour déterminer ladite pulsation, on remplace la solution corrigée dans l'équation différentielle développée à un ordre plus loin. On termine par une identification des termes de même nature, après linéarisation des fonctions trigonométriques.

La méthode ici exposée peut vous paraître un peu compliquée... Généralement, dans les problèmes d'écrit, on ne vous demandera pas d'en prendre l'initiative ; elle sera explicitée et guidée par l'énoncé sur une ou plusieurs questions.

Si l'on veut une approximation plus fine des solutions, nous devons pousser le DL à l'ordre supérieur : $\sin\theta \simeq \theta - \frac{\theta^3}{6}$, d'où l'équation différentielle :

$$\ddot{\theta} + \omega_0^2\left(\theta - \frac{\theta^3}{6}\right) = 0$$

La solution dans l'approximation des très petits angles était sinusoïdale de pulsation ω_0. En appliquant une méthode perturbative, on peut supposer la solution de même forme, mais de pulsation $\omega \neq \omega_0$, tout en lui restant proche. On peut donc écrire $\theta(t) = \theta_0 \cos\omega t$.

Nous allons ensuite reporter cette solution approchée dans l'équation différentielle développée à l'ordre 3, où le cosinus porté au cube va poser problème. On anticipe en linéarisant le terme en question à l'aide des formules d'Euler :

$$\cos^3\theta = \left(\frac{e^{j\theta}+e^{-j\theta}}{2}\right)^3 = \frac{1}{4}\left(\underbrace{\frac{e^{3j\theta}+e^{-3j\theta}}{2}}_{\cos 3\theta} + \underbrace{\frac{e^{j\theta}+e^{-j\theta}}{2}}_{\cos\theta}\right)$$

Il ne reste plus qu'à injecter cette expression dans l'équation différentielle :

$$-\omega^2\theta_0\cos\omega t + \omega_0^2\left[\theta_0\cos\omega t - \frac{\theta_0^3}{24}\left(\cos 3\omega t + 3\cos\omega t\right)\right] = 0$$

Cette relation devant être vérifiée quel que soit t, les coefficients devant chaque fonction trigonométrique sont nuls, en particulier celui devant $\cos\omega t$ qui mène à $\omega = \omega_0\sqrt{1-\frac{\theta_0^2}{8}}$.

Si l'on annule le terme devant $\cos 3\omega t$, on arrive à une incohérence. Ce coefficient est en fait incomplet, et en poussant le DL à l'ordre suivant, des termes supplémentaires y apparaissent.

Puis, avec $\left(1-\frac{\theta_0^2}{8}\right)^{-\frac{1}{2}} \simeq 1+\frac{\theta_0^2}{16}$, on obtient $T = T_0\left(1+\frac{\theta_0^2}{16}\right)$.

Exercice 13.5 : Mouvement sur un guide

Un point matériel M de masse m glisse sur un hémisphère de centre O et de rayon h. On repère sa position par l'angle θ indiqué sur la figure. Pour quelle valeur de θ le point matériel quitte-t-il la surface ? On néglige tout frottement et on suppose que le point M a quitté le sommet de l'hémisphère, sans vitesse initiale, à l'instant $t = 0$.

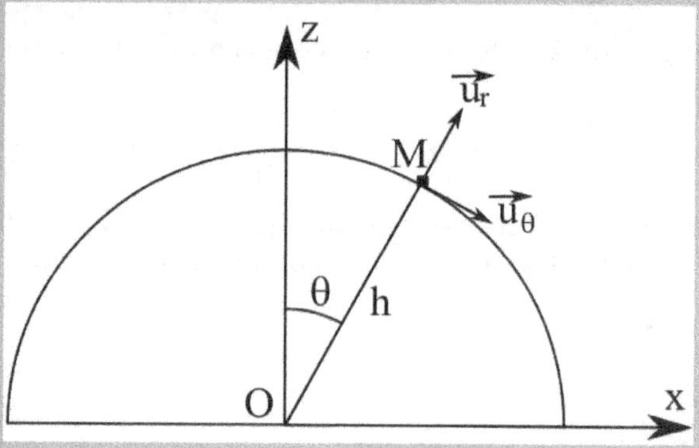

• **Analyse de l'énoncé**

Le point matériel étudié ici est en **mouvement plan à la surface d'un hémisphère**, le choix d'une **base polaire**, comme suggéré par le dessin de l'énoncé, est donc le plus pertinent. La question posée est la détermination de l'angle θ_r pour lequel on aura rupture du contact. L'**existence ou la non-existence d'un contact** avec une surface est entièrement déterminée par l'**existence ou la non-existence d'une force de réaction du support** sur le point matériel. Le mouvement s'effectuant sans frottement dans notre cas, on va pouvoir écrire la force de réaction normale $\vec{R} = R\vec{u}_r$ et déterminer l'expression $R(\theta)$. La **condition de rupture de contact** s'écrira alors simplement $R(\theta_r) = 0$.

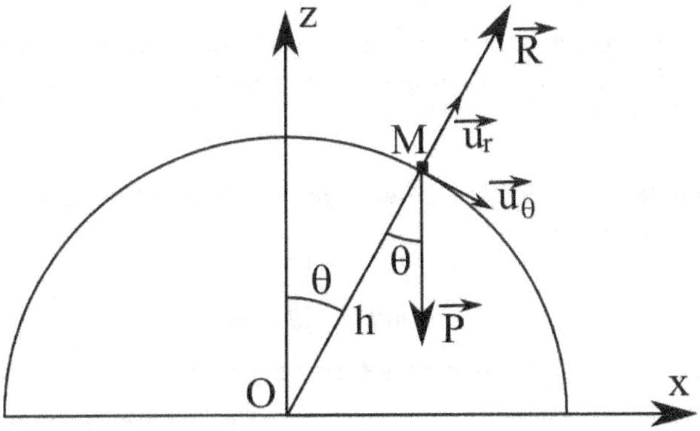

On étudie le point matériel M en mouvement à la surface de l'hémisphère par rapport au référentiel supposé galiléen du laboratoire. Son mouvement s'effectuant sans frottement, il est soumis à son poids et à la réaction normale du support $\vec{R} = R\vec{u}_r$.

Tant qu'il reste en contact avec la surface, sa trajectoire est un cercle de rayon h ; ses grandeurs cinématiques s'écrivent donc : $\overrightarrow{OM} = h\vec{u}_r$, $\vec{v} = h\dot{\theta}\vec{u}_\theta$ et $\vec{a} = h\ddot{\theta}\vec{u}_\theta - h\dot{\theta}^2\vec{u}_r$.

• **Détermination de l'expression de la réaction normale**

L'expression de la réaction normale s'obtient par **projection de la deuxième loi de Newton sur la direction radiale.** Le problème qui va se poser immédiatement est que, la deuxième loi de Newton faisant intervenir l'accélération du point M, on ne va pas directement obtenir la relation $R(\theta)$ recherchée, mais une relation du type $R(\theta, \dot{\theta})$.

Appliquons la deuxième loi de Newton au point M, en projection sur les deux directions de la base polaire :

$$\begin{cases} -mh\dot{\theta}^2 & = R - mg\cos\theta \\ mh\ddot{\theta} & = mg\sin\theta \end{cases}$$

On a donc :

$$R = mg\cos\theta - mh\dot{\theta}^2$$

Il va donc falloir éliminer la dérivée $\dot{\theta}$ de l'expression de R. Deux méthodes sont possibles :
- intégrer la projection orthoradiale de la deuxième loi de Newton ;
- obtenir $\dot{\theta}$ *via* un théorème énergétique, comme on le verra plus tard.

Pour ce qui est de l'intégration de la projection orthoradiale de la deuxième loi de Newton, il existe une **astuce de calcul récurrente** :

$$\frac{d\dot{\theta}^2}{dt} = 2\dot{\theta}\ddot{\theta}$$

En pratique, si on a une relation faisant intervenir dans un membre $\ddot{\theta}$ et dans l'autre une fonction de θ, il suffit de multiplier chaque membre par $\dot{\theta}$ pour faire apparaître une intégration évidente.

Reprenons la projection de la deuxième loi de Newton suivant $\vec{u}_\theta$ et multiplions en chaque membre par $\dot{\theta}$:

$$h\dot{\theta}\ddot{\theta} = g\dot{\theta}\sin\theta$$

On constate que cette relation s'écrit également :

$$\frac{1}{2}h\frac{d\dot{\theta}^2}{dt} = g\dot{\theta}\sin\theta$$

En primitivant l'équation ci-dessus, nous obtenons :

$$h\frac{\dot{\theta}^2}{2} = -g\cos\theta + cte$$

En tenant compte des conditions initiales $\theta(t=0) = 0$ et $\dot{\theta}(t=0) = 0$, nous en déduisons :

$$0 = -g + cte \quad \Leftrightarrow \quad cte = g$$

Et finalement :

$$\dot{\theta}^2 = \frac{2g}{h}(1-\cos\theta)$$

En reportant dans l'expression de R précédemment établie, on obtient finalement :

$$R(\theta) = mg\cos\theta - mh \times \frac{2g}{h}(1-\cos\theta) \quad \Leftrightarrow \quad R(\theta) = mg(3\cos\theta - 2)$$

- **Calcul de l'angle de décollement**

Une fois connue l'expression $R(\theta)$, on n'a plus qu'à imposer la condition de rupture de contact que nous avons déjà énoncée pour déterminer la valeur θ_r de l'angle θ au-delà de laquelle le contact est rompu : $R(\theta) \leq 0$.

On aura enfin rupture du contact lorsque θ atteint la valeur θ_r telle que :

$$R(\theta_r) = 0 = mg\,(3\cos\theta_r - 2)$$

On a donc :

$$\theta_r = \text{arccos}\left(\frac{2}{3}\right) = \underline{48,2\ ^\circ}$$

On peut conclure cet exercice en notant que l'angle de décollement ne dépend ni de la masse du point matériel, ni du rayon de la sphère, ni même de la planète où est menée l'expérience !

Exercice 13.6 : Descente à skis

On considère un skieur entièrement équipé, de masse $m = 100$ kg, descendant en droite ligne une pente inclinée d'un angle $\alpha = 30\ ^\circ$ par rapport à l'horizontale après avoir pris le départ sans vitesse initiale.

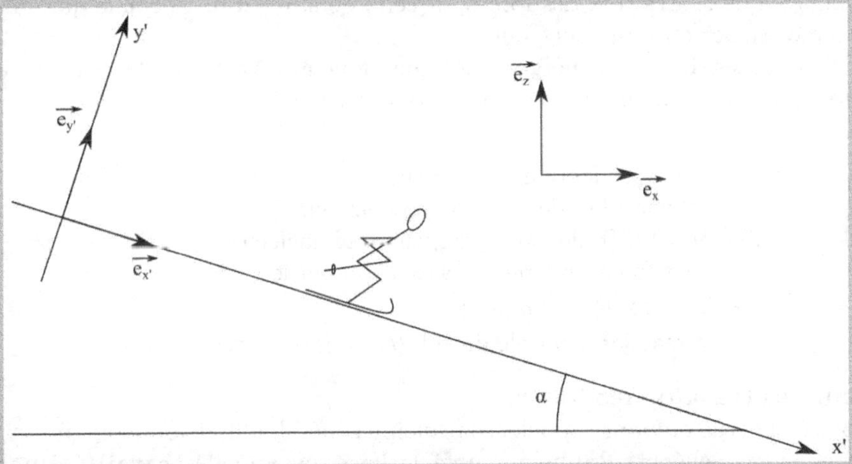

Déterminer au bout de quelle longueur de piste il atteindra la vitesse $v_f = 20$ m.s^{-1}, ainsi que la durée au bout de laquelle il l'aura atteinte.
Quelle sera sa vitesse au bout de cette même longueur de piste, s'il est en outre soumis à une force de frottement de valeur constante $F = 95$ N ?
On arrondira l'accélération de pesanteur à $g = 10$ N.kg^{-1} afin de pouvoir mener les applications numériques à l'ancienne.

• Analyse de l'énoncé

Concrètement, il existe trois lois majeures permettant de résoudre un problème de mécanique classique :

– La deuxième loi de Newton.

– Le théorème de l'énergie cinétique.

– Le théorème du moment cinétique.

Le choix de l'un ou de l'autre revient à la personne qui traite l'exercice (à moins bien sûr que celui-ci ne vous impose l'outil de résolution). Il est recommandé, si toutefois l'on cherche une issue simple au problème (voire une issue tout court) de réfléchir avant d'opter pour telle ou telle méthode.

Dans le cas présent, l'énoncé demande de déterminer la valeur d'une vitesse, acquise par un objet consécutivement à l'action, entre autres, de son poids. Il existe plusieurs façons d'appréhender le problème. Il est toutefois bon de noter que celui-ci va faire intervenir des vecteurs, au nombre desquels une réaction normale d'autre part. Cette option s'annonce donc complexe, tant du fait des multiples composantes vectorielles que nous allons devoir gérer, que de la présence parmi celles-ci d'une réaction normale, force pour laquelle nous n'avons aucune formule de calcul direct.

L'option vectorielle brutale semble donc d'autant moins recommandée, que l'énoncé ne demande que la valeur de la vitesse, et non toutes ses caractéristiques vectorielles (même si dans le cas présent le caractère unidimensionnel du déplacement fait que cette valeur est la seule caractéristique un tant soit peu mystérieuse de cette vitesse).

Si l'on examine les tenants et les aboutissants de la situation, tout invite à utiliser le théorème de l'énergie cinétique :

– il n'engage que les travaux des forces, or celui de la réaction normale qui nous pose problème est de toute manière nul ;

– il offre un accès direct à l'énergie cinétique, donc à la valeur de la vitesse.

Ceci étant dit, la cérémonie rituelle peut commencer.

Commençons par identifier clairement :

– notre système : le skieur et son équipement ;

– le référentiel d'étude : terrestre, supposé galiléen ;

– le bilan des forces extérieures s'exerçant sur le système :

  – le poids $\overrightarrow{P} = -mg\vec{e}_z$;

  – la réaction normale du sol $\overrightarrow{R}_n = R_n\vec{e}_{y'}$.

• Calcul des travaux des forces

Protifons de l'occasion pour rappeler le principe général, afin de pouvoir traiter toutes les autres le cas échéant. Rappelons qu'à la base, on appelle **travail élémentaire** $\delta W(\overrightarrow{F})$ d'une force $\overrightarrow{F}$ sur un déplacement élémentaire $d\overrightarrow{OM}$ de son point d'application M, le produit scalaire de l'un par l'autre :

$$\delta W(\overrightarrow{F}) = \overrightarrow{F} \cdot d\overrightarrow{OM}$$

Le déplacement élémentaire peut s'exprimer dans tout système de coordonnées que l'on jugera pertinent, on veillera simplement à bien vérifier que ses composantes et

celles de la force dont on s'apprête à calculer le travail sont bien exprimées dans la même base de vecteurs avant de les associer deux à deux en produit scalaire.
Le travail de la force $\overrightarrow{F}$ entre deux positions de son point d'application se calcule alors comme l'intégrale de ce travail élémentaire, entre ces deux positions :

$$W_{\widehat{AB}}(\overrightarrow{F}) = \int_{\widehat{AB}} \overrightarrow{F} \cdot d\overrightarrow{OM}$$

> Dans le cas général, il est indispensable de préciser non seulement les positions de départ et d'arrivée du point d'application (A et B), mais également **le chemin** parcouru pour se rendre de l'un à l'autre. En effet, si le travail de certaines forces, dites conservatives, est indépendant du chemin suivi entre les deux positions considérées, il n'en va pas de même pour toutes. Les forces de frottement, notamment, sont non conservatives. Nous détaillerons ce point plus loin.

S'il est possible d'exhiber une primitive de l'intégrande, alors le travail est indépendant du chemin suivi.

> Les forces vérifiant cette propriété sont dites conservatives, et la primitive en question est alors l'opposé de l'énergie potentielle associée à cette force.

Dans le cas qui nous occupe, le calcul du travail aboutit ainsi :

- Pour la réaction normale, à un travail nul. En effet, nous avons beau ignorer l'expression de la réaction normale, il nous suffit de savoir qu'elle est toujours perpendiculaire au support. Or le système se mouvant le long de ce support (autrement il y a perte de contact, et plus de réaction normale), le déplacement élémentaire $\vec{dl}$ lui est constamment tangent, et la réaction normale est donc constamment perpendiculaire à $\vec{dl}$, d'où un travail élémentaire nul, dont la sommation sur tout un chemin donnera également zéro :

$$W_{\widehat{AB}}(\overrightarrow{R}_n) = 0$$

- Pour le poids, il est intéressant de noter que s'agissant d'une force constante, on peut la sortir de l'intégrale. De manière générale, pour une force $\overrightarrow{F}$ constante, nous avons ainsi :

$$W_{\widehat{AB}}(\overrightarrow{F}) = \overrightarrow{F} \cdot \int_{\widehat{AB}} d\overrightarrow{OM} = \overrightarrow{F} \cdot \underbrace{\left[\overrightarrow{OM}\right]_{M=A}^{M=B}}_{\overrightarrow{OB}-\overrightarrow{OA}} = \overrightarrow{F} \cdot \overrightarrow{AB}$$

Il est tout à fait acceptable d'utiliser directement cette relation sans la redémontrer, mais un(e) correcteur/trice pourrait cependant s'émouvoir de vous voir l'utiliser sans en avoir dûment légitimé l'usage.

Le caractère moteur ou résistant d'une force est particulièrement manifeste, dans le cas d'une force constante, puisqu'il apparaît en fait comme la projection de cette force, sur l'axe orienté de A vers B. En effet, le travail apparaît dans ce cas particulier comme une projection de la force, sur le vecteur allant en droite ligne du point de départ au point d'arrivée. Il s'ensuit que la force en question est :

- **motrice** si elle favorise le déplacement du système sur le chemin suivi, c'est-à-dire si sa composante sur l'axe allant de A vers B est positive ;
- **résistante** dans le cas contraire.

$$W_{\widehat{AB}}(\overrightarrow{F} = \overrightarrow{cte}) = \overrightarrow{F} \cdot \overrightarrow{AB} = \underbrace{\|\overrightarrow{F}\| \times \|\overrightarrow{AB}\|}_{\geq 0} \cos\left(\overrightarrow{F}, \overrightarrow{AB}\right)$$

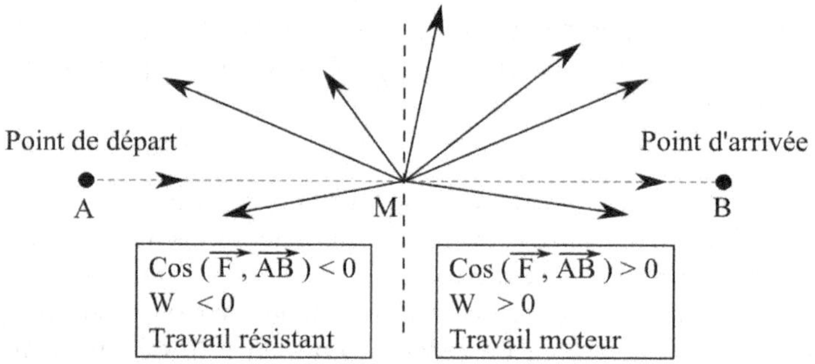

L'étude étant menée par rapport à un référentiel supposé galiléen, nous pouvons utiliser le théorème de l'énergie cinétique entre A et B, positions du skieur respectivement au départ (où $v_i = 0$, *cf* énoncé) et lorsqu'il atteint la vitesse v_f :

$$\underbrace{E_{c,B}}_{\frac{1}{2}mv_f^2} - \underbrace{E_{c,A}}_{\frac{1}{2}mv_i^2=0} = W_{\widehat{AB}}(\overrightarrow{R}_n) + W_{\widehat{AB}}(\overrightarrow{P})$$

Or nous savons que la réaction normale ne travaille jamais, puisque constamment normale au support et donc au déplacement de tout système s'appuyant sur celui-ci, donc $W_{\widehat{AB}}(\overrightarrow{R}_n) = 0$.

Par ailleurs, **le poids étant une force constante, nous pouvons calculer son travail entre A et B par la relation :**

$$W_{\widehat{AB}}(\overrightarrow{P}) = \overrightarrow{P} \cdot \overrightarrow{AB}$$

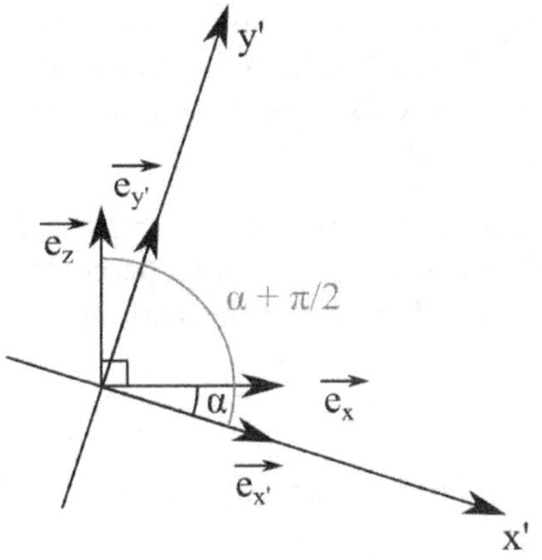

En détaillant $\overrightarrow{P} = -mg\vec{e}_z$ et $\overrightarrow{AB} = AB\vec{e}_{x'}$, nous obtenons ainsi :

$$W_{\widehat{AB}}(\overrightarrow{P}) - mgAB\cos(\vec{e}_z, \vec{e}_{x'}) = mgAB\sin\alpha$$

puisque nous voyons sur le schéma que $(\vec{e}_z, \vec{e}_{x'}) = \frac{\pi}{2} + \alpha$.
En injectant ces résultats dans l'équation issue du théorème de l'énergie cinétique, nous obtenons ainsi au final :

$$\frac{1}{2}mv_f^2 = mgAB\sin\alpha \quad \Leftrightarrow \quad AB = \frac{v_f^2}{2g\sin\alpha} = \frac{(20 \text{ m.s}^{-1})^2}{2 \times 10 \text{ N.kg}^{-1} \times 0,50} = \underline{40 \text{ m}}$$

• **Durée de la descente**
L'énoncé demandait ensuite de déterminer la durée (que nous noterons par la suite $\Delta t = t_B - t_A$) de cette descente. Naturellement, le piège (grossier) à éviter serait ici de vouloir utiliser la relation $v = \frac{AB}{\Delta t}$. En effet, de même que la relation simple qui nous a permis de calculer le travail de poids, cette expression de la vitesse n'est valable que dans un cas restreint, en l'occurrence pour un mouvement uniforme. Dans le cas contraire, elle fait intervenir une vitesse moyenne, dont nous ignorons présentement la valeur.
Nous voici donc astreints à utiliser la définition générale de la vitesse instantanée, qui dans le cas d'un déplacement selon la seule coordonnée x' a pour expression :

$$v = \frac{dx'}{dt}$$

Pour obtenir la durée, il nous faut intégrer dt entre les situations initiale et finale du système, grâce à l'égalité découlant de cette définition :

$$dt = \frac{dx'}{v}$$

Et pour ce faire, nous avons besoin d'une expression analytique de v en fonction de la variable x'. Or cette relation a été établie précédemment, dans le cas particulier où $x = AB$ et $v = v_f$. Mais elle reste valable en tout point de la descente, et nous offre une correspondance générique entre x' et v.

En reprenant la démonstration précédente entre la position initiale et une position quelconque du skieur au cours de sa descente, nous obtenons la relation suivante entre la vitesse v du skieur en une certaine abscisse x', et cette abscisse :

$$\frac{1}{2}mv^2 = mgx' \sin\alpha \quad \Leftrightarrow \quad v = \sqrt{2gx' \sin\alpha}$$

Pour déterminer la durée de la descente, il nous suffit alors d'exprimer dt en fonction de x' :

$$v = \frac{dx'}{dt} \quad \Leftrightarrow \quad dt = \frac{dx'}{v} \quad \Leftrightarrow \quad dt = \frac{1}{\sqrt{2g\sin\alpha}} \frac{dx'}{\sqrt{x'}}$$

On intègre alors cette expression entre les positions A et B (nous prendrons l'origine du repère (x', y') en A, et aurons de ce fait $x'_B = 40$ m, déterminé précédemment).

Or nous savons que $\frac{1}{\sqrt{x'}}$ est la primitive de la fonction $2\sqrt{x'}$, ce qui nous permet enfin d'obtenir :

$$\Delta t = t_B - t_A = \int_{x'_A=0}^{x'_B} \frac{1}{\sqrt{2g\sin\alpha}} \frac{dx'}{\sqrt{x'}} = \frac{2}{\sqrt{2g\sin\alpha}} \left[\sqrt{x'}\right]_0^{x'_B} = \sqrt{\frac{2x'_B}{g\sin\alpha}}$$

L'application numérique donne :

$$\Delta t = \sqrt{\frac{2 \times 40 \text{ m}}{10 \text{ N.kg}^{-1} \times 0,50}} = \sqrt{16 \text{ s}^2} = \underline{4,0 \text{ s}}$$

• **Prise en compte des frottements**

Dernière mission que nous confie l'énoncé : en reconduisant la longueur de piste trouvée dans le cadre précédent, déterminer quelle serait la valeur effective (que nous noterons v'_f) de la vitesse, si outre son poids et la réaction normale de la piste, le skieur subit en outre une force de frottement de valeur constante.

Le traitement du problème va rester sensiblement le même. Seule la toute fin va changer, puisque d'une part nous devrons intégrer le travail de ces forces de frottement dans le théorème de l'énergie cinétique, et d'autre part nous n'isolerons pas AB en fonction d'une valeur de vitesse connue v_f, mais la nouvelle valeur de vitesse v'_f (inconnue, donc), en fonction de la longueur AB précédemment déterminée.

L'essentiel à réaliser consiste donc à calculer le travail d'une force de frottement de valeur constante. Pour ce faire, nous reprenons la définition élémentaire du travail :

$$\delta W(\vec{F}) = \vec{F} \cdot d\overrightarrow{OM}$$

La chose à laquelle nous devons faire attention est que cette fois, nous avons affaire à une force non conservative. Il se trouve que la trajectoire suivie par le système est extrêmement simple, puisqu'elle se fait uniquement selon la coordonnée x', ce qui nous permet d'écrire :

$$d\overrightarrow{OM} = dx'\vec{e}_{x'}$$

Par ailleurs, par définition de sa composante sur l'axe Ox', la force peut s'exprimer :

$$\vec{F} = F_{x'}\vec{e}_{x'} \quad \Rightarrow \quad \delta W(\vec{F}) = F_{x'}dx'$$

C'est là que tout paraît simple, alors même que le piège s'ouvre sous nos pieds, puisque la composante $F_{x'}$ dépend du sens du mouvement :
- si le skieur descend, la force pointe vers le haut de la pente, et sa composante a pour expression $F_{x'} = -F$;
- mais si le skieur monte (profitant de l'énergie cinétique acquise lors d'une descente pour monter le flanc opposé de la vallée, par exemple), la force pointe cette fois vers le bas de la pente, et son travail reste négatif malgré le changement de de situation.

Plus généralement, le travail d'une force de frottement de valeur constante le long d'un chemin $\overset{\frown}{AB}$ aura pour expression :

$$W_{\overset{\frown}{AB}}\left(\vec{F}\right) = -F\times \overset{\frown}{AB}$$

Et dans ce cas, si par exemple le skieur partait du point A pour y revenir, nous constatons que le travail d'une telle force ne serait pas nul, comme dans le cas d'une force conservative, mais serait proportionnel à la longueur du chemin parcouru pour retrouver le point de départ.

Dans notre cas, le chemin suivi étant une ligne droite sans rebroussement ou autre plaisanterie, ce travail sera le même que si cette force avait été conservative. Mais il importe de bien comprendre que là où le travail du poids rend à la descente ce qu'il prend à la montée, le travail d'une force de frottement, lui, est systématiquement résistant et ne peut aboutir qu'à une perte d'énergie mécanique (convertie en énergie interne).

Ici encore, il n'est pas indispensable d'offrir une démonstration en bonne et due forme de ce résultat (sauf si l'énoncé en exprime la demande), mais il est nécessaire de prouver votre maîtrise du contexte d'application en invoquant la propriété avec un maximum de rigueur.

La force de frottement étant de valeur constante et constamment antiparallèle au déplacement, son travail entre deux positions A et B a pour expression :

$$W_{\widehat{AB}}\left(\overrightarrow{F}\right) = -F\times \widehat{AB} = -F\cdot AB$$

puisque le chemin est une ligne droite.
L'application du théorème de l'énergie cinétique donne donc cette fois :

$$\underbrace{E'_{c,B}}_{\frac{1}{2}mv'^2_f} - \underbrace{E_{c,A}}_{\frac{1}{2}mv_i^2=0} = \underbrace{W_{\widehat{AB}}(\overrightarrow{R}_n)}_{0} + \underbrace{W_{\widehat{AB}}(\overrightarrow{P})}_{mgAB\sin\alpha} + \underbrace{W_{\widehat{AB}}(\overrightarrow{F})}_{-F\cdot AB}$$

d'où finalement :

$$\frac{1}{2}mv'^2_f = mgAB\sin\alpha - F\cdot AB \quad\Leftrightarrow\quad v'_f = \sqrt{2AB\left(g\sin\alpha - \frac{F}{m}\right)}$$

Outre les traditionnelles vérifications d'homogénéité, nous pouvons également vérifier la cohérence de cette relation, en ce que la vitesse v'_f sera bien inférieure à v_f, attestant d'une dissipation d'énergie consécutive à l'exercice des forces de frottement, dissipation d'autant plus importante que ces forces le seront également.

Pour l'application numérique, nous constatons que $\frac{2F\cdot AB}{m} = 76$ m^2.s^{-2}, qui ôtés de $2gAB\sin\alpha = v_f^2 = 400$ m^2.s^{-2} donnent exactement $v'^2_f = 324$ m^2.s^{-2}, soit exactement le carré de 18. Nous avons donc au final $v'_f = \underline{18,0 \text{ m.s}^{-1}}$.

Exercice 13.7 : Mouvement dans un potentiel quelconque

On considère un système assimilé à un point matériel, astreint à se déplacer selon une seule coordonnée x, et soumis à une résultante de forces conservatives dérivant d'une énergie potentielle $E_p(x)$, dont la courbe représentative est fournie ci-dessous :

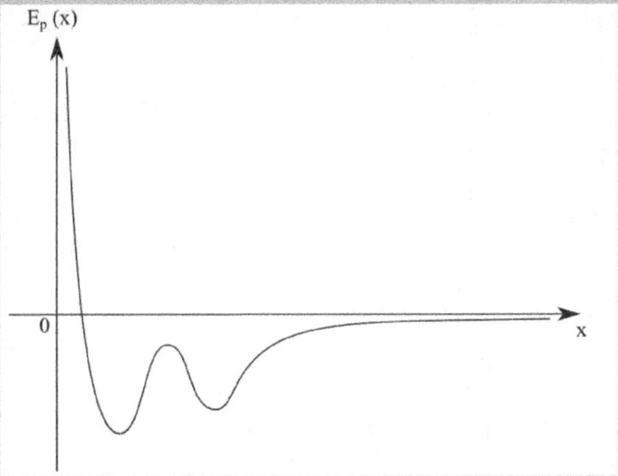

Ce système est livré à lui-même avec une énergie mécanique E_m. Préciser la nature de son mouvement selon la valeur de cette énergie de départ, et identifier à chaque fois la (ou les) position(s) où la vitesse est nulle, ou au contraire maximale.

• **Analyse de l'énoncé**

Voici ce que l'on appelle un exercice dépouillé : une courbe, un(e) étudiant(e)... le face-à-face demande une certaine dose d'initiative.

La première chose à noter est le caractère conservatif des interactions subies par le système. Nous savons dès lors que l'énergie mécanique sera conservée. Il n'est pas *a priori* pas indispensable d'encombrer la rédaction avec des scénarios alternatifs, mais si une occasion précise se présente de mettre en avant votre recul sur la question et votre capacité à envisager des contextes plus généraux (question subsidiaire par exemple), il serait dommage de s'en priver. Par ailleurs, le fait d'avoir conscience de ce point peut également préserver la rigueur des idées que vous exprimerez.

La deuxième chose à noter est que nous disposons d'un graphe d'énergie potentielle. Il est intéressant de noter que l'on peut aisément visualiser les valeurs de l'énergie potentielle (évidemment), mais également celle de l'énergie cinétique, pour peu que l'on connaisse l'énergie mécanique du système.

En effet, si l'énergie potentielle en une position x_0 donnée se lit simplement comme l'ordonnée $E_p(x_0)$ de la courbe au niveau de l'abscisse en question, on constate que l'énergie cinétique, en tant que différence entre l'énergie mécanique et l'énergie potentielle, est simplement l'écart entre la droite horizontale repérant la valeur de l'énergie mécanique du système (ci-après dénommée "droite d'énergie"), et cette ordonnée $E_p(x_0)$:

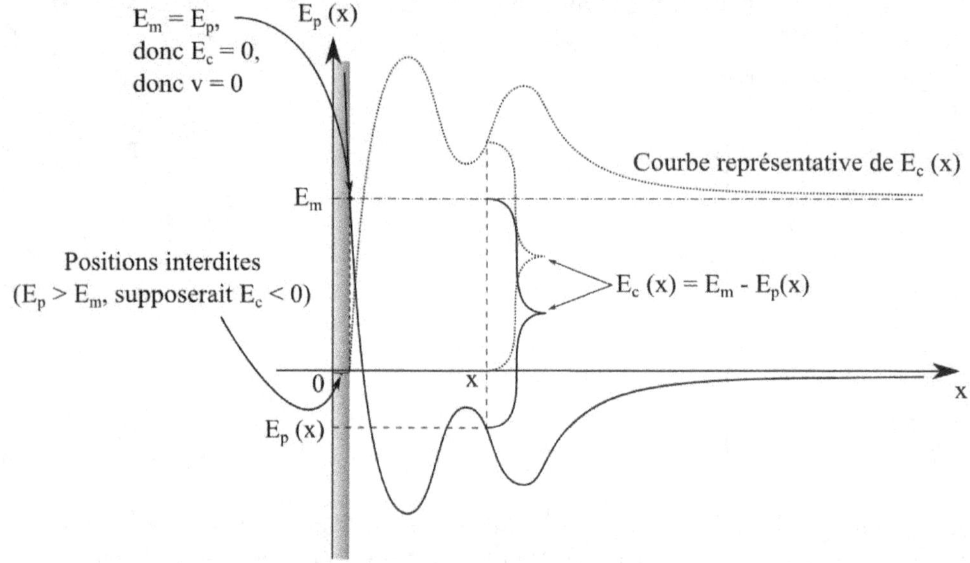

Or nous savons que pour une énergie mécanique de valeur fixée, les seules régions de l'espace auxquelles le système peut accéder sont celles où l'énergie potentielle est inférieure à l'énergie mécanique. Le contraire supposerait en effet une énergie cinétique négative, et ce serait mal.

Nous pouvons à ce sujet préciser, puisque l'une des tâches que nous confie l'énoncé est d'identifier les positions où la vitesse adopte des valeurs respectivement nulle et maximale, qu'il suffit pour ce faire d'identifier les positions où l'énergie cinétique, qui varie proportionnellement à v^2, est nulle ou maximale.

Autrement dit :

- La vitesse s'annule là où l'énergie cinétique s'annule, donc là où $E_p = E_m$, soit, graphiquement, aux abscisses des points d'intersection entre la droite horizontale figurant la valeur de l'énergie mécanique, et la courbe représentative de $E_p(x)$.
- La vitesse a une valeur maximale là où c'est également le cas de l'énergie cinétique, soit, graphiquement, aux abscisses où l'intervalle séparant la droite d'énergie de la courbe représentative de $E_p(x)$ est maximale.

Le jeu va donc consister à ajouter au graphique proposé une droite horizontale d'ordonnée E_m placée le plus haut possible, et d'observer l'évolution des régions autorisées à mesure qu'elle descend. Nous pourrons être amenés à rencontrer trois types de régions, auxquelles peuvent être associés trois types de mouvements, toujours régis par une recherche du minimum d'énergie potentielle :

(1) Une **région infinie** : c'est le cas où la droite d'énergie intercepte la courbe d'énergie potentielle en un seul point, et où celui-ci n'est pas un extremum

d'énergie potentielle. Dans ce cas, le système est dit dans un **état libre**, en ce sens que le système se trouvant dans un tel état énergétique est libre de partir à l'infini.

(2) Une **région bornée** : c'est le cas où la droite d'énergie intercepte la courbe d'énergie potentielle en deux points. Dans ce cas, la particule est dite dans un **état lié**, et va osciller entre les deux positions en question.

(3) Une **région ponctuelle** : c'est le cas où la droite d'énergie intercepte la courbe d'énergie potentielle en un point unique et où celui-ci est un extremum d'énergie potentielle. Dans ce cas le système est dit **à l'équilibre**, et il va rester en cette position (nous nuancerons ce propos plus loin).

L'une des difficultés de cet exercice provient du fait que le profil énergétique proposé contient deux cuvettes d'énergie potentielle, ce qui nous obligera à disjoncter (surtout les cas).

• **Premiers cas**

Commençons donc cette descente de la droite d'énergie, et identifions les différents cas à étudier (l'axe horizontal a été ôté pour une meilleure lisibilité) :

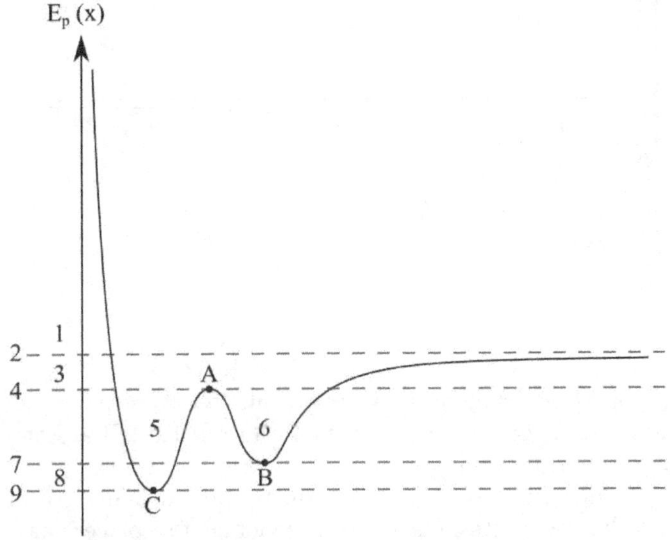

Une manière de faire est de commencer par repérer les cas limites : asymptotes et points à tangentes horizontales (positions d'équilibre) méritent ainsi que l'on s'y arrête, et constituent des cas limites. Nous voyons ici se détacher les cas n° 2, 4, 7 et 9 (ainsi numérotés *a posteriori*), puis ceux qui se situent au-delà ou entre ces cas limites.

Nous discernons en tout neuf cas, que nous allons détailler les uns après les autres :

– Cas n° 1 : $E_m > E_{p,\infty} = 0$. Dans ce cas, le système est libre puisque l'ensemble des positions qui lui sont accessibles s'étendent entre l'abscisse x_0 telle que $E_p(x_0) = E_m$, et l'infini.

- Cas n° 2 : $E_m = E_{p,\infty} = 0$: nous trouvons ici également un état libre, pour les mêmes raisons.

Dans ces deux cas :

- La vitesse s'annule lorsque l'énergie cinétique s'annule, donc aux abscisses de l'unique point d'intersection entre la droite d'énergie et la courbe représentative de $E_p(x)$ (abscisse x_0 sur le schéma).
- La vitesse atteint sa valeur la plus élevée lorsque l'énergie cinétique l'atteint aussi, donc au point d'abscisse x_{max}.

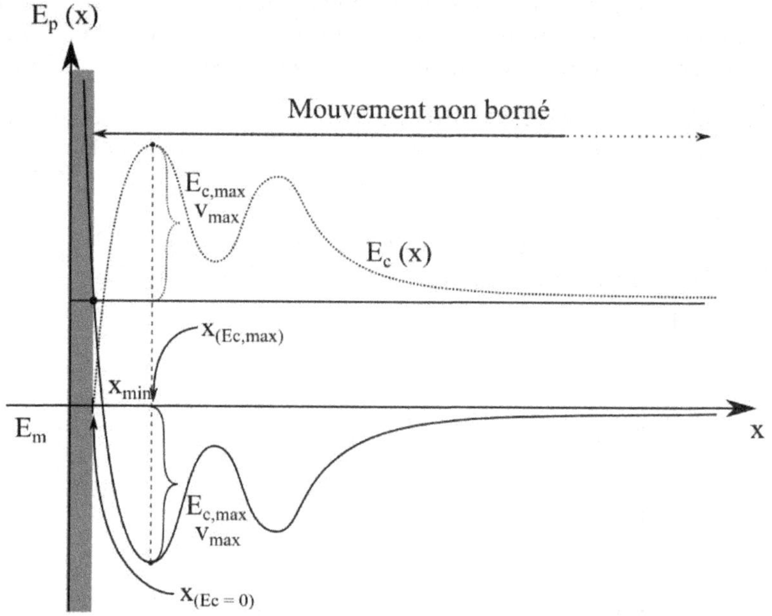

On peut légitimement s'interroger sur la raison pour laquelle on distingue ces deux cas, vu qu'au final, au regard de l'exercice, rien ne les différencie franchement.
En premier lieu, pour la clarté du propos, il peut être intéressant de poser des cas limites, entre lesquels viennent se placer des cas généraux.
Par ailleurs, il se trouve que cette approche des mouvements autorisés par la comparaison énergie potentielle-énergie mécanique possède une application majeure dans le cas des champs newtoniens (potentiels en $\frac{1}{r}$), qui à eux seuls englobent tout de même les interactions gravitationnelles et électrostatiques (oui, rien que ça).
Or, si qualitativement les deux cas invoqués ci-dessus reviennent au même, le détail mathématique des mouvements diffère significativement (mouvement hyperbolique dans le premier cas, parabolique dans le second, pour des champs newtoniens). Dans le cas présent, le distinguo est

superflu, mais dans la perspective d'exercices plus avancés, l'habitude est bonne à prendre par anticipation.

– Cas n° 3 : $E_{p,\infty} > E_m > E_{p,A}$. Dans ce cas, le système est lié puisque son énergie mécanique n'est supérieure à son énergie potentielle que sur un intervalle limité d'espace. Son mouvement sera qualifié de borné, et le système exécutera des allers-retours entre les deux positions extrêmes, d'abscisses x_{min} et x_{max}.

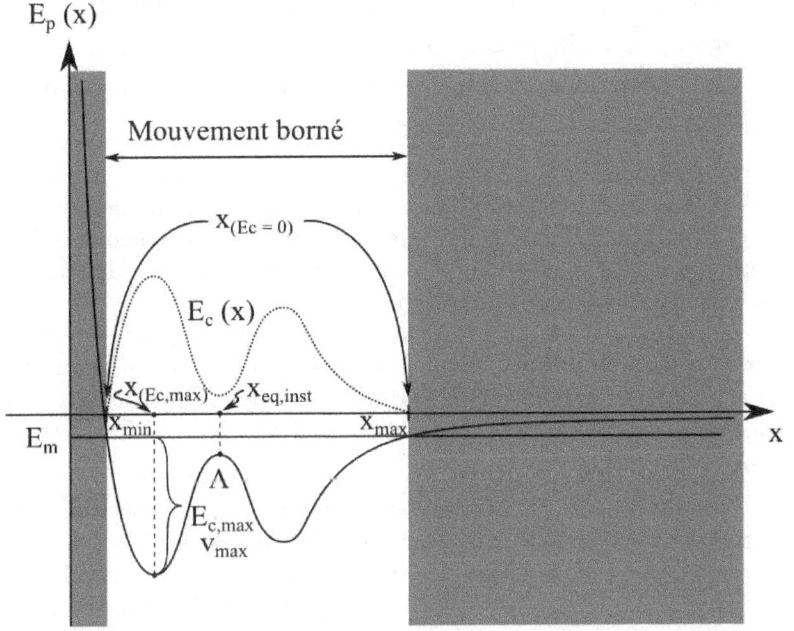

En l'absence d'expression analytique de $E_p(x)$, il nous est impossible de préciser davantage la nature du mouvement de ce système. Nous constatons que son énergie potentielle subit des variations, ce qui nous permet d'affirmer que son énergie cinétique (et par suite la valeur de sa vitesse) subira des variations contraires. Une réponse plus détaillée nécessiterait la mise en évidence d'une équation régissant le mouvement, mais à ce stade du programme, seule la compréhension qualitative est exigible.

• **Situations d'équilibre**

à ce stade, il devient nécessaire de faire un aparté concernant certaines positions particulières, que sont les positions d'équilibre. Nous savons que pour persévérer dans un état de repos par rapport à un référentiel galiléen, il suffit que la résultante vectorielle des forces s'exerçant sur ce système soit nulle. Or une force conservative dérive de l'énergie potentielle qui lui est associée, selon la relation (pour un problème à une seule dimension) :

$$F_x(x) = -\frac{dEp_p(x)}{dx}$$

Cette résultante est nulle en une position donnée, si et seulement si la dérivée de l'énergie potentielle par rapport à la variable d'espace est nulle également en cette position. Ceci peut survenir dans quatre cas :

(1) L'énergie potentielle présente un minimum en cette position.

(2) L'énergie potentielle présente un maximum en cette position.

(3) L'énergie potentielle est monotone, mais passe par une tangente horizontale.

(4) Lénergie potentielle est une constante.

Chacune de ces situations donne naissance à une position d'équilibre, c'est-à-dire une position en laquelle, abandonné à lui-même sans vitesse initiale, le système n'évolue pas. La réalité demande cependant des nuances. En effet, un système finira toujours par subir un déplacement, si petit soit-il, ne serait-ce que du fait de l'agitation thermique des particules élémentaires le constituant.
Ainsi le fait de savoir qu'une position est une position d'équilibre réclame-t-il des précisions (tout comme la phrase “j'ai une surprise pour vous”, qui peut recouvrir le meilleur comme le pire, surtout émanant d'un(e) enseignant(e)). À la notion d'équilibre, nous allons donc devoir ajouter celle de stabilité.
Concrètement :

(1) Si l'énergie potentielle présente un minimum en une position particulière, cette position constitue une position d'**équilibre stable** : si l'on écarte le système d'une telle position, la composante selon x de la résultante de force dérivant de son énergie potentielle va être positive à gauche de cette position (E_p décroissante, donc $F_x(x) = -\frac{dEp_p(x)}{dx} > 0$), et sera donc orientée vers les x croissants, donc vers la position d'équilibre. Par ailleurs, elle sera négative à droite (E_p croissante, donc $F_x(x) = -\frac{dEp_p(x)}{dx} < 0$), et sera donc orientée vers les x décroissants, donc à nouveau vers la position d'équilibre.

(2) Si l'énergie potentielle présente un maximum en une position particulière, cette position constitue une position d'**équilibre instable** : si l'on écarte le système d'une telle position, c'est l'opposé qui se produit : la composante de force sera négative à gauche, et positive à droite, entraînant le système encore plus loin de sa position d'équilibre dans les deux cas.

(3) Si l'énergie potentielle est monotone, mais passe par une tangente horizontale, cette position ne constitue pas une position une position d'équilibre instable au sens strict. Toutefois si le système part du côté d'énergie décroissante il ne reviendra pas, et s'il part du côté d'énergie croissante, il reviendra vers cette position... puis la franchir en sens inverse (à moins de frottements solides suffisants), et partir du côté instable. Ce cas ne figure pas dans le profil de l'exercice.

(4) Si l'énergie potentielle est une constante, on parle d'**équilibre indifférent** : si l'on écarte le système de sa position et qu'on l'abandonne à lui-même, il ne reviendra pas vers la position précédente, non plus qu'il ne s'en éloignera. Il s'en moque (d'où la qualification d'indifférence).

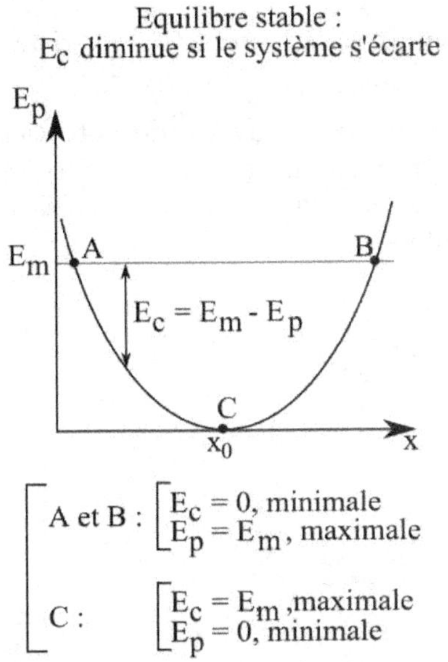

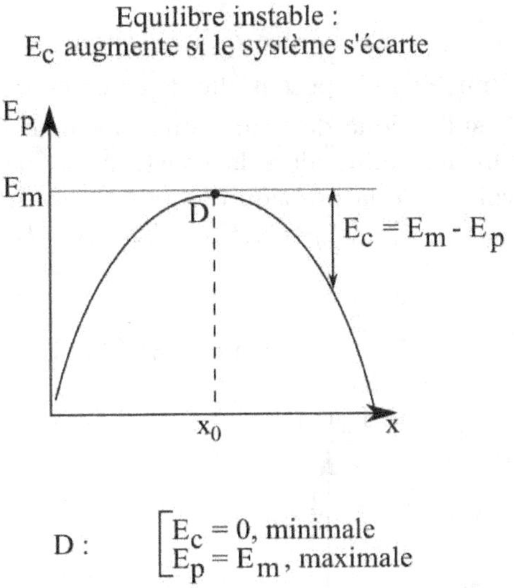

Formellement, la stabilité d'une position d'équilibre x_{eq} peut être déterminée à partir du signe de la dérivée seconde de l'énergie potentielle, en cette position :

– Si $\left(\frac{d^2E_p}{dx^2}\right)_{(x=x_{eq})} > 0$, alors cela signifie qu'au voisinage de cette position d'équilibre, $\frac{dE_p}{dx}$ croît, en d'autres termes que la pente de la tangente à la courbe représentative croît : négative à gauche, nulle à l'équilibre (forcément) et positive à droite, ce qui correspond bien à une courbe tournant sa convexité vers le bas, donc à une position où E_p présente un minimum.

On retiendra donc que la position d'équilibre est **stable si** $\left(\frac{d^2E_p}{dx^2}\right)_{(x=x_{eq})} > 0$.

– Une démonstration analogue permet de conclure que l'équilibre est **instable si** $\left(\frac{d^2E_p}{dx^2}\right)_{(x=x_{eq})} < 0$.

Dans le cas d'un équilibre stable, le système va exécuter des oscillations autour de la position d'équilibre. On peut d'ailleurs donner une approximation de la pulsation de ces oscillations. Nous savons en effet (voir à ce sujet le chapitre sur les oscillateurs harmoniques) que tout potentiel peut être développé à l'ordre 2 au voisinage d'une position d'équilibre stable, sous la forme :

$$E_p(x) \overset{x=x_{eq}}{=} E_p(x_{ex}) + \frac{1}{2}\underbrace{\left(\frac{d^2E_p}{dx^2}\right)_{(x=x_{eq})}}_{k>0}(x-x_{eq})^2$$

Nous savons encore qu'un système de masse m soumis à des interactions dérivant d'une énergie potentielle de ce type oscillera avec une pulsation $\omega_0 = \sqrt{\frac{k}{m}}$.
Il suffit donc de tracer une parabole modélisant au mieux la cuvette de potentiel. On détermine alors la constante k, par exemple en prenant un point d'abscisse x_0 voisine de la position d'équilibre, et en déterminant à l'aide du graphique les écarts $\Delta x^2 = x_0^2 - x_{eq}^2$ et $\Delta E_p = E_p(x_0) - E_p(x_{eq})$. On a alors :

$$\Delta E_p = \frac{1}{2}kx_0^2 - \frac{1}{2}kx_{eq}^2 \quad \Leftrightarrow \quad k = 2\frac{\Delta E_p}{\Delta x^2}$$

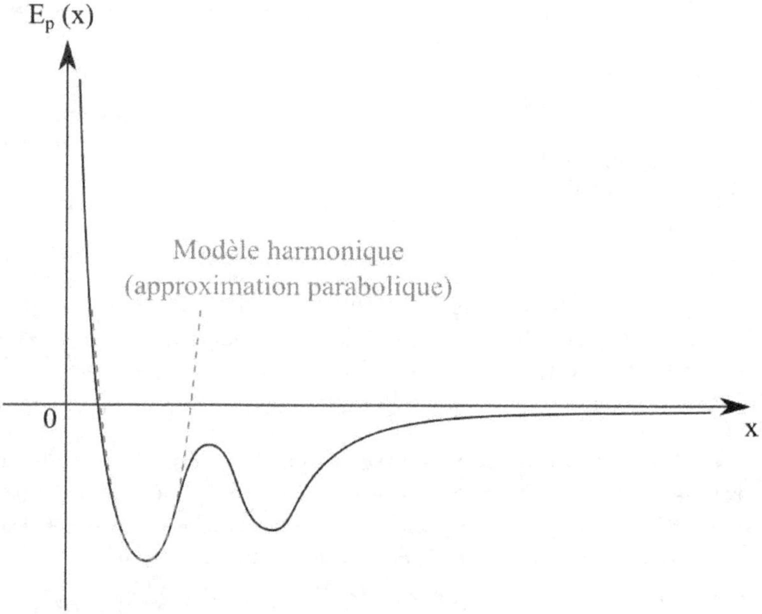

Une autre possibilité est de tracer la tangente à cette parabole, en un point d'abscisse x_0. Nous savons en effet qu'alors la pente de cette tangente sera $\left(\frac{dE_p}{dx}\right)_{x=x_0} = k(x_0 - x_{eq})$, et k peut être calculé comme le rapport de cette pente, à l'écart $x_0 - x_{eq}$.
Il était temps d'aborder cette question puisque le quatrième cas fait apparaître une position d'équilibre.

- Cas n° 4 : $E_m = E_{p,A}$. Cette situation est similaire à la précédente, avec toutefois une particularité, puisque le système passe par A avec une énergie cinétique nulle. Il va donc se retrouver immobile au niveau d'une position d'équilibre instable. Nous avons là un point d'indétermination, puisqu'en théorie il devrait pouvoir s'y maintenir, mais que dans la pratique il finira par la quitter, sans que nous ne puissions anticiper de quel côté il partira.

- Cas n° 5 : $E_{p,A} > E_m > E_{p,C}$, avec conditions initiales plaçant le système dans la première cuvette de potentiel. Dans ce cas, le système va effectuer des oscillations entre les deux positions d'énergie cinétique nulle, autour de la position d'équilibre stable que constitue le minimum C.
- Cas n° 6 : $E_{p,A} > E_m > E_{p,B}$, avec conditions initiales plaçant le système dans la deuxième cuvette de potentiel. Dans ce cas, le système va effectuer des oscillations entre les deux positions d'énergie cinétique nulle, autour de la position d'équilibre stable que constitue le minimum B.
- Cas n° 7 : $E_m = E_{p,B}$. Si les conditions initiales placent le système dans la première cuvette, nous revenons au cas n° 5, sans rien de neuf. Dans la seconde cuvette, en revanche, le système se trouve à l'équilibre et demeurera immobile en cette position, même en cas d'une perturbation infime, puisqu'il s'agit d'un équilibre stable.
- Cas n° 8 : $E_{p,B} > E_m > E_{p,C}$. Ce cas ne peut se produire que dans la première cuvette de potentiel, et se ramène au cas n° 5.
- Cas n° 9 : $E_m = E_{p,C}$. Ce cas ne peut se produire que dans la première cuvette de potentiel. Le système se trouve alors à l'équilibre et demeurera immobile en cette position, même en cas d'une perturbation infime, puisqu'il s'agit d'un équilibre stable.

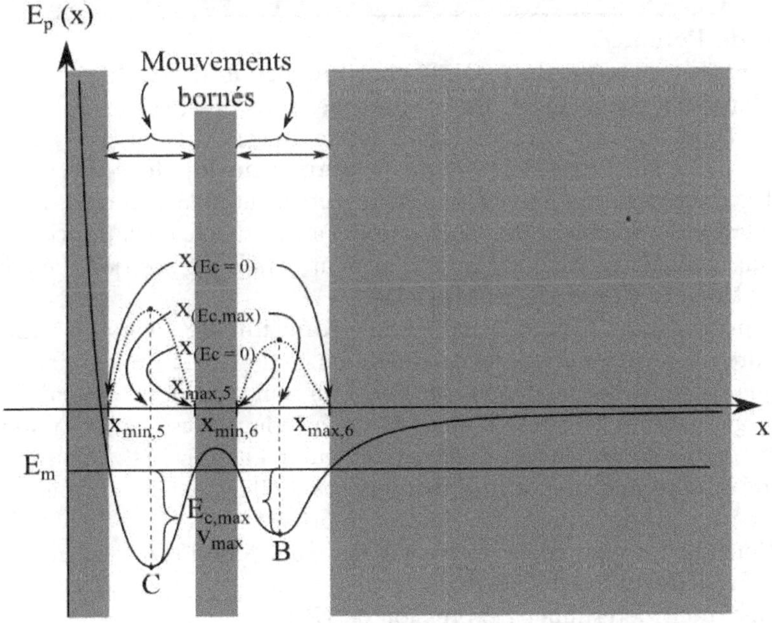

Exercice 13.8 : Système masse-ressorts

On considère un point matériel M, de masse m, accroché à deux ressorts identiques, de longueur à vide l_0 et de raideur k. Le point matériel M est astreint à se déplacer uniquement suivant l'axe (Ox).

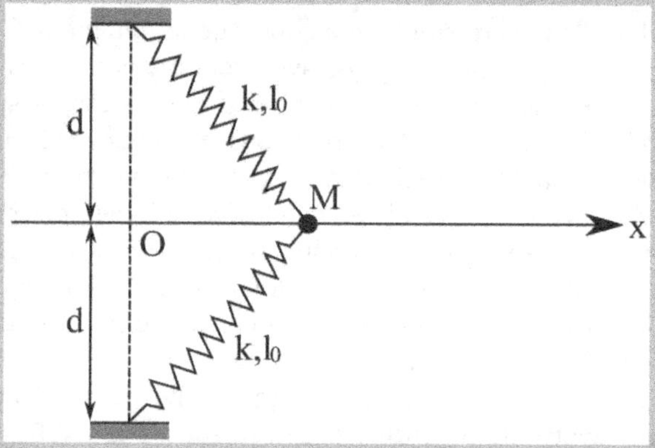

Déterminer l'expression $E_p(x)$ de l'énergie potentielle totale du point matériel, puis déterminer, selon les valeurs relatives des paramètres d et l_0, l'existence et la position de points d'équilibre dont on discutera la stabilité.

• **Analyse de l'énoncé**

Dans cet exercice, on recherche les différentes **positions d'équilibre**, ainsi que leur stabilité, d'un point matériel M. Deux approches sont possibles :
- une étude basée sur l'énergie potentielle totale du système, que nous détaillons ici.
- une étude basée sur l'**application de la deuxième loi de Newton** : positions d'équilibre correspondant à une annulation vectorielle de la somme des forces, stabilité si un faible déplacement du point matériel au voisinage de la position d'équilibre mène à un mouvement oscillatoire le ramenant vers cette position d'équilibre.

Détermination de l'énergie potentielle

L'**énergie potentielle** d'un système est une **fonction de l'espace uniquement**. Dans le cadre du programme de la première année de CPGE, on se limite, *a priori*, à des énergies potentielles ne dépendant que d'un seul paramètre spatial. Pour déterminer l'énergie potentielle totale d'un système, on somme les énergies potentielles de chacune des forces conservatives dont celui-ci subit l'action. On a déjà rencontré le problème de la détermination d'une énergie potentielle à partir de l'expression de la force conservative, rappelons-en rapidement le principe.

Par définition, une force est conservative s'il existe une fonction de l'espace, son énergie potentielle E_p, telle que : $\delta W = -dE_p$.

On doit donc, pour déterminer l'expression de E_p :
- écrire l'**expression du vecteur déplacement élémentaire sur la trajectoire considérée**. Par exemple, pour un déplacement sur un cercle de rayon R, on a $\overrightarrow{dl} = Rd\theta\vec{e}_\theta$; pour un déplacement selon un axe (Ox), on a $\overrightarrow{dl} = dx\vec{e}_x$.

- **intégrer l'équation différentielle** qui résulte alors de la définition de l'énergie potentielle en choisissant une origine de l'énergie potentielle.

Vous retrouverez donc, *a priori*, à chaque fois par cette méthode, l'expression des énergies potentielles nécessaires. Il peut néanmoins être utile de retenir les expressions de certaines d'entre elles :

- l'**énergie potentielle de pesanteur** s'exprime par $mgz + cte$ pour un axe (Oz) vertical ascendant, $-mgz + cte$ pour un axe (Oz) vertical descendant.
- l'**énergie potentielle élastique** s'exprime par $\frac{1}{2}k\,(l - l_0)^2 + cte$, avec l la longueur du ressort et l_0 sa longueur à vide.

Vous rencontrerez aussi l'énergie potentielle gravitationnelle, l'énergie potentielle électrique et l'énergie potentielle associée, dans certains cas, à la force d'inertie centrifuge (dans le cadre de la mécanique en référentiel non galiléen).

Étudions le point matériel M par rapport au référentiel galiléen lié au laboratoire. Il est soumis à quatre forces :

- son poids, conservatif, mais d'énergie potentielle constante puisque le mouvement de M est horizontal. On peut donc choisir l'origine de l'énergie potentielle de pesanteur au niveau du plan de son mouvement.
- la réaction normale du support, qui ne travaille jamais (faignante, va).
- les forces de rappel exercées par les deux ressorts, conservatives dont la contribution à l'énergie potentielle totale est identique pour chacun puisque les ressorts sont identiques et leur allongement en une position quelconque également.

On peut donc écrire facilement l'énergie potentielle totale du point M :

$$E_p = 2 \times \frac{1}{2}k\,(l - l_0)^2$$

avec l la longueur commune aux deux ressorts, et l'origine de cette énergie prise pour $l = l_0$.

En exprimant l en fonction de x et d à l'aide du théorème de Pythagore, on réécrit cette expression :

$$E_p(x) = k\left(\sqrt{x^2 + d^2} - l_0\right)^2$$

• Détermination des positions d'équilibre

Les **positions d'équilibre** d'un système correspondent aux positions qui rendent son **énergie potentielle extrémale**. En pratique, une fois déterminée l'expression de E_p, il suffit de la dériver par rapport à la variable d'espace, et déterminer les valeurs de cette variable qui l'annulent.

Les positions d'équilibre x_{eq} sont les valeurs du paramètre x annulant $\frac{dE_p}{dx}$. Commençons donc par calculer cette dérivée :

$$\frac{dE_p}{dx} = k \times \frac{2x}{2\sqrt{x^2+d^2}} \times 2\left(\sqrt{x^2+d^2} - l_0\right) = 2kx\left(1 - \frac{l_0}{\sqrt{x^2+d^2}}\right)$$

Cette expression s'annule si et seulement si :

- $x = 0$ (position où les ressorts sont alignés avec la droite passant par les deux points d'attache), d'où une première position d'équilibre $x_{eq,0} = 0$;
- ou alors le second terme s'annule :

$$1 - \frac{l_0}{\sqrt{x^2+d^2}} = 0 \quad \Leftrightarrow \quad x^2 + d^2 = l_0^2$$

mais cette dernière équation ne possède de solution réelle en x, que si $d \leq l_0$, c'est-à-dire s'il existe une région de l'axe où la position du système provoque la compression des ressorts. Deux solutions apparaissent alors :

$$x_{eq,\pm} = \pm\sqrt{l_0^2 - d^2}$$

• **Étude de la stabilité des positions d'équilibre**

Les positions d'équilibre correspondent aux extremums d'énergie potentielle. Or, un extremum peut être soit un maximum, soit un minimum. On va donc associer, à chacune de ces possibilités, un type d'équilibre :

- un **maximum de l'énergie potentielle du système** correspond à une **position d'équilibre instable**. Mathématiquement, cela se traduit par une dérivée seconde de l'énergie potentielle négative au point d'équilibre considéré.
- un **minimum de l'énergie potentielle du système** correspond à une **position d'équilibre stable**. Mathématiquement, cela se traduit par une dérivée seconde de l'énergie potentielle positive au point d'équilibre considéré.

Il s'agit d'étudier le signe de la dérivée seconde de l'énergie potentielle **aux points d'équilibre**, non pour toute valeur de la variable x.

On parle d'**équilibre indifférent** quand la dérivée seconde est nulle en un point d'équilibre, comme un point matériel en équilibre sur le sol horizontal. Un cas aux perspectives limitées...

Pour étudier la stabilité des positions d'équilibre précédemment déterminées, calculons la dérivée seconde de l'énergie potentielle :

$$\frac{d^2E_p}{dx^2} = 2k\left(1 - \frac{l_0}{\sqrt{x^2+d^2}}\right) + 2kx \times (-l_0) \times 2x \times \left(-\frac{1}{2}\right)\left(x^2+d^2\right)^{-\frac{3}{2}}$$

expression que nous pouvons encore écrire :

$$\frac{d^2E_p}{dx^2} = \frac{2k}{\sqrt{x^2+d^2}}\left[\sqrt{x^2+d^2} - l_0 + \frac{l_0x^2}{x^2+d^2}\right]$$

Le premier terme du membre de droite est toujours positif. Le signe de $\frac{d^2E_p}{dx^2}$ se résume donc à celui du second terme, que nous allons examiner lorsque le système occupe l'une des positions d'équilibre précédemment déterminées :

– si $x = x_{eq,0} = 0$, alors le second terme du membre de droite s'exprime :

$$\sqrt{0^2+d^2} - l_0 + \frac{l_0 \times 0^2}{0^2+d^2} = \sqrt{d^2} - l_0 = d - l_0$$

Nous constatons donc que cette position d'équilibre est stable, si et seulement si $d > l_0$, c'est-à-dire si les ressorts sont en tension quelle que soit la position du système. Dans le cas contraire, elle est instable : les deux ressorts sont en compression en $x = 0$ et le moindre écart les pousse à se détendre.

– si $x_{eq,\pm} = \pm\sqrt{l_0^2 - d^2}$, alors le second terme du membre de droite s'exprime :

$$\sqrt{(l_0^2-d^2)+d^2} - l_0 + \frac{l_0\left(l_0^2-d^2\right)}{(l_0^2-d^2)+d^2} = \sqrt{l_0^2} - l_0 + \frac{l_0\left(l_0^2-d^2\right)}{l_0^2} = \frac{l_0^2-d^2}{l_0}$$

Or nous avons vu que ces deux positions d'équilibre n'existaient que si $d \leq l_0$: le terme ci-dessus est donc toujours positif, et ces positions, lorsqu'elles existent, sont donc forcément stables et correspondent aux positions en lesquelles les longueurs de ressorts sont égales à leur longueur à vide, et où ils ne subissent donc aucune tension.

Le fait que ces résultats soient issus du calcul leur confère certes une légitimité intéressante. Mais une recherche intuitive aboutit au même résultat, et il peut être opportun de commencer par cette approche, avant de se lancer dans une démonstration plus rigoureuse, dont les résultats disposeront ainsi d'un élément de comparaison, qui permettra peut-être de détecter une erreur de calcul, ou de comprendre pourquoi une intuition était peut-être fausse.

CHAPITRE

14

Mouvement de particules chargées

Exercice 14.1 : Ordres de grandeur

On considère un proton évoluant à une vitesse de valeur v dans une région de l'espace en chaque point M de laquelle coexistent un champ électromagnétique $\left(\overrightarrow{E}(M), \overrightarrow{B}(M)\right)$ et un champ gravitationnel $\overrightarrow{G}(M)$.
Donner un encadrement des valeurs usuelles de chacune de ces grandeurs sur Terre, et préciser à quelles conditions les différentes forces s'exerçant sur cette particule sont ou non négligeables les unes par rapport aux autres.

• Analyse de l'énoncé

Cet exercice a pour but de classer les importances relatives des différentes forces, afin de pouvoir le cas échéant en négliger certaines devant d'autres. Nous savons en effet que même dans des cas à une seule force, les lois de la mécanique amènent parfois des équations différentielles dont la résolution peut être difficile, voire impossible analytiquement. Face à deux, voire trois forces, la situation devient rapidement très difficile à gérer, lorsqu'elle n'est pas purement et simplement inextricable.
Naturellement, il ne s'agit que d'approximations avec les limites qui s'ensuivent, et certaines situations, telles que l'expérience de Millikan (traitée à l'exercice 14.5), réclameront une prise en compte simultanée de plusieurs de ces forces. Mais dans bien des cas, cette approximation est légitime, et non seulement possible, mais nécessaire.
Ceci étant dit, nous devons pour commencer cadrer le problème, en particulier face à un énoncé aussi laconique. Il est ici question de trois champs, résumant à eux seuls deux des quatre interactions fondamentales sur lesquelles s'appuie la représentation actuelle de l'univers : $\overrightarrow{G}(M)$ et $\left(\overrightarrow{E}(M), \overrightarrow{B}(M)\right)$.
Chacun de ces champs est susceptible d'exercer sur toute particule localisée dans sa zone d'influence, une force dépendant des caractéristiques de ladite particule :

- **Si la particule est dotée d'une masse m :** alors le champ gravitationnel $\overrightarrow{G}(M)$ fait que cette particule est soumise à une force gravitationnelle, $\overrightarrow{F}_g = m\overrightarrow{G}(M)$.
- **Si la particule est dotée d'une charge électrique q :** alors le champ électromagnétique $\left(\overrightarrow{E}(M), \overrightarrow{B}(M)\right)$ fait que cette particule peut être soumise à une force électromagnétique (force de Lorentz), résultant de deux contributions :

  (1) l'une électrique, $\overrightarrow{F}_e = q\overrightarrow{E}(M)$;

(2) l'autre magnétique (si la particule est animée d'une vitesse par rapport au référentiel par rapport auquel sont considérés les champs $\overrightarrow{E}(M)$ et $\overrightarrow{B}(M)$), $\overrightarrow{F}_m = q\vec{v} \wedge \overrightarrow{B}(M)$.

Nous savons qu'en présence de ces champs, le proton (masse m, charge e) sera soumis à trois forces, dont les valeurs respectives seront de l'ordre de :
- force gravitationnelle : $F_g = mG$;
- composante électrique de la force de Lorentz : $F_e = eE$;
- composante magnétique de la force de Lorentz : $F_m = evB$.

• Ordres de grandeur

Tout ceci étant mis en place, il ne reste plus qu'à déterminer les ordres de grandeur des différentes valeurs intervenant dans ces expressions, pour savoir laquelle écrase l'autre. Si certaines de ces valeurs ont des valeurs bien connues (le champ $\overrightarrow{G}(M)$ par exemple), d'autres en revanche peuvent échelonner leurs valeurs sur plusieurs ordres de grandeur. Il nous appartient alors de donner des intervalles de ces ordres de grandeur, d'où nous déduirons des valeurs minimale et maximale raisonnablement envisageables. Si ces intervalles sont largement disjoints, alors nous pourrons offrir une réponse très manichéenne quant à la supériorité d'une force sur l'autre. Dans le cas contraire, nous serons amenés à définir une valeur en deçà de laquelle c'est telle force qui prédomine sur telle autre, et au-delà de laquelle ce rapport change.

Les ordres de grandeur des différentes grandeurs intervenant dans les expressions précédentes ont pour valeur, sur Terre :
- masse du proton : $m \simeq 10^{-27}$ kg ;
- charge du proton : $q = e \simeq 10^{-19}$ C ;
- champ gravitationnel terrestre : $G \simeq g \simeq 10$ m.s^{-2} ;
- champ électrique : de 0 à quelques centaines de V/m dans les activités ordinaires, et jusqu'à quelques dizaines voire centaines de kV/m pour provoquer des arcs électriques (postes de soudure à l'arc, foudre) ; au final, donc, $E = 0$ à 10^6 V environ ;
- vitesse du proton : de 0 à la célérité de la lumière, soit donc $v = 0$ à 10^8m.s^{-1} ;
- champ magnétique : de 10^{-5} T (champ magnétique terrestre) à 10 T (aimants à supraconducteurs utilisés en RMN et dans les accélérateurs de particules).

Nous en déduisons les valeurs et encadrements suivants :
- $F_g \simeq 10^{-26}$ N ;
- $F_e \simeq 0$ à 10^{-13} N ;
- $F_m \simeq 0$ à 10^{-12} N.

• Comparaison des forces électromagnétiques à la force gravitationnelle

Nous constatons que la discussion peut sembler compliquée. En effet, les valeurs maximales des forces électromagnétiques écrasent celle de la force gravitationnelle de façon spectaculaire. Mais les minimales étant à zéro, il se trouve un point d'inversion. Il importe ici de bien comprendre d'où proviennent ces annulations :
- pour la force électrique, elle vient de l'annulation du champ $\overrightarrow{E}$, mais sitôt que celui-ci cesse d'être strictement nul, la force électrique domine la force gravitationnelle, et ce dès des valeurs très faibles de ce champ ;

– pour la force magnétique, elle vient de l'annulation de la vitesse $\vec{v}$, et cette fois encore, dès qu'elle cesse d'être strictement nulle, elle prend très rapidement le dessus.

Nous allons donc chercher les valeurs de E et v pour lesquelles les forces électrique et magnétique dominent la force gravitationnelle, et prouver qu'elles sont très faibles.

Déterminons donc dans un premier temps jusqu'à quelles valeurs de E et v la force gravitationnelle domine sur les forces électrique et magnétique :

$$mg = eE \quad \Leftrightarrow \quad E = \frac{mg}{e} = \underline{10^{-7}\ \text{V.m}^{-1}}$$

Ainsi, dès qu'un champ électrique est introduit à dessein (typiquement 10 V.m^{-1}), la force électrique domine très largement sur la force gravitationnelle.

$$mg = evB \quad \Leftrightarrow \quad v = \frac{mg}{eB} = \underline{10^{-8}\ \text{à}\ 10^{-2}\ \text{m.s}^{-1}}$$

pour les valeurs respectivement maximale et minimale de B. Il est donc en soi possible que la force gravitationnelle domine sur la force magnétique, dans le cas d'un proton évoluant dans le champ magnétique terrestre à moins de 1 cm.s^{-1}, ou bien dans un champ magnétique très fort à moins de 10 nm.s^{-1}. Il s'agit cependant de cas d'école, puisque la plupart du temps, les particules élémentaires évoluent à des vitesses nettement supérieures.

On pourra donc retenir que lorsqu'un proton est doté d'une vitesse (minimum 1 m.s^{-1}, et généralement beaucoup plus) dans un champ magnétique introduit à dessein (typiquement 0,1 T), la force magnétique (10^{-20} N) domine largement sur la force gravitationnelle (10^{-26} N).

Nous aurions encore pu détailler l'étude en nous penchant sur la question de l'angle formé par la vitesse avec le champ magnétique, et dont le sinus intervient dans le produit vectoriel. Mais dans la mesure où l'exercice ne demandait qu'une étude en termes d'ordres de grandeur, et où en général cette vitesse est normale au champ magnétique (et où ce sinus vaut donc 1), nous nous en dispenserons pour cette fois.

• Comparaison des forces électrique et magnétique

La comparaison des composantes électrique et magnétique de la force de Lorentz repose sur l'égalité $eE = evB$, soit donc $v = \frac{E}{B}$.

Nous constatons que selon les valeurs de ces deux champs et de la vitesse, il n'existe pas de réponse univoque à la question de savoir si l'une des deux forces domine significativement sur l'autre :

– si $vB \gg E$ alors la composante magnétique domine ;

– dans le cas contraire, c'est la composante électrique.

Exercice 14.2 : Déviation dans un oscilloscope

Le signal visible sur l'écran d'un oscilloscope analogique résulte de la projection d'un faisceau d'électrons sur un écran phosphorescent. Les électrons sont extraits d'une cathode sans vitesse initiale, et accélérés jusqu'à une anode par une haute tension $U_{HT} = 1,0$ kV. Ils en sortent par un trou, avec une vitesse $\vec{v}_0$.

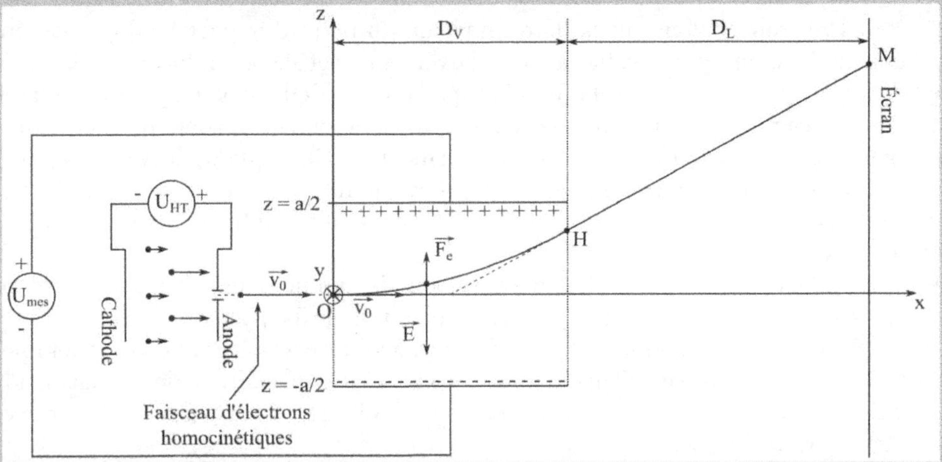

Le faisceau se déplace horizontalement de gauche à droite et revient périodiquement à son point de départ, balayant ainsi régulièrement l'écran à une cadence imposée par le bouton de sensibilité horizontale.
Par ailleurs, une fois franchie l'anode, il pénètre dans une zone en chaque point de laquelle règne un champ électrique uniforme. Ce champ est imposé par deux plaques horizontales entre lesquelles est imposée la différence de potentiel U_{mes} que l'on cherche à apprécier.
Enfin, une fois sortis de la zone de champs, les électrons poursuivent leur course jusqu'à l'écran.
Une fois convenablement étalonné (en usine), l'oscilloscope permet donc d'apprécier la valeur de la différence de potentiel U_{mes} (par le biais de la déviation verticale du faisceau), ainsi que le rythme de variation de celle-ci le cas échéant (par le biais du mouvement horizontal du faisceau).
Montrer la cote z_M du point d'impact sur l'écran est directement proportionnelle à la tension U_{mes} puis, sachant que $D_V = 1,00$ cm et $D_L = 10,0$ cm, déterminer la valeur de l'écartement a séparant les deux plaques pour une sensibilité verticale de 1 V/div en considérant qu'une division occupe une hauteur de 1,00 cm.

• **Analyse de l'énoncé**

Cet exercice propose une série d'études de mouvement autour d'un électron :

– évolution en présence d'un champ électrique uniforme, en l'absence de vitesse initiale ;

– évolution en présence d'un champ électrique uniforme, avec vitesse initiale perpendiculaire au champ électrique ;
– évolution avec vitesse initiale, en l'absence de champ électrique.

Chacune de ces situations est somme toute assez simple à traiter. C'est leur enchaînement qui constitue la -très légère- difficulté de cet exercice.

L'objectif final est de montrer que la cote à laquelle l'électron rencontre l'écran est proportionnelle à la tension s'exerçant entre les plaques, et de déterminer la valeur de l'écartement entre ces plaques fixant le coefficient de proportionnalité en question à 1 $V.cm^{-1}$. Tout repose donc sur la détermination du point d'impact final de l'électron sur l'écran. Sachant qu'il évoluera en mouvement rectiligne uniforme à partir du moment où il aura quitté la zone de champ, nous en déduisons qu'il nous suffit de connaître ses caractéristiques cinématiques à la sortie de ladite zone, qui dépendront elles-mêmes de la tension U_{mes} et de l'écartement a, ainsi que de la valeur v_0 de la vitesse initiale. Cette vitesse initiale dépendant quant à elle de la tension U_{HT}, il nous suffit donc de suivre pas à pas les aventures de cet électron entre les griffes de l'oscilloscope.

Il est par ailleurs intéressant de noter le peu de données numériques fourni par l'énoncé. Ceci peut signifier deux choses : un oubli de la part des rédacteurs (hypothèse profondément choquante), ou une absence de nécessité, due par exemple à des simplifications massives. Dans le doute, nous nous abstiendrons de mener quelque application numérique que ce soit, qui ne soit absolument indispensable (autrement dit : aucune avant la fin).

Avant toute chose, il est de bon ton de faire les présentations comme à l'accoutumée :

Commençons par définir :
– le système dont nous allons étudier le mouvement : un électron (masse m ; charge $-e$) ;
– le référentiel par rapport auquel sera menée l'étude : terrestre, supposé galiléen ;
– les forces extérieures subies par le système : le poids sera, comme toujours dans les problèmes mettant en jeu des particules électriquement chargées soumises à des forces électromagnétiques, négligé devant les forces électriques, et nous ne prendrons donc en compte que :

(1) dans la première partie du dispositif, visant à obtenir le faisceau homocinétique : la force électrique s'exerçant entre la cathode et l'anode ;

(2) dans la deuxième partie, visant à dévier l'électron : la force électrique s'exerçant entre les plaques ;

(3) dans la troisième partie, visant à augmenter l'écartement de l'électron : aucune force extérieure.

• Détermination de la valeur v_0 de la vitesse à l'entrée entre les plaques

Nous avons ici pour seule information la valeur de la tension U_{HT} permettant d'accélérer les électrons. En l'absence notamment de l'écartement entre la cathode et l'anode, il nous est impossible de connaître la valeur du champ électrique associé, et donc la force subie par l'électron. La résolution de cette première partie ne peut donc se faire à l'aide de la deuxième loi de Newton. Comme il n'est en outre aucunement question

de rotation, nous nous doutons que le théorème du moment cinétique ne nous donnerait pas grand-chose, sans compter l'inconvénient de devoir mettre en œuvre toute l'artillerie vectorielle nécessaire à cette technique.
Nous notons en outre que nous n'avons pas besoin de toutes les caractéristiques de cette vitesse, puisque l'énoncé nous précise déjà qu'elle est horizontale et orientée de la gauche vers la droite. Ce besoin exclusif de la seule valeur de la vitesse est un indice de plus nous invitant à utiliser le théorème de l'énergie cinétique.

Ayant choisi de mener notre étude par rapport à un référentiel supposé galiléen, nous pouvons faire usage du théorème de l'énergie cinétique entre la cathode (C) et l'anode (A) :

$$E_{c,A} - E_{c,C} = W_{CA}(\overrightarrow{F}_e)$$

Puisque la vitesse au niveau de la cathode est nulle par hypothèse (donc $E_{c,C} = 0$) et que nous savons que l'énergie potentielle d'interaction entre une particule de charge q avec un potentiel électrique V est $E_p = qV(+cte)$, alors sa variation entre C et A pour un électron de charge $-e$ s'exprime :

$$E_{p,A} - E_{p,C} = -e(V_A - V_C) = -eU_{HT}$$

Nous savons que cette variation s'identifie à l'opposé du travail de la force exercée par le champ électrique associé, ce qui nous permet décrire dans l'expression de théorème donnée plus haut :

$$\frac{1}{2}mv_0^2 = eU_{HT} \qquad \Leftrightarrow \qquad v_0 = \sqrt{\frac{2eU_{HT}}{m}}$$

- **Mouvement entre les plaques**

Cette partie du mouvement est, si l'on y regarde bien, très proche d'un autre cas que vous avez abondamment étudié, et ce, dès la terminale : le mouvement dans un champ de pesanteur uniforme, à ceci près qu'il s'agit cette fois d'un champ électrique uniforme, et qu'il est orienté (sur le schéma) du bas vers le haut. Mais toute la résolution du problème suit pas à pas la même logique : une force constante, deuxième loi de Newton, intégration, etc.

Appliquons la deuxième loi de Newton à l'électron, lorsqu'il se trouve entre les plaques :

$$m\frac{d^2\overrightarrow{OM}}{dt^2} = -e\overrightarrow{E} \qquad \vec{a} = \frac{d^2\overrightarrow{OM}}{dt^2} = -\frac{e}{m}\overrightarrow{E}$$

L'intégration de cette équation par rapport au temps nous donne, puisque $\overrightarrow{E}$ est constant :

$$\vec{v} = \frac{d\overrightarrow{OM}}{dt} = -\frac{e}{m}\overrightarrow{E}t + \overrightarrow{cte}$$

Nous déterminons la constante d'intégration vectorielle grâce à la condition initiale $\vec{v}(t=0) = \vec{v}_0 = v_0\vec{e}_x$:

$$\vec{v}(t=0) = -\frac{e}{m}\vec{E} \times 0 + \overrightarrow{cte} = v_0\vec{e}_x \quad \Rightarrow \quad \overrightarrow{cte} = \vec{v}_0$$

Nous intégrons alors une nouvelle fois $\vec{v}(t) = -\frac{e}{m}\vec{E}t + \vec{v}_0$ par rapport au temps pour obtenir la loi horaire décrivant le vecteur position :

$$\overrightarrow{OM}(t) = -\frac{e}{2m}\vec{E}t^2 + \vec{v}_0 t + \overrightarrow{cte}$$

À nouveau, nous trouvons la constante d'intégration vectorielle grâce à la condition initiale $\overrightarrow{OM}(t=0) = \vec{0}$:

$$\overrightarrow{OM}(t=0) = -\frac{e}{2m}\vec{E} \times 0^2 + \vec{v}_0 \times 0 + \overrightarrow{cte} = \vec{0} \quad \Rightarrow \quad \overrightarrow{cte} = \vec{0}$$

En projetant alors la loi de position $\overrightarrow{OM}(t) = -\frac{e}{2m}\vec{E}t^2 + \vec{v}_0 t$, respectivement sur les axes Ox et Oz, nous trouvons :

$$x(t) = v_0 t \quad \text{et} \quad z(t) = \frac{eU_{mes}}{2ma}t^2$$

Nous obtenons enfin l'équation de la trajectoire en éliminant le paramètre t entre ces deux expressions :

$$t = \frac{x}{v_0} \quad \Rightarrow \quad z(x) = \frac{eU_{mes}}{2mav_0^2}x^2$$

Nous pouvons dès à présent expliciter $\frac{1}{v_0^2} = \frac{m}{2eU_{HT}}$ et nous obtenons ainsi :

$$z(x) = \frac{U_{mes}}{4aU_{HT}}x^2$$

Il ne reste plus qu'à exprimer la cote z_H du point au niveau duquel l'électron quitte la zone de champ, soit donc lorsque $x = x_H = D_V$:

$$z_H = \frac{U_{mes}D_V^2}{4aU_{HT}}$$

• Détermination de la position finale du point d'impact

À ce stade, nous ne sommes pas loin de la fin. Il est d'ores et déjà intéressant de noter que l'expression précédente établit une relation de proportionnalité entre U_{mes} et z_H. Certes, l'énoncé demande une telle relation entre U_{mes} et z_M, mais nous distinguons des triangles semblables, entre lesquels une application du théorème de Thalès devrait nous livrer une nouvelle relation du même type, cette fois entre U_{mes} et z_M.
Une fois ceci fait, il ne nous restera plus qu'à isoler le rapport $\frac{U_{mes}}{z_M}$, qui n'est autre que la sensibilité verticale de l'oscilloscope, dont l'énoncé précise qu'elle vaut 1 V.cm^{-1}.

Cette expression dépendra entre autres paramètres de a, qu'il ne nous restera plus qu'à déterminer.
La dernière étape avant d'en arriver là est donc de déterminer l'expression de z_M.
Nous pouvons procéder principalement de deux façons différentes, l'une à base analytique et l'autre à base géométrique. Nous allons détailler les deux.

• **Méthode analytique**

Une fois passé le point H, l'électron ne sera plus soumis à aucune force. La première loi de Newton nous dit alors, puisque nous avons choisi un référentiel supposé galiléen, que l'électron va persévérer dans un mouvement rectiligne uniforme à la vitesse dont il était animé lorsqu'il est entré dans cette zone.

Les esprits affûtés dont nous ne doutons pas que vous fassiez partie pourront s'alarmer de ce que nous continuions à faire abstraction du poids de la particule dans une situation où plus aucune force électromagnétique ne s'exerce sur celle-ci. De fait, techniquement parlant, l'électron ne va pas suivre un mouvement rectiligne uniforme, mais parabolique décéléré, comme tout objet évoluant dans un champ de pesanteur uniforme qui se respecte.
Cependant, si la force électromagnétique ne s'exerce effectivement plus, le spectre de ses effets rôde encore, et le calcul de la vitesse v_0 donne une valeur avoisinant les 2.10^7 m.s^{-1} soit environ 50.000 fois plus rapide qu'une balle de fusil à la sortie du canon. On imagine aisément qu'à l'échelle d'un oscilloscope (quelques centimètres) la nature parabolique de la trajectoire sera peu sensible, non plus que le caractère décéléré du déplacement.
Une précision de ce type n'est pas attendue dans la rédaction de ce type d'exercice, sauf naturellement si l'énoncé demande explicitement de critiquer cette approximation.

Sa trajectoire va donc être une droite, dont il nous suffit de déterminer l'équation, puis d'imposer $x = x_M = D_V + D_L$ pour connaître z_M.

Une fois quittée la zone de champ électrique, l'électron va persévérer dans un mouvement rectiligne uniforme (première loi de Newton oblige). Déterminons donc l'équation de la droite ainsi suivie, en commençant par son coefficient directeur.
La droite en question est orienteé par le vecteur vitesse de l'électron, lorsqu'il passe au point H : $\left(\frac{dz}{dx}\right)_{x=x_H}$. Nous pouvons ainsi au choix calculer cette dérivée et prendre son expression à l'abscisse $x_H = D_V$:

$$\left(\frac{dz}{dx}\right) = \frac{U_{mes}}{2aU_{HT}}x \quad \Rightarrow \quad \left(\frac{dz}{dx}\right)_{x=x_H} = \frac{U_{mes}}{2aU_{HT}}D_V$$

Notons qu'il était également possible d'obtenir ce résultat en utilisant le fait que cette tangente s'identifie au rapport des composantes de vitesse selon z et x :

$$\left(\frac{dz}{dx}\right) = \frac{\left(\frac{dz}{dt}\right)}{\left(\frac{dx}{dt}\right)} = \frac{\dot{z}}{\dot{x}} = \frac{eU_{mes}}{mav_0}t = \frac{eU_{mes}}{mav_0^2}x$$

et nous retrouvons bien le même résultat en développant $mv_0^2 = 2eU_{HT}$.

L'équation de la droite est donc de la forme :

$$z = \left(\frac{U_{mes}D_V}{2aU_{HT}}\right)x + b$$

b étant l'ordonnée à l'origine. La droite passant par le point H, l'équation ci-dessus est en particulier vérifiée pour ses coordonnées $x_H = D_V$ et $z_H = \frac{U_{mes}D_V^2}{4aU_{HT}}$, d'où nous déduisons :

$$z - z_H = \left(\frac{U_{mes}D_V}{2aU_{HT}}\right)(x - x_H) \quad \Rightarrow \quad z_M = z_H + \left(\frac{U_{mes}D_V}{2aU_{HT}}\right)\underbrace{(x_M - x_H)}_{D_L}$$

soit finalement :

$$z_M = \frac{U_{mes}D_V}{2aU_{HT}}\left(\frac{D_V}{2} + D_L\right)$$

- **Méthode géométrique**

Une autre méthode, moins lourde, consiste à utiliser le théorème de Thalès. Le problème étant de savoir à quelle abscisse précisément la tangente à la parabole au point H intercepte l'axe des abscisses. Or ce résultat est des plus simples, et constitue un résultat intermédiaire qu'il n'est pas illégitime d'utiliser directement. Nous allons le démontrer malgré tout parce que nous vous aimons bien, mais il est réutilisable en l'état.

Considérons donc une parabole d'équation $f(x) = ax^2$, et prenons la tangente à cette parabole en un point d'abscisse x_0. Nous savons que l'équation de cette tangente a pour équation :

$$z = f(x_0) + f'(x_0)(x - x_0) = ax_0^2 + 2ax_0(x - x_0)$$

Le point d'interception de cette tangente avec la tangente horizontale à l'extremum de la parabole se trouve donc en $z = 0$, soit à une abscisse x_i vérifiant l'équation :

$$ax_0^2 + 2ax_0(x_i - x_0) = 0 \quad \Leftrightarrow \quad x_i = x_0 - \frac{ax_0^2}{2ax_0} = \frac{x_0}{2}$$

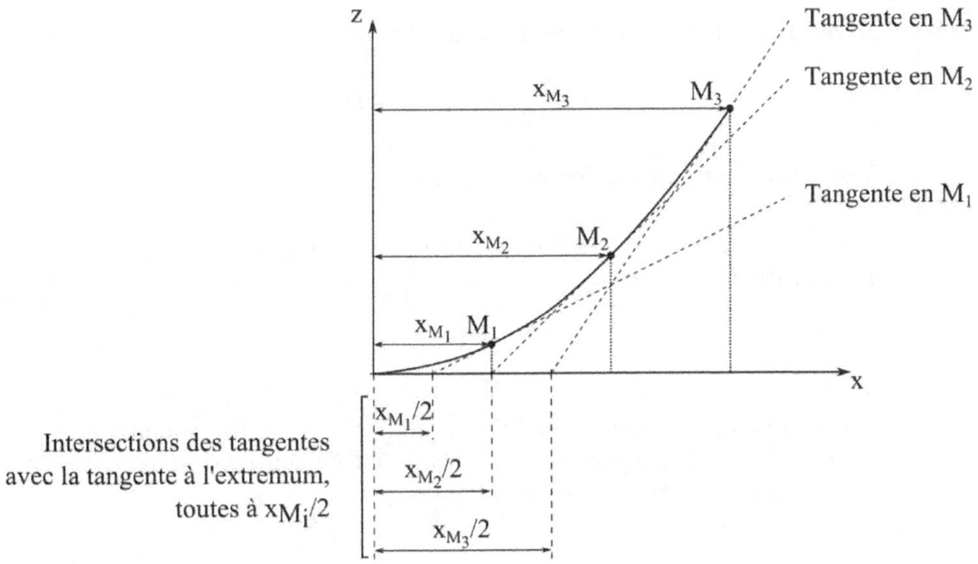

Nous trouvons donc que la tangente en n'importe quel point d'une parabole coupe la tangente horizontale à l'extremum de cette parabole, à mi-chemin des abscisses du point en question et de cet extremum. Ne nous remerciez pas, ça nous a fait plaisir. En admettant ce résultat, le théorème de Thalès aboutit alors très rapidement.

La droite suivie par l'électron lorsqu'il sort de la zone de champ est tangente à la parabole qu'il décrivait au sein de la zone de champ. Nous pouvons alors affirmer que le prolongement de cette tangente intercepte l'axe des abscisses en $x = \frac{D_V}{2}$.

D'après le théorème de Thalès, nous pouvons alors écrire :

$$\frac{z_H}{\frac{D_V}{2}} = \frac{z_M}{\frac{D_V}{2} + D_L} \quad \Leftrightarrow \quad z_M = z_H\left(1 + 2\frac{D_L}{D_V}\right)$$

Il vient alors :

$$z_M = \frac{U_{mes} D_V^2}{4aU_{HT}} \times \left(1 + 2\frac{D_L}{D_V}\right) = \frac{U_{mes}\frac{D_V}{2}}{aU_{HT}}\left(\frac{D_V}{2} + D_L\right)$$

et nous retrouvons ainsi le même résultat que précédemment, qui montre effectivement une relation de proportionnalité entre la tension U_{mes} appliquée entre les plaques, et l'altitude à laquelle le faisceau d'électrons frappe l'écran. Nous disposons ainsi d'un moyen de visualiser géométriquement la valeur d'une tension électrique.

- **Calcul de l'écartement entre les plaques**

Nous voici donc rendus à la partie annoncée : il ne reste plus qu'à extraire a en fonction des autres paramètres, en se souvenant que nous souhaitons une sensibilité verticale $\frac{U_{mes}}{z_M} = 1,0$ V.cm^{-1}, soit si l'on préfère $1,0.10^2$ V.m^{-1}.

En remaniant l'égalité précédente, nous obtenons :

$$a = \frac{U_{mes}}{z_M} \frac{\frac{D_V}{2}\left(\frac{D_V}{2} + D_L\right)}{U_{HT}}$$

D'où finalement l'application numérique :

$$a = 1,0.10^2 \text{ V.m}^{-1} \times \frac{\frac{1,0.10^{-2}\text{ m}}{2} \times \left(\frac{1,0.10^{-2}\text{ m}}{2} + 1,0.10^{-1}\text{ m}\right)}{1,0.10^3\text{ V}} = \underline{5,25.10^{-5}\text{ m}}$$

On note que l'écartement est très faible devant les dimensions des plaques, ce qui légitime *a posteriori* le fait de considérer que le champ est uniforme entre les plaques.

Exercice 14.3 : Cyclotron

On considère un cyclotron, constitué de deux demi-cylindres creux en regard l'un de l'autre, et dont les intérieurs sont soumis à un champ magnétique uniforme $\overrightarrow{B}$ de valeur égale à 1,00 T, normal à leurs faces inférieure et supérieure. Par ailleurs, un champ électrique également uniforme règne dans la zone séparant ces deux demi-cylindres, changeant de sens à chaque passage des particules.

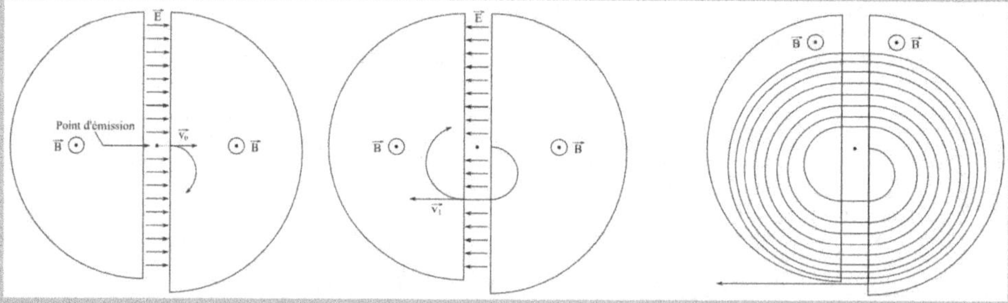

Les particules ainsi introduites au centre du dispositif sont accélérées par le champ électrique à chaque passage dans la zone située entre les deux demi-cylindres, tandis qu'elles décrivent des arcs de cercles à l'intérieur de ces demi-cylindres, sous l'effet du champ magnétique.
Montrer que le mouvement dans les demi-cylindres est uniforme et que leur rayon croît comme la racine carrée du nombre de passages entre les deux demi-cylindres. En déduire quel doit être le rayon minimal de ces derniers pour qu'ils puissent délivrer des protons (masse $m = 1,67.10^{-27}$ kg, charge électrique $q = e = 1,60.10^{-19}$ C) dotés d'une énergie de 10 MeV.

• Analyse de l'énoncé

Le cyclotron est un exemple classique d'illustration du mouvement d'une particule chargée soumise à un champ magnétique. Il est possible de démontrer ce caractère circulaire, mais cette démonstration n'est plus au programme. Le présent exercice propose en revanche de démontrer l'uniformité du mouvement en question, démonstration qui comme nous allons le voir peut être menée de plusieurs façons différentes. Or le cyclotron est un accélérateur de particules. Il peut donc sembler un peu vain de développer un dispositif assurant la constance de la valeur de la vitesse. L'intérêt du mouvement résultant de la soumission à un champ magnétique n'est pas tant l'uniformité que la circularité. En effet, la zone intéressante dans cet instrument est justement celle où ne règne aucun champ magnétique, mais le champ électrique permettant l'accélération des particules. Le problème étant que si l'on se contente de les accélérer en allant toujours tout droit, on aboutit à des accélérateurs dits linéaires, qui deviennent rapidement encombrants ou demandent des différences de potentiel très importantes.

Le cyclotron, en proposant des trajectoires circulaires ramenant à chaque fois les particules dans la même zone, et en utilisant systématiquement la même différence de potentiel pour augmenter graduellement leur énergie cinétique, permet d'obtenir des énergies élevées dans un accélérateur à peine plus grand qu'un être humain, comme nous le verrons, et sans qu'il soit nécessaire de produire des différences de potentiel électrique olympiennes.

Dans un deuxième temps, l'exercice demande de montrer que le rayon croît comme $\sqrt{N}$ où N désigne le nombre de passages dans la zone où s'exerce le champ électrique. Une égalité aussi particulière découle en général des calculs menant à prouver l'uniformité du mouvement : lorsque l'on prouve la constance de la valeur de la vitesse, cette valeur apparaît en général explicitement et permet donc de caractériser cette vitesse, dont découlent les diverses informations recherchées.

Mais avant toute chose, commençons comme de coutume par préciser notre cadre d'étude :

Commençons par définir :
- le système dont nous allons étudier le mouvement : un proton ;
- le référentiel par rapport auquel sera menée l'étude : terrestre, supposé galiléen ;
- les forces extérieures subies par le système : le poids sera comme d'habitude négligé devant les forces électrique et magnétique, et nous ne prendrons donc en compte que :
  (1) dans les demi-cylindres : la force magnétique $\vec{F}_m = e\vec{v} \wedge \vec{B}$;
  (2) entre les deux demi-cylindres : la force électrique s'exerçant entre les plaques $\vec{F}_e = e\vec{E}$.

• Uniformité du mouvement

L'énoncé précise d'entrée de jeu que le mouvement est circulaire. Pour montrer son uniformité, on peut procéder avec n'importe lequel des trois principaux outils de la

mécanique classique : deuxième loi de Newton, théorème de l'énergie cinétique ou théorème du moment cinétique.
Nous allons présenter les trois techniques afin de bien montrer qu'il existe souvent plusieurs alternatives, et vous permettre de comparer leurs efficacités respectives dans le contexte du présent exercice. Dans le cas d'un examen ou d'un concours, en effet, il est bon de pouvoir deviner à l'avance quelle technique sera la plus adaptée.
Ceci étant dit, passons au travail.

• Démonstration par la deuxième loi de Newton

La deuxième loi de Newton peut être intéressante dans le cas où l'hypothèse de circularité est fournie, puisqu'alors la constance du rayon nous donne des expressions simplifiées des composantes d'accélération dans une base polaire :

L'étude étant menée par rapport à un référentiel supposé galiléen, nous pouvons appliquer la deuxième loi de Newton et écrire :

$$m\vec{a} = e\vec{v} \wedge \overrightarrow{B}$$

En détaillant les composantes d'accélération dans l'hypothèse d'un mouvement circulaire :

$$a_r = \ddot{r} - r\dot{\theta}^2 = -r\dot{\theta}^2 \quad \text{et} \quad a_\theta = 2\dot{r}\dot{\theta} + r\ddot{\theta} = r\ddot{\theta}$$

ainsi que celles de sa vitesse :

$$v_r = \dot{r} = 0 \quad \text{et} \quad v_\theta = r\dot{\theta}$$

Puis en utilisant l'expression de $\overrightarrow{B} = B\vec{e}_z$, nous obtenons l'expression de la force de Lorentz :

$$e\vec{v} \wedge \overrightarrow{B} = eBr\dot{\theta}\vec{e}_r$$

En mettant ceci en regard avec le produit $m\vec{a}$ et en projetant selon $\vec{e}_r$ et $\vec{e}_\theta$, nous obtenons respectivement :

$$-mr\dot{\theta}^2 = eBr\dot{\theta} \quad \text{et} \quad mr\ddot{\theta} = 0$$

soit encore :

$$\dot{\theta} = -\frac{eB}{m} \quad \text{et} \quad \ddot{\theta} = 0$$

Les deux expressions indiquent donc, sous réserve d'un mouvement circulaire, la constance de la vitesse angulaire de la particule. Toujours dans l'hypothèse de circularité, nous savons que la valeur de la vitesse s'exprime $v = r\dot{\theta}$, et est donc également constante.

> ⚠ Le fait que $\dot{\theta}$ soit négative n'a rien de surprenant. Nous avons en effet choisi d'orienter $\overrightarrow{B}$ selon $+\vec{e}_z$, mais avec la force de Lorentz orientée selon $-\vec{e}_r$ (puisque $\vec{e}_r$ est traditionnellement orienté vers l'extérieur des trajectoires circulaires, cependant que la force de Lorentz est centripète) et une particule porteuse d'une charge électrique positive, la vitesse est donc orientée selon $-\vec{e}_\theta$, d'où une trajectoire parcourue dans le sens indirect. Formellement, donc, θ diminue et donc $\dot{\theta} < 0$. Une autre option aurait été de changer le sens du champ magnétique, dont la composante selon $\vec{e}_z$ aurait alors été $-B$, et qui aurait amené les particules à décrire une trajectoire circulaire dans le sens direct et aurait abouti à $\dot{\theta} > 0$.

> Le mouvement étant uniforme, la notation $\dot{\theta}$, qui souligne la dépendance temporelle, n'a plus véritablement d'utilité. On lui préfère souvent ω, qui représente donc la vitesse angulaire (constante) à laquelle les protons évoluent dans le cyclotron, et est parfois appelée pulsation cyclotron. Elle ne contient certes plus le signe indiquant le sens de rotation, mais cette précision n'aura que peu d'intérêt dans la suite de l'étude.

On note que la pulsation cyclotron $\omega = \frac{eB}{m}$ est notamment indépendant de la vitesse initiale de la particule. Or cette vitesse initiale augmente à chaque passage entre les deux demi-cylindres.
Une vitesse qui augmente à chaque tour malgré une vitesse angulaire qui demeure constante signifie nécessairement un rayon qui augmente à chaque tour, expliquant ainsi la trajectoire en spirale annoncée.

> On note également que cette vitesse angulaire dépend du rapport entre la charge et la masse des particules (nous avons ici e puisque c'est la charge des protons qui est envisagée, mais plus généralement, c'est la charge de la particule qui y figure). Les rayons des trajectoires suivies par les particules dépendent donc de ce rapport, ce qui fait du cyclotron un instrument permettant notamment de séparer des isotopes d'un même élément : s'ionisant de la même façon, ils donneront les mêmes ions, mais les écarts de masse dus à la différence des nombres de neutrons les feront sortir avec un léger décalage radial.

• Démonstration par le théorème de l'énergie cinétique

Cette démonstration a l'avantage d'être beaucoup plus rapide que la précédente, mais elle souffre d'un inconvénient, puisqu'elle ne donne pas la valeur de la vitesse angulaire.
Pour la seule partie de l'exercice cherchant à prouver que le mouvement est uniforme,

elle est donc suffisante. Mais par la suite, elle devra être complétée, ce qui peut inciter à utiliser la deuxième loi de Newton si l'on sait précisément où l'on va.

L'étude étant menée par rapport à un référentiel supposé galiléen, nous pouvons appliquer le théorème de l'énergie cinétique entre deux positions de la particule à l'intérieur d'un demi-cylindre et écrire :

$$E_{c,f} - E_{c,i} = W_{if}(\overrightarrow{F}_m)$$

Or la composante magnétique de la force de Lorentz étant par nature perpendiculaire au déplacement, puisque résultant d'un produit vectoriel avec la vitesse de la particule la subissant, elle ne travaille jamais. Nous pouvons donc affirmer que l'énergie cinétique de cette particule ne varie pas, et par suite la valeur de sa vitesse non plus.

• Démonstration par le théorème du moment cinétique

Cette démonstration est sans doute la moins performante des trois, puisqu'à l'instar de la deuxième de Newton elle nécessite un formalisme vectoriel, mais sans pour autant fournir l'expression de la pulsation cyclotron. Elle nécessite en outre l'hypothèse de mouvement circulaire, que ne réclamait même pas le théorème de l'énergie cinétique.

L'étude étant menée par rapport à un référentiel supposé galiléen, nous pouvons appliquer le théorème du moment cinétique à l'intérieur d'un demi-cylindre par rapport au centre O du cercle décrit par la particule, et écrire :

$$\frac{d\overrightarrow{L}_O}{dt} = \overrightarrow{\mathscr{M}}_O(\overrightarrow{F}_m)$$

Or la composante magnétique de la force de Lorentz étant par nature perpendiculaire à la vitesse de la particule qui décrit ici un arc de cercle, elle est donc centripète et son moment par rapport à O est nul. Nous en déduisons la constance du moment cinétique $\overrightarrow{L}_O$, dont l'expression dans l'hypothèse d'un mouvement circulaire ($\vec{v} = r\dot{\theta}\vec{e}_\theta$) est :

$$\overrightarrow{L}_O = mr^2\dot{\theta}\vec{e}_z$$

r étant constant par hypothèse de mouvement circulaire, nous en déduisons que $\dot{\theta}$ l'est également, et avec elle la valeur de la vitesse.

• Évolution du rayon avec le nombre de passages

L'idée du cyclotron est d'augmenter l'énergie cinétique à chaque passage du proton entre les deux demi-cylindres. Cette augmentation est la même à chaque fois, puisqu'elle résulte du travail de la force électrique, qui ne dépend que de la charge de la particule et de la différence de potentiel, dont la valeur absolue est toujours la même (seules les polarités sont inversées à chaque passage).

Nous voyons donc poindre une évolution de l'énergie cinétique (et donc du carré de la vitesse) proportionnelle au nombre de passages. Ceci signifierait donc une croissance de la vitesse comme la racine carrée du nombre de passages. Et comme enfin la vitesse angulaire, elle, est la même à chaque passage, l'accroissement du rayon sera donc à l'aune de celui de la vitesse. Il ne reste plus qu'à mettre tout ceci en forme.

Nous savons que l'énergie potentielle d'interaction entre une particule de charge q avec un potentiel électrique V est $E_p = qV(+cte)$. Sa variation entre les deux demi-cylindres (notons-les A et B pour la circonstance) pour un proton de charge $+e$ est donc :

$$E_{p,B} - E_{p,A} = e(V_B - V_A) = -eU$$

Le signe "$-$" provient du fait que pour accélérer des protons, ceux-ci doivent aller du potentiel le plus élevé vers le moins élevé, ce qui suppose donc que $V_B < V_A$, donc que $V_B - V_A < 0$. La tension étant usuellement donnée en valeur positive, avec charge ensuite à l'opérateur de savoir comment brancher l'affaire pour accélérer plutôt que pour ralentir, nous en déduisons que $U = V_A - V_B$.

Cette variation d'énergie potentielle électrique s'identifie à l'opposé du travail de la force exercée par le champ électrique associé.
L'application du théorème de l'énergie cinétique entre A et B nous donne alors :

$$\frac{1}{2}mv_B^2 - \frac{1}{2}mv_A^2 = eU$$

Si par hasard vous aviez commis une erreur entre U et $-U$ au niveau du calcul précédent, vous aviez ici une occasion de vous rattraper, puisque le mauvais choix entraînerait alors une énergie cinétique décroissante et vous laisserait alors heureux(se) propriétaire d'un décélérateur de particules...

En partant d'une vitesse nulle, et avec cet incrément à chaque passage, nous en déduisons que la valeur v_N de la vitesse lorsque la particule abordera son N^{e}passage dans un demi-cylindre vérifiera la relation :

$$\frac{1}{2}mv_N^2 = NeU$$

Nous en déduisons que :

$$v_N = \sqrt{\frac{2NeU}{m}}$$

Comme par ailleurs cette vitesse est liée au rayon du N^{e}demi-cercle par la relation :

$$v_N = r_N\omega$$

nous en déduisons :

$$r_N = \frac{v_N}{\omega} = \sqrt{\frac{2NeU}{m}} \times \frac{m}{eB} \quad \Leftrightarrow \quad r_N = \sqrt{\frac{2mU}{eB^2}}\sqrt{N}$$

• **Valeur du rayon minimal pour une énergie fixée**

Nous avons donc vu que plus les protons sont chargés en énergie cinétique, plus le rayon de la trajectoire qu'ils décrivent est important. Pour trouver la correspondance entre les deux, il nous suffit par exemple d'éliminer la variable N entre les expressions de l'énergie cinétique et du rayon.

Nous allons résoudre cette partie dans le cas général, et ne ferons valoir la valeur particulière de l'énergie que propose l'exercice à la fin.

Nous avons vu que l'énergie cinétique du proton lorsqu'il parcourt son N^{e}demi-cercle avait pour expression :

$$E_c = NeU$$

Comme par ailleurs le rayon de ce cercle a pour expression :

$$r = \sqrt{\frac{2mU}{eB^2}}\sqrt{N}$$

nous en déduisons :

$$N = \frac{eB^2}{2mU}r^2 \Rightarrow E_c = \frac{(eBr)^2}{2m}$$

Il aurait en soi été plus simple d'expliciter :

$$E_c = \frac{1}{2}mv^2 = \frac{1}{2}mr^2\omega^2 \quad \text{avec} \quad \omega = \frac{eB}{m}$$

Cependant cette intuition permettant de faire émerger la dépendance entre E_c et r nous a semblé peu évidente et nous lui avons préféré une démonstration moins subtile, mais plus accessible.

De l'expression précédente, nous déduisons, avec $E_c = 1,0.10^7$ eV × $1,60.10^{-19}$ J.ev^{-1}$1,60.10^{-12}$ J :

$$r = \frac{1}{eB}\sqrt{2mE} = \frac{\sqrt{2 \times 1,67.10^{-27}\text{ kg} \times 1,60.10^{-12}\text{ J}}}{1,60.10^{-19}\text{ C} \times 1,00\text{ T}} = \underline{0,46\text{ m}}$$

Il est intéressant de noter que la valeur de ce rayon est indépendante de la valeur du champ électrique utilisé pour accélérer : si celui-ci est faible, les énergies cinétiques le seront également, et les rayons avec. Le rayon ne peut être élevé que si l'énergie l'est également, quelle que soit l'importance ou la faiblesse du champ employé pour aboutir à cette énergie.

Exercice 14.4 : Particule chargée dans un champ électromagnétique

On s'intéresse au mouvement d'un proton de charge e et de masse m étudié par rapport au référentiel $\mathscr{R}$ du laboratoire supposé galiléen, auquel on associe une base cartésienne $(O, \vec{i}, \vec{j}, \vec{k})$. Le proton est soumis à l'action d'un champ électromagnétique uniforme et constant tel que : $\vec{E} = E\vec{j}$ et $\vec{B} = B\vec{k}$, avec E et B des constantes positives. Le proton part de l'origine avec une vitesse initiale $\vec{v}_0$ contenue dans le plan (xOy) et formant un angle α avec l'axe (Ox). Déterminer les équations horaires du proton.

• Analyse de l'énoncé

Dans cet exercice, il faut tenir compte ici de la **force de Lorentz** dans son ensemble, force traduisant l'interaction d'un champ électromagnétique, c'est-à-dire l'ensemble des deux vecteurs champ électrique $\vec{E}$ et champ magnétique $\vec{B}$, avec une particule chargée. Cette force s'écrit alors :

$$\overrightarrow{F} = q\overrightarrow{E} + q\vec{v} \wedge \overrightarrow{B}$$

et apparaît donc comme somme des deux contributions de natures différentes étudiées individuellement dans les exercices précédents : la **force électrique** $q\overrightarrow{E}$ et la **force magnétique** $q\vec{v} \wedge \overrightarrow{B}$.

En première année, comme on l'a déjà précisé, on se limite à l'étude du mouvement d'une particule dans un champ électrique **uniforme** et **constant**. Le caractère uniforme impose aux champs de valoir la même chose en tout point, le caractère constant, de valoir la même chose à chaque instant.

En ce qui concerne le cas, abordé ici, d'une particule chargée soumise à la force de Lorentz dans son ensemble, on ne peut conclure simplement. Il faut soigneusement projeter la deuxième loi de Newton et résoudre, par l'une des méthodes que nous allons détailler, le **système d'équations différentielles couplées** que l'on obtient.

• **Écriture du système différentiel régissant le mouvement**

Comme on le fait en mécanique, on commence ce type d'exercice en définissant le système, le référentiel d'étude et en faisant le bilan des forces. De manière générale, les systèmes étudiés consistent en des particules (anions, cations...) de masse très faible de telle sorte qu'en valeur le poids sera négligeable vis-à-vis de la force de Lorentz. Même si cette approximation n'est pas explicitement rappelée, c'est à vous de penser à la faire. Reportez-vous au besoin au premier exercice de ce chapitre.

L'étape suivante est l'**écriture, puis la projection sur un repère cartésien de la deuxième loi de Newton**. L'**erreur classique** couramment commise est d'utiliser les composantes de la vitesse initiale en lieu et place de celles, inconnues *a priori*, de la vitesse dans l'écriture de la force de Lorentz. Prenez garde à ne pas tomber dans ce piège et à bien introduire six inconnues dans l'écriture de la deuxième loi de Newton :

– les trois composantes de l'accélération ;
– les trois composantes de la vitesse.

Une manière intéressante d'ordonner les choses est de prendre dans un premier temps comme variables les **composantes de la vitesse**. On a ainsi un **système différentiel couplé** (par le produit vectoriel) sur les trois composantes de la vitesse.

On étudie le système constitué par le proton par rapport au référentiel galiléen du laboratoire, où il est soumis uniquement à la force de Lorentz. Écrivons, en projection sur la base cartésienne associée, les trois équations différentielles couplées portant sur les composantes de sa vitesse en résultant. On a vectoriellement :

$$m\frac{d\vec{v}}{dt} = eE\vec{j} + e\vec{v} \wedge B\vec{k}$$

Soit, en posant $\omega = \frac{eB}{m}$:

$$\begin{cases} \frac{dv_x}{dt} & = \omega v_y \\ \frac{dv_y}{dt} & = \omega\left(\frac{E}{B} - v_x\right) \\ \frac{dv_z}{dt} & = 0 \end{cases}$$

• **Détermination des équations horaires**

La résolution d'un système différentiel couplé peut se faire par **deux méthodes**. Avant de les exposer, notez qu'il y aura généralement l'une des trois équations provenant de la projection de la deuxième loi de Newton, qui ne sera pas couplée aux deux autres. Il faudra bien sûr résoudre simplement pour commencer cette équation différentielle comme on l'a vu dans le cadre des exercices de la partie mécanique. Pour ce qui est des deux autres équations différentielles, elles sont couplées :

– on peut mettre en œuvre une **méthode dite de substitution**. Ceci consiste à intégrer l'une des relations, en tenant compte bien sûr des **conditions initiales** de positions et de vitesse que l'on aura au préalable explicitée, puis à reporter le résultat de cette intégration dans la seconde équation afin d'en éliminer le couplage. On résout alors cette seconde équation différentielle qui ne porte plus que sur une seule variable. On reporte enfin dans la première équation et on en déduit la troisième équation horaire. Cette méthode n'est pas la plus élégante, mais à défaut de légèreté elle a le mérite d'une certaine simplicité.

- la deuxième méthode est une méthode basée sur l'**utilisation d'une variable complexe** intelligemment choisie ($v_x + jv_y$, dans le cas présent) qui permet, grâce à une combinaison linéaire adaptée des deux équations différentielles couplées, de se ramener à une seule équation différentielle portant sur cette variable complexe. Une fois résolue, on n'a plus qu'à passer aux parties réelle et imaginaire pour en déduire les équations horaires recherchées.

Explicitons les conditions initiales du mouvement du proton :

$$\overrightarrow{OM}(t=0) = \vec{0} \quad ; \quad \vec{v}(t=0) = (v_0 \cos\alpha)\vec{i} + (v_0 \sin\alpha)\vec{j}$$

La troisième équation différentielle, portant sur v_z n'est pas couplée. Son intégration donne $v_z(t) = cte$ qui, avec les conditions initiales ($\vec{v}_0$, dans xOy, n'a pas de composante selon $\vec{k}$) donne $v_z(t) = 0$.
Une nouvelle intégration donne alors $z(t) = cte$ qui, avec $z(t=0) = 0$, aboutit de même à $z(t) = 0$.
On en conclut donc que le mouvement situé dans le plan (xOy).

Résolution par substitution

L'intégration de la première équation différentielle mène à :

$$v_x = \omega y + cte$$

Avec les conditions initiales $v_x(t=0) = v_0 \cos\alpha$ et $y(t=0) = 0$, on obtient :

$$v_x(t=0) = \omega \times 0 + cte = v_0 \cos\alpha \quad \Rightarrow \quad cte = v_0 \cos\alpha$$

En reportant l'expression $v_x = \omega y + v_0 \cos\alpha$ dans la seconde équation, on obtient :

$$\dot{v_y} = \omega \left[\frac{E}{B} - (\omega y + v_0 \cos\alpha)\right] \quad \Leftrightarrow \quad \ddot{y} + \omega^2 y = \omega \left(\frac{E}{B} - v_0 \cos\alpha\right)$$

Nous reconnaissons une équation différentielle linéaire avec second membre constant, dont nous savons que la solution générale est la somme de :

- une solution générale de l'ESSM : $y_g(t) = C\cos(\omega t) + D\sin(\omega t)$;
- une solution particulière de l'équation complète, que nous cherchons sous forme d'une constante :

$$\underbrace{\ddot{y_p}}_{0} + \omega^2 y_p = \omega \left(\frac{E}{B} - v_0 \cos\alpha\right) \quad \Leftrightarrow \quad y_p = \frac{1}{\omega}\left(\frac{E}{B} - v_0 \cos\alpha\right)$$

Nous obtenons donc la solution générale suivante :

$$y(t) = C\cos(\omega t) + D\sin(\omega t) + \frac{1}{\omega}\left(\frac{E}{B} - v_0\cos\alpha\right)$$

Nous déterminons alors les constantes d'intégration C et D à l'aide des conditions initiales :
- $\dot{y}(t=0) = v_0 \sin\alpha$, d'où :

$$\dot{y}(t=0) = -\omega C\sin(\omega\times 0) + \omega D\cos(\omega\times 0) = v_0\sin\alpha \quad \Rightarrow \quad D = \frac{v_0\sin\alpha}{\omega}$$

- $y(t=0) = 0$, d'où :

$$y(t=0) = C\cos(\omega\times 0) + v_0\sin\alpha\sin(\omega\times 0) + \frac{1}{\omega}\left(\frac{E}{B} - v_0\cos\alpha\right) = 0$$

Nous en déduisons alors :

$$C = -\frac{1}{\omega}\left(\frac{E}{B} - v_0\cos\alpha\right)$$

En injectant ces constantes dans l'expression de la solution, nous trouvons enfin :

$$y(t) = \frac{v_0\sin\alpha}{\omega}\sin(\omega t) + \frac{1}{\omega}\left(\frac{E}{B} - v_0\cos\alpha\right)[1-\cos(\omega t)]$$

On reporte enfin dans l'expression de $v_x = \omega y + v_0\cos\alpha$, ce qui mène à :

$$\dot{x}(t) = v_0\sin\alpha\sin(\omega t) + \left(\frac{E}{B} - v_0\cos\alpha\right)[1-\cos(\omega t)] + v_0\cos\alpha$$

En intégrant cette expression, nous trouvons alors celle de $x(t)$:

$$x(t) = -\frac{v_0\sin\alpha}{\omega}\cos(\omega t) + \left(\frac{E}{B} - v_0\cos\alpha\right)\left[t - \frac{\sin(\omega t)}{\omega}\right] + (v_0\cos\alpha)t + cte$$

qui après simplification donne :

$$x(t) = -\frac{v_0\sin\alpha}{\omega}\cos(\omega t) + \frac{E}{B}\left[t - \frac{\sin(\omega t)}{\omega}\right] + \frac{v_0\cos\alpha}{\omega}\sin(\omega t) + cte$$

Nous déterminons enfin la constante d'intégration grâce à la condition initiale $x(t=0) = 0$:

$$-\frac{v_0\sin\alpha}{\omega}\cos(0) + \frac{E}{B}\left[0 - \frac{\sin(0)}{\omega}\right] + \frac{v_0\cos\alpha}{\omega}\sin(0) + cte = 0$$

ce qui nous donne :

$$cte = \frac{v_0\sin\alpha}{\omega}$$

Finalement, donc, nous obtenons l'expression entièrement déterminée de $x(t)$:

$$x(t) = \frac{v_0 \sin\alpha}{\omega}\left[1 - \cos(\omega t)\right] + \frac{E}{B}\left[t - \frac{\sin(\omega t)}{\omega}\right] + \frac{v_0 \cos\alpha}{\omega}\sin(\omega t)$$

ou encore :

$$x(t) = \frac{1}{\omega}\left(v_0 \cos\alpha - \frac{E}{B}\right)\sin(\omega t) + \frac{v_0 \sin\alpha}{\omega}\left[1 - \cos(\omega t)\right] + \frac{E}{B}t$$

Méthode pas vraiment élégante, mais simple sur le principe, disions-nous. Passons maintenant à la méthode complexe.

Résolution par utilisation de $\underline{v} = v_x + jv_y$
Additionnons la première équation différentielle à $(j\times)$ la seconde :

$$\dot{v}_x + j\dot{v}_y = j\omega\frac{E}{B} + \omega(v_y - jv_x)$$

En factorisant par $-j$ dans le dernier membre, nous voyons apparaître $-j\omega\left(v_x - \frac{v_y}{j}\right) = -j\omega(v_x + jv_y)$, d'où :

$$\frac{d\underline{v}}{dt} = j\omega\frac{E}{B} - j\omega\underline{v} \qquad \frac{d\underline{v}}{dt} + j\omega\underline{v} = j\omega\frac{E}{B}$$

Cette équation différentielle du premier ordre d'une variable complexe se résout exactement comme l'équation différentielle de variable réelle correspondante. La seule différence notable est que la constante d'intégration qui apparaît dans l'écriture de la solution générale de l'ESSM est complexe.
Ainsi la solution générale s'exprime-t-elle simplement comme la somme de :
- une solution générale de l'ESSM : $\underline{v}_g(t) = \underline{\lambda}e^{-j\omega t}$;
- une solution particulière de l'équation complète, que nous cherchons sous forme d'une constante :

$$\frac{d\underline{v}_p}{dt} + j\omega\underline{v}_p = j\omega\frac{E}{B} \quad\Leftrightarrow\quad \underline{v}_p = \frac{E}{B}$$

Nous obtenons donc la solution générale suivante :

$$\underline{v}(t) = \underline{\lambda}e^{-j\omega t} + \frac{E}{B}$$

Nous déterminons la constante d'intégration en nous aidant de la condition initiale sur la vitesse, qui avec la variable complexe s'écrit :

$$\underline{v}(t=0) = v_0\cos\alpha + jv_0\sin\alpha = v_0 e^{j\alpha} = \underline{\lambda}\underbrace{e^{-j\omega\times 0}}_{1} + \frac{E}{B}$$

D'où :

$$\underline{\lambda} = v_0 e^{j\alpha} - \frac{E}{B}$$

Et finalement :

$$\underline{v}(t) = \frac{E}{B}\left(1 - e^{-j\omega t}\right) + v_0 e^{j(\alpha - \omega t)}$$

Par extraction des parties réelle et imaginaire, on en déduit les composantes de la vitesse :

$$\begin{cases} v_x(t) & = Re(\underline{v}) & = \frac{E}{B}\left[1 - \cos(\omega t)\right] + v_0 \cos(\alpha - \omega t) \\ v_y(t) & = Im(\underline{v}) & = \frac{E}{B}\sin(\omega t) + v_0 \sin(\alpha - \omega t) \end{cases}$$

Il ne reste alors plus qu'à intégrer par rapport au temps chacune de ces expressions :

$$\begin{cases} x(t) & = \frac{E}{B}\left[t - \frac{\sin(\omega t)}{\omega}\right] - \frac{v_0}{\omega}\sin(\alpha - \omega t) + cte_x \\ y(t) & = -\frac{E}{B}\frac{\cos(\omega t)}{\omega} + \frac{v_0}{\omega}\cos(\alpha - \omega t) + cte_y \end{cases}$$

Avec les conditions initiales sur x et y à $t = 0$, nous identifions les deux constantes d'intégration :

$$\begin{cases} x(t=0) = 0 & = \frac{E}{B}\left[0 - \frac{\sin(0)}{\omega}\right] - \frac{v_0}{\omega}\sin(\alpha) + cte_x \\ y(t) & = -\frac{E}{B}\frac{\cos(0)}{\omega} + \frac{v_0}{\omega}\cos(\alpha) + cte_y \end{cases}$$

d'où :

$$\begin{cases} cte_x & = \frac{v_0}{\omega}\sin(\alpha) \\ cte_y & = \frac{1}{\omega}\left[\frac{E}{B} - v_0\cos(\alpha)\right] \end{cases}$$

On constate alors en injectant ces constantes dans les expressions précédentes et en développant les sinus et cosinus de $\alpha - \omega t$, que l'on retrouve bien les solutions trouvées avec la méthode de substitution.

Exercice 14.5 : Expérience de Millikan

Une gouttelette d'huile sphérique électrisée, de rayon r, porteuse d'une charge électrique q et de masse volumique ρ_h est abandonnée entre les armatures d'un condensateur plan dont les armatures, horizontales, créent un champ $\vec{E}$ uniforme, orienté vers le bas. On note ρ_a la masse volumique de l'air entre les armatures. On supposera la gouttelette soumise à une force de frottement fluide dont l'expression est donnée par la formule de Stokes :$\vec{f} = -6\pi\eta r\vec{v}$. Le coefficient η appelé viscosité de l'air sera pris égal à $1,8.10^{-5}$ SI. Après avoir prouvé que la gouttelette d'huile électrisée atteint une vitesse limite dont on déterminera l'expression, on montrera qu'en réalisant successivement l'expérience avec et sans champ électrique appliqué, on peut en déduire la charge q de la gouttelette d'huile.
On donne $r = 1,0.10^{-6}$ m et $\rho_h = 0,90.10^3$ kg.m^{-3}.

• **Analyse de l'énoncé**

Le point essentiel, pour réussir cet exercice, est de faire un **bilan des forces complet**. En premier lieu, s'agissant d'un exercice invoquant explicitement des forces électriques, on peut par habitude être tenté de négliger le poids du système devant les autres forces. À ceci près que la gouttelette, même si elle n'est sans doute pas bien grosse, n'est pas pour autant réduite à une particule élémentaire.
Par ailleurs, l'énoncé fournit ostensiblement la masse volumique de l'air, qui n'intervient pas dans la force de Stokes, mais n'est sans doute pas une donnée gratuite. De fait, cette information est une incitation à tenir également compte de la **poussée d'Archimède** de l'air sur la gouttelette.

On étudie le système constitué par la gouttelette d'huile électrisée, par rapport au référentiel galiléen lié au laboratoire. La gouttelette est soumise aux forces suivantes :

– son poids :

$$\vec{P} = m_g\vec{g} = \rho_h V_g\vec{g} = \frac{4}{3}\pi r^3\rho_h\vec{g}$$

où m_g et V_g désignent respectivement la masse et le volume de la gouttelette.

– la poussée d'Archimède due à l'air :

$$\vec{\Pi}_A = -\vec{P}_{a,depl} = -m_{a,depl}\vec{g} = -\rho_a V_g\vec{g} = -\frac{4}{3}\pi r^3\rho_a\vec{g}$$

où $V_{a,depl}$ désigne le volume d'air déplacé par la gouttelette à la faveur de son immersion dans l'air, soi donc son propre volume : $V_{a,depl} = V_g$.

– la force électrique : $q\vec{E}$

– la force de frottement : $-6\pi\eta r\vec{v}$

• **Détermination de la vitesse limite**

Un point matériel atteint une **vitesse limite** s'il existe une limite constante non nulle à l'expression de sa vitesse. Cela se produit notamment si l'équation différentielle régissant l'évolution de sa vitesse est linéaire du premier ordre, avec un second membre constant, et si la constante de temps caractéristique de son évolution est suffisamment faible devant la durée totale de l'expérience.

En pratique, il est vrai que l'on ne se pose souvent pas tant de questions et que l'on détermine directement la vitesse limite en se contentant de chercher la solution particulière constante de l'équation différentielle, puisque cette solution particulière constitue ladite vitesse limite. Un plus grand souci de rigueur serait bien sûr apprécié en concours !

La deuxième loi de Newton appliquée à la gouttelette s'écrit, avec les forces invoquées dans le bilan préliminaire et $m_g = \frac{4}{3}\pi r^3 \rho_h$:

$$\frac{4}{3}\pi r^3 \rho_h \frac{d\vec{v}}{dt} = \frac{4}{3}\pi r^3 \rho_h \vec{g} + -\frac{4}{3}\pi r^3 \rho_a \vec{g} + q\vec{E} - 6\pi\eta r\vec{v}$$

En projetant sur un axe vertical descendant, on obtient :

$$\frac{4}{3}\pi r^3 \rho_h \frac{dv}{dt} + 6\pi\eta r v = \frac{4}{3}\pi r^3 g(\rho_h - \rho_a) + qE$$

Soit encore :

$$\frac{dv}{dt} + \frac{9\eta}{2\rho_h r^2} v = g\left(1 - \frac{\rho_a}{\rho_h}\right) + \frac{3qE}{4\pi r^3 \rho_h}$$

Nous trouvons une équation différentielle linéaire d'ordre 1 à coefficients constants, avec second membre constant. La solution générale s'exprimera donc comme la somme de :

- Une solution générale de l'ESSM : $v_g(t) = Ke^{-\frac{t}{\tau}}$ avec $\tau = \frac{2\rho_h r^2}{9\eta}$, qui décroît exponentiellement et s'effacera tôt ou tard devant l'autre partie de la solution.
- Une solution particulière de l'équation complète. Cette partie est la seule qui subsistera à la fin, et constitue donc la vitesse limite recherchée. Nous la cherchons sous forme d'une constante :

$$\underbrace{\frac{dv_p}{dt}}_{0} + \frac{v_p}{\tau} = g\left(1 - \frac{\rho_a}{\rho_h}\right) + \frac{3qE}{4\pi r^3 \rho_h}$$

Nous déduisons :

$$v_p = v_{lim} = \frac{1}{6\pi\eta r}\left[\frac{4}{3}\pi r^3 \left(\rho_h - \rho_a\right) g + qE\right]$$

Nous obtenons donc la solution générale suivante :

$$\underline{v}(t) = Ke^{-\frac{t}{\tau}} + v_{lim}$$

La constante de temps associée au régime transitoire a pour valeur :

$$\tau = \frac{2 \times (1,0.10^{-6}\ \text{m})^2 \times 0,90.10^3\ \text{kg.m}^3}{9 \times 1,8.10^{-5}\ \text{kg.m}^{-1}.\text{s}^{-1}} \simeq \underline{10^{-5}\ \text{s}}$$

L'amortissement du terme exponentiel est donc extrêmement rapide et la vitesse de la goutte va très vite tendre vers une vitesse limite égale à la solution particulière précédemment écrite :

$$v_{lim} = \frac{\frac{4}{3}\pi r^3 g(\rho_h - \rho_a) + qE}{6\pi\eta r}$$

• **Détermination de la charge de la gouttelette**

Pour montrer que la charge q est **mesurable**, il faut parvenir à l'exprimer en fonction d'autres grandeurs aisément mesurables : un champ électrique, les vitesses par exemple. D'autres grandeurs, telles que le rayon de la gouttelette utilisée, sont difficiles d'acc ès et ne constituent pas le choix le plus convaincant sur une copie.
Le mieux est donc de suivre l'idée suggérée par l'énoncé et d'exprimer la vitesse limite avec et sans champ appliqué, puis de comparer les deux expressions.

En l'absence de champ électrique appliqué, une même gouttelette acquiert une vitesse limite :

$$v'_{lim} = \frac{2r^2(\rho_h - \rho_a)g}{9\eta}$$

Les deux vitesses limites sont mesurables, on a donc accès à $v'_{lim} - v_{lim}$.
Le rayon r de la goutte n'étant pas aisément mesurable, on va l'éliminer à l'aide de l'expression de v'_l :

$$r = \sqrt{9\frac{\eta v'_{lim}}{2g(\rho_h - \rho_a)}} = 3\sqrt{\frac{\eta v'_{lim}}{2g(\rho_h - \rho_a)}}$$

d'où nous déduisons enfin :

$$v'_{lim} - v_{lim} = \frac{qE}{6\pi\eta r} \quad \Leftrightarrow \quad q = \frac{6\pi\eta}{E} r = \frac{18\pi\eta}{E}\sqrt{\frac{\eta v'_{lim}}{2g(\rho_h - \rho_a)}}(v'_l - v_l)$$

CHAPITRE

15

Mouvement d'un solide en rotation

Exercice 15.1 : Pendule simple et théorème du moment cinétique

On considère un pendule simple constitué d'une masselotte m accrochée à l'extrémité d'un fil inextensible de longueur l. Retrouver l'équation différentielle régissant le mouvement de la masselotte, en fonction de l'angle θ que forme le fil avec la verticale descendante, à l'aide du théorème du moment cinétique. On utilisera d'abord celui-ci par rapport un point, puis par rapport à un axe, en exploitant la notion de bras de levier.

• Analyse de l'énoncé

Nous avons déjà établi cette équation différentielle au début de la partie mécanique, mais à l'aide de la deuxième loi de Newton. Nous allons donc ici simplement refaire cet exercice par une autre méthode.

Le théorème du moment cinétique est particulièrement adapté pour l'étude de situations où le système décrit un mouvement circulaire, ce qui est bien le cas ici.

Le **théorème du moment cinétique** n'est finalement qu'une version alternative de la deuxième loi de Newton, s'appuyant sur une grandeur appelée **moment cinétique du point matériel par rapport à un point du référentiel**, plutôt que sur la quantité de mouvement du point matériel en question.

Nos amis anglo-saxons appellent la quantité de mouvement *linear momentum*, tandis que le moment cinétique est quant à lui appelé *momentum*, que l'on peut également traduire par "élan". On trouve dans cette sémantique cette idée de deux grandeurs cinématiques traduisant toutes deux l'élan d'un système, l'une sur le plan des translations et l'autre sur celui des rotations.

Le moment cinétique d'un point matériel M par rapport à un point O se note $\overrightarrow{L}_O(M)$ et est défini comme :

$$\overrightarrow{L}_O(M) = \overrightarrow{OM} \wedge m\vec{v}$$

Il est important de ne pas confondre le moment cinétique d'un point matériel avec le moment d'une force $\overrightarrow{F}$, autre grandeur définie quant à elle comme :

$$\overrightarrow{\mathcal{M}}_O\left(\overrightarrow{F}\right) = \overrightarrow{OA} \wedge \overrightarrow{F}$$

où A est le point d'application de de la force considérée.
En effet, nous allons voir que ces deux grandeurs sont liées entre elles par le théorème du moment cinétique (ci-après abrégé TMC), mais elles ne recouvrent pas du tout le même concept : le moment cinétique est une grandeur *cinématique* purement descriptive du mouvement d'un système, sans présomption des causes de ce mouvement, tandis que le moment d'une force est une grandeur **dynamique** traduisant une action subie par le système.
L'objet du TMC va précisément être, comme le fait également la deuxième loi de Newton, de mettre en relation ces deux grandeurs et d'établir un lien entre les actions subies par un système, et le mouvement que celui-ci va adopter consécutivement à l'exercice de ces actions.
Concrètement, le TMC s'applique toujours par rapport à un point O fixe par rapport à un référentiel galiléen et s'énonce de la manière suivante :

$$\frac{d\overrightarrow{L}_O(M)}{dt} = \overrightarrow{\mathcal{M}}_O\left(\overrightarrow{F}\right) = \overrightarrow{OM} \wedge \overrightarrow{F}$$

avec $\overrightarrow{F}$ la résultante des forces extérieures s'exerçant sur le système.

Nous nous intéressons ici à un système ponctuel, ce qui nous épargne d'avoir à nous interroger sur le point du système que nous utilisons pour calculer le moment cinétique d'une part, et nous autorise d'autre part à considérer que toute force s'exerçant sur ledit système s'applique au point en question. Dans le cas d'un solide, en revanche, quelques nuances s'imposeront.

Comme nous l'avons déjà dit, la formulation est très proche de celle de la deuxième loi de Newton, exprimant comme cell-ci l'égalité entre la dérivée temporelle d'une grandeur cinématique relative au système, et une grandeur dynamique relative aux forces extérieures subies par celui-ci.
Nous verrons que du point de vue méthodologique également, la mise en œuvre des deux théorèmes est similaire, et passe notamment par la nécessité de projeter la relation vectorielle ci-dessus pour en tirer des équations différentielles scalaires que l'on intègre par la suite.

Le fait d'appliquer le TMC par rapport à un **point fixe** est fondamental. Si vous ne respectez pas cette hypothèse, les relations vectorielles que vous écrirez seront fausses !

• Calcul du moment cinétique de la masselotte

Ce point a déjà été traité dans la première partie, au chapitre sur "Les systèmes de coordonnées et l'analyse vectorielle". Reportez-vous à l'exercice 04 de ce chapitre !

On commence par déterminer les coordonnées, sur la base polaire, du vecteur moment cinétique par rapport au point O du point M :

$$\vec{L}_O(M) = \overrightarrow{OM} \wedge m\vec{v} = l\vec{u}_r \wedge ml\dot{\theta}\vec{u}_\theta = ml^2\dot{\theta}\vec{k}$$

où $\vec{k}$ est le troisième vecteur de la base cylindrique dont la base polaire est une version restreinte.

• Application du théorème

Notons que le moment d'une force faisant intervenir un produit vectoriel entre le vecteur position et le vecteur force, toute **force centrale**, c'est-à-dire colinéaire en tout instant avec le vecteur position, est **de moment nul**. Ce résultat sera fort utile à utiliser dans le cas d'un système uniquement soumis à une ou plusieurs forces centrales. En effet, dans ce cas, le vecteur moment cinétique constituera une **constante vectorielle du mouvement**. Nous étudierons de nombreux cas de ce type au chapitre suivant.

Déterminons l'équation différentielle demandée par application du TMC par rapport au point fixe O. Pour ce qui est du moment des forces appliquées, on peut d'ores et déjà affirmer que le moment de la tension du fil, force centrale, est nul. Il nous reste alors à calculer celui du poids :

$$\vec{\mathscr{M}}_O(\vec{P}) = \overrightarrow{OM} \wedge (mg\cos\theta\vec{u}_r - mg\sin\theta\vec{u}_\theta) = -mgl\sin\theta\vec{k}$$

La seule composante non nulle résultant de l'application du TMC est la composante colinéaire au vecteur unitaire $\vec{k}$, projetons donc le TMC suivant cette direction :

$$\frac{d\vec{L}_O(M)}{dt}\cdot\vec{k} = \frac{dml\dot{\theta}}{dt} = ml^2\ddot{\theta} = -mgl\sin\theta$$

Soit :

$$\ddot{\theta} + \frac{g}{l}\sin\theta = 0$$

Nous retrouvons bien l'équation du pendule simple.

• Utilisation d'un "Bras de levier"

On peut également appliquer le théorème du moment cinétique par rapport à un axe **fixe** orienté (O, Δ), passant par O et orienté par le vecteur unitaire $\vec{u}_\Delta$.

On définit alors le moment cinétique du point matériel par rapport à Δ en projetant le moment cinétique par rapport au point O sur l'axe Δ :

$$L_\Delta(M) = \vec{L}_O(M)\cdot\vec{u}_\Delta$$

Cette dernière grandeur est scalaire et algébrique. De plus elle ne dépend pas du choix du point O sur l'axe Δ. Elle renseigne également sur la nature du mouvement du point M :
- si $L_\Delta(M) = 0$, on peut affirmer que M n'est pas animé d'un mouvement de révolution autour de Δ. Il est soit immobile, soit en translation parallèle à Δ.
- si $L_\Delta(M) > 0$, on peut affirmer que M est animé d'un mouvement de révolution autour de Δ et dont le sens est celui donné par la règle du tire-bouchon (sens direct).
- si $L_\Delta(M) < 0$, on peut affirmer que M est animé d'un mouvement de révolution autour de Δ et dont le sens est l'opposé de celui donné par la règle du tire-bouchon (sens rétrograde).

On définit de même le moment des forces appliquées par rapport à Δ :

$$\mathscr{M}_\Delta\left(\overrightarrow{F}\right) = \left(\overrightarrow{OM} \wedge \overrightarrow{F}\right) \cdot \vec{u}_\Delta$$

le théorème du moment cinétique par rapport à l'axe Δ s'écrit alors :

$$\frac{dL_\Delta(M)}{dt} = \mathscr{M}_\Delta\left(\overrightarrow{F}\right)$$

La propriété qu'a le produit vectoriel d'être nul si et seulement les deux vecteurs qu'il engage sont colinéaires entre eux permet de développer une méthode de calcul du moment des forces, appelée “méthode du bras de levier”.
Dans cette méthode, on choisit de décomposer la force en deux composantes :
- l'une parallèle à l'axe ;
- l'autre perpendiculaire à l'axe.

Seul le moment par rapport à l'axe de la composante perpendiculaire à l'axe est non nul !
En notant F_{pe} cette composante perpendiculaire, on obtient :

$$\mathscr{M}_\Delta\left(\overrightarrow{F}\right) = \pm F_{pe} \times D$$

où D est la distance de l'axe Δ à la droite qui porte $\overrightarrow{F}_{pe}$. Cette distance est appelée **le bras de levier**.

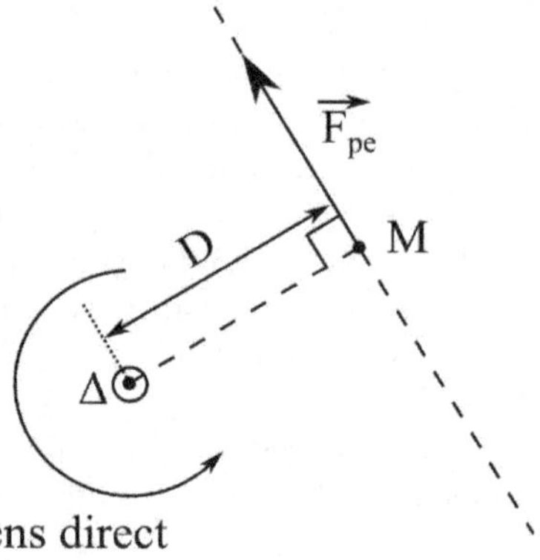

Le signe est ajusté en regardant si la force a tendance à faire tourner le système en sens direct (on attribue +) ou rétrograde (on attribue −). Par exemple, sur le schéma précédent, la force tend à faire tourner le système dans le sens direct.

Représentons, dans le cas du pendule simple, le bras de levier :

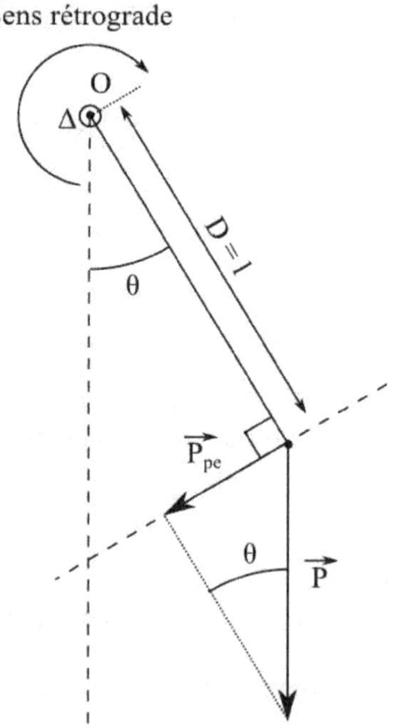

On a $D = l$ et $P_{pe} = mg\sin\theta$. Le poids tend à initier un mouvement de rotation en sens rétrograde, on peut donc écrire :

$$\mathscr{M}_\Delta\left(\overrightarrow{P}\right) = -mg\sin\theta = ml^2\ddot{\theta}$$

puisque $\vec{u}_\Delta = \vec{k}$ ici. On retrouve bien le même résultat que précédemment.

Exercice 15.2 : Équerre en équilibre

Un élève inattentif cherche à placer son équerre, constituée de deux tiges (de longueurs respectives l et $2l$, de masses respectives m et $2m$) soudées l'une à l'autre en formant un angle droit, en équilibre sur son crayon. Le contact entre l'équerre et le crayon au niveau du point A est supposé parfait.

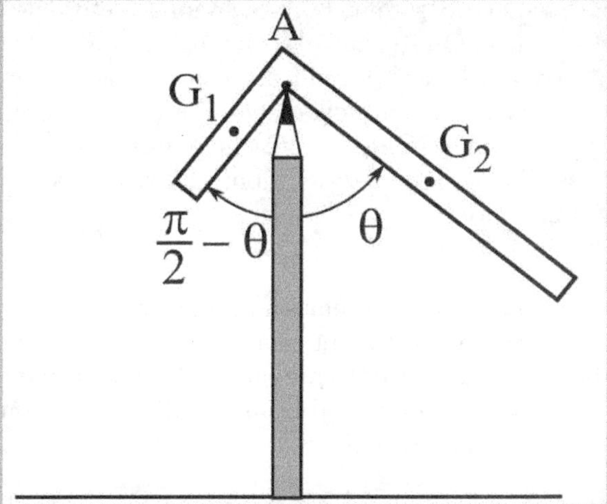

Déterminer la position d'équilibre de l'équerre et étudier sa stabilité.
Le moment d'inertie d'une tige de longueur l et de masse m par rapport à un axe perpendiculaire à la tige et passant par une de ses extrémités est $J = \frac{ml^2}{3}$.

• Analyse de l'énoncé

Contrairement aux exercices précédents, on étudie ici un système constitué par un **solide**. Il s'agit en effet de la détermination de la **position d'équilibre** d'un solide puis de l'étude de la **stabilité** de cet équilibre. Les méthodes que nous allons utiliser sont très proches de celles qui ont été introduites pour l'étude de système constitué d'un point matériel à ceci près que :

- le système ne se réduisant plus à un point matériel, se pose la question du point d'application des forces et des moments, ainsi que la distinction entre les actions intérieures et extérieures au système ;
- la **résultante** $\overrightarrow{F}_{ext}$ et le **moment** $\overrightarrow{\mathscr{M}}_{A,\ ext}$ par rapport au point A des actions extérieures sont totalement indépendants (dans le cas général $\overrightarrow{\mathscr{M}}_{A,\ ext}$ n'est pas le moment de $\overrightarrow{F}_{ext}$).

Il n'est pas toujours évident de bien comprendre comment un système peut subir l'influence d'un moment de force sans pour autant subir de force tout court. Naturellement, il ne peut y avoir de moment de force sans force, mais plusieurs forces peuvent donner une résultante nulle, sans que la résultante de leurs moments ne le soit. Prenons par exemple n'importe quel dispositif destiné à tourner autour d'un axe sous l'effet de deux forces orthoradiales (cabestan de navire, moulin à vent, *wheel of pain* de Thulsa Doom...) : si deux opérateurs diamétralement opposés exercent des forces actionnant le dispositif dans le même sens de rotation, le moment résultant est égal à deux fois le moment développé par chaque opérateur, mais la somme vectorielle des forces qu'ils exercent est nulle. On se trouve ici typiquement dans le cas d'une action qui va provoquer la rotation du dispositif, sans que le centre d'inertie de celui-ci ne soit mis en mouvement. Ce concept, qui trouve tout son sens dans le cas d'un solide, ne présente effectivement que peu d'intérêt dans le cas d'un point matériel, dont la rotation sur lui-même n'offre guère d'application.

Pour un solide, on aura donc deux théorèmes à appliquer, qui ne sont plus équivalents comme ils l'étaient en mécanique du point, mais complémentaires :

- le **théorème de la résultante cinétique** ou **loi de la quantité de mouvement** qui généralise la deuxième loi de Newton au cas d'un solide ou d'un système de points matériels de centre d'inertie G :

$$m\vec{a}_{(G)} = \sum \vec{F}_{ext}$$

- le **théorème du moment cinétique par rapport à un point A ou par rapport à un axe** :

$$\vec{\mathcal{M}}_{A,\ ext} = \frac{d\vec{L}_A}{dt}$$

• **Détermination des actions extérieures**

Les actions extérieures couramment rencontrées sont le poids et les actions de contact entre le solide étudié et un support donné.

Pour ce qui est des actions de contact mises en jeu dans les problèmes de solides en rotation, elles seront souvent qualifiées de **parfaites**. Ce terme signifie qu'il n'y a pas de frottement au niveau du contact, et par suite que le moment de ces actions de contact est perpendiculaire à l'axe de rotation. Ce dernier point nous mène donc à appliquer le théorème du moment cinétique en projection sur l'axe de rotation. Leur résultante, quant à elle, sera le plus souvent une inconnue du problème.

Il peut arriver que l'on vous parle de **liaison pivot** entre deux solides. Ceci signifie simplement que le seul mouvement possible entre les deux solides est une rotation du premier autour d'un axe fixe solidaire du second.

Le solide constitué par l'équerre est soumis à trois actions extérieures : le poids de chacune des deux tiges le constituant, et la réaction du crayon sur l'équerre, liaison de type pivot parfaite, donc de moment nul par rapport à l'axe de rotation. La résultante de cette dernière, que l'on peut noter $\overrightarrow{R}$, est par contre inconnue.

Rien n'interdit *a priori* de traiter le problème en considérant l'équerre comme un objet global plutôt que comme la somme de deux tiges distinctes, mais les calculs du moment cinétique et du moment du poids réclament respectivement les positions du centre d'inertie et du centre de masse du système (la même chose dans les faits, mais pas tout à fait le même concept). Or dans le cas d'un objet composite comme celui-ci, le travail de géométrie nécessaire à cette information n'est guère plus simple que de travailler sur un système composé de plusieurs pièces.

• Détermination de la position d'équilibre de l'équerre

L'équilibre d'un solide est caractérisé par la nullité simultanée des deux résultantes vectorielles suivantes :

$$\overrightarrow{F}_{ext} = \overrightarrow{0} \quad \text{et} \quad \overrightarrow{\mathcal{M}}_{A,\ ext} = \overrightarrow{0}$$

Pour le solide étudié, par rapport au référentiel galiléen lié au laboratoire, on peut donc écrire à l'équilibre, avec $\vec{u}_z$ perpendiculaire au plan de la feuille, et sortant de celle-ci :

$$\overrightarrow{F}_{ext} = 3m\vec{g} + \overrightarrow{R} = \overrightarrow{0}$$

$$\overrightarrow{\mathcal{M}}_{A,\ ext} \cdot \vec{u}_z = \left(\overrightarrow{AG_1} \wedge m\vec{g} + \overrightarrow{AG_2} \wedge 2m\vec{g}\right) \cdot \vec{u}_z = 0$$

La première condition fixe l'expression de la force de contact, la seconde nous permet d'exprimer l'angle d'équilibre θ_{eq} :

$$\left[\left(\frac{l}{2}\vec{u}_{r,1}\right) \wedge (m\vec{g}) + (l\vec{u}_{r,2}) \wedge (2m\vec{g})\right] \cdot \vec{u}_z = 0$$

d'où nous déduisons :

$$\left[mg\frac{l}{2}\sin\left(\frac{\pi}{2} - \theta_{eq}\right)\vec{u}_z + 2mgl\sin\theta_{eq} \times (-\vec{u}_z)\right] \cdot \vec{u}_z = 0$$

et finalement :

$$mg\frac{l}{2}\cos\theta_{eq} - 2mgl\sin\theta_{eq} = 0 \quad \Rightarrow \quad \theta_{eq} = \arctan\left(\frac{1}{4}\right) = \underline{14{,}0\,°}$$

• **Étude de la stabilité de l'équilibre**

Comme on le faisait en mécanique du point, on peut évaluer la **stabilité** d'une position d'équilibre en envisageant une petite perturbation ε du paramètre du mouvement au voisinage de l'équilibre.

- si l'équation différentielle régissant l'évolution de $\varepsilon(t)$ est celle d'un oscillateur harmonique (donc du type $\ddot{\varepsilon} + \omega 0^2 \varepsilon = 0$), l'équilibre sera stable ;
- si l'équation différentielle régissant l'évolution de $\varepsilon(t)$ est au contraire du type $\ddot{\varepsilon} - \omega 0^2 \varepsilon = 0$, l'équilibre sera instable.

Il reste alors à appliquer l'un ou l'autre des théorèmes de la dynamique des solides pour déterminer l'équation différentielle d'évolution de $\varepsilon(t)$. Pour un problème de **rotation d'un solide autour d'un axe fixe**, le paramètre angulaire θ n'intervient généralement pas dans l'expression de la résultante des actions extérieures. C'est donc le théorème du moment cinétique qui est alors le plus adapté.

On rappelle enfin que le moment cinétique d'un solide en rotation autour d'un axe Δ fixe par rapport au référentiel d'étude s'écrit :

$$L_\Delta = J_\Delta \omega$$

avec J_Δ le moment d'inertie du solide par rapport à Δ et ω la vitesse angulaire de rotation du solide autour de cet axe.

Insistons de nouveau sur le fait que ces deux théorèmes sont, en mécanique du solide, totalement **indépendants** l'un de l'autre vu que dans le cas général $\overrightarrow{\mathscr{M}}_{A,\,ext}$ n'est pas le moment de $\overrightarrow{F}_{ext}$.

Envisageons un petit déplacement $\varepsilon(t)$ autour de l'équilibre :

$$\theta(t) = \theta_{eq} + \varepsilon(t)$$

avec $\varepsilon(t) \ll \theta_{eq}$.

Le TMC appliqué en projection sur l'axe de rotation s'écrit :

$$\frac{dL_{1,\Delta}}{dt} + \frac{dL_{2,\Delta}}{dt} = \mathscr{M}_\Delta\left(\overrightarrow{P}_1\right) + \mathscr{M}_\Delta\left(\overrightarrow{P}_2\right)$$

En exprimant :

- les projections des moments d'inertie des deux tiges :

$$J_{1,\Delta} = \frac{ml^2}{3} \quad \text{et} \quad J_{2,\Delta} = \frac{2m(2l)^2}{3} = \frac{8ml^2}{3}$$

- les vitesses angulaires associées :

$$\omega_1 = \frac{d}{dt}\left(\frac{\pi}{2} - \theta\right) = -\dot{\theta} \quad \text{et} \quad \omega_2 = \frac{d}{dt}(\theta) = \dot{\theta}$$

– et les projections des moments de leurs poids respectifs :

$$\mathscr{M}_\Delta\left(\vec{P}_1\right) = mg\frac{l}{2}\cos\theta \quad \text{et} \quad \mathscr{M}_\Delta\left(\vec{P}_2\right) = -2mgl\sin\theta$$

nous trouvons :

$$ml^2\ddot{\theta}\left(-\frac{1}{3}+\frac{8}{3}\right) = mg\frac{l}{2}\cos\theta - 2mgl\sin\theta$$

soit au final :

$$\frac{14}{3}l\ddot{\theta} = g(\cos\theta - 4\sin\theta)$$

Nous pouvons alors injecter l'expression de $\theta(t) = \theta_{eq} + \varepsilon(t)$, ce qui donne :

$$\frac{14}{3}l\ddot{\varepsilon} = g(\cos\theta_{eq}\cos\varepsilon - \sin\theta_{eq}\sin\varepsilon - 4\sin\theta_{eq}\cos\varepsilon - 4\cos\theta_{eq}\sin\varepsilon)$$

En développant à l'ordre 1 en ε les diverses fonctions trigonométriques ($\sin\varepsilon \simeq \varepsilon$ et $\cos\varepsilon \simeq 1$), l'équation devient :

$$\frac{14}{3}l\ddot{\varepsilon} = g(\cos\theta_{eq} - \varepsilon\sin\theta_{eq} - 4\sin\theta_{eq} - 4\varepsilon\cos\theta_{eq}) = -\varepsilon g(\sin\theta_{eq} + 4\cos\theta_{eq})$$

La variable ε répond donc finalement à l'équation différentielle suivante :

$$\ddot{\varepsilon} + \frac{3g}{14l}(\sin\theta_{eq} + 4\cos\theta_{eq}) = 0$$

La position d'équilibre étant comprise entre 0 et $\frac{\pi}{2}$, $\sin\theta_{eq}$ et $\cos\theta_{eq}$ sont tous deux positifs, donc le coefficient portant sur ε est positif et l'on a bien une équation d'oscillateur harmonique : l'équilibre est stable.

Nous savons que la fonction tangente est π-périodique. Ainsi, lorsque nous avons annoncé que $\tan\theta_{eq} = \frac{1}{4}$, avons-nous conclu que $\theta_{eq} = 14\,^\circ$. Toutefois, il vient assez intuitivement que la position diamétralement opposée, où l'équerre reposerait en équilibre sur sa pointe sur la pointe du crayon avec cette fois $\theta'_{eq} = 194\,^\circ$, est également une position d'équilibre. Dans ce cas l'étude de la stabilité aboutit exactement à la même équation différentielle, mais avec un sinus et un cosinus tous deux négatifs, dont le rapport donnera bien une tangente égale à $+\frac{1}{4}$, mais dont la combinaison linéaire donnera un coefficient négatif sur ε dans l'équation différentielle, confirmant l'instabilité de cet autre équilibre.

Exercice 15.3 : Pendule pesant

On considère un pendule pesant, libre de tourner autour d'un axe horizontal (Δ) fixe par rapport au référentiel terrestre que l'on supposera galiléen, et doté par rapport à cet axe d'un moment d'inertie J_Δ.
Déterminer une équation du mouvement de ce pendule par deux méthodes différentes, ainsi que ses solutions lorsqu'il est possible d'en trouver. Identifier ces solutions à l'aide du portrait de phase de ce système, fourni ci-dessous, et interpréter les autres situations.

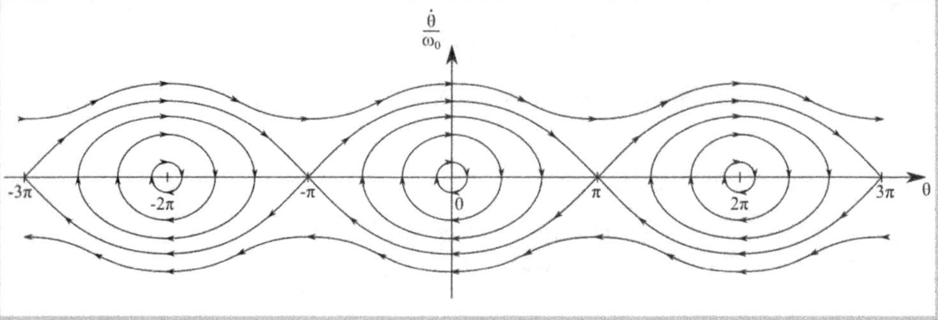

• **Analyse de l'énoncé**
Cet exercice aborde le cas du pendule pesant, cousin du pendule simple doté d'un peu d'embonpoint. Dans la pratique, comme nous allons le voir, les deux objets présentent des comportements très proches. Leurs traitements formels, cependant, présentent quelques différences significatives.
Rappelons pour commencer ce qui différencie les deux objets :
- **Le pendule simple** consiste en une masselotte accrochée à un fil ou une tige inextensible, **de masse négligeable devant celle de la masselotte**. En particulier, donc, la partie pesante de l'ensemble ne contient pas le point d'attache.
- **Le pendule pesant**, en revanche, est un objet dont la répartition de masse est telle, que le point d'attache autour duquel se font les oscillations (qui du coup n'est plus qualifié de point d'attache, mais d'axe fixe (sous-entendu : par rapport au référentiel d'étude)) est inclus dans le dispositif oscillant.

Cette différence qui peut sembler anodine va cependant nous faire perdre dans le cas du pendule pesant une information essentielle dont nous disposions dans le pendule simple : la direction de la force exercée par le point d'ancrage sur le système pesant. En effet :
- Dans le cas du pendule simple, souvent, on attaque directement avec la deuxième loi de Newton appliquée **à la seule masselotte accrochée au bout du fil**, à l'exclusion du fil proprement dit. L'inventaire des forces auxquelles est soumise cette masselotte est vite fait : son poids, et la tension du fil. Or cette tension est purement radiale, ce qui nous permet de l'éliminer en projetant la deuxième loi de Newton sur le vecteur orthoradial.

– Dans le cas d'un pendule pesant, l'axe fixe agit directement sur l'objet pesant, selon une réaction de direction vague, impossible à projeter et excluant donc tout recours à la deuxième loi de Newton.

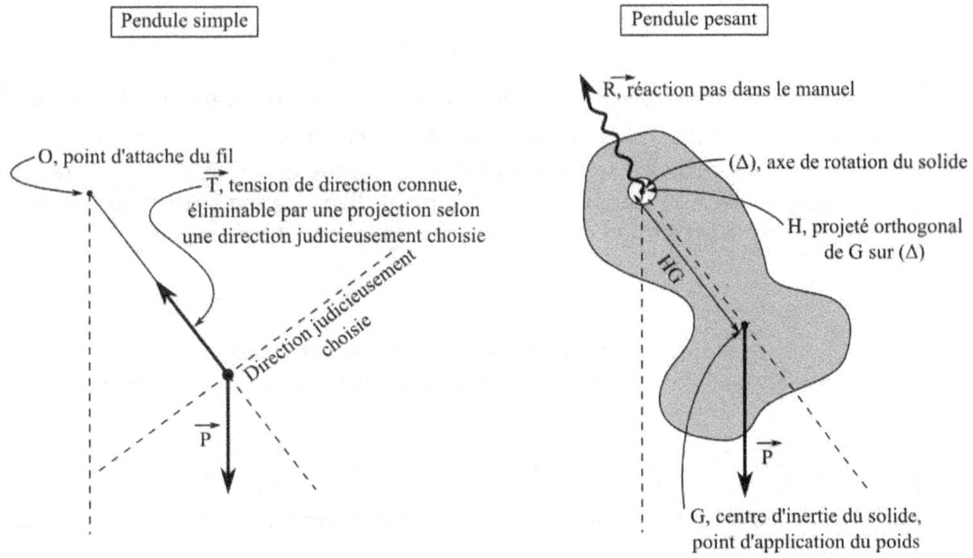

On voit donc se profiler au choix le théorème de l'énergie cinétique, ou le théorème du moment cinétique.

Un point commun à ces deux outils a d'ailleurs de quoi nous rassurer : le moment d'inertie du solide par rapport à l'axe (Δ). Une indépendance de l'équation du mouvement, vis-à-vis de la répartition de masse du système aurait en effet été suspecte.

• Détermination de l'équation du mouvement

Infatigables, nous répétons une fois encore la démarche habituelle.

Nous choisissons pour commencer :

(1) un système d'étude : ce sera pour nous le solide.

(2) un référentiel d'étude : nous opterons pour le référentiel terrestre, que nous supposerons galiléen.

(3) le bilan des actions s'exerçant sur le système :

– le poids $\vec{P}$ qu'exerce la Terre sur le solide ;
– la réaction $\vec{R}$ de l'axe de rotation sur le solide.

Le référentiel d'étude étant supposé galiléen, nous pouvons notamment y appliquer le théorème du moment cinétique. Dans ce but, nous déterminons les projections des moments de ces forces par rapport à l'axe (Δ), (supposé fixe

par rapport au référentiel d'étude, nous utiliserons directement la projection du théorème du moment cinétique sur cet axe) :
- pour le poids $\overrightarrow{P}$:

$$\mathscr{M}_{\Delta}(\overrightarrow{P}) = -mgHG\sin\theta$$

avec G centre d'inertie du solide, H son projeté orthogonal sur (Δ), et θ l'angle formé par $\overrightarrow{HG}$ avec la verticale descendante ;
- pour la réaction $\overrightarrow{R}$: le moment est nul, puisque quelle que soit sa direction elle passe par (Δ) (rappelons que son point d'application se situe sur cet axe).

Par ailleurs, la projection du moment cinétique sur (Δ) s'exprime :

$$L_{\Delta} = J_{\Delta}\dot{\theta}$$

où J_{Δ} est le moment d'inertie du solide par rapport à l'axe (Δ).
La mise en œuvre du théorème du moment cinétique nous donne alors :

$$\frac{dL_{\Delta}}{dt} = J_{\Delta}\ddot{\theta} = -mgHG\sin\theta \quad \Leftrightarrow \quad \ddot{\theta} + \frac{mgHG}{J_{\Delta}}\sin\theta = 0$$

Nous reconnaissons l'équation d'un oscillateur harmonique, de pulsation propre $\omega_0 = \sqrt{\frac{mgHG}{J_{\Delta}}}$.

• **Résolution alternative**

Aujourd'hui seulement, pour toute résolution par le théorème du moment cinétique, une résolution énergétique vous est également offerte. Il suffit pour ce faire d'exprimer :
- L'énergie cinétique du solide : $E_c = \frac{1}{2}J_{\Delta}\dot{\theta}^2$;
- L'énergie potentielle du solide : $E_p = mgHG(1 - \cos\theta)$, en prenant l'origine de l'énergie potentielle au niveau le plus bas du centre d'inertie.

Point n'est besoin de comptabiliser quoi que ce soit concernant la réaction de l'axe, puisque son point d'application ne se déplaçant pas, elle ne travaille pas. Notons en outre que cette force s'apparente à une réaction normale, qui de toute façon ne travaille jamais.

En utilisant le fait que l'énergie mécanique se conserve au cours du mouvement (le poids est conservatif et la réaction ne travaille pas), nous obtenons ainsi :

$$\frac{1}{2}J_{\Delta}\dot{\theta}^2 + mgHG(1 - \cos\theta) = cte$$

Il nous suffit alors de dériver de part et d'autre de l'égalité, par rapport au temps :

$$J_{\Delta}\dot{\theta}\ddot{\theta} + mgHG\dot{\theta}\sin\theta = 0 \quad \Leftrightarrow \quad J_{\Delta}\ddot{\theta} + mgHG\sin\theta = 0$$

et nous retrouvons ainsi la même équation.

• Solutions

À ce stade de l'exercice, il n'y a plus aucun suspense, tant le formalisme rejoint en tout point celui d'un système que nous connaissons déjà par cœur. En particulier, nous savons que l'équation exhibée à l'aide du théorème du moment cinétique n'admet de solution simple qu'en linéarisant le sinus à l'ordre 2, ce qui suppose de nous limiter à de petites valeurs de θ.

Pour $\theta \ll 1$ rad, nous pouvons développer $\sin\theta$ en θ, ce qui nous permet de résumer l'équation différentielle à une équation linéaire à coefficients constants sans second membre :

$$\ddot{\theta} + \omega_0^2\theta = 0$$

Nous savons que les solutions sont alors de la forme :

$$\theta(t) = A\cos(\omega_0 t + \varphi)$$

Nous en déduisons :

$$\dot{\theta}(t) = -\omega_0 A\sin(\omega_0 t + \varphi)$$

Nous notons alors que :

$$\theta^2(t) + \left(\frac{\dot{\theta}(t)}{\omega_0}\right)^2 = A^2$$

Ainsi, la représentation du mouvement dans l'espace des phases proposé par l'énoncé aboutit-elle à un cercle, dont le rayon est égal à l'amplitude angulaire A du mouvement. Notons en outre que l'inversion de signe liée à la dérivation entraîne que les phases de θ et $\dot{\theta}$ évoluent en sens inverses l'une de l'autre, d'où un parcours de ce cercle dans le sens horaire et non le sens trigonométrique.

Nous pouvons alors distinguer quatre catégories de représentations du mouvement dans cet espace de phases :

- **Mouvements pendulaires dans l'approximation harmonique :** ce sont les mouvements réalisés à faible énergie mécanique, et n'engageant que de faibles valeurs de θ, pour lesquelles l'équation du mouvement peut être linéarisée. Comme nous l'avons vu ci-dessus, dans le cadre de cette approximation, les portraits de phase sont des cercles.
- **Mouvements pendulaires hors approximation harmonique :** à mesure que l'on augmente l'amplitude du mouvement, le rayon du cercle augmente également, mais le cercle tend à se déformer, attestant ainsi de la légitimité décroissante de l'approximation de $\sin\theta$ par θ.
- **Mouvements chaotiques :** cas où l'énergie mécanique amène le pendule à passer par sa position d'équilibre instable (centre d'inertie G à la verticale de l'axe de rotation, et au-dessus de celui-ci). Dans ce cas il est impossible de caractériser le mouvement, entre pendulaire et révolutif : si le pendule passe

par là, il peut y rester bloqué, repartir en sens inverse, ou poursuivre dans le même sens. Ce type de situation est qualifié de **bifurcation**.

- **Mouvements révolutifs :** l'énergie mécanique est supérieure à celle invoquée dans le cas précédent, et en l'absence de forces dissipatives, le pendule va tourner indéfiniment, dans le sens direct (θ croissant, $\dot{\theta} > 0$) ou dans le sens indirect (θ décroissant, $\dot{\theta} < 0$), selon les conditions initiales.

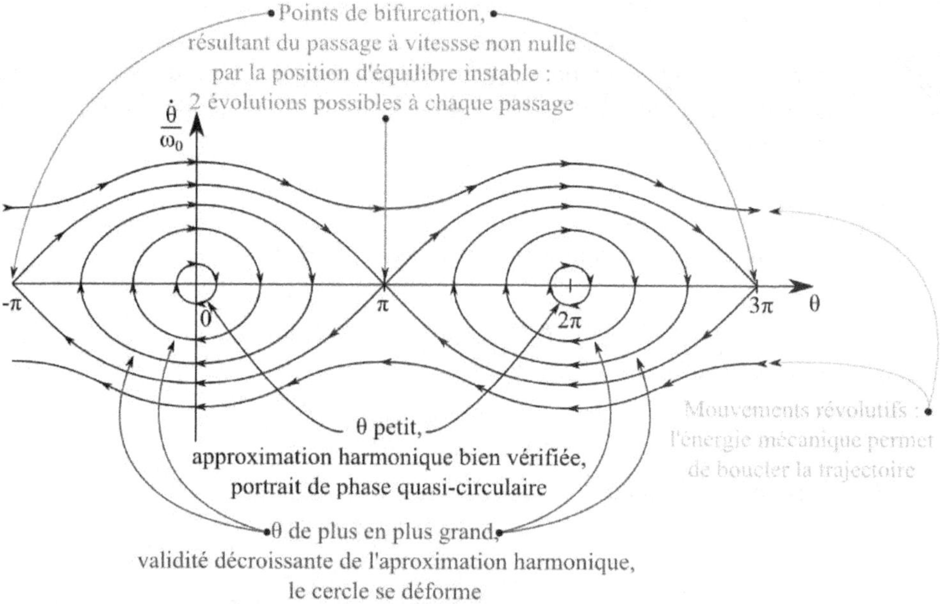

Exercice 15.4 : Énergie cinétique d'un ballon

On considère un ballon de football, de masse $m = 0,60$ kg et de rayon $r =$ 11 cm, animé d'un mouvement de translation rectiligne uniforme à une vitesse de valeur $v = 30$ m.s^{-1}.

Déterminer quel pourcentage d'énergie cinétique gagne ce ballon s'il est en outre animé d'un mouvement de rotation sur lui-même à la vitesse angulaire $\omega = 20$ rad.s^{-1}.

On rappelle le moment d'inertie d'une sphère creuse de masse m et de rayon R, par rapport à tout axe de rotation (Δ) passant par son centre : $J_\Delta = \frac{2}{3}mR^2$.

• Analyse de l'énoncé

Cet exercice est relativement simple à partir du moment où l'on a compris qu'un solide pouvait tirer son énergie cinétique des deux types de mouvement qui peuvent l'animer, à savoir translation et rotation.

On peut en effet montrer que la somme des énergies cinétiques individuelles de chaque point matériel constituant un solide, peut formellement se répartir en deux termes :

- **une terme de translation** correspondant au déplacement d'ensemble du solide, alors résumé à son centre d'inertie G affecté de toute la masse m_{tot} dudit solide :

$$E_{c,t} = \frac{1}{2} m_{tot} v_G^2$$

- **une terme de rotation** correspondant à l'énergie cinétique issue de la rotation du solide autour de son centre d'inertie :

$$E_{c,r} = \frac{1}{2} J_\Delta \omega^2$$

Dans le cas général, un solide peut être animé de trois mouvements de rotation autour de trois axes indépendants. Ce cas, qu'*a priori* vous ne rencontrerez pas en CPGE, entraîne simplement la prise en compte des termes supplémentaires d'énergie cinétique de rotation correspondants.

• **Résolution**

Dans le cas présent, toutes les informations nécessaires aux calculs de ces deux termes sont fournies, et il ne reste donc plus qu'à se mettre au travail.

Commençons par exprimer l'énergie cinétique associée à la translation du ballon :

$$E_{c,t} = \frac{1}{2} m v^2$$

Exprimons de même l'énergie liée à la rotation du ballon sur lui-même :

$$E_{c,r} = \frac{1}{2} J_\Delta \omega^2 = \frac{1}{3} m r^2 \omega^2$$

Le gain en énergie cinétique apporté par la rotation comparativement à la seule rotation s'exprime :

$$100 \times \frac{E_{c,r}}{E_{c,t}} = 100 \times \frac{2}{3} \left(\frac{r\omega}{v}\right)^2 = 0,35\ \%$$

On peut s'étonner de la faible fraction d'énergie cinétique couverte par la rotation, comparativement à celle que représente la seule translation. La vitesse de rotation est de 20 rad.s^{-1}, soit environ 3 tours par seconde. Avec un rayon de 11 cm, nous en déduisons que les points de la périphérie du ballon sont animés d'une vitesse $v = r\omega = 2,2$ m.s^{-1}, soit

presque quinze fois moins que le centre d'inertie du ballon. L'énergie cinétique variant comme le carré de la vitesse, en termes d'ordres de grandeur, l'énergie cinétique de rotation serait ainsi plus de deux cents fois plus faible que celle de translation.
Dans le cas d'un roulement sans glissement, en revanche, où $v = r\omega$, ce pourcentage serait de 67 %. Mais avec $v = 30$ m.s^{-1}, cela signifierait $\omega = 2,7.10^2$ rad.s^{-1}, soit environ 43 tours par seconde. Et à l'inverse, si $\omega = 20$ rad.s^{-1}, cela suppose un ballon roulant à 2,2 m.s^{-1}, soit un peu moins de 8 km.h^{-1}.

Exercice 15.5 : Tabouret d'inertie

On considère une personne, assise sur un tabouret libre de tourner autour d'un axe vertical (Δ) fixe par rapport au référentiel terrestre supposé galiléen. Cette personne tient dans chacune de ses mains un haltère de masse $m = 5,0$ kg, et tient ses bras éloignés de son corps, à une distance $r_i = 0,80$ m de l'axe de rotation.
Un opérateur extérieur anime l'ensemble d'un mouvement de rotation à la vitesse angulaire $\omega_i = 5,0$ rad.s^{-1}, puis la personne rapproche les bras en les conservant tout du long alignés dans un plan passant par son axe vertical de rotation, amenant les haltères à une distance $r_f = 0,30$ m de l'axe de rotation.
Montrer que la vitesse angulaire varie, ainsi que l'énergie cinétique de l'ensemble. Préciser le signe de cette variation, et proposer une interprétation.
On considérera que la personne et le tabouret constituent ensemble (sans les haltères) un système de moment d'inertie $J_\Delta = 4,0$ kg.m^2

• Analyse de l'énoncé

Le tabouret d'inertie est LE système utilisé pour vous faire étudier, très succinctement, le mouvement d'un solide qui ne soit PAS indéformable, en ce qu'au cours du mouvement, la distance séparant certains de ses points constitutifs va varier. Nous avons déjà mentionné, dans l'exercice 12.4 notamment, l'extraordinaire complexité vers laquelle pouvait nous mener un système déformable, chaque nouveau degré de liberté entraînant des possibilités supplémentaires.
C'est ce qui explique la restriction de cette partie du programme à l'unique cas du tabouret d'inertie, lui conférant un caractère assez anecdotique, et dont nous verrons du reste qu'il ne nous permettra que des conclusions somme toute assez limitées. Il n'en demeure pas moins que cet exemple est riche d'ouverture, et vous permet au moins d'entrevoir ce qu'il se passe au-delà des modèles auxquels vous cantonnent la plupart des exercices.
L'énoncé comporte deux questions, que nous traiterons distinctement : l'une sur la vitesse de rotation, l'autre sur l'énergie cinétique.
Mais avant toute chose, à la demande générale, procédons au rituel...

Nous choisissons pour commencer :

(1) un système d'étude : nous prendrons l'ensemble {personne + tabouret + haltères}.

(2) un référentiel d'étude : terrestre, supposé galiléen (imposé par l'énoncé).

(3) le bilan des actions extérieures s'exerçant sur le système :

- le poids $\overrightarrow{P}$ qu'exerce la Terre sur le système ;
- la réaction normale $\overrightarrow{R_n}$ du sol sur le système, exercée au niveau des pieds du tabouret.

et... C'est tout. On peut s'étonner qu'un système tripartite (tabouret, personne, haltères) ne subisse pas plus d'actions que cela, mais c'est pourtant le cas. Ceci provient du fait que nous nous limitons aux seules actions **extérieures**, ainsi que nous en avons l'habitude, puisque ce sont les seules engagées dans les deux premières lois de Newton, dans le théorème du moment cinétique, dans celui de... l'énergie cinétique ? Eh non, justement, et c'est la principale chose à retenir de cet exercice : le théorème de l'énergie cinétique, contrairement aux deux premiers, n'engage pas seulement les travaux des forces extérieures s'exerçant sur le système, mais également celui des forces intérieures. Car s'il est exact que toute force exercée par une partie du système sur une autre partie du système trouve compensation dans la force réciproque décrite par la troisième loi de Newton, il serait en revanche faux de penser que le travail de l'une de ces forces soit compensé par le travail de sa force réciproque.
Envisageons par exemple deux parties d'un même système exerçant l'une sur l'autre des actions de mêmes valeur et direction, mais de sens opposés (donc se compensant dans une somme vectorielle). Supposons encore que ces deux parties aient la possibilité de se diriger l'une vers l'autre sous l'effet de ces actions (solide déformable), et subissent à cette occasion des forces de frottement. Les deux forces se compensent certes vectoriellement, mais leurs travaux constituent tous deux une perte d'énergie pour le système : on ne regagne pas l'énergie dissipée par les frottements sur un trajet en effectuant le trajet inverse.
Répétons-le : 99 % des résultats de mécanique du solide que vous avez en tête ont été établis dans le cadre d'un modèle de solide indéformable, et constitueront l'essentiel des sujets d'exercice que vous rencontrerez. Mais dans le cas du tabouret d'inertie (ou de tout autre système revenant formellement au même), il importe de redoubler de vigilance sur certains points. Le théorème de l'énergie cinétique est l'un de ces points.
Venons-en à présent à l'exercice proprement dit. Habitués à l'utilisation de la deuxième loi de Newton, nous devinons rapidement à voir le bilan des forces extérieures, qu'elle ne nous apportera rien d'autre qu'une compensation du poids et de la réaction normale, donc une persévérance du centre d'inertie du système dans son état d'immobilité initiale.
Après ce que nous venons de raconter, vous pouvez imaginer que le théorème de l'énergie cinétique n'est pas forcément l'option la plus simple, puisqu'elle nécessiterait la prise en compte de forces intérieures au sujet desquelles nous n'avons pas le commencement d'une hypothèse.

Il nous reste donc le théorème du moment cinétique, vers lequel le mouvement que nous décrit l'énoncé (sans parler du chapitre lui-même dans son entier) nous donnait déjà toutes les raisons de nous orienter. On peut cependant se demander ce qu'il va nous apporter de plus que la deuxième loi de Newton, qui se contentait de nous dire que la quantité de mouvement globale du système était conservée, et valait donc... rien.
De la même façon, ici, nous allons découvrir que le moment cinétique du système est conservé. Mais cette information sera plus riche, puisque le moment cinétique, au contraire de la quantité de mouvement, n'est pas nul. Sachant en outre qu'il fait intervenir la vitesse angulaire du système, nous voyons se profiler une amorce de réponse à la première question de l'exercice.

Le référentiel d'étude étant supposé galiléen, nous pouvons y appliquer le théorème du moment cinétique. L'axe de rotation (Δ) étant fixe par rapport au référentiel, nous pouvons utiliser directement la projection de l'égalité vectorielle issue de ce théorème, sur cet axe.
Or les deux seules forces en présence dans ce problème étant elles-mêmes parallèles à cet axe, les moments qu'elles développeront par rapport à un point quelconque de celui-ci lui seront perpendiculaires, et leurs projections sur lui seront nulles :

$$\mathcal{M}_\Delta\left(\vec{P}\right) = \mathcal{M}_\Delta\left(\vec{R}_n\right) = 0$$

La projection du théorème du moment cinétique sur l'axe de rotation nous donne donc :

$$\frac{dL_\Delta}{dt} = 0 \quad \Leftrightarrow \quad L_\Delta = cte$$

Or nous sommes en mesure d'exprimer ce moment cinétique dans deux situations, à chaque fois comme somme du moment cinétique de la personne et du tabouret d'une part, et des haltères d'autre part :

- **Initiale :** chaque haltère se trouve alors en une position $\vec{r_i} = r_i\vec{e_r}$, et animée d'une vitesse $\vec{v_i} = r_i\omega_i\vec{e_\theta}$, d'où :

$$L_{\Delta,i} = J_\Delta\omega_i + 2mr_i^2\omega_i \qquad \Leftrightarrow \qquad L_{\Delta,i} = (J_\Delta + 2mr_i^2)\omega_i$$

- **Finale :** on obtient de même :

$$L_{\Delta,f} = (J_\Delta + 2mr_f^2)\omega_f$$

En égalisant ces deux expressions, nous obtenons :

$$\omega_f = \omega_i\frac{J_\Delta + 2mr_i^2}{J_\Delta + 2mr_f^2}$$

L'application numérique donne $\omega_f = 2,1\omega_i =$ <u>11 rad.s^{-1}</u>. La vitesse angulaire a ainsi pratiquement doublé.

• Étude énergétique

Dans un deuxième temps, l'exercice demande de montrer que cette variation de vitesse angulaire s'accompagne également d'une variation d'énergie cinétique. Encore une fois, il serait très mal avisé de s'aventurer dans l'inventaire des forces intérieures dont le travail est à l'origine de cette variation. Il vous suffit de le savoir, et éventuellement de le sortir lorsque vous serez invité(e) à donner une interprétation de cette énergie.

Calculons l'énergie cinétique à partir de son expression, somme de l'énergie cinétique de la personne, et de celle des haltères qu'elle tient :

- **Dans la situation initiale :** en reprenant l'expression de la vitesse des haltères, nous obtenons :

$$E_{c,i} = \frac{1}{2}J_\Delta\omega_i^2 + 2 \times \frac{1}{2}mv_i^2 = \frac{1}{2}J_\Delta\omega_i^2 + mr_i^2\omega_i^2$$

Nous reconnaissons l'expression de L_Δ, d'où :

$$E_{c,i} = \frac{1}{2}L_\Delta\omega_i$$

- **Dans la situation finale :** on obtient de même :

$$E_{c,f} = \frac{1}{2}L_\Delta\omega_f$$

Nous en concluons que l'énergie cinétique varie proportionnellement à la vitesse angulaire, et qu'elle a donc plus que doublé au cours de l'opération. Cette augmentation peut s'interpréter grâce au fait suivant : nous savons qu'en mouvement circulaire, tout point d'un solide est doté d'une accélération centripète. Nous pouvons en déduire que la force assurant la cohésion de ce point au reste du solide, quelle que soit son expression, est également centripète. Si ce point est amené vers l'axe de rotation, le point d'application de cette force se déplace donc dans le même sens que cette force, donc le travail de cette force est moteur, ce qui explique qu'il contribue à augmenter l'énergie cinétique du système.
Inversement, si la personne sur le tabouret écarte les bras et éloigne les haltères de l'axe de rotation, la vitesse de rotation chute (conservation du moment cinétique), et son énergie cinétique diminue (la force maintenant les masselottes, toujours centripète puisque colinéaire à l'accélération, travaille cette fois de manière résistante).

CHAPITRE

16

Mouvements dans un champ de force centrale conservatif

Exercice 16.1 : Oscillateur en rotation

On considère un point matériel M de masse m, attaché à l'extrémité d'un ressort de raideur k et de longueur à vide l_0. L'autre extrémité de ce ressort est attachée en un point, fixe par rapport au référentiel terrestre que l'on supposera galiléen, et autour duquel l'ensemble est libre de tourner dans un plan horizontal. Il est lancé avec une vitesse initiale $\vec{v}_i$ orthoradiale, et une longueur initiale $r = r_i$.

Montrer que le moment cinétique de ce système se conserve au cours du mouvement. En déduire une expression de $\dot{\theta}$ en fonction de r et des paramètres initiaux, et montrer qu'il est possible de résumer le mouvement à une équation différentielle portant uniquement sur la variable r.

Déterminer une condition nécessaire et suffisante sur r_i et v_i pour que le mouvement soit circulaire.

• Analyse de l'énoncé

Cet exercice est le premier d'une série abordant les forces centrales, c'est-à-dire les forces dont la droite porteuse passe constamment par un point, fixe par rapport au référentiel d'étude. Nous allons donc y trouver quelques éléments typiques des exercices qui suivront. Le premier de ceux-ci est la constance du moment cinétique par rapport au point fixe précédemment cité, d'un système soumis à une telle force. De cette constance va découler une relation particulière entre r et $\dot{\theta}$, qui permettra de réduire les équations différentielles engageant ces deux variables à des équations n'engageant finalement que des variables radiales.

Il s'agit d'une approche purement formelle, puisqu'au final elle résume des problèmes à deux dimensions à l'étude d'un unique degré de liberté. Dans les faits, les mouvements se déploient bel et bien dans deux dimensions, mais la corrélation qu'introduit la constance du moment cinétique, entre les variables mesurant les déplacements selon ces deux dimensions (r et θ, en l'occurrence) fait que la dynamique du système, elle, est régie par un unique degré de liberté.

On pourrait comparer cette situation à celle d'un gaz répondant à la loi du gaz parfait : il est bien caractérisable par trois paramètres (pression P, température T et densité particulaire $\frac{n}{V}$, mais seuls deux de ces trois paramètres peuvent varier indépendamment l'un de l'autre, la valeur du troisième étant alors imposée par l'équation d'état $P = \frac{n}{V}RT$.

La suite de l'exercice propose une application de cette propriété au cas particulier de ce ressort tournant. Mais avant d'aller plus loin, nous allons comme de coutume cadrer convenablement le problème.

Commençons par définir :
- le système dont nous allons étudier le mouvement : le point matériel M ;
- le référentiel par rapport auquel sera menée l'étude : terrestre, supposé galiléen ;
- les forces extérieures s'exerçant sur le système : le système va être soumis à son poids $\overrightarrow{P}$, à la réaction normale du support $\overrightarrow{R}_n$, toutes deux verticales, ainsi qu'à la force de rappel exercée par le ressort, $\overrightarrow{F}_r = -k(r - l_0)\vec{e}_r$ (en prenant l'origine du repère polaire au point d'attache du ressort), horizontale.

Le mouvement envisagé étant plan, nous en déduisons que l'altitude est constante. En l'absence de composante verticale d'accélération, la deuxième loi de Newton (légitimée puisque nous travaillons dans un référentiel supposé galiléen) nous permet d'affirmer que les composantes verticales de forces se compensent entre elles. Celles-ci se résumant au poids et à la réaction normale, nous en déduisons que ces deux dernières s'annulent, et la suite du problème sera traitée uniquement dans le plan horizontal, en considérant le seul effet de la force de rappel du ressort.

• Constance du moment cinétique

C'est le propre des forces centrales. En effet, leur direction visant constamment un même point, le moment d'une telle force par rapport à ce point est nécessairement nul, ce qui, théorème du moment cinétique à l'appui, entraîne la constance du moment cinétique calculé par rapport au point en question.

Le référentiel étant supposé galiléen, nous pouvons appliquer le théorème du moment cinétique par rapport au point d'attache O du ressort :

$$\frac{d\overrightarrow{L}_O}{dt} = \overrightarrow{\mathscr{M}}_O(\overrightarrow{F}_r) = \overrightarrow{OM} \wedge \overrightarrow{F}_r = \overrightarrow{0}$$

puisque la force de rappel est constamment colinéaire au vecteur $\overrightarrow{OM}$.
Nous en déduisons donc que $\overrightarrow{L}_O = \overrightarrow{cte}$.

• Relation entre $\dot{\theta}$ et r

L'énoncé indiquant clairement que l'on doit déduire cette expression de la constance du moment cinétique, et que l'expression doit faire intervenir les paramètres initiaux, il nous suffit d'exprimer le moment cinétique dans le cas général d'une part, et dans la situation initiale d'autre part.

Exprimons le moment cinétique de manière générale :

$$\vec{L}_O = m(r\vec{e}_r) \wedge (\dot{r}\vec{e}_r + r\dot{\theta}\vec{e}_\theta) = mr^2\dot{\theta}\vec{e}_z$$

Nous en déduisons donc que le produit $r^2\dot{\theta}$ est constant au cours du mouvement. En particulier, dans les conditions initiales, nous avions $r = r_i$ et $v = v_i = r_i\dot{\theta}_i$, puisque la vitesse initiale était orthoradiale ($(\dot{r})_i = 0$, donc).
Il s'ensuit que la valeur initiale du produit $r^2\dot{\theta}$ est donc $r_i v_i$, et que nous pouvons finalement écrire :

$$r^2\dot{\theta} = r_i v_i \qquad \Leftrightarrow \qquad \dot{\theta} = \frac{r_i v_i}{r^2}$$

Voici donc la relation liant les variables radiale et angulaire dans un mouvement régi par une force centrale. Il importe d'être conscient(e) que la constance du produit $r^2\dot{\theta}$ prend pour seule hypothèse le fait que le mouvement soit régi par une force centrale, sans présumer notamment du détail de son expression. Cette propriété n'est donc pas exclusive des champs newtoniens que nous verrons dans les exercices suivants. L'identification au produit $r_i v_i$ réclame l'hypothèse d'une vitesse initiale orthoradiale. Dans le cas contraire, il suffira de préciser que seule la composante orthoradiale $v_{\theta,i}$ intervient.

• **Équation différentielle**

Le théorème du moment cinétique s'est montré extrêmement utile et puissant dans l'obtention de la relation précédente, mais celle-ci ne nous donne qu'une corrélation entre deux variables, et non une équation différentielle sur l'une ou l'autre d'entre elles.
Nous allons donc devoir mettre les autres lois à contribution pour obtenir ladite équation. Nous savons par ailleurs que la deuxième loi de Newton dérive de la conservation de l'énergie mécanique.
L'une ou l'autre des deux nous permet en soi d'aboutir à une équation différentielle, mais les expressions des énergies sont plus lourdes, et l'unicité directionnelle du problème (tout est radial) fait que la deuxième loi de Newton n'est pas scandaleusement compliquée à mettre en œuvre.
Nous opterons donc pour celle-ci.

Travaillant par rapport à un référentiel supposé galiléen, nous pouvons appliquer la deuxième loi de Newton :

$$m\vec{a} = \vec{F}_r$$

En détaillant les composantes de l'accélération et la force de rappel dans la base polaire, puis en projetant respectivement selon $\vec{e}_r$ et $\vec{e}_\theta$, nous obtenons :

$$m(\ddot{r} - r\dot{\theta}^2) = -k(r - l_0) \quad \text{et} \quad m(2\dot{r}\dot{\theta} + r\ddot{\theta}) = 0$$

Nous constatons alors qu'il suffit de remplacer $\dot{\theta}$ par son expression en fonction de r, établie précédemment ($\dot{\theta} = \frac{r_i v_i}{r^2}$, pour obtenir une équation différentielle portant uniquement sur r et ses dérivées :

$$\ddot{r} + \frac{k}{m}(r - l_0) - \frac{(r_i v_i)^2}{r^3} = 0$$

Nous n'exploiterons pas la seconde équation, pour la bonne et simple raison que son intégration après séparation des variables redonne simplement la constance du produit $r^2\dot{\theta}$.

• Condition pour un mouvement circulaire

L'équation différentielle mise en lumière n'est pas linéaire, et est donc, indépendamment de toute considération de trucs au programme ou pas, très compliquée à résoudre. L'énoncé restreint cependant le problème au cas d'un mouvement circulaire. Dans l'hypothèse $r = cte$, nous aurons donc les dérivées successives de r qui seront nulles, ce qui fera disparaître le terme $\ddot{r}$ et nous laissera simplement avec une équation portant sur r et v, valable en tout instant et en particulier à l'instant initial. Il ne nous restera donc plus qu'une équation portant sur r_i et v_i, répondant aux doléances de l'énoncé.

Dans l'hypothèse d'un mouvement circulaire, nous aurons donc $\ddot{r} = 0$, ce qui nous donne l'équation :

$$\frac{k}{m}(r - l_0) = \frac{(r_i v_i)^2}{r^3}$$

valable en toute position, et en particulier à l'instant initial, où $r = r_i$. Nous en déduisons :

$$\frac{k}{m}(r_i - l_0) = \frac{v_i^2}{r_i} \qquad \Leftrightarrow \qquad v_i = \omega_0\sqrt{r_i(r_i - l_0)}$$

Nous notons que cette relation n'est possible que si $r_i > l_0$, ce qui n'a rien de surprenant : la possibilité d'un mouvement circulaire vient simplement du fait que ledit mouvement génère une accélération centripète. Celle-ci étant (deuxième loi de Newton oblige) colinéaire à la force exercée par le ressort et de même sens qu'elle, la force de rappel doit l'être également, ce qui suppose un ressort plus long qu'il n'est au repos.

Exercice 16.2 : Satellites

La station spatiale internationale (ou ISS, masse m) décrit une orbite circulaire autour de la Terre à une altitude $h = 300$ km (orbite dite basse). On donne le rayon de la Terre $R_T = 6,4.10^3$ km et la valeur du champ de pesanteur terrestre au niveau du sol $g_0 = 9,8$ m.s^{-2}.
Déterminer la vitesse de l'ISS sur son orbite, ainsi que la valeur de sa période de révolution$T$. Un second satellite est également en orbite circulaire autour de la Terre, à une altitude $h' = 2h$ (orbite dite haute). Que vaut la période T' de ce satellite ?

• Analyse de l'énoncé

On s'intéresse ici au mouvement d'un satellite autour de la Terre, mais il faut bien voir que tout exercice traitant du mouvement d'un satellite autour d'une planète, ou d'une planète (ou comète) autour du Soleil se traitera de manière analogue. Le **point commun** à ces problèmes est la nature de la force s'exerçant sur le système qui sera du type **force de gravitation** laquelle entre dans le cadre plus général des **champs de force newtoniens**. Un tel champ de force est du type : $\frac{cte}{r^2}\vec{u}_r$, en coordonnées polaires. Cette forme lui confère des propriétés particulières que nous exploiterons largement au cours des exercices :

- la force est **centrale**, le mouvement sera donc opéré à moment cinétique constant, donc sera plan, et le produit $r^2\dot{\theta}$ (fonction des coordonnées polaires), une constante du mouvement.
- la force est **conservative**, l'énergie mécanique du système est donc une constante du mouvement.

En pratique, l'étude du mouvement d'un corps autour d'un astre sera menée par rapport au **référentiel "astrocentrique"** correspondant, supposé galiléen. La force mise en jeu sera la **force d'interaction gravitationnelle** entre l'astre et le corps. Le mouvement étant plan, on utilisera une **base polaire**.

Enfin, les propriétés générales rappelées ci-avant, peuvent se réénoncer de la manière suivante dans le cas du mouvement d'une planète autour du Soleil et sont connus sous le nom de **lois de Képler**. Vous pouvez bien sûr les adapter au mouvement d'un satellite autour d'une planète :

- **Première loi** : les planètes décrivent autour du Soleil des ellipses dont le Soleil occupe l'un des foyers.
- **Deuxième loi** : le rayon vecteur allant de la planète au soleil balaie des aires égales en des durées égales .
- **Troisième loi** : le rapport du carré de la période de révolution d'une planète, au cube du demi-grand axe de l'ellipse qu'elle décrit, possède la même valeur pour toutes les planètes en révolution autour du Soleil.

Ces lois, énoncées en l'état, ne sont valables que si l'astre central est considérablement plus massif que ceux gravitant autour de lui. Dans

les faits, ce n'est pas le soleil qui occupe l'un des foyers des ellipses, par exemple, mais le centre de masse de l'ensemble soleil + planète, confondu à très peu de choses près avec le centre de masse du soleil tout seul. On peut prendre l'image de deux personnes se tenant par les mains et tournant l'une autour de l'autre : dans le cas d'un adulte et d'un enfant, l'adulte tourne sur lui-même et l'enfant autour de lui. Si les deux personnes sont de masses comparables, en revanche, les deux tournent autour d'un axe placé entre elles.
Attention donc à ne pas appliquer aveuglément les lois de Kepler dans le cas d'un système d'étoiles doubles, par exemple.

Une grossière erreur à ne pas commettre dans ce type d'exercice est de faire apparaître dans le bilan des forces le poids du satellite ! En effet, le poids n'est rien d'autre que la force d'attraction gravitationnelle que subit un corps au voisinage d'un astre donné, lorsque le mouvement a une faible amplitude angulaire autour de l'astre. On peut en outre ajouter que le poids, en toute rigueur, intègre des termes d'accélération dus à la rotation du référentiel terrestre par rapport au référentiel géocentrique (notamment la fameuse accélération de Coriolis), destinés à rendre compte du caractère non strictement galiléen du premier, alors que l'étude d'un satellite se mène toujours par rapport au second (sans quoi nous serions bien en peine d'expliquer la fixité d'un satellite géostationnaire par rapport au référentiel terrestre alors même qu'il est attiré par la Terre).
Le poids n'a donc absolument rien à faire dans ce type de problèmes...

• **Détermination de la vitesse et de la période du satellite sur son orbite**
Le satellite étudié ici est en **orbite circulaire** de rayon $R = R_T + h$ autour de la Terre. Un résultat classique à connaître et à savoir redémontrer est que **tout satellite en mouvement circulaire autour d'une planète, du fait de l'interaction gravitationnelle, est en mouvement uniforme**. On peut montrer ce résultat :
– par application du **théorème de l'énergie cinétique** :

$$dE_c = \frac{cte}{r^2}\vec{u}_r \cdot R\vec{u}_\theta = 0$$

– à l'aide de la projection orthoradiale de la deuxième loi de Newton appliquée au satellite par rapport au référentiel géocentrique, supposé galiléen.

Étudions le mouvement du satellite, assimilé à un point matériel M de masse m, par rapport au référentiel géocentrique supposé galiléen. Il est soumis uniquement à la force d'interaction gravitationnelle, centrale et conservative, due à la Terre. Son mouvement qui est donc plan sera étudié en coordonnées polaires.

La deuxième loi de Newton appliquée au système s'écrit alors, en projection sur les directions radiale et orthoradiale :

$$\begin{cases} -m(R_T+h)\dot{\theta}^2 & = -m\frac{v^2}{R_T+h} & = -\frac{\mathscr{G}mM_T}{(R_T+h)^2} \\ m(R_T+h)\ddot{\theta} & = m\frac{dv}{dt} & = 0 \end{cases}$$

On déduit de la deuxième relation que le mouvement est uniforme, et de la première une expression de la norme (constante) de la vitesse du satellite sur son orbite circulaire :

$$v = \sqrt{\frac{\mathscr{G}M_T}{R_T+h}}$$

Une astuce classique à connaître pour ce type d'exercice est d'écrire la **définition du champ de gravitation à la surface de la Terre** :

$$g_0 = \frac{\mathscr{G}M_T}{R_T^2}$$

On peut ainsi écrire : $\mathscr{G}M_T = g_0 R_T^2$, pour les exercices s'amusant à semer le trouble en donnant la valeur de g_0 plutôt celle de $\mathscr{G}$.

Techniquement, comme nous l'avons dit plus haut, g_0 intègre des termes correctifs propres au référentiel terrestre, et sa valeur n'est donc pas strictement égale au seul champ gravitationnel. Cependant, les termes correctifs sont au plus de quelques centièmes de m.s^{-2} et, avec une valeur de g_0 fournie au dixième, nous pouvons faire l'amalgame sans craindre d'erreur significative.

En utilisant la définition du champ de gravitation terrestre à la surface de la Terre, on obtient finalement :

$$v = \sqrt{\frac{g_0 R_T^2}{R_T+h}} = \sqrt{\frac{9{,}8 \text{ m.s}^{-2} \times (6{,}4.10^6 \text{ m})^2}{6{,}4.10^6 \text{ m} + 3{,}00.10^5 \text{ m}}} = \underline{7{,}7 \text{ km.s}^{-1}}$$

La valeur de la vitesse calculée ci-dessus est donc une condition pour qu'un objet puisse se satelliser autour de la Terre plutôt que d'y retomber. Elle est à ce titre appelée **vitesse de satellisation**.

Pour déterminer la période de révolution, sachant que le mouvement est uniforme, il suffit d'utiliser la relation affirmant que, pour un mouvement uniforme, la distance parcourue est égale au produit de la vitesse par la durée de parcours.

Le mouvement étant uniforme, une période de révolution T correspond au parcours du périmètre d'un cercle de rayon $(R_T + h)$ à la vitesse constante v :

$$T = \frac{2\pi(R_T + h)}{v} = \frac{2\pi(6,4.10^3 \text{ km} + 500 \text{ km})}{7,6 \text{ km.s}^{-1}} = \underline{5,4.10^3 \text{ s}}$$

soit donc une heure et demie.

L'astronaute français Patrick Baudry, qui a voyagé avec la NASA en orbite basse, a intitulé le livre dans lequel il narre cette histoire "Aujourd'hui, le soleil se lève seize fois". Nous vous laissons deviner pourquoi.

• **Détermination de la période du second satellite sur son orbite**

Nous sommes en présence de deux satellites en mouvement de révolution autour d'un même astre, la Terre. Nous allons donc utiliser la **troisième loi de Kepler**, transposée à notre cas, pour déterminer l'expression de la période T' du second satellite en fonction de celle du premier. Pour ce faire :

- les trajectoires étant **circulaires** et non pas elliptiques, le rôle du demi-grand axe de l'ellipse est à présent joué par le rayon de l'orbite circulaire ;
- la constante invoquée par la troisième loi de Kepler, qui vaut $\frac{4\pi^2}{\mathcal{G}M_{astre}}$ vaut donc ici $\frac{4\pi^2}{\mathcal{G}M_T}$.

Il n'est pas toujours nécessaire de connaître l'expression détaillée de cette constante (c'est d'ailleurs le cas présentement, puisque nous allons nous contenter d'égaliser deux rapports sans donner l'expression de l'un ou de l'autre). Toutefois, s'en souvenir de sa valeur peut vous éviter de perdre du temps à la redémontrer en concours si d'aventure vous en aviez besoin...

La troisième loi de Kepler appliquée aux deux satellites terrestres permet d'écrire :

$$\frac{T^2}{(R_T + h)^3} = \frac{T'^2}{(R_T + 2h)^3} \quad \Leftrightarrow \quad T' = T\left(\frac{R_T + 2h}{R_T + h}\right)^{\frac{3}{2}} = \underline{6,0.10^3 \text{ s}}$$

soit 10 minutes de plus que la précédente.

Exercice 16.3 : Paramétrage polaire

Un point matériel P de masse m est soumis à l'attraction gravitationnelle d'un corps massif de masse M et de centre O. Montrer que le mouvement de P est plan.
On se place en coordonnées polaires (r, θ). On pose $u(\theta) = \frac{1}{r}$. Montrer que l'équation différentielle du mouvement de P peut s'exprimer sous la forme :

$$\left(\frac{du}{d\theta}\right)^2 + u^2 - au = b$$

où a et b sont des constantes que l'on exprimera en fonction de la masse M de l'astre, de la masse m du point P, du moment cinétique L de celui-ci par rapport à O, de son énergie mécanique E et de la constante de gravitation universelle G. En déduire que P décrit une conique dont on précisera l'équation polaire.

• **Analyse de l'énoncé**

Il s'agit de nouveau d'un exercice mettant en jeu l'interaction gravitationnelle. Comme indiqué à l'exercice précédent, sa résolution va faire intervenir les propriétés remarquables de cette force, à savoir les conservations du **moment cinétique** et de l'**énergie mécanique**. Par ailleurs, l'énoncé demande d'établir une équation relation portant sur la fonction $u(\theta) = \frac{1}{r}$. Il semble donc légitime de commencer par **réexprimer les grandeurs cinématiques du point matériel**, dont nous avons besoin pour utiliser les lois de conservation, **en fonction de cette nouvelle variable**. Pour cela, on utilisera les propriétés de dérivation des fonctions composées.

⚠ Il ne suffit pas d'écrire que la valeur du moment cinétique et l'énergie sont des constantes, il faut également savoir combiner ces relations pour arriver à quelque chose d'exploitable. Généralement, on privilégie la variable radiale, l'idée étant de **ramener formellement un problème à deux dimensions à un problème uniquement décrit par un paramètre**, la variable r des polaires en l'occurrence. Il s'agit de cela ici, à cela près qu'on utilisera $u = \frac{1}{r}$ comme variable. Pour **éliminer la variable angulaire**, ou plus exactement sa dérivée temporelle (en effet, seule $\dot{\theta}$ intervient), on l'exprimera en fonction de la valeur constante du vecteur moment cinétique et de r. On pourra alors l'éliminer complètement de l'expression de l'énergie mécanique.

On appelle **formules de Binet** les expressions de la vitesse et de l'accélération d'un point matériel en fonction de la variable $u(\theta) = \frac{1}{r}$.

Ces formules qui étaient auparavant explicitement au programme de première année de CPGE n'y sont plus, mais continuent d'apparaître en exercices et en problèmes... Sans les retenir explicitement, attendez-vous donc à devoir parfois les démontrer !

Le point matériel P, étudié par rapport au référentiel "astrocentrique", supposé galiléen, est soumis de la part de l'astre à la force centrale et conservative d'interaction gravitationnelle. Cette force étant centrale et conservative, le vecteur moment cinétique d'une part, l'énergie mécanique d'autre part, sont des constantes du mouvement. Pour les exprimer, nous utilisons habituellement les composantes polaires $\dot{r}$ et $r\dot{\theta}$ du vecteur vitesse. L'exercice privilégiant une nouvelle variable, à savoir $u(\theta) = \frac{1}{r}$, réexprimons les composantes de la vitesse à l'aide de cette nouvelle variable :

$$\dot{r} = \frac{dr}{dt} = \frac{dr}{d\theta} \times \frac{d\theta}{dt} = \frac{d}{d\theta}\left(\frac{1}{u}\right)\dot{\theta} = -\frac{1}{u^2}\frac{du}{d\theta}\dot{\theta}$$

La valeur du vecteur moment cinétique $\overrightarrow{OM}(t) \wedge m\vec{v}(t)$ est une constante qui vaut : $L = mr^2\dot{\theta}$; on peut donc écrire :

$$\dot{\theta} = \frac{L}{mr^2} = \frac{L}{m}u^2 \quad \Leftrightarrow \quad \frac{\dot{\theta}}{u^2} = \frac{L}{m}$$

On en déduit alors :

$$\dot{r} = -\frac{L}{m}\frac{du}{d\theta}$$

Pour ce qui est de l'autre composante polaire de la vitesse :

$$r\dot{\theta} = \frac{1}{u}\frac{L}{m}u^2 = \frac{L}{m}u$$

• **Planéité du mouvement**

Il s'agit d'une **conséquence directe de la conservation du moment cinétique.** Néanmoins, quand cela constitue une question à part entière, il convient de soigner la formulation de la réponse en l'étayant quelque peu.

Le vecteur moment cinétique étant une constante du mouvement :

$$\overrightarrow{OM}(t) \wedge m\vec{v}(t) = \overrightarrow{OM}(0) \wedge m\vec{v}(0) = \overrightarrow{L}_0$$

On peut donc dire que le vecteur position $\overrightarrow{OM}(t)$ est, de par les propriétés géométriques du produit vectoriel, perpendiculaire à chaque instant au vecteur constant $\overrightarrow{L}_0$. Il est donc contenu à chaque instant dans le plan défini par les vecteurs position et vitesse initiales. Le mouvement est donc plan.

Si le vecteur vitesse initiale $\vec{v}(0)$ est nul, on a $\overrightarrow{L}_0 = \vec{0}$ et finalement le mouvement n'est plus dans un plan, mais selon une droite. Autrement dit, la **nullité du moment cinétique** dans un mouvement à force centrale entraîne un **mouvement rectiligne**.

• **Écriture de la conservation de l'énergie mécanique**

Dans le cours relatif aux champs newtoniens, il a été établi une expression d'une **énergie potentielle effective** dans l'écriture de l'intégrale première de l'énergie du point matériel soumis à une force centrale conservative. Pour ce faire on utilisait l'astuce précédemment décrite consistant à éliminer $\dot{\theta}$ au profit de r grâce à la conservation de la norme du vecteur moment cinétique (soit encore la constante des aires $C = \frac{L}{m}$). C'est ce qu'il s'agit de faire ici en utilisant uniquement la variable u.

L'intégrale première de l'énergie mécanique s'écrit :

$$E = E_c + E_p = cte$$

En n'utilisant que la variable u, on peut écrire d'une part :

$$E_c = \frac{1}{2}mv^2 = \frac{1}{2}m(\dot{r}^2 + r^2\dot{\theta}^2) = \frac{L^2}{2m}\left[\left(\frac{du}{d\theta}\right)^2 + u^2\right]$$

Par ailleurs, la force d'interaction gravitationnelle que l'astre de masse M exerce sur le point P de masse m s'écrit :

$$\vec{F} = -\frac{\mathcal{G}mM}{r^2}\vec{u}_r$$

On peut donc lui associer, en fixant son origine à l'infini, l'énergie potentielle suivante :

$$E_p = -\frac{\mathcal{G}mM}{r} = -\mathcal{G}mMu$$

Finalement, l'intégrale première de l'énergie, fonction de u seulement, s'écrit :

$$\frac{L^2}{2m}\left[\left(\frac{du}{d\theta}\right)^2 + u^2\right] - \mathcal{G}mMu = E \quad \Leftrightarrow \quad \left(\frac{du}{d\theta}\right)^2 + u^2 - \frac{2\mathcal{G}m^2M}{L^2}u = \frac{2mE}{L^2}$$

On trouve donc bien une équation de la forme demandée par l'énoncé :

$$\left(\frac{du}{d\theta}\right)^2 + u^2 - au = b \quad \text{avec} \quad a = \frac{2\mathcal{G}m^2M}{L^2} \quad \text{et} \quad b = \frac{2mE}{L^2}$$

• Détermination de l'équation polaire de P et de la nature de sa trajectoire
Dans le cours, il a été vu que la **trajectoire d'un point matériel soumis à un champ de force newtonien est une conique**, dont la nature dépend de la valeur (constante) de l'énergie mécanique E du système conservatif :
- une énergie mécanique **positive** conduit à une trajectoire **hyperbolique** ;
- une énergie mécanique **nulle** conduit à une trajectoire **parabolique** ;
- une énergie mécanique **négative** conduit à une trajectoire **elliptique ou circulaire.**

> Si l'énergie mécanique est trop basse, il peut arriver qu'aucun de ces trois mouvements ne soit possible (et le satellite se vautre). En utilisant le formalisme de la variable u développé dans cet exercice, la valeur constante E doit permettre à $\left(\frac{du}{d\theta}\right)^2$ de rester positif. Pour ce faire, il faut que $E \geq \frac{L^2}{2m}u^2 - \mathcal{G}mMu$.

L'équation polaire d'une conique est de la forme :

$$r = \frac{p}{1 + e\cos\theta}$$

où e est l'excentricité, dont la valeur détermine la nature de la conique ($e > 1$ pour une hyperbole, $e = 1$ pour une parabole, $1 > e > 0$ pour une ellipse et $e = 0$ pour un cercle). C'est donc vers une équation de ce type qu'il nous faut nous ramener.
Nous avons ici une intégrale première du mouvement. Si vous reconnaissez directement à quel type de système elle se rapporte, identifiez-le immédiatement ; sinon, vous pouvez toujours la dériver par rapport au temps pour avoir une équation différentielle de mouvement de "type deuxième loi de Newton".

Commençons par dériver l'équation précédente par rapport à θ :

$$2\frac{d^2u}{d\theta^2}\frac{du}{d\theta} + 2\frac{du}{d\theta}u - a = 0 \qquad \Leftrightarrow \qquad \frac{d^2u}{d\theta^2} + u = \frac{a}{2}$$

Nous reconnaissons une équation d'oscillateur harmonique sur la variable u, de pulsation unité et centré sur une valeur $\frac{a}{2}$. Nous déduisons la solution générale de cette équation comme la somme de :
- une solution générale de l'ESSM : $u_g(\theta) = A\cos(\theta + \varphi)$;
- une solution particulière de l'équation complète, que nous cherchons sous forme d'une constante :

$$\underbrace{\frac{d^2u_p}{d\theta^2}}_{0} + u_p = \frac{a}{2} \qquad \Leftrightarrow \qquad u_p = \frac{a}{2}$$

Et nous obtenons donc finalement la solution générale suivante :

$$u(\theta) = A\cos(\theta + \varphi) + \frac{a}{2}$$

avec A et φ les constantes d'intégration.
En récrivant alors l'équation du mouvement $\left(\left(\frac{du}{d\theta}\right)^2 + u^2 - au = b\right)$ avec $\frac{du}{d\theta} = -A\sin(\theta + \varphi)$, nous obtenons :

$$\begin{aligned} A^2\sin^2(\theta+\varphi) & \\ +A^2\cos^2(\theta+\varphi) + aA\cos(\theta+\varphi) + \tfrac{a^2}{4} & \\ -a(A\cos(\theta+\varphi) + \tfrac{a}{2}) & = b \end{aligned}$$

soit encore :

$$A^2 - \frac{a^2}{4} = b \quad \Leftrightarrow \quad A = \sqrt{b + \frac{a^2}{4}} = \frac{a}{2}\sqrt{1 + \frac{4b}{a^2}}$$

d'où la forme finale de u :

$$u(\theta) = \frac{a}{2}\left[1 + \sqrt{1 + \frac{4b}{a^2}}\cos(\theta + \varphi)\right]$$

On en déduit enfin l'équation polaire de la trajectoire de P, pour laquelle nous repassons en coordonnée r pour plus de clarté :

$$r = \frac{1}{u} = \frac{\frac{2}{a}}{1 + \sqrt{1 + \frac{4b}{a^2}}\cos(\theta + \varphi)}$$

Nous reconnaissons ainsi l'équation polaire d'une conique de paramètre $p = \frac{2}{a}$ et d'excentricité $e = \sqrt{1 + \frac{4b}{a^2}}$, soit encore, en détaillant les expressions de a et b :

$$p = \frac{L^2}{\mathscr{G}m^2M} \quad \text{et} \quad e = \sqrt{1 + \frac{2EL^2}{\mathscr{G}^2m^3M^2}}$$

On a donc :
- $e > 1$, c'est-à-dire une trajectoire hyperbolique, pour $E > 0$;
- $e = 1$, c'est-à-dire une trajectoire parabolique, pour $E = 0$;
- $0 < e < 1$, c'est-à-dire une trajectoire elliptique, pour $E_{min} < E < 0$;
- $e = 0$, c'est-à-dire une trajectoire circulaire, pour $E = E_{min} = -\frac{\mathscr{G}^2m^3M^2}{2L^2}$.

Partie 4
Thermodynamique

Thermodynamique

Objectifs généraux développés

La **thermodynamique** est la branche de la physique qui étudie les liens entre la chaleur, encore appelée (**transfert thermique**), et la mécanique. Les systèmes couramment étudiés en thermodynamique peuvent l'être :
- au niveau **microscopique**, c'est le domaine de la **physique statistique**, qui n'est pas étudiée en CPGE, hormis une brève introduction à la théorie cinétique.
- au niveau **macroscopique** où l'état d'un système thermodynamique sera totalement décrit par la donnée d'un nombre fini de paramètres d'états : P, V et T notamment.

Le cours de thermodynamique de première année de CPGE aborde plusieurs parties :
- la **statique des fluides**, qui sera reprise et approfondie en seconde année par la dynamique des fluides, en est une. Cette partie, très proche de la mécanique étudie l'équilibre d'un système constitué par une portion de **fluide** (liquide ou gaz) dans le champ de pesanteur.
- l'étude thermodynamique du **gaz parfait** et d'autres systèmes se fera à l'aide des deux principes de la thermodynamique : le premier traduisant la conservation de l'énergie, le second permettant de déterminer les évolutions possibles d'un système thermodynamique.
- l'étude des **changements d'état d'un corps pur** permet de faire le lien avec la **thermochimie**.
- l'étude des **machines thermiques** reprend pratiquement l'ensemble de toutes les connaissances introduites dans le cours de thermodynamique.

Les méthodes particulières à utiliser pour résoudre les exercices mettent en jeu un certain nombre de notions mathématiques qu'il convient de bien maîtriser :
- la différenciation des fonctions à plusieurs variables, ainsi que la technique de la différentielle logarithmique ;
- le calcul intégral ;
- les bilans d'énergie...

Ces différentes techniques sont rappelées au fur et à mesure des besoins dans les exercices qui suivent.

CHAPITRE

17

Description d'un système à l'équilibre et statique des fluides

Exercice 17.1 : Diagramme (P,T) de l'eau

On donne ci-après le diagramme (P,T) de l'eau.

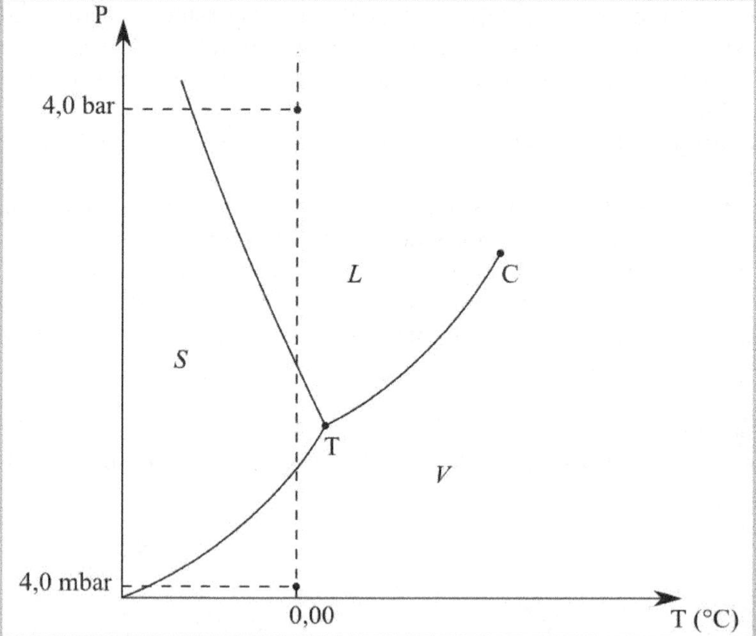

On considère une masse d'eau à la température de 0,00 °C et sous la pression de 4,0 mbar. On comprime cette masse d'eau, de manière isotherme, jusqu'à la pression de 4,0 bar.
Décrire l'évolution du système.

• **Analyse de l'énoncé**

Cet exercice étudie l'évolution d'un **corps pur** présent dans deux phases. On parle ainsi d'**équilibre diphasé** du corps pur.

Pour un corps pur monophasé, les variables P et T sont indépendantes, mais dès lors qu'un équilibre diphasé du corps pur est réalisé, il existe une loi d'évolution $P = f(T)$.

Le diagramme (P,T), donné pour l'eau dans l'énoncé, se généralise aux autres corps purs, à ceci près que la pente de la courbe d'équilibre solide-liquide, négative pour l'eau, est positive pour la quasi-totalité des autres corps purs.

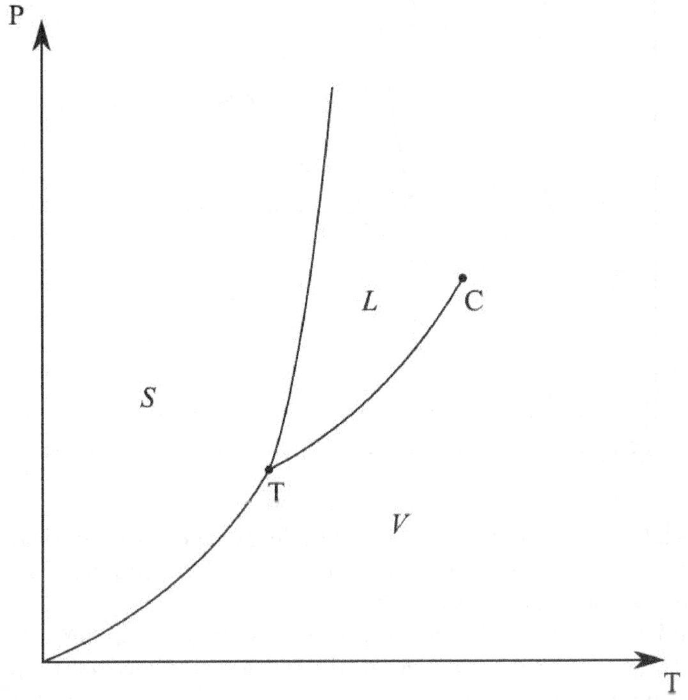

On remarque sur ce graphe :

- l'existence d'un **point triple** unique point pour lequel les trois phases du corps pur coexistent.
- la limitation de la courbe d'équilibre liquide-vapeur par un point appelé **point critique**, tandis que la courbe d'équilibre liquide-solide n'est pas limitée vers le haut.

• **Analyse du diagramme (P,T)**

Rappelons les points principaux à avoir en tête pour bien analyser un diagramme (P,T) :

- Si le système est représenté par un point situé sur une courbe d'équilibre, il est dans un état d'équilibre diphasé pour lequel il n'existe alors qu'un paramètre intensif indépendant (la donnée de P, par exemple, impose T) ;
- Si le système est représenté par un point en dehors des courbes d'équilibre, il est dans une phase déterminée et P et T sont indépendantes l'une de l'autre.

Par exemple, considérons un corps pur à l'état d'équilibre représenté par le point A, et à partir duquel on réalise un chauffage isobare :

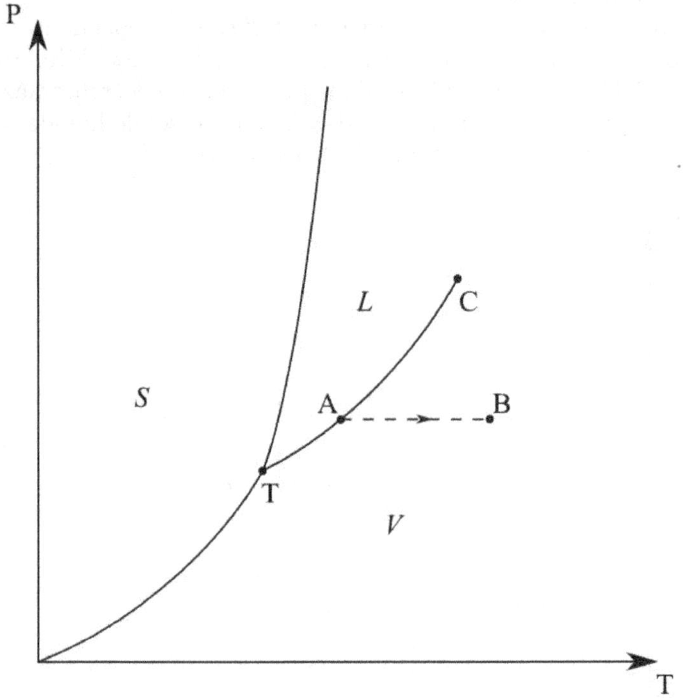

Le corps pur est initialement à l'équilibre liquide-gaz. Lors du chauffage isobare, la température ne peut donc pas varier tant qu'il reste du liquide. Toute la chaleur fournie est employée pour la vaporisation.
Une fois la dernière goutte de liquide vaporisée, l'équilibre diphasé est rompu et le point représentatif de l'état du système se déplace sur une horizontale jusqu'à l'arrêt du chauffage (point B).

Le point représentatif de l'état initial du système est noté A sur le schéma ci-après.
Il se trouve dans le domaine de la vapeur d'eau. Quand on comprime de façon isotherme, ce point d'évolution se déplace sur une verticale ascendante jusqu'au point B. Il y reste alors, à pression et température constante jusqu'à ce que toute la vapeur soit condensée en glace.
L'énergie fournie au système sous forme d'un travail de compression sert au changement d'état de l'eau de la forme vapeur à la forme solide. Une fois toute l'eau sous forme solide, le point représentatif du système continue alors à s'élever le long de la verticale ascendante jusqu'au point C pour laquelle la fusion de l'eau commence.
De nouveau, le système reste en C jusqu'à complète liquéfaction du système. Une fois l'eau entièrement liquide, le point représentatif du système reprend son

ascension sur la verticale ascendante jusqu'à atteindre le point final D dans le domaine de l'eau liquide.

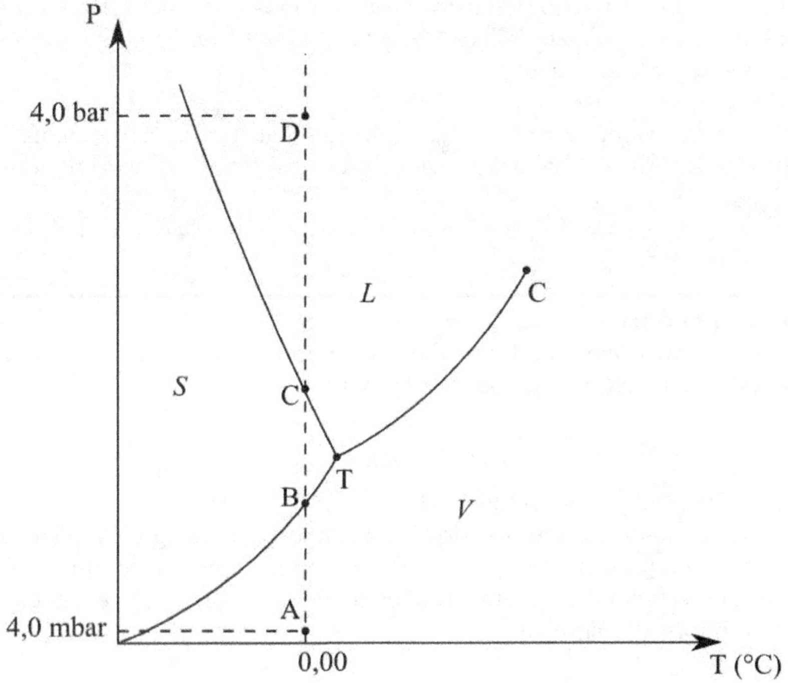

• **Évolution de la température et de pression au cours du temps**

Pour bien comprendre l'évolution du système, on peut tracer les graphes d'évolution temporelle des paramètres intensifs.

On obtient les graphes suivants pour l'évolution temporelle de T et de P.

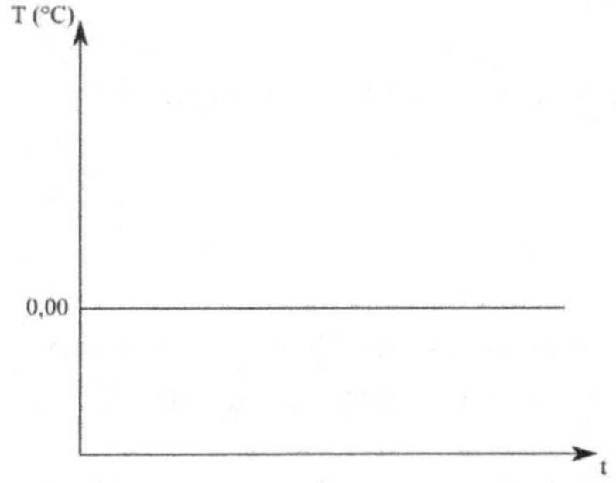

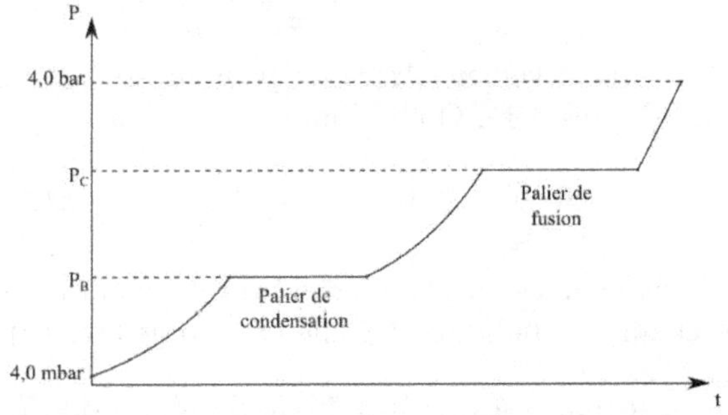

Exercice 17.2 : Lois de pression dans l'atmosphère

Déterminer la loi de variation de pression de l'atmosphère assimilée à un gaz parfait diatomique de masse molaire $M = 29,0$ g.mol^{-1} en fonction de l'altitude z en supposant successivement :
- l'atmosphère isotherme ;
- un gradient de température vertical et décroissant, égal à 5.10^{-3} K.m^{-1} ;
- une atmosphère dite polytropique, c'est-à-dire vérifiant $PV^{\alpha} = cte$, avec $\alpha = cte$.

On donne la température et pression au sol égales respectivement à T_0 et P_0.

• Analyse de l'énoncé

La **condition d'équilibre** d'un fluide dans le champ de pesanteur, avec un axe (Oz) vertical ascendant, s'écrit comme on l'a déjà vu :

$$dP = -\rho g dz$$

avec ρ la masse volumique du fluide étudié.

Les **fluides** sont constitués par les **liquides** d'une part, les **gaz** d'autre part. Les premiers sont la plupart du temps considérés comme quasi incompressibles. Leur masse volumique est donc constante (on peut alors la sortir d'une intégrale) et la condition d'équilibre s'intègre en :

$$P(z) = P(z') + \rho g(z' - z)$$

On vérifie en pratique la cohérence de l'expression que l'on obtient en s'assurant que la **pression la plus faible** correspond à l'**altitude la plus élevée**.

Les gaz sont eux la plupart du temps considérés comme compressibles. En les assimilant à un gaz parfait, on obtient la loi de variation de leur masse volumique en fonction de la pression P et de la température T :

$$PV = P\frac{m}{\rho} = nRT = \frac{m}{M}RT$$

avec respectivement M, m et ρ les masse molaire, masse et masse volumique du gaz parfait considéré. On a alors :

$$\rho(T, P) = \frac{MP}{RT}$$

La dépendance en P intervient directement dans la condition d'équilibre du gaz dans le champ de pesanteur. Celle en T doit être explicitée par une autre relation : $T(z)$, $T(P)$...

Il s'agit dans cet exercice d'étudier un certain nombre de formes de l'expression de la masse volumique de l'atmosphère, assimilée à un gaz parfait.

• **Mise en évidence de la loi de variation de T**

La condition d'équilibre du gaz dans le champ de pesanteur fait intervenir comme variables naturelles la **pression** P et l'**altitude** z. Le plus simple pour nous est donc d'expliciter la température T en fonction de ces variables, ou bien d'expliciter directement les variations de la masse volumique en fonction de la pression. Les deux cas de figure sont rencontrés en exercices. En général, un tel exercice proposera :

- soit une expression, ou une manière de déterminer, le **gradient de température**. Rappelons que le gradient d'un champ de scalaire est un vecteur pointant vers les zones où ce champ de scalaire est le plus élevé, et de composantes proportionnelles (et souvent égales) aux dérivées partielles du champ de scalaire. En particulier un gradient dirigé suivant un seul axe cartésien, de valeur constante, traduit une variation linéaire de la grandeur suivant la seule direction de l'axe. Vous pouvez vous reporter à la première partie du livre pour plus de détails sur cet opérateur que l'on utilisera largement en CPGE.
- soit en donnant une seconde équation d'état (en plus de $PV = nRT$ donc) se rapportant à la nature particulière de l'évolution du gaz. On rencontre couramment :
  - pour une évolution **isotherme** : $PV = cte$;
  - pour une évolution adiabatique réversible : $PV^{\gamma} = cte$;
  - plus généralement, pour une évolution **polytropique**, dont les deux précédentes sont des exemples : $PV^{\alpha} = cte$, avec α une constante.

Dans ce second cas, on va directement faire apparaître la dépendance de ρ en P et/ou z. On utilisera à ce propos de nouveau les dérivations de fonctions composées et les dérivées logarithmiques.

Explicitons la dépendance de la masse volumique ρ du gaz en fonction de P et z pour les trois cas proposés :

- pour l'atmosphère isotherme : $T = T_0 = cte$, soit :

$$\rho(P) = \frac{MP}{RT_0}$$

- pour le gradient de température vertical et décroissant, égal à 5.10^{-3} K.m^{-1}, on a une loi de pression $T(z)$ linéairement décroissant avec z (pour un axe (Oz) vertical ascendant) : $T(z) = T_0\left(1 - 5.10^{-3}z\right)$, soit :

$$\rho(z, P) = \frac{MP}{RT_0\left(1 - 5.10^{-3}z\right)}$$

- pour l'atmosphère polytropique, dérivons logarithmiquement l'équation d'état proposée :

$$\frac{dP}{P} + \alpha\frac{dV}{V} = 0$$

par ailleurs, puisque $\rho = \frac{m}{V}$, on a aussi : $\frac{d\rho}{\rho} = -\frac{dV}{V}$. On a donc :

$$\frac{dP}{P} - \alpha\frac{d\rho}{\rho} = 0$$

Soit :

$$\rho = \rho_0 \left(\frac{P}{P_0}\right)^{\frac{1}{\alpha}} = \frac{MP_0}{RT_0}\left(\frac{P}{P_0}\right)^{\frac{1}{\alpha}}$$

• **Détermination de la loi $P(z)$**
à ce stade on n'a plus qu'à reporter l'expression de $\rho(T,P)$ dans la relation $dP = -\rho g dz$ et à l'intégrer, vraisemblablement par **séparation des variables**. On vérifie bien sûr de nouveau en fin de calcul la cohérence physique du résultat, c'est-à-dire que l'on a bien une **décroissance de la pression lorsqu'on s'élève**. L'intégration se fait pour un double jeu de variable, entre (P_0, $z = 0$) et ($P(z)$, z).
Le premier cas traité dans la solution, celui de l'**atmosphère isotherme** est le plus souvent traité en cours et le résultat, parfois appelé **formule barométrique**, doit être connu comme tel :

$$P(z) = P_0 e^{-\frac{Mg}{RT_0}z}$$

On pourra s'attendre à ce que vous utilisiez de vous-même directement le résultat dans certains problèmes. Par ailleurs, il est à la base d'une loi de physique statistique appelée la **loi de distribution de Boltzmann** qui prévoit que la probabilité de trouver un système microscopique ou macroscopique, en contact avec un thermostat à la température T_0 et dans un état d'énergie E, est de la forme :

$$p_E = K e^{-\frac{E}{k_B T_0}}$$

où $k_B = \frac{R}{N_A}$ est la **constante de Boltzmann**.

On reporte chacune des expressions de la masse volumique précédemment trouvée dans la condition d'équilibre de la tranche de gaz dans le champ de pesanteur, et on sépare les variables.
Cas de l'atmosphère isotherme :
La relation d'équilibre donne :

$$\frac{dP}{P} = -\frac{Mg}{RT_0}dz$$

qui s'intègre en :

$$\int_{P_0}^{P(z)} \frac{dP}{P} = -\frac{Mg}{RT_0}\int_0^z dz \quad \Leftrightarrow \quad \ln\left(\frac{P(z)}{P_0}\right) = -\frac{Mg}{RT_0}z$$

d'où finalement :

$$P(z) = P_0 e^{-\frac{z}{z_0}} \qquad \text{avec } z_0 = \frac{RT_0}{Mg} = \underline{8,7 \text{ km}}$$

Cas de la variation linéaire de température :
De même :

$$\frac{dP}{P} = -\frac{Mg}{RT_0\,(1 - 5.10^{-3}z)}dz$$

qui s'intègre en :

$$\int_{P_0}^{P(z)} \frac{dP}{P} = -\frac{Mg}{RT_0}\int_0^z \frac{dz}{(1 - 5.10^{-3}z)}$$

soit encore :

$$\ln\left(\frac{P(z)}{P_0}\right) = \frac{Mg}{5.10^{-3}RT_0}\ln(1 - 5.10^{-3}z)$$

d'où finalement :

$$P(z) = P_0\left(1 - 5.10^{-3}z\right)^{\frac{1}{5.10^{-3}z_0}}$$

Cas de l'atmosphère polytropique :
On a cette fois :

$$dP = -\frac{MP_0}{RT_0}\left(\frac{P}{P_0}\right)^{\frac{1}{\alpha}} gdz \quad \Leftrightarrow \quad \frac{dP}{P^{\frac{1}{\alpha}}} = -\frac{MP_0^{1-\frac{1}{\alpha}}}{RT_0}gdz$$

qui s'intègre en :

$$\int_{P_0}^{P(z)} \frac{dP}{P^{\frac{1}{\alpha}}} = -\frac{MP_0^{1-\frac{1}{\alpha}}}{RT_0}g\int_0^z dz$$

soit encore :

$$\frac{1}{1-\frac{1}{\alpha}}\left(P^{1-\frac{1}{\alpha}} - P_0^{1-\frac{1}{\alpha}}\right) = -\frac{MP_0^{1-\frac{1}{\alpha}}}{RT_0}gz$$

d'où :

$$P(z)^{\frac{\alpha-1}{\alpha}} = P(0)^{\frac{\alpha-1}{\alpha}}\left[1 - \left(\frac{\alpha-1}{\alpha}\right)\frac{Mgz}{RT_0}\right]$$

finalement :

$$P(z) = P_0\left(1 - \frac{z}{\beta z_0}\right)^{\beta}$$

avec $\beta = \frac{\alpha}{\alpha-1}$.

Exercice 17.3 : Force de pression

Déterminer la force de pression exercée par une hauteur H d'eau sur un barrage dans les deux cas suivants :
- barrage "droit", c'est-à-dire constitué par un mur de largeur L, et de hauteur $h > H$;
- barrage hémicylindrique de rayon R et de hauteur $h > H$.

La pression surmontant l'eau de la retenue sera prise égale à la pression atmosphérique P_0, et l'eau considérée comme un fluide incompressible de masse volumique ρ.

• **Analyse de l'énoncé**

La **pression** qui règne au sein d'un fluide est une grandeur homogène à une **force par unité de surface**. On définit la force de pression s'exerçant sur une surface élémentaire dS comme une force :
- **normale** à l'élément de surface ;
- dirigée **du fluide pressant vers la surface pressée** ;
- de valeur le **produit de la pression au niveau de la surface élémentaire par la valeur dS de cette surface**.

La pression étant une grandeur *a priori* **non uniforme** au sein d'un fluide, on doit découper la surface totale en éléments de surface dS suffisamment petits pour pouvoir considérer la pression localement uniforme sur dS.

En notant $\vec{n}$ le vecteur unitaire normal à la surface et dirigé du fluide vers la surface, on peut alors écrire, pour un élément de surface centré au point M :

$$d\overrightarrow{F} = P(M)\vec{n}dS$$

On obtient la résultante des forces de pression sur la surface totale, en intégrant, pour M décrivant la surface totale, $d\overrightarrow{F}$:

$$\overrightarrow{F} = \int\int_S d\overrightarrow{F}$$

Il ne faut pas s'imaginer, à la vue d'une intégrale double, que le calcul qui suit va forcément être compliqué. On a déjà vu, dans la partie 1, que les intégrales multiples pouvaient se simplifier en un calcul d'intégrale simple ou de produit d'intégrales simples par analyse des **symétries du problème**. C'est ce que nous allons faire ici.

• **Écriture de la loi de pression**

La première chose à faire dans un calcul de résultante de forces de pression, est d'**expliciter la loi de pression** qui règne au sein du fluide étudié. Il a été montré en cours que la pression ne dépendait que de l'altitude z, et que la détermination de la loi de pression se faisait par **intégration de la condition générale d'équilibre d'un fluide dans le champ de pesanteur**. Des exemples de détermination de lois de pression ont été traités dans l'exercice précédent, auquel vous pouvez utilement vous reporter.

Déterminons la loi de pression régnant dans l'eau pressant sur le barrage. On prendra l'origine des altitudes au fond de la retenue d'eau et la pression surmontant l'eau égale à la pression atmosphérique P_0.

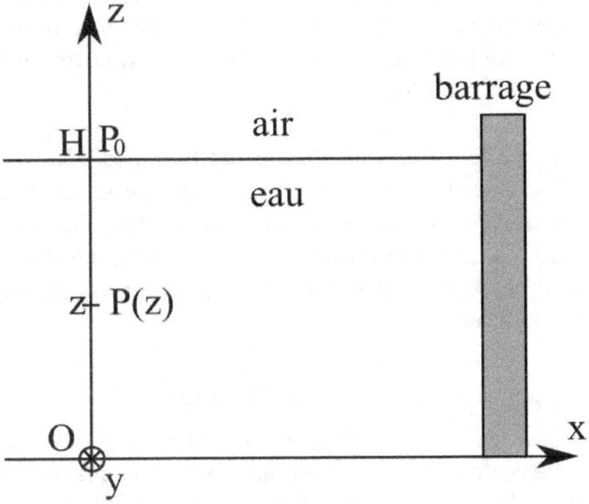

La loi de l'hydrostatique appliquée à l'eau, fluide incompressible entre deux points d'altitudes respectives z et H, donc de différence d'altitude $H - z$, mène à :

$$P(z) = P_0 + \rho g(H - z)$$

• **Symétries du problème**

Comme on l'a indiqué précédemment, on doit réaliser un découpage de la surface en petites surfaces élémentaires. Ce découpage doit être guidé par les symétries du problème. Pour le calcul d'une résultante de force de pression, la seule contrainte est que le champ de pression doit pouvoir être considéré comme **uniforme au niveau de la surface élémentaire**. Vu que ce champ de pression ne dépend que de z, on pourra parfois étendre l'élément de surface autour d'une surface correctement choisie autour du point M.

- pour les **surfaces planes**, on prendra un élément de surface ayant la forme d'un rectangle de hauteur dz et de largeur la largeur totale de la surface considérée. Cela revient en fait à avoir intégré totalement $dS = dxdy$ suivant y sur la surface du barrage plan.

- pour les **surfaces cylindriques ou sphériques**, le vecteur normal $\vec{n} = \vec{u}_r$ est lui même fonction de la position horizontale du point M. On ne peut donc plus utiliser l'astuce d'intégration sur l'horizontale, puisque c'est à présent un élément différentiel vectoriel que l'on intègre.

Intégrer une grandeur vectorielle étant passablement compliqué, il faut donc, dans le cas de surfaces cylindriques ou sphériques, se ramener à une **base de projection faite de vecteurs fixes** (les cartésiens donc) et calculer chacune des composantes de la force de pression sur cette base fixe. On essaiera avant de se lancer dans ces calculs de vérifier si l'une des composantes n'est pas nulle par raison de symétrie. En effet, si l'on peut associer chacun des points de la surface à un autre point de la surface, ces deux points subissant des composantes élémentaires de force opposées, on annule ainsi totalement une composante. En pratique, c'est ainsi que l'on montre par exemple que la résultante des forces de pression qu'exerce l'eau sur la paroi latérale d'un récipient cylindrique est globalement nulle.

Traitons en parallèle le cas de chacun des barrages :

- pour le barrage plan, prenons un paramétrage en coordonnées cartésiennes. La résultante des forces de pression est portée par le vecteur unitaire $\vec{i}$ de l'axe (Ox). La pression en un point du barrage ne dépendant que de z, on peut découper le barrage en bandes d'épaisseur dz, de largeur la largeur L du barrage. On a alors :

$$d\vec{F} = P(z)Ldz\vec{i}$$

- pour le barrage hémicylindrique, on utilise bien sûr les coordonnées cylindriques. Le vecteur $\vec{n}$ est ici le vecteur de base $\vec{u}_r$ des coordonnées cylindriques. Ce vecteur de base étant fonction du point M de la surface sur laquelle on doit intégrer, il faut se ramener à la base cartésienne pour déterminer la force élémentaire :

$$d\vec{F} = dF_x\vec{i} + dF_y\vec{j}$$

On voit sur le schéma suivant que les points M et M' sont tels que leurs projections de $d\vec{F}$ sur l'axe (Oy) se compensent. Il est donc inutile d'effectuer le calcul intégral de la composante suivant l'axe (Oy) de la résultante des forces de pression. Celle-ci se résume alors à : $\vec{F} = F_x\vec{i}$. L'élément de surface en coordonnées cylindrique s'écrit : $dS = Rd\theta dz$. On a par suite :

$$dF_x = P(z)Rd\theta dz \cos\theta$$

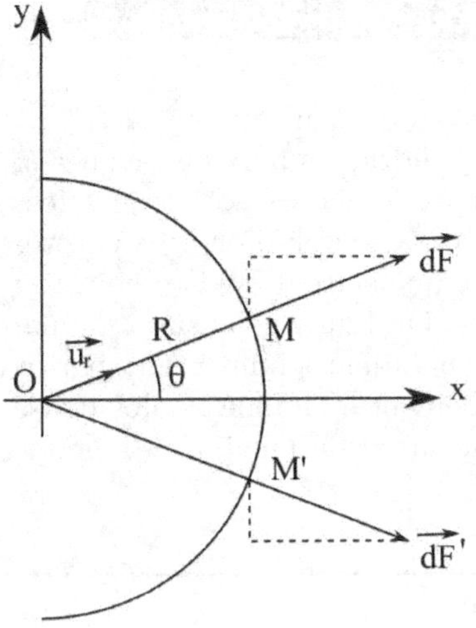

• Calcul de la résultante de la force de pression

Une fois la norme de la force élémentaire exprimée, il ne reste plus qu'à l'intégrer en faisant parcourir au point courant M l'étendue de la surface du barrage. Il faut donc fixer correctement les limites des paramètres aux bornes du barrage.

Pour le barrage plan :

La variable z varie de 0 à H ; on a donc :

$$\vec{F} = \int_0^H [P_0 + \rho g(H - z)]\, L dz \vec{i} = L\left[(P_0 + \rho g H)z - \frac{\rho g}{2}z^2\right]_0^H \vec{i}$$

soit encore :

$$\vec{F} = L\left[P_0 H + \rho g H^2 - \rho g \frac{H^2}{2}\right]_0^H \vec{i} = LH\left(P_0 + \frac{1}{2}\rho g H\right)\vec{i}$$

Pour le barrage hémicylindrique :

La norme de la force se présente sous la forme d'une double intégrale à 2 variables indépendantes. Cette double intégrale est donc égale au produit des deux intégrales simples obtenues en séparant lesdites variables. La variable z varie de nouveau de 0 à H, la variable θ varie de $-\frac{\pi}{2}$ à $\frac{\pi}{2}$.

$$\vec{F} = \underbrace{\int_0^H (P_0 + \rho g(H - z)]\, dz}_{H\left(P_0 + \frac{1}{2}\rho g H\right)} \times \underbrace{\int_{-\frac{\pi}{2}}^{\frac{\pi}{2}} R\cos\theta d\theta}_{R[\sin\theta]_{-\pi/2}^{\pi/2} = 2R} \vec{i} = 2RH\left(P_0 + \frac{1}{2}\rho g H\right)\vec{i}$$

Exercice 17.4 : Poussée d'Archimède

Un "densimètre" de masse m peut être constitué par une sphère lestable surmontée par un tube cylindrique creux de rayon r et de hauteur H. Ayant à disposition deux liquides de masses volumiques respectives ρ et ρ', l'une des deux étant connue (ρ par exemple), on ajuste le zéro du densimètre en lestant la sphère de telle sorte qu'elle seule soit tout juste totalement immergée dans le liquide le plus dense. On immerge ensuite l'appareil dans le second liquide et on mesure la hauteur h dont s'immerge la partie cylindrique. Comment déterminer expérimentalement le liquide le plus dense ? Établir la relation entre ρ, ρ', r, R et h. Quelle variation maximale de masse volumique $|\rho - \rho'|$ peut mesurer cet appareil ?

- **Analyse de l'énoncé**

Il s'agit d'un exercice où l'on étudie différentes positions d'équilibre d'un **objet flottant** dans un fluide. Cet exercice va donc se traiter comme un exercice de **mécanique**, en pensant néanmoins à tenir compte dans le bilan des forces de la **poussée d'Archimède** définie par la propriété suivante : tout corps plongé dans un fluide subit de la part de ce dernier une force égale à l'opposé du poids du fluide déplacé. L'étude de l'équilibre de la sphère mettra donc en jeu deux forces colinéaires, mais de sens opposés : le **poids** et la **poussée d'Archimède** de l'eau.

À ce niveau, plusieurs questions peuvent se poser :

- Pourquoi n'a-t-on pas toujours tenu compte de la poussée d'Archimède en mécanique, puisqu'il y avait (sauf si le mouvement s'effectue dans le vide) toujours un fluide déplacé par l'objet étudié ?
- Pourquoi ne tient-on pas compte de la résultante des forces de pression exercée par l'eau sur la sphère ?

Pour ce qui est de la première question, la réponse en est que l'on doit comparer la **valeur de la poussée d'Archimède** aux valeurs des autres forces verticales du problème, et n'en tenir compte que si elle n'apparaît pas comme totalement négligeable. En effet, la poussée d'Archimède met en jeu le **poids de fluide déplacé**. Elle va donc avoir une norme égale à $\rho_{fluide}V_{\text{déplacé}}g$ à comparer au moins à celle du poids de l'objet $\rho_{objet}V_{objet}g$. Le volume déplacé étant de toute manière inférieur ou égal à celui de l'objet, une **condition nécessaire** pour tenir compte de la poussée d'Archimède est que la **masse volumique du fluide ne soit pas négligeable devant celle de l'objet**. Or, cela va se produire dans de nombreux problèmes de mécanique, comme les mouvements de corps massifs ($\rho_{objet} \simeq 10^3$ kg.m^{-3}) dans de l'air ($\rho_{air} \simeq 1$ kg.m^{-3}).

En pratique, on tient compte de la poussée d'Archimède :

- dans les problèmes où un corps solide est totalement ou partiellement immergé dans un liquide ;
- lorsque le corps étudié a une masse volumique proche, voire inférieure, à celle du fluide où il baigne (ballons ascensionnels remplis d'un gaz moins dense que l'air ambiant...).

Pour ce qui est de la **contribution des forces de pression** au bilan des forces exercées par le fluide, on montre que les forces de pression exercées par un fluide au repos sur un solide immergé sont équivalentes à une force unique : la **poussée d'Archimède**. Ce résultat est connu sous le nom de **théorème d'Archimède**.

> Ce résultat est bien sûr valable pour un fluide totalement immergé dans le fluide. Mais on n'a émis aucune hypothèse sur la nature du fluide, qui peut, par exemple, être inhomogène. Ainsi un solide immergé partiellement dans l'eau, et partiellement dans l'air, constitue bien un solide totalement immergé dans un fluide.

Au vu de la complexité du calcul d'une résultante de force de pression, on voit qu'il est préférable d'utiliser dans les exercices, lorsque c'est possible, la poussée d'Archimède au lieu des forces de pression.

Pour déterminer le fluide le plus dense, on va comparer son effet sur un même système. On plonge le densimètre successivement dans chacun des deux fluides et on repère celui dans lequel il s'enfonce le moins. Le poids du densimètre étant le même dans les deux cas, on traduit la condition d'équilibre du fluide par l'égalité des normes respectives du poids et de la poussée d'Archimède. Notons ρ la masse volumique du fluide et ρ_o celle de l'objet immergé :

$$\rho V_{\text{immergé}} g = \rho_o V_o g$$

Soit

$$V_{\text{immergé}} = \frac{\rho_o V_o}{\rho}$$

On en déduit que l'objet s'immerge plus profondément dans le fluide le moins dense, résultat somme toute assez intuitif.

• Bilan mécanique

Dans ce qui précède, on n'a pas tenu compte de la **géométrie du densimètre**. Il va à présent falloir en tenir compte. Si l'on suppose que le liquide de masse volumique ρ est le plus dense, c'est à partir de lui que l'on fixe le lestage pour avoir la partie sphérique seule totalement immergée. Le lestage étant fixé, la masse totale m du densimètre est donc fixée, et par conséquent la valeur de son poids. On va donc pouvoir, en traduisant l'équilibre du densimètre successivement dans les deux liquides égaler les poussées d'Archimède des deux expériences et ainsi relier la profondeur d'immersion h de la tige dans le liquide le moins dense aux densités des liquides.

Le lestage, donc la masse m du densimètre, est ajusté de sorte que dans le liquide de masse volumique la plus élevée, ρ par exemple, seule la sphère de rayon R soit totalement immergée.

La condition d'équilibre dans ce liquide s'écrit donc :

$$mg = \rho \frac{4}{3} \pi R^3 g$$

Pour l'équilibre dans le liquide de masse volumique ρ' où la tige s'est enfoncée d'une hauteur h, l'équilibre est traduit par :

$$mg = \rho' \left(\frac{4}{3} \pi R^3 + \pi r^2 h \right) g$$

La comparaison de ces deux expressions mène à la relation demandée :

$$\rho' = \rho \frac{1}{1 + \frac{3r^2 h}{4R^3}}$$

• Limite de validité de l'expérience

Moins le liquide de masse volumique ρ' est dense et plus h augmente. La limite des mesures est atteinte quand le tube creux est totalement immergé, soit $h = H$. On peut alors en déduire la variation maximale de masse volumique $|\rho - \rho'|$ que peut mesurer cet appareil.

La mesure de masse volumique la plus faible réalisable correspond à :

$$\rho' = \rho \frac{1}{1 + \frac{3r^2 H}{4R^3}}$$

On en déduit la variation maximale de masse volumique $|\rho - \rho'|$ que peut mesurer cet appareil :

$$|\rho - \rho'| = \rho \left(1 - \frac{1}{1 + \frac{3r^2 H}{4R^3}} \right) = \rho \times \frac{1 + \frac{3r^2 H}{4R^3} - 1}{1 + \frac{3r^2 H}{4R^3}} = \frac{\rho}{1 + \frac{4R^3}{3r^2 H}}$$

CHAPITRE

18

Bilans énergétiques et entropiques

Exercice 18.1 : Transformations élémentaires d'un gaz parfait

Faire un bilan énergétique, c'est-à-dire déterminer ΔU, W et Q (dans l'ordre qui vous convient), lors de l'évolution d'une mole d'un gaz parfait de capacités calorifiques constantes C_V et C_P pour les différents cas suivants :
- évolution isotherme à T_0 d'un volume V_1 à un volume V_2 ;
- évolution isochore à V_0 d'une température T_1 à une température T_2 ;
- évolution isobare à P_0 d'un volume V_1 à un volume V_2 ;
- évolution adiabatique réversible d'un volume V_1 à un volume V_2.

On représentera chacune de ces transformations dans un diagramme de Clapeyron.

• **Analyse de l'énoncé**

Cet exercice, très simple, vise à préciser comment effectuer un **bilan énergétique** d'une transformation d'un gaz parfait, et comment représenter la transformation en question dans un **diagramme de Clapeyron**, c'est-à-dire dans un repère où l'on porte le volume V en abscisse et la pression P en ordonnée.

Tout **bilan énergétique** d'une transformation consiste à déterminer trois grandeurs :
- la **variation d'énergie interne** du système ;
- le **travail** W échangé lors de la transformation, travail qui se résume le plus souvent à celui des **forces de pression** ;
- le **transfert thermique** ou **chaleur** échangé lors de la transformation.

• **Représentation des transformations en diagramme de Clapeyron**

Comme on l'a déjà indiqué, le diagramme de Clapeyron permet de représenter les variations de la pression du système étudié en fonction de son volume. Pour le gaz parfait, on détermine les équations des courbes associées aux transformations remarquables à l'aide :
- de l'**équation d'état du gaz parfait** : $PV = nRT$.
- de la **loi de Laplace** régissant l'évolution d'une transformation adiabatique réversible d'un gaz parfait de capacités calorifiques constantes : $PV^\gamma = cte$, avec $\gamma = \frac{C_P}{C_V}$.
- des **conditions particulières** de la transformation.

Précisons les équations des courbes associées à chacune des évolutions proposées :

- une isochore se fait à $V = V_0$, il s'agit d'une droite verticale dans le diagramme de Clapeyron.
- une isobare se fait à $P = P_0$, il s'agit d'une droite horizontale dans le diagramme de Clapeyron.
- une isotherme se fait à $T = T_0$. En remplaçant dans l'équation d'état du gaz parfait, on obtient : $P = \frac{nRT_0}{V} = \frac{cte}{V}$. Il s'agit d'une hyperbole dans le diagramme de Clapeyron.
- une adiabatique réversible d'un gaz parfait obéit à la loi de Laplace : $P = \frac{cte}{V^\gamma}$.

Si on trace l'isotherme et l'adiabatique réversible à partir d'un même point M, on constate que l'adiabatique réversible est plus pentue que l'isotherme (puisque γ est plus grand que 1). On peut le justifier en déterminant les pentes en M de l'isotherme d'une part, de l'adiabatique réversible d'autre part, à partir de la différentielle logarithmique de l'équation de ces courbes en diagramme de Clapeyron :

- pour l'isotherme, $\frac{dP}{P} + \frac{dV}{V} = 0$, soit :

$$\left(\frac{dP}{dV}\right)_T = -\frac{P}{V}$$

- pour l'adiabatique réversible, donc l'isentropique, $\frac{dP}{P} + \gamma\frac{dV}{V} = 0$, soit :

$$\left(\frac{dP}{dV}\right)_S = -\gamma\frac{P}{V}$$

La pente de l'adiabatique réversible en M est donc γ fois plus importante que celle de l'isotherme et les transformations évoquées se représentent alors :

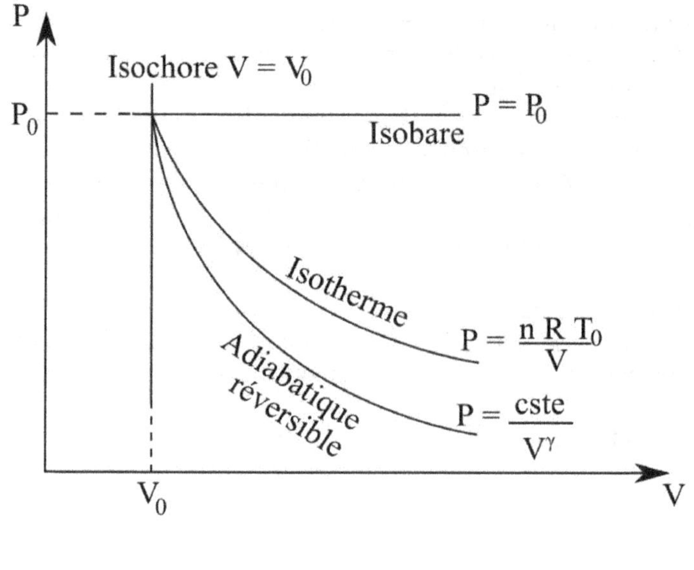

• **Bilan énergétique**
Les trois grandeurs énergétiques sont reliées par le **premier principe de la thermodynamique** qui postule que, pour un système macroscopiquement au repos et en l'absence de champs de forces macroscopiques extérieurs : $\Delta U = W + Q$ ou encore $dU = \delta W + \delta Q$. Notez bien et respectez les notations associées à chacune de ces grandeurs énergétiques. L'**énergie interne** est une **fonction d'état**. à ce titre, sa variation entre deux états ne dépend pas du chemin suivi pour passer d'un état à un autre. Mathématiquement, cela se traduit par le fait que sa différentielle est totale et satisfait donc au théorème de Cauchy (dérivées partielles croisées égales).
Dans le cas d'un système constitué par un **gaz parfait**, on peut facilement déterminer la variation d'énergie interne par intégration de la **première loi de Joule** :

$$dU = C_V(T)dT$$

Le travail et la chaleur échangés sur une transformation ne sont pas des fonctions d'état. On les calculera en intégrant, le long du chemin réellement suivi, leurs variations élémentaires. En pratique, on va procéder ainsi pour le travail seulement. En effet, on écrit que le travail élémentaire des forces de pression, échangé sur une transformation d'un système qui fait évoluer son volume de dV, s'écrit :

$$\delta W = -P_{ext}dV$$

où P_{ext} représente la pression du milieu extérieur en contact avec le système.
Dans le cas où la transformation est **quasi statique**, on a à chaque instant égalité entre la pression P du système et la pression extérieure P_{ext} ; la relation précédente se réécrit alors :

$$\delta W = -PdV$$

On peut enfin, en exprimant la fonction $P(V)$ à l'aide de l'équation d'état régissant la transformation, calculer le travail total échangé sur la transformation.
On en déduit alors le **transfert thermique échangé**, pour lequel on n'a pas de formule particulière, par application du premier principe :

$$Q = \Delta U - W$$

Il peut arriver que sur des transformations particulières W ou Q se retrouvent numériquement égaux à ΔU ; cela ne leur confère absolument pas pour autant le statut de fonction d'état.

On a deux relations pour évaluer le travail des forces de pression suivant que la transformation est quasi statique ou pas. Notez qu'une transformation "iso-variable" est forcément quasi statique puisqu'elle implique que les variables d'états sont évaluables à chaque instant (et donc que l'on est à chaque instant à l'équilibre).

Certains résultats “classiques” méritent d'être retenus :
- le travail échangé sur une transformation **isochore** par un **système quelconque** est nul ;
- la variation d'énergie interne d'un **gaz parfait** évoluant de manière **isotherme** est nulle.

Évolution isotherme :
D'après la première loi de Joule ($U = U(T)$), la variation d'énergie interne de la mole de gaz parfait sur une transformation isotherme est nulle. Le premier principe permet d'en déduire : $Q = -W$. On n'a alors plus qu'à calculer W en intégrant la variation élémentaire de travail sur cette transformation quasi statique :

$$W = -\int_{V_1}^{V_2} PdV = -RT_0 \int_{V_1}^{V_2} \frac{dV}{V} = RT_0 \ln\left(\frac{V_1}{V_2}\right)$$

Évolution isochore :
Le travail échangé sur cette transformation est nul puisque $dV = 0$. Le premier principe s'écrit donc : $\Delta U = Q$. On calcule enfin ΔU par intégration de la première loi de Joule :

$$\Delta U = C_V\,(T_2 - T_1)$$

puisque C_V est une constante.
Évolution isobare :
On calcule de nouveau ΔU par intégration de la première loi de Joule :

$$\Delta U = C_V\,(T_2 - T_1)$$

puisque C_V est une constante. On calcule W en intégrant la variation élémentaire de travail sur cette transformation quasi statique :

$$W = -P_0 \int_{V_1}^{V_2} dV = -P_0(V_2 - V_1)$$

On en déduit enfin le transfert thermique échangé sur la transformation :

$$Q = \Delta U - W \quad = C_V\,(T_2 - T_1) + P_0(V_2 - V_1)$$

La loi du gaz parfait nous permet de transformer le dernier terme, d'où :

$$Q = C_V (T_2 - T_1) + nR(T_2 - T_1)$$

et la relation de Mayer pour un gaz parfait ($C_p - C_V = nR$) nous permet finalement d'écrire :

$$Q = C_P (T_2 - T_1) = \Delta H$$

Évolution adiabatique réversible :
L'évolution étant adiabatique, on peut d'ores et déjà écrire : $Q = 0$. D'après le premier principe : $\Delta U = W$. Suivant les données numériques, on privilégiera :
- soit l'utilisation de la première loi de Joule qui mène de nouveau à :

$$\Delta U = C_V (T_2 - T_1)$$

- soit l'utilisation de l'intégrale de la variation élémentaire de travail, en y intégrant l'expression de la loi de Laplace pour laquelle on a évalué la constante (en utilisant par exemple les variables de l'état initial) :

$$PV^\gamma = cte = P_1 V_1^\gamma \quad \Leftrightarrow \quad P = P_1 V_1^\gamma V^{-\gamma}$$

$$W = -P_1 V_1^\gamma \int_{V_1}^{V_2} V^{-\gamma} dV = -\frac{P_1 V_1^\gamma}{1-\gamma} \left(V_2^{1-\gamma} - V_1^{1-\gamma}\right)$$

On voit bien, à l'aide de ces exemples, la différence de nature des trois grandeurs énergétiques. On obtient pour les quatre évolutions entre les deux mêmes températures la même variation d'énergie interne ΔU, ce qui traduit bien l'absence de dépendance en le chemin suivi des variations de cette fonction d'état. Pour ce qui est du travail et du transfert thermique, dont la somme donne à chaque fois ΔU, on obtient au contraire bien des valeurs qui dépendent du chemin suivi.

Exercice 18.2 : Détente de Joule-Gay-Lussac

La variation élémentaire d'énergie interne d'un gaz réel s'écrit :

$$dU = \left(\frac{2a}{T^2V} + C_0\right) dT + \frac{2a}{TV^2} dV$$

avec C_0 et a des constantes positives.
Exprimer la variation d'énergie interne $\Delta U = U_2 - U_1$ pour ce fluide passant de l'état (1) à l'état (2) respectivement caractérisés par (T_1, V_1) et (T_2, V_2).
Calculer ensuite la variation de température de ce gaz soumis à une détente de Joule-Gay-Lussac qui double son volume. On donne : $a = 100$ SI, $C_0 = 20$ J.K^{-1}.mol^{-1}, $T_1 = 300$ K et $V_1 = 10$ L.

- **Analyse de l'énoncé**

Dans cet exercice, on étudie l'évolution d'un **gaz réel**. Les **lois de Joule** ne s'appliquent plus à un tel système : U dépend alors à la fois de T et de V. Il va donc falloir trouver un moyen de séparer cette double intégration sur les variations de température et de volume, car on ne peut intégrer une expression où deux paramètres varient ensemble de manière simple.
La seconde partie reprend une **détente de Joule-Gay-Lussac**, mais appliquée à un gaz réel. Pour un gaz parfait, une telle détente ne s'accompagne d'aucune variation de température. Ce n'est pas la cas pour un gaz réel, et l'on cherche justement à déterminer ladite variation.

- **Calcul de la variation d'énergie interne**

L'expression de dU mêle T et V de telle sorte qu'une séparation des variables ne semble pas possible. Or on ne peut intégrer tel quel cette expression. La manière de se sortir de ce calcul est de séparer arbitrairement les variations de T et de V en envisageant un **cycle de transformations** où les variations de T et V sont séparées, et qui font passer le système du même état initial au même état final. La variation totale de l'énergie interne U sur ce cycle de transformation est égale à celle lors de la transformation faisant passer les paramètres de (T_1, V_1) à (T_2, V_2), puisque U **est une fonction d'état**.

Cette méthode est également largement utilisée dans les exercices de **thermochimie** que vous rencontrez en première année, notamment lors du calcul d'une **énergie réticulaire**, pour lequel on utilise un cycle dit de **Born-Haber**.

De manière générale, on pourra ainsi toujours transformer une transformation faisant varier en même temps deux paramètres d'états en deux transformations successives respectivement "iso-première variable" et "iso-deuxième variable".

Imaginons un cycle de transformations faisant passer le système du même état initial caractérisé par (T_1, V_1) au même état final caractérisé par (T_2, V_2) :

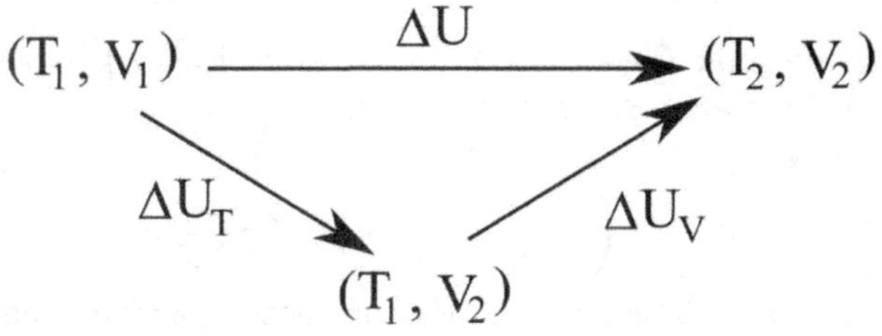

U étant une fonction d'état, on peut écrire :

$$\Delta U = \Delta U_T + \Delta U_V$$

On calcule alors ΔU_T et ΔU_V en imposant respectivement dT puis dV dans l'expression de dU et en intégrant :

$$\Delta U_T = \frac{2a}{T_1}\int_{V_1}^{V_2}\frac{dV}{V^2} = \frac{2a}{T_1}\left(\frac{1}{V_1} - \frac{1}{V_2}\right)$$

$$\Delta U_V = \frac{2a}{V_2}\int_{T_1}^{T_2}\frac{dT}{T^2} + C_0\,(T_2 - T_1) = \frac{2a}{V_2}\left(\frac{1}{T_1} - \frac{1}{T_2}\right) + C_0\,(T_2 - T_1)$$

On en déduit finalement :

$$\Delta U = 2a\left[\frac{1}{T_1}\left(\frac{1}{V_1} - \frac{1}{V_2}\right) + \frac{1}{V_2}\left(\frac{1}{T_1} - \frac{1}{T_2}\right)\right] + C_0\,(T_2 - T_1)$$

qui après simplification donne :

$$\Delta U = 2a\left(\frac{1}{T_1V_1} - \frac{1}{T_2V_2}\right) + C_0\,(T_2 - T_1)$$

• Calcul de la variation de température accompagnant la détente de Joule-Gay-Lussac

Les conditions expérimentales d'une **détente de Joule Gay-Lussac** sont supposées connues. On doit donc se souvenir que :

- la détente de Joule Gay-Lussac est une détente **isoénergétique** d'un gaz dans le vide ;
- la détente de Joule Gay-Lussac ne s'accompagne d'**aucune variation de température pour un gaz parfait**, d'une **légère variation de température** (un échauffement le plus souvent) pour un gaz réel.

Le premier point nous mène à une relation entre les températures et volumes des deux états. Le problème, pour les gaz réels, est que cette expression va souvent être assez compliquée et qu'isoler rigoureusement ΔT risque de s'avérer un peu délicat. On utilise alors la seconde propriété que nous venons de rappeler pour faire un développement limité de la relation précédente dans le cas où $\Delta T << T_1$. Il faudra bien sûr vérifier la véracité de cette hypothèse, pour la valider, une fois le calcul terminé.

La détente de Joule Gay-Lussac d'un gaz étant isoénergétique, on déduit de ce qui précède la relation suivante :

$$0 = 2a\left(\frac{1}{T_1V_1} - \frac{1}{T_2V_2}\right) + C_0\left(T_2 - T_1\right)$$

Sachant que la variation de température accompagnant une telle détente est faible (devant la température initiale), elle se simplifie en :

$$C_0\Delta T \simeq \frac{2a}{T_1}\left[\frac{1}{T_1}\left(\frac{1}{V_1} - \frac{1}{V_2}\right)\right]$$

Numériquement, on obtient :

$$\Delta T = \underline{1,65\ \mathrm{K}}$$

L'hypothèse émise était donc correcte.

Exercice 18.3 : Chauffage d'un gaz

Un gaz parfait, de masse molaire égale à 44,0 g.mol^{-1}et dont la chaleur massique à pression constante (exprimée en J.K^{-1}.g^{-1}) s'écrit :

$$c_p = 4,50 + 2,50.10^{-3}T$$

est chauffé de manière isobare de 300 à 350 K. Quel transfert thermique reçoit une mole de ce gaz lors de cette transformation ? Quelle est la variation d'énergie interne d'une mole de ce gaz lors de cette transformation ? Quelle est la variation d'entropie d'une mole de ce gaz lors de cette transformation ? On donne $R = 8,31$ SI.

• **Analyse de l'énoncé**

L'exercice étudie l'évolution d'un gaz parfait au cours d'une transformation **isobare**, c'est-à-dire à pression constante. Une telle transformation constitue l'un des deux cas remarquables pour lesquels le transfert thermique, qui n'est pas *a priori* une fonction d'état (de même que le travail échangé d'ailleurs), est égal à la variation d'une fonction d'état. Ces deux cas remarquables sont constitués par :

- les **transformations isochores**, qui ne s'accompagnent d'**aucun échange de travail**, et pour lesquelles le **transfert thermique** reçu par le système au cours de la transformation est donc égal à la **variation d'énergie interne** : $\Delta U = Q$.
- les **transformations isobares**, qui sont plus avantageusement décrites par la **fonction d'état enthalpie** $H = U + PV$ puisque le **transfert thermique** reçu par le

système au cours d'une telle transformation est égal à la **variation d'enthalpie** au cours de cette transformation : $\Delta H = Q$.

Notez bien que ces deux résultats sont généraux. Il n'est pas nécessaire que le système étudié soit un gaz parfait, ni même un gaz pour les appliquer. Ils sont notamment à la base de la **calorimétrie** sur laquelle nous reviendrons dans un exercice ultérieur.

Puisque l'on est dans l'un des deux cas particuliers susmentionnés, le calcul du transfert thermique reçu se ramène à celui d'une variation de fonction d'état, l'enthalpie dans notre cas. Remarquez que le calcul se ferait de manière tout à fait analogue dans le cas d'une transformation isochore. En effet :

– pour une **transformation isobare** d'un système quelconque :

$$dH = C_P(P_0, T)dT = mc_P(P_0, T)dT$$

– pour une **transformation isochore** d'un système quelconque :

$$dU = C_V(V_0, T)dT = mc_V(V_0, T)dT$$

Le calcul de transfert thermique demandé se ramène donc à un simple calcul d'intégrale.

Quelques remarques méritent d'être notées :

– pour un **système quelconque**, les capacités calorifiques à pression et volume constant sont *a priori* des fonctions respectivement de (P, T) et (V, T) dont l'un des paramètres se retrouve arbitrairement fixé en raison de la nature respectivement isobare ou isochore de la transformation considérée, d'où la notation $C_P(P_0, T)$ et $C_V(V_0, T)$ utilisée précédemment. Pour un **gaz parfait**, les **lois de Joule** précisent que les fonctions U et H ne dépendent que de la température. En conséquence, on a $C_P = C_P(T)$ et $C_V = C_V(T)$. On aura donc, **quelle que soit la transformation du gaz parfait** :

$$dH = C_P(T)dT = mc_P(T)dT$$

$$dU = C_V(T)dT = mc_V(T)dT$$

Par contre ces variations ne sont égales au transfert thermique échangé que pour respectivement une isobare et une isochore.

– dans de nombreux exercices, les **capacités thermiques** proposées seront **constantes**. On pourra donc les sortir de l'intégrale à calculer et on aura alors des résultats du type : $\Delta H = C_P \Delta T$.

– des exercices peuvent également proposer des **capacités thermiques molaires** qui mènent alors à écrire des relations du type :

$$dH = nc_P^m(T)dT$$

Pour le gaz parfait considéré qui subit une transformation isobare, le transfert thermique reçu est égal à la variation de la fonction d'état enthalpie du gaz lors de la transformation.
On a alors :

$$Q = \Delta H = \int_{T_i}^{T_f} mc_P(T)dT = 44,0 \int_{300}^{350} (4,50 + 2,50.10^{-3}T)dT$$

puisque la masse d'une mole de ce gaz est égale à 44 g. On calcule enfin :

$$Q = 44,0 \times \left[4,50 \times (350 - 300) + \frac{2,50.10^{-3}}{2} \times (350^2 - 300^2)\right] = \underline{11,7 \text{ kJ}}$$

Quand on parle de transfert thermique **reçu** par le système, il faut se souvenir que la quantité que l'on calcule est **algébrique** et comptée par rapport au système étudié :
- un résultat **positif** indique une énergie **effectivement reçue** par le système ;
- un résultat au contraire **négatif** indique une **perte d'énergie** par le système.

Ces remarques sont bien entendues valables pour toute énergie relative au système.

• **Calcul de la variation d'énergie interne du gaz**

Pour passer de la **variation d'enthalpie** à la **variation d'énergie interne** (ou inversement) lors de transformations isobare ou isochore, il suffit de différentier, en tenant compte de la nature de la transformation, la relation $H = U + PV$.
- Pour une **isochore,** $\Delta H = \Delta U + V_0 \Delta P$.
- Pour une **isobare,** $\Delta H = \Delta U + P_0 \Delta V$.

Dans le cas d'un **gaz parfait**, les résultats se simplifient encore en tenant compte de l'équation d'état $PV = nRT$:
- Pour une **isochore,** $\Delta H = \Delta U + \Delta P V_0 = \Delta U + \Delta(nRT) = \Delta U + nR\Delta T$.
- Pour une **isobare,** $\Delta H = \Delta U + P_0 \Delta V = \Delta U + \Delta(nRT) = \Delta U + nR\Delta T$.

On passe donc de ΔH à ΔU pour un gaz parfait de la même manière que la transformation soit isobare ou isochore !

La différentiation de $U = H - PV$ et l'équation d'état du gaz parfait appliquée à la mole de gaz étudiée mène à :

$$\Delta U = \Delta H - R\Delta T = 11690 - 8,31 \times (350 - 300) = \underline{-11,3 \text{ kJ}}$$

• **Calcul de la variation d'entropie du gaz**

L'**entropie** est une fonction d'état et, à ce titre, sa variation entre deux états ne **dépend pas du chemin suivi** pour passer de l'un à l'autre.

Ceci est valable pour toute fonction d'état, donc pour l'énergie interne U et l'enthalpie H.

Pour calculer la variation d'entropie, deux relations sont à notre disposition :
- l'**énoncé du second principe** pour un système fermé quelconque :

$$dS = \delta S^e + \delta S^c$$

où :
- δS^e est l'entropie élémentaire échangée avec les sources de chaleur égale à $\int_i^f \frac{\delta Q}{T}$, rapport de la quantité de chaleur élémentaire reçue par le système de la part de la source avec la température de la source (égale dans le cas d'une transformation réversible à celle du système)
- δS^c est l'entropie créée lors de la transformation, grandeur **nulle si la transformation est réversible, positive si la transformation est irréversible.**

- l'**identité thermodynamique**, valable que la transformation soit réversible ou non :

$$dS = \frac{dU}{T} + \frac{P}{T}dV$$

Les deux relations seront en fait souvent utilisées conjointement dans les exercices : on utilise l'identité thermodynamique pour obtenir la variation d'entropie du système, on calcule l'entropie échangée à l'aide de la formule donnée, puis on en déduit l'entropie créée (pour laquelle on n'a pas de relation) par différence.
Ici, on cherche simplement la **variation d'entropie du système constitué par un gaz parfait**, on va donc appliquer l'identité thermodynamique. Cette dernière a été rappelée en variables (U, V) ce qui est équivalent pour un gaz parfait au jeu de variables (T, V) :

$$dS = C_V\frac{dT}{T} + nR\frac{dV}{V}$$

puisque $\frac{P}{T} = \frac{nR}{V}$
On peut obtenir son expression dans les autres jeux de variables :
- soit en utilisant la **différentielle logarithmique** de l'équation d'état $PV = nRT$;
- soit en utilisant l'**expression de la différentielle** de H.

La technique de la **différentielle logarithmique** est très pratique en thermodynamique pour effectuer un **changement de variables** dans une relation.
Elle consiste à :

– prendre le logarithme népérien de l'équation d'état régissant l'évolution des paramètres du système ; pour un gaz parfait d'équation d'état $PV = nRT$ on écrit :

$$\ln P + \ln V = \ln nR + \ln T$$

– différentier l'expression obtenue :

$$\frac{dP}{P} + \frac{dV}{V} = \frac{dT}{T}$$

en supposant le nombre de moles n constant

On peut ainsi écrire pour le gaz parfait :

$$dS = C_V \frac{dP}{P} + (nR + C_V)\frac{dV}{V} = C_V \frac{dP}{P} + C_P \frac{dV}{V}$$

ou encore :

$$dS = (C_V + nR)\frac{dT}{T} - nR\frac{dP}{P} = C_P \frac{dT}{T} - nR\frac{dP}{P}$$

On a également utilisé la **relation de Mayer**, qui s'écrit, pour un gaz parfait : $C_P - C_V = nR$ pour simplifier ces dernières relations.

Une fois l'expression de dS la mieux adaptée au problème choisie, il ne reste plus qu'à l'**intégrer par blocs** des valeurs des variables décrivant l'état initial, aux valeurs des variables décrivant l'état final. L'expression la mieux adaptée est bien sûr celle qui fait intervenir les variables sur lesquelles l'énoncé nous donne des renseignements.

Il n'est pas nécessaire de connaître toutes ces expressions par cœur pour les concours. Il suffit d'en connaître une, $dU = TdS - PdV$ par exemple, puis de retrouver toutes les autres lorsque le besoin s'en fait sentir... La solution proposée ci-après vous donne encore une autre manière d'effectuer le changement de variables.

Nous sommes en présence d'une transformation isobare d'un gaz parfait, pour laquelle on connaît les températures de l'état initial et de l'état final. Il est donc judicieux d'utiliser le jeu de variables (T, P) pour exprimer la différentielle de l'entropie.

Partant de l'expression $dS = \frac{dU}{T} + \frac{P}{T}dV$, soit $dU = TdS - PdV$, on peut retrouver l'expression différentielle de S en variables (T, P) à l'aide de l'expression de la différentielle de H :

$$dH = d(U + PV) = dU + PdV + VdP = TdS + VdP$$

On en tire directement :

$$dS = \frac{dH}{T} - \frac{V}{T}dP = C_P\frac{dT}{T} - nR\frac{dP}{P}$$

Dans notre cas, $dP = 0$ et $C_P = mc_P(T)$. On a donc finalement :

$$\Delta S = m\int_{T_i}^{T_f}\frac{c_P(T)}{T}dT = 44,0\left[\int_{300}^{350}4,50\frac{dT}{T} + \int_{300}^{350}2,50.10^{-3}dT\right]$$

Numériquement, on obtient :

$$\Delta S = 44,0 \times \left[4,50\ln\left(\frac{350}{300}\right) + 2,50.10^{-3} \times (350 - 300)\right] = \underline{36,0\ \text{J.K}^{-1}}$$

On peut terminer par un commentaire sur le **signe de la variation d'entropie calculée.** L'entropie d'un système croît avec le **désordre** du système. Lorsqu'un système fermé, mais non isolé (condition nécessaire pour qu'un transfert thermique modifiant l'état de désordre puisse se faire) reçoit un transfert thermique accroissant son désordre, son entropie augmente ; inversement, si le signe du transfert thermique a pour effet de diminuer le désordre du système, son entropie diminue. En pratique :

- un **échauffement**, un **changement d'état allant vers un état moins ordonné** du système non isolé correspondra à une **variation d'entropie positive** du système ;
- un **refroidissement**, un **changement d'état allant vers un état plus ordonné** du système non isolé correspondra à une **variation d'entropie négative** du système.

Le gaz qui forme un système non isolé a été échauffé, son désordre s'est accru, il est donc légitime d'obtenir une variation d'entropie positive.

Exercice 18.4 : Calorimétrie

Un calorimètre de valeur en eau $\mu = 100,0$ g contient $m_e = 100,0$ g d'eau à la température $T_0 = 290,0$ K. On y plonge alors un morceau de cuivre de masse $m = 100,0$ g sortant d'une étuve à la température $T_1 = 400,0$ K. La température d'équilibre mesurée du calorimètre vaut $T_2 = 294,8$ K. Déterminer la capacité thermique massique du cuivre. On donne celle de l'eau liquide : $c_e = 4,180$ J.K^{-1}.g^{-1}.

• **Analyse de l'énoncé**

Il s'agit ici d'un exercice de **calorimétrie**. Rappelons que la calorimétrie consiste en la **mesure d'un transfert thermique** lors d'une évolution physique ou chimique d'un système. Le **système** étudié doit donc être soigneusement défini. En pratique, il sera constitué par le calorimètre et tout ce qu'il contient. Le **calorimètre** étant supposé à parois **adiabatique**, c'est-à-dire qu'il n'échange pas de chaleur avec l'extérieur. Suivant les exercices, le **calorimètre** sera considéré comme parfait, ou non.

- un **calorimètre parfait** a une capacité calorifique négligeable, c'est-à-dire qu'on peut supposer qu'il n'échange pas de chaleur avec ce qu'il contient.
- un **calorimètre non parfait** a une capacité calorifique non négligeable ; il peut alors échanger de la chaleur avec ce qu'il contient et intervenir dans l'établissement de l'équilibre thermique du système. Afin de simplifier l'écriture du bilan énergétique, on donnera en lieu et place de sa capacité calorifique, sa **valeur en eau** qui consiste en la masse d'eau qui produirait le même effet thermique que le calorimètre. En pratique, on n'a qu'à remplacer la valeur de la masse d'eau initialement présente dans le calorimètre par la somme de cette masse d'eau et de la valeur en eau du calorimètre.

• **Écriture du bilan énergétique**

Une expérience de calorimétrie se produit en vase clos, dans un calorimètre aux parois fixes. On est donc en présence d'un système **évoluant à volume constant** ; dans ces conditions, on peut restreindre le bilan énergétique à :

$$dU = \delta Q$$

D'un autre côté, en l'absence de dégagement gazeux lors de l'expérience (ce qui reste tout de même l'essentiel des cas rencontrés en physique), on a également une **évolution isobare**. Le bilan énergétique peut donc aussi s'écrire :

$$dH = \delta Q$$

Ce paradoxe apparent est levé en se rappelant que pour des corps condensés (solides ou liquides) on ne fait quasiment plus la différence entre les capacités thermiques isochores et isobares. Autrement dit, pour ces corps incompressibles, il revient au même de calculer dU ou dH.

Pour les exercices tels que celui que nous traitons ici, on voit assez rapidement que l'intégration du transfert thermique et de dU est immédiate, et on aura tendance à écrire le bilan énergétique totalement intégré directement. Pour certains exercices ce ne sera plus possible, et il est donc conseillé dans un premier temps de toujours commencer par un bilan macroscopique que l'on intègre proprement afin de bien comprendre la mécanique de résolution.

Finalement le bilan énergétique s'articule autour de deux grandeurs énergétiques à évaluer :
- le **transfert thermique** δQ reçu algébriquement par le système, lequel sera nul en cas de système thermiquement isolé avec l'extérieur, ou non nul en cas de fuites thermiques (à travers une ouverture par exemple) ou au contraire d'apport thermique (chauffage par effet Joule par exemple).
- l'évaluation de dU (ou de dH) en utilisant la relation relative aux corps condensés : $dU = dH = C(t)dT$ pour un corps condensé de capacité thermique $C(T)$.

On étudie le système thermiquement isolé de l'extérieur constitué par le calorimètre et tout ce qu'il contient, c'est-à-dire la masse m_e d'eau et le solide de masse m. Le premier principe appliqué au système entre les instants t et $t + dt$ durant lesquels les températures respectives de l'eau et du solide varient de dT_e et dT_s s'écrit :

$$dU = (m_e + \mu)c_e dT_e + mcdT_s = \delta Q = 0$$

Il faut absolument définir deux jeux de températures, puisque les deux parties constitutives du système partent de deux températures différentes à l'instant initial et ne seront à la même température qu'à l'état final d'équilibre thermique. On est donc bien en présence de deux lois d'évolution $T_e(t)$ et $T_s(t)$ différentes. Notez bien que de nombreux écrits (cours, livres sujets de concours...) ne feront pas cette nuance et utiliseront un dT générique pour toutes les variations de température, ou bien écriront directement sous forme intégrale le bilan énergétique. Prenez donc garde à ne pas vous laisser induire en erreur par ces éventuels abus de langage.

On intègre alors la relation différentielle précédente entre ($T_e(0) = T_0$; $T_s(0) = T_1$) et ($T_e(eq) = T_s(eq) = T_2$) :

$$(m_e + \mu)c_e \int_{T_0}^{T_2} dT_e + mc \int_{T_1}^{T_2} dT_s = 0$$

Soit :

$$(m_e + \mu)c_e(T_2 - T_0) + mc(T_2 - T_1) = 0$$

D'où :

$$c = \frac{(m_e + \mu)c_e(T_2 - T_0)}{m(T_1 - T_2)}$$

• **Application numérique**

Comme d'habitude, il faut *a priori* se ramener aux **unités SI** et qu'un résultat sans usité adéquate risque de ne pas être pris en compte en concours. Pensez toutefois que ce n'est pas absolument nécessaire lorsqu'on est en présence :

- d'un rapport de deux grandeurs pour laquelle la conversion en unité SI est multiplicative (m par exemple) ;
- d'une différence de deux grandeurs pour laquelle la conversion en unité SI est additive (T par exemple).

Pensez enfin à rester cohérent avec les données de l'énoncé dans le nombre de chiffres significatifs utilisés pour le résultat.

On calcule enfin :

$$c = \frac{(100,0 + 100,0) \times 4,180 \times (294,8 - 290,0)}{100,0 \times (400,0 - 294,8)} = \underline{0,38 \text{ J.K}^{-1}\text{.g}^{-1}}$$

La capacité thermique trouvée pour le solide est cohérente avec la **loi de Dulong et Petit** qui prévoit une capacité calorifique molaire de l'ordre de $3R$ pour les solides, c'est-à-dire une capacité thermique massique de l'ordre de $\frac{3R}{M}$ avec M la masse molaire de l'élément constitutif du solide. Pour le cuivre, cela donne $\frac{3\times 8,314}{63,5} = 0,397$ J.K^{-1}.g^{-1} ce qui est cohérent avec le résultat trouvé.

Exercice 18.5 : Fuites thermiques

Un local est séparé de l'extérieur par des murs de béton. La température régnant à l'extérieur est supposée constante égale à $T_0 = 280$ K. La température à l'intérieur du local et sur ses murs est supposée uniforme, mais non constante et notée $T(t)$. Le système {local + murs } a une capacité calorifique $C = 1,50$ J.K^{-1}. La quantité de chaleur traversant les murs de béton pendant un intervalle élémentaire de temps dt est égale à $\delta Q_s = \frac{1}{R}(T(t) - T_0)\,dt$ avec $R = 2,00.10^{-2}$ K.W^{-1} la résistance thermique des parois. Le local est chauffé par une source de chaleur de puissance $P = 2,00$ kW. À l'instant $t = 0$, on a $T(0) = T_0$ et on allume la source de chaleur. Déterminer la fonction $T(t)$ et tracer sommairement son allure.

• **Analyse de l'énoncé**

Il s'agit de nouveau d'un exercice de calorimétrie, mais mettant cette fois en jeu un système **non thermiquement isolé** de l'extérieur. On va bien sûr reprendre les principes de résolution mis en place dans l'exercice précédent, en réalisant cette fois un bilan thermique élémentaire entre deux instants très proches. Celui-ci va nous mener à une équation d'évolution temporelle de la température $T(t)$ tout à fait analogue à celle rencontrée lors de l'évolution d'un circuit RC en régime transitoire. On parlera d'ailleurs parfois de l'étude d'un **régime transitoire thermique** pour qualifier ce type d'exercices.

• **Réalisation du bilan énergétique élémentaire**

L'énoncé définit le système et précise sa capacité calorifique. On n'a plus qu'à lui appliquer le premier principe, en utilisant par exemple la version en $dU = \delta Q$ (si on choisit de privilégier le caractère isochore de l'évolution sur son caractère isobare, *cf.*exercice précédent pour les remarques à ce sujet). Le système étant thermiquement non isolé, il faut faire le bilan de tous les transferts thermiques qu'il **reçoit algébriquement.** À ce titre, un terme de chauffage (chaleur effectivement reçue par le système) se verra attribuer un signe positif pour sa contribution à δQ tandis qu'un terme de fuite thermique (chaleur effectivement perdue par le système) sera pris en compte négativement.

On applique le premier principe de la thermodynamique au système {local + murs } entre deux instants très proches t et $t+dt$ entre lesquels la température du système évolue de T à $T+dT$:

$$dU = CdT = \delta Q = +\mathcal{P}dt - \delta Q_s = \mathcal{P}dt - \frac{1}{R}\left(T(t) - T_0\right)dt$$

On peut se demander pourquoi c'est $T(t)$ et non $T(t+dt)$ qui intervient dans l'expression de δQ_s. En toute rigueur, utiliser $T(t+dt)$ serait licite, mais la différence entre ceci et la formule donnée fait apparaître un infiniment petit d'ordre deux (un terme en $dtdT$) lequel est négligeable devant le reste de la relation qui, lui, est d'ordre un.

• **Détermination de la loi d'évolution de la température**

Le bilan énergétique précédemment écrit mène à une équation différentielle qu'il suffit alors d'intégrer comme il a été indiqué dans les chapitres de techniques mathématique, mécanique et électricité. On pourra utilement s'y reporter.

Pour ce qui est du tracé de l'allure du graphe de la fonction $T(t)$, penser à indiquer les points et les asymptotes remarquables.

Le bilan énergétique mène à l'équation différentielle sur la fonction $T(t)$ suivante :

$$\frac{dT}{dt} + \frac{T}{RC} = \frac{P}{C} + \frac{T_0}{RC}$$

Nous reconnaissons une équation différentielle linéaire avec second membre constant, dont nous savons que la solution générale est la somme de :
- une solution générale de l'ESSM : $T_g(t) = \lambda e^{-\frac{t}{RC}}$;
- une solution particulière de l'équation complète, que nous cherchons sous forme d'une constante :

$$\underbrace{\dot{T}_p}_{0} + \frac{T_p}{RC} = \frac{P}{C} + \frac{T_0}{RC} \quad \Leftrightarrow \quad T_p = RP + T_0$$

Nous obtenons donc la solution générale suivante :

$$T(t) = \lambda e^{-\frac{t}{RC}} + (RP + T_0)$$

On détermine la constante d'intégration λ à l'aide de la condition initiale $T(t = 0) = T_0$:

$$T(t=0) = \lambda e^{-\frac{0}{RC}} + (RP + T_0) = T_0 \quad \Leftrightarrow \quad \lambda = -RP + T_0$$

Nous en déduisons finalement :

$$T(t) = T_0 + PR\left(1 - e^{-\frac{t}{RC}}\right) + T_0$$

Pour tracer l'allure des variations de cette fonction, déterminons les équations des asymptotes à l'infini et à l'origine.
En régime permanent, c'est-à-dire lorsque $t \longrightarrow \infty$, nous pouvons écrire :

$$T(t) \longrightarrow T_0 + PR = 280 + 2,00.10^3 \times 2,00.10^{-2} = \underline{320\text{ K}}$$

Un développement limité de l'expression de $T(t)$ au voisinage de $t = 0$ mène à l'équation de la tangente à l'origine :

$$e^{-\frac{t}{RC}} \simeq 1 - \frac{t}{RC} \quad \Rightarrow \quad T_{tan}(t) \simeq PR\left[1 - \left(1 - \frac{t}{RC}\right)\right] + T_0 = T_0 + \frac{P}{R}t$$

Cette dernière coupe donc l'asymptote infinie à la date $t = RC$, et l'on obtient le graphe suivant :

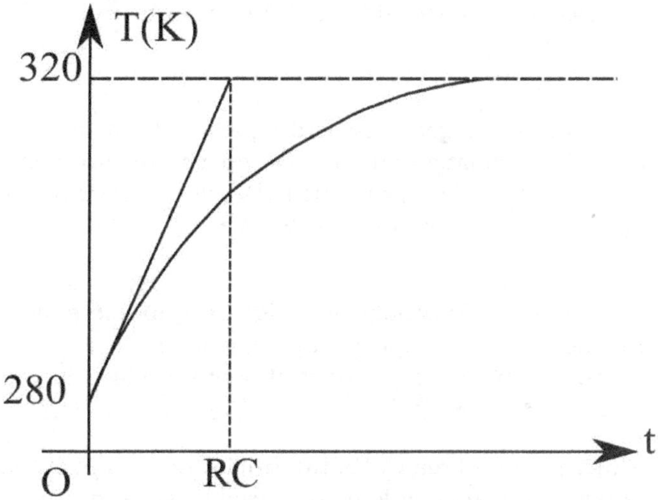

Exercice 18.6 : Compression adiabatique irréversible d'un gaz parfait

Une mole de gaz parfait monoatomique est placée dans un cylindre vertical, aux parois adiabatiques, fermé par un piston, également adiabatique, de masse $m = 1,00$ kg et de section $S = 25,0$ cm^2. La pression extérieure est égale à la pression atmosphérique $P_0 = 1,00$ bar. Initialement la hauteur occupée par le gaz est égale à $h_i = 80,0$ cm. On ajoute brutalement sur le piston une masse M qui diminue la hauteur de gaz de moitié : $h_f = \frac{h_i}{2}$. Calculer les pressions et volumes du gaz à l'état initial et final, ainsi que la valeur de la masse M que l'on a ajoutée. Effectuer le bilan énergétique et entropique de la transformation. On donne $g = 10,0$ N.kg^{-1} et $R = 8,314$ SI.

• Analyse de l'énoncé

Lorsque l'énoncé, comme c'est le cas ici, ne précise pas explicitement la nature de la transformation mise en jeu, une lecture attentive de l'énoncé doit vous permettre de la déterminer.

- des **parois fixes** imposent une **transformation isochore.**
- des **parois adiabatiques** imposent une **transformation adiabatique.**
- le placement du système dans un **thermostat** impose une **transformation isotherme.**
- une évolution **très lente** suggère une **transformation quasi statique.**
- des phénomènes tels que **diffusion, contact thermique, brusque modification** suggèrent une **transformation irréversible.**

Rappelez-vous qu'une **transformation réversible est forcément quasi statique**, mais que **la réciproque est fausse**. Un exemple de transformation irréversible, mais quasi statique est la diffusion d'un gaz d'un récipient dans le vide par un très petit trou.

Le cylindre contenant le gaz possède des parois adiabatiques, mobiles, et est soumis à une transformation brusque. On est en présence d'une compression adiabatique irréversible d'un gaz parfait. De plus la transformation n'est pas non plus quasi statique, puisqu'elle est brutale.

On ne pourra donc pas appliquer la **loi de Laplace** pour cette évolution. En effet, la loi de Laplace s'applique pour une évolution **adiabatique** et **réversible** d'un **gaz parfait** dont le coefficient γ est constant.

• **Détermination des paramètres de l'état initial et de l'état final**

La première chose à faire est de repérer lesquels, parmi les six paramètres décrivant les états initial et final (P_i, V_i, T_i, P_f, V_f, T_f) sont donnés, ou directement accessibles par l'énoncé. Une fois ceci fait, il faut écrire autant de relations qu'il n'y a d'inconnues. Généralement, on pourra compter au nombre de ces relations :

– la **conservation du nombre de moles** de gaz entre les deux états (pour un système fermé) :

$$n = \frac{P_i V_i}{T_i} = \frac{P_f V_f}{T_f}$$

– l'expression du **premier principe** ;

– la **condition d'équilibre mécanique** pour les exercices mettant en jeu un piston.

Dans le cas où l'on est en présence d'un mouvement d'un piston dans un cylindre vertical, un schéma représentant l'ensemble des forces s'exerçant sur le piston est souhaitable.

La transformation étant non quasi statique, on va déterminer le travail échangé sur la transformation en intégrant le travail élémentaire exprimé sous la forme :

$$\delta W = -P_{ext} dV$$

Une grossière erreur serait ici d'écrire $P_{ext} = P_0$. En effet, le terme P_{ext} représente en effet la pression, ou plus exactement l'**équivalent-pression totale** exercée sur le système gazeux. Puisque le système subit aussi le poids du piston et de la masse ajoutée, il faut rajouter le poids par unité de surface dans l'expression de P_{ext}, qui doit traduire la contrainte à l'origine de la transformation.

Déterminons les paramètres d'états du gaz à l'état initial puis final. La section du piston étant connue, ainsi que les hauteurs respectives qu'occupent le gaz dans les deux états, on a directement accès aux volumes :

$$V_i = Sh_i = 25,0 \times 80,0 = 2,00.10^3 \text{ cm}^{-3} = \underline{2,00 \text{ L}}$$

$$V_f = Sh_f = S\frac{h_i}{2} = \frac{V_i}{2} = \underline{1,00 \text{ L}}$$

Il nous reste donc trois inconnues à déterminer : les pressions dans chacun des états ainsi que la valeur de la masse M que l'on a ajoutée.

Le piston est initialement soumis à : son poids, la force de pression due à l'air extérieur et la force de pression due au gaz parfait enfermé dans le piston. Dans l'état final, il subit en plus le poids de la masse M que l'on a rajoutée.

La situation se schématise alors comme suit :

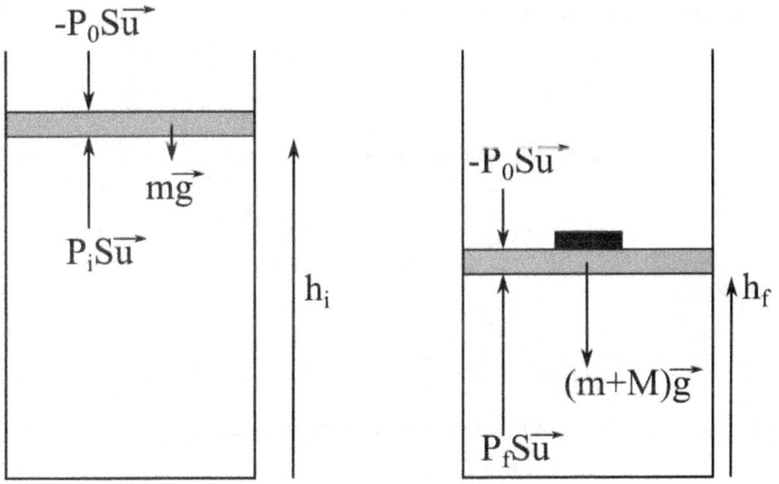

Les conditions d'équilibre mécanique (autrement dit nullité de la somme des projections des forces sur un axe vertical) dans chacun des deux états mènent aux relations suivantes :

$$P_0S + mg = P_iS \qquad (1)$$

$$P_0S + (m+M)g = P_fS \qquad (2)$$

Pour le calcul du travail qui va suivre, nous prendrons donc, d'après ce qui précède, $P_{ext} = P_0 + \frac{(m+M)g}{S}$.

La conservation de la matière entre les états initial et final mène à :

$$\frac{P_i V_i}{T_i} = \frac{P_f V_f}{T_f} \qquad (3)$$

Cette dernière équation introduit deux inconnues supplémentaires ! On va donc essayer de lui en substituer une autre, ne présentant pas cet inconvénient...
Le premier principe, appliqué à cette transformation adiabatique mène à : $\Delta U = W$. Le calcul de ΔU ne dépend pas du chemin suivi, on a donc, pour un gaz parfait monoatomique :

$$\Delta U = \frac{3}{2} R (T_f - T_i) = \frac{3}{2} (P_f V_f - P_i V_i)$$

en tenant compte de l'équation d'état du gaz parfait.
Par ailleurs, l'évolution n'étant pas quasi statique et le système étant soumis à une pression extérieure constante, on a :

$$W = -P_{ext}(V_f - V_i) = -\left(P_0 + \frac{(m+M)g}{S}\right)(V_f - V_i)$$

On aboutit donc à la relation suivante :

$$\frac{3}{2}(P_f V_f - P_i V_i) = -\left(P_0 + \frac{(m+M)g}{S}\right)(V_f - V_i)$$

Soit encore :

$$\frac{3}{2}(P_f V_f - P_i V_i) = -P_f (V_f - V_i) \quad (3bis)$$

Les équations (1) et (3*bis*) donnent immédiatement :

$$P_i = P_0 + \frac{mg}{S}$$

D'où l'application numérique :

$$P_i = 1,00.10^5 + \frac{1,00 \times 10,0}{25,0.10^{-4}} = \underline{1,04.10^5 \text{ Pa}}$$

soit encore 1,04 bar.
Nous avons alors :

$$3P_f V_f - 3P_i V_i = 2P_f (V_i - V_f) \quad \Leftrightarrow \quad 3(P_f V_f - P_i V_i) = -2P_f V_f + 2P_f V_i$$

Nous trouvons donc finalement :

$$P_f = 3\frac{P_iV_i}{5V_f - 2V_i}$$

et après application numérique :

$$P_f = \frac{3 \times 1,04 \times 2,00}{5,00 - 4,00} = \underline{6,24 \text{ bar}}$$

La relation (2) permet enfin d'en déduire la masse M :

$$M = \frac{S}{g}(P_f - P_0) - m$$

soit finalement une valeur :

$$M = \frac{25.10^{-4}}{10,0}(6,24 - 1,00).10^5 - 1,00 = \underline{130 \text{ kg}}$$

• **Bilans énergétique et entropique**

On procède comme aux exercices précédents, l'idée étant simplement de faire apparaître des expressions qui ne mettent pas en jeu les températures, puisqu'on ne les a pas calculées.

On pourrait tout à fait calculer les températures, puis utiliser les expressions les mettant en jeu, mais il sera plus **rapide** en concours d'éviter d'avoir à faire des calculs numériques supplémentaires.

La variation d'énergie interne s'écrit, comme on l'a déjà vu :

$$\begin{aligned}\Delta U &= \tfrac{3}{2}(P_fV_f - P_iV_i) \\ &= \tfrac{3}{2} \times [(6,24 \times 1,00) - (1,04 \times 2,00)] \times 100 \\ &= \underline{624 \text{ J}}\end{aligned}$$

valeur égale à W puisque $Q = 0$.

On peut ainsi vérifier le résultat précédent en calculant $W = -P_f(V_f - V_i) = -6,24.10^5(1,00 - 2,00).10^{-3} = 624$ J.

Pour ce qui est du calcul de la variation d'entropie, on part de l'expression de l'identité thermodynamique du gaz parfait en variables $(P,\ V)$:

$$dS = \frac{3R}{2}\frac{dP}{P} + \frac{5R}{2}\frac{dV}{V}$$

qui s'intègre entre les états (P_i, V_i) et (P_f, V_f), selon :

$$\begin{aligned}\Delta S &= \tfrac{3R}{2}\ln\left(\tfrac{P_f}{P_i}\right) + \tfrac{5R}{2}\ln\left(\tfrac{V_f}{V_i}\right)\\ &= \tfrac{3\times 8{,}314}{2}\ln\left(\tfrac{6{,}24}{1{,}04}\right) + \tfrac{5\times 8{,}314}{2}\ln\left(\tfrac{1{,}00}{2{,}00}\right)\\ &= \underline{7{,}94\ \text{J.K}^{-1}}\end{aligned}$$

On a bien sûr $S^e = 0$, puisque le système est isolé thermiquement et donc $S^c = \Delta S$.

L'entropie créée étant strictement positive, cela nous confirme que le système a évolué irréversiblement.

Exercice 18.7 : Cycle triangulaire

Une mole d'un gaz parfait diatomique décrit le cycle suivant :
- (AB) : détente isobare à $P_A = 1,00$ bar faisant passer le volume de 10,0 à 20,0 L.
- (BC) : compression isochore à V_B qui triple la pression.
- (CA) : retour en A par une transformation représentée par une droite dans le diagramme de Clapeyron.

Déterminer les valeurs de la pression, du volume et de la température en A, B et C. Déterminer le travail échangé par le gaz au cours de ce cycle. On proposera deux méthodes.
On donne $R = 8,314$ SI

• **Analyse de l'énoncé**

Il s'agit ici de l'étude d'un gaz parfait suivant un **cycle de transformations**. Une évolution cyclique a cela de particulier que l'état initial et l'état final sont identiques. En conséquence, les variations des fonctions d'état, fonction ne dépendant que des états initial et final et non pas du chemin pris pour passer de l'un à l'autre, sont nulles sur une transformation cyclique :

$$\Delta U_{cycle} = 0 \quad ; \ \Delta H_{cycle} = 0 \quad ; \ \Delta S_{cycle} = 0$$

en particulier, cela permet d'écrire que le travail total échangé sur un cycle est égal à l'opposé du transfert total échangé sur le cycle, et que l'entropie échangée sur le cycle est égale à l'opposé de l'entropie créée.

On représente l'ensemble des transformations formant le cycle dans un **diagramme de Clapeyron** par une **courbe fermée orientée.** Le sens de parcours du cycle nous indique directement sa nature :

- un cycle parcouru en **sens horaire** est **moteur** : le **travail total échangé** W sur le cycle est **négatif**, le transfert thermique total échangé $Q = -W$ est positif.
- un cycle parcouru en **sens trigonométrique** est **récepteur** : le **travail total échangé** W sur le cycle est **positif**, le transfert thermique total échangé $Q = -W$ est négatif.

Le cycle décrit est représenté comme suit en diagramme de Clapeyron :

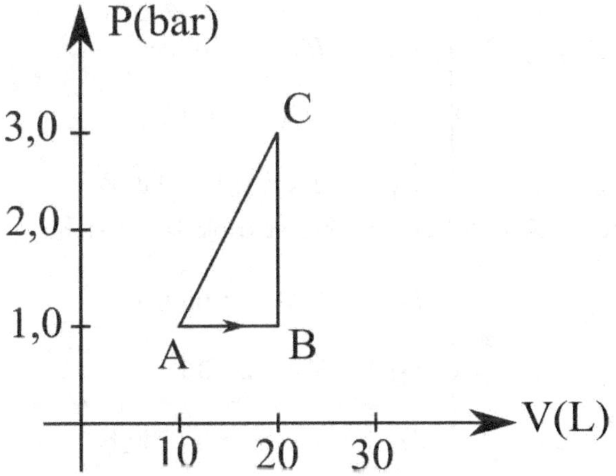

Il est décrit en sens trigonométrique, c'est un cycle récepteur.

• **Détermination des paramètres d'états aux points remarquables**

Généralement, dans ce genre d'exercice, on nous donne les valeurs des paramètres (ou bien de deux paramètres sur trois) en chaque point, ainsi que la nature des différentes transformations. Il ne suffit alors plus qu'à appliquer :

- l'équation d'état du gaz parfait ;
- les définitions des différentes transformations "iso-paramètre" ;
- la loi de Laplace, si on est en présence d'une adiabatique réversible (avec le coefficient γ constant).

> Lorsque vous appliquez l'équation d'état du gaz parfait, pensez bien à revenir aux unités SI : le **pascal** pour la pression, le **mètre cube** pour le volume et le **kelvin** pour la température.

Pour **simplifier la détermination des paramètres** aux différents points, on essaie de rapporter leurs valeurs respectives à celles en un point précis, où elles sont données par l'énoncé.

L'énoncé précise les valeurs du volume et de la pression en A ; on peut alors en déduire celle de la température grâce à l'équation d'état du gaz parfait :

$$\begin{cases} P_A & = 1,00 \text{ bar} \\ V_A & = 10,0 \text{ L} \\ T_A & = \frac{1,00.10^5 \times 1,00.10^{-2}}{1,0 \times 8,314} = \underline{120 \text{ K}} \end{cases}$$

La transformation AB est isobare et double le volume :

$$\begin{cases} P_B & = P_A = 1,00 \text{ bar} \\ V_A & = 2V_A = 20,0 \text{ L} \\ T_A & = 2 \times \frac{P_A V_A}{nR} = \underline{240 \text{ K}} \end{cases}$$

La transformation BC est isochore et triple la pression :

$$\begin{cases} P_C & = 3P_B = 3,00 \text{ bar} \\ V_C & = V_B = 20,0 \text{ L} \\ T_C & = 3 \times \frac{P_B V_B}{nR} = \underline{720 \text{ K}} \end{cases}$$

• **Méthode graphique de détermination du travail échangé sur le cycle**

La détermination graphique du travail total échangé sur un cycle est basée sur l'interprétation graphique de l'intégrale qui consiste à dire que l'aire sous la courbe représentative de la fonction $f(x)$ entre les droites verticales d'équations $x = x_A$ et $x = x_B$ est égale à $\int_{x_A}^{x_B} f(x)dx$. Appliquée à un cycle et en tenant compte du signe du travail total échangé, on arrive aux résultats suivants :

- le travail total échangé sur un cycle est **égal en valeur absolue** à la valeur de **l'aire du cycle** ;
- on affecte un signe "−" au travail échangé sur un cycle moteur, un signe "+" pour celui sur un cycle récepteur.

Lorsqu'elle est applicable, cette méthode simplifie grandement les calculs puisqu'elle remplace l'intégration de δW sur chacune des transformations du cycle, et la somme des résultats, en un simple calcul d'aire. Malheureusement elle ne peut s'appliquer que si le cycle a une **forme géométrique simple** : carré, rectangle, triangle, trapèze... Si le cycle comporte une transformation dont la représentation n'est pas une droite (isothermes et adiabatiques réversibles notamment), on ne peut plus la mettre en œuvre.

Le cycle est récepteur. Le travail total échangé sur ce cycle est donc égal en valeur absolue à l'aire à l'intérieur de sa représentation en diagramme de Clapeyron, c'est-à-dire à l'aire du triangle ABC rectangle en B. On a donc :

$$W = \frac{AB \times BC}{2} = \frac{(20,0 - 10,0).10^{-3} \times (3,00 - 1,00).10^{5}}{2} = \underline{1,00 \text{ kJ}}$$

• **Méthode analytique de détermination du travail échangé sur le cycle**

La seconde méthode de détermination du travail total échangé sur un cycle, et la seule applicable si la forme géométrique du cycle en diagramme de Clapeyron n'est pas simple, est de sommer les travaux échangés sur chacune des transformations constituant le cycle. Le travail échangé sur une transformation se calcule en revenant à la définition du travail échangé et en tenant compte de la nature de la transformation :

$$W = -\int_{initial}^{final} P(V)dV$$

celle-ci étant au moins quasi statique puisque P et V sont constamment définis.
Il arrive, comme c'est le cas ici, qu'une des transformations soit décrite par une courbe ne correspondant à aucune transformation particulière connue. On détermine alors l'expression $P(V)$ par détermination graphique de l'équation de la courbe et on l'intègre comme indiqué précédemment.

Retrouvons le résultat précédent par une méthode analytique :

$$W = W_{AB} + W_{BC} + W_{CA}$$

AB étant une isobare :

$$W_{AB} = -P_A(V_B - V_A) = -1,00.10^5 \times (20,0 - 10,0).10^{-3} = \underline{-1,00 \text{ kJ}}$$

BC étant une isochore :

$$W_{BC} = 0$$

Pour ce qui est de CA, on ne connaît pas la nature exacte de la transformation, mais on sait qu'elle est décrite par une droite dans le diagramme de Clapeyron ; déterminons donc l'équation de cette droite. Elle est de la forme $P(V) = aV + b$ et passe par les points A et C :

$$P(V) = 2,00.10^7 V - 1,00.10^5$$

On n'a plus qu'à intégrer cette expression pour obtenir le travail sur CA :

$$W_{CA} = \int_{20,0.10^{-3}}^{10,0.10^{-3}} (2,00.10^7 V - 1,00.10^5)dV = \underline{2,00 \text{ kJ}}$$

En sommant tous ces résultats, on retrouve bien $W = \underline{1,00 \text{ kJ}}$.

Exercice 18.8 : Contact thermique

Un solide de masse $m = 1,0$ kg, de capacité thermique massique $c = 10$ J.kg^{-1}.K^{-1} se trouve initialement à la température $T_1(0) = 273$ K. On le place dans une grande quantité d'eau à la température $T_2 = 373$ K. Quelle est la température d'équilibre du solide ? Déterminer la variation d'entropie de l'univers (eau + solide) lors de cette transformation. Montrer que découper le processus en une infinité de petits processus au cours desquels on élève la température du solide de T à $T + \Delta T$ par contacts successifs avec une infinité de thermostats de températures infiniment proches les unes des autres peut rendre le processus global réversible à la limite.

• Analyse de l'énoncé

Un exercice de **contact thermique** met toujours en jeu un système condensé (solide le plus souvent) mis en contact :

- soit avec un autre système condensé de taille comparable, qui joue le rôle de source de chaleur de température variable avec laquelle il échange réversiblement un transfert thermique ;
- soit avec un **thermostat** c'est-à-dire une source réversible de chaleur à température constante.

Dans tous les cas, le système constitué par le solide et la source de chaleur constitue un grand système **isolé** que l'on nomme l'**univers**. Les corps mis en jeu sont considérés comme incompressibles, on écrira pour le solide de capacité calorifique $C(T)$ en contact thermique :

$$\begin{cases} dU &= C(T)dT \\ dS &= \frac{C(T)dT}{T} \end{cases}$$

Comme on l'a déjà vu dans un précédent exercice, on va devoir être très précis dans les notations relatives aux températures. En effet, deux systèmes évoluent généralement thermiquement en parallèle : le solide étudié et la source (de température variable). Il faut donc introduire deux fonctions : $T_{solide}(T)$ et $T_{source}(T)$, différentes jusqu'à l'équilibre thermique.

• Étude de l'état d'équilibre thermique

La première chose à faire est de déterminer la **température d'équilibre** du système isolé {solide + source }. Cette dernière se détermine toujours en appliquant la **conservation de l'énergie interne du système global isolé** (ce qui revient formellement à écrire un bilan énergétique comme en calorimétrie).

$$C_{solide}dT_{solide} + C_{source}dT_{source} = 0$$

L'intégration de cette relation entre l'état initial et l'état d'équilibre thermique fournit une relation faisant intervenir T_{eq} qui est commune aux deux systèmes. On peut ainsi la déterminer.

Dans le cas particulier d'un système en contact thermique avec un **thermostat**, la température d'équilibre est égale à celle du thermostat. On n'a donc pas de bilan calorimétrique à établir.

Il faut bien avoir conscience de ce qu'est un thermostat. Il s'agit d'une source de chaleur suffisamment grande et/ou de capacité thermique suffisamment faible par rapport au système pour qu'elle puisse échanger de la chaleur avec lui sans subir de variation sensible de sa propre température. On a donc bien $T_{thermostat} = cte$, mais $\delta Q_{thermostat} \neq 0$. De manière générale, pour toutes les sources réversibles de chaleur que l'on rencontrera, on peut écrire :

$$\delta Q_{source} = -\delta Q_{solide}$$

Le solide étudié est en contact thermique avec un thermostat. Sa température évolue donc jusqu'à être égale à celle du thermostat.

Les échanges énergétiques se font uniquement sous forme de transfert thermique dans ce type d'exercices. l'énergie interne étant par ailleurs conservée, s'il est demandé de calculer les variations d'énergie interne du système et de la source de chaleur, on utilise d'une part :

$$\delta Q_{source} = -\delta Q_{solide}$$

et d'autre part :

$$dU_{solide} = \delta Q_{solide} = C_{solide} dT_{solide}$$

Pour réaliser le **bilan entropique du transfert thermique**, on utilise la propriété d'additivité de l'entropie :

$$\Delta S_{solide+thermostat} = \Delta S_{solide} + \Delta S_{thermostat}$$

Avec :

$$\Delta S_{solide} = \int_{T_{solide}(0)}^{T_{eq}} \frac{C_{solide} dT_{solide}}{T_{solide}} dT_{solide}$$

$$\Delta S_{thermostat} = \int \frac{\delta Q_{thermostat}}{T_{thermostat}} = -\int_{T_{solide}(0)}^{T_{eq}} \frac{C_{solide} dT_{solide}}{T_{thermostat}} dT_{solide}$$

car $\delta Q_{thermostat} = -\delta Q_{solide}$.
Dans le cas de deux solides en contact thermique, les deux variations d'entropie de chacun des deux solides (le système et la source de température variable) se calculent de manière analogue.
La conclusion du bilan entropique sera toujours la suivante : on se doit de trouver $\Delta S_{solide+source} > 0$, puisque l'ensemble forme un système isolé. Cette quantité représente en fait l'**entropie créée par le contact thermique**. En effet, en réécrivant le bilan entropique :

$$\Delta S_{solide} = -\Delta S_{thermostat} + \Delta S_{solide+thermostat} = S^{éch} + S^{créée}$$

l'identification terme à terme est évidente.

On a :

$$\Delta S_{univers} = \Delta S_{solide} + \Delta S_{thermostat}$$

par extensivité de l'entropie.

$$\Delta S_{solide} = mC \int_{273}^{373} \frac{dT}{T}$$

en notant T la température courante du solide. Numériquement, on obtient :

$$\Delta S_{solide} = mC \ln\left(\frac{373}{273}\right) = \underline{3{,}1 \text{ J.K}^{-1}}$$

$$\Delta S_{thermostat} = \int \frac{\delta Q_{thermostat}}{373} = -\frac{1}{373}\int_{273}^{373} mC dT = -mC\frac{373-273}{373}$$

Numériquement, on obtient : $\Delta S_{thermostat} = \underline{-2{,}7 \text{ J.K}^{-1}}$.
Globalement, on obtient :

$$\Delta S_{univers} = \Delta S_{solide} + \Delta S_{thermostat} = \underline{+0{,}4 \text{ J.K}^{-1}}$$

l'univers isolé a donc évolué irréversiblement.

• **Étude de la réversibilité à la limite**

Dans le cas d'une irréversibilité due à un échange thermique, on peut rendre la transformation **réversible à la limite** en multipliant les étapes intermédiaires, c'est-à-dire en mettant successivement le système en contact avec des thermostats de températures très proches les unes des autres. On sera parvenu à rendre la transformation réversible à la limite si l'on peut montrer que la variation de l'entropie de l'univers sur une étape tend vers zéro. Pour ce faire, on établit l'expression de la variation d'entropie de l'univers sur une étape qui fait passer la température du solide de T à $T + \Delta T$ et on étudie sa limite pour ΔT tendant vers zéro.

Découpons le processus en une infinité de petits processus au cours desquels on élève la température du solide de T à $T + \Delta T$; T désigne donc la température initiale du solide sur une étape et $T + \Delta T$ sa température finale, c'est-à-dire également celle du thermostat. Par analogie avec ce que nous avons écrit précédemment, pour une étape :

$$\Delta S_{univers} = mc \left[\ln\left(\frac{T + \Delta T}{T}\right) - \frac{\Delta T}{T + \Delta T} \right]$$

Soit encore :

$$\Delta S_{univers} = mc \left[\ln\left(1 + \frac{\Delta T}{T}\right) - \frac{\frac{\Delta T}{T}}{1 + \frac{\Delta T}{T}} \right]$$

On va alors effectuer en développement limité en l'infiniment petit $\frac{\Delta T}{T}$ de l'expression précédente.

On peut se demander à quel ordre effectuer le développement limité, puisque l'énoncé ne le précise pas. Il faut mener ce DL jusqu'au premier ordre non nul. Généralement, en physique, un ordre un un suffit. Dans ce type d'exercices, c'est à l'ordre deux qu'il faut pousser le DL. On utilise, en les redémontrant au besoin à l'aide de la formule de Taylor, les expressions de DL de l'infiniment petit ε des fonctions usuelles suivantes :

$$\ln(1 + \varepsilon) \simeq \varepsilon - \frac{\varepsilon^2}{2}$$

$$\frac{1}{1 + \varepsilon} \simeq 1 - \varepsilon + \varepsilon^2$$

On obtient, à l'ordre deux en $\frac{\Delta T}{T}$:

$$\Delta S_{univers} = mc \left[\frac{\Delta T}{T} - \frac{1}{2}\left(\frac{\Delta T}{T}\right)^2 - \frac{\Delta T}{T} + \left(\frac{\Delta T}{T}\right)^2 \right] = \frac{1}{2}\left(\frac{\Delta T}{T}\right)^2$$

La limite de cette grandeur étant bien nulle lorsque ΔT tend vers zéro, ce phénomène peut être considéré comme réversible à la limite.

CHAPITRE

19

Machines thermiques et changements d'états

Exercice 19.1 : Chauffage d'un immeuble

Pour maintenir la température d'un immeuble à la température $T_C = 20,0\ ^\circ\mathrm{C}$ alors que la température extérieure est $T_F = 5,0\ ^\circ\mathrm{C}$, il faut lui fournir une puissance thermique $P_0 = 200$ MW par heure. On utilise pour cela une pompe à chaleur. Déterminer la puissance minimale nécessaire à la pompe à chaleur pour maintenir l'immeuble à la température T_C pendant une heure. Définir et calculer l'efficacité e de la pompe à chaleur dans ces conditions. La température T_C étant supposée fixée, pour quelle valeur de T_F e est-elle maximale ? Commenter.

• **Analyse de l'énoncé**

Cet exercice étudie le fonctionnement et l'optimisation d'une **machine thermique ditherme** constituée par une **pompe à chaleur**. Il existe deux types de machines thermiques :

- les **moteurs thermiques** ;
- les **machines frigorifiques**. Cette catégorie regroupe les **pompes à chaleur** d'une part et les **réfrigérateurs** et **climatiseurs** d'autre part.

Pour bien comprendre le fonctionnement d'une machine thermique, il est utile de représenter son **schéma synoptique** qui précise, en les comptant par rapport au système constitué par le fluide décrivant le cycle de la machine, les signes des différentes grandeurs énergétiques mises en jeu. Il faut en effet bien avoir réalisé que le système n'est pas, par exemple ici, l'air de l'immeuble que l'on veut réchauffer, mais bien l'agent thermique (souvent un gaz parfait) parcourant le cycle de la pompe à chaleur.

Le schéma synoptique de la pompe à chaleur (ci-après notée PAC) étudiée est le suivant :

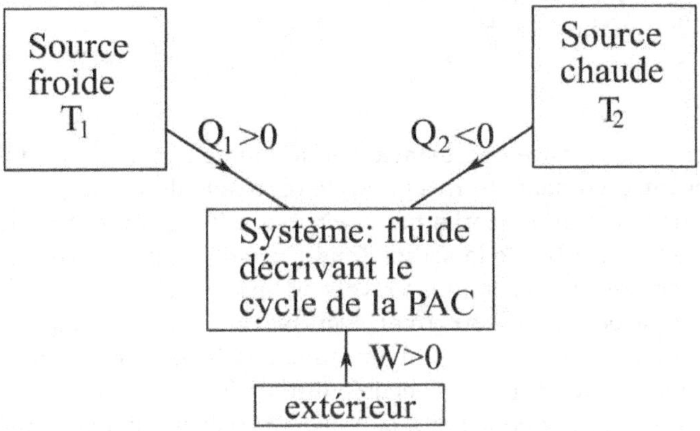

En effet, la PAC sert à "refroidir" (prendre de la chaleur à la source froide) et à la rejeter dans la source chaude, qu'elle "réchauffe" donc, moyennant un paiement énergétique W issu du milieu extérieur.

• Application des principes de la thermodynamique à la pompe à chaleur

On étudiera une machine thermique cyclique en appliquant, comme dans tout exercice de thermodynamique, les deux principes au système, c'est-à-dire à l'agent thermique. Tout d'abord on peut remarquer que la machine fonctionnant sur une transformation cyclique, ΔU comme ΔS sont nuls sur un cycle. Le premier principe appliqué à une machine thermique ditherme s'écrit donc :

$$W + Q_F + Q_C = 0$$

le passage de l'écriture microscopique à l'écriture macroscopique se faisant directement.

Pour ce qui est du second principe, on va le réécrire sous une forme un peu différente de la forme habituelle et appelée **inégalité de Carnot-Clausius** ; en effet, ΔS étant nul, on a alors $S^{éch} = -S^{créée} \leq 0$. On écrit alors :

$$\frac{\delta Q_F}{T_F} + \frac{\delta Q_C}{T_C} \leq 0$$

- l'égalité correspond à un cycle **réversible**, qui mènera à l'efficacité maximale, donc à une consommation minimale de la machine ;
- l'inégalité stricte correspond à l'existence d'une source d'irréversibilité.

Notons que ceci permet de distinguer une transformation cyclique réversible d'une irréversible. Dans les deux cas $\Delta S = 0$, mais :
- pour un cycle réversible, $S^{ech} = -S^{créée} = 0$
- pour un cycle irréversible, $S^{ech} = -S^{créée} < 0$

Pour que la puissance consommée par la pompe à chaleur soit minimale, il faut que l'agent thermique décrive un cycle réversible de Carnot, c'est-à-dire :
- une transformation isotherme réversible à T_F durant laquelle l'agent thermique reçoit $|Q_F|$ de la source froide constituée par l'extérieur ;
- une compression adiabatique réversible jusqu'à T_C ;
- une transformation isotherme réversible à T_C durant laquelle l'agent thermique fournit $|Q_C|$ à la source chaude constituée par l'air de l'immeuble ;
- une détente adiabatique réversible jusqu'à T_F.

Appliquons les deux principes à la pompe à chaleur qui fonctionne pendant Δt :

$$P\Delta t + Q_F + Q_C = 0$$

On en déduit :

$$P = -\frac{Q_F}{\Delta t} - \frac{Q_C}{\Delta t}$$

Les deux sources étant des thermostats, l'inégalité de Carnot-Clausius s'intègre en :

$$\frac{Q_F}{T_F} + \frac{Q_C}{T_C} \leq 0 \quad \Leftrightarrow \quad Q_F \leq -\frac{T_F}{T_C} Q_C$$

Il vient alors :

$$P \geq \frac{T_F}{T_C}\frac{Q_C}{\Delta t} - \frac{Q_C}{\Delta t}$$

En notant alors $P_0 = -\frac{Q_C}{\Delta t}$ la puissance thermique échangée par la source chaude (l'immeuble, donc) avec l'agent thermique, on a alors :

$$P \geq P_0 \left(1 - \frac{T_F}{T_C}\right)$$

La puissance minimale est donc consommée pour un cycle réversible correspondant à l'égalité et vaut, pour une heure :

$$P_{min} = 2,00.10^8 \times \left(1 - \frac{278}{293}\right) = \underline{1,07.10^7 \text{ W}}$$

• **Optimisation de l'efficacité de la pompe à chaleur**

On définit l'**efficacité** d'une machine frigorifique par le rapport du transfert thermique que l'on veut optimiser, sur le travail consommé par la machine.

- pour une **pompe à chaleur**, on veut chauffer l'intérieur d'un bâtiment, donc maximiser $-Q_{chaud}$;
- pour un **réfrigérateur** ou un **climatiseur**, on veut encore plus refroidir un local déjà froid, donc maximiser Q_{froid}.

> ⚠ Bien qu'ayant exactement le même schéma synoptique, une pompe à chaleur et un réfrigérateur (ou un climatiseur) n'ont pas la même expression pour leur efficacité.

Notez enfin qu'une efficacité n'est pas un rendement, en ce sens qu'elle est toujours supérieure ou égale à un.

L'efficacité de la pompe à chaleur s'écrit :

$$e = \frac{-Q_C}{W} = \frac{-Q_C}{-(Q_C + Q_F)} = \frac{1}{1 + \frac{Q_F}{Q_C}} = \frac{1}{1 - \frac{T_F}{T_C}} = \underline{19,5}$$

Cette valeur correspond à la meilleure efficacité que l'on peut obtenir, pour le jeu de températures des sources chaude et froide considérées, puisqu'elle correspond à un fonctionnement réversible avec deux thermostats. En supposant à présent la seule température intérieure fixée, et le fonctionnement réversible, on voit que pour augmenter la valeur de l'efficacité, il faut faire tendre la température de l'extérieur vers celle de l'intérieur, ce qui réduit par ailleurs notablement l'utilité de la pompe à chaleur !

Ce dernier résultat est général : les machines frigorifiques fonctionnent d'autant mieux qu'elles sont inutiles, c'est-à-dire que les températures respectives des sources chaude et froide sont proches.

Exercice 19.2 : Moteur ditherme avec pseudo-sources

Un moteur thermique réversible fonctionne entre deux pseudo-sources de capacités calorifiques identiques, égales à $C = 4,0$ MJ.K^{-1}. Les températures initiales respectives de ces deux sources sont : $T_1(0) = 280$ K et $T_2(0) = 400$ K. Déterminer les températures respectives de ces deux sources lorsque le moteur cesse de fonctionner. Calculer le travail total fourni par le moteur jusqu'à son arrêt. Calculer le rendement du moteur. Comparer avec le rendement que l'on obtiendrait en maintenant constantes les températures des deux sources.

• **Analyse de l'énoncé**

On étudie ici un **moteur thermique**, qui constitue encore une **machine thermique**. On va donc, comme on l'a fait pour la pompe à chaleur de l'exercice précédent représenter son **schéma synoptique** et préciser la définition de son **rendement**, rapport de l'énergie gagnée, sur l'énergie dépensée.

> Pour les moteurs, on parle de rendement, grandeur comprise entre 0 et 1 et non plus d'efficacité. Certains ouvrages et sujets de concours utiliseront néanmoins le terme d'efficacité à la place de rendement dans un souci d'uniformité du traitement des machines thermiques. Il s'agit d'un abus de langage qui ne doit pas vous induire en erreur quant à la valeur que vous trouverez en le calculant.

La particularité de la machine thermique ici utilisée est qu'elle ne fonctionne pas entre deux thermostats, mais entre deux sources de chaleur de températures variables encore appelées **pseudo-sources**. De telles sources doivent être traitées, thermodynamiquement parlant comme des solides incompressibles de capacités thermiques données. La seule différence est que le système ici étudié est encore une fois l'agent thermique de la machine parcourant un cycle. Les transferts thermiques en provenance des pseudo-sources doivent donc être comptés par rapport à l'agent thermique, ce qui va induire des signes négatifs. En effet, une pseudo-source de capacité thermique C reçoit un transfert thermique élémentaire $\delta Q_{agent\ vers\ source} = +CdT_{source}$, donc pour l'exercice dans lequel l'agent est le système :

$$\delta Q_{source} = -\delta Q_{agent \to source} - CdT_{source}$$

La deuxième chose qui diffère ici par rapport au cas d'une machine fonctionnant entre deux thermostats est le fait que l'inégalité de Carnot-Clausius va devoir être écrite du point de vue microscopique, puis intégrée en tenant compte des expressions (là encore faisant apparaître un signe négatif) des entropies élémentaires échangées.

Le schéma synoptique du moteur étudié est le suivant :

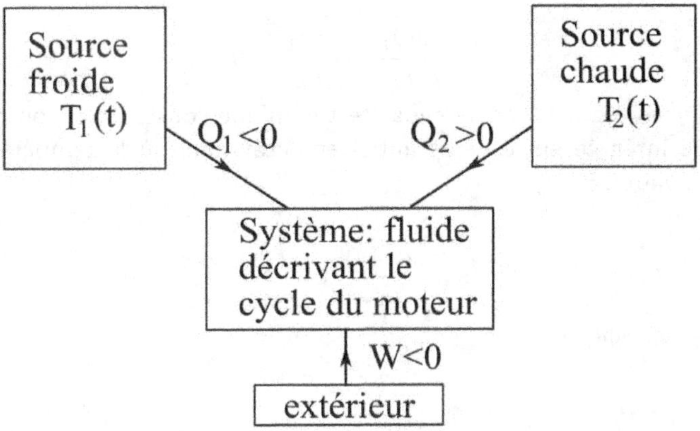

Le but du moteur est de fournir un maximum de travail à l'extérieur, c'est-à-dire d'optimiser $-W$. Pour fonctionner, on va brûler un carburant dans la source chaude, c'est donc Q_2 que l'on dépense pour le fonctionnement du moteur. On écrira donc :

$$r = -\frac{W}{Q_2}$$

• **Calcul de la température d'arrêt**

Le principe de fonctionnement d'un moteur entre deux pseudo-sources, est qu'il fournit du travail à l'extérieur tant que les deux pseudo-sources échangent du transfert thermique, autrement dit tant que leurs températures diffèrent. L'**état final sera donc l'état où les deux pseudo-sources sont à la même température** :

$$T_1(eq) = T_2(eq) = T_f$$

Pour déterminer cette température d'équilibre, on écrit le second principe, principe d'évolution, sous forme microscopique, et on l'intègre entre l'état initial défini par les températures initiales différentes des deux sources, et l'état final de température commune.

Cette température est calculable du fait que le moteur est supposé réversible, ce qui permet de prendre l'inégalité de Carnot-Clausius dans sa situation limite d'égalité.

Le cycle fonctionnant réversiblement, l'entropie échangée est nulle et :

$$\frac{\delta Q_1}{T_1} + \frac{\delta Q_2}{T_2} = 0$$

Les sources ayant la même capacité thermique constante C, on réécrit ceci, de manière intégrée entre l'état initial et l'état final où la température des deux sources vaut T_f :

$$-C\int_{T_1(0)}^{T_f} \frac{dT_1}{T_1} - C\int_{T_2(0)}^{T_f} \frac{dT_2}{T_2} = 0$$

Soit, en simplifiant :

$$\ln\left(\frac{T_f}{T_1(0)}\right) + \ln\left(\frac{T_f}{T_2(0)}\right) = 0 \quad \Leftrightarrow \quad \ln\left(\frac{T_f^2}{T_1(0)T_2(0)}\right) = 0$$

D'où finalement :

$$T_f^2 = T_1(0)T_2(0) \quad \Leftrightarrow \quad T_f = \sqrt{T_1(0)T_2(0)} = \underline{335\ \text{K}}$$

• **Calcul du travail fourni et du rendement**

Pour déterminer le travail total fourni par le moteur au milieu extérieur, c'est-à-dire $-W$ avec la convention thermodynamique de signe. On utilise :

- d'une part le **premier principe appliqué à l'agent thermique** ;
- d'autre part la formule donnant le **transfert thermique échangé par un corps de capacité C.**

Une fois le travail et les transferts thermiques calculés, une simple division mène au rendement.

Le premier principe appliqué à l'agent thermique s'écrit :

$$W + Q_1 + Q_2 = 0$$

Pour déterminer $W = -Q_1 - Q_2$ calculons les transferts thermiques reçus par l'agent thermique de la part des deux pseudo-sources :

$$Q_1 = -\int_{T_1(0)}^{T_f} CdT_1 = -4,0.10^6 \times (335 - 280) = \underline{-2,2.10^8\ \text{J}}$$

$$Q_2 = -\int_{T_2(0)}^{T_f} CdT_2 = -4,0.10^6 \times (335 - 400) = \underline{+2,6.10^8\ \text{J}}$$

D'où :

$$W = (2,2 - 2,6).10^8 = \underline{-4,0.10^7\ \text{J}} \quad \Rightarrow \quad r = 100 \times \frac{4,0.10^7}{2,6.10^8} = \underline{15\ \%}$$

• **Comparaison avec le moteur de Carnot**

Le meilleur rendement (ou la meilleure efficacité) que l'on puisse tirer d'une machine thermique est celui de la machine fonctionnant sur le cycle de Carnot (cycle réversible fonctionnant entre deux thermostats, *cf.* exercice précédent). On aura toujours un rendement inférieur au rendement calculé par rapport au cycle de Carnot et appelé **rendement de Carnot**.

On n'aura bien évidemment pas la même expression pour le rendement de Carnot, d'un moteur, l'efficacité de Carnot d'une pompe à chaleur ou d'un réfrigérateur. On retrouve les expressions correspondantes en appliquant les deux principes et en supposant le cycle réversible et les températures des sources constantes. Pour le rendement de Carnot d'un moteur, on obtient :

$$r_C = -\frac{W}{Q_2} = -\frac{-(Q_1 + Q_2)}{Q_2} = 1 + \frac{Q_1}{Q_2} = 1 - \frac{T_1}{T_2}$$

Si les pseudo-sources avaient été des thermostats fonctionnant réversiblement à 280 et 400 K, le rendement aurait été le rendement de Carnot :

$$r_C = 1 - \frac{280}{400} = \underline{0,30}$$

soit donc 30 %. Ce rendement est le meilleur que l'on puisse obtenir, il est donc logique que le moteur ici étudié ait un moins bon rendement.

Exercice 19.3 : Cycle Beau de Rochas

Le moteur à explosion est un moteur à combustion interne dont le fonctionnement est bien décrit par un cycle Beau de Rochas. Le fluide (mélange air-essence) décrivant le cycle est assimilé à un gaz parfait diatomique. Il subit les transformations suivantes :

- (AB) : compression isentropique de $V_1 = 9,0$ L à $V_2 = 1,0$ L jusqu'à l'explosion du mélange ;
- (BC) : augmentation isochore de la pression ;
- (CD) : détente isentropique de V_2 à V_1 des produits de la combustion ;
- (DA) : diminution isochore de la pression jusqu'au point A (échappement).

Déterminer en fonction de $\alpha = \frac{V_1}{V_2}$ le rendement du moteur.

• **Analyse de l'énoncé**

Il s'agit de l'étude d'un moteur thermique qui ne fonctionne pas entre deux thermostats, et dont on n'est pas assuré de réversibilité. Par contre, l'étude de ce moteur se

mène de manière tout à fait analogue à ce qui a été exposé dans les exercices précédents on va donc commencer par tracer l'**allure du cycle** que l'agent thermique décrit dans un diagramme de Clapeyron et déterminer, en fonction des transformations présentées, l'**expression du rendement** de ce moteur.
L'agent thermique ici considéré est assimilé à un gaz parfait diatomique : les valeurs numériques de ses capacités thermiques et donc de son coefficient γ issues de la théorie cinétique sont supposées connues.

Le cycle moteur décrit par le mélange { air-essence } assimilé à un gaz parfait diatomique, donc de coefficient $\gamma \simeq 1,4$ a l'allure suivante dans le diagramme de Clapeyron :

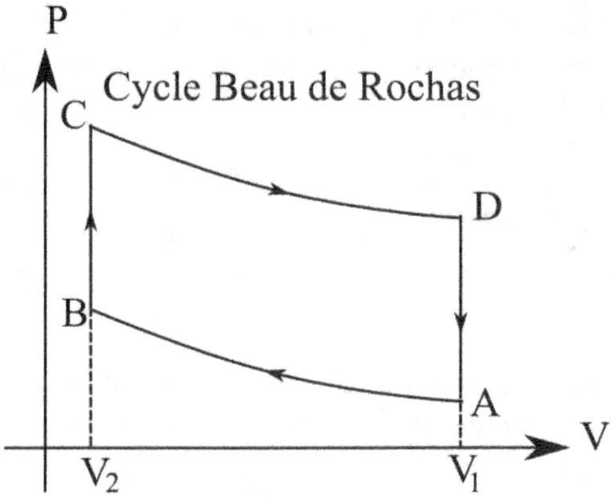

Le rendement du moteur se définit toujours par le rapport de l'énergie que l'on récupère, $-W$ pour un moteur, par celle que l'on dépense pour le faire fonctionner. Ici, seules deux transformations ont un transfert thermique non nul : BC et DA. L'énergie que l'on dépense pour faire fonctionner le moteur est celle qui échauffe l'agent thermique, on en déduit que le transfert thermique correspondant est Q_{BC}. En effet, lors d'une évolution isochore, $\frac{P}{T} = cte$ et une augmentation de pression implique alors une augmentation de température. On a donc :

$$r = \frac{-W}{Q_{BC}}$$

Il peut arriver que le cycle de la machine thermique mette en jeu plus que deux transformations s'accompagnant de transfert thermique. Il n'est alors pas exclu que le transfert thermique avec la source chaude consiste en une **somme des transferts thermiques de plusieurs transformations.**

• **Calcul du rendement**

Les grandeurs énergétiques nécessaires au calcul du rendement ayant été clairement identifiées, il ne reste plus qu'à les exprimer en fonction des données du problème en utilisant toutes les **lois et propriétés relatives au gaz parfait**. Notez au passage que, comme c'est le cas ici, lorsque les transformations vont de paire, il est souvent plus simple de traiter deux à deux les transformations de même nature.

Pour exprimer Q_{BC} et Q_{DA}, notons que ces deux transformations étant isochores, les transferts thermiques mentionnés sont égaux aux variations d'énergie interne sur les transformations correspondantes. Pa railleurs, le premier principe appliqué au cycle donne : $-W = Q_{BC} + Q_{DA}$. On a alors :

$$r = \frac{-W}{Q_{BC}} = \frac{Q_{BC} + Q_{DA}}{Q_{BC}} = 1 + \frac{Q_{DA}}{Q_{BC}} = 1 + \frac{C_V(T_A - T_D)}{C_V(T_C - T_B)} = 1 + \frac{(T_A - T_D)}{(T_C - T_B)}$$

Pour exprimer les températures en fonction du rapport α, appliquons la loi de Laplace sous sa forme $TV^{\gamma-1} = cte$ aux deux transformations isentropiques, en tenant compte des égalités de volume induites par les transformations isochores :

$$T_B V_2^{\gamma-1} = T_A V_1^{\gamma-1} \quad \text{et} \quad T_C V_2^{\gamma-1} = T_D V_1^{\gamma-1}$$

On en déduit :

$$\frac{T_B}{T_A} = \alpha^{\gamma-1} \quad \text{et} \quad \frac{T_C}{T_D} = \left(\frac{V_D}{V_C}\right)^{\gamma-1} = \alpha^{\gamma-1}$$

D'où :

$$\frac{T_B}{T_A} = \frac{T_C}{T_D} = \frac{T_C - T_B}{T_D - T_A} = \alpha^{\gamma-1}$$

On en déduit alors :

$$r = 1 - \alpha^{1-\gamma} = 1 - 9,0^{-0,4} = \underline{0,58}$$

soit, donc, 58 %.

Exercice 19.4 : Vaporisation de l'eau

Dans une enceinte initialement vide de volume fixe $V = 1,00$ L, placée dans un thermostat à la température $T_0 = 373$ K, on introduit une masse $m = 1,0$ g d'eau liquide à la température T_0. La pression de vapeur saturante à cette température est $P_0 = 1,0$ bar. On assimilera la vapeur d'eau à un gaz parfait.
On rappelle la chaleur latente de vaporisation de l'eau à la température T_0 : $L_v = 2250$ kJ.kg^{-1} et la masse volumique de l'eau liquide $\rho_e = 1,0$ g.mL^{-1}. Déterminer la composition de l'état final du système. Définir et calculer le degré d'irréversibilité de cette transformation.
On rappelle $R = 8,314$ SI, ainsi que la masse molaire de l'eau : $M_e = 18,0$ g.mol^{-1}.

• Analyse de l'énoncé

L'exercice étude une **transition de phase d'un corps pur** : la transition liquide-gaz. Cette dernière s'effectue essentiellement de deux façons :
- par compression ou détente isotherme d'un fluide ;
- par vaporisation dans le vide ou dans une atmosphère gazeuse.

Nous sommes ici en présence d'une **vaporisation dans le vide**. L'état final dépend de la quantité de liquide introduite et des paramètres de l'expérience :
- pour une faible quantité de liquide, la vaporisation est instantanée, l'état final est le corps pur sous forme gazeuse à $P < P_{sat}$. On parle alors de **vapeur sèche**, et on considère généralement qu'on peut lui appliquer l'équation d'état du gaz parfait.
- s'il y a suffisamment de liquide, la vaporisation n'est que partielle, elle s'arrête dès que la pression du gaz dans le récipient atteint P_{sat}. La détermination de la composition finale se fait à partir de la représentation de l'**isotherme d'Andrews** correspondante dans un diagramme de Clapeyron et du **théorème des moments**.

• Détermination de la composition de l'état final

La première chose à faire est de déterminer sur quelle portion de l'isotherme d'Andrews se trouve le point M représentatif du système se trouve à l'équilibre. Deux méthodes sont possibles :
- On calcule la pression qui existerait dans le récipient de volume fixé si la masse m d'eau liquide passe entièrement à l'état gazeux, et on vérifie si cela est compatible avec la valeur de la pression de vapeur saturante à cette température. En effet, la pression de vapeur saturante est la plus grande valeur de pression sous laquelle le corps pur à l'état gazeux peut exister à T_0.
- On détermine les valeurs du volume massique aux points extrêmes A et B du palier de changement d'état et on regarde où se situe le volume massique v du point M étudié.

L'isotherme d'Andrews étudiée a l'allure suivante dans le diagramme de Clapeyron massique :

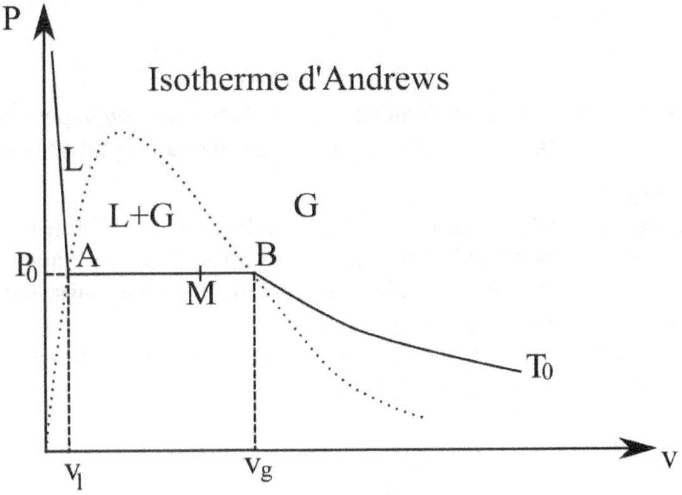

En rapportant les grandeurs massiques à 1,0 g, on calcule les valeurs limites v_l et v_g du palier AB :

$$v_l = \frac{1}{\rho_e} = \underline{1,0.10^{-3}\ \text{L.g}^{-1}}$$

$$v_g = \frac{V_g}{m} = \frac{V_g}{n \times M} = \frac{nRT_0}{n \times MP_0} = \frac{RT_0}{MP_0} = \underline{1,7\ \text{L.g}^{-1}}$$

puisque le point B est le point où tout le corps est gazeux sous P_0 à T_0.
Le volume du récipient étant fixe, le point M du système a un volume massique $v = 1,0$ L.g^{-1}, compris entre v_l et v_g. L'état final du système est donc un équilibre liquide-gaz.

Si on fait l'hypothèse que tout le liquide a été vaporisé, on en déduit qu'il règne en fin de vaporisation dans l'enceinte de volume 1,0 L une pression $\frac{1,0 \times 8,314 \times 373}{18 \times 1,0.10^{-3}} = 1,7$ bar. Cette dernière valeur étant supérieure à la valeur de la pression de vapeur saturante à la température de l'expérience, on en déduit que l'hypothèse est fausse. La première méthode est tout de même plus appropriée, car les valeurs numériques de v_l et v_g sont nécessaires à l'application du théorème des moments qui nous permet de trouver la composition de l'état final.

Pour déterminer la composition finale du système à l'équilibre, appliquons le théorème des moments, en notant x la fraction massique en vapeur :

$$x = \frac{AM}{AB} = \frac{v - v_l}{v_g - v_l} \simeq \frac{v}{v_g} = \underline{0,6}$$

puisque $v_l \ll v$ et v_g. À l'équilibre, on a donc 60 % de vapeur d'eau, soir 0,6 g d'eau à l'état gazeux et $1,0 - 0,6 = 0,4$ g d'eau à l'état liquide.

• **Étude entropique**

Le **degré d'irréversibilité d'une transformation** peut se définir comme le rapport de l'entropie créée sur la transformation, par la variation d'entropie de cette transformation. Pour le calculer, on va donc faire un **bilan entropique du changement d'état**. Comme pour tout bilan entropique :

– on calcule la variation d'entropie en choisissant le chemin qui nous arrange, puisque S est une fonction d'état. En pratique :

$$\Delta S = m\frac{L_{1\to 2}}{T_0}$$

– on calcule l'entropie échangée en utilisant la relation :

$$S^{ech} = \int \frac{\delta Q}{T}$$

– on en déduit, par différence de ces deux valeurs (c'est-à-dire par application du second principe) l'entropie créée.

Si la transition de phase a eu lieu de manière réversible, alors, par définition de la chaleur latente (chaleur nécessaire pour réaliser de manière réversible la transition de phase de l'unité de masse à une pression et une température constante), on a bien $\Delta S = S^{ech}$ et donc $S^c = 0$.

On est en présence de la vaporisation d'une masse $m_v = xm$ de corps qui a subi une vaporisation ; la variation d'entropie du système lors de cette transformation est donc égale à :

$$\Delta S = xm\frac{L_v}{T_0} = \frac{60}{100} \times 1,0 \times \frac{2250}{373} = \underline{3,62 \text{ J.K}^{-1}}$$

La transformation étant isochore, et isotherme :

$$S^{ech} = \frac{\Delta U}{T_0}$$

Pour évaluer ΔU sur la transformation, on imagine un chemin réversible qui fait passer les xm g d'eau de l'état liquide à l'état vapeur. On a alors une évolution réversible isobare et, en tenant compte de ce que $v_l \ll v$:

$$\begin{aligned}\Delta U = Q + W &= xmL_v - P_0(v - v_l) \\ &\simeq xmL_v - P_0 v \\ &= \tfrac{60}{100} \times 1,0 \times 2250 - 1,0.10^5 \times 1,0.10^{-2} = \underline{1250 \text{ J}}\end{aligned}$$

On en déduit :

$$S^{ech} = \frac{1250}{373} = \underline{3,35 \text{ J.K}^{-1}}$$

Puis :

$$S^c = 3,62 - 3,35 = \underline{0,27 \text{ J.K}^{-1}}$$

Le degré d'irréversibilité de cette évolution vaut alors :

$$\frac{S^c}{\Delta S} = \frac{0,27}{3,62} = \underline{7,5\ \%}$$

Il faut être très rigoureux pour ce genre de bilan entropique et bien différencier le chemin réel des chemins factices réversibles utilisés pour évaluer les variations de fonction d'état.

Exercice 19.5 : Surfusion du phosphore

Un kilogramme de phosphore à l'état liquide est très lentement refroidi à pression constante P_0 jusqu'à la température $T_s = 310$ K. Un léger choc sur le récipient contenant ce liquide mène à une prise en masse au moins partielle du liquide. Déterminer la chaleur latente massique de fusion du phosphore à la température T_s.

On donne :

- la température de fusion du phosphore sous la pression P_0 : $T_f = 317$ K
- la chaleur latente massique de fusion du phosphore à T_f : $L_f(T_f) = 20,9$ kJ.kg^{-1}
- la chaleur massique du phosphore liquide : $c_l = 840$ J.kg^{-1}.K^{-1}
- la chaleur massique du phosphore solide : $c_s = 785$ J.kg^{-1}.K^{-1}

• Analyse de l'énoncé

On étudie ici le passage d'un **état qualifié de métastable**, un liquide surfondu, à son **état stable** à la température considérée, c'est-à-dire l'état solide. L'exercice demande de déterminer l'énergie nécessaire pour effectuer réversiblement ce changement d'état, c'est-à-dire, **la chaleur latente à la température considérée.** Par ailleurs, l'énoncé fournit la valeur de la chaleur latente à la température attendue de fusion sous la pression considérée. On va donc utiliser un raisonnement que vous utiliserez également en thermochimie : on construit un **cycle de transformations** par associations de **deux chemins thermodynamiques menant du même état initial au même état final.**

Pour décrire l'évolution du système constitué par le kilogramme de phosphore de l'état initial (liquide surfondu à T_s) jusqu'à l'état final (solide à T_s), on peut imaginer les deux chemins suivants (on écrit au-dessus de chaque transformation la variation d'enthalpie associée) :

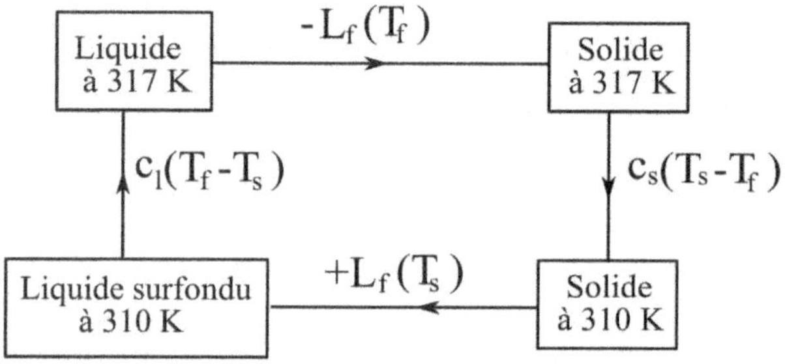

• Détermination de $L_f(T_s)$

Les différentes transformations mises en jeu se font **à pression constante**, les **transferts thermiques** mis en jeu sur chaque transformation représentée ci-avant sont donc égaux aux **variations d'enthalpie** correspondantes. L'enthalpie étant une fonction d'état, sa variation globale sur un cycle est nulle. En écrivant algébriquement cette propriété à l'aide du schéma du cycle, on va pouvoir déterminer l'expression, puis la valeur de $L_f(T_s)$.

Puisqu'on travaille à pression constante, les transferts thermiques sont égaux aux variations d'enthalpie correspondantes. On peut donc effectuer un bilan enthalpique grâce au cycle précédemment représenté :

$$L_f(T_s) - L_f(T_f) + c_s(T_s - T_f) + c_l(T_f - T_s) = 0$$

Soit :

$$L_f(T_s) = L_f(T_f) + (T_f - T_s)(c_s - c_l)$$

Numériquement, on obtient :

$$L_f(317) = 20,9.10^3 + (17) \times (-55) = \underline{20 \text{ kJ.kg}^{-1}}$$

Partie 5
Induction et forces de Laplace

Induction et forces de Laplace

Objectifs généraux développés

Cette partie est presque totalement nouvelle pour vous. La seule approche de “champ vectoriel” que vous ayez eu remonte en effet à la classe de première S !
Un outil fondamental de l’analyse vectorielle sera d’ailleurs introduit dans cette partie, il s’agit du calcul du **flux d’un champ vectoriel** à travers une surface fermée.
Cette partie, qui occupe un horaire modeste dans l’année, sera plus approfondie dans le programme de seconde année de CPGE où la magnétostatique et ensuite l’électromagnétisme seront abordés.
L’étude des **actions des champ magnétiques**, puis de l’**induction et de ses applications** sont l’occasion de remettre en œuvre des techniques vues dans la partie mécanique.

CHAPITRE

20

Champ magnétique

Exercice 20.1 : Cartes de champp

On donne les trois cartes de champ suivantes :

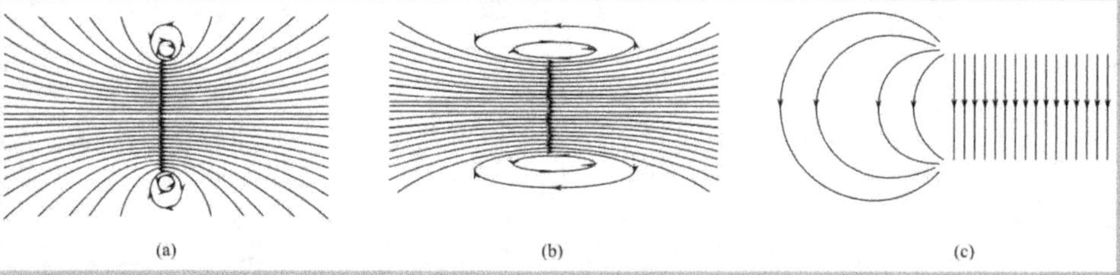

Indiquer sur chaque schéma :
- les zones de champ intense ;
- les zones de champ faible ;
- les zones où le champ peut être considéré comme uniforme ;
- la position et la nature des sources de champ.

• **Analyse de l'énoncé**

Le **champ magnétique** $\overrightarrow{B}$ est une grandeur vectorielle, définie en certains points de l'espace et créée par des sources de champ magnétique telles que la Terre, les aimants et les circuits parcourus par des courants.

On représente ainsi le champ magnétique $\overrightarrow{B}$ en un point M de l'espace par un vecteur :
- dont l'origine est le point M choisi ;
- de direction celle qu'aurait une petite aiguille aimantée placée en ce point ;
- de sens celui qui va du pôle sud au pôle nord à travers cette petite aiguille aimantée ;
- de valeur mesurée avec un appareil appelé teslamètre, et exprimée en tesla (T).

On peut ainsi réaliser la carte du champ magnétique d'une zone de l'espace en y disposant suffisamment de petites aiguilles aimantées. En pratique, de la limaille de fer se comporte comme une assemblée de petites aiguilles aimantées, qui permettent d'obtenir une cartographie approximative, mais rapide du champ.

Sur une carte de champ, on portera souvent les lignes de champ (courbes orientées tangentes en tout point au vecteur champ magnétique au point en question), plutôt que la simple représentation des aiguilles aimantées.

• Analyse des cartes de champ

De l'observation d'une carte de champ, on peut tirer rapidement quelques informations :

- les zones où les lignes de champ sont **le plus resserrées** sont les zones de champ fort ;
- les zones où les lignes de champ sont **le moins resserrées** sont les zones de champ faible ;
- les zones où les lignes de champ sont des droites parallèles entre elles et orientées de façon identique, sont les zones de champ uniforme.

On identifie, sur chacune des cartes de champs les zones de champ fort, faible et uniforme.

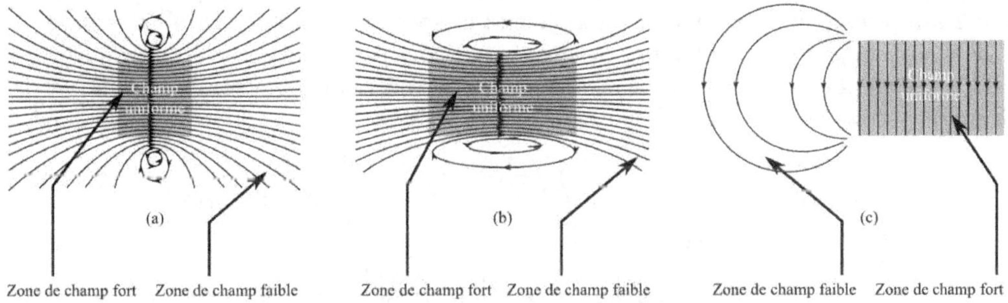

• Détermination de la position et de la nature des sources de champ

Certaines cartes de champ doivent être mémorisées :

- celle d'un aimant droit :

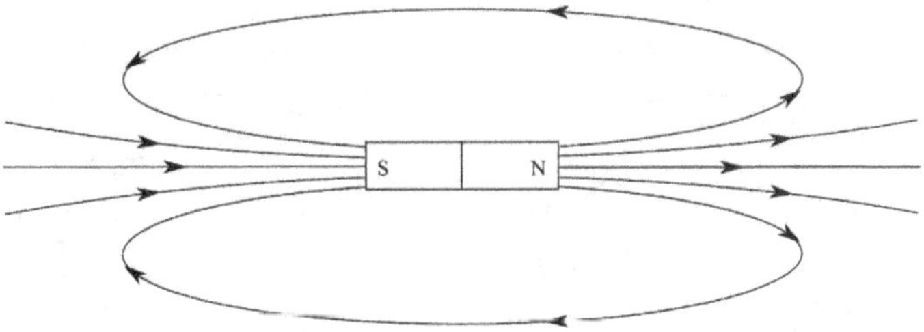

– celle d'une spire circulaire :

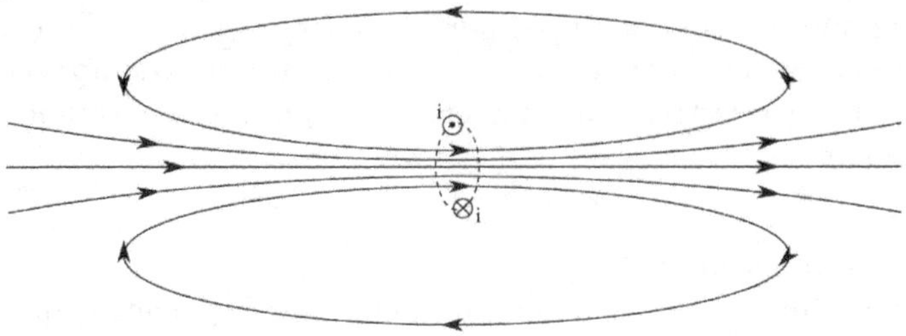

– celle d'un solénoïde :

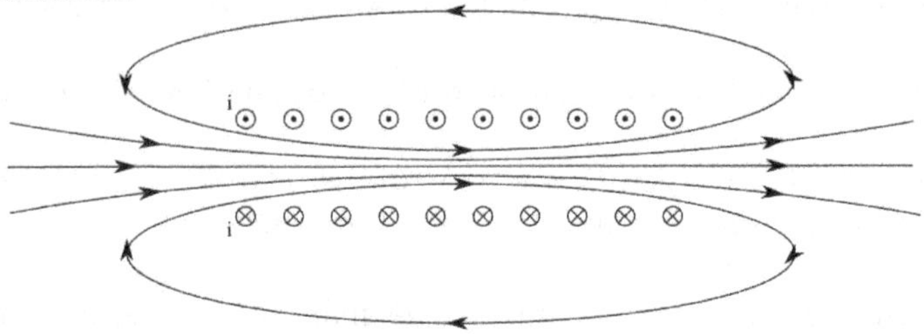

On retiendra les règles générales suivantes sur l'orientation du champ magnétique :
– le champ magnétique entre par le pôle sud et sort par le pôle nord d'un aimant ;
– le champ magnétique entre par la face sud et sort par la face nord d'une spire.
Pour déterminer la nature de la face d'une spire, on peut par exemple appliquer la technique suivante :

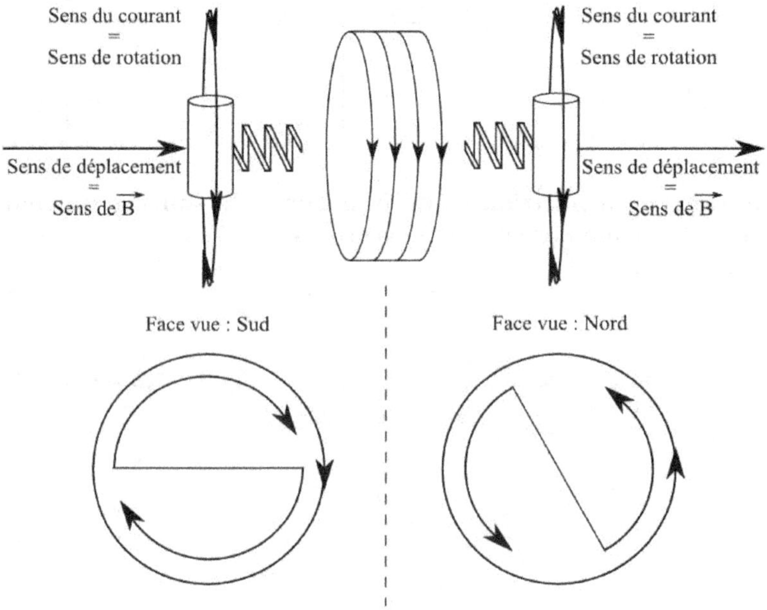

La première carte de champ est proche de celle d'une spire circulaire parcourue par un courant, on peut raisonnablement penser qu'il s'agit de plusieurs spires côte à côte (en raison de la présence d'une petite zone de champ uniforme au centre). Le sens du courant serait le suivant :

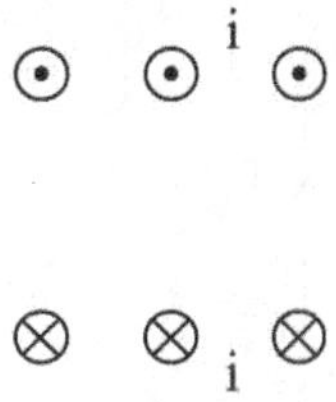

La deuxième carte de champ se rapproche de celle du solénoïde. On peut penser qu'il s'agit d'une bobine. le sens du courant serait le suivant :

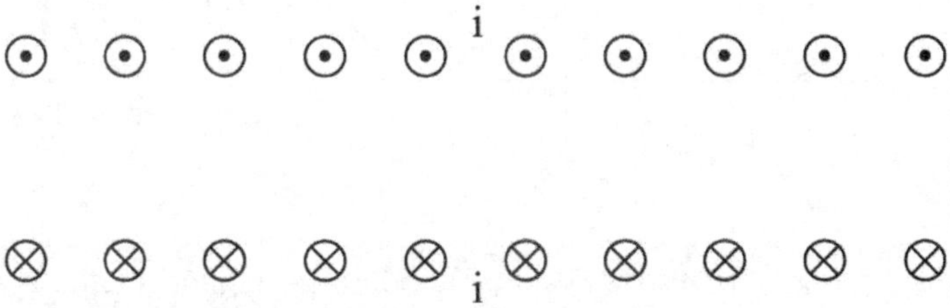

La troisième carte de champ est celle d'un aimant en U dont les pôles sont les suivants :

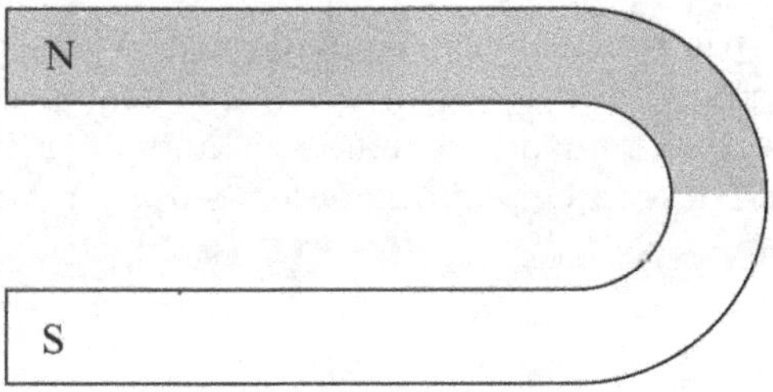

Exercice 20.2 : Calcul d'un champ magnétique

On considère un fil rectiligne infini, parcouru par un courant d'intensité I constante orienté comme indiqué sur le schéma suivant :

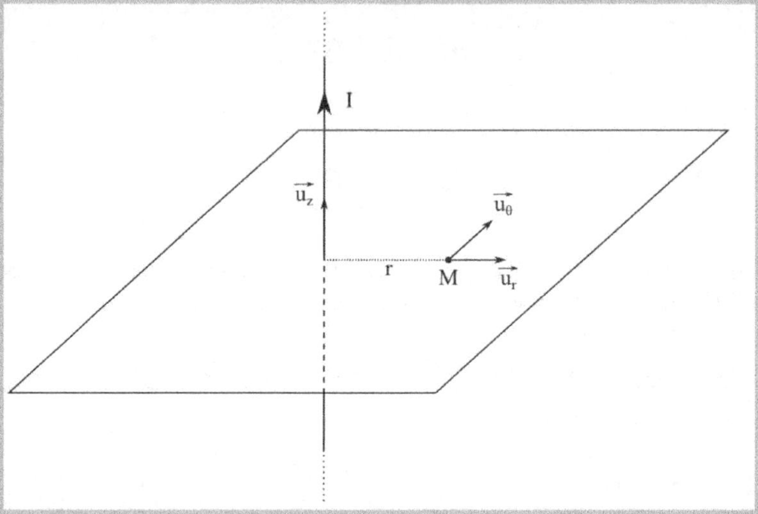

Ce courant crée en tout point de l'espace un champ magnétique dont l'expression est :

$$\vec{B} = \frac{\mu_0 I}{2\pi r}\vec{u}_\theta$$

où $\mu_0 = 4\pi 10^{-7}$ SI est la perméabilité magnétique du vide.
Déterminer, en tout point $M\,(0, y)$ de l'axe (Oy), le champ créé par la distribution suivante constituée de deux fils infinis distants de a. On a représenté la distribution en vue de dessus. On exprimera le résultat en fonction des paramètres y et a.

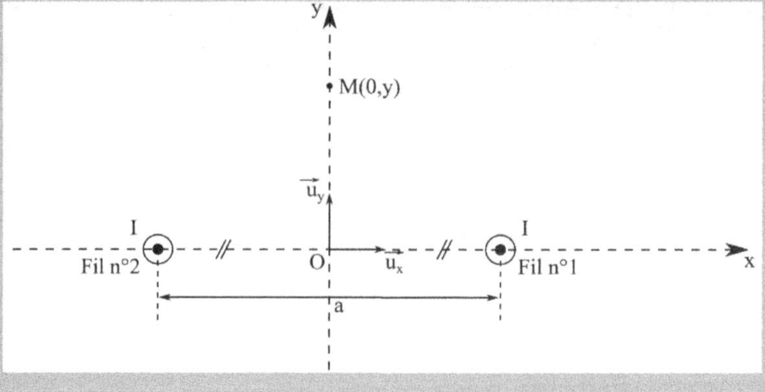

• **Analyse de l'énoncé**

On se propose ici de déterminer l'expression du champ magnétique créé par une distribution donnée de courants. Pour ce faire, l'énoncé nous fournit l'expression du champ magnétique créé par un des éléments constituant la distribution.

Pour obtenir le champ magnétique créé par l'ensemble de la distribution, on va appliquer le **principe de superposition** qui stipule que le champ magnétique créé par la superposition de plusieurs sources de champ est la somme vectorielle des champs créés indépendamment par chacune des sources.

• **Application du principe de superposition**

Vu que l'objet de l'exercice est de réaliser une somme vectorielle, un schéma clair de la situation doit être réalisé. Les paramètres en fonction desquels l'expression finale doit être donnée étant imposés, il faudra également réexprimer toutes les variables intermédiaires, que vous aurez été amenés à introduire. Pour cela, vous aurez de la géométrie de base (théorème de Pythagore, fonctions trigonométriques...) à utiliser. De plus, si le lieu de l'espace où l'on vous demande de calculer le champ magnétique mène à des situations de hautes symétries, il ne faudra pas hésiter à exploiter ces dernières !

On schématise la situation en représentant, en un point M, le champ global qui y existe.

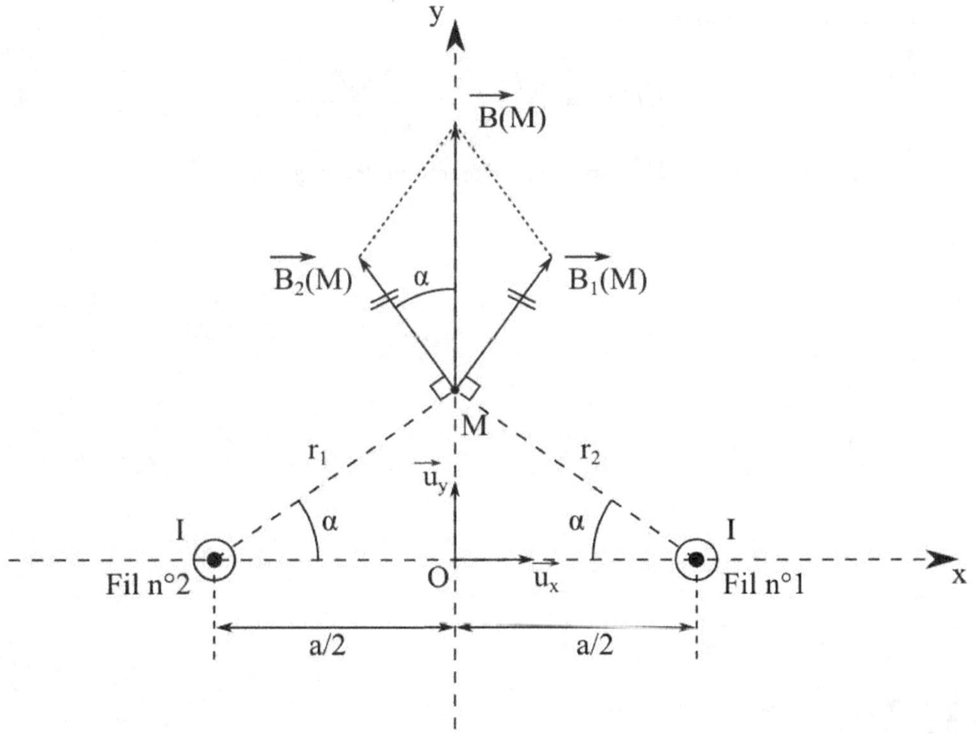

D'après le schéma précédent :

$$\vec{B}(M) = \vec{B}_1(M) + \vec{B}_2(M)$$

Un point M quelconque de (Oy) étant équidistant des deux fils, $r_1 = r_2$ et donc :

$$\|\vec{B}_1(M)\| = \|\vec{B}_2(M)\|$$

$\vec{B}_1$ et $\vec{B}_2$ étant symétriques l'un de l'autre par rapport à (Oy) :

$$\|\vec{B}_1(M)\|$$

$$\vec{B}(M) = 2\|\vec{B}_1(M)\|(\cos\alpha)\vec{u}_y$$

Il ne nous reste plus qu'à exprimer $\cos\alpha$ et $\|\vec{B}_1(M)\|$ en fonction de y et de a.

$$\|\vec{B}_1(M)\| = \frac{\mu_0 I}{2\pi r} \quad \text{et} \quad \cos\alpha = \frac{\frac{a}{2}}{r}$$

nous en déduisons :

$$\vec{B}(M) = \frac{\mu_0 I a}{2\pi r^2}\vec{u}_y = \frac{\mu_0 a I}{2\pi\left(y^2 + \frac{a^2}{4}\right)}\vec{u}_y$$

avec $r^2 = y^2 + \left(\frac{a}{2}\right)^2$ d'après le théorème de Pythagore.

Exercice 20.3 : Action d'un champ magnétique sur un cadre

Un cadre rectangulaire conducteur ABCD, parcouru par un courant d'intensité I constante, est susceptible de pivoter, sans frottement, autour d'un de ses côtés de longueur a confondu avec l'axe des abscisses d'un repère cartésien. L'autre côté du cadre est de longueur b. Ce cadre est placé dans une région de l'espace où règne un champ magnétique uniforme :

$$\vec{B} = B\vec{u}_z$$

Déterminer la position d'équilibre de ce cadre, de masse globale m, posé initialement sur le plan horizontal (Oxy).

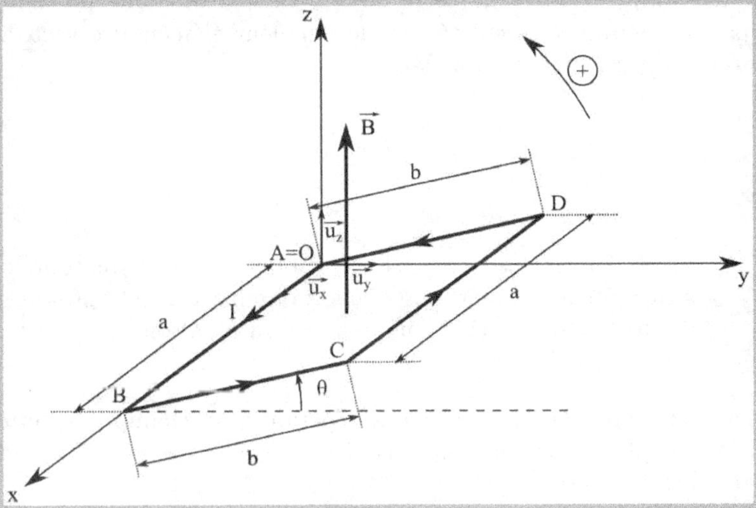

- **Analyse de l'énoncé**

On s'intéresse, dans cet exercice, à l'action d'un champ magnétique extérieur $\vec{B}$ sur un circuit (ou élément de circuit) conducteur. Tout d'abord, il est bon de se rappeler qu'un circuit conducteur parcouru par un courant crée lui-même (nous y reviendrons dans le chapitre suivant) un champ magnétique propre $\vec{B}_{\text{propre}}$. Le champ total auquel sont soumis les porteurs de charges en mouvement dans le conducteur parcouru par un courant sont donc soumis au champ total résultant : $\vec{B} + \vec{B}_{\text{propre}}$.

Mais, comme on l'a vu à l'occasion de l'étude du mouvement des particules chargées, les électrons constituant les porteurs chargés en mouvement à la vitesse $\vec{v}$ subissent une force de Lorentz magnétique qui s'exprime simplement :

$$\vec{F}_{\text{Lorentz}} = -e\vec{v} \wedge \vec{B}$$

En toute rigueur, le champ magnétique subi par chaque électron ne se limite pas au champ extérieur, mais devrait également intégrer le champ propre généré par le circuit. Cependant, la force résultant de ce champ serait alors une force exercée par le circuit sur lui-même, autrement dit une force intérieure au système, qui pour chaque électron la subissant trouvera un autre électron subissant la force opposée, qui compensera la première. Tout se passe donc comme si le circuit subissait uniquement l'action du champ magnétique extérieur, et nous nous limiterons à l'expression ci-dessus dans toute la suite.

Si l'on veut traduire les effets de cette action au niveau d'une portion de circuit parcourue par un courant d'intensité i et de longueur élémentaire vectorielle $\vec{dl}$, on utilise la **force élémentaire de Laplace** :

$$\overrightarrow{dF}_L = i\vec{dl} \wedge \vec{B}$$

L'intérêt d'avoir cette force, qui est donc répartie sur tout le circuit, sous forme élémentaire est de pouvoir obtenir sa résultante sur le circuit total, quelle que soit sa forme, par une intégration.

Pour étudier, d'un point de vue mécanique, l'action d'un champ magnétique sur un conducteur, on calculera alors successivement :
– la résultante des forces de Laplace ;
– le moment résultant de ces mêmes forces.

• **Calcul de la résultante des forces de Laplace**

Vous avez vu en cours, et devez connaître un exemple simple de ce type de calcul : celui de la résultante des forces de Laplace s'exerçant sur une barre conductrice de longueur l et soumise à un champ $\vec{B}$ stationnaire.

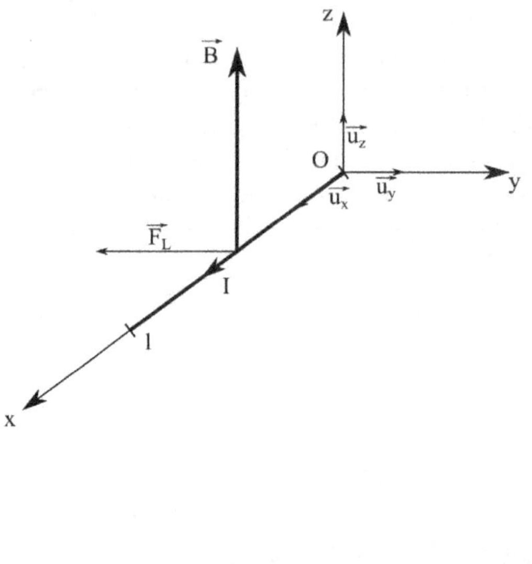

$$\overrightarrow{dF}_L = I\vec{u}_x dx \wedge (B\vec{u}_z)$$

$$\vec{F}_L = IB\int_0^l dx\vec{u}_x \wedge \vec{u}_z = -IlB\vec{u}_y$$

Le cadre étudié ici est en fait constitué par l'assemblage de quatre barres conductrices. On calcule donc de manière très similaire au cas d'une barre :

$$\vec{F}_{L,AB} = -\vec{F}_{L,CD} = -IaB\vec{u}_y$$

Pour les deux autres côtés, à un instant quelconque, BC et DA sont respectivement orientées selon le vecteur unitaire $\vec{u} = (\cos\theta)\vec{u}_y + (\sin\theta)\vec{u}_z$ et son opposé, et l'on peut écrire :

$$\vec{F}_{L,BC} = -\vec{F}_{L,DA} = IB\int_0^b dl\,[(\cos\theta)\vec{u}_y + (\sin\theta)\vec{u}_z] \wedge \vec{u}_z = IbB\cos\theta\vec{u}_x$$

En sommant ces quatre forces, on obtient donc une résultante des forces de Laplace nulle sur le cadre.

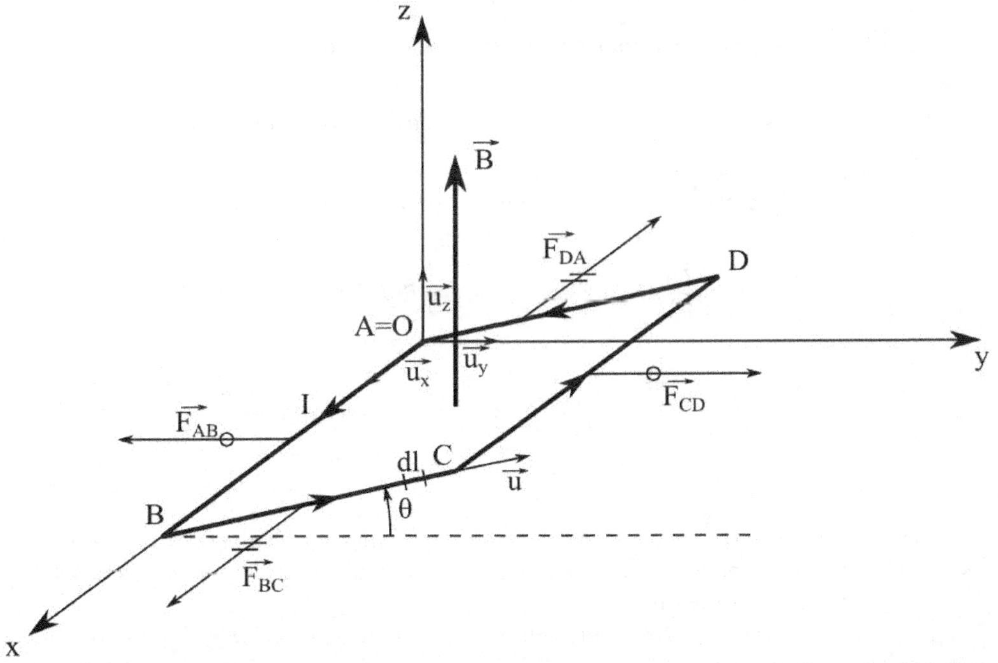

• **Calcul du moment résultant des forces**

Cette partie se traite comme un solide en rotation autour d'un axe fixe. La précision sur le caractère "sans frottement" du mouvement assure le caractère pivot parfait à la liaison. On va donc chercher la condition d'équilibre en cherchant la condition de nullité de l'ensemble des moments des forces s'exerçant sur le système (forces de Laplace et poids).

Calculons les moments par rapport à (Ox) du poids (qui s'exerce au centre de gravité G du cadre, intersection de ses diagonales) et des forces de Laplace, en utilisant des bras de levier :

$$\overrightarrow{\mathscr{M}}_{Ox}\left(\overrightarrow{P}\right) = \left(\frac{b}{2}\vec{u}\right) \wedge (-mg\vec{u}z)$$

Nous obtenons, en développant $\vec{u}$:

$$\overrightarrow{\mathscr{M}}_{Ox}\left(\overrightarrow{P}\right) = -\frac{mgb}{2}\left[(\cos\theta)\vec{u}_y + (\sin\theta)\vec{u}_z\right] \wedge \vec{u}_z = -\frac{mgb\cos\theta}{2}\vec{u}_x$$

Par ailleurs, les forces de Laplace exercées sur BC et DA étant parallèles à Ox, nous avons :

$$\overrightarrow{\mathscr{M}}_{Ox}\left(\overrightarrow{F}_{L,BC}\right) = \overrightarrow{\mathscr{M}}_{Ox}\left(\overrightarrow{F}_{L,DA}\right) = \overrightarrow{0}$$

Enfin, AB étant confondue avec Ox, son bras de levier est nul et il vient :

$$\overrightarrow{\mathscr{M}}_{Ox}\left(\overrightarrow{F}_{L,AB}\right) = \overrightarrow{0}$$

Il ne reste alors plus pour seul moment de force que :

$$\overrightarrow{\mathscr{M}}_{Ox}\left(\overrightarrow{F}_{L,CD}\right) = (-b\vec{u}) \wedge (-IaB\vec{u}_y) = -IabB\sin\theta\vec{u}_x$$

avec l'expression de $\vec{u}$ vue plus haut.
En appliquant la condition d'équilibre, on arrive à :

$$\sum\overrightarrow{\mathscr{M}}_{Ox}\left(\overrightarrow{F}\right) = \overrightarrow{0} \quad \Rightarrow \quad -\frac{b}{2}mg\cos\theta - IabB\sin\theta = 0$$

soit

$$\tan\theta = -\frac{mg}{2aIB} \quad \Rightarrow \quad \theta = -\arctan\left(\frac{mg}{2aIB}\right)$$

Il est toujours bon d'analyser et de critiquer un résultat. Et quand il est négatif, encore plus. Nous pouvons noter plusieurs points concernant le résultat ci-dessus :

- La fonction arctangente étant définie de $-\infty$ à $+\infty$, il existe toujours une position d'équilibre.
- En particulier, si $B \longrightarrow 0$ alors θ tend vers $\pm\frac{\pi}{2}$ et nous retrouvons les positions d'équilibre d'un simple pendule pesant.

– Si nous limitons notre approche à la seule solution $\theta = -\arctan\left(\frac{mg}{2aIB}\right)$, nous trouvons une valeur négative correspondant à une situation où le cadre se situe sous le plan xOy. Cette solution semble assez intuitive : le poids tire vers le bas, la force de Laplace tire vers la droite et la tension du cadre, vers le haut à gauche. Les conditions semblent donc réunies pour aboutir à un équilibre.
Il serait cependant dommage de négliger le fait que la fonction arctangente, bien que définie sur l'ensemble des réels, délivre pour seules valeurs de θ celles comprises entre $-\frac{\pi}{2}$ et $+\frac{\pi}{2}$, nous spoliant du même coup de l'étude du cas où le cadre se situe à gauche du plan xOz. De fait, si nous plaçons le cadre en position diamétralement opposée à la première position envisagée, nous constatons qu'alors le poids tire toujours vers le bas, la force de Laplace toujours vers la droite, cependant le cadre ne tire plus, mais repose cette fois sur sa portion AB, subissant alors une force qui est moins une tension qu'une réaction, et toujours orientée vers le haut à gauche. Nous trouvons donc bien une seconde position d'équilibre, avec cette fois un angle compris non plus entre $-\frac{\pi}{2}$ et 0 (avec sinus négatif et cosinus positif, d'où la tangente négative), mais entre $+\frac{\pi}{2}$ et π (d'où un sinus positif et un cosinus négatif, et une tangente à nouveau négative). La discussion de la stabilité des équilibres, ce sera pour la prochaine fois ; mais rien ne vous interdit de chercher par vous-même...

Exercice 20.4 : Pendule magnétique

On réalise un pendule magnétique en accrochant un petit aimant de masse m et de moment magnétique $\vec{\mu}$ à l'extrémité d'une tige rigide de longueur l et de masse négligeable. Le moment magnétique $\vec{\mu}$ de l'aimant reste constamment perpendiculaire à l'extrémité de la tige. L'ensemble est placé dans un champ magnétique uniforme et constant $\vec{B} = B\vec{e}_x$, B étant algébrique. Préciser, suivant le signe de B, quelle est la position d'équilibre stable du système ainsi que l'expression de la période T des petites oscillations à son voisinage.

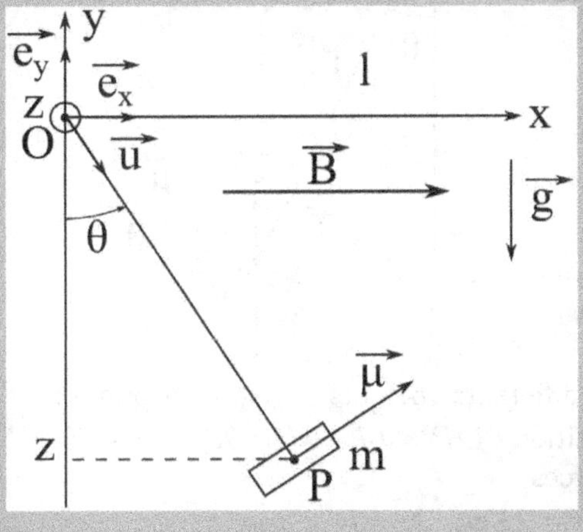

• **Analyse de l'énoncé**

On s'intéresse dans cet exercice aux **actions subies par un dipôle magnétique** de moment magnétique $\vec{\mu}$ lorsqu'il est placé dans un champ magnétique uniforme. Ces actions se résument à un **couple** (c'est-à-dire que la résultante des forces -de Laplace- qu'il subit est nulle) de moment :

$$\overrightarrow{\mathscr{M}} = \vec{\mu} \wedge \overrightarrow{B}$$

Par conséquent, l'action d'un champ magnétique uniforme sur un moment magnétique ne mène en aucune sorte à une mise en translation de l'objet porteur dudit moment magnétique, mais tend à faire **s'aligner ce dernier dans la direction** (que ce soit de même sens ou non) **du champ magnétique appliqué**.

Le système constitué par le petit aimant lié à la tige rigide est soumis à deux forces et un couple :
- son poids $\overrightarrow{P} = m\vec{g}$;
- la tension $\overrightarrow{T}$ de la tige rigide ;
- le couple lié à l'action du champ magnétique sur le moment magnétique.

Le petit aimant est à l'équilibre si d'une part la résultante des forces est nulle : $m\vec{g} + \overrightarrow{T} = \vec{0}$; et d'autre part la résultante des moments des forces et du couple est nulle. Explicitons cette deuxième condition au point fixe O :

$$\overrightarrow{OP} \wedge (m\vec{g} + \overrightarrow{T}) + \vec{\mu} \wedge \overrightarrow{B} = \vec{0}$$

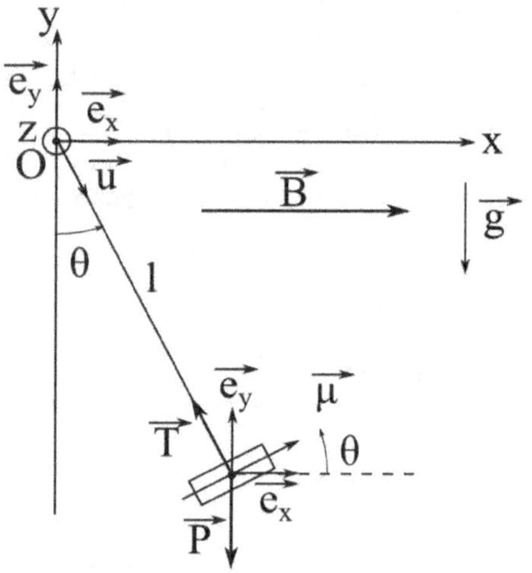

Le détail des différents vecteurs engagés s'exprime :
- pour la position : $\overrightarrow{OP} = l\vec{u} = l\,(\sin\theta\vec{e}_x - \cos\theta\vec{e}_y)$;
- pour les forces :

$$\overrightarrow{P} = m\vec{g} = -mg\vec{e}_y \qquad \text{et} \qquad \overrightarrow{T} = -T\vec{u}$$

– pour les grandeurs magnétiques :

$$\vec{\mu} = \mu\,(\cos\theta\vec{e}_x + \sin\theta\vec{e}_y) \qquad \text{et} \qquad \overrightarrow{T} = -T\vec{u}$$

De à nous déduisons les expressions des différents produits vectoriels figurant dans l'équation d'équilibre :

$$\overrightarrow{OP} \wedge \overrightarrow{P} = -mgl\sin\theta\vec{e}_z \qquad \overrightarrow{OP} \wedge \overrightarrow{T} = \overrightarrow{0} \qquad \vec{\mu} \wedge \overrightarrow{B} = -\mu Bl\sin\theta\vec{e}_z$$

Nous en déduisons, par report dans l'équation d'équilibre :

$$(mgl + \mu B)\sin\theta = 0$$

Il apparaît ainsi deux valeurs possibles de l'angle θ à l'équilibre :

$$\theta_{eq} = 0 \quad \text{ou} \quad \theta_{eq} = \pi$$

qui correspondent aux deux positions où l'on a simultanément la tension de la tige et le poids qui se compensent d'une part, et μ colinéaire ou anti-colinéaire à $\overrightarrow{B}$.

• **Détermination des positions d'équilibre stables**

Pour étudier la **stabilité d'une position d'équilibre**, on recherche les **minimas d'énergie potentielle.** On peut bien sûr appliquer cette méthode ici à condition de se souvenir de l'énergie potentielle associée à l'action d'un champ magnétique sur un dipôle magnétique de moment $\vec{\mu}$:

$$E_p = -\vec{\mu}\cdot\overrightarrow{B}$$

Le poids et le couple appliqué dérivent tous deux d'une énergie potentielle :

$$Ep_{p,pes} = mgz = -mgl\cos\theta \quad \text{et} \quad E_{p,mag} = -\vec{\mu}\cdot\overrightarrow{B} = -\mu B\cos\theta$$

L'énergie potentielle totale du système s'écrit alors :

$$E_{p,tot} = E_{p,pes} + E_{p,mag} = -\cos\theta(mgl + \mu B)$$

La dérivée de cette expression par rapport à θ redonne la condition d'équilibre vue plus haut, et une dérivation supplémentaire donne :

$$\frac{d^2E_{p,tot}}{d\theta^2} = \cos\theta(mgl + \mu B)$$

Aux positions d'équilibres trouvées précédemment, nous trouvons ainsi que l'équilibre est stable (c'est-à-dire que $\frac{d^2E_{p,tot}}{d\theta^2} > 0$) :

– $\theta_{eq} = 0$ est une position d'équilibre stable seulement si $mgl + \mu B > 0$, donc si $B > B_{lim} = -\frac{mgl}{\mu}$;

- $\theta_{eq} = \pi$ est une position d'équilibre stable seulement si $mgl + \mu B < 0$, donc si $B < B_{lim} = -\frac{mgl}{\mu}$.

Tout se joue donc autour d'une valeur limite négative du champ magnétique :

$$B_{lim} = -\frac{mgl}{\mu}$$

- La position $\theta_{eq} = 0$ est, en l'absence de champ magnétique, une position d'équilibre stable : le poids rappelle systématiquement le pendule vers le bas. Cependant, la présence du champ magnétique introduit une action supplémentaire. Si ce champ est orienté selon $+\vec{e}_x$, la situation est optimale puisque le moment magnétique est alors déjà aligné avec le champ magnétique.
Si en revanche le champ est orienté selon $-\vec{e}_x$, alors le couple magnétique tend à retourner l'aimant pour en aligner le moment dipolaire dans le même sens que lui. Le poids continue de son côté à assurer un rappel vers la position d'équilibre, mais avec une efficacité diminuée par cette action contraire.
Le cas limite se présente alors pour la valeur limite mise en évidence dans les calculs, et où le couple magnétique surpasse le couple de rappel exercé par le poids. Une fois cette limite dépassée, l'aimant va remonter jusqu'à la verticale, en sorte que son moment dipolaire s'aligne dans le même sens que $\vec{B}$ (de la droite vers la gauche, donc).
- Pour la position $\theta_{eq} = \pi$, c'est exactement la même chose sauf que c'est exactement le contraire.

• Période du mouvement autour de la position d'équilibre stable

On détermine de manière classique la période du mouvement autour d'une position d'équilibre stable en se plaçant au voisinage de cette position d'équilibre, $\theta = \theta_{eq} + \varepsilon$ avec $\varepsilon \ll 1$, et en établissons l'équation différentielle à laquelle répond la variable ε. On obtient bien sûr dans le cas d'une position d'équilibre stable une équation différentielle d'oscillateur harmonique dont on déduit la pulsation propre puis la période.

Appliquons le théorème du moment cinétique appliqué par rapport à l'axe Oz dans le cas d'un petit mouvement autour des positions d'équilibre stables précédentes :

$$\frac{dL_z}{dt} = \frac{d}{dt}\left[(l\vec{u}) \wedge (ml\dot{\theta}\vec{u}_\theta)\right] \cdot \vec{u}_z = ml^2\ddot{\theta}$$

avec $\vec{u}_\theta = \frac{\vec{\mu}}{\mu}$, vecteur orthoradial cylindrique.

Par ailleurs, nous pouvons écrire les projections sur Oz des différents moments s'exerçant sur le système :

$$\mathscr{M}_z\left(\overrightarrow{T}\right) = 0$$

$$\mathscr{M}_z\left(\overrightarrow{P}\right) = [(-mg\vec{e}_y) \wedge (l\vec{u})] \cdot \vec{e}_z = -mgl\sin\theta$$

$$\mathscr{M}_{z,mag} = (\vec{\mu} \wedge (B\vec{e}_x)) \cdot \vec{e}_z = -\mu B\sin\theta$$

En égalisant la première expression avec la somme des trois autres, nous obtenons :

$$ml^2\ddot{\theta} = -\sin\theta(mgl + \mu B) \quad \Leftrightarrow \quad \ddot{\theta} + \left(\frac{g}{l} + \frac{\mu B}{ml^2}\right)\sin\theta = 0$$

que nous pouvons encore écrire :

$$\ddot{\theta} + \frac{g}{l}\left(1 + \frac{\mu B}{mgl}\right)\sin\theta = 0 \quad \Leftrightarrow \quad \ddot{\theta} + \omega_0^2\left(1 - \frac{B}{B_{lim}}\right)\sin\theta = 0$$

en posant $\omega_0 = \sqrt{\frac{g}{l}}$, pulsation propre du pendule aux petits angles en l'absence de champ magnétique.

Séparons alors les deux cas correspondant aux deux positions d'équilibre envisagées :

- au voisinage de $\theta_{eq} = 0$, nous avons $\theta = \varepsilon \ll 1$ et l'équation différentielle devient, avec $\sin\theta = \sin\varepsilon \simeq \varepsilon$:

$$\ddot{\varepsilon} + \omega_0^2\left(1 - \frac{B}{B_{lim}}\right)\varepsilon = 0$$

On retrouve le fait que le système n'est stable (argument sur le terme d'ordre 0 positif) que si $\frac{B}{B_{lim}} < 1$ donc si $B > B_{lim}$ (rappelons que $B_{lim} < 0$), et l'on trouve la période des petites oscillations :

$$T = \frac{2\pi}{\omega_0\sqrt{1 - \frac{B}{B_{lim}}}}$$

- pour $\theta_{eq} = \pi$, on a :

$$\sin\theta = \sin(\pi + \varepsilon) = -\sin\varepsilon \simeq -\varepsilon$$

et l'équation différentielle précédente se simplifie alors en :

$$\ddot{\varepsilon} - \omega_0^2\left(1 - \frac{B}{B_{lim}}\right)\varepsilon = 0$$

À nouveau, on trouve que le système n'est stable que si $B < B_{lim}$ et l'on trouve la période des petites oscillations :

$$T = \frac{2\pi}{\omega_0 \sqrt{\frac{B}{B_{lim}} - 1}}$$

CHAPITRE

21

Applications des lois de l'induction

Exercice 21.1 : Barre glissant sur un cadre

On considère un dispositif de type rail de Laplace représenté sur le schéma suivant :

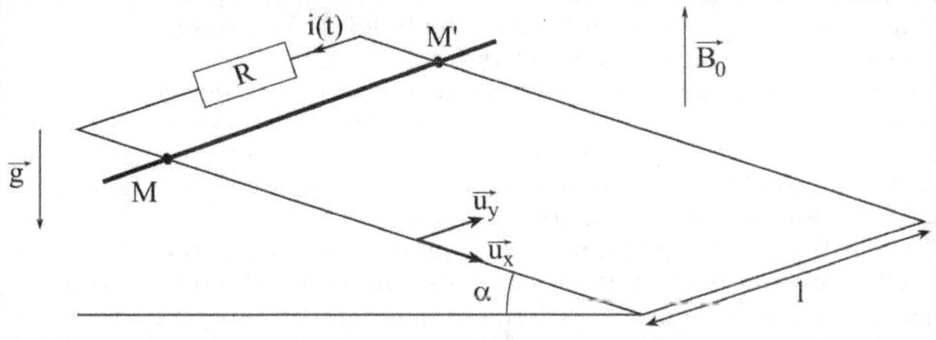

On néglige toute résistance des rails (autre que R) ainsi que de la tige qui est supposée glisser sans frottement sur ces rails. La tige est abandonnée sans vitesse initiale du haut du plan incliné à l'instant $t = 0$.
Déterminer la loi d'évolution $i(t)$ de l'intensité du courant dans le circuit. En déduire celle $v(t)$ de la vitesse de la tige. Déterminer enfin l'expression de la puissance des forces de Laplace et l'interpréter en terme de conversion de puissance électromécanique.

• **Analyse de l'énoncé**
Il s'agit ici d'un problème d'**induction électromagnétique**, donc régi par la **loi de Faraday** :

$$e = -\frac{d\Phi}{dt}$$

où $\Phi(t)$ est le flux du champ magnétique permanent à traves la surface S s'appuyant sur ce circuit filiforme fermé.
Cette équation met alors clairement en évidence la cause du phénomène d'induction : une variation temporelle du flux de $\overrightarrow{B}$ à travers une surface donnée.

Les exercices d'induction se séparent ainsi en deux catégories, suivant la cause de cette variation de flux :

- ceux mettant en jeu un **champ magnétique uniforme**, mais un **circuit déformable**, c'est l'**induction de Lorentz** ;
- ceux mettant en jeu un **champ magnétique variable**, mais un **circuit fixe**, c'est l'**induction de Neumann**.

On pourrait imaginer un circuit déformable dans un champ variable ! On cumulerait alors les effets des deux types d'induction... C'est ce que vous ferez si le cas se présente à vous dans un problème. Ce cas étant toutefois hors programme, il n'est donc pas couramment rencontré.

Suivant le type d'induction mise en jeu, on utilisera des formules différentes, tout en suivant le même cheminement général :

- calcul de la fem d'induction par **utilisation de la loi de Faraday** ;
- détermination de l'intensité du **courant induit** ;
- détermination éventuelle de la **force de Laplace** s'exerçant sur le circuit.

On va donc devoir réaliser toute une succession de calculs dont la valeur algébrique dépend de l'orientation arbitraire que l'on aura au préalable donnée au circuit. Il peut ainsi être bon de prévoir par une interprétation physique du phénomène. Pour ce faire, on exploitera la **loi** qualitative **de Lenz** qui s'énonce :

Les effets électriques, magnétiques et mécaniques de l'induction sont orientés de telle sorte qu'ils s'opposent à la cause qui leur a donné naissance.

Ainsi, une augmentation du flux de $\overrightarrow{B}$ à travers la surface S s'appuyant sur C donnera naissance à un courant induit orienté de manière à créer un champ magnétique s'opposant à cette augmentation de flux :

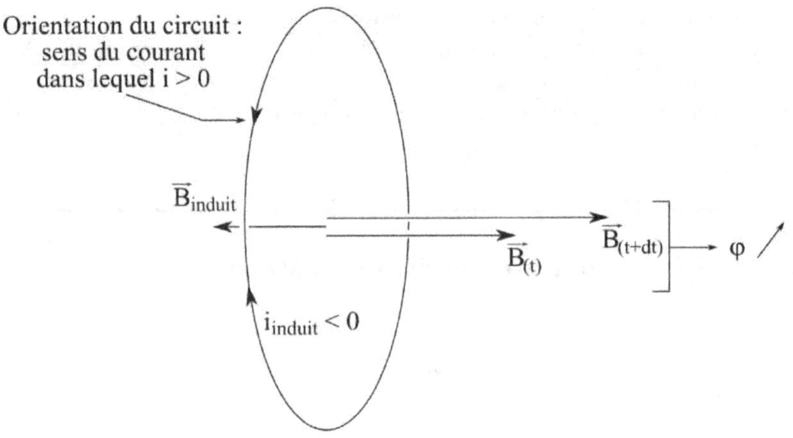

On est ici dans le cadre de l'induction de Lorentz : un circuit déformable est placé dans un champ magnétique permanent. Commençons par une étude qualitative

du phénomène à l'aide de la loi de Lenz, et en utilisant l'orientation arbitraire du courant indiquée par le schéma de l'énoncé.
La barre va naturellement descendre, la surface du circuit déformable augmentant, le flux du champ magnétique à travers cette surface également. Pour contrecarrer cette augmentation de flux, il va apparaître un courant induit orienté négativement par rapport au sens fixé :

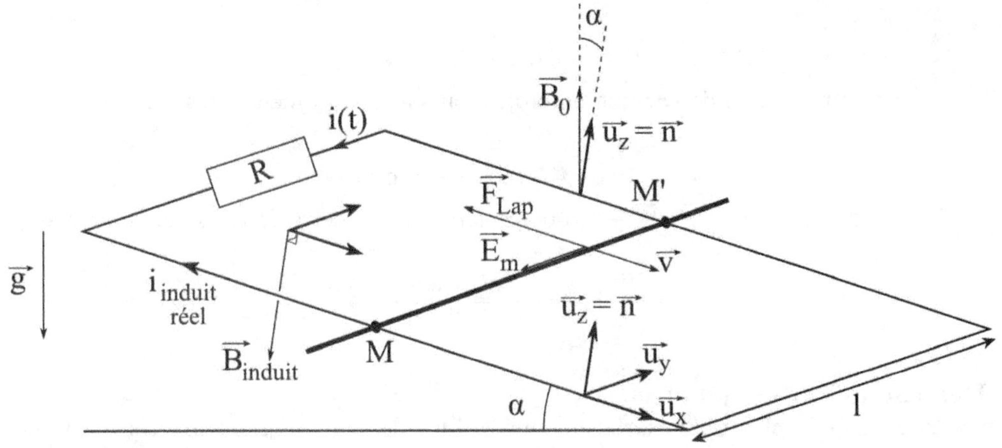

La force de Laplace sera ainsi bien orientée de sorte à s'opposer à la descente de la barre.
Le flux du champ magnétique permanent à travers le circuit déformable s'écrit :

$$\Phi(t) = \iint_S \vec{B_0} \cdot dS\vec{n} = B_0 l x(t) \cos\alpha$$

La loi de Faraday mène donc à :

$$e = -\frac{d\Phi}{dt} = -B_0 l \cos\alpha \frac{dx}{dt} \quad \Leftrightarrow \quad e = -v(t) B_0 l \cos\alpha$$

On termine l'**étude électrique** en appliquant la **loi d'Ohm** au circuit.

La loi d'Ohm s'écrit enfin $e = Ri$, soit :

$$-v(t) B_0 l \cos\alpha = Ri(t) \quad \Leftrightarrow \quad v(t) = -\frac{R}{lB_0 \cos\alpha} i(t)$$

- **Étude mécanique**

L'**étude mécanique** consiste à écrire la **relation fondamentale de la dynamique**, sachant que celle-ci va faire intervenir la **force de Laplace** qu'il nous faut alors calculer. Pour ce dernier point, on se reportera à l'exercice correspondant du chapitre précédent.

La force de Laplace s'obtient par l'intégrale :

$$\vec{F}_{Lap} = \int_M^{M'} idy\vec{u}_y \wedge B_0(-\sin\alpha\vec{u}_x + \cos\alpha\vec{u}_z) = ilB_0(\cos\alpha\vec{u}_x + \sin\alpha\vec{u}_z)$$

Le poids, quant à lui, s'exprime :

$$\vec{P} = mg\left(\sin\alpha\vec{u}_x - \cos\alpha\vec{u}_z\right)$$

La deuxième loi de Newton en projection suivant $\vec{u}_x$ mène alors à :

$$m\dot{v} = ilB_0\cos\alpha + mg\sin\alpha$$

En posant $\tau = \frac{mR}{(lB_0\cos\alpha)^2}$, on peut alors réécrire cette équation différentielle :

$$\frac{di}{dt} + \frac{i}{\tau} = -\frac{glB_0\cos\alpha\sin\alpha}{R}$$

• **Détermination de $i(t)$ et $v(t)$**

On s'est ramené à un simple exercice de mécanique de type régime transitoire comme étudié précédemment. On résout donc classiquement les équations précédentes.

Nous déduisons la solution générale de cette équation comme la somme de :

- une solution générale de l'ESSM : $i_g(t) = Ae^{-\frac{t}{\tau}}$;
- une solution particulière de l'équation complète, que nous cherchons sous forme d'une constante :

$$\underbrace{\frac{di_p}{dt}}_{0} + \frac{i_p}{\tau} = -\frac{glB_0\cos\alpha\sin\alpha}{R} \quad \Leftrightarrow \quad i_p = -\frac{mg\tan\alpha}{lB_0}$$

Et nous obtenons donc finalement la solution générale suivante :

$$i(t) = Ae^{-\frac{t}{\tau}} - \frac{mg\tan\alpha}{lB_0}$$

avec A une constante d'intégration que nous déterminons à l'aide de la condition initiale $i(0) = 0$ (la barre est supposée immobile et le courant induit nul à $t = 0$) :

$$i(t=0) = A\underbrace{e^{-\frac{0}{\tau}}}_{1} - \frac{mg\tan\alpha}{lB_0} \quad \Rightarrow \quad A = \frac{mg\tan\alpha}{lB_0}$$

d'où :

$$i(t) = -\frac{mg\tan\alpha}{lB_0}\left(1 - e^{-\frac{t}{\tau}}\right)$$

Et enfin :

$$v(t) = -\frac{R}{lB_0 \cos\alpha} i(t) = \frac{mgR\sin\alpha}{(lB_0\cos\alpha)^2}\left(1 - e^{-\frac{t}{\tau}}\right)$$

• **Étude énergétique**

À l'aide d'un bilan de puissance, on va pouvoir montrer qu'**en l'absence de phénomènes dissipatifs, la somme de la puissance développée par la force de Laplace et de celle fournie au circuit par la fem d'induction est nulle**. On retrouve ainsi le principe des **transducteurs électromécaniques** fondés sur le phénomène d'induction et qui permettent une conversion d'énergie mécanique en énergie électrique, et réciproquement.
Le **rail de Laplace** ici étudié en est un exemple très simple. Les **moteurs** et le **haut-parleur électrodynamique** en constituent d'autres, et seront étudiés selon le même modèle.

La puissance de la force de Laplace s'écrit :

$$\mathcal{P} = \overrightarrow{F}_{Lap} \cdot \vec{v} = [i(t)lB_0(\cos\alpha\vec{u}_x + \sin\alpha\vec{u}_z)] \cdot v(t)\vec{e}_x = i(t)lB_0 v(t)\cos\alpha$$

En se souvenant que $v(t) = -\frac{R}{lB_0\cos\alpha} i(t)$, il vient alors :

$$\mathcal{P} = -Ri^2(t)$$

l 'énergie mécanique reçue par le rail au cours de ce mouvement est donc intégralement transformée en énergie électrique fournie au conducteur ohmique, que ce dernier redissipe en chaleur par effet Joule.

Exercice 21.2 : Ralentisseur électromagnétique

On considère une spire conductrice rectangulaire mobile, de côtés a et b, de masse m, de résistance R et d'inductance négligeable. Elle est en translation à la vitesse $\vec{v}_0$ dans un plan horizontal, parallèlement à son côté b. Elle pénètre une zone de longueur $d > b$, où règne un champ magnétique $\overrightarrow{B} = B\vec{e}_z$ uniforme et constant.

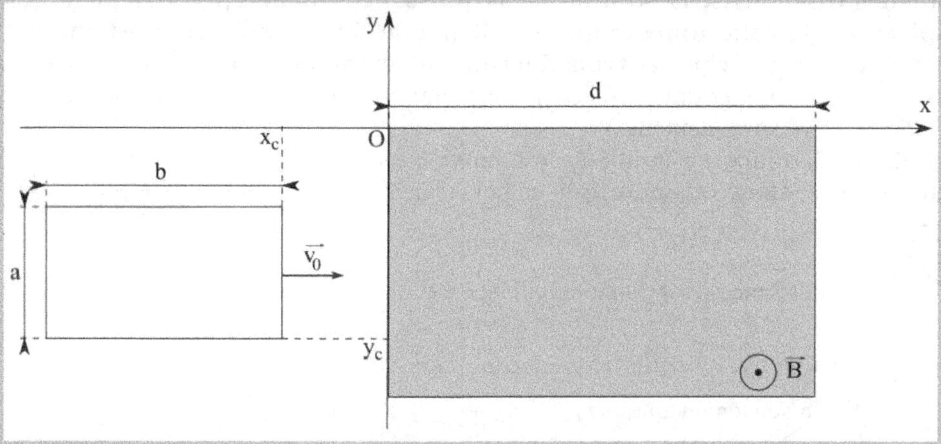

Écrire les équations différentielles vérifiées par la vitesse du cadre, $v_c(t)$ et $v_c(x_c)$, puis exprimer une condition pour qu'il en ressorte complètement, ainsi que la variation de vitesse subie s'il ressort.

- **Analyse de l'énoncé**

Commençons par comprendre la physique de la situation, qui comprend deux phénomènes. Il est en effet question de freinage par induction, ce qui suppose que le cadre mobile va être ralenti dans son élan, sous l'effet du champ magnétique. Nous savons que la seule action que celui-ci puisse exercer sur un circuit est la force de Laplace. Mais celle-ci suppose ce circuit parcouru par un courant d'intensité i non nulle, or le circuit est dépourvu de générateur. Ce courant est en fait un courant induit, qui fait suite à la f.é.m. apparaissant dans le circuit sous l'effet de la variation du flux de $\overrightarrow{B}$, lorsque le cadre pénètre dans la zone de champ, mais également lorsqu'il en ressort. Nous allons donc procéder donc dans l'ordre suivant :

- Nous calculons la f.é.m. induite dans le cadre lorsqu'il pénètre dans la zone de champ, à l'aide de la loi de Faraday.
- Nous en déduisons l'intensité du courant circulant dans le cadre (celui-ci se résume à un conducteur ohmique, l'inductance étant négligée).
- De là, nous pouvons déduire l'expression de la force de Laplace, qui doit (loi de Lenz oblige) s'opposer au mouvement.
- Le mouvement du cadre obéit alors aux lois de la mécanique classique, et les équations différentielles réclamées doivent émerger de l'application de la deuxième loi de Newton.

• **Calcul de la f.é.m. induite**

Avant toute autre chose, nous devons orienter le circuit. Nous allons choisir le sens du courant tel, que le vecteur surface du circuit ait le même sens que le champ $\vec{B}$. Ceci nous garantira un flux positif, qui augmente lorsque le circuit pénètre dans la zone de champ, et diminue lorsqu'il en ressort. Ce choix n'est pas obligatoire, mais il nous semble mieux répondre à l'intuition.
On oriente le circuit avec, par exemple, la règle du tire-bouchon : pour que celui-ci se déplace vers l'observateur (c'est-à-dire dans le même sens que $\vec{B}$, il doit tourner dans le sens direct :

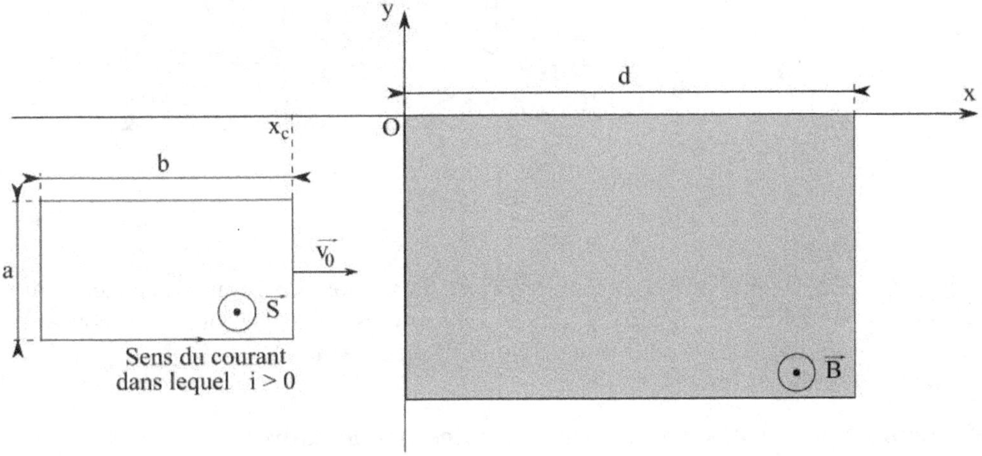

À ce stade, le traitement formel de l'exercice va essentiellement consister en une série de calculs de flux sous forme d'intégrales, où nous devrons méticuleusement veiller sur le choix des bornes d'intégration, en sorte que celles-ci ne couvrent **que la partie du cadre soumise au champ magnétique.**

On peut alors calculer l'expression du flux Φ de $\vec{B}$ lorsque le cadre est rentré d'une longueur x dans la zone de champ :

$$\Phi = \int_0^{x_c(t)} \int_{y_c}^{y_c+a} \vec{B} \cdot dxdy\vec{e}_z = Bax_c(t)$$

De là nous pouvons déduire la f.é.m. induite à l'aide de la loi de Faraday :

$$e = -\frac{d\Phi}{dt} = -aB\dot{x_c} = -aBv_c(t)$$

où $v_c(t)$ désigne la composante horizontale algébrique de la vitesse du cadre.
Et enfin l'expression de l'intensité du courant induit à l'aide de la loi des mailles et de la loi d'Ohm :

$$e - Ri(t) = 0 \qquad \Leftrightarrow \qquad i(t) = -\frac{aB}{R}v_c(t)$$

Le cadre équivaut alors au dispositif suivant :

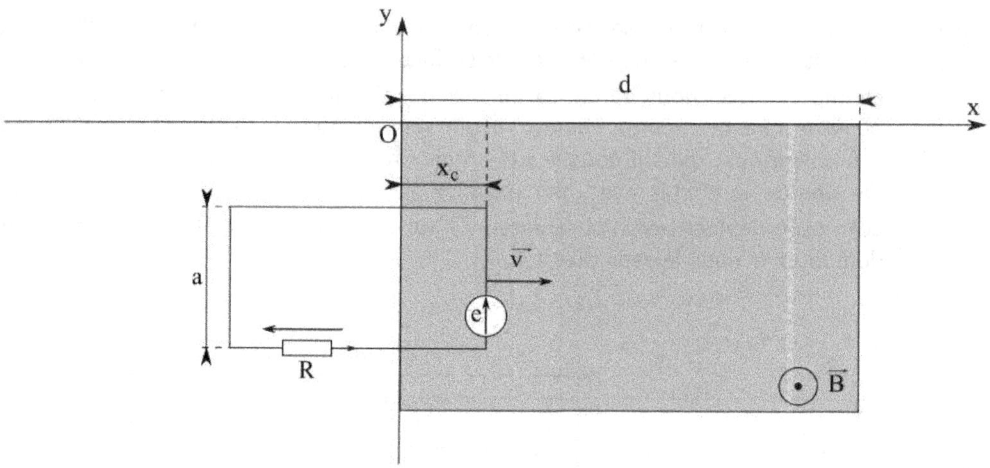

Les valeurs de e et i étant négatives, la tension aux bornes du générateur de f.é.m. est positive dans le sens inverse de la flèche, et le courant circule dans le sens inverse de la flèche de courant.

• Calcul de la résultante des forces subies par le cadre

La force qui va nous intéresser au premier chef est la force de Laplace. L'intensité du courant électrique et le champ magnétique étant uniformes, la seule composante de cette force qui va varier est l'élément de déplacement $\vec{dl}$, que nous aurons soin de définir sur chaque côté du cadre.

Dans tous les cas, l'élément de déplacement se situe dans un plan horizontal, tandis que $\vec{B}$ est vertical. La résultante des forces de Laplace est donc horizontale. Le mouvement étant horizontal, on peut en déduire que les forces verticales (poids et réaction normale du sol) se compensent.

Commençons donc par déterminer la résultante des forces de Laplace sur le bord inférieur (indicé inf) du cadre, sur lequel $\vec{dl} = dx\vec{e}_x$:

$$\vec{F}_{La,inf} = \int_{x=0}^{x_c(t)} i(t)dx\vec{e}_x \wedge B\vec{e}_z = -i(t)Bx_c(t)\vec{e}_y$$

Procédons de même sur le bord supérieur (indicé sup), sur lequel $\vec{dl} = -dx\vec{e}_x$, puisque le courant est orienté de la droite vers la gauche :

$$\vec{F}_{La,sup} = \int_{x=0}^{x_c(t)} -i(t)dx\vec{e}_x \wedge B\vec{e}_z = +i(t)Bx_c(t)\vec{e}_y$$

On peut tenir compte du changement d'orientation de $\vec{dl}$ de deux manières :

- soit en posant $\vec{dl} = -dx\vec{e}_x$ avec dx arithmétique, auquel cas il est inutile de changer les bornes de l'intégrale ;
- soit en considérant un dx algébrique, auquel cas c'est le changement dans l'ordre des bornes qui rend compte de ce changement d'orientation.

Il faut prendre garde à ne pas changer les deux à la fois. La meilleure manière de s'assurer de la validité du résultat étant de raisonner directement sur la construction géométrique des vecteurs forces.

Nous constatons que ces deux composantes se compensent, et que la résultante des forces de Laplace s'exerçant sur les bords inférieur et supérieur est donc nulle. Intéressons-nous à présent à la force s'exerçant sur le bord droit (indice d), sur lequel l'élément de déplacement a pour expression

$$\vec{dl} = dy\vec{e}_y$$

$$\vec{F}_{La,d} = \int_{y_c}^{y_c+a} i(t)dy\vec{e}_y \wedge B\vec{e}_z = +i(t)Ba\vec{e}_x$$

Tant que le cadre n'a pas complètement pénétré dans la zone de champ, le bord gauche n'est pas soumis au champ $\vec{B}$, et il ne subit donc aucune force de Laplace. La résultante totale des forces de Laplace subies par le cadre dans cette phase se résume donc à la composante calculée ci-dessus, soit, en explicitant $i(t)$:

$$\vec{F}_{La} = -\frac{a^2B^2}{R}v_c(t)\vec{e}_x$$

Rappelons que $i < 0$: cette force est donc dirigée de la droite vers la gauche, et freine effectivement l'avancée du cadre, conformément à la loi de Lenz.

- **Équations du mouvement**

Pour trouver une équation différentielle portant sur $v_c(t)$, le moyen le plus évident est d'utiliser la deuxième loi de Newton : elle met en jeu $\dot{v}_c$ et, en l'occurrence, la force de Laplace qui contient v_c.

Dans un deuxième temps, nous devons chercher une équation différentielle faisant valoir la dépendance de v_c en x_c, et non en t. Pour ce faire, il suffira d'utiliser l'équation différentielle précédente, et d'y faire apparaître la composée $\frac{dv_c}{dx_c}$.

Précisons tout d'abord :
- Le système étudié : le cadre en mouvement.
- Le référentiel d'étude : terrestre, supposé galiléen (on peut donc y faire valoir les lois de Newton).
- Les forces extérieures s'exerçant sur ce système : le poids et la réaction normale qui se compensent, et la résultante des forces de Laplace.

La deuxième loi de Newton nous donne alors, en projection sur l'axe des x :

$$m\dot{v}_c = -\frac{a^2B^2}{R}v_c \qquad \Leftrightarrow \qquad \frac{dv_c}{dt} + \frac{1}{\tau}v_c = 0$$

en posant $\tau = \frac{mR}{a^2B^2}$.
Nous pouvons réécrire $\frac{dv_c}{dt}$ sous la forme :

$$\frac{dv_c}{dt} = \frac{dv_c}{dx_c} \times \frac{dx_c}{dt} = \frac{dv_c}{dx_c} \times v_c$$

On peut ici conserver les notations de dérivées avec des "d" droits, puisque les variables x_c et t ne sont pas indépendantes.

En réinjectant cette forme dans l'équation précédente, et en simplifiant par v_c, nous trouvons la nouvelle équation :

$$\frac{dv_c}{dx_c} = -\frac{1}{\tau} \qquad \Leftrightarrow \qquad v_c = -\frac{x_c}{\tau} + C$$

où C est une constante d'intégration que l'on détermine à l'aide d'une condition particulière, telle que $v_c(x_c = 0) = v_0$, ce qui nous permet de déterminer l'expression complète de v_c dans la première phase du mouvement :

$$v_c = v_0 - \frac{x_c}{\tau}$$

Une autre possibilité, pour déterminer $v_c(x_c)$, aurait été de résoudre l'équation différentielle temporelle. Nous aurions ainsi trouvé l'expression de $v_c(t)$ (de forme exponentielle) puis, par intégration, celle de $x_c(t)$. On en aurait alors déduit une expression $t(x_c)$ qui, après réinjection dans $v_c(t)$, nous aurait fourni $v_c(x_c)$. Ce calcul constitue un bon entraînement si le cœur vous en dit.

• Étude de la suite du mouvement

Lorsque le cadre finit d'entrer dans la zone de champ, $x_c = b$ et sa vitesse a pour valeur $v_{c,e} = v_0 - \frac{b}{\tau} = v_0 - \frac{a^2B^2b}{mR}$. à ce stade, le bord gauche entre également dans la zone de champ. Le flux du champ à travers le cadre demeure alors constant tant que le cadre ne sort pas de la zone de champ, ce qui entraîne que $e = 0$, donc $i = 0$, donc que le système n'est soumis à aucune force de Laplace. En conséquence, il poursuit sa course en un mouvement rectiligne uniforme, à la vitesse calculée ci-dessus.

Lorsque le bord droit commence à sortir de la zone de champ, le flux de $\overrightarrow{B}$ à travers le cadre recommence à varier (il diminue, cette fois). S'ensuit l'apparition d'une f.é.m., donc d'un courant, donc de forces de Laplace. On peut démontrer que, comme lors de la phase d'entrée dans la zone de champ, les forces exercées sur les bords inférieur et supérieur se compensent, et que seule reste la composante s'exerçant sur le bord gauche.

Nous procédons alors comme précédemment : calcul de cette composante, application de la deuxième loi de Newton, déduction des équations différentielles régissant les évolutions temporelle et spatiale de la vitesse du cadre, et déduction de la loi régissant cette évolution, sachant que le cadre aborde cette nouvelle situation avec la vitesse $v_{c,e}$.

Commençons donc par calculer la f.é.m. induite dans le cadre lorsque celui-ci sort de la zone de champ :

$$\Phi = [b - (x_c(t) - d)]\, aB \qquad \Rightarrow \qquad e = -\frac{d\Phi}{dt} = +aBv_c(t)$$

De là nous déduisons l'intensité du courant électrique circulant dans le cadre :

$$e - Ri(t) = 0 \qquad \Leftrightarrow \qquad i(t) = +\frac{aB}{R}v_c(t)$$

Notons que cette fois le courant circule dans le sens direct, ce qui semble logique : lors de la phase d'entrée, le flux augmentait et le courant s'opposant à la variation de flux circulait dans le sens indirect. Comme ici le flux diminue, le courant circule dans l'autre sens pour s'opposer à cette autre forme de variation.

Nous nous intéressons donc à présent à la force s'exerçant sur le bord gauche (indice g), sur lequel l'élément de déplacement a pour expression $\vec{dl} = -dy\vec{e}_y$:

$$\overrightarrow{F}_{La,g} = \int_{y_c}^{y_c+a} -i(t)dy\vec{e}_y \wedge B\vec{e}_z = -i(t)Ba\vec{e}_x$$

L'expression de la force de Laplace porte cette fois un signe "−", mais, i étant positive, nous retrouvons une force de Laplace dirigée de la droite vers la gauche, qui continue de freiner l'avancée du cadre, et tend cette fois à l'empêcher de sortir : la loi de Lenz est encore respectée.

Le bord gauche n'est pas soumis au champ $\vec{B}$, et il ne subit donc aucune force de Laplace. La résultante totale des forces de Laplace subies par le cadre dans cette phase se résume donc à la composante calculée ci-dessus, soit, en explicitant $i(t)$:

$$\vec{F}_{La} = -\frac{a^2B^2}{R}v_c\vec{e}_x$$

Nous retrouvons donc exactement la même expression de la force de Laplace, que dans la phase d'entrée. Il s'ensuit que les équations différentielles régissant cette nouvelle phase du mouvement sont les mêmes que celles régissant la phase d'entrée, et que les solutions sont donc de la même forme :

$$v_c = -\frac{x_c}{\tau} + C$$

où C doit être déterminée à l'aide d'une condition particulière. Ici, par exemple, nous savons que lorsque le cadre aborde la sortie de la zone de champ (c'est-à-dire lorsque $x_c = d$), on a $v_c = v_{c,e}$. Nous en déduisons que $C = v_{c,e} + \frac{d}{\tau}$, d'où $v_c = v_{c,e} + \frac{d-x_c}{\tau}$.

Pour que le cadre ressorte de la zone de champ, on doit donc vérifier la condition : $v_c(x_c = d + b) \geq 0$, soit encore :

$$v_{c,e} + \frac{d-(d+b)}{\tau} \geq 0 \quad \Leftrightarrow \quad v_0 - 2\frac{b}{\tau} \geq 0 \quad \Leftrightarrow \quad v_0 \geq 2\frac{a^2B^2b}{mR}$$

Exercice 21.3 : Alternateur de bicyclette

Un alternateur de bicyclette peut être modélisé par :
- un aimant permanent assimilable à un dipôle magnétique de moment $\vec{\mu}$ qui tourne dans le plan (Oyz) en faisant avec l'axe (Oy) un angle $\theta = \omega t$, avec ω une constante.
- une bobine comportant N tours de fil, chaque tour étant assimilable à une spire de rayon a, de résistance r et d'inductance L. Cette bobine est placée dans le plan (Oxz), centrée en O, sa normale étant dans le sens de $\vec{e}_y$. Cette bobine, branchée en série avec une résistance R représentant les lampes de la bicyclette, est parcourue par un courant $i(t)$.

Exprimer le coefficient d'inductance mutuelle M des deux circuits précédemment cités. En déduire le flux total Φ traversant la bobine, la force électromotrice d'induction e dont elle est le siège et enfin l'équation différentielle vérifiée par l'intensité du courant $i(t)$ qui la traverse. Le dipôle magnétique sera supposé situé au centre de la bobine.
On rappelle que pour une spire, le champ créé en un point de l'axe vu sous l'angle α a pour expression :

$$\overrightarrow{B} = \frac{\mu_0 i(t) \sin^3 \alpha}{2a} \vec{u}_{\text{axe}}$$

- **Analyse de l'énoncé**

On définit en électromagnétisme deux types de **coefficients d'inductance** :
- le **coefficient d'inductance propre** d'un circuit, noté L et relatif au phénomène d'**auto-induction**. Il traduit la relation de proportionnalité entre le **flux propre** du champ magnétique créé par le circuit à travers lui-même, et l'intensité du courant parcourant le circuit :

$$\Phi_p = Li$$

- le **coefficient d'inductance mutuelle** entre deux circuits C_1 et C_2, noté M, relatif au phénomène d'induction que le champ créé par l'un induit à travers l'autre. Il traduit alors la relation de proportionnalité existant entre le flux induit par l'un des circuits à travers l'autre, et l'intensité du courant traversant ce même circuit inducteur :

$$\Phi_{1\to 2} = Mi_1 \quad \text{et} \quad \Phi_{2\to 1} = Mi_2$$

La valeur de M, exprimée en henry (tout comme celle de L) ne dépend que des caractéristiques géométriques des circuits (forme, position).

- **Détermination du coefficient d'inductance mutuelle des deux circuits**

Afin de déterminer le coefficient d'inductance mutuelle des deux circuits :
- on attribue le rôle de circuit inducteur à l'un des circuits ;
- on détermine le champ magnétique créé par ce circuit ;

- on détermine le flux de ce champ magnétique à travers l'autre circuit ;
- on détermine M comme le rapport de ce dernier, à l'intensité du courant électrique parcourant le circuit inducteur.

Intéressons nous au champ magnétique créé en un point de son axe par la bobine comportant N spires de rayon a et parcourues par l'intensité $i(t)$. Pour une spire, le champ créé en un point P de l'axe vu sous l'angle α a pour expression, redonnée par l'énoncé :

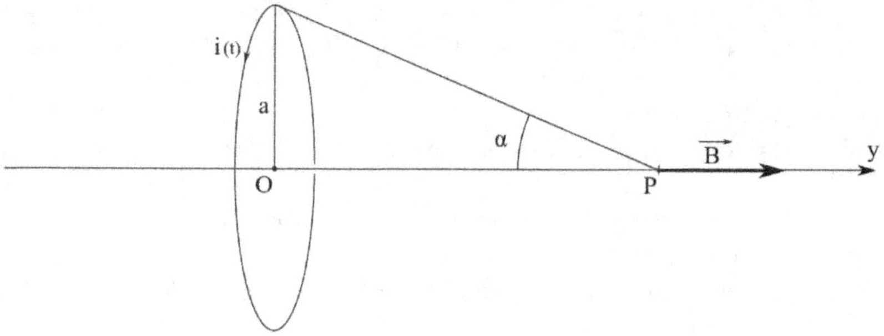

$$\overrightarrow{B}_{(P)} = \frac{\mu_0 i(t) \sin^3 \alpha}{2a} \vec{e}_y$$

Par superposition, on en déduit pour la bobine :

$$\overrightarrow{B}_{(P)} = \frac{\mu_0 N i(t) \sin^3 \alpha}{2a} \vec{e}_y$$

Le second circuit est un **dipôle magnétique**. Classiquement, on peut assimiler le dipôle magnétique à une **boucle de courant** de petite dimension. Cette hypothèse permettra dans le cadre d'un calcul d'inductance mutuelle de considérer le champ magnétique comme étant uniforme sur toute la surface de la boucle de courant.

Schématisons la position du dipôle magnétique assimilé à une boucle de courant par rapport à la bobine :

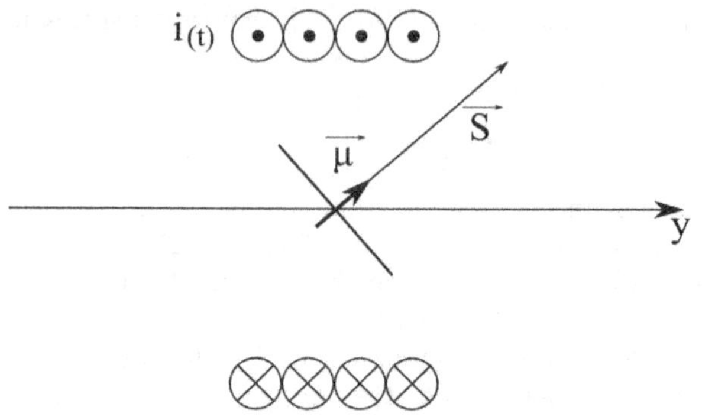

Le flux de la bobine à travers le dipôle magnétique s'écrit alors, en tenant compte du fait qu'au centre de la bobine $\alpha = \frac{\pi}{2}$ et en désignant la bobine par b et le dipôle par d :

$$\Phi_{b\to d} = \overrightarrow{B} \cdot \overrightarrow{S} = B \times S \times \cos(\omega t)$$

en détaillant l'expression de B, nous obtenons :

$$B = \frac{\mu_0 N i(t)}{2a} \underbrace{\sin^3\left(\frac{\pi}{2}\right)}_{1} \quad \Rightarrow \quad \Phi_{b\to d} = \frac{\mu_0 N i(t) S}{2a} \cos(\omega t)$$

On en déduit, par définition de $M = \frac{\Phi_{b\to d}}{i(t)}$:

$$M = \frac{\mu_0 N S}{2a} \cos(\omega t)$$

• **Détermination du flux total traversant la bobine**

Le flux traversant un circuit situé au voisinage d'un autre circuit est la somme :
- du **flux propre** traversant le circuit ;
- du **flux créé par inductance mutuelle** par le second circuit.

Le flux traversant la bobine est la somme de son flux propre (lié à l'auto-induction), $\Phi_p = Li(t)$ et du flux créé par le dipôle magnétique placé en son centre. On détermine ce dernier en écrivant :

$$\Phi_{d\to b} = MI = \frac{\mu_0 N S}{2a} \cos(\omega t) I = \frac{\mu_0 N M}{2a} \cos(\omega t)$$

en notant I l'intensité dans la boucle de courant modélisant le dipôle magnétique et $\mu = I \times S$ le moment magnétique de ce même dipôle.
On en déduit le flux total traversant la bobine :

$$\Phi_{tot} = Li(t) + \frac{\mu_0 N M}{2a} \cos(\omega t)$$

• **Détermination de l'équation différentielle vérifiée par $i(t)$**

Le flux total traversant le circuit filiforme fermé étudié ayant déjà été calculé, le plus simple pour obtenir la fem d'induction est d'appliquer la **loi de Faraday**. On n'aura plus alors qu'à schématiser la nouvelle situation électrique, puis à appliquer la **loi des mailles**.

La loi de Faraday nous donne alors immédiatement :

$$e = -\frac{d\Phi_{tot}}{dt} = -L\frac{di(t)}{dt} + \frac{\mu_0 N M \omega}{2a} \sin(\omega t)$$

En tenant compte de la résistance r des fils, et R des lampes, on peut schématiser la situation par :

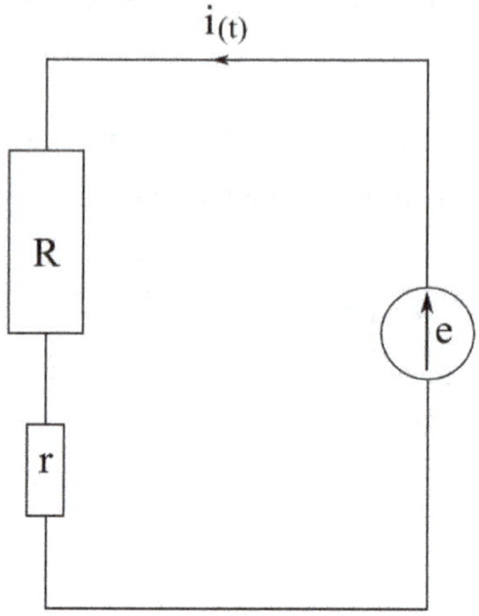

La loi des mailles mène alors à $e = (R+r)i(t)$, soit :

$$L\frac{di(t)}{dt} + (R+r)i(t) = \frac{\mu_0 N M \omega}{2a}\sin(\omega t) \quad \Leftrightarrow \quad \frac{di(t)}{dt} + \frac{1}{\tau}i(t) = \frac{I_0}{\tau}\sin(\omega t)$$

en posant $\tau = \frac{L}{R+r}$ et $I_0 = \frac{\mu_0 N M \omega}{2a(R+r)}$.

Nous commençons à connaître ce type d'équation (si, si, ne soyez pas modeste : au dernier exo d'un bouquin de 500 pages, on peut dire que vous la connaissez) : la solution générale va donc être la somme d'une exponentielle décroissante qui va s'amortir très rapidement (avec une autoinductance de l'ordre du henry et une résistance de quelques dizaines, voire centaines d'ohms, τ n'excèdera pas une seconde de transitoire), et d'une solution particulière oscillante, qui constituera le régime permanent.

74918 – (I) – OSB 80° – EPR – JOS
Dépôt légal : juillet 2016
Suite du tirage : août 2016

Achevé d'imprimer par Dupli-Print
N° d'impression : 2016070966
www.dupli-print.fr

Imprimé en France